国家级一流本科专业建设成果教材

普通高等教育“十一五”国家级规划教材

教育部高等学校材料类专业教学指导委员会规划教材

高分子材料与工程系列
Polymer Materials and Engineering

高分子化学

第三版

Polymer Chemistry

卢江　梁晖　编著

·北京·

内 容 简 介

本书系统讲述从小分子单体合成高分子化合物的重要聚合反应，包括反应机理、动力学、热力学、聚合反应的实施方法、单体结构和反应条件对聚合反应及其产物性能的影响，以及高分子的化学转变原理和重要功能高分子的合成方法。全书共分为10章，内容分别是高分子的基本概念和高分子科学发展简史、逐步聚合、自由基聚合、离子聚合、链式共聚合、配位聚合、活性聚合、开环聚合、高分子化学反应、功能高分子。

本书适用于高等院校高分子专业本科生或具有化学背景非高分子专业研究生的教学用书，也可作为从事高分子生产的技术人员以及其他涉及高分子科学领域研究人员的参考用书。

图书在版编目（CIP）数据

高分子化学/卢江，梁晖编著．—3版．—北京：化学工业出版社，2021.5（2023.1重印）
ISBN 978-7-122-38712-7

Ⅰ.①高…　Ⅱ.①卢…②梁…　Ⅲ.①高分子化学-高等学校-教材　Ⅳ.①O63

中国版本图书馆CIP数据核字（2021）第045864号

责任编辑：王　婧　杨　菁　　文字编辑：林　丹　姚子丽
责任校对：王鹏飞　　装帧设计：李子姮

出版发行：化学工业出版社（北京市东城区青年湖南街13号　邮政编码100011）
印　　刷：北京云浩印刷有限责任公司
装　　订：三河市振勇印装有限公司
787mm×1092mm　1/16　印张20½　字数535千字
2023年1月北京第3版第2次印刷

购书咨询：010-64518888　　售后服务：010-64518899
网　　址：http://www.cip.com.cn
凡购买本书，如有缺损质量问题，本社销售中心负责调换。

定　价：69.00元

第三版前言

自从 Staudinger 创建高分子概念以来，高分子科学已经历了近百年的历史，并发展成为一门独立学科。由于合成高分子产量大、品种多、应用广、经济效益高，其质和量均得到巨大发展，已改变了整个化学工业的结构和分布。特别是近年来与其他科学如生物、医学、信息科学和能源学等众多学科相互渗透交叉，高分子科学更显示出强大的生命力和无限的发展空间，为近代社会和科学技术的发展做出了很大的贡献。相应地，社会对高分子专业人才的需求日益增大，因此越来越多的高校开设了高分子方面的专业课程。高分子化学是高分子科学的一个分支，一直是高分子科学中最为活跃的研究领域之一，已在聚合物分子设计与精细结构的控制上获得大量令人瞩目的成就。本书是作为高分子及相关专业本科生和研究生的核心课程——高分子化学的教材而编写的。指导思想是强调高分子化学的基本知识框架、使学生打下扎实的理论基础，同时又适当地反映高分子化学研究的发展前沿以及高分子材料在人类社会活动中方方面面的应用。编排上力求内容完整、结构严谨、条理清晰。基于活性聚合已扩展涵盖了多种聚合反应类型，并且它们的控制原理有相同之处，所以本书将活性聚合单独成章，这有别于现有大多数教科书。编写时，在严谨准确的基础上尽可能用通俗易懂的语言来描绘抽象的高分子科学理论，使教师易讲、学生易学。

本书于 2005 年首次出版，根据几年使用情况的反馈，对发现的错漏进行了修正，并对部分章节内容进行了增删，于 2010 年作为普通高等教育“十一五”国家级规划教材出版了第二版，被国内众多院校选用，获得良好的使用效果。本书第三版是在前两版的基础上，保持了基本的框架结构，结合作者多年来教学实践过程中的体会以及读者和学生反馈的意见和建议进行了适当的修订。

本书共 10 章，第 1 章绪论主要介绍高分子的基本概念和高分子科学的发展简史，然后按聚合反应类型分为逐步聚合（第 2 章）、自由基聚合（第 3 章）、离子聚合（第 4 章）、配位聚合（第 6 章）和开环聚合（第 8 章）等章节，将活性聚合单独成章（第 7 章），第 5 章、第 9 章和第 10 章分别讲述链式共聚合、高分子化学反应和功能高分子。在每章章末提供了较多的习题，供师生选用。第三版比较大的修订包括：第 1 章有关高分子科学简史部分增加“原料的可持续性”以及“高分子产品在生产和应用过程中的污染问题”等叙述；第 2 章，有关逐步聚合反应功能基反应类型的章节中，增加了非环双烯的烯烃易位聚合反应以及 Michael 加成逐步聚合反应等内容；“界面缩聚”概念改为“界面聚合”，因其不仅限于缩聚反应，也适于逐步加成聚合反应，同时增加了界面聚合反应的一些新发展；固相聚合章节中增加了有关固相聚合应用的相关内容；其他逐步聚合产物章节中增加了近年来发展较快的聚醚醚酮等相关内容；第 3 章有关乳液聚合的内容作了充实，增加了乳液聚合工艺、乳液聚合技术进展等内容；在第 6 章中有关 α-烯烃 Ziegler-Natta 聚合工业应用部分，增加对目前应用非常广泛的聚丙烯无规共聚物的介绍；第 7 章，新增近十年来发展很快的催化剂转移缩聚反应，此外，更新和充实了活性聚合应用的实例；对第 8 章的章节编排进行了调整，由原来的按单体种类变为按开环聚合机理进行编排，并对环胺和环硅氧烷的阳离子开环聚合、环硅氧烷的阴离子开环聚合以及开环易位聚合等部分进行较大的修改和补充，增加了一节“重要的开环聚合产物”；第 9 章，增加了应用性较强的“可逆共价键交联及其在自修复聚合物材料中的应用”以及在将聚合物特别是废旧聚合物材料转化为高性能碳材料方面有重要意义的“聚合物的可控碳化反应”等内容。其余一些小幅度的增删和改写见于各章中，不一一赘述。

本书第 3 章至第 7 章由卢江教授撰写，第 1 章、第 2 章和第 8 章至第 10 章由梁晖副教授撰写。由于作者水平有限，疏漏在所难免，恳请读者指正。

卢　江　梁　晖

2020 年 5 月于中山大学

目录

第 8 章 开环聚合 208

第 9 章 高分子化学反应 245

第1章 绪论

1.1 高分子的基本概念

高分子[1,2]又称聚合物分子或大分子，其分子结构是由许多重复单元通过共价键有规律地连接而成的，具有高的分子量，其中的重复单元是由相应的小分子衍生而来。如聚氯乙烯分子是由许多重复单元 $-CH_2-CH(Cl)-$ 组成，该重复单元是由相应的小分子氯乙烯 $CH_2=CHCl$ 衍生而来；聚乙烯醇分子同样也是由许多重复单元 $-CH_2-CH(OH)-$ 组成，但由于现实中不存在乙烯醇，该聚合物实际上并不能由乙烯醇聚合而成，而是由聚乙酸乙烯酯醇解得来的，但概念上可看作是由乙烯醇这一假想的小分子衍生而来。

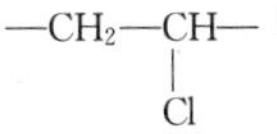

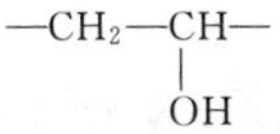

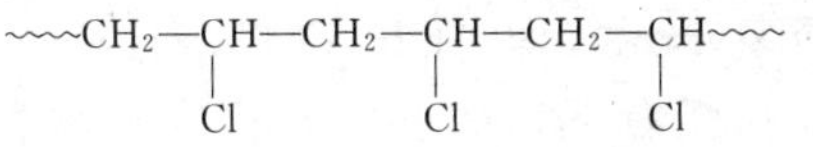

$$\sim\!\sim CH_2-\underset{Cl}{\underset{|}{CH}}-CH_2-\underset{Cl}{\underset{|}{CH}}-CH_2-\underset{Cl}{\underset{|}{CH}}\sim\!\sim$$

聚氯乙烯

$$\sim\!\sim CH_2-\underset{OH}{\underset{|}{CH}}-CH_2-\underset{OH}{\underset{|}{CH}}-CH_2-\underset{OH}{\underset{|}{CH}}\sim\!\sim$$

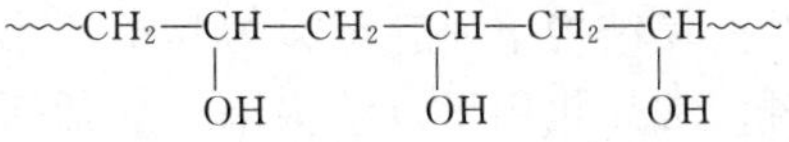

聚乙烯醇

高的分子量是相对于一般的小分子化合物而言，但并没有严格的界定，一般将分子量为 $10^4 \sim 10^6$ 的聚合物分子叫高聚物分子，而将分子量低于 10^4 的聚合物分子叫低聚物分子，各有特性和相应的应用领域。

由许多单个高分子（聚合物分子）组成的物质称高分子化合物或聚合物。严格意义上，高分子（或聚合物分子）与高分子化合物（或聚合物）是两个不同层面上的概念，高分子或聚合物分子是分子层面上的概念，指的是单个的分子；高分子化合物（聚合物）则是物质层面上的概念，指的是由许多单个的高分子所组成的物质。但在实际应用中，常常并不对两者加以区分。

所有的合成高分子都是由小分子通过一定的化学反应衍生而来的，由小分子生成高分子的反应过程叫聚合反应。能够进行聚合反应，并在反应后构成所得高分子基本结构组成单元的小分子叫单体分子。一个聚合反应体系中可以只有一种单体，也可以有两种以上的单体。

高分子可看作是由许多重复单元所组成的长链，长链上有时会分布一些分支，长链的主干部分称为高分子的主链，分支部分称为高分子的支链。组成高分子主链骨架的单个原子称为链原子，如聚丙烯的链原子全是碳原子，而聚乙二醇的链原子则包括碳原子和氧原子。

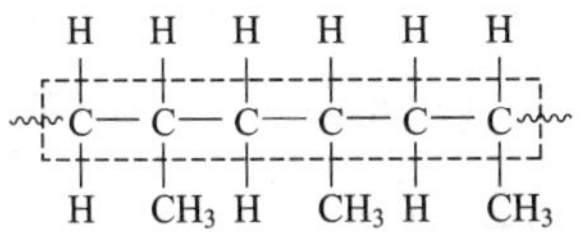

$$\sim\!\sim \overset{H}{\overset{|}{\underset{H}{\underset{|}{C}}}}-\overset{H}{\overset{|}{\underset{CH_3}{\underset{|}{C}}}}-\overset{H}{\overset{|}{\underset{H}{\underset{|}{C}}}}-\overset{H}{\overset{|}{\underset{CH_3}{\underset{|}{C}}}}-\overset{H}{\overset{|}{\underset{H}{\underset{|}{C}}}}-\overset{H}{\overset{|}{\underset{CH_3}{\underset{|}{C}}}}\sim\!\sim$$

聚丙烯的链原子

$$\sim\!\sim \overset{H}{\overset{|}{\underset{H}{\underset{|}{C}}}}-\overset{H}{\overset{|}{\underset{H}{\underset{|}{C}}}}-O-\overset{H}{\overset{|}{\underset{H}{\underset{|}{C}}}}-\overset{H}{\overset{|}{\underset{H}{\underset{|}{C}}}}-O-\overset{H}{\overset{|}{\underset{H}{\underset{|}{C}}}}-\overset{H}{\overset{|}{\underset{H}{\underset{|}{C}}}}-O\sim\!\sim$$

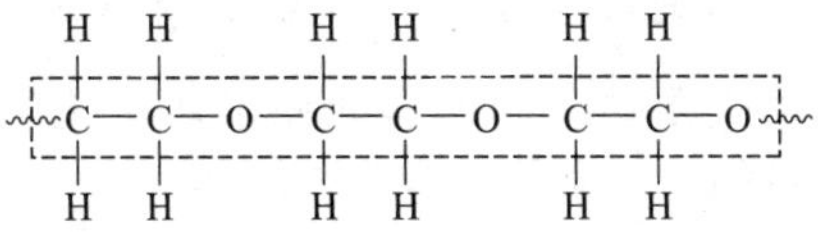

聚乙二醇的链原子

由链原子及其所连接的原子或取代基组成的原子或原子团称为链单元，如聚丙烯主链上的链原子 C 及其所连接的 H 和 CH_3 组成两种链单元$-CH_2-$和$-CH(CH_3)-$。相似地，聚乙二醇的链原子 C 及其所带的 H 组成链单元$-CH_2-$，而链原子 O 上不带取代基，因而它单独组成一个链单元（如虚线框所示）：

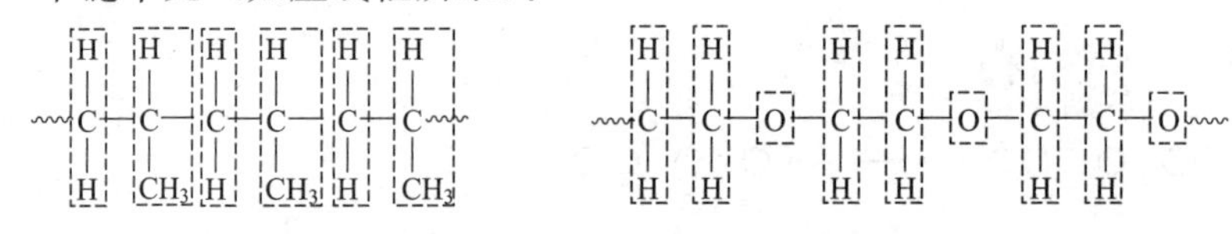

聚丙烯的链单元　　　　聚乙二醇的链单元

构成高分子主链结构组成的单个原子或原子团称为结构单元，它可包含一个或多个链单元。以聚丙烯为例，—$\mathrm{CH_2}$—既是一个链单元，也是一个结构单元，同样，—$\mathrm{CH(CH_3)}$—既是一个链单元也是一个结构单元，两者又共同组成一个更大的结构单元—$\mathrm{CH_2}$—$\mathrm{CH(CH_3)}$—，依此类推。但其所带的—$\mathrm{CH_3}$ 是侧基团，它并不能单独构成一个链单元或结构单元。

聚丙烯的结构单元

每个高分子都是由许许多多重复的结构单元所组成的，重复组成高分子分子结构的最小结构单元称为重复结构单元（constitutional repeating unit，CRU）。以聚丙烯为例，其分子结构中的重复单元既可以看作是—$\mathrm{CH_2CH(CH_3)}$—，也可以看作是—$\mathrm{CH_2CH(CH_3)}$—$\mathrm{CH_2CH(CH_3)}$—，甚至更大，但重复结构单元就定义为其中最小的重复单元，即—$\mathrm{CH_2CH(CH_3)}$—。在写高分子结构式时，常简化用重复结构单元加括弧再在括弧右下角加下标 n 来表示，下标 n 代表高分子中所含的重复结构单元的数目，如聚丙烯的结构式可写为：

$$\left(\mathrm{CH_2\underset{\displaystyle CH_3}{\underset{|}{CH}}}\right)_n$$

高分子是由单体分子经由聚合反应衍生而来的，高分子分子结构中由单个单体分子衍生而来的最大结构单元称为单体单元。单体单元与重复结构单元不同，单体单元是一个基于聚合反应过程的概念，而重复结构单元是基于高分子分子结构的概念。如聚乙烯由乙烯聚合而成：

$$n\,\mathrm{H_2C{=}CH_2} \longrightarrow \underset{\text{聚乙烯}}{\left(\mathrm{CH_2CH_2}\right)_n}$$

其单体单元为—$\mathrm{CH_2CH_2}$—，而其重复结构单元则为—$\mathrm{CH_2}$—，但在写聚乙烯结构式时，习惯上还是以其单体单元来表示，聚四氟乙烯亦如此。由于重复结构单元是基于高分子分子结构的概念，同种高分子的重复结构单元是相同的，与所用单体无关；单体单元则不同，同种高分子由不同单体合成时，其单体单元就可能不一样。如聚对苯二甲酸乙二酯的结构式为：

$$\mathrm{HO\left(\overset{O}{\overset{\|}{C}}-C_6H_4-\overset{O}{\overset{\|}{C}}-OCH_2CH_2O\right)_n H}$$

不管它由何种单体聚合而成，其重复结构单元始终是 $\mathrm{-\overset{O}{\overset{\|}{C}}-C_6H_4-\overset{O}{\overset{\|}{C}}-OCH_2CH_2O-}$，但其单体单元则可能因所用单体不同而异，如果使用的单体是对苯二甲酸和乙二醇两种单体，即：

$$n\,\mathrm{HO-\overset{O}{\overset{\|}{C}}-C_6H_4-\overset{O}{\overset{\|}{C}}-OH} + n\,\mathrm{HO-CH_2CH_2-OH} \longrightarrow \mathrm{HO\left(\overset{O}{\overset{\|}{C}}-C_6H_4-\overset{O}{\overset{\|}{C}}-OCH_2CH_2O\right)_n H} + (2n-1)\mathrm{H_2O}$$

那么两种单体相应地生成两种对应的单体单元，分别为 $\mathrm{-\overset{O}{\overset{\|}{C}}-C_6H_4-\overset{O}{\overset{\|}{C}}-}$ 和—$\mathrm{OCH_2CH_2O}$—；而假设聚合反应时用的是对苯二甲酸二乙二醇酯一种单体，即：

$$nH-OCH_2CH_2O-\overset{O}{\overset{\|}{C}}-C_6H_4-\overset{O}{\overset{\|}{C}}-OCH_2CH_2O-H \longrightarrow HOH_2CH_2CO\left[\overset{O}{\overset{\|}{C}}-C_6H_4-\overset{O}{\overset{\|}{C}}-OCH_2CH_2O\right]_nH+(n-1)HO-CH_2CH_2-OH$$

聚合体系只有一种单体因此只会生成一种单体单元，其结构与重复结构单元相同。

单个聚合物分子中所含单体单元的数目称为该聚合物分子的聚合度。与单体单元相似，它也是一个基于聚合反应过程的概念，即使是同一聚合物，也可能因使用的单体不同而具有不同的聚合度。以聚对苯二甲酸乙二酯为例，当由对苯二甲酸和乙二醇两种单体合成时，其聚合度应是两种单体单元的数目之和，由于每个重复结构单元含有两个单体单元，因此其聚合度为重复结构单元数的两倍，即 $2n$；而当用对苯二甲酸二乙二酯一种单体合成时，所得聚合物分子的单体单元与重复结构单元相同，因此其聚合度与重复结构单元数相同，都为 n。对一般的聚合物应用，细究其聚合度这种定义上的差异没有实际意义，但是对聚合物合成反应的控制是非常重要的。

高分子链的末端结构单元称为末端基团，由于通常聚合物的分子量很大，末端基团相对于整个高分子是很小的组成单元，而且通常是未知的，因此若非需要特别指出末端基团，在书写高分子的结构式时，可忽略不写。假如高分子的末端基团是反应性的，能进一步进行聚合反应，这样的高分子称为遥爪高分子或预聚物分子，其反应性末端基团常常是有目的地引入的。预聚物在设计高分子合成与应用上具有非常重要的意义[3]。

1.2 聚合反应与单体

1.2.1 聚合反应

理论上，所有能够在两分子间形成稳定共价键连接的化学反应都可用作聚合反应。但实际上由于各种因素的限制，能够用于合成高分子量聚合物的反应并不多。

早期由于合成聚合物的聚合反应为数不多，曾根据单体分子与其所生成的聚合物分子在组成和结构上的变化，把聚合反应分为加聚反应和缩聚反应。加聚反应是指聚合产物的单体单元组成与相应的单体分子组成相同的聚合反应，其聚合产物称加聚物，如由氯乙烯合成聚氯乙烯；缩聚反应是指聚合产物的单体单元组成比相应的单体分子组成少若干原子的聚合反应，在聚合反应过程中伴随有水、醇等小分子副产物生成，其聚合产物称缩聚物。如己二酸和己二胺合成聚酰胺-66：

$$nH_2N-(CH_2)_6-NH_2+nHOOC-(CH_2)_4-COOH \longrightarrow H\left[NH(CH_2)_6NH-\overset{O}{\overset{\|}{C}}-(CH_2)_4-\overset{O}{\overset{\|}{C}}\right]_nOH+(2n-1)H_2O$$

聚合产物的两种单体单元分别为 $-NH(CH_2)_6NH-$ 和 $-\overset{O}{\overset{\|}{C}}-(CH_2)_4-\overset{O}{\overset{\|}{C}}-$，与相应的己二胺和己二酸单体分子相比，分别少了两个 H 和两个 OH。

但随着高分子化学的发展，新的聚合反应不断开发，这种分类方法就越来越难以适应。如聚酰胺-6 的结构式为：

$$\left[NH-(CH_2)_5-\overset{O}{\overset{\|}{C}}\right]_n$$

当它由氨基己酸聚合而得时，其单体单元组成比单体分子组成少一分子的 H_2O：

$$nH_2N-(CH_2)_5-\overset{O}{\overset{\|}{C}}-OH \longrightarrow H\left[NH-(CH_2)_5-\overset{O}{\overset{\|}{C}}\right]_nOH+(n-1)H_2O$$

但如果由己内酰胺开环聚合合成时，所得产物单体单元的组成与单体分子组成一致：

$$n\ \text{己内酰胺} \longrightarrow \text{+NH—(CH}_2\text{)}_5\text{—}\overset{\text{O}}{\overset{\|}{\text{C}}}\text{+}_n$$

很难以上述的分类方法将聚酰胺-6 归属于加聚物或缩聚物，因此有必要对聚合反应进行更合理的分类。

随着对聚合反应研究的深入，根据聚合反应机理的不同，把聚合反应分为逐步聚合反应（step-growth polymerization）和链式聚合反应（chain-growth polymerization）两大类。逐步聚合反应是指在聚合反应过程中，聚合物分子是由体系中的单体分子以及所有聚合度不同的中间产物分子之间通过缩合或加成反应生成的，聚合反应可发生在单体分子之间、单体分子与中间产物分子之间以及中间产物分子与中间产物分子之间。其中聚合物分子通过缩合反应生成的称为逐步缩聚反应；聚合物分子通过加成反应生成的称为逐步加成聚合反应。而链式聚合反应是指在聚合反应过程中，单体分子之间不能发生聚合反应，聚合反应只能发生在单体分子和聚合反应活性中心之间，单体分子和聚合反应活性中心反应后生成聚合度增大的新的活性中心，如此反复，生成聚合物分子。

同一聚合反应体系中可以有一种或多种单体，根据参与聚合反应单体种类的多少以及所得聚合物的分子结构特性，可将聚合反应分为均聚反应和共聚反应。定义上，如果聚合物分子结构中只含有一种重复结构单元，并且该重复结构单元可以只由一种单体衍生而来，则该聚合物为均聚物，否则为共聚物。对于既成的聚合物，区分其究竟是均聚物还是共聚物，没有实际意义，但是对于一个聚合反应，因为均聚反应和共聚反应的控制因素不同，因而区分其是均聚反应还是共聚反应对聚合反应的控制具有重要意义。由一种单体参与的聚合反应即为均聚反应，所得的聚合物为均聚物；由两种单体参与的聚合反应既有可能是均聚反应：也有可能是共聚反应，一种简单的区分方法是看体系中的单体是否能分别单独进行聚合反应：若其中至少有一种单体能单独进行聚合反应，则该体系为共聚合反应；若体系中的单体都不能够单独进行聚合反应，聚合反应必须通过不同单体相互之间的反应进行，则该聚合反应为均聚反应。对于链式聚合反应，若体系中存在两种单体时，由于其聚合反应发生在单体和聚合反应活性中心之间，因此两种单体都可以分别和聚合反应活性中心单独进行聚合反应，因此两种以上单体参与的链式聚合反应是共聚合反应。对于逐步聚合反应，有些两种单体参与的聚合体系，聚合反应只能通过不同单体之间的反应进行，两种单体各自都不能单独进行聚合反应，如对苯二甲酸和乙二醇聚合生成聚对苯二甲酸乙二酯的聚合体系中，对苯二甲酸和乙二醇在聚合条件下都不能单独进行聚合反应，聚合反应只能发生在对苯二甲酸的—COOH 和乙二醇的—OH 之间，因此该聚合反应为均聚反应，实际上该聚合反应可看作是由两种单体反应生成的“隐含单体”——对苯二甲酸乙二醇酯（$HOOC—Ph—COOCH_2CH_2OH$）这一种单体参与的聚合反应；如果两种单体中至少有一种可单独进行聚合反应，则该聚合反应为共聚反应，如由两种不同的羟基酸参与的聚合反应，聚合反应可在两单体间进行，也可由其中一种单体单独进行，因此该反应为共聚合反应，产物分子结构中找不到唯一的重复结构单元，为共聚物：

$$\text{HO—R—COOH} + \text{HO—R}'\text{—COOH} \longrightarrow \sim\sim\text{O—R—}\overset{\text{O}}{\overset{\|}{\text{C}}}\sim\sim\text{O—R}'\text{—}\overset{\text{O}}{\overset{\|}{\text{C}}}\sim\sim$$

共聚物根据其重复结构单元连接方式的不同可分为交替共聚物、无规共聚物、嵌段共聚物和接枝共聚物。以含两种重复结构单元的共聚物为例，两种重复结构单元在分子链上有规律地相间连接的为交替共聚物；两种重复结构单元毫无规律地紊乱连接的为无规共聚物；两种重复结构单元在聚合物分子主链上分别成段出现的为嵌段共聚物；若以其中一种重复结构单元构成的分子链为主链，另一种重复结构单元构成的分子链以支链形式连接在主链上，这种共聚物为接枝共聚物。若以 A 和 B 分别代表两种不同的重复结构单元，则上述四种共聚物的分子结构可示意如下。

交替共聚物：~~~ABABABABAB~~~，A 和 B 相间连接。

无规共聚物：~~~ABBABAABAB~~~，A 和 B 的连接无规律可循。

嵌段共聚物：~~~AAAAAAAABBBBBBBBB~~~，A 和 B 在分子链上成段出现。

接枝共聚物：

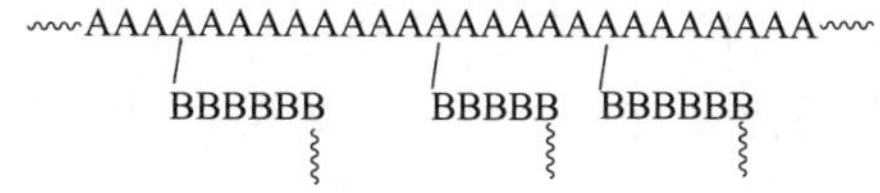

~~~AAAAAAAAAAAAAAAAAAAAAAAAAA~~~
| BBBBBB~ | BBBBB~ | BBBBBB~

，以 A 组成的长链为主链，B 组成的长链以支链形式连接在主链上。

1.2.2 单体

能够进行聚合反应的单体分子都必须含有两个以上的反应点，只含有一个反应点的小分子之间的反应不可能得到聚合物分子，只能得到另一种小分子。如苯甲酸和乙醇反应时两者脱水缩合得到苯甲酸乙酯，苯甲酸乙酯不能继续与苯甲酸或乙醇缩合得到聚合度更大的产物；而对苯二甲酸与乙二醇的反应不同，两者结合所得的产物分子仍带有未反应的—COOH 和—OH，可继续与对苯二甲酸或乙二醇反应，并且相互之间也能发生反应，如此继续得到聚合物分子。

$$C_6H_5\text{—}COOH + CH_3CH_2OH \longrightarrow C_6H_5\text{—}\overset{O}{\overset{\|}{C}}\text{—}OCH_2CH_3$$

$$HOOC\text{—}C_6H_4\text{—}COOH + HO\text{—}CH_2CH_2\text{—}OH \longrightarrow HOOC\text{—}C_6H_4\text{—}\overset{O}{\overset{\|}{C}}\text{—}OCH_2CH_2OH \longrightarrow \longrightarrow \longrightarrow \text{聚合物}$$

单体分子所含的反应点可以是功能基，也可以是不饱和键（每个不饱和键既可视为单个的功能基，也可看作含两个反应点，视反应具体情况而定）。根据所含功能基的不同，概括起来单体主要有以下三大类：

① 含两个以上功能基的单体，如羟基酸（HO—R—COOH）、氨基酸（H_2N—R—COOH）、二元胺（H_2N—R—NH_2）、二元羧酸（HOOC—R—COOH）、二元醇（HO—R—OH）等。这类单体的聚合反应通过单体功能基之间的反应进行，为逐步聚合反应。

② 含多重键的单体，包括含 C═C 双键的单体，如乙烯、丙烯、苯乙烯等；含 C≡C 三键的单体，如乙炔及取代乙炔等；含 C═O 双键的单体，如醛类单体等。这类单体可通过多重键与聚合反应活性中心加成进行链式聚合反应。如果单体含有两个以上多重键，也可通过多重键与其他单体所含功能基之间的加成反应（如 Michael 反应）进行逐步加成聚合。

③ 杂环单体，包括环氧化物、环醚、内酰胺、内酯等。如：

环氧乙烷　四氢呋喃　己内酰胺　己内酯

这类单体可进行开环链式聚合反应（见第 8 章）。

1.3 高分子化合物的分类

高分子化合物的种类繁多，可从多种角度进行分类。

根据高分子化合物的来源可分为三类：①天然高分子化合物，即自然界天然存在的高分
~~~

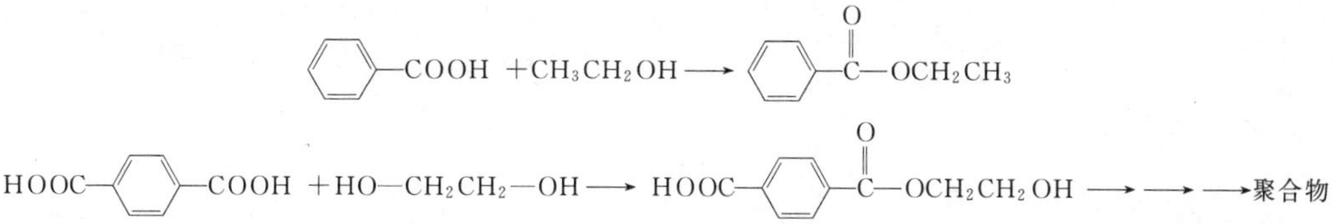

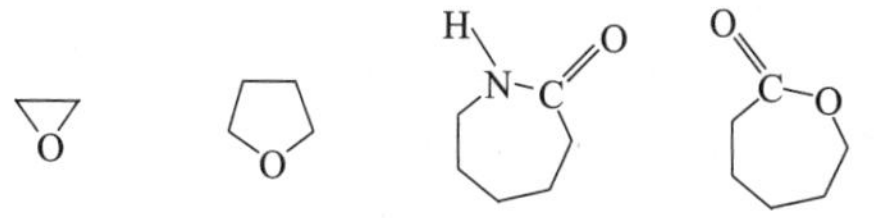

子化合物，如淀粉、蛋白质、纤维素等；②半天然高分子化合物，即经化学改性后的天然高分子化合物，如由纤维素和硝酸反应得到的硝化纤维素、由纤维素和乙酸反应得到的乙酸纤维素等；③合成高分子化合物，即由单体通过人工合成的高分子化合物，如由乙烯聚合得到的聚乙烯等。

根据高分子链原子组成的不同可分为三类：①链原子全部由碳原子组成的碳链高分子，如聚乙烯、聚丙烯等；②链原子除碳原子外，还含 O、N、S 等杂原子的杂链高分子，如聚乙二醇的链原子包括 C 和 O，聚酰胺-6 的链原子包括 C 和 N；③链原子由 Si、B、Al、O、N、S、P 等杂原子组成，不含 C 原子的元素有机高分子，如聚二甲基硅氧烷的链原子只有 Si 和 O。

碳链高分子：

$$\text{+CH}_2\text{—CH}_2\text{+}_n \qquad \text{+CH}_2\text{—CH(CH}_3\text{)+}_n$$

聚乙烯　　聚丙烯

杂链高分子：

$$\text{+CH}_2\text{—CH}_2\text{—O+}_n \qquad \text{+NH—CH}_2\text{—CH}_2\text{—CH}_2\text{—CH}_2\text{—CH}_2\text{—C(=O)+}_n$$

聚乙二醇　　聚酰胺-6

元素有机高分子：

$$\text{+Si(CH}_3\text{)}_2\text{—O+}_n$$

聚二甲基硅氧烷

根据应用特性高分子化合物可分为塑料、纤维、橡胶、涂料、胶黏剂和功能高分子。塑料指的是以聚合物为基础，加入（或不加）各种助剂和填料，经加工形成的塑性或刚性材料；纤维是指纤细而柔软的丝状聚合物材料，长度至少为直径的 100 倍；橡胶是指具有可逆形变的高弹性聚合物材料。以上三类为聚合物材料中用量最大的三大品种。涂料是指涂布于物体表面能形成坚韧的薄膜，主要起装饰和保护作用的聚合物材料；胶黏剂是指能通过黏合的方法将两种物体表面粘接在一起的聚合物材料；功能高分子是指具有特殊功能与用途但通常用量不大的精细高分子材料，功能高分子的研究常常涉及高分子各个基础学科之间、高分子学科与其他学科领域与应用领域之间的相互交叉与渗透，是高分子科学的热门研究领域之一。需要注意的是该分类方法的依据是聚合物的性能和用途，而不是聚合物的化学组成。化学组成相同的聚合物也可能具有不同的用途，如某聚合物可能既可用于涂料，也可用于胶黏剂；某些聚合物既可用作纤维，也可用作塑料。

1.4 高分子的命名

天然高分子一般具有与其来源、化学性质与功能、主要用途相关的专用名称，如纤维素（来源）、核酸（来源与化学性质）、酶（化学功能）、淀粉（主要用途）等。合成高分子的命名[2,4,5]主要有两种基本方法：基于起始单体的来源命名法和基于聚合物分子重复结构单元的系统命名法。

1.4.1 来源命名法

来源命名法是根据聚合物合成时所用单体进行命名，并不描述聚合物分子的实际结构。命名时可有几种情形：

（1）由一种单体合成的均聚物，通常是在实际或假想的单体名称前加前缀“聚”，简单的例子如聚苯乙烯、聚乙酸乙烯酯、聚乙烯醇等。聚苯乙烯是由苯乙烯单体聚合而成，但其分子结构中并不含苯乙烯结构。

（2）由两种以上单体合成的高分子可分为链式聚合和逐步聚合两种情形：①链式聚合反应。两种以上单体的链式聚合所得聚合物为共聚物，一般在两单体名称或简称之间加“-”，再加“共聚物”后缀，如由乙烯和乙酸乙烯酯共聚反应所得的聚合物命名为“乙烯-乙酸乙烯酯共聚物”；若需指明共聚物的类型，则其后缀部分应包含共聚物类型，如苯乙烯和马来酸酐的共聚产物为交替共聚物，其产物的命名为“苯乙烯-马来酸酐交替共聚物”，无规共聚物和嵌段共聚物的命名与之类似，但接枝共聚物有主链和支链之分，因此其命名形式通常为“聚合物 A-接-聚合物 B”，其中聚合物 A 为主链，聚合物 B 为支链。②逐步聚合反应。对于两种以上单体参与的逐步聚合又可分为两种情形，若所得聚合物为均聚物，即两种单体聚合时可生成一种“隐含单体”，命名时常在两种单体生成的“隐含单体”名称前加前缀“聚”，如对苯二甲酸与乙二醇的聚合反应产物叫“聚对苯二甲酸乙二酯”，己二酸和己二胺的聚合产物叫“聚己二酰己二胺”等。此外，有些逐步聚合反应所得产物非常复杂，常常是由多种结构不同的产物组成的混合物，在此情形下，对聚合物命名时常在两种单体的名称或简称后加后缀“树脂”，如苯酚与甲醛的聚合产物叫苯酚-甲醛树脂，简称“酚醛树脂”，尿素和甲醛的聚合产物叫“脲醛树脂”等。

此外，还有一种基于聚合物分子结构中单体单元之间相互连接的特征功能基的命名法，即在此特征功能基名称前加前缀“聚”。如由二元酸和二元胺所得聚合物分子中单体单元之间相互连接的功能基为酰氨基（—NH—CO—），因此所得聚合物称为聚酰胺，类似的有聚氨酯（—NH—CO—O—）、聚酯（—CO—O—）、聚醚（—C—O—）等。显然，这种命名法指的是某一类的高分子，而不是指个别的高分子。

有些聚合物的习惯命名来源于其产品的商标，如脂肪族聚酰胺的惯用名“尼龙”源于杜邦（DuPont）公司的产品商标“Nylon”；再如聚四氟乙烯的惯用名“特氟隆”源于杜邦公司聚四氟乙烯产品的商标“Teflon”。这类命名在工业生产和实际应用中使用较多，但因涉及产品商标问题，现在在学术性资料上已基本不用。

1.4.2 系统命名法

系统命名法是以聚合物的分子结构为基础的命名法，根据 IUPAC 命名法则对聚合物分子的重复结构单元进行命名。命名时一般遵循以下次序：

（1）确定重复结构单元。

（2）按 IUPAC 命名法则排出重复结构单元中的二级单元次序，如主链上带取代基的碳原子排在前，含原子最少的基团先写等。

（3）给重复结构单元命名，按小分子有机化合物的 IUPAC 命名规则给重复结构单元命名。

（4）给重复结构单元的命名加括弧，并冠以前缀“聚”。

如聚氯乙烯的分子结构如下：

$$\left[CH_2-\underset{\substack{|\\Cl}}{CH} \right]_n$$

其重复结构单元为 $-CH_2-\underset{\substack{|\\Cl}}{CH}-$ ，按照主链上带取代基的碳原子排在前的规定，带—Cl 取代基的碳原子排序为 1，其重复结构单元的名称为 1-氯代-1,2-亚乙基，因此聚氯乙烯的系统命

名为聚（1-氯代-1,2-亚乙基），类似的如聚苯乙烯的系统命名为聚（1-苯基-1,2-亚乙基）；再如聚乙烯的分子结构为：

$$\text{-}\!\!\left[CH_2—CH_2 \right]\!\!\text{-}_n$$

但其重复结构单元与单体单元不同，为—CH_2—，因此聚乙烯的系统命名为聚（亚甲基）；聚乙二醇的重复结构单元为—OCH_2CH_2—，主链中O基团所含原子最少，写在前，其系统命名为聚（氧化1,2-亚乙基）；聚酰胺-66的重复结构单元为—$NH(CH_2)_6NH—CO(CH_2)_4CO$—，其中亚氨基所含原子数少，写在前，其系统命名为聚（亚氨基-六亚甲基-亚氨基-己二酰）。

来源命名法与系统命名法各有优缺点，来源命名法简单易懂，但不够严谨，有时会引起混淆。系统命名法非常严谨，每一种聚合物的命名是唯一的，不会产生混淆，但其名称往往显得冗长烦琐，复杂难懂，不易被广泛采用，通常用于档案性质的文件，而且如果聚合物的分子结构不是完全确定时，很难用系统命名法对其命名，如酚醛树脂等。因此在很多情况下，常常在同一聚合物名称中将两种方法混合使用。

1.4.3 聚合物名称的缩写

为了简便，许多聚合物都有基于其英文名称的缩写，常见聚合物的英文名称缩写见表1-1。

表1-1 常见聚合物英文名称缩写

中文名称	英文名称	英文缩写	中文名称	英文名称	英文缩写
丙烯腈-丁二烯-苯乙烯共聚物	acrylonitrile-butadiene-styrene copolymer	ABS	环氧树脂	epoxy resin	EP
三聚氰胺-甲醛树脂	melamine-formaldehyde polymer	MF	聚苯乙烯	polystyrene	PS
聚丙烯	polypropylene	PP	聚乙烯	polyethylene	PE
聚对苯二甲酸乙二酯	poly(ethylene terephthalate)	PET	聚碳酸酯	polycarbonate	PC
聚氨酯	polyurethane	PU	聚乙酸乙烯酯	poly(vinyl acetate)	PVAc
聚氯乙烯	poly(vinyl chloride)	PVC	酚醛树脂	phenol-formaldehyde resin	PF
聚甲基丙烯酸甲酯	poly(methyl methacrylate)	PMMA	聚四氟乙烯	polytetrafluoroethylene	PTFE
聚乙烯醇	poly(vinyl alcohol)	PVA	低密度聚乙烯	low density polyethylene	LDPE
高密度聚乙烯	high density polyethylene	HDPE	线型低密度聚乙烯	linear low density polyethylene	LLDPE

1.5 高分子链的形态

高分子是由单体单元连接而成的长链分子，根据单体单元连接方式的不同，高分子链可表现出不同的形态。若高分子链中的单体单元是按线型次序相互连接，则所得高分子为线型高分子，注意这里的“线型”并不是指高分子链的空间结构，而是指其中单体单元的连接是一维的，即分子链只向两端伸展，不含分支，但分子链可以卷曲，甚至可以卷曲成线团，像“针线”的线。线型高分子链首尾相接便形成环状高分子，环状高分子不含末端基团。若高分子链并不只是向两端伸展，而是在其他方向上至少延伸出一条支链，即至少含有一个支化点，这种具有分支结构的高分子称为支化高分子。延伸出三条支链的支化点为三功能支化点，延伸出四条支链的支化点为四功能支化点，依此类推。只含三功能支化点，并且其支链为线型分子链的支化高分子称为梳形高分子，当然由于分子链中单键的内旋转运动，梳形高分子的形态并不真的像梳子。若支化高分子中只含有一个支化点，该支化点上连有多条线型分子链，这样的支化高分子称为星形高分子，其支化点上连接的链常称为“臂”，含“n”条臂称为“n 臂”星形高分子。聚合物分子链是由不间断的环所组成且相邻的环含有两个以上共同原子的高分子称为梯形高分子，梯形高分子为双股高分子。多条高分子链相互连接成网状结构的高分子称为网状高分子，如图 1-1 所示。

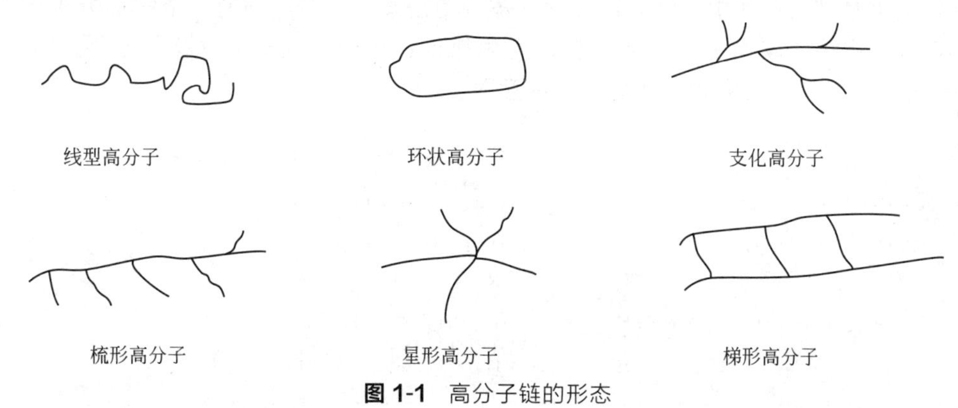

图 1-1 高分子链的形态

1.6 高分子链的结构

高分子是由许多单体单元连接而成的，由于各单体单元的连接方式及空间排列不同，便会有各种不同的结构。

1.6.1 单体单元的连接方式

对于结构不对称的单体，单体单元在高分子链中的连接方式可有三种基本方式。如单取代乙烯基单体（CH_2═CHX）进行链式聚合反应时，所得单体单元结构如下：

尾 首

$$-CH_2-\underset{\large X}{\underset{|}{C}H}-$$

相应地，单体单元连接方式可有如下三种：

$$-CH_2-\underset{X}{\underset{|}{CH}}-CH_2-\underset{X}{\underset{|}{CH}}- \qquad -CH_2-\underset{X}{\underset{|}{CH}}-\underset{X}{\underset{|}{CH}}-CH_2- \qquad -\underset{X}{\underset{|}{CH}}-CH_2-CH_2-\underset{X}{\underset{|}{CH}}-$$

首尾连接　　首首连接　　尾尾连接

在结构不对称单体的逐步聚合反应中，单体单元之间的连接同样存在类似的三种方式，如 3-取代噻吩的氧化脱氢聚合[6]：

$FeCl_3$,$CHCl_3$

首尾连接　　首首连接　　尾尾连接

1.6.2 高分子的立体异构

如果聚合物分子的重复结构单元中含有手性碳原子，根据其连接方式的不同可分为全同立构高分子、间同立构高分子和无规立构高分子。全同立构高分子是指高分子主链上所有重复结构单元中手性碳原子的立体构型完全相同，全部为D型或L型，即DDDDDDDDDD或LLLLLLLLLL；间同立构高分子是指高分子主链上相邻重复结构单元中手性碳原子的立体构型各不相同，即D型与L型相间连接，LDLDLDLDLDLDLD；无规立构高分子是指高分子主链上重复结构单元中手性碳原子的立体构型是紊乱、不规则的。全同立构高分子和间同立构高分子中手性碳原子的立体构型是有规律地连接的，统称为立构规整性高分子。图1-2为一些不同组成的立构规整性高分子示意图。

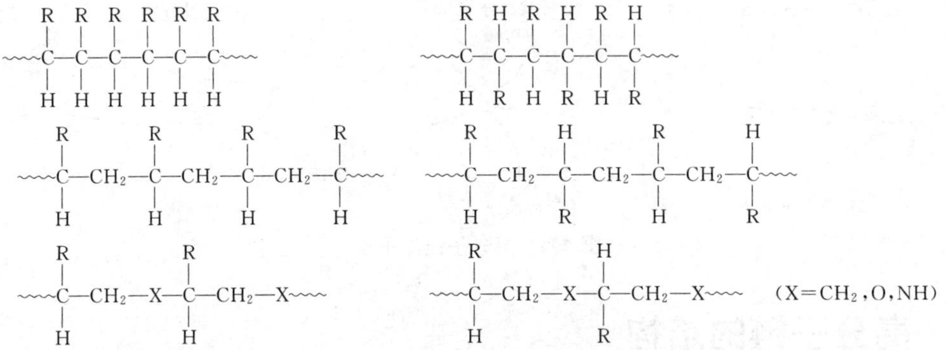

(X=CH$_2$,O,NH)

全同立构高分子　　　　间同立构高分子

图1-2　一些不同组成的立构规整性高分子示意图

1.6.3 共轭双烯聚合物的分子结构

共轭双烯进行链式聚合反应时，所得聚合物的分子结构可能非常复杂。以最简单的共轭双烯——丁二烯的聚合为例，可能形成三种不同的单体单元：

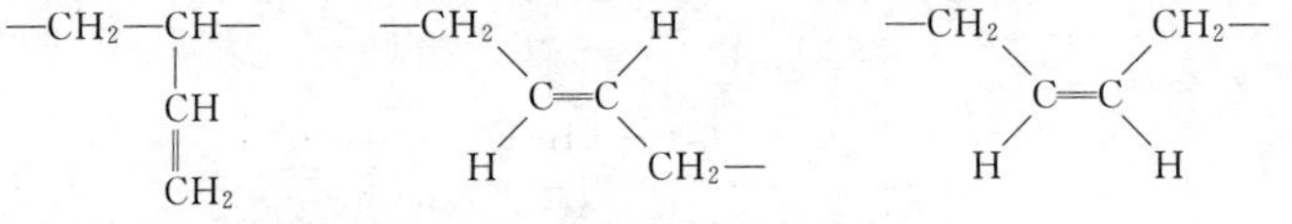

$-CH_2-CH(-CH=CH_2)-$　　　　$-CH_2(H)C=C(H)CH_2-$　　　　$-CH_2(H)C=C(H)CH_2-$

1,2-加成结构　　反式1,4-加成结构　　顺式1,4-加成结构

而异戊二烯聚合时可能形成四种不同的单体单元：

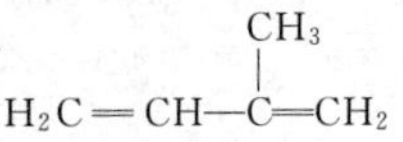

$H_2C=CH-C(CH_3)=CH_2$

异戊二烯

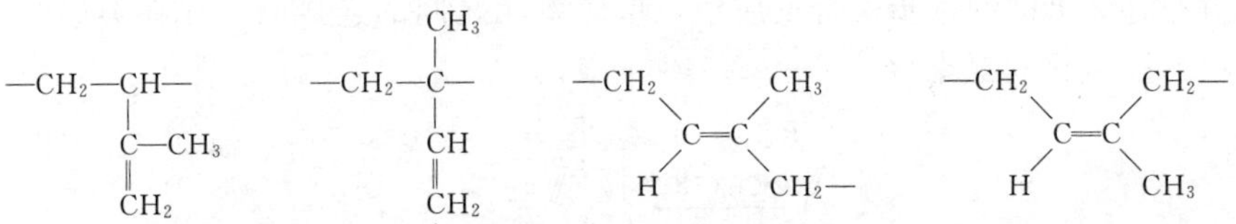

3,4-加成结构　　1,2-加成结构　　反式1,4-加成结构　　顺式1,4-加成结构

1.7 聚合物的分子量与多分散性

聚合物是由许多单个聚合物分子所组成的，即便是化学组成相同的同一种聚合物，其中所含聚合物分子的聚合度也可能不尽相同。很多情况下，聚合物实际上是由多个聚合度不同

的聚合物分子所组成的混合物，这种同种聚合物分子大小不一的特征称为聚合物的多分散性。正因为多分散性聚合物是由多个聚合度不同的聚合物分子所组成的，因此不能用其中某单个聚合物分子的聚合度来描述该种聚合物分子的大小。通常用聚合物中所有聚合物分子聚合度的统计平均值来表征该聚合物的聚合度，称为平均聚合度。平均聚合度可有多种统计方法，最常用的是数均聚合度和重均聚合度。数均聚合度是按分子数统计平均的，通常用 $\overline{X}_n$ 来表示；重均聚合度是按质量统计平均的，通常用 $\overline{X}_w$ 来表示。

假设某一聚合物样品中所含聚合物分子的物质的量为 n(mol)，总质量为 m(g)，其中聚合度为 X_i 的分子物质的量为 n_i(mol)，其所占的数量分数 $N_i=n_i/n$，其质量为 m_i(g)，其质量分数 $w_i=m_i/m$，则 $\sum n_i=n$，$\sum m_i=m$，$\sum N_i=1$，$\sum w_i=1$。那么，该聚合物的数均聚合度就定义为聚合物中聚合度为 X_i 的分子所占的数量分数 N_i 与其聚合度 X_i 乘积的总和，即

$$\overline{X}_n=\sum N_iX_i=\frac{\sum n_iX_i}{\sum n_i}=\frac{\sum n_iX_i}{n}=\frac{\text{单体单元的物质的量}}{\text{聚合物分子的物质的量}}$$

可见，数均聚合度实际上就是每个聚合物分子所含的单体单元的平均数目。

重均聚合度定义为聚合物中聚合度为 X_i 的分子所占的质量分数 w_i 与其聚合度 X_i 的乘积的总和，即

$$\overline{X}_w=\sum w_iX_i=\frac{\sum m_iX_i}{\sum m_i}=\frac{\sum m_iX_i}{m}$$

如果用分子量来描述聚合物分子的大小，则相应地有数均分子量和重均分子量，分别用 $\overline{M}_n$ 和 $\overline{M}_w$ 表示。在上述例子中，为简单起见，假设该聚合物为均聚物，其单体单元的分子量为 M_0，当忽略末端功能基的质量时，聚合度为 X_i 的聚合物分子分子量 $M_i=X_iM_0$，其质量 $m_i=n_iM_i$，则

$$\overline{M}_n=\overline{X}_nM_0=\sum N_iX_iM_0=\frac{\sum n_im_i}{\sum n_i}=\frac{\sum m_i}{\sum n_i}=\frac{m}{n}$$

即该聚合物的数均分子量等于其总质量除以其所含聚合物分子的物质的量。

相应地，重均分子量为

$$\overline{M}_w=\overline{X}_wM_0=\sum w_iX_iM_0=\sum w_iM_i=\frac{\sum m_iM_i}{\sum m_i}=\frac{\sum n_iM_i^2}{\sum n_iM_i}$$

数均聚合度（分子量）对聚合物中聚合度（分子量）较低的部分敏感，即若在聚合物中添加少量聚合度低的聚合物，可导致数均聚合度的明显下降，因为在此情况下单体单元总量的增加不明显，而聚合物分子数增加相对较明显；而重均聚合度（分子量）对聚合度（分子量）较高的部分敏感，即在聚合物中添加少量高聚合度的聚合物可导致聚合物的重均聚合度明显增大，因为增加的聚合物分子数虽然不多，但由于其聚合度大，m_iX_i 的增量大。

通常用重均聚合度（分子量）与数均聚合度（分子量）之比——多分散系数（d）来描述聚合物的多分散程度，即

$$d=\frac{\overline{X}_w}{\overline{X}_n} \quad \text{或} \quad d=\frac{\overline{M}_w}{\overline{M}_n}$$

重均分子量与数均分子量之比有时也称为分子量分布。

举个简单的例子：一聚合物样品中分子量为 10^4 的分子有 10mol，分子量为 10^5 的分子有 5mol，即 $M_1=10^4$，$n_1=10$mol，$M_2=10^5$，$n_2=5$mol，则

$$\overline{M}_n=\sum N_iM_i=\frac{\sum n_iM_i}{\sum n_i}=\frac{n_1M_1+n_2M_2}{n_1+n_2}=\frac{10\times10^4+5\times10^5}{10+5}=4\times10^4$$

$$\overline{M}_w=\sum w_iM_i=\frac{\sum m_iM_i}{\sum m_i}=\frac{\sum n_iM_i^2}{\sum n_iM_i}=\frac{10\times(10^4)^2+5\times(10^5)^2}{10\times10^4+5\times10^5}=8.5\times10^4$$

$$d=\frac{\overline{M}_w}{\overline{M}_n}=\frac{8.5\times10^4}{4\times10^4}=2.1$$

单独用数均分子量或重均分子量都不能准确地反映聚合物的分子量大小，数均分子量相同的聚合物，如果其多分散性不同，重均分子量也不同，甚至差别巨大。因此为了较准确地描述某一聚合物的分子量，通常必须同时给出其数均分子量和重均分子量或多分散系数。聚合物的平均聚合度亦然。

通常所得的聚合物具有多分散性，其多分散系数 $d>1$，若 $d=1$，即聚合物中各个聚合物分子的分子量是相同的，且其化学组成也相同的话，这样的聚合物叫单分散性聚合物。单分散性聚合物可作为研究聚合物结构与性能关系的标样，也常用作凝胶渗透色谱测定聚合物分子量的标样。

1.8 高分子科学简史

高分子科学的发展与人类对高分子材料的需求与利用水平的提高密切相关。人类从来就没有离开过对天然高分子化合物的利用，如食物中的淀粉、蛋白质等，织物用的棉、麻、丝等，以及建筑和制造生产工具用的竹、木等。15 世纪时，美洲玛雅人就已经学会用天然橡胶做容器、雨具等生活用品。19 世纪 40 年代到 20 世纪初，人类开始对天然高分子化合物进行化学改性以提高其使用性能或赋予新的应用。如 1839 年美国人 Charles Goodyear 发明了天然橡胶的硫化，使其由硬度低、遇热发黏软化、遇冷发脆断裂变得在宽温度范围内坚韧而有弹性，大大地提高了天然橡胶的实用价值。1846 年 Schonbein 利用硝酸和硫酸对天然纤维素进行改性制得硝化纤维素，赋予了纤维素新的应用。1869 年 Hyatt 把硝化纤维素、樟脑和乙醇的混合物在高压下加热，得到了人类历史上第一种人工合成塑料——“赛璐珞”；1887 年用硝化纤维素的溶液进行纺丝，制得了人类历史上第一种人造丝。

高分子的发展在 20 世纪初开始进入了人工合成高分子阶段，缩聚反应和自由基聚合相继取得突破，并逐渐建立起高分子科学的理论基础。1907 年 Baekeland 用苯酚与甲醛反应得到人类历史上第一个合成高分子——酚醛树脂。相对于高分子化合物的合成与应用，高分子理论体系的建立明显滞后，在相当长时期内，人们一直把高分子化合物看作是由小分子通过分子间的相互作用聚集而成的“有机胶体”，相互之间并没有共价键形成。直到 1920 年 Staudinger（1953 年诺贝尔化学奖得主）才在其发表的论文中明确提出了高分子概念，指出高分子是由许多小分子通过共价键结合在一起的大分子。1926 年瑞典化学家 Svedberg 等人设计出一种超离心机，并用它测定了蛋白质的分子量，证明其分子量为几万到几百万，从而给 Staudinger 的高分子概念提供了有力的支持，高分子概念从此逐渐被人们广为接受。在此期间，人们在高分子合成上继续取得新的突破。1926 年合成了聚氯乙烯，并于 1927 年实现了工业化生产。1930 年合成了聚苯乙烯。1931 年 Carothers 利用小分子有机化学中熟知的缩合反应通过“逐步”方法合成了聚酰胺-66，并在此基础上建立起了缩聚反应理论，高分子科学理论体系进一步得到丰富。不久，乙烯基单体（$CH_2=CHX$）的自由基聚合理论也逐渐建立。同时 Flory（1974 年诺贝尔化学奖得主）等在高分子溶液理论、高分子分子量测定以及聚合反应原理等方面取得了重大进展，从而奠定了高分子科学发展的坚实基础。到了20世纪50年代，Ziegler-Natta（1963年共同获得诺贝尔化学奖）催化剂研究成功，乙烯的低压聚合和丙烯的定向聚合实现了工业化生产，使高分子工业的发展进入了一个崭新的时代，之后新的聚合方法不断出现，新的高分子品种不断开发，从而进一步促使高分子科学工作者深入地去研究它们的性能，并进一步探索其性能与结构之间的关系，同时进行加工技术和应用的开发。20世纪70年代起不仅继续研究以力学特性为中心的高分子材料，而且还大力开展具有特殊功能高分子材料的研究，一些新的合成方法、表征手段、高新性能的高分子材料等的研究、开发和应用，大大超出了传统高分子的范畴，使高分子学科的发展进入一个崭新时期。期间有重大影响的是白川秀树、Alan G. MacDiarmid和Alan J. Heeger对导电聚合物的发现和发展（获2000年诺贝尔奖），开辟高分子研究的崭新领域，至今方兴未艾。

随着可靠聚合方法的不断发现，加上有关高分子化学、高分子物理和高分子加工等各方面取得的巨大进展，导致并推动了一场材料革命，并且随着高分子科学与生物学、信息学、医学、能源科学等多学科的交叉，这场革命仍在壮大。高分子材料几乎涉及了所有的重大新技术，包括人造血管与皮肤，计算机芯片与集成电路板，信息的显示、贮存和修复，能量的生成、贮存和传输，高温超导材料，靶向和可控释放药物体系，人造康复植入件，宇宙飞船，太阳能、核能利用以及光子学（如光纤）等。高分子材料具有价廉、质轻、强度好、易大量生产、易加工成各种形状、性能可控性高、使用安全等其他材料难以比拟的综合优势，因而高分子产品产量大、品种多、应用广、经济效益高，发展迅猛，在人们的经济和社会生活中占据着越来越重要的地位，渗透到许多的科学技术领域和部门，在现代社会生活中几乎无处不在，在支撑人类社会并推动其发展上起着至关重要的作用[7]。

高分子工业要实现可持续发展必须注意三方面的问题：

（1）原料的可持续性。传统上，大多数工业化的高分子材料都由源于石油资源的单体合成，众所周知，石油资源不可再生，因此从长远和环保要求来看，以可再生资源为原料制备高分子材料将是一个重要方向。如植物油基高分子材料的制备已吸引人们的关注[8]。

（2）高分子产品在生产和应用过程对环境的污染问题。高分子产品在生产和使用过程中的挥发性有机物（VOC）污染已引起世界范围内的广泛关注。为了减少VOC排放，以水作为溶剂或分散介质的水性化产品或者无溶剂的光固化产品替代传统的溶剂型产品是大势所趋，水性化产品在涂料、胶黏剂、油墨等领域的应用将是必然趋势；此外，不使用溶剂的光固化体系也将日益受到重视。

（3）高分子制品在使用完被废弃后对环境的污染问题[9]，如日益为人们所关注的“白色污染”“微塑料污染”等。

要解决这个问题必须在多方面进行努力：①延长使用寿命，减少废弃。这就要求在高分子材料的稳定化技术上取得更大进展，以极大地提高高分子材料在光、热、氧化以及其他环境因素下的稳定性。此外，减少一次性高分子制品的使用对于减少废弃高分子材料具有重要意义，这就要求人们在日常生活中从自身做起，尽量减少一次性高分子制品的使用。②回收再利用。为做好聚合物材料的回收再利用，垃圾分类必不可少。聚合物材料的回收再利用主要包括三方面：a. 将废弃聚合物材料回收后，经过再加工应用于一些对性能要求相对较低的场合；b. 将聚合物降解成单体再聚合循环使用，或将聚合物降解成低聚物或其他石油化工产品用于其他用途，如将聚乙烯降解成低聚物，再经化学改性制备表面活性剂等；c. 将废弃聚合物直接焚烧或者将聚合物降解成为油用作燃料等。③自然降解。通过分子设计，在聚合物分子中引入可在自然环境条件下发生降解的相关结构，这样聚合物材料在废弃后可自然分解回归大自然。

习题

1. 名词解释：重复结构单元，单体单元，聚合度，逐步聚合反应，链式聚合反应，共聚物，均聚物。

2. 写出下列单体的聚合反应方程式、所得聚合物分子的重复结构单元和单体单元，并指明聚合反应属于链式聚合反应还是逐步聚合反应。

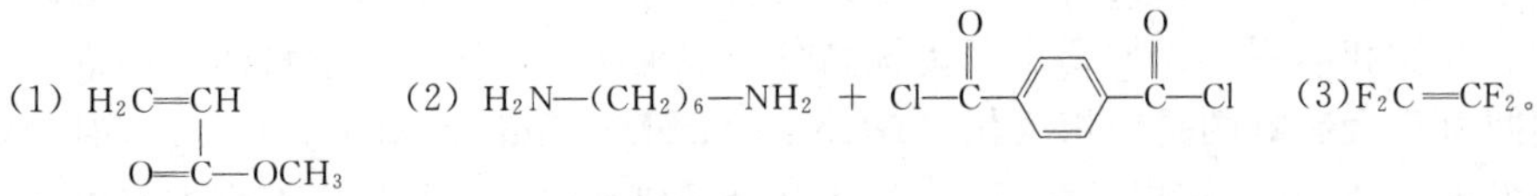

(1) $H_2C{=}CH{-}C({=}O){-}OCH_3$　(2) $H_2N{-}(CH_2)_6{-}NH_2 + Cl{-}C({=}O){-}C_6H_4{-}C({=}O){-}Cl$　(3) $F_2C{=}CF_2$。

3. 分别以（a）对苯二甲酸＋乙二醇和（b）对苯二甲酸二乙二醇酯为单体得到数均聚合度等于 100 的聚合产物，试分别计算产物的数均分子量。

4. 谈谈你对高分子的认识。

5. 如何区分均聚反应与共聚反应？

6. 试根据以下单体的聚合反应特点判断该单体的聚合反应是属于链式聚合反应还是逐步聚合反应，为什么？

反应特点：①该单体在碱作用下形成的烷氨基负离子具有很强的给电子效应，使其对位的酯基团活性显著下降，不能与烷氨基负离子发生聚合反应；②在体系中加入对硝基苯甲酸苯酯，由于其所含苯酯基团为高活性基团，可以与烷氨基负离子反应生成给电子效应明显减弱的酰胺基团，并使中间产物分子中的酯基活化，可与负离子化单体的烷氨基负离子反应生成酰氨基，如此反复进行聚合反应。

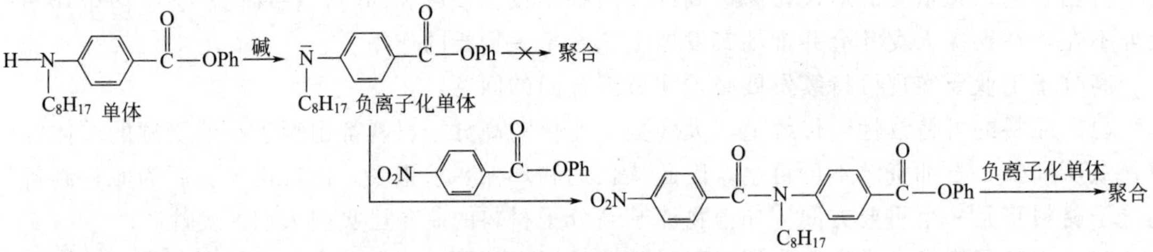

$H{-}N(C_8H_{17}){-}C_6H_4{-}C({=}O){-}OPh$ 单体 $\xrightarrow{碱}$ $\bar{N}(C_8H_{17}){-}C_6H_4{-}C({=}O){-}OPh$ 负离子化单体 $\nrightarrow$ 聚合

$\xrightarrow{O_2N{-}C_6H_4{-}C({=}O){-}OPh}$ $O_2N{-}C_6H_4{-}C({=}O){-}N(C_8H_{17}){-}C_6H_4{-}C({=}O){-}OPh$ $\xrightarrow{负离子化单体}$ 聚合

参考文献

[1] Jenkins A D, Kratochvfl P, Stepto R F T, et al. Glossary of basic terms in polymer science [J]. Pure Appl Chem, 1996, 68: 2287.

[2] Elias H G. An Introduction to Polymer Science [M]. Weinheim: VCH Verlagsgesellschaft mbH, 1997.

[3] Jerome R, Henrioulle-Granville M, Boutevin B, et al. Telechelic polymers: Synthesis, characterization and applications [J]. Prog Polym Sci, 1991, 16: 837.

[4] 邓云祥，刘振兴，冯开才．高分子化学、物理和应用基础 [M]. 北京：高等教育出版社，1997.

[5] Wilks E S. Polymer nomenclature: the controversy between source-based and structure-based representations (a personal perspective) [J]. Prog Polym Sci, 2000, 25: 9.

[6] Pron A, Rannou P. Processible conjugated polymers: from organic semiconductors to organic metals and superconductors [J]. Prog Polym Sci, 2002, 27: 135.

[7] Vogl O, Jaycox G D. 'Trends in Polymer Science': Polymer science in the 21st century [J]. Prog Polym Sci, 1999, 24: 3.

[8] Zhang C, Garrison T F, Madbouly S A, et al. Recent advances in vegetable oil-based polymers and their composites [J]. Prog Polym Sci, 2017, 71: 91.

[9] Azapagic A, Emsley A, Hamerton L. Polymer, the Environment and Sustainable Development [M]. John Wiley & Sons Ltd, 2003.

第2章 逐步聚合

2.1 概述

逐步聚合反应[1-4]在高分子合成中占有非常重要的地位，人类历史上首个实用性的合成高分子便是由苯酚和甲醛通过逐步聚合反应合成的。Carothers 等在脂肪族聚酯以及聚酰胺合成方面的研究不仅揭示了逐步聚合反应的基本原理，建立了逐步聚合反应的理论体系，也为现代高分子科学的发展打下了坚实的基础。

逐步聚合反应可用的单体种类非常丰富，适用的化学反应类型多种多样。与乙烯基单体的链式聚合产物相比，绝大部分的逐步聚合产物在其主链上含有杂原子和/或芳香环，逐步聚合产物通常具有更强的机械性能（包括韧性、硬度等）以及更好的耐热性能，许多高阶的高性能、高附加值聚合物都是由逐步聚合反应合成的。

2.1.1 逐步聚合反应的一般性特征

在逐步聚合反应过程中，聚合物分子是由单体分子以及反应体系中所有聚合中间产物分子之间通过功能基反应生成的。以二元羧酸和二元醇的聚酯化反应为例，其聚合反应过程可示意如下：

$$\mathrm{HOOC{-}R{-}COOH + HO{-}R'{-}OH \longrightarrow \underset{二聚体}{HOOC{-}R{-}COO{-}R'{-}OH} + H_2O}$$

$$\mathrm{HOOC{-}R{-}COO{-}R'{-}OH +} \begin{cases} \mathrm{HOOC{-}R{-}COOH \longrightarrow \underset{三聚体}{HOOC{-}R{-}COO{-}R'{-}OOC{-}R{-}COOH} + H_2O} \\ \mathrm{HO{-}R'{-}OH \longrightarrow \underset{三聚体}{HO{-}R'{-}OOC{-}R{-}COO{-}R'{-}OH} + H_2O} \end{cases}$$

$$\mathrm{2HOOC{-}R{-}COO{-}R'{-}OH \longrightarrow \underset{四聚体}{HOOC{-}R{-}COO{-}R'{-}OOC{-}R{-}COO{-}R'{-}OH} + H_2O}$$

$$\vdots \qquad\qquad\qquad \vdots$$

总的聚合反应方程式：

$$n\mathrm{HOOC{-}R{-}COOH} + n\mathrm{HO{-}R'{-}OH} \longrightarrow \mathrm{HO{+}\overset{O}{\overset{\|}{C}}{-}R{-}\overset{O}{\overset{\|}{C}}{-}OR'O{+}_{\!n}H} + (2n-1)\mathrm{H_2O}$$

首先，单体和单体反应生成二聚体，所得二聚体同样带有反应性功能基（—COOH 和—OH），可继续和单体反应生成三聚体，也可相互反应生成四聚体，依此类推，逐步得到高分子量聚合物。由此不难总结出逐步聚合反应具有以下一些基本特征：①聚合反应是由单体和单体、单体和聚合中间产物以及聚合中间产物分子之间通过功能基反应逐步进行的；②每一步反应都是相同功能基之间的反应，因而每步反应的反应速率常数和活化能都大致相同；③单体以及聚合中间产物分子间能够相互反应生成聚合度更高的产物；④聚合产物的聚合度是逐步增大的。其中聚合体系中单体和单体、单体和聚合中间产物以及聚合中间产物分子之间能相互反应生成聚合度更高的聚合物分子是逐步聚合反应最根本的特征，可作为逐步聚合反应的判据。

2.1.2 逐步聚合反应功能基反应类型

逐步聚合反应根据其基本的功能基反应类型可分为两大类，功能基之间的反应为缩合反应的称为逐步缩聚反应（与后述的链式缩聚反应有区别，参见第7章）；功能基之间的反应为加成反应的称逐步加成聚合反应。

2.1.2.1 逐步缩聚反应类型

常见的逐步缩聚反应类型包括：

（1）聚酯化反应 包括二元醇与二元羧酸、二元酯或二元酰氯等之间的聚合反应，如：

$$n\mathrm{HOOC{-}R{-}COOH} + n\mathrm{HO{-}R'{-}OH} \longrightarrow \mathrm{HO{+}\overset{O}{\overset{\|}{C}}{-}R{-}\overset{O}{\overset{\|}{C}}{-}OR'O{+}_{n}H} + (2n-1)\mathrm{H_2O}$$

（2）聚酰胺化反应 包括二元胺与二元羧酸、二元酯或二元酰氯等之间的聚合反应，如：

$$n\mathrm{Cl{-}\overset{O}{\overset{\|}{C}}{-}R'{-}\overset{O}{\overset{\|}{C}}{-}Cl} + n\mathrm{H_2N{-}R'{-}NH_2} \longrightarrow \mathrm{Cl{+}\overset{O}{\overset{\|}{C}}{-}R{-}\overset{O}{\overset{\|}{C}}{-}NHR'NH{+}_{n}H} + (2n-1)\mathrm{HCl}$$

（3）聚醚化反应 二元醇和二元醇之间的聚合反应，如：

$$n\mathrm{HO{-}R{-}OH} \longrightarrow \mathrm{H{+}OR{+}_{n}OH} + (n-1)\mathrm{H_2O}$$

（4）聚硅氧烷化反应 硅醇之间的缩聚反应，如：

$$n\mathrm{HO{-}\underset{R_2}{\overset{R_1}{Si}}{-}OH} \longrightarrow \mathrm{H{+}O{-}\underset{R_2}{\overset{R_1}{Si}}{+}_{n}OH} + (n-1)\mathrm{H_2O}$$

（5）其他逐步缩聚反应

① 氧化脱氢缩聚反应。如2,6-二甲基苯酚氧化脱氢缩聚生成聚苯醚：

$$n\ \text{(2,6-}(\mathrm{CH_3})_2\mathrm{C_6H_3}\text{)}{-}\mathrm{OH} \xrightarrow[\text{[O]}]{-2ne} \mathrm{{+}(2,6\text{-}(CH_3)_2C_6H_2){-}O{+}_{n}} + 2n\mathrm{H^+}$$

② 过渡金属催化缩聚反应。一些芳香族卤代烃在过渡金属催化剂的作用下，可以和多种化合物发生缩合偶联生成聚合物。该类聚合反应在合成共轭高分子领域具有重要意义。常见的过渡金属催化缩聚反应有如下几种[5]。

Kumada偶联聚合反应：

$$n\mathrm{X{-}Ar{-}X} \xrightarrow[\text{2. Ni(II)}]{\text{1. Mg}} \mathrm{X{+}Ar{+}_{n}X} + (n-1)\mathrm{MgX_2}$$

$$n\mathrm{X{-}Ar{-}ZnX} \xrightarrow{\mathrm{Pd(PPh_3)_4}} \mathrm{X{+}Ar{+}_{n}ZnX} + (n-1)\mathrm{ZnX_2}$$

Heck偶联聚合反应：

$$n\mathrm{X{-}Ar{-}X} + n\,\mathrm{CH_2{=}CH{-}Ar'{-}CH{=}CH_2} \xrightarrow[\text{有机碱}]{\mathrm{Pd(0)}} \mathrm{X{+}Ar{-}CH{=}CH{-}Ar'{-}CH{=}CH{+}_{n}H} + (2n-1)\mathrm{HX}$$

Sonogashira偶联聚合反应：

$$n\mathrm{X{-}Ar{-}X} + n\,\mathrm{HC{\equiv}C{-}Ar'{-}C{\equiv}CH} \xrightarrow[\text{有机碱}]{\mathrm{Pd(PPh_3)_4/CuI}} \mathrm{X{+}Ar{-}C{\equiv}C{-}Ar'{-}C{\equiv}C{+}_{n}H} + (2n-1)\mathrm{HX}$$

Stille偶联聚合反应：

$$n\mathrm{Bu_3Sn{-}Ar{-}SnBu_3} + n\mathrm{X{-}Ar'{-}X} \xrightarrow{\mathrm{Pd(0)}} \mathrm{Bu_3Sn{+}Ar{-}Ar'{+}_{n}X} + (2n-1)\mathrm{Bu_3SnX}$$

Suzuki 偶联聚合反应：

$$nX-Ar-X+n(HO)_2B-Ar'-B(OH)_2 \xrightarrow{Pd(0)} X\leftarrow Ar-Ar' \rightarrow_n B(OH)_2+(2n-1)B(OH)_2X$$

C—N 偶联聚合反应：

$$nX-Ar-X+nH_2N-Ar'-NH_2 \xrightarrow[t\text{-BuONa}]{Pd(0)} X\leftarrow Ar-\overset{H}{N}-Ar' \rightarrow_n NH_2+(2n-1)HX$$

③ 非环双烯的烯烃易位聚合反应（ADMET 聚合）。烯烃在某些金属-卡宾类复合配位催化剂作用下可使双键断裂发生双键再分配反应，称为烯烃易位反应，如：

$$\begin{matrix} R_1-CH=CH-R_2 \\ R_1-CH=CH-R_2 \end{matrix} \xrightarrow{\text{烯烃易位}} \begin{matrix} R_1-CH \\ \| \\ R_1-CH \end{matrix} + \begin{matrix} HC-R_2 \\ \| \\ HC-R_2 \end{matrix}$$

非环双烯单体在金属卡宾催化剂的作用下可通过烯烃易位反应进行聚合反应，其聚合反应机理可示意如下[6]：

双烯单体 $CH_2=CH-R-CH=CH_2$ 与金属卡宾催化剂 [M]═CH—R′配位后形成四元环过渡态，通过烯烃易位反应脱去末端烯烃 $R'-CH=CH_2$，形成新的金属卡宾 [M]═$CH-R-CH=CH_2$，再与双烯单体发生烯烃易位反应生成聚合中间产物和新的金属卡宾 [M]═CH_2，[M]═CH_2 再与双烯单体或中间产物发生烯烃易位反应脱去乙烯，如此反复进行聚合反应，聚合反应的小分子副产物为乙烯，总的反应结果可简单示意如下：

$$n\ \text{CH}_2{=}\text{CH}{-}R{-}\text{CH}{=}\text{CH}_2 \xrightarrow{\text{金属卡宾}} \leftarrow\!\text{CH}{=}\text{CH}{-}R\!\rightarrow_n + (n-1)H_2C=CH_2$$

缩聚反应的一个共同特点是在生成聚合物分子的同时，伴随有小分子副产物的生成，如 H_2O、HCl、ROH 等。在书写这类聚合物的结构式时，一般要求其重复结构单元的表达式必须反映功能基反应机理，如聚酯化反应时，其反应机理是如下式所示的羧基和羟基之间的脱水反应，羧基失去的是—OH，羟基失去的是—H：

$$HO-\overset{O}{\overset{\|}{C}}-R-\overset{O}{\overset{\|}{C}}-\boxed{OH\ \ H}O-R'-OH$$

因此，聚酯分子结构式更准确的表达式应为（a），而不是式（b）。

$$HO\leftarrow\overset{O}{\overset{\|}{C}}-R-\overset{O}{\overset{\|}{C}}-OR'O\rightarrow_n H \qquad H\leftarrow O-\overset{O}{\overset{\|}{C}}-R-\overset{O}{\overset{\|}{C}}-OR'\rightarrow_n OH$$

(a)　　　　(b)

2.1.2.2　逐步加成聚合反应类型

（1）重键加成逐步聚合反应　指的是一些含活泼氢功能基的亲核化合物与含亲电不饱和

功能基的亲电化合物之间的逐步加成聚合反应。其中含活泼氢的功能基主要有—NH_2、—NH、—OH、—SH、—SO_2H、—COOH、—SiH 等；亲电不饱和功能基主要为一些连二双键和三键以及环氧基团等，如—C═C═O、—N═C═O、—N═C═S、—C≡C—、—C≡N 以及带吸电子取代基的烯烃等。

如二异氰酸酯和二羟基化合物的聚合反应即为典型的重键加成逐步聚合反应，聚合反应通过异氰酸酯基和羟基的加成反应进行：

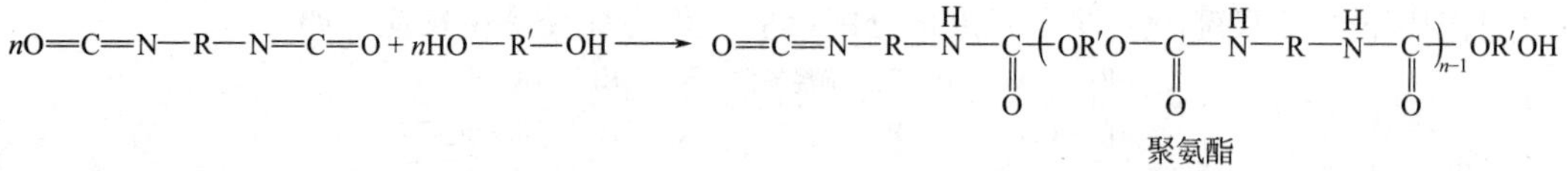

$$n\mathrm{O{=}C{=}N{-}R{-}N{=}C{=}O} + n\mathrm{HO{-}R'{-}OH} \longrightarrow \mathrm{O{=}C{=}N{-}R{-}NH{-}C({=}O)}\!\left[\mathrm{OR'O{-}C({=}O){-}NH{-}R{-}NH{-}C({=}O)}\right]_{n-1}\mathrm{OR'OH}$$

聚氨酯

再如 Michael 加成逐步聚合反应[7]，是指带各种亲核基团的单体（Michael 加成反应给体）与活化的烯烃或炔烃（Michael 加成反应受体）之间的逐步加成聚合反应。常见的 Michael 加成反应受体为带吸电子取代基或共轭共振稳定作用取代基的烯烃和炔烃，包括（甲基）丙烯酸酯、丙烯腈、丙烯酰胺、马来酰亚胺、乙烯基砜、乙烯基酮、α,β-不饱和醛、乙烯基磷酸酯等；常见的 Michael 加成反应给体单体带—NH_2、—NH、—SH 和—PH 等功能基。典型的 Michael 加成逐步聚合反应包括：

① 双丙烯酰胺与双胺聚合生成聚酰胺-胺 [poly(amido amine)]：伯胺含两个活泼氢相当于含两个—NH 基团。

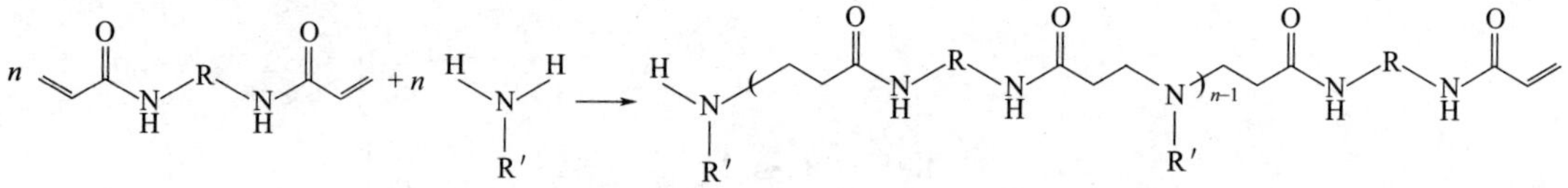

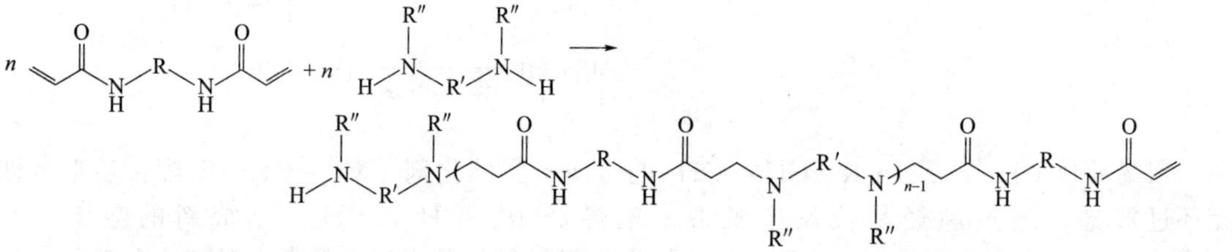

② 双 α,β-不饱和酸酯（如双丙烯酸酯）与双胺聚合生成聚氨基酯 [poly(amino ester)]，如：

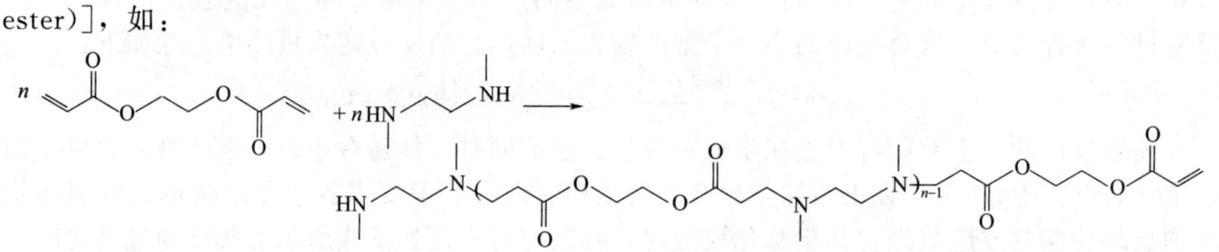

③ 双 α,β-不饱和酸酯与硫化氢或双硫醇聚合生成聚酯硫醚 [poly(ester sulfide)]，如：

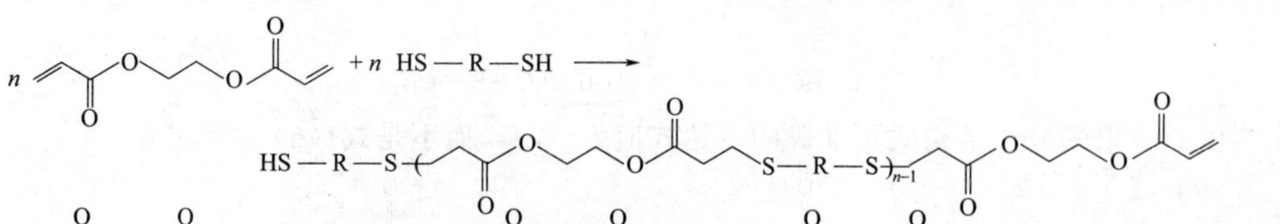

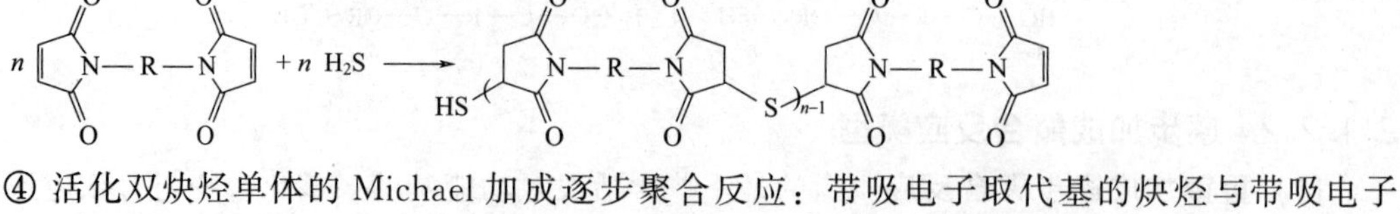

④ 活化双炔烃单体的 Michael 加成逐步聚合反应：带吸电子取代基的炔烃与带吸电子

取代基的烯烃相似，也能发生 Michael 加成反应，如：

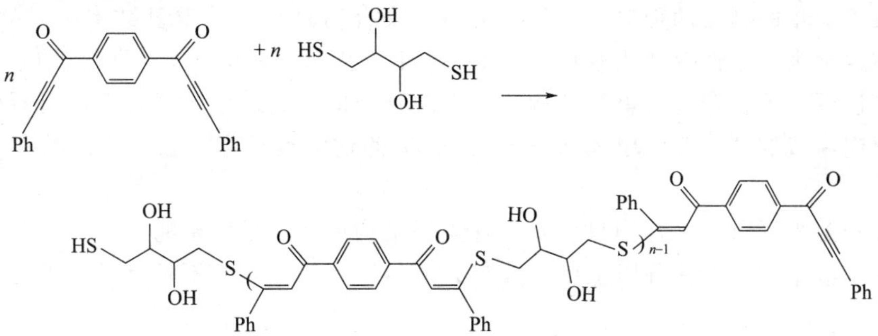

$$n\ PhC{\equiv}C-CO-C_6H_4-CO-C{\equiv}CPh + n\ HS-CH_2-CH(OH)-CH(OH)-CH_2-SH \longrightarrow$$

$$HS-CH_2-CH(OH)-CH(OH)-CH_2-S-\!\!\!\left[C(Ph){=}CH-CO-C_6H_4-CO-CH{=}C(Ph)-S-CH_2-CH(OH)-CH(OH)-CH_2-S\right]_{n-1}\!\!-C(Ph){=}CH-CO-C_6H_4-CO-C{\equiv}CPh$$

Michael 加成逐步聚合反应通常具有以下特点：反应条件温和、对功能基容忍度高、可选单体种类多、反应程度高、反应速率快、易得到高分子量聚合产物。

（2）Diels-Alder 加成聚合　为了得到高分子量的聚合产物，要求单体分子中至少含有三个双键，其中一对为共轭双键。如乙烯基丁二烯的聚合：

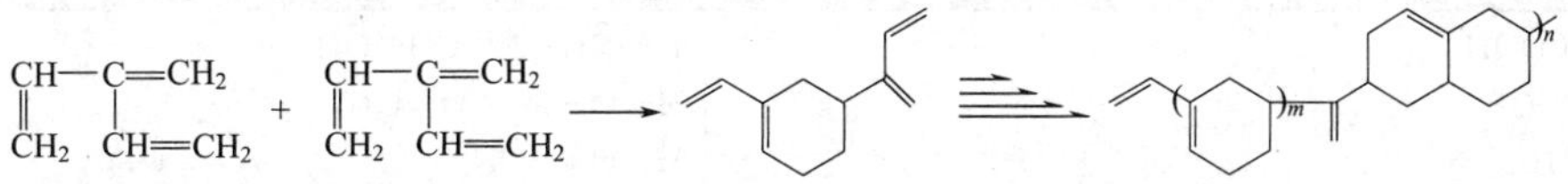

$$CH_2{=}CH-C({=}CH_2)-CH{=}CH_2 + CH_2{=}CH-C({=}CH_2)-CH{=}CH_2 \longrightarrow \cdots \Longrightarrow \cdots$$

需要指出的是，该单体聚合时因为可以以不同的方式参与聚合反应，虽然表面上看只有一种单体，但其可以扮演多个单体角色，得到的聚合物严格意义上是共聚物。

除此以外，还有自由基转移逐步聚合反应等，如二苯基甲烷在叔丁基过氧化物作用下的聚合反应历程可示意如下：

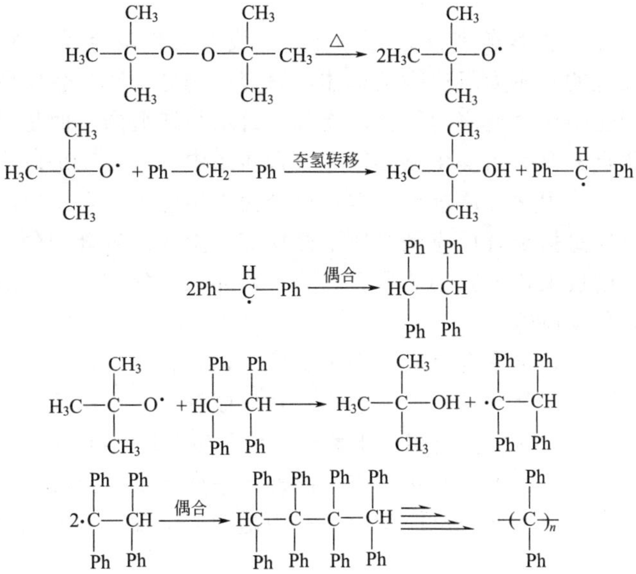

$$(CH_3)_3C-O-O-C(CH_3)_3 \xrightarrow{\triangle} 2(CH_3)_3C-O\cdot$$

$$(CH_3)_3C-O\cdot + Ph-CH_2-Ph \xrightarrow{\text{夺氢转移}} (CH_3)_3C-OH + Ph-\dot{C}H-Ph$$

$$2Ph-\dot{C}H-Ph \xrightarrow{\text{偶合}} Ph_2CH-CHPh_2$$

$$(CH_3)_3C-O\cdot + Ph_2CH-CHPh_2 \longrightarrow (CH_3)_3C-OH + \cdot CPh_2-CHPh_2$$

$$2\cdot CPh_2-CHPh_2 \xrightarrow{\text{偶合}} Ph_2CH-CPh_2-CPh_2-CHPh_2 \Longrightarrow -[CPh_2]_n-$$

与逐步缩聚反应不同，逐步加成聚合反应没有小分子副产物生成。

2.1.3　逐步聚合反应的分类

逐步聚合反应的分类可有多种角度。

（1）根据参与聚合反应的单体数目和种类进行分类，以缩聚反应为例，可分为均缩聚反应、混缩聚反应和共缩聚反应。

均缩聚反应指的是只有一种单体参与的缩聚反应，其重复结构单元只含一种单体单元，其单体结构可以是 X—R—Y，聚合反应通过 X 和 Y 的相互反应进行，如由氨基酸单体合成聚酰胺，也可以是X—R—X，聚合反应通过X之间的相互反应进行，如由二元醇合成聚醚。

混缩聚反应指的是由两种单体参与，但所得聚合物只有一种重复结构单元的缩聚反应，其起始单体通常为对称性双功能基单体，如X—R—X和Y—R′—Y，聚合反应通过X和Y的相互反应进行，聚合产物的重复结构单元由两种单体单元构成，聚合反应可看作是由两种单体相互反应生成的“隐含”单体X—R—R′—Y的均缩聚反应，如二元羧酸和二元醇的聚酯化反应。

均缩聚和混缩聚所得聚合物只含有一种重复结构单元，是均聚物。

共缩聚反应指的是由两种以上单体参与，所得聚合物分子中不具有唯一重复结构单元的缩聚反应。

表2-1列举了几种均缩聚、混缩聚和共缩聚体系在单体组成、聚合物结构上的差异。

表 2-1 均缩聚、混缩聚和共缩聚

单体组成	聚合物结构	缩聚反应类型
$H_2N—R—COOH$ HO—R—COOH HO—R—OH	$H{+}NH—R—CO{+}_nOH$ $H{+}O—R—CO{+}_nOH$ $H{+}OR{+}_nOH$	均缩聚
HO—R—OH+HOOC—R′—COOH $H_2N—R—NH_2$+HOOC—R′—COOH	$H{+}ORO—OCR'CO{+}_nOH$ $H{+}NH—R—NH—OCR'CO{+}_nOH$	混缩聚
mHO—R—COOH+nHO—R′—COOH mHO—R″—OH+nHO—R—OH+$(m+n)$HOOC—R′—COOH	$H{+}ORCO{+}_m{+}OR'CO{+}_nOH$ $H{+}OROOCR'CO{+}_n{+}OR''OOCR'CO{+}_mOH$	共缩聚

（2）按聚合产物分子链形态进行分类，可分为线型逐步聚合反应和非线型逐步聚合反应。线型逐步聚合反应的单体为双功能基单体，聚合产物分子链只会向两个方向增长，生成线型高分子。非线型逐步聚合反应的聚合产物分子链不是线型的，而是支化或交联的，即聚合物分子中含有支化点，要引入支化点必须在聚合体系中加入含三个以上功能基的单体。

（3）根据聚合反应热力学性质进行分类，可分为平衡逐步聚合反应和不平衡逐步聚合反应。平衡逐步聚合反应是指聚合反应是可逆平衡反应，生成的聚合物分子可被反应体系中伴生的小分子副产物降解成聚合度减小的聚合物分子，如二元酸和二元醇的聚酯化反应、二元酸和二元胺的聚酰胺化反应等。

不平衡逐步聚合反应是指聚合反应为不可逆反应，聚合反应过程中不存在可逆平衡的反应，如氧化脱氢缩聚反应、某些重键加成逐步聚合反应等。当平衡逐步聚合反应的平衡常数足够高时（$K \geqslant 10^4$），其降解逆反应相对于聚合反应可以忽略，也可看作是非平衡逐步聚合反应，如二元酰氯和二元胺的聚酰胺化反应。此外，平衡逐步聚合反应依反应条件的不同也可以以不平衡方式进行，如在聚合反应实施过程中随时除去聚合反应伴生的小分子副产物，使可逆反应失去条件。

2.1.4 单体功能度与平均功能度

逐步聚合反应的单体分子要求至少含有两个以上的功能基或反应点，单体分子所含的能够参与聚合反应的功能基或反应点的数目称为单体功能度（f）。单体功能度决定了聚合产物分子链的形态。当$f=2$时，聚合反应中分子链向两个方向增长，得到线型聚合物；当$f>2$时，分子链将向多个方向增长，得到支化甚至交联的聚合物。一般情况下，单体功能度就等于单体分子所含功能基或反应点的数目，如乙二醇含有两个羟基，其$f=2$；2,6-二甲基苯酚氧化脱氢聚合时，是由其酚羟基及其对位上的H参与聚合反应，即含有一个功能

基和一个反应点，因而其 $f=2$。但需注意的是，有些单体分子所含的功能基或反应点实际上参与聚合反应的数目与反应条件有关，如丙三醇和邻苯二甲酸酐反应制备醇酸树脂时，当反应程度较低时，由于伯羟基的活性比仲羟基的活性高，实际上参与聚合反应的只有两个伯羟基，得到的是线型聚合物，此时丙三醇的 $f=2$，当继续反应时，仲羟基也可参与聚合反应，此时丙三醇的 $f=3$，得到的是支化甚至交联的聚合物。

平均功能度是指聚合反应体系中实际上能参与聚合反应的功能基数相对于体系中单体分子总数的平均值，用 $\overline{f}$ 表示。单体功能度是针对单个的单体，而平均功能度则是针对某个聚合体系。$\overline{f}$ 可分两种具体情况来计算，假设体系含 A、B 两种功能基，其数目分别为 n_A 和 n_B，则：

① 当 $n_A=n_B$时，所有 A 功能基和 B 功能基都能参与聚合反应，因此 $\overline{f}$ 等于体系中功能基总数相对于单体分子总数的平均值，即

$$\overline{f}=\sum N_i f_i/\sum N_i$$

式中，N_i 表示功能度为 f_i 的单体分子数，下同。

② 当 $n_A \neq n_B$时，由于体系中多余的功能基并不会参与聚合反应，实际上能参与聚合反应的功能基是量少功能基数目的两倍，因此 $\overline{f}$ 等于量少的功能基总数乘以 2 再除以全部的单体分子总数。假设 $n_A < n_B$，则

$$\overline{f}=2\sum N_A f_A/\sum N_i$$

下面是几个 $\overline{f}$ 计算的实例：

① 2mol 丙三醇/3mol 邻苯二甲酸体系中，$n_{OH}=n_{COOH}=6\text{mol}$，因此

$$\overline{f}=\sum N_i f_i/\sum N_i=(2\times3+3\times2)/(2+3)=2.4$$

② 2mol 丙三醇/2mol 邻苯二甲酸/2mol 苯甲酸体系中，$n_{OH}=n_{COOH}=6\text{mol}$，因此

$$\overline{f}=\sum N_i f_i/\sum N_i=(2\times3+2\times2+2\times1)/(2+2+2)=2.0$$

③ 2mol 丙三醇/5mol 邻苯二甲酸体系中，$n_{OH}=2\times3=6\text{mol}$，$n_{COOH}=5\times2=10\text{mol}$，$n_{OH}<n_{COOH}$，因此

$$\overline{f}=2\sum N_{OH}f_{OH}/\sum N_i=2\times(2\times3)/(2+5)=1.71$$

④ 0.1mol 丙三醇/0.9mol 乙二醇/1mol 邻苯二甲酸体系中，$n_{OH}=0.1\times3+0.9\times2=2.1\text{mol}$，$n_{COOH}=1\times2=2\text{mol}$，$n_{COOH}<n_{OH}$，因此

$$\overline{f}=2\sum N_{COOH}f_{COOH}/\sum N_i=2\times(1\times2)/(0.1+0.9+1)=2.0$$

在随后的章节里，将看到平均功能度不仅对聚合产物的分子链形态，而且对聚合产物的聚合度等都具有显著的影响。

2.2　线型逐步聚合反应

线型逐步聚合反应要求参与反应的单体只含两个功能基（即双功能基单体），聚合产物分子链只会向两个方向增长，生成线型高分子。由于其聚合产物的分子形态是确定的，产物的化学组成取决于单体，因此线型逐步聚合反应的主要控制要素是产物聚合度和末端基团。

2.2.1　线型逐步聚合反应产物的聚合度

线型逐步聚合产物聚合度的影响因素是多方面的，包括化学计量、动力学和热力学参数以及聚合反应的实施方法等。

2.2.1.1 聚合度与功能基摩尔比、反应程度的关系（化学计量）

以 AA+BB 型单体聚合体系为例，假设起始 A、B 两种功能基的物质的量分别为 N_A 和 N_B，反应到 t 时刻时，未反应的 A 功能基的物质的量为 N'_A，未反应的 B 功能基的物质的量为 N'_B。定义功能基摩尔比和反应程度：

$$功能基摩尔比(r)=\frac{起始的\ A(或\ B)功能基的物质的量\ N_A(或\ N_B)}{起始的\ B(或\ A)功能基的物质的量\ N_B(或\ N_A)} \quad (规定\ r\leqslant 1)$$

$$反应程度(p)=\frac{已反应的\ A(或\ B)功能基的物质的量}{起始的\ A(或\ B)功能基的物质的量}$$

假设 $N_B \geqslant N_A$，则 $r=N_A/N_B$，未反应的 A 功能基物质的量 $N'_A=N_A-N_Ap=N_A(1-p)$。由于 A 功能基和 B 功能基成对参与反应，即已反应的 A 功能基物质的量等于已反应的 B 功能基物质的量，因此未反应的 B 功能基物质的量 $N'_B=N_B-N_Ap=N_B(1-rp)$。

根据数均聚合度的定义，由于每个单体分子在聚合反应完成后都会相应地转化为一个单体单元，因此：

$$\overline{X}_n=\frac{单体单元的物质的量}{聚合物分子的物质的量}=\frac{起始\ AA\ 和\ BB\ 单体分子总的物质的量}{生成的聚合物分子的物质的量}$$

由于每个单体分子含有两个功能基，因而起始的 AA 单体和 BB 单体分子总的物质的量为 $(N_A+N_B)/2$；当忽略聚合反应过程中的分子链环化反应时，每个线型聚合物分子总含两个未反应的末端功能基，因此生成的聚合物分子总的物质的量就等于未反应功能基总的物质的量的一半，即 $(N'_A+N'_B)/2$，因此

$$\overline{X}_n=\frac{(N_A+N_B)/2}{(N'_A+N'_B)/2}=\frac{N_B(1+r)}{N_A(1-p)+N_B(1-rp)}$$

整理可得

$$\overline{X}_n=\frac{1+r}{1+r-2rp} \tag{2-1}$$

由聚合物的 $\overline{X}_n$ 和单体单元的分子量，可以计算得到聚合物的数均分子量 $\overline{M}_n$。对于类似均缩聚反应那样只有一种单体参与的逐步聚合反应，由于聚合物分子中只含有一种单体单元，因而产物的 $\overline{M}_n=M_0\overline{X}_n$（$M_0$为单体单元的分子量，忽略末端基团）；对于类似混缩聚反应那样由两种单体参与的逐步均聚合反应，由于聚合物分子中含有两种单体单元，当聚合度足够高时，可忽略末端结构，则两单体单元的数目相等，均等于聚合度$\overline{X}_n$ 的一半，因此聚合物的 $\overline{M}_n$与两种单体单元分子量 M_1 和 M_2 的关系如下（忽略末端基团）：

$$\overline{M}_n=\frac{\overline{X}_n}{2}M_1+\frac{\overline{X}_n}{2}M_2=\overline{X}_n\ \frac{M_1+M_2}{2}$$

对于类似于共缩聚反应那样的逐步共聚合反应，假设体系中有 i 种单体，平均每个高分子中所含的第 i 种单体单元数为 X_i（$\overline{X}_n=\sum X_i$），则聚合物的数均分子量为

$$\overline{M}_n=\sum X_iM_i$$

式中，M_i 为第 i 种单体单元的分子量。

由式(2-1) 可见，线型逐步聚合反应产物的数均聚合度与单体的功能基摩尔比和反应程度有密切关系，以下分别考察反应程度和功能基摩尔比对产物聚合度的影响。

(1) 反应程度对聚合度的影响 反应程度是反应过程中功能基的转化程度，与单体转化率是两个不同的概念，如当体系中所有单体都两两反应生成二聚体时，单体转化率为100%，但却只有一半功能基已反应，反应程度只有 0.5。在逐步聚合反应过程中，绝大部

分单体在很短时间内就相互反应生成低聚体，因而单体转化率在短时间内迅速达到某一极限值，随着聚合反应的进行，单体转化率不再有大的变化（如图 2-1），但反应程度则随反应时间逐渐增大。

为了更直观地考察反应程度对聚合产物聚合度的影响，假设聚合时以等功能基摩尔比投料，即 $r=1$，则式(2-1) 可简化为

$$\overline{X}_{n}=\frac{1}{1-p} \tag{2-2}$$

将一系列的 p 值代入式(2-2)，可得到相应的 $\overline{X}_{n}$：

p	0.500	0.750	0.900	0.980	0.990	0.999
$\overline{X}_{n}$	2	4	10	50	100	1000

以 $\overline{X}_{n}$ 对 p 作图可得到 $\overline{X}_{n}$ 随 p 的变化曲线，如图 2-2。

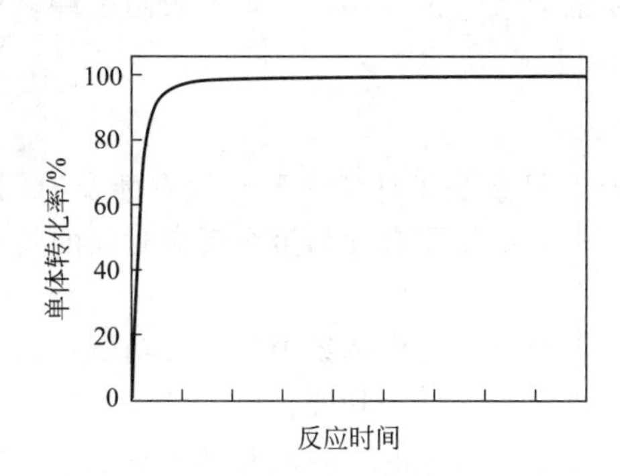

图 2-1　逐步聚合反应单体转化率-反应时间曲线

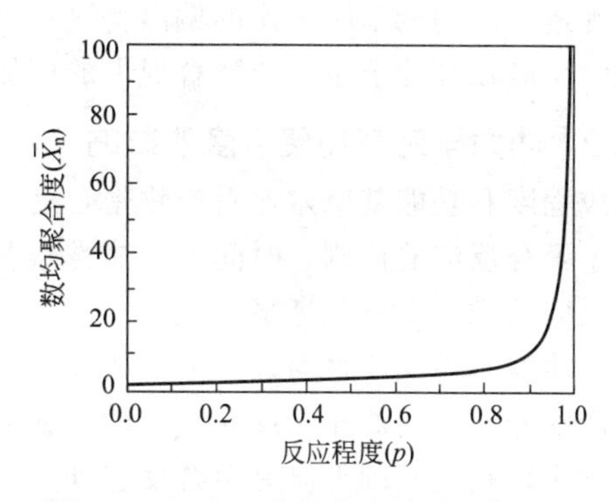

图 2-2　逐步聚合反应产物数均聚合度（$\overline{X}_{n}$）随反应程度（p）的变化曲线

可见随着反应程度 p 的增加，聚合产物的 $\overline{X}_{n}$ 逐步增加，并且反应程度越高时，$\overline{X}_{n}$ 随反应程度的增长速率越快。为了得到高分子量的聚合产物，必须保证聚合反应达到高的反应程度。

从反应程度对产物聚合度的影响还可以看出聚合反应与一般小分子有机反应的不同特性。对于通常的小分子有机化学反应，若转化率能达 90%，应是非常不错的了，但对于逐步聚合反应，反应程度为 0.9，意味着聚合产物的聚合度仅为 10，而通常聚合物的聚合度至少必须达到 50～100 才具有实际应用价值，这就要求聚合反应的反应程度必须＞0.98。因此，虽然理论上能够在两分子间形成稳定共价键连接的有机化学反应都可用于聚合反应，但是为了获得高分子量的聚合物，只有那些能够定量进行的有机化学反应才有价值。

(2) 功能基摩尔比对聚合度的影响　为了更直观地考察功能基摩尔比对聚合产物聚合度的影响，假设反应程度 $p=1$，则式(2-1) 可简化为

$$\overline{X}_{n}=\frac{1+r}{1-r} \tag{2-3}$$

由式(2-3) 可得不同 r 时产物的 $\overline{X}_{n}$：

r	0.500	0.750	0.900	0.980	0.990	0.999
$\overline{X}_{n}$	3	7	19	99	199	1999

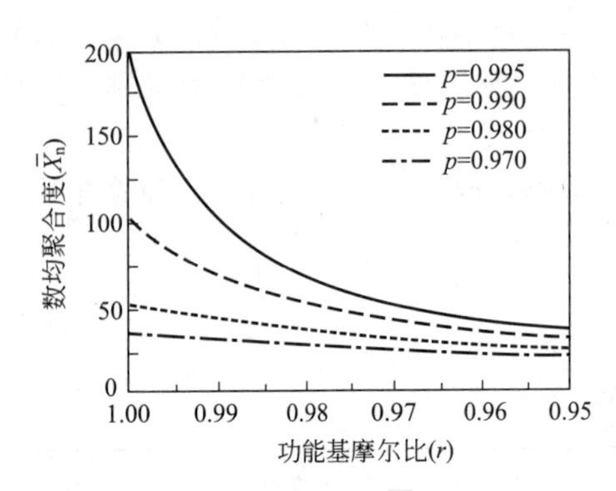

图 2-3 不同反应程度下 $\overline{X}_n$ 与 r 的关系

可见，r 越接近 1，聚合产物的 $\overline{X}_n$ 越大，r 越偏离 1，所得聚合物的 $\overline{X}_n$ 越小。r 对 1 的稍微偏离都可导致聚合产物的 $\overline{X}_n$ 显著降低，如当 r 由 0.999 降低到 0.99 时，虽然 r 的变化不到 1%，但 $\overline{X}_n$ 却由 1999 降低到了 199，降低为原来的 1/10。

图 2-3 为不同反应程度下，r 对产物 $\overline{X}_n$ 的影响。可见，要求的产物聚合度越高，对功能基等摩尔比要求越严格。因此，为了得到高分子量的聚合产物，除了必须保证高反应程度外，还必须尽可能地保证聚合体系功能基摩尔比等于 1。这对单体的纯度、投料时称量的准确性都提出了非常严格的要求，并且要求聚合反应过程中尽可能地避免因单体蒸发、升华以及功能基的副反应等造成的功能基摩尔比的偏离。这些严格的要求，也在一定程度上限制了许多小分子有机化学反应在高分子量聚合物合成上的应用。

2.2.1.2 动力学对产物聚合度的影响

反应程度和功能基摩尔比对产物聚合度的影响只涉及了计量因素，没有涉及时间因素，但是对于聚合反应的控制，时间因素非常重要。聚合产物聚合度与聚合反应时间的关系需要从聚合反应的动力学进行考察。

(1) 功能基等反应性假设 如前所述，逐步聚合反应是由体系中所有带功能基的单体以及中间产物分子之间的相互反应组成的，如果严格区分的话，其聚合反应过程中包含了无数不同的反应，在此基础上研究聚合反应动力学几乎是不可能的，因此有必要对聚合反应过程作一些合理的简化。为此提出了“功能基等反应性假设”：双功能基单体的两功能基反应性能相等，且不管其中一个是否已反应，另一个功能基的反应性能保持不变；功能基的反应性能与其连接的聚合物链的长短无关。

这种“功能基等反应性假设”得到了许多实验结果的支持。例如，表 2-2 所列为下式所示的不同分子量同系物羧酸与乙醇酯化反应的反应速率常数：

$$H\leftarrow CH_2 \rightarrow_x COOH + C_2H_5OH \xrightarrow{HCl} H\leftarrow CH_2 \rightarrow_x COOC_2H_5 + H_2O$$

由表可见，只有当羧酸的分子量较小时，其分子量的增加才会导致反应活性有较明显的下降，当 $x \geqslant 3$ 时，酯化反应的反应速率常数就基本保持恒定，与羧酸分子的大小无关。

表 2-2 同系物羧酸与乙醇酯化反应的速率常数[4]

羧酸分子大小(x)	$k\times10^4$/[(L/(mol·s)]	羧酸分子大小(x)	$k\times10^4$/[(L/(mol·s)]
1	22.1	9	7.4
2	15.3	11	7.6
3	7.5	13	7.5
4	7.5	15	7.7
5	7.4	17	7.7
8	7.5		

逐步聚合反应功能基等反应性假设更直接的证据来源于二元醇同系物和癸二酰氯的聚合反应：

$$HO(CH_2)_xOH + Cl—OC(CH_2)_8CO—Cl \xrightarrow{-HCl} \text{⁅}O(CH_2)_xOCO(CH_2)_8CO\text{⁆}_n$$

由表 2-3 同样可见，在实验误差范围内，聚合反应速率常数的大小与二元醇分子大小无关。

表 2-3 癸二酰氯和二元醇同系物 $HO(CH_2)_xOH$ 的聚酯化反应速率常数[4]

二元醇分子大小(x)	$k\times10^3$/[(L/(mol·s)]
5	0.60
6	0.63
7	0.65
8	0.62
9	0.65
10	0.62

(2) 逐步聚合反应动力学 依据功能基等反应性假设，就可以将逐步聚合反应的动力学处理大大简化。以二元醇和二元羧酸的聚酯化反应为例，聚合反应就可以简化为羧基和羟基之间的酯化反应：

$$\sim\sim COOH + HO\sim\sim \ + HA \longrightarrow \sim\sim \overset{\overset{O}{\|}}{C}—O\sim\sim \ + H_2O + HA$$

(HA 为酸催化剂)

这样，就可以把聚合反应的动力学处理等同于小分子反应。当聚合反应速率 R_p 以—COOH 的消耗速率来描述时，可表达为

$$R_p = -\frac{d[COOH]}{dt} = k[COOH][OH][HA] \tag{2-4}$$

式中，[COOH]、[OH] 和 [HA] 分别代表羧基、羟基和酸催化剂的浓度；k 为反应速率常数。

根据体系中酸催化剂的不同，可分为自催化聚合反应和外加催化剂聚合反应两种情形。

① 自催化聚合反应。体系中不外加酸催化剂，二元酸单体自身起催化剂的作用，此时，式(2-4) 中的 [HA]=[COOH]，因此

$$R_p = -\frac{d[COOH]}{dt} = k[COOH]^2[OH] \tag{2-5}$$

当以等功能基摩尔比进行投料时，[COOH]=[OH]，设其浓度等于 [M]，则式(2-5) 可转换为

$$-\frac{d[M]}{dt} = k[M]^3 \tag{2-6}$$

说明自催化聚酯化反应总体表现为三级反应。

设羧基（或羟基）的起始（$t=0$ 时）浓度为 $[M]_0$，式(2-6) 积分后可得

$$2kt = \frac{1}{[M]^2} - \frac{1}{[M]_0^2} \tag{2-7}$$

式中，[M] 为 t 时刻未反应的羧基（或羟基）浓度。

设 t 时刻的反应程度为 p，则

$$[M] = [M]_0 - [M]_0 p = [M]_0(1-p) \tag{2-8}$$

式(2-7) 和式(2-8) 联立可得

$$\frac{1}{(1-p)^2}=2[\mathrm{M}]_0^2kt+1 \tag{2-9}$$

结合式(2-2) 可得

$$\overline{X}_n^2=2[\mathrm{M}]_0^2kt+1 \tag{2-10}$$

即 $\overline{X}_n$ 的平方与反应时间成正比。图 2-4 为二乙二醇醚和己二酸自催化聚合反应产物数均聚合度与反应时间的关系曲线，可见，虽然聚合度随反应时间增大，但增长速率较缓慢，而且随着聚合反应进行，增长速率逐渐减慢。

② 外加催化剂聚合反应。如果在聚合体系中外加强酸（如硫酸、对甲苯磺酸等）作为催化剂，由于催化剂在聚合反应过程中的浓度保持不变，即式(2-4) 中的 [HA] 为常数，假设 $k[\mathrm{HA}]=k'$，代入式(2-4) 得

$$R_p=-\frac{\mathrm{d}[\mathrm{COOH}]}{\mathrm{d}t}=k'[\mathrm{COOH}][\mathrm{OH}] \tag{2-11}$$

当以等功能基摩尔比进行投料时，[COOH]=[OH]=[M]，代入式(2-11) 得

$$-\frac{\mathrm{d}[\mathrm{M}]}{\mathrm{d}t}=k'[\mathrm{M}]^2 \tag{2-12}$$

可见，外加酸催化剂时，聚合反应为二级反应。将式(2-12) 积分可得

$$k't=\frac{1}{[\mathrm{M}]}-\frac{1}{[\mathrm{M}]_0} \tag{2-13}$$

将式(2-8) 代入式(2-13)，与式(2-2) 联立可得

$$\overline{X}_n=[\mathrm{M}]_0k't+1 \tag{2-14}$$

可见，$\overline{X}_n$ 随反应时间 t 线性增长。图 2-5 为对甲苯磺酸催化的二乙二醇醚和己二酸聚合反应产物数均聚合度与反应时间的关系曲线，与图 2-4 相比，外加催化剂时，产物聚合度的增长速率比自催化体系明显快得多。

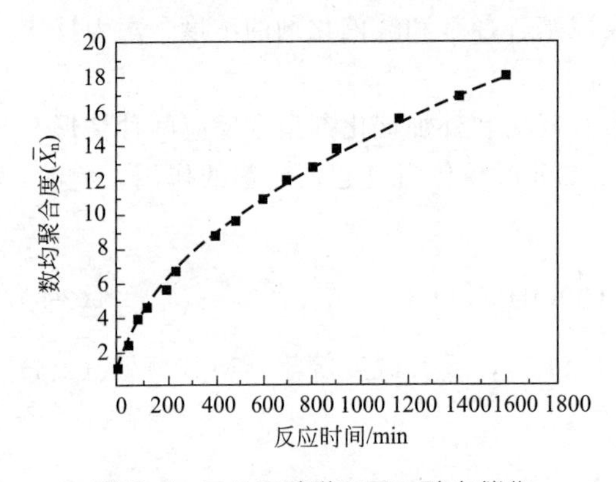

图 2-4 二乙二醇醚和己二酸自催化聚合反应产物 $\overline{X}_n$ 与反应时间的关系曲线

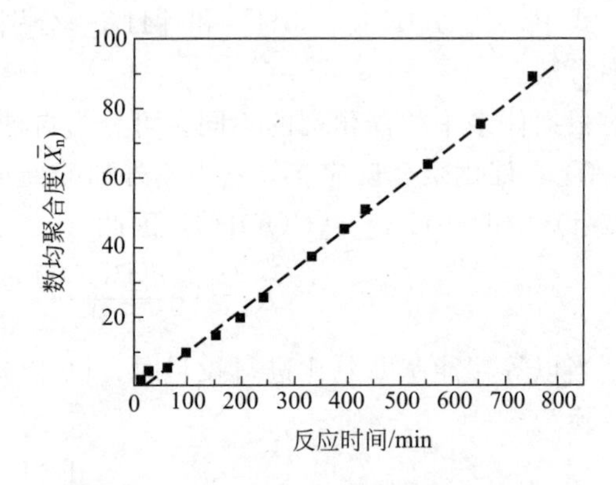

图 2-5 外加酸催化二乙二醇醚与己二酸聚合反应产物 $\overline{X}_n$ 与反应时间的关系曲线

（反应温度：109℃；外加酸：摩尔分数为 0.4%的对甲苯磺酸）

由自催化聚合反应和外加催化剂聚合体系的比较可见，逐步聚合反应产物 $\overline{X}_n$ 的增长速率受动力学因素的影响显著。对于自催化体系，$\overline{X}_n^2$ 与反应时间成正比，$\overline{X}_n$ 随时间的增长较缓慢，并且随着反应的进行，$\overline{X}_n$ 的增长速率逐渐减慢，难以在较短时间内获得高分子量的聚合产物。以上述的二乙二醇醚和己二酸的聚合反应为例，反应 1800min 后 $\overline{X}_n<20$，因此从实用角度来看，自催化聚合反应不具有实用价值；而对于外加催化剂体系，产物 $\overline{X}_n$ 随反

应时间成线性增长，增长速率比自催化聚合体系快得多。如上述的对甲苯磺酸催化的二乙二醇醚与己二酸的聚合反应，反应约800min后 $\overline{X}_n>90$。可见外加催化剂体系比自催化体系高效得多，也更经济可行，因此实际生产多采用外加催化剂体系。

2.2.1.3 平衡常数对聚合度的影响

以二元酸和二元醇的外加酸催化聚酯反应为例，根据功能基等反应性假设，其聚合反应平衡可简化如下：

$$\sim\sim COOH + \sim\sim OH \overset{K}{\rightleftharpoons} \sim\sim \overset{O}{\overset{\|}{C}} - O \sim\sim + H_2O$$

为方便起见，考虑功能基等摩尔比即 $r=1$ 时的情况。此时体系中羧基和羟基的起始浓度相等，设其起始浓度 $\equiv[M]_0=[COOH]_0=[OH]_0$。若聚合反应在既不添加单体等反应物，也不将反应副产物从体系中清除的封闭体系中进行，当聚合反应达到平衡时，设反应程度为 p，酯基浓度 $[COO]=p[M]_0=[H_2O]$，未反应的羧基浓度与未反应的羟基浓度相等，即 $[COOH]=[OH]=[M]_0-p[M]_0$。因此

$$K=\frac{[COO][H_2O]}{[COOH][OH]}=\frac{(p[M]_0)^2}{([M]_0-p[M]_0)^2}=\frac{p^2}{(1-p)^2} \tag{2-15}$$

开方后得

$$p=\frac{K^{1/2}}{1+K^{1/2}} \tag{2-16}$$

与式(2-2)联立可得

$$\overline{X}_n=K^{1/2}+1 \tag{2-17}$$

可见当聚合反应在封闭体系中进行时，聚合反应能够达到的最高反应程度会受到聚合反应平衡的限制，继而限制聚合产物的聚合度。例如，聚酯化反应的反应平衡常数 $K=4.9$，达到平衡时，反应程度仅为0.689，聚合产物的 $\overline{X}_n=3.2$；聚酰胺化反应的平衡常数 $K=305$，达到平衡时 $p=0.946$，$\overline{X}_n=18.5$。所得聚合产物的 $\overline{X}_n$ 都偏低，不能满足实用要求。只有当逐步聚合反应的平衡常数足够高（$K\geqslant10^4$）、可以看作非平衡反应时，才有可能通过封闭体系获得较高分子量的产物。因此对于平衡常数不是特别高的平衡逐步聚合反应，为了获得高分子量的聚合产物，就必须打破平衡，驱使反应平衡移向聚合反应。常用的方法是采用开放体系，在聚合反应过程中不断地将小分子副产物从体系中除去，在此情形下，小分子副产物残留浓度的控制水平对聚合产物的 $\overline{X}_n$ 影响明显。

以上述聚酯化反应为例，开放体系中小分子副产物水的浓度不再等于生成酯基的浓度，而是取决于残留水的控制水平，即式(2-15)中的 $[H_2O]\neq p[M]_0$，因此式(2-15)应表达为

$$K=\frac{[COO][H_2O]}{[COOH][OH]}=\frac{p[M]_0[H_2O]}{([M]_0-p[M]_0)^2}=\frac{p[H_2O]}{[M]_0(1-p)^2}=\overline{X}_n^2\frac{p[H_2O]}{[M]_0} \tag{2-18}$$

将之转换为 $\overline{X}_n$ 与 $[H_2O]$ 的关系：

$$\overline{X}_n=\sqrt{\frac{K[M]_0}{p[H_2O]}} \tag{2-19}$$

可见，$\overline{X}_n$ 随着残留水浓度的降低而增大。若要合成相同 $\overline{X}_n$ 的聚合物，平衡常数 K 值越小，要求聚合体系中残留水的浓度越低，例如聚酯化反应（$K=4.9$）比聚酰胺化反应（$K=305$）的除水要求更高。此外，式(2-19)还表明，对于平衡逐步聚合反应，单体浓度对产物聚合物也有影响，在相同残余水浓度下，单体浓度越高越有利于获得高分子量产物，

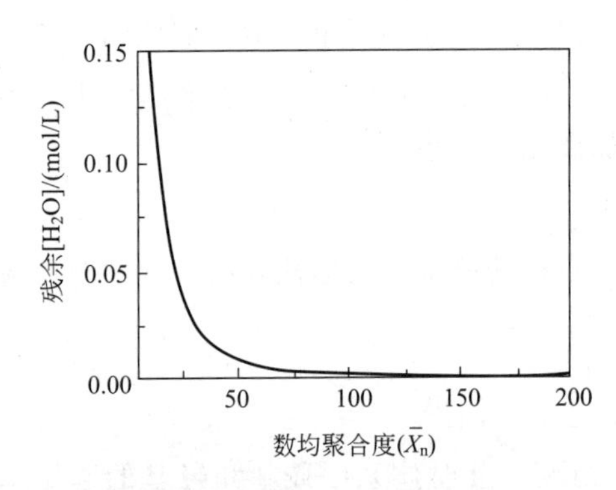

图 2-6 聚酯反应体系中残余 $[H_2O]$ 对 $\overline{X}_n$ 的影响

换个角度看，提高 $[M]_0$ 可以相对地降低对除水程度的要求，这可从一定程度上降低对反应设备的要求，以及降低反应能耗，因此平衡逐步聚合一般都尽量采用不添加任何溶剂的熔融聚合工艺，使 $[M]_0$ 达到最大（约为 5mol/L）。

以聚酯化反应为例，假设其熔融聚合时的 $[M]_0=5$mol/L，平衡常数 $K=4.9$，由式(2-18) 可得出反应程度 p 与残余 $[H_2O]$ 之间的关系，再依据式(2-19) 可得出聚合反应体系中残余 $[H_2O]$ 与 $\overline{X}_n$ 的关系，示意如图 2-6。

可见，$\overline{X}_n$ 随着残余 $[H_2O]$ 的降低而增大，并且残余的 $[H_2O]$ 越低，$\overline{X}_n$ 增长的幅度越大。当然当所得聚合产物的 $\overline{X}_n$ 能满足使用要求时，完全没有必要无限制地降低残余 $[H_2O]$，而且工艺上往往也办不到。

2.2.1.4 逐步聚合产物分子量的稳定化

线型逐步聚合反应的特点之一是当以功能基等摩尔比进行聚合反应时，聚合产物仍带有可相互反应的末端功能基，在加工及使用过程中尤其是在加热条件下，可进一步发生反应导致聚合物分子量发生变化，造成聚合物性能的不稳定。因此必须对其末端基团加以控制，消除或抑制末端基团间的反应，使聚合物的分子量稳定化。通常可有两种基本方法：第一种方法是在保证产物聚合度符合要求的前提下，使功能基摩尔比适当地偏离等摩尔比，这样在聚合反应完成后（量少功能基全部反应），聚合物分子链两端都带上相同的功能基；第二种方法是保持双功能基单体的功能基等摩尔比，加入单功能基化合物对聚合物进行封端，如在二元醇和二元酸聚合体系中加入乙酸，乙酸与末端—OH 反应从而起到封端作用：

$$H\!\leftarrow\!ORO-\overset{O}{\overset{\|}{C}}-R'-\overset{O}{\overset{\|}{C}}\!\rightarrow_{n}\!OH+CH_3COOH\longrightarrow H_3C-\overset{O}{\overset{\|}{C}}\!\leftarrow\!ORO-\overset{O}{\overset{\|}{C}}-R'-\overset{O}{\overset{\|}{C}}\!\rightarrow_{n}\!OH+H_2O$$

单功能基化合物的加入一方面可对聚合物分子链进行封端，起分子量稳定剂的作用，另一方面还会对产物的聚合度产生影响，可以起分子量调节剂的作用。假设在 AA 和 BB 聚合体系中加入含 B 功能基的单功能基化合物使 B 功能基过量，设 N_A、N_B 和 N'_B 分别为 AA 单体、BB 单体和单功能基化合物所含的功能基数目，当 A 的反应程度为 p 时，未反应的 A 功能基数目$=N_A(1-p)$，未反应的 B 功能基数目$=N_B+N'_B-N_Ap$。此时体系中的聚合物分子可分为三类：①分子链两端都被单功能基化合物封端的聚合物分子 P_1；②分子链一端被单功能基化合物封端，另一端带未反应功能基的聚合物分子 P_2；③分子链两端都带未反应功能基的聚合物分子 P_3。

假设 P_1 的分子数为 N_1，则其消耗的单功能基化合物分子数为 $2N_1$；那么 P_2 的分子数 $N_2=N'_B-2N_1$，P_3 的分子数 $N_3=[N_A(1-p)+(N_B+N'_B-N_Ap)-(N'_B-2N_1)]/2$。因此，生成的聚合物分子总的数目$=N_1+N_2+N_3=N'_B+(N_A-2N_Ap+N_B)/2$。所以

$$\overline{X}_n=\frac{(N_A+N_B)/2+N'_B}{N'_B+(N_A-2N_Ap+N_B)/2}=\frac{N_A+(N_B+2N'_B)}{N_A+(N_B+2N'_B)-2N_Ap} \tag{2-20}$$

令

$$r'=\frac{N_A}{N_B+2N'_B} \tag{2-21}$$

式(2-20) 和式(2-21) 联立可得

$$\overline{X}_{\mathrm{n}}=\frac{1+r'}{1+r'-2r'p} \tag{2-22}$$

可见，可通过调节单功能基化合物的用量（即 r'）来控制聚合产物的聚合度。注意，式(2-22) 与前面式(2-1) 的数学表达形式一样，但功能基摩尔比的定义不一样。

有时为了使聚合物分子末端完全被单功能基化合物封端，常常需要加入过量的单功能基化合物，但是如果在聚合反应一开始就加入单功能基化合物，则会使得聚合产物的分子量极大地受限，因此为了既对聚合物进行完全的封端又不至于严重地限制聚合产物分子量，通常的做法是先将 AA 和 BB 单体以等摩尔比进行聚合反应，当产物分子量满足要求后再加入过量单功能基化合物进行封端反应。

2.2.1.5 线型逐步聚合反应的聚合度分布

由于聚合物的多分散特性，单用聚合物的数均聚合度（或数均分子量）是不足以准确描述聚合物的分子量大小的，还必须了解聚合物的聚合度分布（或分子量分布），线型逐步聚合反应产物的聚合度分布可以用统计方法进行推算。

以 $r=1$ 的 AA+BB 型双功能基单体的聚酯化反应为例，一对羧基和羟基反应时：

$$\text{成键概率}=\frac{\text{已反应的羧基(或羟基)数}}{\text{起始羧基(或羟基)数}}=p$$

$$\text{不成键概率}=1-p$$

对于每一个 x 聚体分子，必含有 $x-1$ 个酯基和两个未反应的功能基。其中 $x-1$ 个酯基必须由 $x-1$ 对功能基反应生成，因此其生成概率为 p^{x-1}；两个未反应功能基不成键的概率为 $1-p$。生成 x 聚体的概率 P_x 应该是 $x-1$ 个酯基的生成概率与两个未反应功能基不成键概率之积，即 $P_x=p^{x-1}(1-p)$。同时，P_x 也应等于 x 聚体在所有聚合产物分子中所占的数量分数。设 N_x 为 x 聚体的分子数，N 为聚合物分子总的分子数，则

$$P_x=p^{x-1}(1-p)=N_x/N \tag{2-23}$$

式(2-23) 为线型逐步聚合反应产物聚合度的数量分数分布函数。所有聚合物分子的数量分数总和等于 1，即

$$\sum(N_x/N)=\sum p^{x-1}(1-p)=1 \tag{2-24}$$

图 2-7 为不同反应程度时，x 聚体的数量分数 N_x/N 与聚合度 x 的关系曲线（数量分数分布曲线），可见产物的聚合度越高，所占的数量分数越低，并且随着反应程度的提高，聚合产物的聚合度分布变宽。

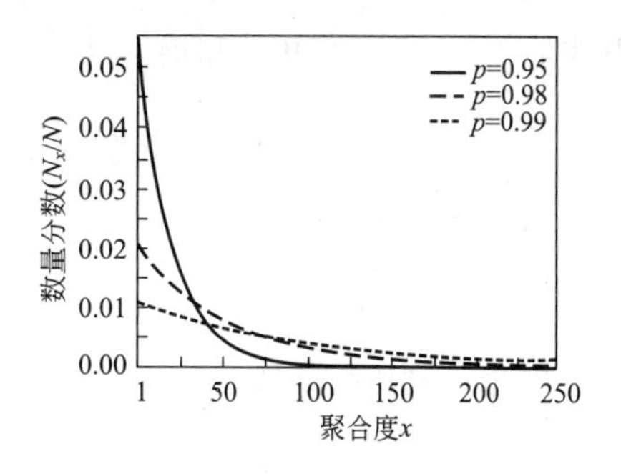

图 2-7 不同反应程度时，逐步聚合反应产物的数量分数分布曲线

根据数量分数分布函数，可容易地导出质量分数分布函数。设 N_0 为起始单体分子的分子数，N 与 N_0 和 p 之间具有如下关系：

$$N=\text{未反应功能基的分子数}/2=2N_0(1-p)/2=N_0(1-p) \tag{2-25}$$

将式(2-25) 代入式(2-23) 得

$$N_x=Np^{x-1}(1-p)=N_0(1-p)^2p^{x-1} \tag{2-26}$$

若忽略端基质量，设 M_0 为单体单元的平均分子量，则所有聚合物分子的总质量 $m=N_0M_0$，x 聚体的质量 $m_x=xM_0N_x$，因此 x 聚体的质量分数为

$$\frac{m_x}{m}=\frac{xM_0N_x}{N_0M_0}=\frac{xN_0(1-p)^2p^{x-1}}{N_0}=x(1-p)^2p^{x-1} \tag{2-27}$$

式(2-27) 为逐步聚合反应产物聚合度的质量分数分布函数。所有聚合物分子的质量分

数总和等于 1，即

$$\sum(m_x/m)=1=\sum x(1-p)^2 p^{x-1} \tag{2-28}$$

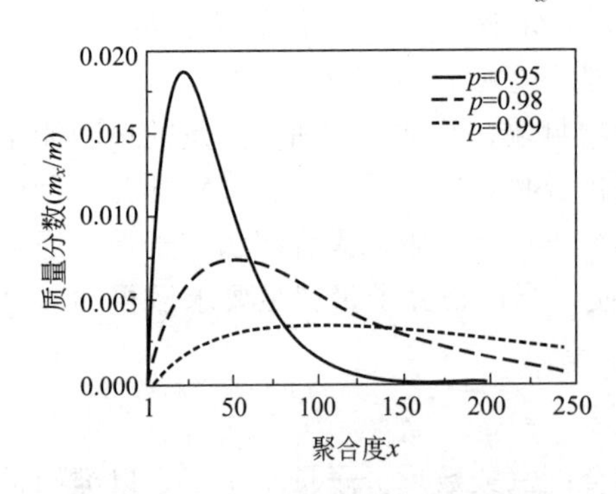

图 2-8 不同反应程度时，逐步聚合反应产物质量分数分布曲线

图 2-8 为不同反应程度时，逐步聚合反应产物分子量的质量分数分布曲线。

可见，随着反应程度的提高，聚合度分布变宽，并且每条曲线都有极大值，其值可由式(2-27)微分等于 0 来求得

$$\frac{\mathrm{d}(m_x/m)}{\mathrm{d}x}=(1-p)^2[p^{x-1}+xp^{x-1}\ln p]=0$$

$$x_{\max}=-\frac{1}{\ln p}=-\frac{1}{p-1}-\frac{(p-1)^2}{2}-\frac{(p-1)^3}{3}-\cdots$$

当 $p\to 1$ 时，$-\ln p\approx 1-p$，因此

$$x_{\max}=\frac{1}{1-p}=\overline{X}_n \tag{2-29}$$

可见对于线型逐步聚合反应，聚合产物的数均聚合度是其聚合产物的最可几聚合度。

逐步聚合产物的数均聚合度可由产物的数量分数分布函数来计算，由数均聚合度的定义可知

$$\overline{X}_n=\frac{N_0}{N}=\frac{\sum xN_x}{N}$$

将式(2-25)、式(2-26) 代入上式，并与式(2-28) 联立得

$$\overline{X}_n=\frac{\sum xN_x}{N}=\frac{\sum xN_0(1-p)^2p^{x-1}}{N_0(1-p)}=\frac{\sum x(1-p)^2p^{x-1}}{1-p}=\frac{1}{1-p} \tag{2-30}$$

同样根据重均聚合度的定义

$$\overline{X}_w=\frac{\sum x^2N_x}{\sum xN_x}=\sum x^2p^{x-1}(1-p)^2 \tag{2-31}$$

其中，$\sum x^2p^{x-1}$展开求和得

$$\sum x^2p^{x-1}=1+2^2p+3^2p^2+\cdots=\frac{1+p}{(1-p)^3}$$

代入式(2-31) 可得

$$\overline{X}_w=\frac{1+p}{1-p} \tag{2-32}$$

因此，聚合度分散系数

$$d=\frac{\overline{X}_w}{\overline{X}_n}=1+p \tag{2-33}$$

说明逐步聚合产物的聚合度分散系数随反应程度的提高而增大，理论上分散系数最大为 2。

2.2.2 线型逐步聚合反应中的副反应

理论上，线型逐步聚合反应产物的聚合度分布应该≤2，但由于反应过程中除了正常的线型聚合反应外，还可能存在其他副反应，结果导致产物的聚合度分布有可能>2。典型的副反应包括分子链间的交换反应和分子内的环化反应。

2.2.2.1 交换反应

交换反应有两种类型，一种是分子链的末端基团与另一分子链中部的功能基发生交换反应；另一种是分子链中部的某个功能基和另一分子链中部的某个功能基发生交换反应。以聚酯化反应为例，这两种交换反应可分别示意如下：

$$HO\!\left(\overset{O}{\overset{\|}{C}}-R-\overset{O}{\overset{\|}{C}}-OR'O\right)_x\!\left(\overset{O}{\overset{\|}{C}}-R-\overset{O}{\overset{\|}{C}}-OR'O\right)_y H + HO\!\left(\overset{O}{\overset{\|}{C}}-R-\overset{O}{\overset{\|}{C}}-OR'O\right)_n H \longrightarrow$$

$$HO\!\left(\overset{O}{\overset{\|}{C}}-R-\overset{O}{\overset{\|}{C}}-OR'O\right)_x H + HO\!\left(\overset{O}{\overset{\|}{C}}-R-\overset{O}{\overset{\|}{C}}-OR'O\right)_{n+y} H$$

$$HO\!\left(\overset{O}{\overset{\|}{C}}-R-\overset{O}{\overset{\|}{C}}-OR'O\right)_m\!\left(\overset{O}{\overset{\|}{C}}-R-\overset{O}{\overset{\|}{C}}-OR'O\right)_n H + HO\!\left(\overset{O}{\overset{\|}{C}}-R-\overset{O}{\overset{\|}{C}}-OR'O\right)_x\!\left(\overset{O}{\overset{\|}{C}}-R-\overset{O}{\overset{\|}{C}}-OR'O\right)_y H \longrightarrow$$

$$HO\!\left(\overset{O}{\overset{\|}{C}}-R-\overset{O}{\overset{\|}{C}}-OR'O\right)_m\!\left(\overset{O}{\overset{\|}{C}}-R-\overset{O}{\overset{\|}{C}}-OR'O\right)_y H + HO\!\left(\overset{O}{\overset{\|}{C}}-R-\overset{O}{\overset{\|}{C}}-OR'O\right)_x\!\left(\overset{O}{\overset{\|}{C}}-R-\overset{O}{\overset{\|}{C}}-OR'O\right)_n H$$

交换反应不会改变聚合产物的分子数，因此不会影响聚合体系中聚合产物的数均聚合度，但可能导致产物的聚合度分布变宽。这种交换反应对于获取高分子量聚合物具有重要意义，如PET工业合成的第二阶段反应即为通过交换反应除去过量的乙二醇，从而提高聚合产物的分子量（参见2.5.1.1节）。此外，这种交换反应对于逐步聚合共聚物的组成与序列控制以及聚合物材料的自修复具有重要意义[8]。

2.2.2.2　环化反应

线型逐步聚合反应中的环化副反应可分为单体分子的环化以及聚合物分子的环化。

(1) 单体分子的环化反应　单体分子的环化倾向与其所形成环的稳定性密切相关，一般环的稳定性与环大小的关系为3、4≪5、7～13＜6、14及更大，因此若单体分子可形成稳定的六元环副产物时，除极个别例外，聚合反应不能顺利进行，难以获得高分子量产物，如羟基戊酸和羟基乙酸：

$$HO-(CH_2)_4-\overset{O}{\overset{\|}{C}}-OH \longrightarrow$$

$$2\,HOCH_2COOH \longrightarrow$$

若单体或二聚体可形成较稳定的五元环或七元环，虽然有较大的环化倾向，但其环化反应倾向比相应的六元环小得多，这类单体仍能进行聚合反应。

(2) 聚合物分子的环化反应　聚合物分子的环化反应有两种基本形式：①线型聚合物分子末端功能基头尾相接；②末端基团“回咬”成环。以聚酯反应为例，两种环化反应可示意如下：

$$H\!\left(O-R-\overset{O}{\overset{\|}{C}}\right)_n OH \longrightarrow \left(O-R-\overset{O}{\overset{\|}{C}}\right)_n$$

头尾相接成环

$$H\!\left(O-R-\overset{O}{\overset{\|}{C}}\right)_m\!\left(O-R-\overset{O}{\overset{\|}{C}}\right)_n OH \longrightarrow \left(O-R-\overset{O}{\overset{\|}{C}}\right)_m + H\!\left(O-R-\overset{O}{\overset{\|}{C}}\right)_n OH$$

末端基团“回咬”成环

环化反应与线型逐步聚合反应互为竞争反应，由于环化反应是单分子（分子内）反应，而线型逐步聚合反应是分子间的双分子反应，两者对反应物（单体或低聚物）浓度的依赖关系不同，环化反应速率与反应物浓度成正比，而线型聚合速率与反应物浓度的平方成正比，因此环化反应与线型聚合反应的反应速率之比与反应物浓度成反比：

$$\frac{\text{环化反应速率}}{\text{线型聚合速率}}=\frac{k_c[M]}{k_p[M]^2}=\frac{k_c}{k_p[M]}$$

式中，k_c和k_p分别为环化反应和聚合反应的反应速率常数；[M]为反应物浓度。可见高浓度有利于线型逐步聚合反应，而低浓度有利于环化反应。在聚合反应过程中，由于功能基的等反应性，k_p不随聚合产物分子量增大而发生改变，但k_c则随聚合产物分子量增大而减小（随聚合物分子量的增大，分子内末端基团的碰撞概率减小）。随着聚合反应的进行，虽然[M]下降，但一般情况下k_c的下降比[M]更严重，因此即使在高反应程度下，线型聚合反应仍然比环化反应有利。

此外，单体分子结构对环化反应与线型聚合反应的竞争也有一定的影响。如苯二甲酸与二元醇聚合体系中，当产物分子量较低时，邻苯二甲酸聚合体系比对苯二甲酸聚合体系的环化倾向大，原因是相对于对苯二甲酸，邻苯二甲酸结构使产物的分子构象更有利于环化反应。与柔性分子链相比，刚性分子链不利于分子内末端功能基的接触，因而其环化倾向小。

聚合物分子的成环反应并不总是有害的副反应，可以利用聚合物分子的环化反应有目的地合成环化低聚物[9]和特殊性能的环化高分子（参看9.2.2节）。环化低聚物可用作开环聚合的单体（参看第8章）。分子内环化通常利用局部的极稀浓度来实现，例如将双酚A氯甲酸酯的二氯甲烷溶液逐滴滴入快速搅拌的三乙胺的二氯甲烷稀溶液和NaOH水溶液的混合物中，从而达到局部极稀，产生分子内环化得到双酚A聚碳酸酯环状低聚物[9]。

n (双酚A双氯甲酸酯) $\xrightarrow[-(2n\text{NaCl}+n\text{CO}_2+n\text{H}_2\text{O})]{\text{Et}_3\text{N},\text{CH}_2\text{Cl}_2,\text{NaOH}}$ 双酚A聚碳酸酯环状低聚物（$n-1$）

2.2.3 线型逐步共聚合反应

最简单的线型逐步共聚合反应有两种情形，第一种是由两种单体参与，但至少其中一种可在聚合条件下进行均聚反应，如由两种不同的氨基酸组成的聚合体系；第二种情形是同时由三种单体参与，如A—R—A、A—R′—A和B—R″—B，其中两种含有相同功能基的单体称共单体，相互间不会反应，但都可和第三种单体发生均聚反应。

由于在大多数情况下，聚合物必须具有高分子量才有实际用途，而逐步聚合反应要得到高分子量的聚合物，必须达到高的反应程度，在此情况下，残余单体极少，因此共聚物的平均组成实际上与起始的单体混合物组成一样，这与后述的链式共聚合反应体系的特性不同。

逐步共聚合反应最常得到的是无规共聚物和嵌段共聚物。对于大多数逐步聚合反应，要得到无规共聚物并不难，将所有单体混合物一次性加入聚合体系，由于单体所带功能基的反应活性相近，而且在有些体系中还存在交换反应，因此在聚合反应完成后，常常得到无规共聚物，是聚合物改性获取优良综合性能的最有效方法之一，具有重要的工业应用价值。如在合成PET时，加入共聚单体1,3-丙二醇、1,4-丁二醇和邻苯二甲酸可降低PET的玻璃化转变温度和结晶性，从而更容易吸收染料，提高PET的染色性；加入1,4-丁二醇或邻苯二甲酸共聚可提高PET膜与金属片材的黏结力，提高冲击强度和对腐蚀物质的阻隔性能；与萘二酸或邻苯二甲酸共聚可提高PET的气体阻隔性能等。不饱和聚酯、聚氨酯、醇酸树脂、聚酰胺等都常采用共聚方法对产物性能进行调节。

逐步聚合反应合成嵌段共聚物有两种基本方法：

(1) 双预聚物法 先分别合成两种末端带可相互反应功能基的预聚物，再通过两种预聚物末端功能基之间的反应得到嵌段共聚物。如先分别由二元酸和过量的二元醇聚合得到末端带羟基的聚酯预聚物，由过量的二异氰酸酯和二元醇聚合得到末端带异氰酸酯基的聚氨酯预聚物：

$$n\,\text{HO}-\overset{\text{O}}{\overset{\|}{\text{C}}}-\text{R}-\overset{\text{O}}{\overset{\|}{\text{C}}}-\text{OH}+(n+1)\,\text{HO}-\text{R}'-\text{OH}\longrightarrow \text{HO}-\text{R}'-\text{O}\!\left(\overset{\text{O}}{\overset{\|}{\text{C}}}-\text{R}-\overset{\text{O}}{\overset{\|}{\text{C}}}-\text{O}-\text{R}'-\text{O}\right)_n\!\text{H}+2n\,\text{H}_2\text{O}$$

$$(m+1)\,\text{O}=\text{C}=\text{N}-\text{R}''-\text{N}=\text{C}=\text{O}+m\,\text{HO}-\text{R}'''\text{OH}\longrightarrow$$

$$\text{O}=\text{C}=\text{N}-\text{R}'''-\overset{\text{H}}{\text{N}}-\overset{\text{O}}{\overset{\|}{\text{C}}}\!\left(\text{OR}'''\text{O}-\overset{\text{O}}{\overset{\|}{\text{C}}}-\overset{\text{H}}{\text{N}}-\text{R}''-\overset{\text{H}}{\text{N}}-\overset{\text{O}}{\overset{\|}{\text{C}}}\right)_{m-1}\!\text{OR}'''\text{O}-\overset{\text{O}}{\overset{\|}{\text{C}}}-\overset{\text{H}}{\text{N}}-\text{R}''-\text{N}=\text{C}=\text{O}$$

再通过二羟基聚酯预聚物和二异氰酸酯聚氨酯预聚物之间的聚合反应得到聚酯/聚氨酯多嵌段共聚物：

$$\sim\!\sim\text{O}-\text{R}'-\text{O}\!\left(\overset{\text{O}}{\overset{\|}{\text{C}}}-\text{R}-\overset{\text{O}}{\overset{\|}{\text{C}}}-\text{O}-\text{R}'-\text{O}\right)_n\!\left(\overset{\text{O}}{\overset{\|}{\text{C}}}-\overset{\text{H}}{\text{N}}-\text{R}''-\overset{\text{H}}{\text{N}}-\overset{\text{O}}{\overset{\|}{\text{C}}}-\text{OR}'''\text{O}\right)_m\!\sim\!\sim$$

也可以用偶联剂将带适当末端功能基的预聚物偶联生成嵌段共聚物。如可用二元酰氯将二羟基聚酯和二氨基聚酰胺偶联生成聚酯/聚酰胺嵌段共聚物。

(2) 单预聚物法 如将上述的二羟基聚酯预聚物和二元醇、二异氰酸酯混合进行共聚合反应，同样可得到聚酯/聚氨酯多嵌段共聚物。

$$p\,\text{H}\!\left(\text{O}-\text{R}-\text{OOC}-\text{R}'-\text{CO}\right)_n\text{OR}-\text{OH}+mp\,\text{HO}-\text{R}'''-\text{OH}+p(m+1)\,\text{OCN}-\text{R}''-\text{NCO}\longrightarrow$$

$$\left[\left(\text{O}-\text{R}-\text{OOC}-\text{R}'-\text{CO}\right)_n\text{OR}-\text{OOCNH}\left(\text{R}''-\text{NHCOO}-\text{R}'''-\text{OOCNH}\right)_m\text{R}''-\text{NHCO}\right]_p$$

单预聚物法预聚物的合成及嵌段共聚物的合成可在同一反应釜中进行，例如先将间苯二胺和对苯二甲酰氯以等功能基摩尔比进行聚合反应，反应到一定程度时，再加入对苯二胺和对苯二甲酰氯进行聚合反应，便可得到多嵌段共聚物。

单预聚物法合成逐步聚合嵌段共聚物在工业上具有重要的实际应用价值，如聚氨酯、聚酯弹性体等都是采用该方法合成。

逐步聚合交替共聚物的合成相对较难，成功的交替共聚物合成必须采用分步合成法[10]。如欲合成下列结构的聚酰胺交替共聚物：

$$\left(\text{NH}-m\text{-C}_6\text{H}_4-\text{NH}-\overset{\text{O}}{\overset{\|}{\text{C}}}-m\text{-C}_6\text{H}_4-\overset{\text{O}}{\overset{\|}{\text{C}}}-\text{NH}-m\text{-C}_6\text{H}_4-\text{NH}-\overset{\text{O}}{\overset{\|}{\text{C}}}-p\text{-C}_6\text{H}_4-\overset{\text{O}}{\overset{\|}{\text{C}}}\right)_n$$

可先由间苯二甲酰氯和间硝基苯胺反应，然后再将产物的硝基还原成氨基得到末端带氨基的三聚体：

$$\text{Cl}-\overset{\text{O}}{\overset{\|}{\text{C}}}-m\text{-C}_6\text{H}_4-\overset{\text{O}}{\overset{\|}{\text{C}}}-\text{Cl}+2\text{H}_2\text{N}-m\text{-C}_6\text{H}_4-\text{NO}_2\longrightarrow \text{O}_2\text{N}-m\text{-C}_6\text{H}_4-\text{NH}-\overset{\text{O}}{\overset{\|}{\text{C}}}-m\text{-C}_6\text{H}_4-\overset{\text{O}}{\overset{\|}{\text{C}}}-\text{NH}-m\text{-C}_6\text{H}_4-\text{NO}_2$$

$$\xrightarrow{\text{还原}}\text{H}_2\text{N}-m\text{-C}_6\text{H}_4-\text{NH}-\overset{\text{O}}{\overset{\|}{\text{C}}}-m\text{-C}_6\text{H}_4-\overset{\text{O}}{\overset{\|}{\text{C}}}-\text{NH}-m\text{-C}_6\text{H}_4-\text{NH}_2$$

该三聚体再与对苯二甲酰氯聚合便可得到目标交替共聚物。

上述交替共聚物的两重复结构单元都是聚酰胺，利用该方法也可合成一些不同类型重复结构单元的交替共聚物，如可由间苯二甲酰氯与间羟基苯胺反应，利用—OH 和—NH_2 与酰氯反应时活性差异大，选择性地合成末端带—OH 的酰胺单体，再与间苯二甲酰氯聚合便可得到酰胺-酯交替共聚物：

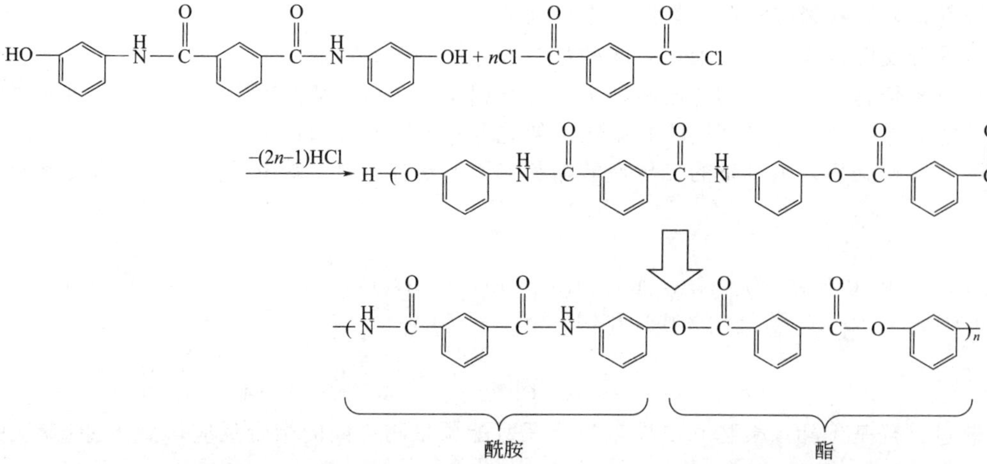

$$\xrightarrow{-(2n-1)HCl}$$

酰胺 酯

虽然也有一些试图利用单体功能基反应活性的差别一步合成交替共聚物的尝试，但很难得到严格的交替共聚物，多数情况下只是含有一定数量的交替连接。例如由间苯二甲酰氯与间羟基苯胺直接聚合时得到的是无规共聚物，而不是上述分步法合成的交替共聚物。

严格意义上，逐步聚合反应的交替共聚物应该归属于均聚物，如上述的例子都可看作是三聚体和二元酰氯的混缩聚反应。

2.2.4 非化学计量控制线型逐步聚合反应

根据 2.2.1.1 节单体功能基摩尔比对聚合度的影响可知，对于典型的 AA+BB 型逐步聚合体系，为了获得高分子量聚合产物，对功能基等摩尔比的要求较严格。但是此规则的适用前提是功能基等反应性。如果其中某种单体所含的两个功能基在其中一个反应后，另一个变得更加活泼，则其聚合反应不再遵循上述规则，此时即使该单体大量过量，也可获得高分子量的聚合产物，这类逐步聚合反应称为非化学计量控制逐步聚合反应[10]。其根本原因是两者的反应机理不同。在功能基等反应性前提下，两单体反应产物受化学计量的控制，当 BB 单体大量过量时，其聚合中间产物主要为 BB—AA—BB，产物被过量功能基封端，产物聚合度受限：

AA＋大量过量 BB ⟶ BB—AA—BB(主要产物)

末端基团为 B

但若 AA 单体和 BB 单体反应生成 AA—BB 二聚体后，二聚体中未反应 B 功能基的反应活性变得更为活泼，比 BB 单体更容易与 AA 单体反应，在此情形下，即使体系中 BB 单体过量，AA 单体也总是选择性地与活性更高的聚合中间产物的 B 功能基发生反应，而不是与 BB 单体发生反应，即产物分子并不受化学计量控制，虽然 BB 单体过量，但产物分子末端基团仍然是 A 功能基，聚合反应并不会被终止：

AA＋大量过量 BB ⟶ AA—BB ⟶ AA—BB—AA → → → 高分子量聚合产物

活性比 BB 单体高得多　末端基团为 A

其结果就相当于一旦聚合体系中有少量中间产物生成后，聚合反应就集中在这些聚合中间产物分子上进行，其余未反应单体相当于单体仓库。实际上在 AA 单体耗尽前，AA 单体和 BB 单体几乎是等摩尔比参与聚合反应，因此即使有过量的 BB 单体存在，也可以获得高分子量聚合产物。当体系中的 AA 单体全部消耗完之后，过量的 BB 单体才起封端剂的作用。这种非化学计量控制逐步聚合反应具有重要意义，因为功能基的副反应以及反应体系中因为蒸发等导致的单体损失，有时很难保证严格的功能基等摩尔比，导致化学计量控制的逐步聚合反应就很难获得高分子量产物，但非化学计量控制逐步聚合反应并不受此限制。

一个典型的非化学计量控制逐步聚合反应的实例是二氯甲烷和双酚 A 的缩聚反应，其中二氯甲烷既是反应物也是反应溶剂，相对于双酚 A，二氯甲烷大量过量，但仍可获得高分子量聚合产物，其原因就是二氯甲烷和双酚 A 反应后生成活泼中间体，该活泼中间体中的氯甲基醚功能基比二氯甲烷活泼得多，更容易与酚羟基发生反应，因此即使有大量过量的二氯甲烷存在，聚合中间产物的末端基团总是酚羟基而不是氯甲基，聚合反应不会被过量的二氯甲烷单体终止，可获得高分子量的聚合产物。

$$CH_2Cl_2 + HO-C_6H_4-C(CH_3)_2-C_6H_4-OH \xrightarrow{KOH} \left[HO-C_6H_4-C(CH_3)_2-C_6H_4-O-CH_2Cl\right]$$

活泼中间体

$$\longrightarrow \left(O-C_6H_4-C(CH_3)_2-C_6H_4-O-CH_2\right)_n$$

2.3　非线型逐步聚合反应

非线型逐步聚合反应的产物分子链形态不是线型的，而是支化或交联的，其聚合体系中必须至少含有一种功能度 $f\geqslant 3$ 的单体。非线型逐步聚合反应又可根据单体的结构特性分为支化型和交联型逐步聚合反应。对于某些结构特性的单体，不管其反应条件和单体组成如何变化，得到的聚合产物始终是支化的，不会产生交联，这类单体的聚合反应为支化型逐步聚合反应；而对于某些结构特性的单体，在适当的反应条件（如单体组成和反应程度）下可得到交联的聚合产物，也可依反应条件得到支化型聚合物，这类单体的聚合反应为交联型逐步聚合反应。

2.3.1　支化型逐步聚合反应

当聚合体系的单体为 $AB+A_f$（$f\geqslant 3$）、AB_f 或 AB_f+AB（$f\geqslant 2$，聚合反应只发生在 A、B 功能基之间，下同）时，不管反应程度如何以及单体配比如何变化，都只能得到支化高分子，而不会产生交联。

(1) $AB+A_f$　A_f 单体与 AB 单体反应后，产物的末端功能基皆为 A 功能基，不能再与 A_f 单体反应，只能与 AB 单体反应，因此每个高分子只含一个 A_f 单体单元，即只含有一个支化点，支化分子所有链末端都为 A 功能基，不能相互反应生成交联高分子，得到的是星形聚合物。如 $AB+A_3$ 和 $AB+A_4$ 聚合体系分别得到三臂和四臂的星形聚合物：

```
                                                          BA~~~~BA
                                                             |
                                                             A
AB~~~~AB—A—┬—A—BA~~~~BA            AB~~~~AB—A—┼—A—BA~~~~BA
           A                                                 A
           |                                                 |
           BA~~~~BA                                          BA~~~~BA
         AB+A3                                            AB+A4
```

(2) AB_f 或 AB_f + AB　AB_f 型单体聚合时得到的是高度支化、含有多个末端 B 功能基的超支化聚合物。以 AB_2 为例，所得聚合物结构示意如下：

AB_f+AB 与 AB_f 相类似，只是在 AB_f 单体单元之间插入一些 AB 单体单元。当超支化高分子中所有支化点的功能度相同，且所有支化点间的链段长度相等时，叫树枝形高分子（dendrimer），其结构可示意如下：

超支化高分子末端功能基含量非常丰富，具有独特的物理和化学性能，在药物控制释放体系、超强吸水材料、光电功能材料、磁功能材料、聚合物电解质、纳米材料和涂料等领域都有重要的应用[11]。

2.3.2 交联型逐步聚合反应

当逐步聚合反应体系的单体为 $AB+A_f+BB$、$AA+B_f$、$AA+BB+B_f$（$f\geqslant3$）或 A_fB_f（$f\geqslant2$）时，同一聚合物分子中可引入多个支化单元，每个 f 支化单元延伸出 f 条支链。在一定范围的单体组成下，支链的末端基团既含有 A 基团也含有 B 基团，因而不同支化单元的支链之间可相互反应，当聚合反应到一定程度时，支化单元之间相互连接形成交联高分子。以 $AB+A_3+BB$ 体系为例，其交联高分子结构可示意如下：

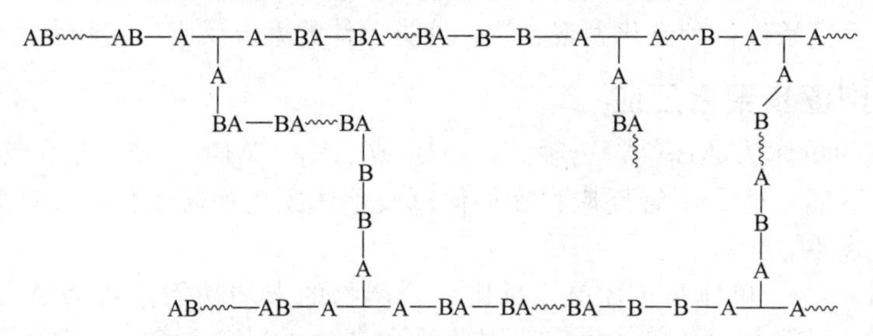

在后续的章节将会了解到，对于交联型逐步聚合体系，究竟得到支化高分子还是交联高分子产物，取决于聚合体系中的单体平均功能度及反应程度。

2.3.2.1 凝胶化现象与凝胶点

交联型逐步聚合反应过程中，交联高分子的生成是以聚合反应过程中出现的凝胶化现象为标记的。所谓凝胶化现象是指交联型逐步聚合反应过程中，随着聚合反应的进行，体系黏度突然增大，失去流动性，反应及搅拌所产生的气泡无法从体系中逸出，可看到凝胶或不溶性聚合物明显生成的实验现象。出现凝胶化现象时的反应程度叫做凝胶点，以 p_c表示。产生凝胶化现象时，并非所有聚合产物都是交联高分子，而是既含有不溶性的交联高分子，也含有可溶性的支化或线型高分子。不能溶解的部分叫做凝胶，能溶解的部分叫做溶胶。由于体系中既含有分子量较低的溶胶，也含有分子量无限大的凝胶，因而产物的分子量分布无限宽。随着反应程度的进一步升高，溶胶可进一步反应产生交联变成凝胶。可用抽提方法将溶胶与凝胶分离。

交联型聚合反应根据其反应程度 p 与凝胶点 p_c的比较，可把聚合反应过程分为三个阶段，相应得到三类聚合物：①$p<p_c$时所得聚合物为甲阶聚合物，甲阶聚合物既可以溶解，也可以熔融；②p 接近于 p_c时所得聚合物为乙阶聚合物，乙阶聚合物仍然可熔融，但通常溶解性较差；③$p>p_c$时所得聚合物为丙阶聚合物，丙阶聚合物由于高度交联，既不能溶解，也不能熔融，不具加工成型性能。因此对于交联型逐步聚合反应，合成时通常在 $p<p_c$ 时即终止聚合反应，在成型或应用过程中再使聚合反应继续进行，直至交联固化。

2.3.2.2 凝胶点的预测

如前所述，p_c对于交联型逐步聚合反应的控制相当重要。实验测定凝胶点时，通常以聚合混合物中的气泡不能上升时的反应程度为凝胶点。凝胶点也可以从理论上进行预测，可有两种方法：

（1）Carothers 法 对于含 A、B 两种功能基的聚合体系，假设起始 $N_A \leqslant N_B$，N_0为起始单体分子总的物质的量，则聚合体系的平均功能度为 $\overline{f}=2N_A/N_0$，因此起始 A 功能基的物质的量 $N_A=N_0\overline{f}/2$。当两种功能基不等摩尔比时，反应程度取决于量少功能基，因此凝胶点应该用量少功能基的反应程度来表征。假设聚合反应到 t 时刻时，体系中所有大小分子总的物质的量为 N，则产物数均聚合度 $\overline{X}_n=N_0/N$。由于每减少一个分子需消耗一对功能基，因此反应中消耗的功能基总的物质的量为 $2(N_0-N)$，消耗的 A 功能基数与 B 功能基数相等，都为 N_0-N，因此 t 时刻时 A 功能基的反应程度为

$$p=\frac{N_0-N}{N_0\overline{f}/2}=\frac{2}{\overline{f}}-\frac{2}{\overline{X}_n\overline{f}}$$

由上式可以得出数均聚合度与平均功能度和反应程度之间的关系为

$$\overline{X}_n=\frac{2}{2-\overline{f}p} \tag{2-34}$$

式(2-34) 不仅适于非线型逐步聚合体系也适于线型逐步聚合体系。

当出现凝胶化现象时，理论上认为产物的 $\overline{X}_n \rightarrow \infty$，此时的反应程度即为凝胶点：

$$p_c=\frac{2}{\overline{f}} \tag{2-35}$$

可见，凝胶点的大小取决于聚合体系的平均功能度，由于反应程度一般都<1，因此只有 $\overline{f}>2$ 的聚合体系才会产生凝胶化现象。对于双功能基单体聚合体系，由于其 $\overline{f}$ 一定$\leqslant 2$，因此不会产生凝胶化现象；对于支化型逐步聚合体系（参见 2.3.1 节），当单体组成为 $AB+A_f$ 时，其 $\overline{f}<2$，当单体组成为 AB_f 或 AB_f+AB 时，其 $\overline{f}\equiv 2$，因此支化型逐步聚合体系虽然含有多功能基单体，但是只会得到支化高分子，而不会产生交联。

Carothers 法预测凝胶点时通常都比实验值稍高，其原因主要有两点：①Carothers 法忽略了功能基实际存在的不等反应性和分子内反应；②假设产生凝胶化现象时，$\overline{X}_n$ 为无穷大，但事实上凝胶化现象发生在 $\overline{X}_n$ 为无穷大之前，产生凝胶化现象时仍可能含有可溶性的支化甚至线型高分子。

（2）统计学方法 凝胶点也可以从统计学上进行预测。统计学推导同样需建立在功能基等反应性假设的基础上，同时假设体系中无分子内反应。

以 $AA+BB+A_f$ 体系为例，每个聚合物分子中可含有多个支化单元，每相邻两个支化单元之间的结构可示意如下：

$$AA+BB+A_f \longrightarrow A_{f-1}\text{⫍}BB—AA\text{⫎}_n BB—A_{f-1}$$

式中，n 为 0 到无穷大的任意数。

支化单元与另一支化单元连接的概率称为支化系数，以 α 表示，与反应程度有关。聚合反应产生凝胶化的前提是在上述结构中，至少其中一个支化单元其余的 $f-1$ 条支链之一与其他支化单元相连，其概率为 $1/(f-1)$，因此发生凝胶化的临界支化系数为：

$$\alpha_c=\frac{1}{f-1} \tag{2-36}$$

如果体系中含有多种多功能基单体，则 f 为所有多功能基单体功能度的平均值。

设 A 功能基和 B 功能基的反应程度分别为 p_A 和 p_B，支化单元所含 A 功能基数目与体系中 A 功能基总数之比为 ρ，则 B 功能基与支化单元中 A 功能基反应的概率为 $p_B\rho$，与其余的 A 功能基反应的概率为 $p_B(1-\rho)$，则上述含有两个支化单元的分子链的生成概率为 $p_A[p_B(1-\rho)p_A]^n p_B$。因此

$$\alpha=\sum_{n=0}^{\infty}p_A[p_B(1-\rho)p_A]^n p_B\rho=\frac{p_Ap_B\rho}{1-p_Ap_B(1-\rho)} \tag{2-37}$$

设起始 A 功能基（与多功能基单体同类的功能基）和 B 功能基的数目之比为：$r=N_A/N_B$，则 $p_B=rp_A$，代入上式得

$$\alpha=\frac{rp_A^2\rho}{1-rp_A^2(1-\rho)}=\frac{p_B^2\rho}{r-p_B^2(1-\rho)} \tag{2-38}$$

式(2-36) 和式(2-38) 联立可得凝胶点，当以 A 功能基的反应程度来表征凝胶点时，p_c 与 r 和 ρ 之间的关系为

$$p_c=\frac{1}{\{r[1+\rho(f-2)]\}^{1/2}} \tag{2-39}$$

可见，体系中 r 越小于 1、多功能基单体的含量越大（即 ρ 越接近 1）、多功能基单体的功能度越大（f 越大），p_c 越小，聚合体系越容易凝胶化。

式(2-39) 在一些特殊场合可适当简化。当 $r=1$ 时，$p_A=p_B=p$，则

$$p_c=\frac{1}{[1+\rho(f-2)]^{1/2}} \tag{2-40}$$

当不存在 AA 单体，$\rho=1$，$r<1$ 时：

$$p_c=\frac{1}{\{r[1+(f-2)]\}^{1/2}} \tag{2-41}$$

当两功能基数目相等，又不存在 AA 单体时，$r=\rho=1$，因此

$$p_c=\frac{1}{[1+(f-2)]^{1/2}} \tag{2-42}$$

统计法预测的凝胶点通常比实验测定值稍低，这是由于统计法虽然不认为凝胶化时 $\overline{X}_n$ 为无穷大，但同样采用了功能基等反应性假设。

虽然 Carothers 法和统计法都可用来预测凝胶点，但统计法更具优势，这是由于 Carothers 法的预测值比实际值高，用它来指导生产时，容易导致 $p>$实际 p_c，从而得到不具加工性的交联高分子，这对于合成厂家是灾难性的。而统计法由于其预测值比实际值低，不会产生上述后果，而且适用的聚合体系更广泛。但由于 Carothers 法简单易行，在实际应用中使用较多。

2.3.3 无规预聚物和确定结构预聚物

可进一步发生聚合反应的低聚物常称预聚物，预聚物的分子量通常为 500～5000，既可能是液态的，也可能是固态的。预聚物的交联也称固化。根据性质与结构的不同，预聚物一般可分为无规预聚物和确定结构预聚物两大类。

无规预聚物中，反应性功能基在分子链上呈无规分布。无规预聚物的固化通常通过加热实现，在加热条件下，预聚物进一步聚合直至交联（$p>p_c$），其固化反应机理与预聚物的合成反应机理相同。由交联型逐步聚合反应得到的甲阶或乙阶聚合物属于无规预聚物。

确定结构预聚物具有特定的活性端基或侧基，功能基的种类与数量可设计合成。确定结

构预聚物通常由线型或支化型逐步聚合反应合成，因此预聚物的合成不存在凝胶化问题，但聚合产物分子中含有数个可在其他条件下发生聚合（或交联）反应的功能基。功能基在端基的叫端基预聚物，功能基在侧基的叫侧基预聚物。确定结构预聚物的交联固化反应通常与预聚物的合成反应机理不同，不能单靠加热来完成，需要加入专门的催化剂或其他反应物，这些加入的催化剂或其他反应物叫固化剂。与无规预聚物相比，确定结构预聚物更具优越性，其合成反应以及交联反应可控性更好，更重要的是最终产物的结构和性能的可控性更强。

2.4 逐步聚合反应的实施方法

2.4.1 熔融聚合

熔融聚合是指聚合体系中只加单体和少量催化剂，不加任何溶剂和分散介质，聚合过程中原料单体和生成的聚合物始终处于熔融状态下进行的聚合反应。熔融聚合主要应用于平衡缩聚反应，如聚酯、聚酰胺和不饱和聚酯等的生产。

熔融聚合操作较简单，把单体混合物、催化剂、分子量调节剂和稳定剂等投入反应器内，然后加热使物料在熔融状态下进行反应，反应温度随着聚合反应的进行而逐步提高，保持聚合反应温度始终比反应物的熔点高 10～20℃。为防止反应物在高温下发生氧化副反应，聚合反应常需在惰性气体（如氮气）保护下进行，同时为更彻底地除去小分子副产物，需采用高真空。在熔融聚合体系中，为了精确控制单体功能基摩尔比和达到高反应程度（>0.99），必须使用高纯度单体，同时必须小心控制副反应，以免因此导致功能基不等摩尔比，限制聚合产物的分子量，甚至在聚合物分子中引入不期望的副反应结构。

在熔融聚合反应过程中，随着反应程度的提高，反应体系的理化特性会发生显著变化，与之相适应，工艺上一般可分为以下三个阶段：①初期阶段，该阶段的反应主要以单体之间、单体与低聚物之间的反应为主。由于体系黏度较低，功能基浓度大，逆反应速率小，对反应中生成的小分子副产物的除去程度要求不高，因而可在相对较低温度、较低真空度下进行，该阶段应注意的主要问题是防止单体挥发、分解等，保证功能基等摩尔比。②中期阶段，该阶段的反应主要以低聚物之间的反应为主，伴随有降解、交换等副反应。该阶段的主要任务在于除去小分子副产物，提高反应程度，从而提高聚合产物分子量。由于该阶段的反应物主要为低聚物，要使之保持熔融状态，同时使低分子副产物易除去，必须采用高温、高真空。③终止阶段，当聚合反应条件已达预期指标，或在设定的工艺条件下，由于体系物理化学性质等原因，小分子副产物的移除程度已达极限，无法进一步提高反应程度，因此需及时终止反应，避免副反应，节能省时。

熔融聚合的优点是由于体系组成简单，产物后处理容易，可连续生产。缺点是反应温度高，易发生副反应。为获得高分子量产物，必须严格控制单体功能基等摩尔比，对原料纯度要求高，且需高真空，对设备要求高。

2.4.2 溶液聚合

溶液聚合是指将单体等反应物溶在溶剂中进行聚合反应的一种实施方法。所用溶剂可以是单一的，也可以是几种溶剂的混合物。溶液聚合广泛应用于涂料、胶黏剂等的制备，特别适于合成难熔融的耐热聚合物，如聚酰亚胺、聚苯醚、聚芳酰胺等。溶液聚合可分为高温溶液聚合和低温溶液聚合。高温溶液聚合采用高沸点溶剂，多用于平衡逐步聚合反应。低温溶液聚合一般适于高活性单体，如二元酰氯、异氰酸酯与二元醇、二元胺等的反应。由于在低温下进行，逆反应不明显。

溶液聚合的关键之一是溶剂的选择，合适的聚合反应溶剂通常须具备以下特性：①对单体和聚合物的溶解性好，以使聚合反应在均相条件下进行；②溶剂沸点应不低于设定的聚合反应温度；③有利于小分子副产物移除，或者与溶剂形成共沸物，在溶剂回流时带出反应体系，或者使用高沸点溶剂，或者可在体系中加入可与小分子副产物反应而对聚合反应没有其他不利影响的化合物。

溶液逐步聚合反应的优点是：反应温度低，副反应少；传热性好，反应可平稳进行；无需高真空，反应设备较简单；可合成热稳定性低的产品。缺点是：反应影响因素增多，工艺复杂；如果聚合物不是以溶液形式使用，则需除去溶剂，后处理复杂，必须考虑溶剂回收、聚合物的分离以及残留溶剂对聚合物性能、使用等的不良影响。

2.4.3 界面聚合

典型的界面聚合是将两种单体分别溶于两种互不相溶的溶剂中，再将这两种溶液倒在一起，在两液相的界面上进行聚合反应，聚合产物不溶于溶剂，在界面析出。聚合反应既可以是缩聚反应，也可以是逐步加成聚合反应。

以对苯二甲酰氯与己二胺的界面缩聚为例，反应式为：

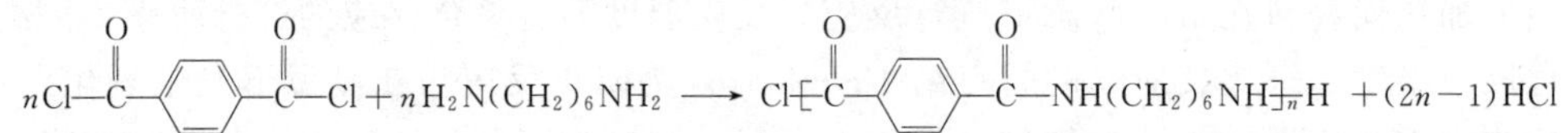

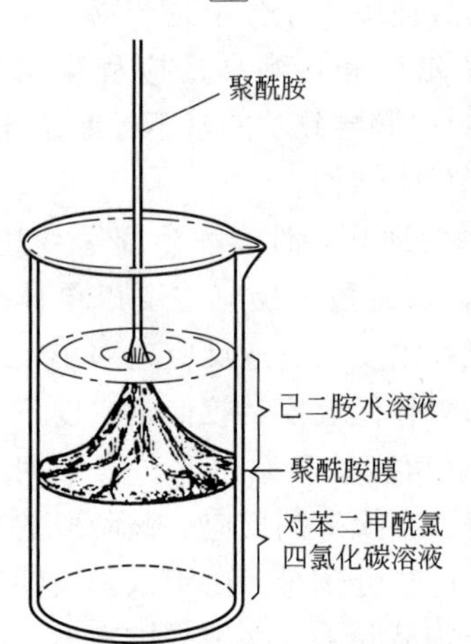

图 2-9 对苯二甲酰氯与己二胺的界面缩聚示意图

当反应实施时，将对苯二甲酰氯溶于有机溶剂如 CCl_4，己二胺溶于水，且在水相中加入 NaOH 来消除聚合反应生成的小分子副产物 HCl。将两相溶液混合后，聚合反应迅速在界面进行，生成的聚合物在界面析出成膜，把生成的聚合物膜不断拉出，单体不断向界面扩散，聚合反应在界面持续进行（如图 2-9）。

对于二元酰氯与二元胺的这类界面缩聚，反应能否顺利进行取决于几方面的因素。

(1) 聚合产物的机械强度 为保证聚合反应持续进行，一般要求聚合产物具有足够的机械强度，以便将析出的聚合物以连续膜或丝的形式从界面持续拉出。若不能及时将析出的聚合物从界面移去，就会妨碍单体的扩散与接触，使聚合反应不能正常进行。

(2) 水相中无机碱的浓度 水相中无机碱的加入是必需的，否则聚合反应生成的 HCl 可与二元胺反应使之转化为低活性的二元胺盐酸盐，导致聚合反应不能正常进行；但无机碱的浓度必须适中，因为在高无机碱浓度下，酰氯可快速水解成相应的酸，而酸在低温下不具反应活性，结果不仅会使聚合反应速率显著下降，而且会极大地限制聚合产物分子量。

(3) 单体反应活性 要求单体反应活性高，因为如果聚合反应速率太慢，酰氯可有足够时间从有机相扩散穿过界面进入水相，水解反应严重，导致聚合反应不能顺利进行，因此界面聚合通常不适于反应活性较低的二元酰氯和二元脂肪醇的聚酯化反应 [k 约为 10^{-3} L/(mol·s)]。

(4) 有机溶剂的选择 有机溶剂的选择对控制聚合产物的分子量很重要，因为在大多数情况下，聚合反应主要发生在界面的有机相一侧。如上述例子中，二元胺从水相扩散进入有机相的倾向比二元酰氯从有机相扩散进入水相的倾向大得多，聚合反应实际上发生在界面的有机相一侧。聚合产物的过早沉淀会妨碍高分子量聚合产物的生成，因此为获得高分子量的聚合产物要求有机溶剂对不符要求的低分子量产物具有良好的溶解性。

界面聚合反应具有如下特点：①由于单体须扩散到界面才会发生聚合反应，而单体的扩散速率远小于单体的反应速率，因而界面聚合总的反应速率受单体扩散速率控制；②聚合反应只发生在界面，产物分子量与体系总的反应程度无关，只取决于界面处的反应程度；③由于聚合反应只在界面发生，并不总是要求体系中总的功能基摩尔比等于 1，因而对单体的纯度要求也不是十分苛刻，但为保证在界面处获得功能基等摩尔比，必须使两单体从两相向界面的扩散速率相等，因此扩散速率相对较慢的单体要求其浓度相对较高；④反应温度低，常为 0～50℃，可避免因高温而导致的副反应，有利于高熔点耐热聚合物的合成。

随着高分子化学的不断发展，界面聚合已不仅仅局限于酰氯与胺的界面缩聚，还包括光气与双酚 A 反应制备聚碳酸酯、异氰酸酯与醇反应制备聚氨酯、异氰酸酯与胺反应制备聚脲、酰氯与醇或者羧酸与环氧化合物反应制备聚酯、胺与氯代三嗪反应制备聚胺等[12]。单体既可以是双功能度的，得到线型聚合物，也可以是三功能度以上的，得到交联聚合物。界面聚合也不仅仅只限于两相溶液的组合，还包括气液界面聚合和固-液界面聚合。并且界面聚合不只局限于聚合物原材料的制备（通常应用时需再经成型加工或配成溶液），还可以通过界面聚合工艺和条件的控制对所得聚合物材料的形貌进行调节和控制，从而直接获得功能性的聚合物材料。如可利用界面聚合合成超薄功能膜材料（如纳滤膜等）、微胶囊包裹材料（可用于药物释放体系和自修复材料）、中空纳球或中空纤维等[12]。以界面聚合制备微胶囊包裹材料为例，其过程可简单地示意如图 2-10。

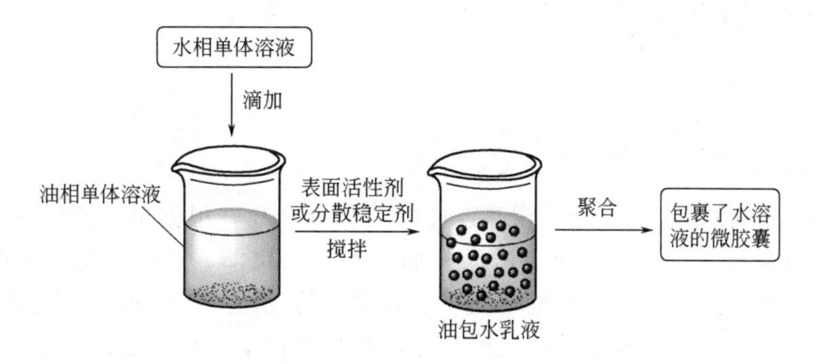

图 2-10　界面聚合制备微胶囊包裹材料示意图

在剧烈搅拌或超声振荡下，将溶有芯材的水相单体溶液缓慢滴加至溶有油包水型乳化剂的油相单体溶液中，形成油包水乳液，发生界面聚合，结果在溶有芯材的水相液滴表面生成聚合物膜得到包裹了水溶液的微胶囊。反之，若将溶有芯材的油相单体溶液滴加、分散至水相单体溶液中则得到包裹了油相溶液的微胶囊。

界面聚合虽然有许多优点，但由于需采用高成本的高活性单体，且溶剂消耗量大，设备利用率低，因此工业上的实际应用并不多。典型的例子是用光气与双酚 A 界面缩聚合成聚碳酸酯以及一些芳香族聚酰胺的合成。

2.4.4　固相聚合

固相聚合是指单体或预聚物在聚合反应过程中，始终保持在固态条件下进行的聚合反应。固相聚合主要应用于一些熔点高的单体或部分结晶低聚物的后聚合反应，因为这些单体或结晶低聚物如果用熔融聚合法可能会因反应温度过高而引起显著的分解、降解、氧化等副反应，使聚合反应无法正常进行或者难以获得高分子量的聚合物。

固相聚合的反应温度一般比单体熔点低 15～30℃。如果是低聚物，为防止在固相聚合反应过程中固体颗粒间发生黏结，在聚合反应前必须先让低聚物部分结晶，聚合反应温度一般介于非晶区的玻璃化转变温度和晶区的熔点之间。在这样的温度范围内，一方面由于链段运动可使分子链末端基团具有足够的活动性，以使聚合反应正常进行；另一方面又能保证聚合物始终处于固体状态，而不会发生熔融或黏结。此外，为使聚合反应生成的小分子副产物及时而又充分地从体系中清除，一般需采用惰性气体（如氮气等）或对单体和聚合物不具溶解性而对聚合反应的小分子副产物具有良好溶解性的溶剂作为清除流体，把小分子副产物从体系中带走，促进聚合反应的进行。

固相聚合的重要工业应用之一是 PET 的增黏。熔融聚合制备的 PET 受反应条件的限制，分子量通常不高，只适于纤维应用（纤维级 PET），而不能用于注塑和吹塑（瓶级 PET），将熔融聚合 PET 经固相聚合后处理可以有效提高分子量，得到瓶级 PET。

此外，固相聚合的另一个重要应用是聚酯、聚酰胺等废旧塑料的回收利用。工业上，聚酯、聚酰胺废旧塑料的来源主要包括聚酰胺、聚酯纤维纺丝时产生的废料以及大量的废弃聚酯、聚酰胺用品等，如废弃的 PET 饮料瓶。这些废旧塑料通常因在加工和使用过程中会产生降解等副反应导致其性能变差，使其回收后利用价值降低，而采用固相聚合可以有效提高这些废弃物的分子量，使之具有典型的工程塑料特性，从而有效提高其回收利用价值。由于固相聚合工艺相对简单，不涉及溶剂的使用和回收，不需要添加其他反应物，也不需要将聚合物熔融、搅拌和再造粒，而且极少有有害性副产物生成，因而固相聚合成为一种环境友好的聚合物回收再利用的重要方法。

2.5 一些重要的逐步聚合物

2.5.1 聚酯

2.5.1.1 概述

聚酯[13]是指单体单元通过酯基相互连接的一类聚合物。根据单体组成和产物结构的不同，聚酯主要可分为线型饱和聚酯、醇酸树脂、不饱和聚酯，有时也把聚碳酸酯归属于聚酯。线型饱和聚酯是由饱和二元羧酸（酯、酰氯等）与二元醇聚合而得的线型聚合物；醇酸树脂聚合体系中包含有多功能基单体，产物是非线型的；不饱和聚酯则通过不饱和单体在聚合物分子结构中引入了不饱和双键，赋予其可交联性质。醇酸树脂与不饱和聚酯最终使用时必须交联固化。

常见的酯化反应类型包括：醇和羧酸的直接酯化、醇和酯的酯交换反应、羧酸和酯的酯交换反应、酯和酯的酯交换反应、酰氯和醇的酯化反应以及酸酐和醇的酯化反应等。如：

$$\sim\sim R^1-\overset{\overset{\displaystyle O}{\|}}{C}-OH + HO-R^2\sim\sim \xrightarrow{-H_2O} \sim\sim R^1-\overset{\overset{\displaystyle O}{\|}}{C}-O-R^2\sim\sim$$

$$\sim\sim R^1-\overset{\overset{\displaystyle O}{\|}}{C}-OR + HO-R^2\sim\sim \xrightarrow{-ROH} \sim\sim R^1-\overset{\overset{\displaystyle O}{\|}}{C}-O-R^2\sim\sim$$

$$\sim\sim R^1-\overset{\overset{\displaystyle O}{\|}}{C}-OH + R^3-\overset{\overset{\displaystyle O}{\|}}{C}-O-R^2\sim\sim \xrightarrow{-R^3COOH} \sim\sim R^1-\overset{\overset{\displaystyle O}{\|}}{C}-O-R^2\sim\sim$$

$$\sim\sim R^1-\overset{\overset{\displaystyle O}{\|}}{C}-OR + R^3-\overset{\overset{\displaystyle O}{\|}}{C}-O-R^2\sim\sim \xrightarrow{-R^3COOR} \sim\sim R^1-\overset{\overset{\displaystyle O}{\|}}{C}-O-R^2\sim\sim$$

$$\sim\sim R^1-\overset{\overset{\displaystyle O}{\|}}{C}-Cl + HO-R^2\sim\sim \xrightarrow{-HCl} \sim\sim R^1-\overset{\overset{\displaystyle O}{\|}}{C}-O-R^2\sim\sim$$

除酰氯与醇的反应外，大多数聚酯化反应属于平衡逐步聚合反应，其平衡常数与单体的性质有关，通常较低。要获得高分子量聚酯，必须将反应副产物（水、醇和酸）等从聚合体系中尽量除去，使反应平衡有利于聚合反应的进行。如果使用酰氯，由于酯化反应平衡常数大，通常可看作是不平衡反应。因此聚酯化反应的实施方法可分为两大类：适于醇-羧酸、醇-酯、羧酸-酯等聚合体系的高温熔融聚合和适于酰氯等高活性单体的低温溶液聚合。

(1) 高温熔融聚合　由于单体活性低，醇-羧酸、醇-酯、羧酸-酯等体系的聚酯化反应必须在高温条件下进行，同时为了加快反应速率，还需加入适当的催化剂。为了获得高分子量聚合产物，在聚合反应后期还必须采用高真空以尽量除去水、醇、二元醇或二元酸等小分子副产物，提高反应程度。熔融聚合所得的聚合产物可通过固相聚合进一步提高分子量（参见2.4.4节）。

聚合反应过程中，高温条件下的各种酯交换反应对于获得高分子量产物具有重要意义。聚合体系中因偶然因素或有意引入的过量单体，可在熔融聚合反应的末期或固相聚合时在高温高真空条件下通过醇-酯、羧酸-酯或酯-酯等交换反应除去。

高温熔融聚合根据单体组成的不同可分为直接酯化法和酯交换法。

① 直接酯化法。二元酸和二元醇的直接酯化是合成聚酯最直接的方法，在聚酯合成中广泛使用。直接酯化反应在室温条件下反应很慢，必须在高温（150～290℃，取决于所用单体种类）、高浓度（熔融聚合）下进行。在聚合反应的末期需抽真空以除去小分子副产物。合成醇酸树脂和不饱和聚酯时，有时也可在聚合体系中加入甲苯或二甲苯（质量分数为5%～15%）与水形成共沸物，促进水的去除。直接酯化法特别适合于由脂肪族或芳香族二元酸和一级或二级脂肪醇合成脂肪族聚酯、不饱和聚酯以及芳香酸-脂肪醇聚酯。由于酚或三级醇单体即使在高温、催化剂存在下与羧酸的反应活性也非常低，因此不宜采用直接酯化法，而更适合采用酯交换法。

强酸虽然是很有效的酯化反应催化剂，但在高温（>160℃）下也可以催化一系列的副反应，因此聚酯合成中很少使用强酸催化剂。高温（160～290℃）熔融聚合的首选催化剂是一些金属盐、金属氧化物以及有机金属化合物，如乙酸锌、乙酸锰、Sb_2O_3 以及钛和锆的烷氧化物等。由于 Sb_2O_3 在催化活性、产品颜色以及成本上的综合优势，长时间以来一直是聚酯合成的首选催化剂，但近年来锑化合物对健康的潜在危害性使其应用受到限制，特别是应用于食品领域的聚酯产品，如食品包装、软饮料瓶等。近年来钛系催化剂不仅催化活性高，而且对环境友好、无毒，可适于 PET、PBT 和 PTT 的生产，已实现商业化生产。典型的钛系催化剂包括钛酸四异丙酯［$Ti(O_iPr)_4$］、钛酸四正丁酯［$Ti(O_nBu)_4$］以及一些复合催化剂。有关金属催化剂的催化机理尚了解不深，通常认为其机理是：金属离子与羰基配位，降低了羰基中 C 原子的电子密度，促进了羟基的亲核进攻。值得注意的是，相比于传统的金属催化剂，一些有机非金属催化剂因其不含有害性的金属，且易得、易保存，在一些生物医用以及食品包装用聚酯合成上颇具优势，包括强质子酸如硫酸和磺胺酸、强 Brönsted 碱、有机胺（如脒、胍）、*N*-杂环卡宾等[14]。

典型的直接酯化法的工业应用实例为对苯二甲酸和乙二醇熔融聚合合成聚对苯二甲酸乙二酯（PET），其聚合反应过程总体上可分为两个阶段。第一阶段为对苯二甲酸和过量乙二醇（约1∶1.2）的酯化反应，在加压下于230～270℃进行，同时除去酯化反应生成的水，反应产物为低聚物。第二阶段为第一阶段低聚物之间的酯交换反应，逐步升温至270～290℃，并逐渐提高真空度（10～50Pa），直至除去过量的交换反应生成的乙二醇获得高分子量 PET（数均聚合度约为200）。

酸酐和二元醇的酯化反应可分为两步，首先酸酐和二元醇反应生成羟基酸中间体，第二步为羟基酸的羟基和羧基之间的酯化反应：

$$R^1\!\left(\begin{matrix}C(=O)\\ O\\ C(=O)\end{matrix}\right) + HO-R^2-OH \xrightarrow[\text{本体}]{100\sim150^\circ C} HOOC-R^1-COO-R^2-OH$$

$$nHOOC-R^1-COO-R^2-OH \xrightarrow[\text{本体}]{160\sim290^\circ C} H\!+\!OOC-R^1-COO-R^2\!+_n\!OH + (n-1)H_2O\uparrow$$

由于酸酐比羧酸的反应活性高得多，因此反应速率由第二步反应控制。酸酐和二元醇聚酯化反应的实际应用仅限于不饱和聚酯和醇酸树脂的合成。

② 酯交换法。酯交换反应包括醇-酯、羧酸-酯、酯-酯交换反应，其中醇-酯交换反应最重要，已用于许多芳香酸-脂肪醇和全芳香聚酯的合成。羧酸-酯交换反应仅限于全芳香聚酯的合成。而酯-酯交换反应由于反应速率慢，很少用于聚酯合成。

以 PET 合成的酯交换法为例。工业上，早期 PET 的合成因难以获得高纯度的对苯二甲酸，都是由对苯二甲酸二甲酯和乙二醇通过酯交换法制备的。聚合反应分为两个阶段。第一阶段中，对苯二甲酸二甲酯和过量乙二醇发生酯交换，脱去甲醇，反应温度为 180～200℃，得到末端为对苯二甲酸羟乙酯的低聚物：

$$nH_3CO-\overset{O}{\overset{\|}{C}}-C_6H_4-\overset{O}{\overset{\|}{C}}-OCH_3 + (n+1)HO-CH_2CH_2-OH \longrightarrow HOCH_2CH_2O\!+\!\overset{O}{\overset{\|}{C}}-C_6H_4-\overset{O}{\overset{\|}{C}}-OCH_2CH_2O\!+_n\!H + 2nCH_3OH$$

第二阶段的反应与直接酯化法第二阶段的反应相似，为低聚物之间发生酯交换脱去乙二醇，反应温度为 270～280℃：

$$mHOCH_2CH_2O\!+\!\overset{O}{\overset{\|}{C}}-C_6H_4-\overset{O}{\overset{\|}{C}}-OCH_2CH_2O\!+_n\!H \longrightarrow HOCH_2CH_2O\!+\!\overset{O}{\overset{\|}{C}}-C_6H_4-\overset{O}{\overset{\|}{C}}-OCH_2CH_2O\!+_{mn}\!H + (m-1)HO-CH_2CH_2-OH$$

通过升温和抽真空将体系中过量的乙二醇除去，直至得到高分子量聚合物。

第一阶段的反应一般用钙、锌、镁或锰的乙酸盐作催化剂，这些催化剂在第二阶段反应中可能导致聚合物降解，使产物发黄，因此在第一步反应的末期需加入一些含磷化合物（如磷酸三苯酯）使乙酸盐失活。第二阶段反应常用的催化剂为 Sb_2O_3。钛酸酯虽然对两阶段的反应都有很好的催化作用，但因其在乙二醇存在时会导致产物发黄，一般不单独使用。不过，由钛酸酯、含磷化合物和配位剂组成的复合催化剂可得到色浅的高分子量 PET。现代 PET 的工业合成主要是对苯二甲酸和乙二醇的直接酯化合成，对苯二甲酸二甲酯/乙二醇合成的 PET 约占 10%。

熔融聚合法由于在聚合反应末期的反应温度相当高，副反应难以避免。可能导致乙醛、末端羧基、末端乙烯基的生成（参看第九章 9.6.1 节）。以乙二醇为单体时，聚酯化反应过程中还可能发生末端羟基醚化反应。这些副反应必须小心控制，对聚合物的性能如玻璃化转变温度、机械性能、水解稳定性和变色有重要影响。

(2) 低温溶液聚合 高活性单体如酰氯和二元醇的聚合反应是不平衡反应，反应速率快，聚合反应可在较低温度下在溶液或非均相介质中进行。与平衡聚酯化反应相比，不平衡聚酯化反应具有一些明显优势：可在温和条件下短时间内获得高分子量聚合物，不存在酯交换反应以及因高温产生的降解副反应等。因此，不平衡聚酯化反应很适于合成高熔点的芳香聚酯和含有在熔融聚合条件下不稳定功能基（如不饱和基团）的聚酯。缺点是聚合产物分子量不易控制，与熔融聚合相比，因反应物浓度低，环化低聚物含量较高。此外，酰氯和有机溶剂的使用还会涉及环保问题，而且高活性单体的成本高，使不平衡聚酯化反应的应用受到一定限制。

2.5.1.2 线型聚酯

线型聚酯主要品种的名称、化学结构及其主要用途见表 2-4，一些重要的线型聚酯的主要性能见表 2-5。

表 2-4 主要线型聚酯品种的名称缩写、结构和主要用途

聚酯名称及其缩写	化学结构	用途
聚对苯二甲酸乙二酯(PET)	$\left[\overset{O}{\overset{\|}{C}}-C_6H_4-\overset{O}{\overset{\|}{C}}-OCH_2CH_2O\right]_n$	纤维、工程塑料、瓶和容器、薄膜
聚对苯二甲酸丁二酯(PBT)	$\left[\overset{O}{\overset{\|}{C}}-C_6H_4-\overset{O}{\overset{\|}{C}}-O(CH_2)_4O\right]_n$	纤维、工程塑料
聚对苯二甲酸丙二酯(PTT)	$\left[\overset{O}{\overset{\|}{C}}-C_6H_4-\overset{O}{\overset{\|}{C}}-O(CH_2)_3O\right]_n$	纤维、薄膜、工程塑料
聚 2,6-萘二甲酸乙二酯(PEN)	$\left[\overset{O}{\overset{\|}{C}}-C_{10}H_6-\overset{O}{\overset{\|}{C}}-OCH_2CH_2O\right]_n$	高性能纤维、薄膜、耐热容器

表 2-5 PET、PTT、PBT 树脂的主要性能

性能	PET	PTT	PBT
T_m/℃	265	233	232
T_g/℃	69	35	22
密度/(g/cm^3)	1.37	1.35	1.31
拉伸强度/MPa	53	59.3	52
弯曲模量/GPa	2.83	2.76	2.34
缺口冲击强度/(J/m)	43	48	53
绝缘强度/(V/μm)	23.6	21	23.2
介电常数(1MHz 时)	3.4	3.0	3.1
体积电阻率/($\times10^{16}\Omega\cdot$cm)	3.5	1.0	4.0

聚对苯二甲酸丙二酯（PTT）的合成方法与 PET 基本相同，可由对苯二甲酸（直接酯化法）或对苯二甲酸二甲酯（酯交换法）和 1,3-丙二醇经熔融聚合而得。PTT 纤维具有非常优异的综合性能，包括伸展回弹性、挠曲性、柔软的触摸感、可染性、易打理等，使其在纤维织物、地毯以及服装市场很受关注。PTT 在薄膜和工程塑料领域的应用也可与 PET、

PBT 以及聚酰胺等竞争。

聚对苯二甲酸丁二酯（PBT）的合成首选酯交换法，因为1,4-丁二醇在酸性条件下易脱水生成四氢呋喃，因此不能由二元酸和丁二醇直接酯化合成。反应同样可分为两个阶段，首先对苯二甲酸二甲酯与过量的丁二醇在150～200℃下进行酯交换生成低聚物，然后将温度升高至250℃进行低聚物间的酯交换反应，通过抽真空将过量的丁二醇除去，从而得到高分子量聚合物。钛酸四异丙酯和钛酸四丁酯对两阶段的反应都是有效的催化剂。

由于2,6-萘二酸在乙二醇中的溶解性很差，而且不容易获得，聚2,6-萘二甲酸乙二酯（PEN）也是由两步法醇-酯交换反应合成，其起始单体为2,6-萘二酸二甲酯和过量的乙二醇。第一阶段反应的催化剂常用乙酸锌或乙酸锰，第二阶段反应的催化剂常用 Sb_2O_3，聚合反应最后温度接近290℃。

全芳香族聚酯除可由酰氯和二元酚合成外，双酚的二乙酸酯和芳香族二元羧酸或双酚和芳香族二元酸二苯酯的高温熔融聚合是全芳香族聚酯首选的合成方法。如：

220～320℃
$-CH_3COOH$

酚-酯交换法一般需加入酯交换催化剂如 Sb_2O_3 或钛酸酯，羧酸-酯交换法中，锌、锰等乙酸盐更有效。同样，在聚合反应最后阶段必须抽真空尽量除去小分子副产物（乙酸或苯酚），以获得高分子量聚合物。

2.5.1.3 醇酸树脂

醇酸树脂[2,13,15]通常由二元和/或多元羧酸与二元和/或多元醇的非线型缩聚反应合成，通过控制聚合反应投料比，并在 $p<p_c$ 时终止聚合反应，可得到可溶、可熔的支化聚酯预聚物。常用的多功能基单体包括甘油、三羟甲基丙烷、季戊四醇、山梨醇、柠檬酸、1,2,4-苯三酸、均苯四酸酐等。

甘油　三羟甲基丙烷　季戊四醇　山梨醇　1,2,4-苯三酸　均苯四酸酐　柠檬酸

如邻苯二甲酸酐和甘油聚合反应可示意如下：

这类支化聚酯预聚物的交联固化反应通过预聚物所含的未反应羧基和羟基之间的酯化反应进行，因此必须在较高温度下（约200℃）进行，通常用作烤漆。

如果在上述聚合反应体系中加入长链不饱和一元脂肪酸，则可在预聚物中引入不饱和双键，所得预聚物称为油改性醇酸树脂。其中不饱和脂肪酸结构易与空气中的氧气发生氧化反

应，在不饱和双键的烯丙位上产生自由基，从而发生自由基交联固化，使液状的预聚物变为固态交联聚合物，这一过程常称为“干燥”。油改性醇酸树脂相对于未改性的醇酸树脂可在较低温度下干燥。

不饱和脂肪酸由植物油（甘油三脂肪酸酯）中提取，也可直接使用油。常用的植物油包括大豆油、蓖麻油、亚麻子油、桐油等。来源不同，其所含双键的数目和共轭程度不同，如亚麻子油的主要成分是含有两个孤立双键的亚油酸和含三个孤立双键的亚麻酸，而桐油的主要成分为含三个共轭双键的桐酸：

$$CH_3(CH_2)_4CH{=}CHCH_2CH{=}CH(CH_2)_7COOH \qquad CH_3(CH_2CH{=}CH)_3(CH_2)_7COOH$$

亚油酸　　　　亚麻酸

$$CH_3(CH_2)_3CH{=}CH{-}CH{=}CH{-}CH{=}CH(CH_2)_7COOH$$

桐酸

脂肪酸所含的双键数目及共轭程度直接影响树脂的干燥速度，所含双键越多越有利于干燥，共轭程度越高干燥时间越短，但易发黄。

不饱和脂肪酸的引入方法主要有两种：①以脂肪酸形式直接与多元醇和多元酸进行聚酯化反应；②以油的形式使用，由于油和甘油、邻苯二甲酸酐不能混溶而产生相分离，使油难以参与酯化反应，因此需先将油和甘油进行交换反应，使之变为甘油的不完全脂肪酸酯，然后再与苯酐在均相条件下进行聚合反应。油和甘油的交换反应可示意如下：

$$\left[\begin{array}{l}-OCOR\\-OCOR\\-OCOR\end{array}\right. + \left[\begin{array}{l}-OH\\-OH\\-OH\end{array}\right. \longrightarrow \left[\begin{array}{l}-OCOR\\-OCOR\\-OH\end{array}\right. + \left[\begin{array}{l}-OCOR\\-OH\\-OH\end{array}\right.$$

油改性醇酸树脂的性能可通过调节树脂中不饱和脂肪酸的含量加以控制，不饱和脂肪酸的含量常用其对应的甘油三酸酯在树脂中所占的质量分数来表征，称为油度。通常将油度为30％～50％的油改性醇酸树脂称为短油度醇酸树脂；51％～65％为中油度醇酸树脂；66％～80％为长油度醇酸树脂。油度较高（55％～60％）的树脂可溶于脂肪烃溶剂，氧化交联速度快，所得膜光亮度高，机械性能好。油度低（＜40％）的树脂可溶于芳香烃溶剂，干燥时间长，所得膜的性能相对较差。此外，也可根据所加脂肪酸不饱和度的高低分为干性油醇酸树脂（或称风干漆）和不干性油醇酸树脂，前者能直接涂成膜，常温下与氧作用（有时需加入氧化促进剂，如环烷酸钴等）固化，后者则不能直接与氧作用固化，必须与其他添加剂混合使用。

不饱和脂肪酸也可与饱和一元酸配合使用以调节不饱和度，常用的饱和酸包括月桂酸（十二碳酸）、硬脂酸（十八碳酸）、棕榈酸（十六碳酸）以及苯甲酸和 *p*-叔丁基苯甲酸等。不饱和酸称为干性油，饱和一元酸称为非干性油。

醇酸树脂的性能可通过改变单体组成进行精细控制，如在聚合体系中添加间苯二甲酸可提高树脂的干燥速度、韧性和热稳定性，而脂肪酸或长链二醇可提高材料的柔韧性。单体组成的调节非常重要，有两方面的基本要求，即树脂合成过程中不会发生凝胶化以及最终产物的—COOH 含量低。为此，常使体系中的—OH 稍过量。

油改性醇酸树脂很适于空气干燥清漆或建筑涂料等应用，固化后可得到高亮、柔韧、耐久性好的交联涂料。通常以溶液形式使用，成本低，适用性广，是世界上最大的涂料品种之一。但由于挥发物多，随着人们对环保要求的增加，其用量逐渐减少。

2.5.1.4　不饱和聚酯

不饱和聚酯[2,13]是由二元醇、饱和与不饱和酸酐或二元酸熔融缩聚得到的低分子量（1500～2500）线型聚酯，如最简单的不饱和树脂可由马来酸酐和乙二醇熔融缩聚而得：

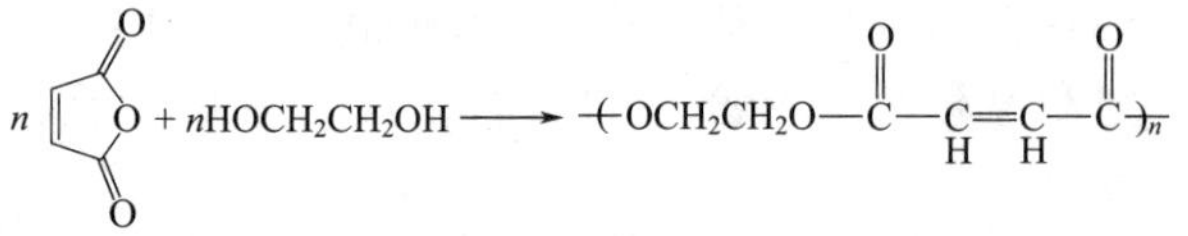

$$n\ \text{马来酸酐} + n\mathrm{HOCH_2CH_2OH} \longrightarrow \left[\mathrm{OCH_2CH_2O-\overset{O}{\overset{\|}{C}}-\underset{H}{C}=\underset{H}{C}-\overset{O}{\overset{\|}{C}}}\right]_n$$

在几乎所有的不饱和聚酯应用中，都是将其溶于可自由基聚合的乙烯基单体中，以溶液形式使用。其交联固化反应通过预聚物分子中的不饱和双键与乙烯基单体的自由基共聚合反应来实现，加入的乙烯基单体通常称为不饱和聚酯的活性稀释剂。

不饱和聚酯材料的性能与不饱和聚酯的结构（单体组成）、共聚单体的性质和含量、引发剂性质、交联反应条件等有关。

最常使用的不饱和酸单体是马来酸酐和富马酸，尤其是前者，因其成本更低。其他不饱和二元酸单体包括衣康酸或环戊二烯与马来酸酐的加成产物等。

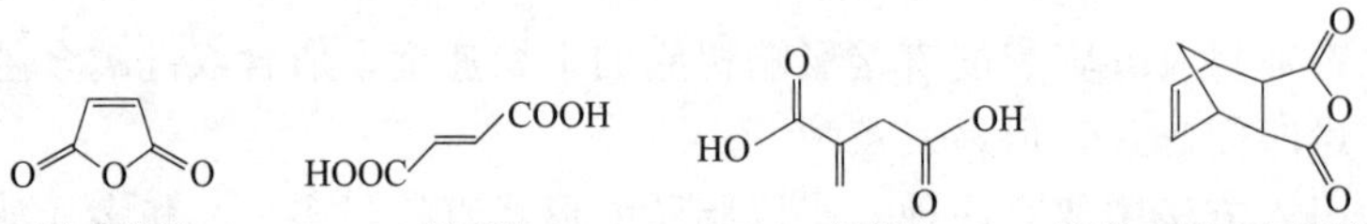

马来酸酐　　富马酸　　衣康酸　　环戊二烯与马来酸酐的加成产物

在高温聚酯化反应过程中，顺式的马来酸酯单元可部分或全部异构化为更稳定的反式富马酸酯：

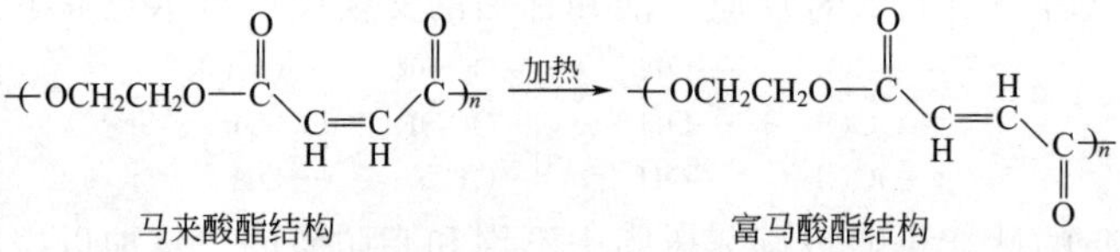

$$\left[\mathrm{OCH_2CH_2O-\overset{O}{\overset{\|}{C}}-\underset{H}{C}=\underset{H}{C}-\overset{O}{\overset{\|}{C}}}\right]_n \xrightarrow{\text{加热}} \left[\mathrm{OCH_2CH_2O-\overset{O}{\overset{\|}{C}}-\underset{H}{C}=\overset{H}{C}-\underset{O}{\underset{\|}{C}}}\right]_n$$

马来酸酯结构　　富马酸酯结构

由于富马酸酯的双键与乙烯基单体的聚合反应活性比马来酸酯高，因此树脂中马来酸酯和富马酸酯结构的比例对树脂的固化活性和交联密度有很大影响，是控制要素之一。除了不饱和酸以外，常加入一些饱和酸酐或二元酸调节预聚物分子中的双键含量（交联密度）和产物的性能。

常用的二元醇包括乙二醇、1,2-丙二醇、二乙二醇、二丙二醇、三甘醇或聚乙二醇等。

若仅用马来酸酐和乙二醇聚合，则其最终产品交联密度太高，太脆，无太大实用价值。通用型的不饱和聚酯是由马来酸酐、邻苯二甲酸酐和1,2-丙二醇和/或乙二醇聚合而得。若在体系中加入间苯二甲酸、对苯二甲酸或者含双酚A结构的二元酸等刚性更大的二元酸单体可提高树脂的刚性和耐热性，加入饱和的二元脂肪酸如己二酸、壬二酸或癸二酸等以及长链二元醇可提高树脂的柔韧性和抗冲击强度，但会降低最终材料的耐水性。1,2-丙二醇与乙二醇相比，由于甲基的位阻关系，具有更大的刚性，而且其生成酯基的空间位阻更大，因而化学稳定性更好。

最常用的活性稀释剂是苯乙烯，在有些场合，也应用其他单体包括甲基丙烯酸甲酯、对甲基苯乙烯、α-甲基苯乙烯和邻苯二甲酸二烯丙酯等。相对于苯乙烯类活性稀释剂，丙烯酸酯类活性稀释剂具有更好的耐黄变性能。

为了提高产品的阻燃性，可在聚合体系中加入适当的含卤单体或含卤的活性稀释剂，如：

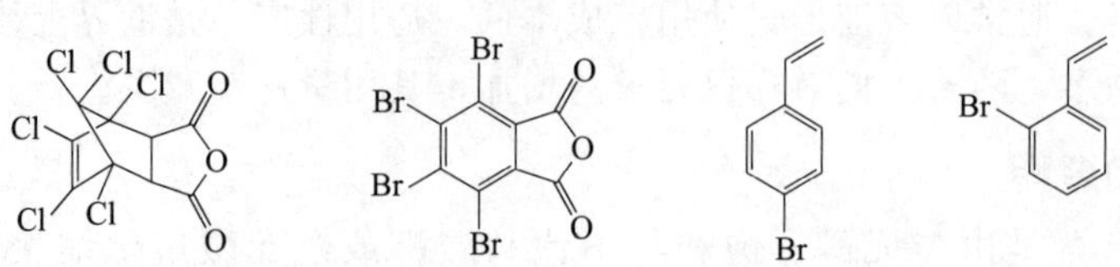

不饱和聚酯的固化是通过加入自由基引发剂（参见第3章）引发聚合来实现的。固化反

应的温度取决于所用引发剂，可分为常温、中温和高温三类[16]。低温至常温下（<30℃）的固化反应一般选用氧化还原体系，最常用的氧化还原体系有酮过氧化物和钴、锰等的环烷酸盐或辛酸盐（如甲乙酮过氧化物＋环烷酸钴），二酰基过氧化物和叔胺（如 BPO＋*N*,*N*-二甲基苯胺），烷基过氧化氢和钒盐等；中温下（50～100℃）的固化反应一般可单独使用有机过氧化物或氧化还原体系，如酮过氧化物、烷基过氧化氢、二酰基过氧化物、过氧酯、过氧化缩酮等；高温下（100～120℃）的固化反应一般采用在常温下稳定、不易分解的过氧化物，包括过氧化缩酮、过氧酯和二烷基过氧化物。

不饱和聚酯具有广泛的重要应用，如用作玻璃纤维增强塑料（即玻璃钢）用于制造大型构件，如汽车车身、小船艇、容器、工艺塑像等；与无机粉末复合，用于制造卫浴用品、装饰板、人造大理石、石英石等。

2.5.1.5 聚碳酸酯

最重要的聚碳酸酯是双酚 A 型聚碳酸酯，根据所用单体的不同，双酚 A 型聚碳酸酯的合成可分为两大类。

（1）光气法 聚合反应的单体为双酚 A 和光气：

$$HO-C_6H_4-C(CH_3)_2-C_6H_4-OH + Cl-\overset{O}{\overset{\|}{C}}-Cl \xrightarrow{-HCl} \left[O-C_6H_4-C(CH_3)_2-C_6H_4-O-\overset{O}{\overset{\|}{C}}\right]_n$$

光气法又可分为溶液聚合法和界面缩聚法。溶液聚合法是在室温下将光气通入双酚 A 的吡啶溶液中进行聚合反应，吡啶既是反应溶剂又是副产物 HCl 的吸收剂，所得聚合物可用水或甲醇沉淀分离。界面缩聚法应用更广，通常将双酚 A 溶于 NaOH 水溶液中，形成酚盐，然后加入有机溶剂，在快速搅拌下通入光气，光气溶于有机相中，可防止光气与水直接接触发生水解。聚合反应温度为 0～50℃，体系中通常加入季铵盐等相转移催化剂以促进酚盐从水相向有机相扩散。常用的有机溶剂有氯苯、1,2-二氯乙烷、二氯甲烷等，有机相中加入叔胺作为聚合反应的催化剂，必要时还可加入苯酚作为分子量调节剂。聚合反应可分为两步，首先酚盐和光气反应形成低聚物，低聚物再在叔胺的催化下进一步聚合得到高分子量聚合物。与一般的界面缩聚不同，其聚合产物是溶解在有机相中的，并不沉淀析出。聚合反应完成后，将反应混合物静置分层，除去水相，有机相经中和、水洗等处理后，再采用沉淀或干燥法将聚合物分离。利用界面缩聚法可得到黏均分子量为 2 万～20 万的聚碳酸酯。

光气为高毒性气体，难操作，为安全着想，可用液态的双光气（氯甲酸三氯甲酯）代替[17]。

$$Cl-\overset{O}{\overset{\|}{C}}-O-CCl_3$$

氯甲酸三氯甲酯

但双光气应用于界面缩聚时，不宜用叔胺作催化剂，因其可与双光气反应，使疏水性的双光气转变为亲水性的酰基铵盐，使其更易水解（以三乙胺为例）[18]：

$$Et_3N + Cl-\overset{O}{\overset{\|}{C}}-O-CCl_3 \longrightarrow \left[Et_3N^+-\overset{O}{\overset{\|}{C}}-O-CCl_3\right]Cl^- \quad 或 \quad \left[Et_3N^+-\overset{O}{\overset{\|}{C}}-Cl\right]^- \; O-CCl_3$$

（2）酯交换法 双酚 A 和碳酸二苯酯在熔融条件下发生酯交换聚合反应：

$$HO-C_6H_4-C(CH_3)_2-C_6H_4-OH + PhO-\overset{\overset{O}{\|}}{C}-OPh \xrightarrow{-PhOH} \left[O-C_6H_4-C(CH_3)_2-C_6H_4-O-\overset{\overset{O}{\|}}{C} \right]_n$$

首先将单体混合物在真空条件下（6.67～13.33kPa）加热到180～220℃进行酯交换反应，当反应副产物苯酚的蒸出量为理论值的80%～90%时，再逐步升温到280～300℃，进一步减压（<133.3Pa）进行聚合反应。聚合反应温度的控制很重要，控制不当可能发生下列的重排反应，导致支化甚至交联：

$$\sim C_6H_4-O-\overset{\overset{O}{\|}}{C}-O\sim \xrightarrow{\triangle} \sim C_6H_3(COOH)-O\sim$$

酯交换法催化剂的选择是关键，适宜的催化剂应对聚合反应具有高催化活性，但同时对高温条件下的支化、交联、变色、降解等副反应的催化活性要低。碱土金属和碱金属类催化剂（如LiOH）虽然具有很高的催化活性，但同时对降解反应也具有高催化活性，易导致变色，在高温条件下（300℃）可导致聚合物分子量急剧下降；比较理想的是镧系金属催化剂（如La的乙酰丙酮化物），既具有高的聚合催化活性，而且不会催化降解反应，所得聚合物的热稳定性与界面缩聚的相当[19]。由于很难将副产物苯酚从黏稠的聚合反应混合物中除去，酯交换熔融聚合法通常只能得到低到中等分子量的聚碳酸酯，但可通过固相后聚合提高分子量[20-24]，得到黏均分子量达50000的聚碳酸酯。

界面缩聚法和熔融酯交换法各有优缺点。界面缩聚法的优点是原料成本低，产物分子量的可控性较强，可获得高分子量的聚合产物，最大的缺点是需使用高毒性的光气，而且还需对大量的废水和二氯甲烷等溶剂进行后处理，环保压力大。酯交换熔融聚合法无需使用溶剂、并可避免直接使用光气，而且使用高纯度的双酚A和碳酸二苯酯时，熔融聚合法可得到高纯度聚碳酸酯，能满足一些对光学性能要求非常严格的应用，如新型的光贮存材料等。但熔融聚合法难以获得高分子量聚合物，而且双酚A在高温及OH^-存在下不稳定，容易导致聚合产物变色。

聚碳酸酯虽然可以结晶，但大多数的聚碳酸酯都是非晶态的，双酚A聚碳酸酯由于其主链结构中含有苯环和立阻大的四取代碳原子，因而分子链刚性大，聚合物玻璃化转变温度高，T_g为150℃，在较宽的温度范围内（15～130℃）具有良好的力学性能。双酚A聚碳酸酯的耐酸性能和耐氧化性能优于PET，但耐碱性能不如PET，室温下的耐溶剂性能与PET相当，在较高温度下，双酚A聚碳酸酯耐脂肪烃和芳香烃溶剂的性能优于PET，但耐极性有机溶剂的性能较差。双酚A聚碳酸酯具有优异的透明性和冲击性能，而且尺寸稳定性和耐蠕变性能亦佳，具有广泛的应用，包括压缩光盘、玻璃制品（门、窗、太阳镜、安全面罩、防爆玻璃等）以及汽车工业（仪表板及其零部件、挡风玻璃、车身外壳等）、医疗器械等，在电子电气工业可用作绝缘插件、线圈框架、垫片等。

2.5.2 聚酰胺

聚酰胺[25]是指聚合物分子中单体单元是通过酰胺基相互连接的聚合物。AA-BB型聚酰胺可由二元胺和二元酸（或二元酯或二元酰氯）合成，AB型聚酰胺可由氨基酸合成，也可由内酰胺的开环聚合合成，但由于氨基酸单体的熔点比对应的内酰胺高，难提纯，成本高，因此除了实验室小量合成和一些长链氨基酸外，工业上的AB型聚酰胺主要由开环聚合合成。根据所用单体不同，聚合物中酰氨基之间的烃基可以是脂肪族的，也可以是芳香族的。由脂肪族二元胺和脂肪族二元酸（或二元酯或二元酰氯）聚合得到的聚酰胺分子中不含芳香结构，为脂肪族聚酰胺；由芳香族二胺和脂肪族二元酸（或酯或酰氯）或脂肪族二元胺和芳香族二元酸（或酯或酰氯）聚合得到的聚酰胺分子中酰氨基之间的连接既有脂肪烃结构，也有芳香烃结构，为部分芳香性聚酰胺；由芳香族二元胺和芳香族二元酸（或二元酯或二元酰氯）聚合得到的聚酰胺分子中酰氨基之间的连接全为芳香烃，为全芳香性聚酰胺。常用的芳香二元酸是对苯二甲酸和间苯二甲酸，对苯二甲酸和间苯二甲酸也常用来通过共聚合反应改善聚酰胺-66 和聚酰胺-46 等的尺寸稳定性。

绝大部分的聚酰胺用于制造合成纤维，聚酰胺纤维具有很好的拉伸强度和弹性，广泛地应用于制造布料、轮胎帘布、毡毯、绳索等。少部分聚酰胺用于制造塑料制品，主要应用于各种机械、化工设备及电子电气部件，如轴承、齿轮、泵叶轮、密封圈、垫片、输油管、电器线圈骨架、各种电绝缘件以及各种类型的管、棒、片材等。

逐步聚合反应合成聚酰胺常用的二元胺和二元酸单体见表 2-6。

表 2-6　逐步聚合反应合成聚酰胺常用的二元胺和二元酸单体[25]

单体		熔点/℃	沸点/℃	pKa$_1$	pKa$_2$
二元胺	1,4-丁二胺	27	158	9.32	10.36
	1,5-戊二胺	9	178	9.74	11.00
	1,6-己二胺	39	196	10.76	11.86
	间苯二胺	64		9.02	11.5
	对苯二胺	147		7.84	11.5
二元酸	己二酸	151		4.43	5.52
	庚二酸	105		4.47	5.52
	十二碳酸	112			
	间苯二甲酸	348		3.54	4.62
	对苯二甲酸	＞300		3.54	4.46

AA＋BB 型聚酰胺命名时通常在“聚酰胺”前缀后分别标上二元胺和二元酸所含的碳原子数，如由己二胺和己二酸合成的聚酰胺命名为“聚酰胺-66”，由己二胺和癸二酸合成的聚酰胺命名为“聚酰胺-610”等；而由氨基酸或内酰胺合成的 AB 型聚酰胺则在“聚酰胺”后加注单体所含的碳原子数，如由氨基己酸或己内酰胺得到的聚合物命名为“聚酰胺-6”；对苯二甲酸和间苯二甲酸分别用其英文名称的首字母“T”和“I”来代表，如由己二胺和对苯二甲酸合成的聚合物命名为“聚酰胺-6T”。

AA-BB 型聚酰胺可通过熔融聚合、溶液聚合或界面缩聚来合成。

(1) 熔融聚合　如果聚酰胺在其熔融温度以上是热稳定的，几乎无一例外都是采用熔融聚合法。工业上大多数的聚酰胺都是由熔融聚合法合成。

以二元胺和二元酸为起始单体的熔融聚合反应通常可分为两个或三个阶段。第一阶段是二元胺和二元酸在水溶液中反应得到聚酰胺盐，由聚酰胺盐在相对低温下先进行预聚合，为了防止二元胺挥发或芳香族单体的升华，预聚合反应常常在高压釜中加压进行；第二阶段是预聚物在高温、常压或轻微减压下转入熔融聚合，当达到中等分子量后，反应物黏度显著变大，从而限制了热的传导和副产物水的蒸发，使反应程度受限；第三阶段是将熔融聚合得到的聚合产物进行挤出熔融后聚合（在挤出机上进行）或者进行固相后聚合以得到高分子量聚合产物，有时也可省去第二阶段，而直接将预聚物进行固相聚合。

以最重要的聚酰胺-66 为例，工业上，该聚合物是以聚酰胺盐为起始原料通过熔融聚合法得到的：

$$H_2N\text{-}(CH_2)_6\text{-}NH_2 + HO\text{-}\overset{O}{\overset{\|}{C}}\text{-}(CH_2)_4\text{-}\overset{O}{\overset{\|}{C}}\text{-}OH \longrightarrow {}^{\oplus}H_3N\text{-}(CH_2)_6\text{-}NH_3^{\oplus}\ {}^{\ominus}O(O)C\text{-}(CH_2)_4\text{-}C(O)O^{\ominus}$$

$$\downarrow$$

$$2H_2O + \left[\overset{H}{\overset{|}{N}}\text{-}(CH_2)_6\text{-}\underset{H}{\underset{|}{N}}\text{-}\overset{O}{\overset{\|}{C}}\text{-}(CH_2)_4\text{-}\overset{O}{\overset{\|}{C}}\right]_n$$

其起始原料为50%的二元胺和二元酸的水溶液，聚合反应时将其加热至100℃以上浓缩至约60%或更高，然后升温至约210℃进行预聚合（实际上是水溶液聚合）。预聚合时，聚酰胺盐中己二胺的挥发性比己二酸高，因此在聚合反应过程中必须小心控制，以免因己二胺挥发而导致功能基不等摩尔比。为减少二元胺的挥发，预聚合反应通常在高压釜中加压进行。预聚反应完成后，逐步提高温度至275℃转入熔融聚合，此时反应原料（低聚物）不再是挥发性的，因而后续的聚合反应可以在常压下进行，随着聚合产物分子量的提高，聚合物熔体黏度也随之增大，搅拌将变得困难，导致小分子副产物从体系中的挥发变慢，可采用抽真空的办法来除去小分子副产物。但聚酰胺化反应的平衡常数较聚酯化反应要大得多，为获得高分子量聚合产物，对残余小分子副产物浓度要求不像聚酯反应那样低，因此所要求的真空度并不需聚酯合成中那样高。同样的原因，聚酰胺的合成不需使用催化剂。

进行预聚合反应时，也可用甲醇或乙醇作沉淀剂将溶液的聚酰胺盐沉淀分离出来作为起始原料，以保证胺和羧酸的等摩尔比。聚合时，可加少量单官能团的乙酸控制分子量。

聚酰胺-610和聚酰胺-612等可采用与聚酰胺-66相似的聚酰胺盐熔融聚合法合成。

(2) 溶液聚合与界面缩聚 若以二元酰氯代替二元酸与二元胺进行聚合反应，由于二元酰氯反应活性高，聚合反应可以溶液聚合方式或界面缩聚方式进行。聚合反应式如下：

$$nH_2N\text{-}R\text{-}NH_2 + nCl\text{-}\overset{O}{\overset{\|}{C}}\text{-}R'\text{-}\overset{O}{\overset{\|}{C}}\text{-}Cl \longrightarrow H\text{-}(\overset{H}{N}\text{-}R\text{-}\overset{H}{N}\text{-}\overset{O}{\overset{\|}{C}}\text{-}R'\text{-}\overset{O}{\overset{\|}{C}})_n\text{-}Cl + (2n-1)HCl$$

聚合反应的小分子副产物为HCl，为避免HCl与未反应的胺形成低活性的胺盐影响聚合反应的顺利进行，需在聚合体系中加入碱性比二元胺单体更强的缚酸剂来消除HCl。界面缩聚反应可在二元胺的水溶液中加入KOH、NaOH和CaO等作为缚酸剂。芳香二胺与酰氯的溶液聚合中，由于芳香二胺的碱性较弱，因此可选用的缚酸剂很多，甚至可用一些碱性溶剂作为缚酸剂，如*N*,*N*-二甲基乙酰胺等。为防止聚合物沉淀，可在溶液中加入$CaCl_2$或LiCl等盐类，通过其金属离子与酰胺羰基配位，减少酰胺基团之间的氢键作用，从而增大聚酰胺的溶解性。相对而言，酰氯和脂肪族二胺的溶液聚合要困难得多，因为脂肪族二胺具有较强的碱性，要找到碱性更强且在有机溶剂中溶解性好的缚酸剂相对困难得多，可供选择的缚酸剂要少得多，可用的是一些k_b值大的叔胺，如二甲基苄胺和二异丙基乙胺。

全芳香族聚酰胺具有高T_g(>200℃）和高T_m(>500℃)，因而高分子量的全芳香族聚酰胺不能由熔融聚合制备，因此不能采用低活性的二元酸为单体，而必须采用高活性的二元酰氯。虽然二元酰氯和二元胺也可进行界面缩聚，但采用溶液聚合更容易获得高分子量产物。溶液聚合反应温度通常低于100℃。由于全芳香族聚酰胺的溶解性差，为防止因过早沉淀而得不到高分子量的聚合产物，通常需选用高极性的非质子溶剂，如*N*,*N*-二甲基乙酰胺、*N*-甲基吡咯烷酮、四甲基尿素等，同时可在聚合体系中添加LiCl和$CaCl_2$等来提高聚酰胺的溶解性。*N*,*N*-二甲基甲酰胺和二甲基亚砜因可与酰氯反应不适合用作反应溶剂。此外，虽然酰胺溶剂的碱性比芳香胺弱，但因其浓度高，也能起到有效的缚酸剂作用。

溶液聚合得到的聚酰胺溶液可直接用于纺丝。

2.5.3　酚醛树脂

苯酚和甲醛反应时，苯酚含有三个反应点，即两个邻位 C—H 和一个对位 C—H，其功能度 $f=3$，一般情况下，苯酚的三个反应点中，对位更活泼[27]；甲醛在水中以甲二醇（$HOCH_2OH$）形式存在，其功能度 $f=2$，因此两者聚合反应为非线型逐步聚合反应。分别用酸或碱作催化剂时，反应机理不同，所得聚合物的分子形态也不同。在酸催化下，通过适当地控制投料比可得到线型酚醛树脂，而在碱催化下总得到非线型酚醛树脂。

2.5.3.1　酸催化酚醛树脂

当甲醛和苯酚的摩尔比为（0.5～0.8）∶1(苯酚过量)、在酸催化下进行聚合反应时，可得到分子量为 500～5000、玻璃化转变温度为 45～70℃的热塑性树脂。

其聚合反应机理为甲醛质子化后跟苯酚发生邻位或对位的亲电取代反应生成羟甲基苯酚：

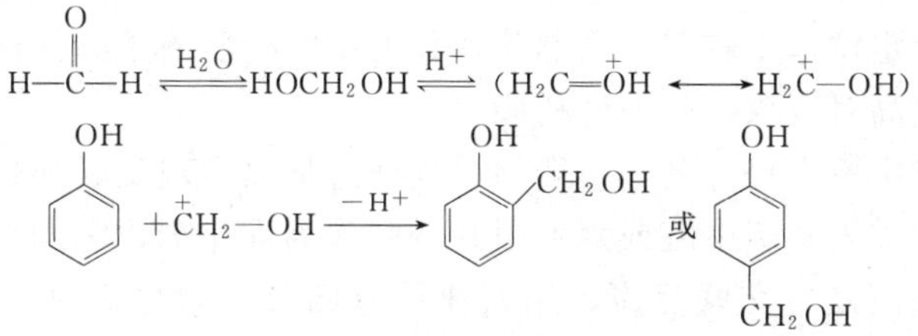

$$H{-}\overset{\overset{\displaystyle O}{\|}}{C}{-}H \xrightleftharpoons{H_2O} HOCH_2OH \xrightleftharpoons{H^+} (H_2C{=}\overset{+}{O}H \longleftrightarrow H_2\overset{+}{C}{-}OH)$$

$$\text{苯酚} + \overset{+}{C}H_2{-}OH \xrightarrow{-H^+} \text{邻羟甲基苯酚（}CH_2OH\text{）或 对羟甲基苯酚（}CH_2OH\text{）}$$

所得羟甲基苯酚的后续反应有两种可能：①与甲醛反应生成二羟甲基苯酚；②与其他苯酚分子未取代的邻、对位 H 脱水缩合形成亚甲基桥键。

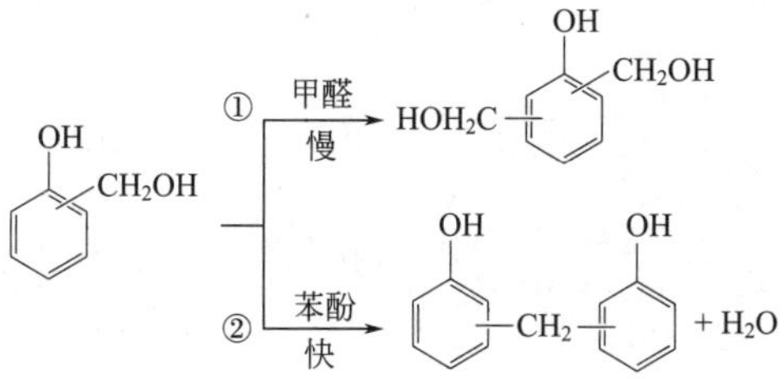

羟甲基苯酚 ① $\xrightarrow[\text{慢}]{\text{甲醛}}$ 二羟甲基苯酚（HOH_2C—，—CH_2OH）

羟甲基苯酚 ② $\xrightarrow[\text{快}]{\text{苯酚}}$ 苯酚—CH_2—苯酚 $+ H_2O$

在酸催化下，反应②比反应①的反应速率快 5～10 倍，因此一旦在苯环上引入一个羟甲基后，在引入第二个羟甲基之前，先引入的羟甲基就已与其他苯酚分子的活性点反应生成了二苯酚中间体，这样一来在苯酚过量前提下，所得酚醛树脂的分子结构中总是不含羟甲基。由于分子链的屏蔽作用，酚醛树脂分子中部的未取代反应点因位阻大，比末端反应点的活性低[28]，因此羟甲基的引入总是优先发生在分子链的末端，在苯酚过量的情况下更趋向于得到线型聚合产物：

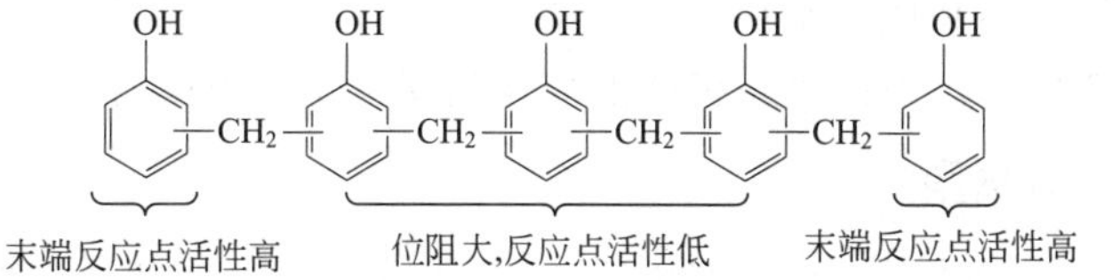

末端反应点活性高　　位阻大,反应点活性低　　末端反应点活性高

但随着产物分子量的增大，末端功能基浓度相对降低，支化反应倾向逐渐增大。当产物分子量＞1000 时，可导致支化产物的生成。

酸催化酚醛树脂分子中苯酚之间的连接可有三种方式：

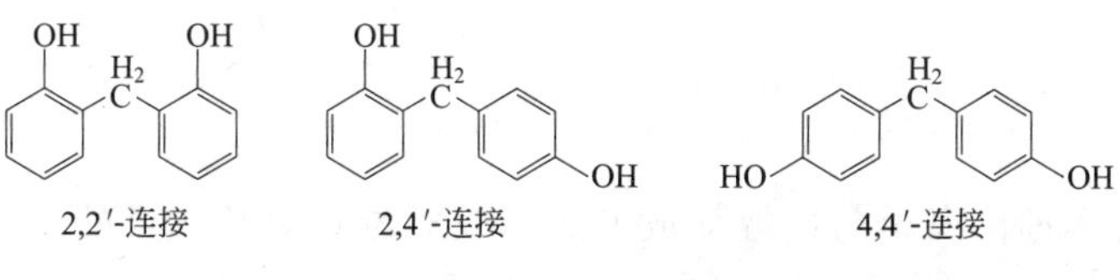

2,2′-连接　　2,4′-连接　　4,4′-连接

各种连接方式的相对含量与所用的催化剂类型及反应条件有关，并对聚合物的固化性能有明显影响。在硫酸、磺酸、草酸等强酸（pH<3）催化下，苯酚的对位比邻位更活泼，因此强酸催化得到的聚合物分子中，2,2′-连接较少。而较弱的 Lewis 酸催化剂（4.5<pH<7），特别是一些二价金属盐催化剂更有利于邻位取代，2,2′-连接含量较高。常用的 Lewis 酸包括 Zn、Mg、Mn、Cd、Co、Pb、Cu 和 Ni 等乙酸盐。其中以 Zn 盐最常用，以乙酸锌为催化剂时，第一步反应得到的几乎 100%是邻位取代苯酚，其可能机理是酚羟基和金属离子的螯合定位作用：

$$Zn^{2+} + HOCH_2OH \rightleftharpoons {}^{+}ZnOCH_2OH + H^{+}$$

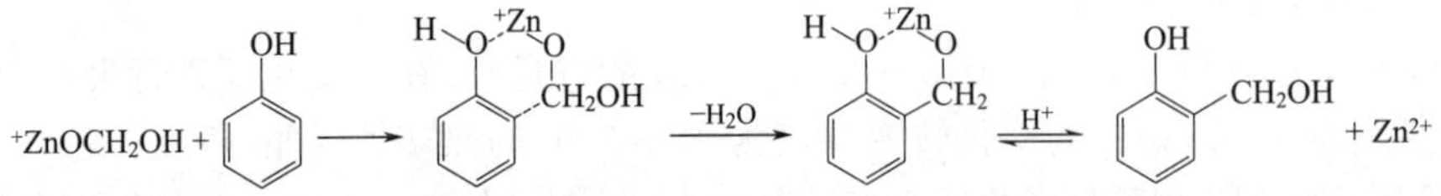

但邻位取代苯酚继续反应形成亚甲基桥键时，2,2′连接-和 2,4′-连接含量相当，说明在此反应过程中，螯合定位作用较弱。高邻位取代的酚醛树脂由于高活性的未取代对位含量较高，固化反应速率比高对位取代的酚醛树脂快。

酸催化酚醛树脂中不含羟甲基，不能简单地通过加热实现交联固化。必须外加甲醛才能发生交联反应，通常加入多聚甲醛或六亚甲基四胺作为固化剂，它们在加热、加压条件下可分解释放出甲醛，进而发生交联反应。用六亚甲基四胺作固化剂时，因其分解释放甲醛和 NH_3，因此在交联分子中除了亚甲基桥键外，还会生成一些亚氨基连接：

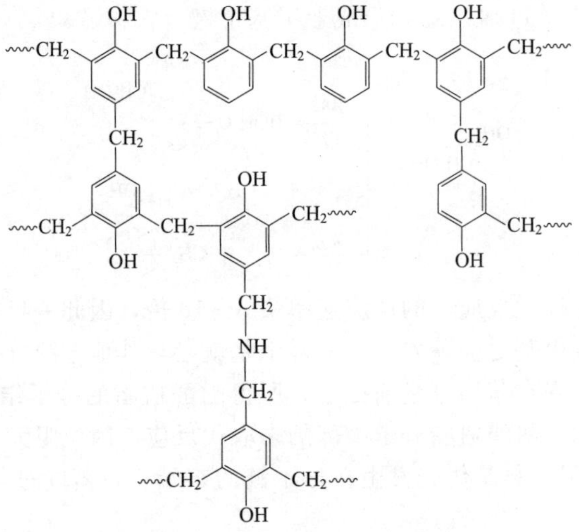

固化反应时末端功能基比侧基功能基因位阻小，因此更活泼，而支化树脂比相应的线型树脂的末端功能基浓度高，因此支化树脂的固化速度更快，凝胶时间更短。

2.5.3.2 碱催化酚醛树脂

当甲醛和苯酚以摩尔比（1.2～3.0）∶1（甲醛过量）在碱催化下聚合时得到无规预聚物。常用的碱催化剂包括 NaOH、$Ca(OH)_2$ 和 $Ba(OH)_2$ 等。

在碱性条件下，苯酚以共振稳定的阴离子形式存在：

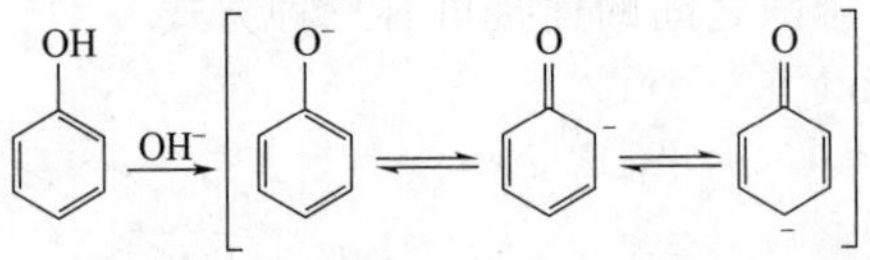

聚合时，首先苯酚阴离子与甲醛加成形成邻或对位羟甲基取代的苯酚，以邻位反应为

例，反应过程可示意如下：

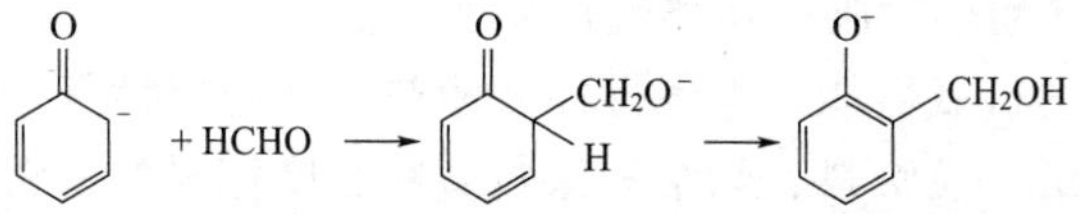

反应时，邻、对位的比例取决于碱催化剂中阳离子的性质和体系的 pH 值。K^+、Na^+、高 pH 值对对位取代有利，二价阳离子（如 Ba^{2+}、Ca^{2+} 和 Mg^{2+}）和较低的 pH 值对邻位取代有利。羟甲基取代基对苯酚具有活化作用，可加快反应速率，如二羟甲基取代的苯酚与甲醛的反应速率比未取代苯酚快 2～4 倍。可能的原因是邻位取代的羟甲基可与酚盐形成分子内氢键，使邻、对位的电子云密度更高，因而与甲醛的加成反应速率更快。

碱催化聚合体系中同时存在单羟甲基、双羟甲基、三羟甲基取代苯酚：

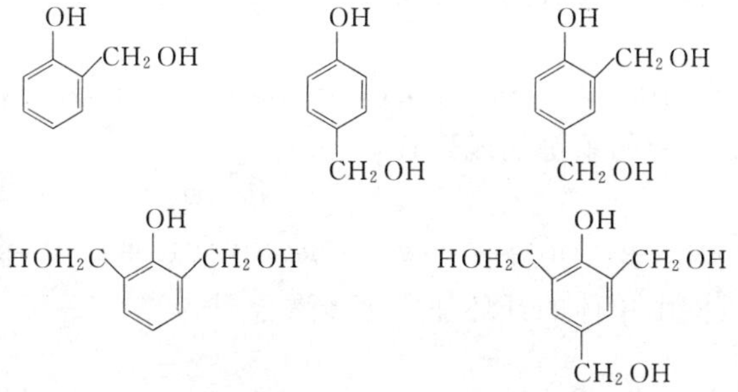

这些取代苯酚可直接作为无规预聚物使用，也可进一步通过羟甲基与苯酚的未取代位反应形成亚甲基桥键，或者羟甲基之间相互反应形成亚甲基醚桥键，得到低聚物：

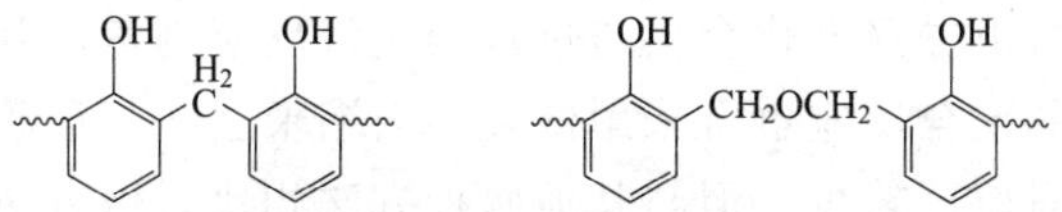

强碱和高温（>150℃）有利于亚甲基桥键的形成，而在较低温度和接近中性时对亚甲基醚桥键的生成有利。典型的碱催化酚醛树脂预聚物的分子量为 150～1500。

碱催化酚醛树脂预聚物分子结构中含有大量的羟甲基，可在加热条件下进一步发生缩聚得到交联的聚合物，因此碱催化酚醛树脂的固化不需要外加固化剂：

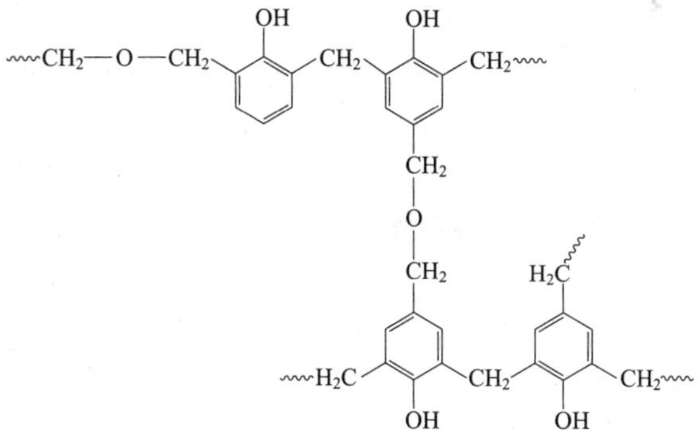

2.5.3.3 酚醛树脂的改性

酚醛树脂中苯环通过亚甲基紧密相连，使聚合物的刚性大，质脆；酚醛树脂的固化是在较高温度下通过缩合反应进行的，在固化过程有挥发性的小分子副产物生成，可能导致在最终产品中产生气泡，因此在成型过程中必须加压；其次固化反应过程中必须加催化剂，限制了树脂在环境条件下的使用寿命，而且热氧化稳定性较差。为了克服上述不足，可以对酚醛树脂进行改性，常用的基本策略包括[29]：①在线型酚醛树脂主链上引入聚合条件下稳定的、可通过加成反应交联固化的功能基；②通过酚羟基进行化学改性；③选用适当的固化剂与—OH加成固化；④改性酚醛树脂与功能性反应物共混反应。

酚醛树脂具有较好的机械性能、电气性能及耐热尺寸稳定性等，酚醛树脂的应用包括涂料、胶黏剂、无碳复印纸、模塑料、黏结和涂敷磨料、摩擦材料、铸造树脂、层压板、空气或油过滤器、木材黏结、纤维黏结、复合材料等。

2.5.4 聚氨酯和聚脲

聚氨酯指的是一类单体单元之间的特征连接基团为氨基甲酸酯基的聚合物，聚脲指的是一类单体单元之间的特征连接基团为脲基的聚合物[2,30]。

聚氨酯的合成有三种基本方法：

① 双氯甲酸酯化合物和二元胺的缩合反应：

$$n\,\mathrm{Cl{-}\overset{\overset{O}{\|}}{C}{-}ORO{-}\overset{\overset{O}{\|}}{C}{-}Cl} + n\,\mathrm{H_2N{-}R'{-}NH_2} \longrightarrow \mathrm{Cl{\left(}\overset{\overset{O}{\|}}{C}{-}ORO{-}\overset{\overset{O}{\|}}{C}{-}NH{-}R'{-}NH{\right)}_n H} + (2n-1)\mathrm{HCl}$$

② 二异氰酸酯与二元醇的重键加成聚合：

$$n\,\mathrm{O{=}C{=}N{-}R{-}N{=}C{=}O} + n\,\mathrm{HO{-}R'{-}OH} \longrightarrow \mathrm{O{=}C{=}N{-}R{-}NH{-}\overset{\overset{O}{\|}}{C}{\left(}OR'O{-}\overset{\overset{O}{\|}}{C}{-}NH{-}R{-}NH{-}\overset{\overset{O}{\|}}{C}{\right)}_{n-1}OR'OH}$$

③ 二元胺与双环碳酸酯单体的开环加成逐步聚合[31]：

$$(\text{双环碳酸酯}{-}\mathrm{R}{-}\text{双环碳酸酯}) + \mathrm{H_2N{-}R'{-}NH_2} \longrightarrow \mathrm{H_2N{-}R'{\left(}NH{-}\overset{\overset{O}{\|}}{C}{-}O{-}CH_2{-}\underset{H}{\overset{OH}{C}}{-}R{-}\underset{H}{\overset{OH}{C}}{-}CH_2{-}O{-}\overset{\overset{O}{\|}}{C}{-}NH{-}R'{\right)}_n NH_2}$$

双氯甲酸酯单体通常由二羟基化合物与过量的光气反应制备，其反应活性不如通常的酰氯单体，但其与二元胺的聚合反应也可采用低温界面缩聚。胺与环碳酸酯的开环加成由于环碳酸酯单体不易得，相对应用较少，但与其他两种方法相比，该方法不涉及有毒性原料（光气、异氰酸酯等），为一种环保型的非异氰酸酯聚氨酯合成方法，在一些环保要求比较高的领域有重要应用。相对而言，二异氰酸酯与二元醇的重键加成反应是更重要、更为广泛使用的聚氨酯合成方法，其聚合反应更复杂一些，生成的氨基甲酸酯可进一步与异氰酸酯反应形成支化甚至交联结构：

$$\sim\mathrm{NH{-}\overset{\overset{O}{\|}}{C}{-}O}\sim + \sim\mathrm{NCO} \longrightarrow \sim\mathrm{N(\overset{\overset{O}{\|}}{C}{-}O}\sim)(\mathrm{C({=}O){-}NH}\sim)$$

聚脲主要由二异氰酸酯和二元胺聚合而得：

$$n\,\mathrm{O{=}C{=}N{-}R{-}N{=}C{=}O} + n\,\mathrm{H_2N{-}R'{-}NH_2} \longrightarrow \mathrm{O{=}C{=}N{-}R{-}NH{-}\overset{\overset{O}{\|}}{C}{\left(}NH{-}R'{-}NH{-}\overset{\overset{O}{\|}}{C}{-}NH{-}R{-}NH{-}\overset{\overset{O}{\|}}{C}{\right)}_{n-1}NH{-}R'{-}NH_2}$$

其次，聚脲也可由二元胺和光气缩聚而得：

$$n\,\mathrm{Cl{-}\overset{\overset{O}{\|}}{C}{-}Cl} + n\,\mathrm{H_2N{-}R{-}NH_2} \longrightarrow \mathrm{Cl{\left(}\overset{\overset{O}{\|}}{C}{-}NH{-}R{-}NH{\right)}_n H} + (2n-1)\mathrm{HCl}$$

许多由二异氰酸酯合成的聚氨酯分子结构中同时含有氨基甲酸酯结构和脲基，但通常把它们统称为聚氨酯。

2.5.4.1 单体

工业上重要的聚氨酯大多是由二异氰酸酯与端羟基（二羟基或多羟基）预聚物聚合而

得。常用的异氰酸酯单体包括芳香族二异氰酸酯（TDI、MDI）和脂肪族二异氰酸酯（HDI、IPDI）：

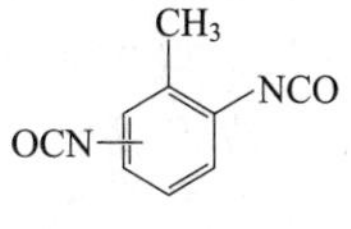

CH_3　NCO　OCN　　OCN　CH_2　NCO

TDI 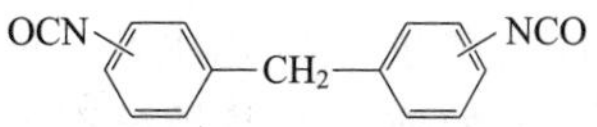　MDI

OCN　NCO　　OCN—H_2C　NCO

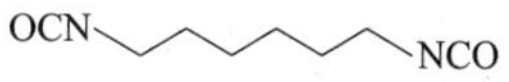

HDI 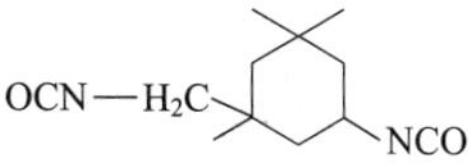　IPDI

芳香族异氰酸酯的活性大于脂肪族异氰酸酯，但后者所得聚氨酯光稳定性更好，不容易变黄，适合用于一些对光稳定性和耐黄变要求较高的应用场合。

端羟基预聚物对最终聚合物性能的影响非常大，包括挠曲性、软硬度、低温性能以及成型加工性能等。端羟基预聚物主要包括端羟基聚醚和端羟基聚酯，以端羟基聚醚为主。一些常用的端羟基预聚物如下：

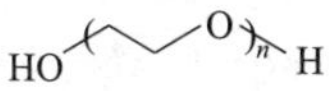

HO—O—$_n$H　　HO—O—$_n$H　　HO—O—$_n$H

二羟基聚乙二醇 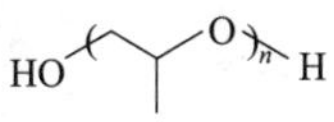　二羟基聚丙二醇 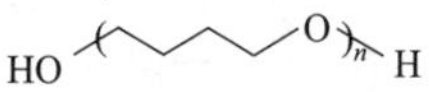　二羟基聚四氢呋喃

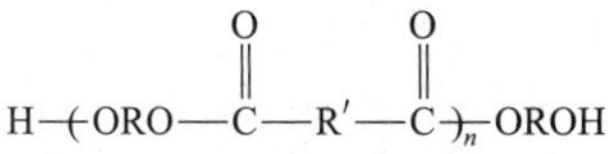

$$H\text{-}(ORO-\overset{O}{\overset{\|}{C}}-R'-\overset{O}{\overset{\|}{C}})_n\text{-}OROH \qquad H\text{-}(ORO-\overset{O}{\overset{\|}{C}})_n\text{-}OROH$$

O=　OROH　COOBu　COOH　$COOCH_3$

二羟基聚酯 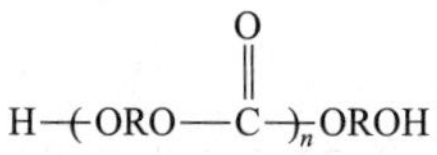　二羟基聚碳酸酯 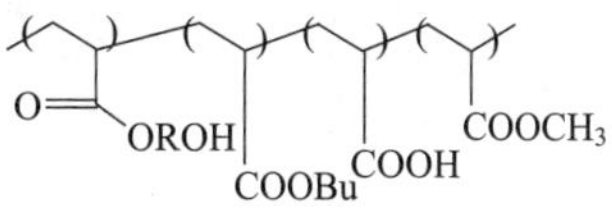　多羟基聚丙烯酸酯

端羟基聚醚是由相应的环醚化合物开环聚合而得（参见第 8 章）。如二羟基聚醚通常由环氧乙烷或环氧丙烷在碱催化下聚合，用水终止反应而得：

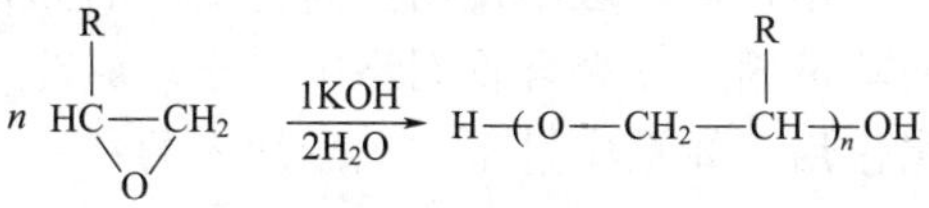

$$n\ \underset{\text{O}}{HC(R)-CH_2} \xrightarrow[2H_2O]{1KOH} H\text{-}(O-CH_2-\underset{|}{\overset{R}{CH}})_n\text{-}OH$$

多羟基聚醚则由相应的环醚在金属氢氧化物和多元醇作用下开环聚合而得。如三羟基聚丙二醇可由甘油在 KOH 催化下引发环氧丙烷开环聚合，用水或醇终止聚合反应而得。

由于聚丙二醇的亲水性/吸湿性比相应的聚乙二醇低得多，而且又具有很好的物理性能，因此应用最广，普遍使用于几乎所有的聚氨酯应用中。但聚丙二醇的末端羟基为仲羟基，活性较低，常需用乙二醇进行封端，使末端羟基转化为立阻小、活性高的伯羟基。

二羟基聚酯可由二元羧酸（己二酸、苯二甲酸等）和过量的二元醇（乙二醇、丁二醇等）缩聚而成，其结构通式为：

$$H\text{-}(ORO-\overset{O}{\overset{\|}{C}}-R'-\overset{O}{\overset{\|}{C}})_n\text{-}OROH$$

为获得功能度大于 2 的多羟基聚酯，可在聚合体系中加入多元醇如三羟甲基丙烷等。聚酯预聚物中由于含有极性大的羰基，可增大分子间的相互作用，有利于提高材料的抗撕、抗冲击等物理性能，而且聚酯预聚物还可改善聚氨酯材料的耐溶剂性、耐酸性和光稳定性。不足之处是水解稳定性较差，对碱催化水解特别敏感；其次聚酯预聚物比聚乙二醇预聚物和聚丙二醇预聚物成本高。

此外，由丙烯酸酯和丙烯酸羟乙酯共聚得到带—OH 侧基的多羟基丙烯酸树脂也是一类常用的多羟基预聚物。

2.5.4.2 扩链剂

在聚氨酯的合成体系中常常加入小分子的二元醇或二元胺作为扩链剂。其作用除可增加聚合物分子量外，更重要的作用是与异氰酸酯反应后在所得聚合物分子中形成“硬段”，可显著地影响聚合物的硬度、模量、结晶性等，也可用来改善成型特性，包括凝胶时间、黏度以及湿强度等。常用的二元醇或二元胺扩链剂如下：

HO～～OH　　HO—CH₂CH₂—O—C₆H₄—O—CH₂CH₂—OH

H_2N～～NH_2　　H_2N—(Cl)C₆H₃—CH_2—C₆H₃(Cl)—NH_2

二异氰酸酯、二羟基低聚物和扩链剂共聚所得的聚合物是由软段和硬段组成的嵌段共聚物，具有热塑性弹性体性能，其合成常采用单预聚物法（参见 2.2.3 节），可示意如下：

$$\underset{(\text{二羟基预聚物})}{HO\sim\sim OH} + \underset{(\text{过量})}{OCN-R-NCO} \longrightarrow OCN-R-NH-\overset{O}{\overset{\|}{C}}\!\left(O\sim\sim O-\overset{O}{\overset{\|}{C}}-NH-R-NH-\overset{O}{\overset{\|}{C}}\right)\!O\sim\sim O-\overset{O}{\overset{\|}{C}}-NH-R-NCO$$

$$\xrightarrow[H_2N-R'-NH_2\ (\text{扩链剂})]{OCN-R-NCO\ (\text{未反应})+}\ \underbrace{\left(\overset{O}{\overset{\|}{C}}-NH-R-NH-\overset{O}{\overset{\|}{C}}-NH-R'-NH\right)}_{\text{硬段}}\underbrace{\left(\overset{O}{\overset{\|}{C}}-NH-R-NH-\overset{O}{\overset{\|}{C}}-O\sim\sim O\right)}_{\text{软段}}$$

2.5.4.3 固化剂

聚氨酯的固化剂主要包括小分子多异氰酸酯和多元醇等。其中以三功能化的固化剂最常使用，四功能化固化剂有时也用，但一般不使用更高功能度的固化剂，因为更高功能度的固化剂在其所有功能基反应前就被固定在聚合物网络中，未反应功能基不能再参与反应。

（1）二异氰酸酯的固化作用　体系中过量或有意加入的二异氰酸酯可与聚氨酯分子中的酰氨基反应生成交联结构：

$$\sim NH(C(=O)O\sim) + OCN-R-NCO + \sim NH(C(=O)O\sim) \longrightarrow \sim N(C(=O)O\sim)-\overset{O}{\overset{\|}{C}}-NHRNH-\overset{O}{\overset{\|}{C}}-N(C(=O)O\sim)\sim$$

（2）三羟基化合物　常用的三羟基固化剂有：

三羟甲基丙烷　　甘油　　三乙醇胺

以甘油为例，其固化反应可示意如下：

$$OCN-P-NCO + \left[\begin{matrix}-OH\\-OH\\-OH\end{matrix}\right. \longrightarrow \left[\begin{matrix}-O-OCNH-P-NCO\\-O-OCNH-P-NCO\\-O-OCNH-P-NCO\end{matrix}\right. \longrightarrow \text{交联}$$

2.5.4.4 聚氨酯泡沫

在由端羟基聚醚或聚酯和过量的二异氰酸酯所得的预聚物中，加入适量的水可得到聚氨酯泡沫。其反应过程如下：首先异氰酸酯端基与水反应生成末端氨基甲酸，氨基甲酸不稳定，分解生成端氨基与 CO_2，放出的 CO_2 气体在聚合物中形成气泡，并且生成的端氨基聚合物可与聚氨酯预聚物进一步发生扩链反应：

$$\sim\sim NCO + H_2O \longrightarrow \left[\sim\sim NH-\overset{\overset{O}{\|}}{C}-OH \right] \longrightarrow \sim\sim NH_2 + CO_2\uparrow$$

$$\sim\sim NH_2 + \sim\sim NCO \xrightarrow{\text{扩链}} \sim\sim NH-\overset{\overset{O}{\|}}{C}-NH\sim\sim$$

然后预聚物中游离的异氰酸酯基与脲基的活泼氢反应发生交联形成体型网状结构：

$$\begin{matrix} \wr & & \wr & & \wr & & \wr \\ NH & & NH + OCN-R-NCO + \cdots & & NH & & N-CONH-R-NHCO\sim\sim \\ | & & | & & | & & | \\ CO & & CO & & CO & & CO \\ | & & | & \longrightarrow & | & & | \\ NH + OCN-R-NCO & + & NH & & N-CONH-R-NHCO- & & N \\ | & & | & & | & & | \\ P & & P & & P & & P \\ \wr & & \wr & & \wr & & \wr \end{matrix}$$

若在体系中加入低沸点溶剂（如二氯甲烷），由于上述反应是放热反应，使低沸点溶剂汽化，从而可以促进泡沫的形成。聚氨酯泡沫塑料的软硬取决于所用的羟基聚醚或聚酯，使用较高分子量及相应较低羟值的线型聚醚或聚酯时，得到的产物交联度较低，为软质泡沫塑料；若用短链或支化的多羟基聚醚或聚酯，所得聚氨酯的交联密度高，为硬质泡沫塑料。

由于聚氨酯合成可选用的单体种类非常多，通过改变单体组合及其组成和合成方法可得到各种不同性质、应用广泛的聚合物材料。表 2-7 列出了聚氨酯的一些重要商业应用以及其多变的物理性能。

表 2-7　聚氨酯重要的商业应用与多变的物理性能

应用	物理状态、性能
泡沫材料	热固性或热塑性
弹性体	无定形或结晶
涂料	硬或软
黏合剂/密封剂/黏结料等	透明或不透明
胶囊密封材料	高或低 T_g
弹性纤维	芳香族或脂肪族
薄膜	亲水或疏水
凝胶	100%固体/溶剂型/水性
复合材料	回弹型或能量吸收型
橡胶	可选择分子量不同的聚酯/聚醚/聚丙烯酸酯多元醇，可调性高

2.5.5　环氧树脂

最广泛使用的环氧树脂[2,32]预聚物是由双酚 A 和过量的环氧氯丙烷在碱催化下聚合而得，生成的聚合物主链含醚键和仲羟基，端基为环氧基：

$$(n+1)HO-C_6H_4-C(CH_3)_2-C_6H_4-OH + (n+2)ClH_2C-\underset{\backslash O /}{CH-CH_2} \xrightarrow{NaOH}$$

$$\underset{\underset{H_2C—CH \; (\backslash O/)}{|}}{H_2C}\!-\!\left(O-C_6H_4-C(CH_3)_2-C_6H_4-OCH_2-\underset{OH}{\underset{|}{CH}}-CH_2\right)_n O-C_6H_4-C(CH_3)_2-C_6H_4-O-\underset{\underset{HC—CH_2 \; (\backslash O/)}{|}}{CH_2}$$

聚合反应机理目前还存在争议，普遍的看法是双酚 A 在碱性条件下形成酚盐，首先酚盐阴离子进攻环氧基中立阻较小的碳原子，形成烷氧阴离子，烷氧阴离子再发生分子内取代反应形成环氧基：

$$^-O—Ar—O^- + \underset{\text{O}}{CH_2—CH}—CH_2Cl \longrightarrow {}^-O—Ar—O—CH_2—\underset{|}{\overset{^-O}{CH}}—CH_2Cl \longrightarrow {}^-O—Ar—O—CH_2—\underset{\text{O}}{CH—CH_2} + Cl^-$$

因此，环氧氯丙烷实际上起到双环氧基单体的作用。可根据使用目的，适当地调节环氧氯丙烷的过量程度并控制反应程度得到不同分子量的液态或固态树脂（$n=2\sim25$）。

环氧树脂分子中的双酚 A 结构赋予聚合物优良的韧性、刚性和高温性能；醚结构赋予聚合物良好的耐化学性；醚键和仲羟基为极性基团，可与多种表面之间形成较强的相互作用，环氧基还可与介质表面的活性基，特别是无机材料与金属材料表面的活性基起反应形成化学键，产生强力的黏结，因此环氧树脂具有独特的黏附力，配制的黏合剂对多种材料具有良好的粘接性能，常称“万能胶”。

环氧树脂的固化反应可有两种基本方法，一种方法是加入适当的引发剂引发环氧基的开环聚合，另一种方法是加入能与树脂中的环氧基或羟基反应的多功能化合物作为固化剂。其中第二种方法使用最普遍，主要的多功能基化合物有多元胺及其酰胺衍生物、多元酚、多元羧酸、酸酐、酚醛树脂、氨基树脂等。

(1) 胺类固化剂 胺类固化剂通过氨基与预聚物的环氧端基发生亲电加成反应生成交联聚合物：

$$—\underset{|}{\overset{|}{R}}—NH_2 + \underset{\text{O}}{H_2C—CH}—CH_2\sim\sim \longrightarrow \sim\sim\underset{\wr}{\overset{\wr}{R}}—NH—CH_2—\underset{OH}{\underset{|}{CH}}—CH_2\sim\sim$$

该反应活性高，为放热反应，无需加热，可在室温下进行，叫冷固化。

(2) 多元羧酸或酸酐固化 多元羧酸的交联固化反应是羧基与预聚物上仲羟基及环氧基之间的反应，需在加热条件下进行，称热固化。而酸酐固化剂首先与仲羟基发生酯化反应，所生成的—COOH 再与环氧基或其他—OH 反应生成交联结构：

$$\sim\sim\underset{OH}{\underset{|}{CH}}\sim\sim + \text{(邻苯二甲酸酐)} \longrightarrow \sim\sim CH\sim\sim—O—CO—C_6H_4—COOH \xrightarrow{\underset{\text{O}}{H_2C—CH}—CH_2\sim\sim} \sim\sim CH\sim\sim—O—CO—C_6H_4—CO—O—CH_2—\underset{OH}{\underset{|}{CH}}—CH_2\sim\sim$$

在酸催化下，—OH 也可与环氧基加成：

$$\underset{\overset{+}{O}H}{H_2C—CH}—CH_2\sim\sim + \sim\sim\underset{OH}{\underset{|}{CH}}\sim\sim \xrightarrow{-H^+} HO—CH_2—\underset{\sim\sim CH\sim\sim}{\underset{|}{\underset{O}{\underset{|}{CH}}}}—CH_2\sim\sim$$

2.5.6 氨基树脂

氨基树脂包括脲醛树脂和三聚氰胺-甲醛树脂。脲醛树脂是由尿素（$f=4$）和甲醛（$f=2$）缩聚所得的无规预聚物：

$$H_2N—\overset{O}{\overset{\|}{C}}—NH_2 + HCHO \longrightarrow H_2N—\overset{O}{\overset{\|}{C}}—NHCH_2OH + HOH_2CHN—\overset{O}{\overset{\|}{C}}—NHCH_2OH$$

为防止预聚物在酸性条件下迅速缩合交联，必须控制反应溶液的 pH 值保持中等碱性。所得预聚物可在酸性条件下加热固化。一般认为脲醛树脂的固化机理如下：

$$H_2N-\overset{\overset{O}{\|}}{C}-NHCH_2\overset{+}{O}H_2 \rightleftharpoons H_2N-\overset{\overset{O}{\|}}{C}-N{=}CH_2+H_3O^+$$

$$3H_2N-\overset{\overset{O}{\|}}{C}-N{=}CH_2 \longrightarrow \text{(1,3,5-三(氨基甲酰基)六氢三嗪)}$$

首先质子化的羟甲基衍生物脱水生成亚胺，亚胺再三聚生成环状中间产物，若羟甲基衍生物为二羟基衍生物，则环状中间产物分子中酰胺基的 N 原子上带有羟甲基，这些羟甲基与氨基缩合便发生交联反应：

$$\rangle N-\overset{\overset{O}{\|}}{C}-NHCH_2OH + H_2N-\overset{\overset{O}{\|}}{C}-N\langle \longrightarrow \sim NH-\overset{\overset{O}{\|}}{C}-N(\text{环})N-\overset{\overset{O}{\|}}{C}-NHCH_2NH-\overset{\overset{O}{\|}}{C}-N(\text{环})N-\overset{\overset{O}{\|}}{C}-NH\sim$$

脲醛树脂的用途与酚醛树脂类似，可用于模塑、层压和黏合剂等领域。与酚醛树脂相比，其优点是颜色浅。

三聚氰胺（$f=6$）可与甲醛发生类似的反应得到三聚氰胺-甲醛树脂：

$$C_3N_3(NH_2)_3 + 3HCHO \longrightarrow C_3N_3(NHCH_2OH)_3 \xrightarrow{+3HCHO} C_3N_3[N(CH_2OH)_2]_3$$

实际应用中，制备预聚物时常使其带有部分的单羟甲基取代氨基，固化反应主要通过羟甲基和氨基或者羟甲基之间的缩合反应进行。预聚物为水溶性的，也可通过与醇类的醚化反应进行改性，得到可溶于有机溶剂的预聚物。

三聚氰胺-甲醛树脂（俗称密胺树脂）通常比脲醛树脂更硬、耐热和耐湿性更好，可用来制作色彩艳丽的餐具（人造瓷器）和电器制品。

2.5.7　其他逐步聚合产物

2.5.7.1　聚酰亚胺

逐步聚合制备聚酰亚胺的反应如下：

$$\text{均苯四酸酐} + H_2N-R-NH_2 \longrightarrow \sim NH-CO-C_6H_2(COOH)_2-CO-NH-R\sim \xrightarrow{\triangle} \sim N(\text{酰亚胺环})N-R\sim + H_2O$$

首先，均苯四酸酐与二元胺反应生成聚酰胺，再发生脱水闭环得到聚酰亚胺。由于闭环得到的是稳定的五元环，因此环化反应比分子间的交联反应更易进行，得到线型聚合物，而不是交联结构。对于脂肪族二元胺，上述两步反应可连续进行；而对于芳香族二元胺，由于最终产物难溶、难熔，因此第二步反应必须在固态下进行，例如先将聚酰胺中间产物浇铸成膜，再加热进行闭环反应得到聚酰亚胺膜。

聚酰亚胺具有优异的热稳定性，如下列结构的聚酰亚胺超过 600℃才会熔融，在惰性气氛下加热至 500℃时也很少失重：

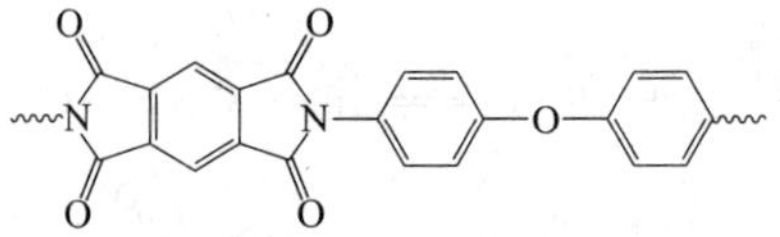

其次，聚酰亚胺还具有优异的耐氧化、耐水解性能。聚酰亚胺主要应用于工程塑料，如高强度复合材料、热稳定性薄膜、模塑材料以及黏合剂等。

2.5.7.2 聚苯醚

聚苯醚由2,6-二甲基苯酚的氧化偶联聚合而得，其反应可示意如下：

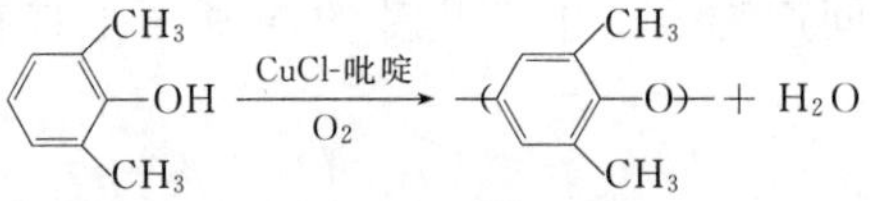

$$\xrightarrow[O_2]{\text{CuCl-吡啶}} + H_2O$$

反应时，在室温下将氧气通入2,6-二甲基苯酚的溶液中，聚合反应催化剂为亚铜盐和胺的复合物。通常用吡啶作胺配合物和溶剂，亚铜盐通常用CuCl。

聚苯醚是最重要的热塑性工程塑料之一，玻璃化转变温度高、耐热性好，在宽广的温度范围内具有良好的机械性能和电性能，尺寸稳定性高，阻燃性好，吸湿性低，耐酸碱、耐化学性能优良，非常适于潮湿、高温、有负载，且要求优良的机械性能、尺寸稳定性和电性能的场合。如在汽车工业中应用于汽车仪表板、轮毂盖、挡泥板、车门、外部垂直车身面板等。在电气电子行业也具有重要的应用，如电控盒等。

2.5.7.3 聚苯硫醚

聚苯硫醚（PPS）是20世纪70年代初工业化的一种耐热工程塑料，具有优异的化学性能、热性能和机械性能，在通用的热塑性工程塑料和特种涂料方面具有重要的应用。可有几种合成路线：①对二氯苯、硫磺和碳酸钠熔融缩聚；②苯硫酚的单价或二价金属盐自缩聚合；③对二氯苯和无水硫化钠在强极性有机溶剂（如六甲基磷酰三胺或*N*-甲基吡咯烷酮）中进行高温溶液缩聚；④对二溴苯和Na_2S在极性溶剂中的溶液缩聚。其中，路线③是重要的商业化生产路线，其聚合反应式如下：

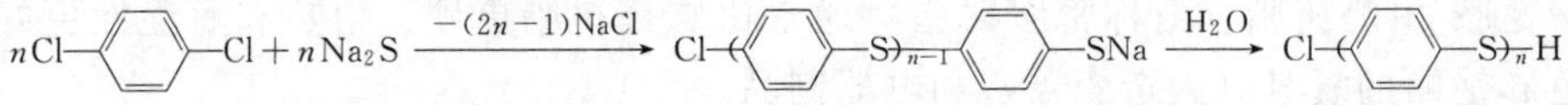

$$n\text{Cl}-\text{Cl} + n\text{Na}_2\text{S} \xrightarrow{-(2n-1)\text{NaCl}} \text{Cl}\text{+}\text{S}\text{+}_{n-1}\text{SNa} \xrightarrow{H_2O} \text{Cl}\text{+}\text{S}\text{+}_n\text{H}$$

聚苯硫醚的端基性质对聚合物性能影响显著。末端基团主要为—Cl的聚合产物与末端基团主要为—SH的聚合产物相比，结晶性更高、晶区尺寸更大、热稳定性更好、胶凝时间更长[33]。为了获得高的末端—Cl含量，可在聚合反应末期再加入适量的对二氯苯进行封端。PPS也可由环化低聚物的开环聚合合成[34]，该工艺具有许多优点，如无小分子副产物，所得产物为纯的聚合物，不含通常PPS商品中的卤代低聚物和硫醇等副产物及杂质，这对PPS在电子领域的应用是非常有利的，同时对提高聚合物的耐溶剂性及机械性能等也有帮助，而且采用环化低聚物工艺可通过浇注聚合实现PPS的反应成型加工。

2.5.7.4 聚砜

聚砜以芳香族聚砜最受关注，其合成方法主要有两种。一种方法是亲电取代反应：

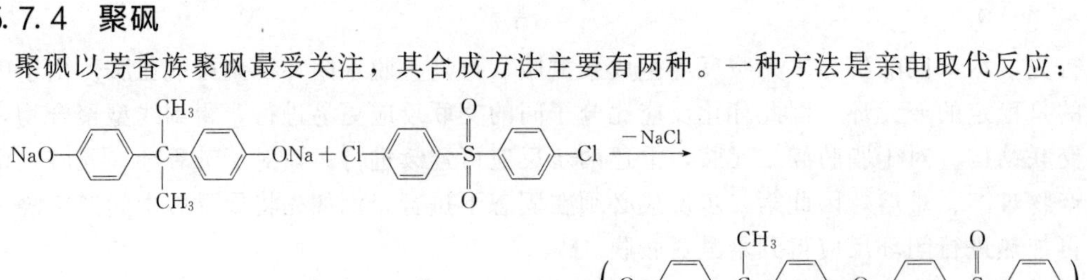

$$\text{NaO}-\text{C}(\text{CH}_3)_2-\text{ONa} + \text{Cl}-\text{SO}_2-\text{Cl} \xrightarrow{-\text{NaCl}} \text{+O}-\text{C}(\text{CH}_3)_2-\text{O}-\text{SO}_2\text{+}$$

另一种方法是以二磺酰氯为单体的Friedel-Crafts取代反应，如：

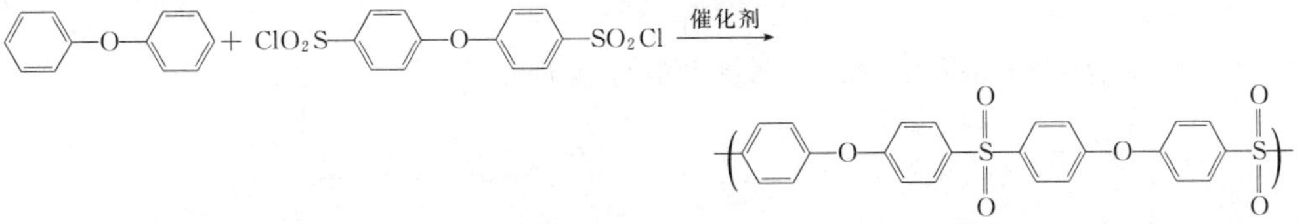

$$C_6H_5\text{—O—}C_6H_5 + ClO_2S\text{—}C_6H_4\text{—O—}C_6H_4\text{—}SO_2Cl \xrightarrow{\text{催化剂}} \text{—}\!\!\left[C_6H_4\text{—O—}C_6H_4\text{—}\overset{O}{\underset{O}{\overset{\|}{\underset{\|}{S}}}}\text{—}C_6H_4\text{—O—}C_6H_4\text{—}\overset{O}{\underset{O}{\overset{\|}{\underset{\|}{S}}}}\right]\!\!\text{—}$$

芳香族聚砜具有优良的耐热性、耐溶剂性和电性能，机械性能优良、尺寸稳定，具有突出的抗蠕变性能，但耐候性、耐紫外线和耐沸水性能较差，可用于制造高强度、耐热及良好绝缘性的精密零部件，特别适于制造耐热性高、蠕变小的仪器、仪表结构件及机械传动件等。

2.5.7.5 聚醚醚酮

聚醚醚酮（简称PEEK）是指主链结构是由含有一个酮键和两个醚键的重复结构单元所构成的高分子。最常采用的合成方法可示意如下：

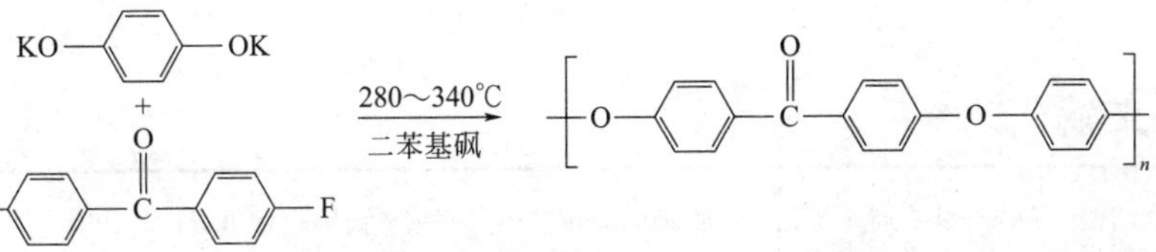

$$KO\text{—}C_6H_4\text{—}OK + F\text{—}C_6H_4\text{—}\overset{O}{\overset{\|}{C}}\text{—}C_6H_4\text{—}F \xrightarrow[\text{二苯基砜}]{280\sim340^{\circ}C} \left[\text{—O—}C_6H_4\text{—}\overset{O}{\overset{\|}{C}}\text{—}C_6H_4\text{—O—}C_6H_4\text{—}\right]_n$$

PEEK是高芳基含量的半结晶性热塑性聚合物，是力学性能最好的工程塑料之一，具有优异的耐高温、耐化学、耐候、难燃、低烟低毒等物理化学性能，熔点为334℃，软化点为168℃，拉伸强度为132～148MPa，可用作耐高温结构材料和电绝缘材料，可与玻璃纤维或碳纤维复合制备增强材料。在航空航天、汽车工业领域可用作金属替代构件（包括活塞装置、密封件、垫圈、轴承、变速器、制动和空调系统等），在电子行业（移动电话、线路板、扬声器等）、医疗器械领域（作为人工骨修复骨缺损）以及其他工业领域也有大量应用。

习题

1. 名词解释：单体功能度，反应程度，凝胶化现象，凝胶点，无规预聚物，确定结构预聚物。

2. 假设由邻苯二甲酸酐、苯三酸和甘油组成的聚合体系中，三种单体的摩尔比分别为①3∶1∶3和②1∶1∶2。请用Carothers法分别预测该聚合体系的凝胶点。

3. 设1.1mol乙二醇和1.0mol对苯二甲酸反应直至全部羧基转化为酯基，并将反应生成的水随即汽化除去。请写出反应方程式，并计算所得产物的数均聚合度。若进一步升温反应，并抽真空除去0.099mol乙二醇，试写出反应方程式，并计算产物的数均聚合度。

4. 由己二酸和己二胺合成聚酰胺-66，当反应程度为0.997时，若得到的产物数均分子量为16000，则起始的单体摩尔比为多少？产物的端基是什么？

5. 试预测5-羟基戊酸和6-羟基己酸分别进行缩聚反应时，何者可得到高分子量聚合物？为什么？

6. 请写出下列单体组合所得聚合物的结构。并讨论单体相对含量对聚合产物分子链形态的影响。

（1）HO—R—OH＋HOOC—R′—COOH

（2）HO—R—COOH＋HO—R′—OH
　　　　　　　　　　　　|
　　　　　　　　　　　　OH

（3）HOOC—R—COOH＋HO—R′—OH
　　　　　　　　　　　　　|
　　　　　　　　　　　　　OH

（4）HOOC—R—COOH＋HO—R″—OH＋HO—R′—OH
　　　　　　　　　　　　　　　　　　　|
　　　　　　　　　　　　　　　　　　　OH

（5） HO—R—COOH + HO—R″—OH + HO—R′(OH)—OH

7. 试举出三种合成下列结构的聚酯可能的单体组合，并写出聚合反应方程式：

$$\left[C(=O)-C_6H_4-C(=O)-O-C_6H_4-O \right]_n$$

8. 不饱和聚酯的主要原料为乙二醇、马来酸酐和邻苯二甲酸酐，各自的主要作用是什么？若要提高树脂的柔韧性可采用什么方法？

9. 己二酸和己二胺以功能基等摩尔比进行聚合反应，若在单体混合物中加入用量为己二酸量 1% 的乙酸，当反应程度为 0.995 时，所得产物的数均聚合度为多少？

10. 请解释为什么不能由相应的 α-氨基酸合成聚酰胺-4 和聚酰胺-5？

11. 试叙述如何合成含有下列两种嵌段的嵌段共聚物：

$$\left[CH_2CH_2CH_2CH_2O \right]_m \quad \left[OCH_2CH_2O-C(=O)-NH-C_6H_3(CH_3)-NH-C(=O) \right]_n$$

参考文献

[1] 邓云祥，刘振兴，冯开才．高分子化学、物理和应用基础．北京：高等教育出版社，1997.

[2] Stevens M P. Polymer Chemistry [M]. 3rd. New York：Oxford University Press，1999.

[3] Elias H G. An Introduction to Polymer Science [M]. Weinheim：VCH Verlagsgesellschaft mbH，1997.

[4] Odian G. Principles of Polymerization [M]. 4th. John Wiley & Sons Inc，2004.

[5] Hu Q S. Synthetic Methods in Step-Growth Polymers [M]. John Wiley & Sons Inc，2003：467.

[6] Caire da Silva L，Rojas G，Schulz M D，et al. Acyclic diene metathesis polymerization：History，methods and applications [J]. Prog Polym Sci，2017，69：79.

[7] Mather B D，Viswanathan K，Miller K M，et al. Michael addition reactions in macromolecular design for emerging technologies [J]. Prog Polym Sci，2006，31：487.

[8] Fakirov S. Condensation Polymers：Their Chemical Peculiarities Offer Great Opportunities [J]. Prog Polym Sci，2019，89：1.

[9] (a) Brunelle D J，Boden E P，Shannon TG. Remarkably selective formation of macrocyclic aromatic carbonates：versatile new intermediates for the synthesis of aromatic polycarbonates [J]. J Am Chem Soc，1990，112：2399；(b) Hubbard P，Brittain W J，Simonsick W J，et al. Synthesis and Ring-Opening Polymerization of Poly (alkylene 2，6-naphthalenedicarboxylate) Cyclic Oligomers [J]. Macromolecules，1996，29：8304；(c) Chen K，Liang Z A，Meng Y Z，et al. Synthesis and ring-opening polymerization of co-cyclic (aromatic aliphatic disulfide) oligomers [J]. Polym Adv Technol，2003，14：719.

[10] Yokozawa T，Ajioka N，Yokoyama A. Reaction Control in Condensation Polymerization [J]. Adv Polym Sci，2008，217：1.

[11] Gao C，Yan D. Hyperbranched polymers：from synthesis to applications [J]. Prog Polym Sci，2004，29：183.

[12] Raaijmakers M J T，Benes N E. Current trends in interfacial polymerization chemistry [J]. Prog Polym Sci，2016，63：86.

[13] (a) Fradet A，Tessier M. Synthetic Methods in Step-Growth Polymers：Polyesters [M]. John Wiley & Sons Inc，2003：17；(b) Pang K，Kotek R，Tonelli A. Review of conventional and novel polymerization processes for polyesters [J]. Prog Polym Sci，2006，31：1009.

[14] Bossiona A，Heifferon K V，Meabe L，et al. Opportunities for organocatalysis in polymer synthesis via step-growth methods [J]. Prog Polym Sci，2019，90：164.

[15] 陈士杰．涂料工艺第一分册（增订本）．北京：化学工业出版社，1994：291.

[16] 山下晋三，金子东助．交联剂手册．纪奎江，刘世平，等译．北京：化学工业出版社，1990.

[17] Saeguas Y, Kuriki M, Kawai A, et al. Preparation and characterization of fluorine-containing aromatic condensation polymers. I. Preparation and characterization of fluorine-containing polycarbonate and copolycarbonates by two-phase phase-transfer-catalyzed polycondensation of 2,2-bis (4-hydroxyphenyl)-1,1,1,3,3,3-hexafluoropropane and/or 2,2-bis (4-hydroxyphenyl) propane with trichloromethyl chloroformate [J]. J Polym Sci Part A: Polym Chem, 1990, 28: 3327.

[18] Kricheldorf H R, Schwarz G, Böhme S, et al. Polymers of carbonic acid 32: Influence of catalysts on propagation and cyclization in the interfacial polycondensation of bisphenol A with diphosgene [J]. J Polym Sci Part A: Polym Chem, 2003, 41: 890.

[19] (a) Ignatov V N, Tartari V, Carraro C, et al. New Catalysts for Bisphenol A Polycarbonate Melt Polymerisation, Ⅰ. Kinetics of Melt Transesterification of Diphenylcarbonate with Bisphenol A [J]. Macromol Chem Phys, 2001, 202: 1941; (b) Ignatov V N, Tartari V, Carraro C, et al. New Catalysts for Bisphenol A Polycarbonate Melt Polymerisation, 2. Polymer Synthesis and Characterisation [J]. Macromol Chem Phys, 2001, 202: 1946.

[20] Kuran W, Debek C, Wielgosz Z, et al. Application of a solid-state post polycondensation method for synthesis of high molecular weight polycarbonates [J]. J Appl Polym Sci, 2000, 77: 2165.

[21] Shi C M, Gross S M, DeSimone J M, et al. Reaction Kinetics of the Solid State Polymerization of Poly (bisphenol A carbonate) [J]. Macromolecules, 2001, 34: 2060.

[22] Iyer V S, Sehra J C, Ravindranath K, et al. Solid-state polymerization of poly (aryl carbonates): a facile route to high-molecular-weight polycarbonates [J]. Macromolecules, 1993, 25: 1186.

[23] Gross S M, Roberts G W, Kiserow D J, et al. Crystallization and Solid-State Polymerization of Poly (bisphenol A carbonate) Facilitated by Supercritical CO_2 [J]. Macromolecules, 2000, 33: 40.

[24] Gross S M, Roberts G W, Kiserow D J, et al. Synthesis of High Molecular Weight Polycarbonate by Solid-State Polymerization [J]. Macromolecules, 2001, 34: 3916.

[25] Reinoud J. Gaymans Synthetic Methods in Step-Growth Polymers: Polyamides [M]. John Wiley & Sons Inc, 2003.

[26] Kopf P W. Encyclopedia of Polymer Science and Technology: Phenolic Resins [M]. John Wiley & Sons, Inc. 2002. p236.

[27] Grenier-Loustalot M F, Larroque S, Grenier P, et al. Phenolic resins: 3. Study of the reactivity of the initial monomers towards formaldehyde at constant pH, temperature and catalyst type [J]. Polymer, 1996, 37: 939.

[28] Drumm M F, LeBlanc J R. Step Growth Polymerization [M]. 1st Edn. New York: Marcel Dekker, 1972.

[29] Reghuna dhan Nair C P. Advances in addition-cure phenolic resins [J]. Prog Polym Sci, 2004, 29: 401.

[30] Dodge J. Synthetic Methods in Step-Growth Polymers: Polyurethanes and Polyureas [M]. John Wiley & Sons Inc, 2003: 197.

[31] 陈健荣，王小妹．非异氰酸酯聚氨酯的研究进展及应用 [J]. 中国印刷与包装研究，2010，2 (2): 6.

[32] Pham H Q. Encyclopedia of Polymer Science and Technology: Epoxy Resins [M]. John Wiley & Sons Inc, 2004: 119.

[33] Yang S, Zhang J, Bo Q, et al. Synthesis and characterization of poly (phenylene sulfide). I. Studies on the synthesis and the property differences of poly (phenylene sulfide) with terminal chloro groups and poly (phenylene sulfide) with terminal thiohydroxy groups [J]. J Appl Polym Sci, 1993, 50: 1883.

[34] Zimmerman D A, Koenig J L, Ishida H. Polymerization of poly (p-phenylene sulfide) from a cyclic precursor [J]. Polymer, 1996, 37: 3111.

2

第 3 章　自由基聚合

3.1　概述

烯类单体在聚合条件下，碳碳双键被打开，通过链式聚合反应，生成乙烯基聚合物：

$$nH_2C{=}CH(X) \longrightarrow \text{+}CH_2{-}CH(X)\text{+}_n$$

X＝H，R，（苯基），Cl，CN，OR，COOR 等

乙烯基聚合物在高分子合成工业上占据极其重要的地位，其主要品种如聚乙烯、聚氯乙烯、聚苯乙烯、聚丙烯等的产量遥遥领先，主宰整个合成聚合物的市场。

链式聚合反应根据反应活性中心的性质，可分为自由基聚合、阳离子聚合、阴离子聚合和配位聚合等。其中自由基聚合，在理论研究上已进入较完善的境地，有关活性中心的产生及性质、聚合机理和聚合动力学等都被研究得比较透彻，相关理论已非常成熟，可作为离子型聚合的比较和借鉴。因此，自由基聚合是整个链式聚合的基础[1-5]。

3.1.1　链式聚合反应的一般特征

链式聚合反应一般由链引发、链增长、链终止等基元反应组成。首先由某种叫作引发剂的化合物 I 在一定条件下产生引发活性中心（或称引发活性种）R^*，它与单体分子 M 发生加成反应，打开其双键、形成单体活性中心（或称活性单体），而后进一步与单体加成，形成一个新的活性中心，如此重复实现链增长，形成链增长活性中心（或称活性链）。链增长活性中心可通过链终止反应被破坏而失活，链增长反应就会停止，生成稳定的大分子。以上过程可简示如下：

链引发

$$I \longrightarrow R^*$$

$$R^* + M \longrightarrow RM^*$$

链增长

$$RM^* + M \longrightarrow RM_2^*$$

$$RM_2^* + M \longrightarrow RM_3^*$$

$$\cdots$$

$$RM_{n-1}^* + M \longrightarrow RM_n^*$$

链终止

$$RM_n^* \longrightarrow \text{“死”大分子（稳定的大分子）}$$

在链式聚合反应中，引发活性中心 R^* 一旦形成，就会迅速地（0.01s 至几秒）与单体重复发生加成，增长成活性链，然后终止成大分子。在任何阶段，聚合反应是通过单体和反应活性中心（包括引发活性中心和链增长活性中心）之间的加成反应来进行的。单体转化率随反应时间不断增加，但是聚合物的平均分子量瞬间达到某定值，与反应时间无关，这些与逐步聚合反应特性不同，如图 3-1 所示。

根据以上分析，可将链式聚合反应的基本特征总结如下：①聚合过程由多个基元反应组成，由于各基元反应机理不同，因此它们的活化能和反应速率常数差别较大；②单体只能与活性中心反应生成新的活性中心，单体之间不能反应；③聚合体系始终是由单体、聚合物、微量的引发剂及浓度极低的链增长活性中心所组成；④聚合产物的分子量一般不随单体转化

率而变（活性聚合除外，参见第 7 章），延长聚合时间，单体转化率增加。

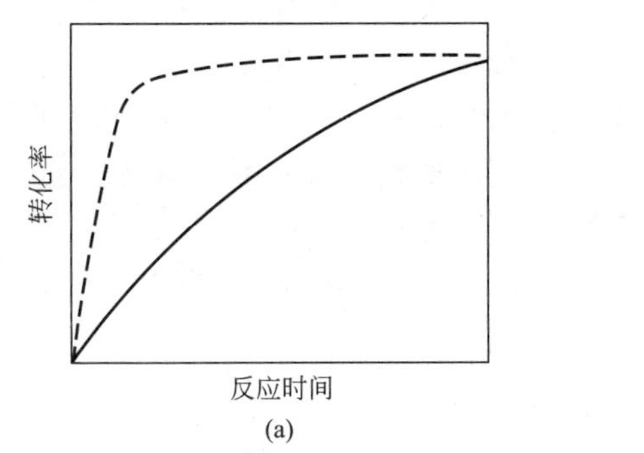

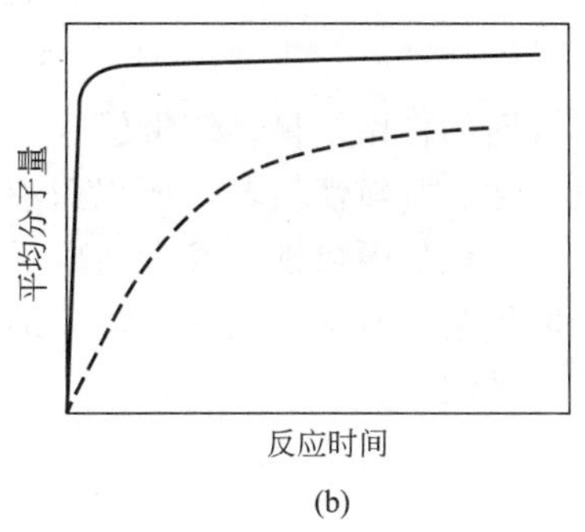

图 3-1　单体转化率或聚合物平均分子量与反应时间的关系

（—— 链式聚合；--- 逐步聚合）

3.1.2　链式聚合单体

能进行链式聚合的单体主要有烯烃（包括共轭二烯烃）、炔烃、羰基化合物和一些杂环化合物，其中以烯烃最具实际应用意义。评价一个单体的聚合反应性能，应从两个方面考虑：首先是其聚合能力大小，然后是它对不同聚合机理如自由基聚合、阳离子聚合、阴离子聚合的选择性。前者由烯烃单体取代基的位阻效应（取代基数量、位置及大小）决定；后者可从取代基电子效应（诱导效应和共轭效率）的角度判断。

3.1.2.1　位阻效应决定单体聚合能力

一取代烯烃（$CH_2=CHX$）和 1,1-二取代烯烃（$CH_2=CXY$）原则上都能进行聚合，原因是活性中心可从无取代基的 β-碳原子上进攻单体。除非取代基体积太大，如带三元环以上的稠环芳烃取代基的乙烯不能聚合，1,1-二苯基乙烯也只能聚合生成二聚体而得不到高聚物。与乙烯相比，一取代乙烯中的取代基往往在降低双键对称性的同时会增加其极化程度，从而增加聚合活性。1,1-二取代烯烃，由于同一碳原子上两个取代基的存在，结构上更不对称，且极化程度增加，因此与单取代乙烯相比，反而更易聚合。1,2-二取代以及三、四取代烯烃原则上都不能聚合，其原因是这三类取代烯烃的 α-碳原子和 β-碳原子都带有取代基，活性中心不论是从 α-位还是 β-位进攻单体时都存在空间障碍，从而无聚合活性。唯一例外的是当取代基为 F 时，它的一、二、三、四取代乙烯都可以聚合，这是因为 F 原子半径小，与 H 非常接近，从而无空阻效应。

3.1.2.2　电子效应决定聚合机理的选择性

乙烯基单体（$CH_2=CH-X$）对聚合机理的选择性，即是否能进行自由基聚合、阴离子聚合、阳离子聚合，取决于取代基—X 的诱导效应和共轭效应（合称为电子效应）。取代基电子效应主要表现在它们对单体双键的电子云密度以及相应活性种（自由基、阴离子、阳离子等）稳定性的影响。

给电子取代基如烷氧基、烷基等，使双键电子云密度增加，有利于阳离子的进攻和键合：

$$H_2C=CH-X$$

同时，给电子取代基可分散阳离子正电性，使链增长阳离子活性中心稳定，有利于其的生成：

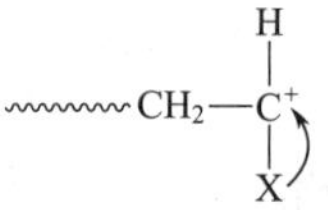

$$\sim\sim CH_2-\overset{\overset{H}{|}}{\underset{\underset{X}{|}}{C^+}}$$

以上两方面的作用结果，使带给电子取代基的乙烯基单体有利于进行阳离子聚合。由于烷基的给电子性、共轭性较弱，所以只有 1,1-二烷基取代烯烃如异丁烯才能进行阳离子聚合，而单取代烯烃如丙烯则不发生阳离子聚合。

吸电子取代基如氰基、羰基（醛、酮、酸、酯）等，则降低了双键上的电子云密度，有利于阴离子的进攻：

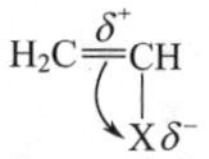

$$H_2C\overset{\delta^+}{=}\underset{\underset{X\delta^-}{|}}{CH}$$

生成的链增长阴离子活性中心又可被吸电子取代基分散负电性而稳定，有利于其的生成：

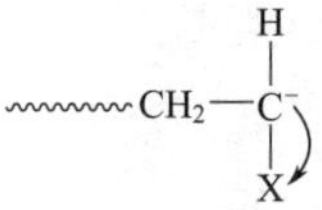

$$\sim\sim CH_2-\overset{\overset{H}{|}}{\underset{\underset{X}{|}}{C^-}}$$

因此带吸电子取代基的单体易进行阴离子聚合。

与离子聚合具有较高的选择性相反，由于自由基是电中性的，对单体中取代基的电子效应无严格要求，几乎所有的乙烯基单体都可以进行自由基聚合，即自由基聚合对单体的选择性低。许多带吸电子基团的烃类单体，如丙烯腈、丙烯酸酯类等既可以进行阴离子聚合，也可以进行自由基聚合。只是在取代基的电子效应太强时，才不能进自由基聚合，如偏二腈乙烯、硝基乙烯等只能进行阴离子聚合；而异丁烯、乙烯基醚等只能进行阳离子聚合。

有些单体的取代基诱导效应是吸电子的，同时也具有 p-π 共轭的给电子性，但两者均较弱，因此不发生离子聚合，只能自由基聚合，氯乙烯、乙酸乙烯酯等属此类情形：

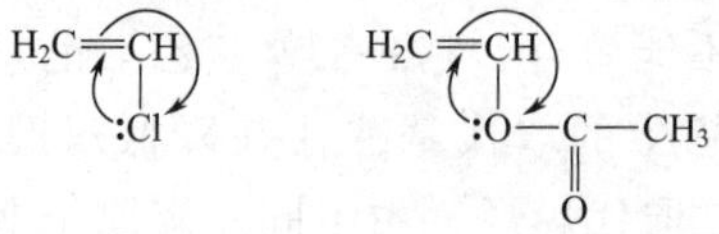

$$H_2C=\underset{\underset{:Cl}{|}}{CH} \qquad H_2C=\underset{\underset{:O-\underset{\underset{O}{\|}}{C}-CH_3}{|}}{CH}$$

共轭烯烃，例如苯乙烯、丁二烯、异戊二烯等，由于 π 电子云的流动性增加了烯烃单体对于带不同电荷活性中心进攻的适应性，因此视引发条件不同而可进行阴离子型、阳离子型、自由基型等各种链式聚合反应。

3.2 自由基聚合引发剂和链引发反应

3.2.1 引发剂种类

自由基聚合的活性中心是自由基，在大多数情况下，自由基活性中心起源于引发剂。引发剂在一定条件下首先分解成初级自由基，初级自由基然后与单体加成形成单体自由基：

$$I \longrightarrow \underset{\text{初级自由基}}{2R\cdot}$$

$$R\cdot + H_2C=\underset{\underset{X}{|}}{CH} \longrightarrow \underset{\text{单体自由基}}{R-CH_2-\underset{\underset{X}{|}}{\dot{C}H}}$$

以上便是自由基聚合的链引发过程。随后，单体自由基迅速与其他单体进行下一步链增长反应。当然，自由基活性中心也可通过热、光和高能辐射等与单体作用直接产生。

常用的自由基聚合引发剂可分为四大类：过氧化物、偶氮化合物、氧化-还原体系以及某些光分解型引发剂，下面逐一进行介绍[6,7]。

3.2.1.1 过氧化物

过氧化物属热分解型引发剂，可分为水溶性无机过氧化物和油溶性有机过氧化物两大系列。无机过氧化物如 H_2O_2、$K_2S_2O_8$ 等，它们均裂分解形成初级自由基的反应如下：

$$\mathrm{HO{-}OH \longrightarrow 2HO\cdot}$$

$$\mathrm{KO{-}\overset{\overset{O}{\|}}{\underset{\underset{O}{\|}}{S}}{-}O{-}O{-}\overset{\overset{O}{\|}}{\underset{\underset{O}{\|}}{S}}{-}OK \longrightarrow 2KO{-}\overset{\overset{O}{\|}}{\underset{\underset{O}{\|}}{S}}{-}O\cdot\ (SO_4^{-\cdot})}$$

式中，H_2O_2 分解活化能高达 218kJ/mol，需要在高温下才能分解，因此很少单独使用，而过硫酸盐（包括钾盐、铵盐）则为常用的水溶性无机过氧化物引发剂。

有机过氧化物可看作过氧化氢的衍生物，其通式为 $R^1{-}O{-}O{-}R^2$。R^1、R^2 可以是氢、烷基、酰基、碳酸酯基等，两者可以相同，也可以不同，构成种类繁多的有机过氧化物，如烷基过氧化氢、二烷基过氧化物、过氧化二酰、过氧化酯、过氧化二碳酸酯等，它们的结构见表3-1。不同有机过氧化物的分解活化能差别很大，分解活化能越高，意味着过氧键均裂生成自由基越困难，引发活性则越低，必须在高温下使用。相反，分解活化能低的有机过氧化物，可在低温下使用。

表3-1 常用有机过氧化物引发剂

引发剂	结构式	引发剂	结构式
烷基过氧化氢	ROOH	过氧化酯	$R^1\overset{O}{\overset{\|}{C}}OOR^2$
异丙苯过氧化氢	$C_6H_5C(CH_3)_2OOH$		
叔丁基过氧化氢	$(CH_3)_3COOH$	过氧化苯甲酸叔丁酯	$C_6H_5\overset{O}{\overset{\|}{C}}OOC(CH_3)_3$
二烷基过氧化物	R^1OOR^2		
二叔丁基过氧化物	$(CH_3)_3COOC(CH_3)_3$	过氧化叔戊酸叔丁酯	$(CH_3)_3C\overset{O}{\overset{\|}{C}}OOC(CH_3)_3$
二异丙苯过氧化物	$C_6H_5C(CH_3)_2OOC(CH_3)_2C_6H_5$		
过氧化二酰	$R\overset{O}{\overset{\|}{C}}OO\overset{O}{\overset{\|}{C}}R$	过氧化二碳酸酯	$RO\overset{O}{\overset{\|}{C}}OO\overset{O}{\overset{\|}{C}}OR$
过氧化二苯甲酰	$C_6H_5\overset{O}{\overset{\|}{C}}OO\overset{O}{\overset{\|}{C}}C_6H_5$	过氧化二碳酸二异丙酯	$(CH_3)_2CHO\overset{O}{\overset{\|}{C}}OO\overset{O}{\overset{\|}{C}}OCH(CH_3)_2$
过氧化二月桂酰	$C_{11}H_{23}\overset{O}{\overset{\|}{C}}OO\overset{O}{\overset{\|}{C}}C_{11}H_{23}$	过氧化二碳酸二环己酯	$C_6H_{11}O\overset{O}{\overset{\|}{C}}OO\overset{O}{\overset{\|}{C}}OC_6H_{11}$

最常用的有机过氧化物是过氧化二苯甲酰（BPO），其使用温度在60～80℃，热分解方式如下：

$$\mathrm{C_6H_5{-}\overset{\overset{O}{\|}}{C}{-}O{-}O{-}\overset{\overset{O}{\|}}{C}{-}C_6H_5 \longrightarrow 2C_6H_5{-}\overset{\overset{O}{\|}}{C}{-}O\cdot}$$

生成的苯甲酰氧自由基，可引发单体聚合，无单体存在时，它进一步分解成苯基自由基，放出 CO_2，但分解并不完全：

$$\mathrm{C_6H_5{-}\overset{\overset{O}{\|}}{C}{-}O\cdot \longrightarrow C_6H_5\cdot + CO_2}$$

其他常见的有机过氧化物引发剂如叔丁基过氧化氢、过氧化苯甲酸叔丁酯等的分解反应分别如下所示：

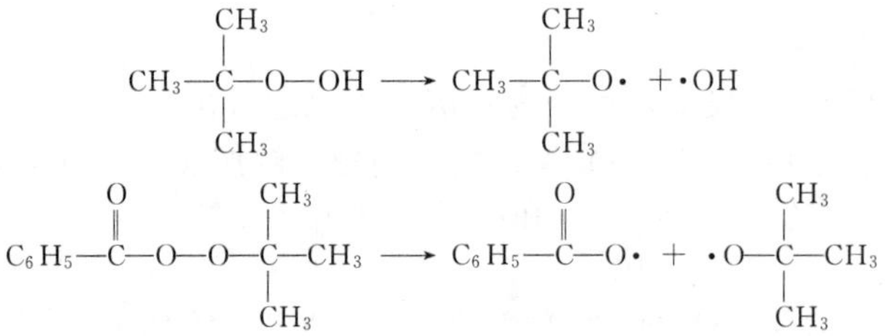

$$CH_3-\underset{CH_3}{\overset{CH_3}{C}}-O-OH \longrightarrow CH_3-\underset{CH_3}{\overset{CH_3}{C}}-O\cdot \ + \cdot OH$$

$$C_6H_5-\overset{O}{\overset{\|}{C}}-O-O-\underset{CH_3}{\overset{CH_3}{C}}-CH_3 \longrightarrow C_6H_5-\overset{O}{\overset{\|}{C}}-O\cdot \ + \ \cdot O-\underset{CH_3}{\overset{CH_3}{C}}-CH_3$$

3.2.1.2 偶氮化合物

同过氧化物一样，偶氮化合物也属热分解型引发剂，用作引发剂的偶氮化合物从结构上有对称和不对称两种：

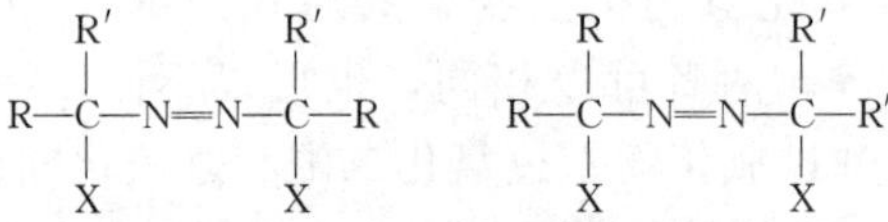

$$R-\underset{X}{\overset{R'}{C}}-N{=}N-\underset{X}{\overset{R'}{C}}-R \qquad R-\underset{X}{\overset{R}{C}}-N{=}N-\underset{X}{\overset{R'}{C}}-R''$$

式中，X 可为硝基、酯基、氰基等吸电子基团，但通常是氰基。

最重要和最常用的油溶性偶氮化合物引发剂是偶氮二异丁腈（AIBN），一般在 50～70℃下使用，其分解反应式如下：

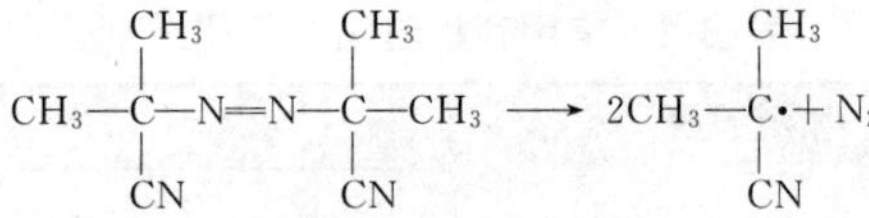

$$CH_3-\underset{CN}{\overset{CH_3}{C}}-N{=}N-\underset{CN}{\overset{CH_3}{C}}-CH_3 \longrightarrow 2CH_3-\underset{CN}{\overset{CH_3}{C}}\cdot + N_2$$

2,2′-偶氮二异丁基脒二盐酸盐则为常用的水溶性偶氮类引发剂，可用于水溶性乙烯基单体的聚合，其结构为：

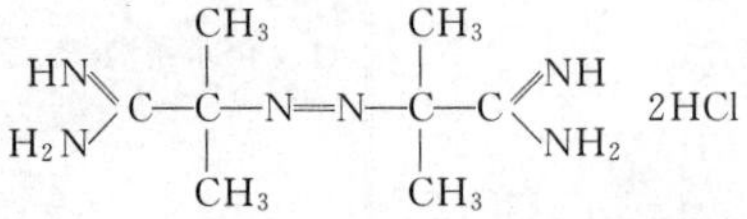

$$\begin{matrix}HN\\H_2N\end{matrix}\!\!>C-\underset{CH_3}{\overset{CH_3}{C}}-N{=}N-\underset{CH_3}{\overset{CH_3}{C}}-C\!\!<\!\!\begin{matrix}NH\\NH_2\end{matrix} \quad 2HCl$$

3.2.1.3 氧化-还原体系

将具有氧化性的化合物（通常是过氧化物）与具有还原性的化合物配合形成氧化-还原体系，通过电子转移反应（氧化-还原反应）产生初级自由基引发聚合反应，该类引发体系称氧化-还原引发体系。与前面的过氧化物和偶氮类化合物相比，氧化-还原引发体系的分解活化能较低，因此可在较低温度下（室温或室温以下）引发聚合。根据氧化-还原引发的组分是无机化合物还是有机化合物，可形成水溶性或油溶性氧化-还原引发体系，常用的氧化-还原体系列于表 3-2 中。

表 3-2 常用氧化-还原体系

类型	实例	溶解性
无机物/无机物	$H_2O_2/FeSO_4$ $(NH_4)_2S_2O_8/FeSO_4$ $(NH_4)_2S_2O_8/KHSO_3$	水溶性
有机物/无机物	$C_6H_5C(CH_3)_2OOH/FeSO_4$	水微溶
无机物/有机物	Ce^{4+}/RCH_2OH Mn^{6+}/草酸	水微溶
有机物/有机物	BPO/*N*,*N*-二甲基苯胺 BPO/环烷酸钴(萘酸钴)	油溶性

(1) 水溶性氧化-还原体系 这类体系由H_2O_2、过硫酸盐等无机过氧化物氧化剂与亚铁盐、亚硫酸盐、硫代硫酸盐等无机还原剂配合而成，由于是水溶性的，可用于水相自由基聚合体系。

前面已提到，H_2O_2的分解活化能很高（约为220kJ/mol），不宜单独使用，当在亚铁盐等还原剂存在下，分解活化能显著降低（约40kJ/mol），从而使引发剂分解和引发速率大大加快，并可在较低温度（室温或室温以下）下引发聚合：

$$H_2O_2 + Fe^{2+} \longrightarrow HO^- + HO\cdot + Fe^{3+}$$

同样，过硫酸盐的分解活化能为140kJ/mol，需要在较高温（70～100℃）下使用。但它与亚铁盐或硫代硫酸盐组成氧化-还原引发剂时，其分解活化能降低至约50kJ/mol，可在0～50℃甚至更低温度下获得适宜的分解速率：

$$S_2O_8^- + Fe^{2+} \longrightarrow SO_4^{2-} + SO_4^{\cdot-} + Fe^{3+}$$

$$S_2O_8^{2-} + S_2O_3^{2-} \longrightarrow SO_4^{2-} + SO_4^{\cdot-} + S_2O_3^{\cdot-}$$

在以上反应中，过硫酸盐与亚铁盐配合只产生一个自由基，而与硫代硫酸盐配合则产生两个自由基。

有机过氧化物与无机还原剂，或高价金属盐（Ce^{4+}、Mn^{6+}和Cr^{6+}等）与醇、酰、酮、胺等有机还原剂配合所形成的氧化-还原引发体系是微溶于水的，可用于乳液聚合体系（参见3.9.4节）。代表性体系有异丙苯过氧化氢/亚铁体系、硝酸铈/醇体系等，它们的分解反应如下：

$$C_6H_5-\underset{CH_3}{\overset{CH_3}{\underset{|}{\overset{|}{C}}}}OOH + Fe^{2+} \longrightarrow OH^- + C_6H_5-\underset{CH_3}{\overset{CH_3}{\underset{|}{\overset{|}{C}}}}O\cdot + Fe^{3+}$$

$$Ce^{4+} + RCH_2OH \longrightarrow Ce^{3+} + H^+ + R\dot{C}HOH$$

(2) 油溶性氧化-还原体系 这类体系由有机过氧化物与有机还原剂如叔胺、环烷酸钴等组成，可用于油性聚合体系。过氧化二苯甲酰/N,N-二甲基苯胺是最常用的油溶性氧化-还原体系引发体系，该体系中过氧化二苯甲酰的分解速率比其单独使用时快几千倍，其分解机理如下：

$$C_6H_5-\underset{CH_3}{\underset{|}{\ddot{N}}}-CH_3 + C_6H_5-\overset{O}{\overset{\|}{C}}-O-O-\overset{O}{\overset{\|}{C}}-C_6H_5 \longrightarrow \left[C_6H_5-\underset{CH_3}{\overset{CH_3}{\underset{|}{\overset{|}{N}}}}-O-\overset{O}{\overset{\|}{C}}-C_6H_5\right]^+ C_6H_5-\overset{O}{\overset{\|}{C}}-O^- \longrightarrow$$

$$C_6H_5-\underset{CH_3}{\underset{|}{\overset{+}{\dot{N}}}}-CH_3 + C_6H_5-\overset{O}{\overset{\|}{C}}-O\cdot + C_6H_5-\overset{O}{\overset{\|}{C}}-O^-$$

由于生成聚合物的端基不含氮，表明引发活性中心是苯甲酰自由基而不是阳离子自由基。

3.2.1.4 光分解型引发剂

有机过氧化物和偶氮类化合物等热分解型引发剂在加热条件下分解成自由基，同时它们也可以在光照下产生同样的自由基，因此它们同属光分解型引发剂。有些不适合于热分解的引发剂却可用光分解，因此光分解型引发剂种类更多。常见的光分解型引发剂品种有裂解型引发剂和提氢型引发剂。裂解型引发剂通常是一些芳香族羰基化合物，在吸收UV光后，分子中与羰基相邻的碳-碳σ键发生断裂，如常用的安息香和α-羟基异丁酰苯（光引发剂1173）等，它们的分解反应分别表示如下：

$$C_6H_5-\overset{O}{\overset{\|}{C}}-\overset{OH}{\overset{|}{C}H}-C_6H_5 \xrightarrow{h\nu} C_6H_5-\overset{O}{\overset{\|}{C}}\cdot + \cdot\overset{OH}{\overset{|}{C}H}-C_6H_5$$

$$C_6H_5-\overset{O}{\overset{\|}{C}}-\underset{CH_3}{\underset{|}{\overset{CH_3}{\overset{|}{C}}}}-OH \xrightarrow{h\nu} C_6H_5-\overset{O}{\overset{\|}{C}}\cdot + \cdot\underset{CH_3}{\underset{|}{\overset{CH_3}{\overset{|}{C}}}}-OH$$

提氢型引发剂通常是一些芳香酮类化合物，在吸收 UV 光处于激发态时，并不进行裂解反应，但是能够从一个氢供体（R—H）分子中提取一个 H，产生一个羟基自由基和一个供体自由基，如常用的二苯甲酮：

$$C_6H_5-\overset{O}{\overset{\|}{C}}-C_6H_5 \xrightarrow{h\nu} \left[C_6H_5-\overset{O}{\overset{\|}{C}}-C_6H_5\right]^* \xrightarrow{R-H} C_6H_5-\overset{OH}{\overset{|}{\dot{C}}}-C_6H_5 + R\cdot$$

最常用的氢供体是叔胺，如三乙胺，由它产生的供体自由基是 $(CH_3CH_2)_2N\dot{C}HCH_3$。

光分解型引发剂的优点是引发反应与温度几乎无依赖关系，可在低温下引发聚合。此外，聚合反应更易控制。

3.2.2 引发剂分解动力学

不论采用哪种引发剂，它们总是首先分解生成初级自由基，再与单体加成生成单体自由基，这就是链引发的过程，可用通式表示如下：

$$\text{I(引发剂)} \xrightarrow{\text{分解}} 2R\cdot\text{(初级自由基)}$$

$$R\cdot + M \longrightarrow RM\cdot\text{(单体自由基)}$$

在自由基聚合过程中，链引发速率最小，是整个反应的速率控制步骤，所以了解引发剂分解动力学是十分重要的。引发剂分解反应一般是一级反应：

$$R_d \equiv \frac{-d[I]}{dt} = k_d[I] \tag{3-1}$$

式中，R_d、k_d分别为引发剂分解速率和分解速率常数。令引发剂起始浓度为 $[I]_0$，则将式(3-1) 积分得到

$$\ln\frac{[I]_0}{[I]} = k_d t \tag{3-2}$$

或

$$\frac{[I]_0}{[I]} = e^{-k_d t} \tag{3-3}$$

式(3-2) 或式(3-3) 给出了引发剂浓度随时间变化的定量关系，称为引发剂分解速率方程。

引发剂分解反应速率大小常用半衰期来衡量。所谓半衰期，是指引发剂分解至起始浓度的一半时所需的时间，用 $t_{1/2}$表示。将 $[I]=[I]_0/2$ 代入式(3-2)，可求出引发剂的半衰期：

$$t_{1/2} = \frac{\ln 2}{k_d} = \frac{0.693}{k_d} \tag{3-4}$$

可见，引发剂分解速率常数越大，半衰期越短，则引发剂活性越高。常用引发剂在 60℃时的半衰期来表征其活性的高低，见表 3-3。

表 3-3 半衰期与引发剂活性的关系

半衰期 $t_{1/2}$/h(60℃)	＞6	1～6	＜1
活性类别	低活性	中活性	高活性

测定不同时间 t 时的残余引发剂浓度 [I]，以 $\ln([I]_0/[I])$ 对 t 作图，依据式(3-2) 其应为一直线，其斜率便是引发剂分解速率常数 k_d。过氧化物引发剂的浓度常用碘量法测定，偶氮化合物引发剂的浓度可通过测定分解时析出的氮气体积换算而得。

引发剂分解速率常数与温度之间的关系遵循 Arrhenius 经验公式：

$$\ln k_d = -\frac{E_d}{RT} + \ln A_d \tag{3-5}$$

式中，E_d为引发剂分解活化能；A_d为碰撞频率因子。在不同温度下，测得不同的分解速率常数 k_d，由 $\ln k_d$对 $1/T$ 作图，成一直线，由其斜率和截距便可求得分解活化能 E_d和碰撞频率因子 A_d。表 3-4 列出了一些常用引发剂的动力学数据。表中数据显示，引发剂分解速率常数随温度升高而升高，相应半衰期减小，即引发活性增大。

表 3-4 一些常用引发剂的分解速率常数、活化能和半衰期

引发剂	溶剂	温度 T/℃	速率常数 k_d/s^{-1}	活化能 E_d/(kJ/mol)	半衰期 $t_{1/2}$/h
AIBN	苯	50	2.64×10^{-6}	128.5	73
		60	1.16×10^{-5}		16.6
		70	3.78×10^{-5}		5.1
	甲苯	60	8.05×10^{-5}	121.3	2.4
		80	7.10×10^{-4}		0.27
BPO	苯	60	2.0×10^{-6}	124.3	96
		80	2.5×10^{-5}		7.7
$K_2S_2O_8$	KOH 溶液 (0.1mol/L)	50	9.5×10^{-7}	140.2	212
		60	3.16×10^{-6}		61
		70	2.33×10^{-5}		8.3

如已知某一温度 T_1下的分解速率常数 k_{d1}，就可以由式(3-5) 转换成式(3-6)，求出另一温度 T_2 下的分解速率常数 k_{d2}，再由式(3-4) 求出温度 T_2 下的半衰期 $t_{1/2}$。

$$\ln\frac{k_{d2}}{k_{d1}} = \frac{E_d}{RT}\left(\frac{1}{T_1} - \frac{1}{T_2}\right) \tag{3-6}$$

另外要注意的是，分解速率常数与溶剂有关。如 AIBN 在 60℃下，在苯中的分解速率常数为 $1.16\times10^{-5}s^{-1}$，半衰期为 16.6h；而在甲苯中，分解速率常数为 $8.05\times10^{-5}s^{-1}$，半衰期为 2.4h。同样，引发剂在不同单体中的分解速率及半衰期也有很大差别。造成这些差别的原因与引发剂的诱导分解有关。

3.2.3 引发效率

引发剂分解生成的初级自由基，并不一定能全部用于引发单体形成单体自由基。把初级自由基用于形成单体自由基的百分率称作引发效率，以 f 表示。通常情况下引发效率小于100%，主要原因有笼蔽效应和诱导分解两种。

3.2.3.1 笼蔽效应

所谓笼蔽效应是指在溶液聚合反应中，浓度很低的引发剂分子被溶剂分子包围，像处在笼子中一样。引发剂分解成初级自由基以后，必须扩散出溶剂笼子，才能引发单体聚合。但部分初级自由基来不及扩散就偶合成稳定分子，消耗了引发剂而致使其引发效率降低。以 BPO 为例：

$$C_6H_5-\overset{\overset{\displaystyle O}{\|}}{C}-O-O-\overset{\overset{\displaystyle O}{\|}}{C}-C_6H_5 \longrightarrow 2C_6H_5-\overset{\overset{\displaystyle O}{\|}}{C}-O^{\bullet}$$

$$\longrightarrow C_6H_5^{\bullet} + CO_2$$

$$C_6H_5-\overset{O}{\overset{\|}{C}}-O^{\bullet} + C_6H_5^{\bullet} \longrightarrow C_6H_5-\overset{O}{\overset{\|}{C}}-O-C_6H_5$$

$$C_6H_5^{\bullet} + C_6H_5^{\bullet} \longrightarrow C_6H_5-C_6H_5$$

又如 AIBN：

$$(CH_3)_2\underset{CN}{\underset{|}{C}}-N{=}N-\underset{CN}{\underset{|}{C}}(CH_3)_2 \longrightarrow 2(CH_3)_2\underset{CN}{\underset{|}{C}}^{\bullet} + N_2$$

$$2(CH_3)_2\underset{CN}{\underset{|}{C}}^{\bullet} \longrightarrow \begin{cases} (CH_3)_2\underset{CN}{\underset{|}{C}}-\underset{CN}{\underset{|}{C}}(CH_3)_2 \\ (CH_3)_2C{=}C{=}N-\underset{CN}{\underset{|}{C}}(CH_3)_2 \end{cases}$$

3.2.3.2 诱导分解

诱导分解的实质是自由基（包括初级自由基、单体自由基、链自由基等）向引发剂分子的转移反应。例如，BPO 有以下反应发生：

$$R\cdot + C_6H_5\overset{O}{\overset{\|}{C}}-O-O-\overset{O}{\overset{\|}{C}}C_6H_5 \longrightarrow C_6H_5\overset{O}{\overset{\|}{C}}-OR + C_6H_5\overset{O}{\overset{\|}{C}}-O^{\bullet}$$

其结果是原来的自由基 R·终止生成稳定分子，伴随着一新自由基的生成，自由基的数目并无增减，但消耗了一个引发剂分子，从而使引发效率降低。一般认为，过氧化物引发剂容易发生诱导分解，而偶氮类引发剂不易诱导分解。

除初级自由基、单体自由基、链自由基以外，溶剂自由基（由向溶剂的链转移反应产生）也能引发诱导分解，因此溶剂性质对引发剂的分解速率也产生影响。此时，仅仅用半衰期来衡量引发剂活性的高低是不准确的，如在醚、醇等溶剂中，溶剂自由基对 BPO 诱导分解速率很大，导致 BPO 半衰期缩短，但其引发效率却大大降低。

同时，诱导分解与引发增长是一对竞争反应：

$$R\cdot + C_6H_5-\overset{O}{\overset{\|}{C}}-O-O-\overset{O}{\overset{\|}{C}}-C_6H_5 \longrightarrow C_6H_5-\overset{O}{\overset{\|}{C}}-OR + C_6H_5-\overset{O}{\overset{\|}{C}}-O^{\bullet}$$

$$R\cdot + M \longrightarrow RM^{\bullet}$$

对于活性高的单体如丙烯腈、苯乙烯等，能迅速与自由基加成而增长，诱导分解相应减少，引发效率较高；但是，对于乙酸乙烯酯等低活性单体，在以上两个竞争反应中，有利于诱导分解，故引发效率较低，但此时引发剂分解速率增大，半衰期缩短。这就不难解释为什么同一种引发剂对于不同单体却具有不同的引发效率。因此评价一种引发剂的性能，除了考虑半衰期之外，还要综合考虑其引发效率。

3.2.4 引发剂的选择

首先，根据聚合实施方法（将在下面章节讨论）选择引发剂类型。本体聚合、悬浮聚合和溶液聚合选用有机过氧化物（如 BPO）、偶氮类化合物（如 AIBN）等油溶性引发剂。若需要快速引发聚合，可使用油溶性氧化-还原体系，如 BPO/*N*,*N*-二甲基苯胺。乳液聚合和水相溶液聚合则选用 $K_2S_2O_8$、$(NH_4)_2S_2O_8$ 等无机过氧化物水溶性引发剂，或 $K_2S_2O_8/Fe^{2+}$ 等水溶性氧化-还原引发体系。乳液聚合还可选用微水溶性氧化-还原引发体系，即氧化剂是油溶性的（如异丙苯过氧化物），但还原剂一般是水溶性物质。

其次，按照聚合温度选择分解速率或半衰期适当的引发剂，使自由基生成速率适中。如果引发剂半衰期过长，则分解速率过低，使聚合反应速率太慢而且聚合物中残留引发剂过多；相反半衰期太短，引发过快，聚合反应难以控制，甚至暴聚，或引发剂过早分解结束，聚合反应在低转化率下就停止。表 3-5 列出了引发剂的使用温度范围。

表 3-5　引发剂的使用温度范围

引发剂分类	使用温度范围/℃	引发剂举例
高温引发剂	＞100	异丙苯过氧化氢、叔丁基过氧化氢、过氧化二异丙苯、过氧化二叔丁基
中温引发剂	50～100	过氧化苯二甲酰、偶氮二异丁腈、过硫酸盐
低温引发剂	－10～50	过氧化氢/亚铁盐、过硫酸盐/亚铁盐、异丙苯过氧化氢/亚铁盐、过氧化二苯甲酰/*N*,*N*-二甲基苯胺
极低温引发剂	＜－10	过氧化物/烷基金属(三乙基铝、三乙基硼等)、氧/烷基金属

除主要考虑以上两个因素之外，还需根据聚合物产品的用途选择引发剂。如过氧化物类引发剂合成的聚合物容易变色而不能用于光学高分子材料的合成，偶氮类引发剂有毒而不能用于与医药、食品有关的聚合物合成。

引发剂用量大约为单体质量的 0.1%～2%，但大多数情况下需由实验确定最佳用量。

3.2.5　其他引发反应

除了以上介绍的通过引发剂在加热或光照条件下分解产生初级自由基引发聚合反应之外，还可采用热、光、高能辐射等引发聚合方式。由于没有外加引发剂，使聚合产物的纯度较高。

3.2.5.1　热引发

许多单体在根本无引发剂存在下加热，似乎也进行自发聚合反应，但实验证明其中大部分是由单体中所含杂质（如与 O_2 反应生成的过氧化合物）热分解产生的初级自由基引发聚合的[8]。只有苯乙烯和甲基丙烯酸甲酯等少数单体，可以肯定能进行纯粹的热引发聚合反应。

热引发机理至今尚不完全清楚，对于苯乙烯的热引发，可能是按三分子引发机理进行的，即先由两个苯乙烯分子通过 Diels-Alder 加成形成二聚体，再与另外一个苯乙烯分子进行氢原子转移，产生两个具有引发活性的自由基[9]：

$$2CH_2{=}CH(C_6H_5) \longrightarrow \text{(Diels-Alder 二聚体, H, } C_6H_5\text{)} \xrightarrow{CH_2=CH-C_6H_5} CH_3-\dot{C}H(C_6H_5) + \text{(四氢萘自由基, } C_6H_5\text{)}$$

而对于甲基丙烯酸甲酯的热引发，人们更倾向于接受双分子机理，认为单体受热后发生双分子反应而生成双自由基[10]：

$$CH_2{=}C(CH_3)COOCH_3 \longrightarrow \cdot C(CH_3)(COOCH_3)-CH_2-CH_2-C(CH_3)(COOCH_3)\cdot$$

3.2.5.2　光引发

光引发聚合[11]可分为单体直接吸收光量子产生自由基的直接光引发和加入光敏剂或光分解型引发剂的间接光引发。其中，光分解型引发剂的引发机理本质仍然是引发剂分解产生初级自由基，只不过分解反应的条件是光而不是热，因此，它们可归类于引发剂引发（参见 3.2.1 节）。实际上，一些热分解型引发剂如 BPO、AIBN 等在光作用下也可以分解生成相同的自由基。本节讨论的对象是直接光引发和光敏剂存在下的间接光引发。

(1) 直接光引发 比较容易进行直接光引发聚合的单体是一些含有光敏基团的化合物，如丙烯酰胺、丙烯腈、丙烯酸酯、丙烯酸等。一般认为，这些烯烃单体在吸收一定波长的光量子后成为激发态，然后分解成可引发单体聚合的自由基：

$$M + h\nu \longrightarrow M^*$$
$$M^* \longrightarrow R\cdot + R'\cdot$$

紫外光的波长在200～395nm 范围内，其能量正好落在单体键能范围内。因此，光聚合的光源通常采用能提供紫外光的高压汞灯。每种单体有其特征的吸收光波长，因此光引发聚合具有选择性强的特点，见表 3-6。

表 3-6 几种单体的特征吸收光波长

单体	丁二烯	氯乙烯	乙酸乙烯酯	苯乙烯	甲基丙烯酸甲酯
波长/nm	254	280	300	250	220

光引发速率 R_i 与体系吸光强度 I_a 成正比：

$$R_i = 2\phi I_a$$

式中，ϕ 为光量子产率或光引发效率，若吸收一个光量子可将一个单体分子激发生成 2 个自由基，则 $\phi=1$，一般 $\phi<1$。由于

$$I_a = \varepsilon I_0[M]$$

式中，ε 为摩尔吸光系数；I_0 为入射光强度；[M] 为单体浓度。因此光引发速率可表示为

$$R_i = 2\phi\varepsilon I_0[M] \tag{3-7}$$

(2) 光敏剂间接光引发 由于不少单体如苯乙烯、乙酸乙烯酯等，直接光引发的光量子效率（或引发效率）低，因此聚合速率和单体转化率均较低。然而加入少量光敏剂后，光引发聚合速率剧增，所以应用更广泛。如下式所示，光敏剂 Z 的作用是它吸收光能后，发生分子内电子激发变成激发态 Z^*，Z^* 又以适当的频率把吸收的能量传递给单体 M，使单体处于激发态 M^*，然后再分解成自由基引发聚合：

$$Z \xrightarrow{h\nu} Z^*$$
$$Z^* + M \longrightarrow M^* + Z$$
$$M^* \longrightarrow R_1\cdot + R_2\cdot$$

可见，不同于光分解型引发剂，光敏剂本身不形成自由基，而是将吸收的光能传递给单体而引发聚合。但实际上，光敏剂有时同时也是光分解型引发剂。常见的光敏剂有二苯甲酮类化合物及各种染料。光敏剂存在下的光引发速率为

$$R_i = 2\phi\varepsilon I_0[Z]$$

3.2.5.3 高能辐射引发

以高能辐射线引发单体聚合，称为辐射引发聚合[12]。辐射线可以是 γ-射线（波长为 0.0001～0.05nm 的电磁波）、X-射线（波长为 0.01～10nm 的电磁波）、β-射线（高能电子流）、α-射线（正离子如 He^{2+} 流）和中子射线（质量与质子相同而不带电的粒子流）等。其中，以 ^{60}Co 为辐射源产生的 γ-射线最为常用，其能量最高，穿透力强，而且操作容易。

辐射引发聚合机理极为复杂，可能是分子吸收辐射能后脱去一个电子形成阳离子自由基，阳离子自由基不稳定，可进一步离解成自由基和阳离子：

$$A{-}B \xrightarrow{\text{辐射}} A{-}B^{+}\cdot + e$$
$$A{-}B^{+}\cdot \longrightarrow A^+ + B\cdot$$

逸出的电子还可以被中性分子捕获而生成阴离子自由基，或离解成一个自由基和一个阴离子：

$$A—B + e \longrightarrow \begin{cases} A—B^{\overline{\bullet}} \\ A^{\bullet} + B^{-} \end{cases}$$

因此，聚合可能包括自由基聚合和阴离子聚合、阳离子聚合反应历程。

与光引发聚合类似，辐射引发聚合也可以在较低温下进行，聚合速率对温度的依赖性较小，所得产物极为洁净。但辐射能量高，单体分子吸收后在任何键上均可产生分解，因此不具有通常光引发聚合的选择性。该法更多用于聚合物的接枝和交联。

3.2.5.4 电化学聚合

电解一含电解质（增加导电性）的单体溶液，在阴极上，一电子转移到单体上形成一阴离子自由基；而在阳极上，单体失去一电子形成一阳离子自由基：

$$CH_2=CH(R) \longrightarrow \begin{cases} \xrightarrow[+e]{\text{阴极}} R\overset{-}{C}H—\overset{\bullet}{C}H_2 \\ \xrightarrow[-e]{\text{阳极}} R\overset{+}{C}H—\overset{\bullet}{C}H_2 \end{cases}$$

生成的自由基离子便可引发自由基聚合或离子聚合。电化学聚合常用于金属壳上涂装一层聚合物膜。

3.3 链增长反应

引发剂分解的初级自由基与单体加成产生单体自由基，完成链引发，之后便立刻开始链增长反应，即单体自由基与单体反复加成生成链自由基。由于链增长反应活化能较低，约为 21～33kJ/mol，为放热反应，因此链增长过程非常迅速，1s 内就增长成聚合度为几千的大分子自由基（链自由基）。由于链转移或链终止反应的存在，链自由基不能无限地增长，增长到一定程度就会死掉，形成分子量为几万到几十万的大分子。随着时间增长，单体不断地趋于耗尽，相应聚合物不断增加，用通式表示如下：

$$\underset{\text{单体自由基}}{R—CH_2—\overset{\bullet}{C}H(X)} \xrightarrow{H_2C=CHX} R—CH_2—CH(X)—CH_2—\overset{\bullet}{C}H(X) \cdots \xrightarrow{(n-2)H_2C=CHX}$$

$$\underset{\text{链自由基}}{R\!\left[CH_2—CH(X)\right]_{(n-1)}CH_2—\overset{\bullet}{C}H(X)} \xrightarrow{\text{链转移或链终止}} \text{“死”的大分子}$$

3.3.1 链增长反应中单体的加成方式

3.3.1.1 单烯烃单体

以单取代乙烯基单体（$CH_2=CHX$）为例，链增长自由基与单体加成方式有“头-尾”“头-头”和“尾-尾”三种：

$$\begin{matrix} \sim\sim CH_2CH^{\bullet}(X) \\ \sim\sim CHCH_2^{\bullet}(X) \end{matrix} + H_2C=CH(X) \longrightarrow \begin{cases} \sim\sim CH_2CH(X)—CH_2CH(X)^{\bullet} & \text{头-尾} \\ \sim\sim CH_2CH(X)—CH(X)CH_2^{\bullet} & \text{头-头} \\ \sim\sim CH(X)CH_2—CH_2CH(X)^{\bullet} & \text{尾-尾} \end{cases}$$

从电子效应和空间效应来考虑，头-尾形式连接是比较有利的。因为按此方式连接时，自由基被取代基 X 共振稳定化，同时在生成头-尾结构产物相对应的链增长反应中，链自由基与单体加成时空间位阻小，容易进行。以上的理论推测被实验所证实，就大多数聚合物来说，头-尾加成结构占绝对优势（＞98%～99%）。可以推测，对一些取代基电子效应和空间位阻都较小的单体，头-头或尾-尾结构的含量会有所上升。事实也如此，如在聚氟乙烯和聚四氟乙烯的分子链上分别含有约 10%和约 12%的头-头结构[13,14]。

3.3.1.2 共轭双烯烃

共轭双烯烃，如丁二烯，链增长反应可以按 1,2-加成和 1,4-加成两种加成方式进行：

$$R\cdot + CH_2{=}CH{-}CH{=}CH_2 \xrightarrow{1,2\text{-加成}} R{-}CH_2{-}\dot{C}H(CH{=}CH_2) \longrightarrow {+}CH_2{-}CH(CH{=}CH_2){+}_n \quad \text{1,2-加成聚合物}$$

$$R\cdot + CH_2{=}CH{-}CH{=}CH_2 \xrightarrow{1,4\text{-加成}} [R{-}CH_2{-}CH{\cdots}CH{\cdots}CH_2]^{\cdot} \longrightarrow R{-}CH_2{-}CH{=}CH{-}\dot{C}H_2 \longrightarrow {+}CH_2{-}CH{=}CH{-}CH_2{+}_n \quad \text{1,4-加成聚合物}$$

因此在生成的丁二烯聚合产物中，主链上同时存在有 1,4-加成和 1,2-加成的单体单元。由于 1,2-加成时位阻较大，故 1,4-加成单体单元比 1,2-加成单体单元多。光谱分析结果表明，一般 1,2-加成单体单元约占 20%，而 1,4-加成单体单元占 80%。可以推测，当丁二烯单体上的氢被取代后，1,2-加成位阻进一步增大，相应地，1,4-加成单体单元含量随之增加，见表 3-7。

表 3-7 取代丁二烯聚合产物结构

共轭双烯烃	丁二烯	异戊二烯	2,3-二甲基丁二烯	氯丁二烯
1,4-加成单体单元含量/%	80	87	90	97

3.3.2 链增长反应的立体化学

在由单取代乙烯（Y＝H）和 1,1-二取代乙烯聚合得到的聚合物中，主链上每隔一个碳原子就有一个手性碳原子（用 C* 表示）：

$$\sim\!\sim C^*(Y)(X) \sim\!\sim$$

手性碳原子 C* 产生两种立体构型：*S* 型与 *R* 型。

自由基聚合的链末端自由基为平面型的 sp^2 杂化，可以绕着末端的碳-碳单键自由旋转：

$$\sim\!\sim CH_2{-}C(Y)(X){-}CH_2{-}\dot{C}(Y)(X)$$

因此，取代基 X、Y 的空间位置是随机的，与单体加成时不具有空间选择性，常常得到的是无规立构高分子。可以推测，当取代基 X 或 Y 的体积较大时，链自由基末端的碳-碳单键旋转的能垒增大，自由旋转受阻，倾向于生成邻近单体单元的取代基排斥作用较小的间同结构。如 100℃下甲基丙烯酸甲酯的自由基聚合，间同立构二单元组（参见 6.2.3 节）的分数高达 0.73。

由于碳-碳单键旋转实际上不是完全自由的，有一定的能垒存在，因此降低聚合温度将限制碳-碳键旋转，产物立构规整性增大。

对于共轭双烯烃的自由基聚合，在进行 1,4-加成时，可以出现顺式和反式构型：

$$\underset{\text{顺式}}{\begin{matrix} —CH_2 & & CH_2— \\ & C{=}C & \\ H & & H \end{matrix}} \qquad \underset{\text{反式}}{\begin{matrix} —CH_2 & & H \\ & C{=}C & \\ H & & CH_2— \end{matrix}}$$

由于空间位阻的影响一般以反式结构为主，但聚合温度上升，顺式结构含量增加。如丁二烯在−20℃聚合时，反式与顺式结构的比例为 78∶22；而在 100℃下，则这一比例变为 52∶48。

3.4 链终止、链转移反应

链增长反应不能无限地进行，链增长活性中心自由基的孤电子可通过彼此配对成键或转移到其他分子上失活（变为死链），生成稳定的大分子，相应的过程便是链终止和链转移反应。

3.4.1 链终止反应

增长链自由基活性高，有相互作用而终止即双基终止的倾向。终止方式有偶合终止和歧化终止两种。

两个链自由基的孤电子相互结合成共价键的终止方式称为偶合终止：

$$\sim\!\sim CH_2\underset{\underset{X}{|}}{C}H^{\bullet} + {}^{\bullet}\underset{\underset{X}{|}}{C}HCH_2\sim\!\sim \longrightarrow \sim\!\sim CH_2\underset{\underset{X}{|}}{C}H—\underset{\underset{X}{|}}{C}HCH_2\sim\!\sim$$

偶合终止的结果，使生成大分子的聚合度为两个链自由基聚合度之和，从统计学角度出发，就是平均聚合度加倍。若用引发剂引发并且无链转移反应时，偶合终止生成的大分子两端都带有引发剂的残基。

一个链自由基夺取另一个链自由基的原子（多数是 β-氢原子）的终止方式，则称为歧化终止：

$$\sim\!\sim CH_2\underset{\underset{X}{|}}{C}H^{\bullet} + {}^{\bullet}\underset{\underset{X}{|}}{C}HCH_2\sim\!\sim \longrightarrow \sim\!\sim CH_2\underset{\underset{X}{|}}{C}H_2 + H\underset{\underset{X}{|}}{C}{=}CH\sim\!\sim$$

其结果是生成两个分别为饱和端基和不饱和端基的大分子。大分子的聚合度与链自由基的聚合度相等，无链转移时每个大分子链带有一个引发剂残基。

对于自由基聚合而言，往往是两种终止方式共存，但是单体种类和反应条件（主要是温度）对终止方式有影响，见表 3-8。

表 3-8 自由基聚合终止方式

单体	聚合温度/℃	偶合终止/%	歧化终止/%
苯乙烯	0～60	100	0
对氯苯乙烯	60～80	100	0
丙烯腈	60	92	8
对甲氧基苯乙烯	60	81	19
	80	53	47
甲基丙烯酸甲酯	25	32	68
	60	15	85

表 3-8 的结果显示，常见一取代乙烯基单体如苯乙烯、丙烯腈等的链自由基以双基偶合

终止为主；而1,1-二取代乙烯基单体如甲基丙烯酸甲酯等的链自由基由于两个取代基的立体障碍难于双基结合，歧化终止占优势。对于同一种单体，聚合温度升高，歧化终止比例上升，这是由于歧化终止的活化能高于偶合终止。

除了链自由基之间通过偶合或歧化终止之外，链自由基还可能与初级自由基发生双基终止。工业生产时，活性链也可被反应器壁金属自由电子终止。

链终止和链增长是一对竞争反应，前者是链自由基与链自由基的双基终止，后者是链自由基与单体的加成反应。二者的活化能都较低，反应速率均很快。但相比之下，链终止活化能更低：链增长活化能约为20～34kJ/mol，链终止活化能约为8～21kJ/mol。因此，链终止速率常数远大于链增长速率常数［分别为10^6～10^8L/(mol・s)和10^2～10^4L/(mol・s)］。但在自由基聚合体系中，链自由基浓度很低，约为10^{-9}～10^{-7}mol/L，远远小于单体浓度（一般约为1mol/L)。这样综合考虑速率常数与反应物浓度，链增长速率较链终止速率还是要高三个数量级。因此，不会出现自由基来不及与单体进行链增长就发生链终止，而不能形成长链自由基和聚合物的情况。

3.4.2 链转移反应

链自由基除了以上介绍的双基终止方式以外，还可以与反应体系中的其他物质（可以是单体、溶剂和引发剂等，以YS表示）反应，夺取一原子Y而自身终止，另产生一个新自由基S・，该过程便是链转移反应：

$$\sim\sim CH_2\underset{X}{\underset{|}{C}}H^{\bullet} + YS \longrightarrow \sim\sim CH_2\underset{X}{\underset{|}{C}}HY + S^{\bullet}$$

SY可以是单体、引发剂、溶剂、大分子或特殊的链转移剂等。

链转移反应的结果，使增长着的链自由基终止生成稳定的大分子，但它与链终止反应不同，链转移反应还同时生成一个新的自由基，该自由基可继续引发单体聚合，导致新的链增长反应，即动力学链未被终止。

链转移对聚合速率的影响不确定，与再生出的自由基活性有关。如果新自由基活性和原自由基的相同，则链转移对聚合速率没有影响，在动力学研究中，一般是针对此种情况。当然，如新自由基的活性减弱，则再引发减慢，聚合速率相应减慢，出现缓聚甚至阻聚现象。

链转移使原来的链自由基终止，产物聚合度因而减小。链转移反应对分子量的影响非常重要，有时会向我们所不希望的方向变化，但也可应用链转移反应的原理来控制分子量，相关内容将在下面聚合产物聚合度一节讨论。

3.4.2.1 向单体链转移

增长着的链自由基可向单体分子发生链转移，过程涉及氢原子的转移。一种方式是氢原子由链自由基转移给单体：

$$\sim\sim CH_2\underset{X}{\underset{|}{\dot{C}}}H + CH_2{=}\underset{X}{\underset{|}{C}}H \longrightarrow \sim\sim CH{=}\underset{X}{\underset{|}{C}}H + CH_3{-}\underset{X}{\underset{|}{\dot{C}}}H$$

另一种方式是氢原子由单体转移给链自由基：

$$\sim\sim CH_2\underset{X}{\underset{|}{\dot{C}}}H + CH_2{=}\underset{X}{\underset{|}{C}}H \longrightarrow \sim\sim CH_2\underset{X}{\underset{|}{C}}H_2 + CH_2{=}\underset{X}{\underset{|}{C}}^{\bullet}$$

从活化能看第一种方式比第二种有利，因此以第一种方式的链转移为主。

3.4.2.2 向引发剂链转移

链自由基向引发剂分子发生链转移，实际上就是前面所介绍的诱导分解，以BPO为例：

$$\sim\sim CH_2\dot{C}H(X) + C_6H_5-\overset{O}{\overset{\|}{C}}-O-O-\overset{O}{\overset{\|}{C}}-C_6H_5 \longrightarrow \sim\sim CH_2-CH(X)-O-\overset{O}{\overset{\|}{C}}-C_6H_5 + C_6H_5-\overset{O}{\overset{\|}{C}}-O^{\bullet}$$

3.4.2.3　向溶剂分子链转移

单体在溶剂中聚合时，溶剂分子中的活泼氢或卤原子等可转移给链自由基，从而使自由基活性中心转移到溶剂分子上，如：

$$\sim\sim CH_2\dot{C}H(X) + CHCl_3 \longrightarrow \sim\sim CH_2-CH_2(X) + {}^{\bullet}CCl_3$$

$$\sim\sim CH_2\dot{C}H(X) + CCl_4 \longrightarrow \sim\sim CH_2-CHCl(X) + {}^{\bullet}CCl_3$$

显然，溶剂分子中有弱键存在，且键能越小，其链转移能力越强。

3.4.2.4　向大分子链转移

链自由基还可以与体系中已“死掉”的大分子（通过链终止或链转移产生）发生链转移，这种链转移通常发生在大分子链中带有取代基的碳原子上：

$$\sim\sim CH_2\dot{C}H(X) + \sim\sim CH_2-CH(X)\sim\sim \longrightarrow \sim\sim CH_2-CH_2(X) + \sim\sim CH_2-\dot{C}(X)\sim\sim$$

新形成的链自由基可继续引发单体聚合而产生支链：

$$\sim\sim CH_2-\dot{C}(X)\sim\sim + mM \longrightarrow \sim\sim CH_2-C(X)(M_m\sim\sim)\sim\sim$$

向大分子链转移反应在低转化率时，由于大分子浓度小而可以忽略，但在高转化率下，往往是不能忽略的。有时为了避免支化大分子的生成，往往要控制转化率便是这个道理。

向大分子链转移形成的链自由基之间也可能偶合而发生交联：

$$\begin{matrix}\sim\sim CH_2-\dot{C}X\sim\sim \\ + \\ \sim\sim CH_2-\dot{C}X\sim\sim\end{matrix} \longrightarrow \begin{matrix}\sim\sim CH_2-CX\sim\sim \\ | \\ \sim\sim CH_2-CX\sim\sim\end{matrix}$$

显然，产生这种交联反应的机会一般较小，但对于可能性较大的体系，控制转化率就尤为重要。

链转移一般导致产物聚合度下降，但向大分子链转移的情况要复杂些，未必会引起聚合度的降低。因为在生成聚合度较小大分子的同时，还会产生一个比原增长链分子量大得多的支化甚至交联大分子。

3.5　自由基聚合反应动力学

聚合反应速率和产物分子量属聚合动力学研究范畴，它是高分子化学的重要研究内容之一。相关研究在理论上可以阐明聚合反应机理，并为生产实践中选择适当聚合条件，以期有效地控制聚合速率和聚合产物的质量（主要是分子量及分子量分布）提供理论依据。自由基聚合反应动力学是各类链式聚合反应中研究最为透彻的，本节着重于聚合速率的讨论，有关分子量部分将在 3.7 节专门讨论。

3.5.1　自由基聚合动力学方程

自由基聚合由链引发、链增长、链终止、链转移等基元反应组成，各个基元对聚合速率都有贡献，但在多数情况下，其中的链转移反应一般不影响聚合速率，暂不加以考虑。为了简化动力学方程处理，作如下假设：

① 链引发和链增长反应都消耗单体，但聚合产物的平均聚合度一般很大，链引发这一步所消耗的单体所占比例很小，可以忽略；

② 等活性理论，即链自由基的反应活性与其链长基本无关；

③ 稳态假设，聚合开始，体系自由基浓度增加，但很快达到一稳定值，自由基浓度保持不变。

根据假设①，聚合速率 R 近似等于链增长速率 R_p（p 表示链增长，propagation）：

$$R=-\frac{d[M]}{dt}=R_i+R_p\approx R_p$$

而在链增长过程中，链增长速率是各步增长反应速率之和：

$$RM^{\cdot}\xrightarrow[k_{p_1}]{+M}RM_2^{\cdot}\xrightarrow[k_{p_2}]{+M}RM_3^{\cdot}\xrightarrow[k_{p_3}]{+M}\cdots\xrightarrow[k_{p_n}]{+M}RM_{n+1}^{\cdot}$$

$$R_p=\sum k_{p_n}[M_n^{\cdot}][M]$$

根据假设②，各步链增长速率常数相等：

$$k_{p_1}=k_{p_2}=\cdots=k_{p_n}=k_p$$

将长短不等的自由基浓度之和以自由基浓度 $[M^{\cdot}]$表示，则链增长速率可表示为

$$R_p=k_p[M^{\cdot}][M] \tag{3-8}$$

但上式不能直接用于表达聚合速率方程，这是因为式中的自由基浓度很低，寿命很短，难以实验测定，需用稳态假设处理它。

自由基聚合的链终止为双基终止，终止总速率 R_t（t 表示链终止，termination）为偶合终止速率 R_{tc}（c 表示偶合，coupling）和歧化终止速率 R_{td}（d 表示歧化，disproportionation）之和。

偶合终止 $M_x^{\cdot}+M_y^{\cdot}\longrightarrow M_{x+y}\quad R_{tc}=2k_{tc}[M^{\cdot}]^2$

歧化终止 $M_x^{\cdot}+M_y^{\cdot}\longrightarrow M_x+M_y\quad R_{td}=2k_{td}[M^{\cdot}]^2$

终止总速率 $R_t=-\frac{d[M^{\cdot}]}{dt}=R_{tc}+R_{td}=2(k_{tc}+k_{td})[M^{\cdot}]^2$

用总终止速率常数 k_t 代表偶合终止速率常数 k_{tc} 与歧化终止速率常数 k_{td} 之和，则：

$$R_t=2k_t[M^{\cdot}]^2 \tag{3-9}$$

其中系数“2”表示终止反应同时消耗 2 个自由基。

根据稳态假设③，要保持自由基浓度恒定，则自由基的生成速率即链引发速率 R_i（i 表示链引发，initiation）与自由基的消失速率即链终止速率 R_t 相等：

$$R_i=R_t \tag{3-10}$$

联合式(3-9) 与式(3-10)，求出自由基浓度：

$$[M^{\cdot}]=\left(\frac{R_i}{2k_t}\right)^{\frac{1}{2}} \tag{3-11}$$

将式(3-11) 代入式(3-8)，即得聚合速率方程式：

$$R_p=k_p\left(\frac{R_i}{2k_t}\right)^{\frac{1}{2}}[M] \tag{3-12}$$

值得强调的是，聚合反应速率虽然只等于链增长速率 R_p，但并不是说它与链引发反应无关，因为参与链增长反应的自由基的产生与链引发反应相关。事实上，由上述聚合速率方

程式可知，聚合速率与引发速率 R_i 的平方根成正比。

式(3-12) 为一普适自由基聚合速率方程式，可用于任何引发机理的自由基聚合反应，只是在不同的引发方式下，式中的引发速率 R_i 的表达方式不同而已。在大多数情况下，自由基聚合用引发剂引发，其过程包括引发剂分解成为初级自由基和初级自由基与单体加成形成单体自由基两步：

$$\mathrm{I} \xrightarrow[\text{慢}]{k_d} 2\mathrm{R}^{\cdot}$$

$$\mathrm{R}^{\cdot} + \mathrm{M} \xrightarrow[\text{快}]{k_i} 2\mathrm{R}^{\cdot}$$

3

因为一引发剂分子分解生成两个初级自由基，所以初级自由基的生成速率为引发剂分解速率的 2 倍：

$$\frac{\mathrm{d}[\mathrm{R}^{\cdot}]}{\mathrm{d}t} = 2k_d[\mathrm{I}]$$

在上述引发过程的两步反应中，由于初级自由基与单体加成的速率远远大于引发剂的分解速率，因此引发剂分解为速率控制步骤，即引发速率由初级自由基的生成速率决定。同时考虑到由于副反应使引发剂分解生成的初级自由基不完全参与引发反应，故引入引发效率 f，这样引发速率方程就成为

$$R_i = 2fk_d[\mathrm{I}] \tag{3-13}$$

将式(3-13) 代入式(3-12)，得出由引发剂引发的自由基聚合反应速率方程：

$$R_p = k_p\left(\frac{fk_d}{k_t}\right)^{\frac{1}{2}}[\mathrm{I}]^{\frac{1}{2}}[\mathrm{M}] \tag{3-14}$$

由上式可以得出重要结论：聚合反应速率与单体浓度一次方、引发剂浓度平方根成正比。其中聚合反应速率与引发剂浓度的平方根成正比，被称为平方根定则，它源于自由基聚合特有的双基终止机理，因此可作为自由基聚合机理的判断依据。

上述自由基聚合动力学方程的正确性可以通过实验予以证明。如用 BPO 引发甲基丙烯酸甲酯（MMA）聚合时，以 $[\mathrm{BPO}]^{1/2}$ 或 $[\mathrm{MMA}]$ 对聚合速率 R_p 作图，都得到一条直线（图 3-2、图 3-3），表明聚合反应速率与单体浓度一次方、引发剂浓度平方根成正比，与理论推导吻合。这同时也说明了在进行动力学方程处理时三个基本假设（等活性理论假设、聚

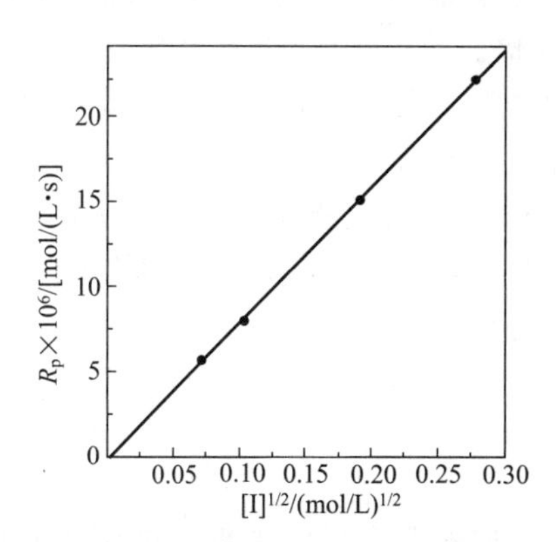

图 3-2　聚合速率 R_p 与引发剂浓度平方根 $[\mathrm{I}]^{1/2}$ 的关系

（单体：MMA；引发剂：BPO；溶剂：苯；温度：50℃）

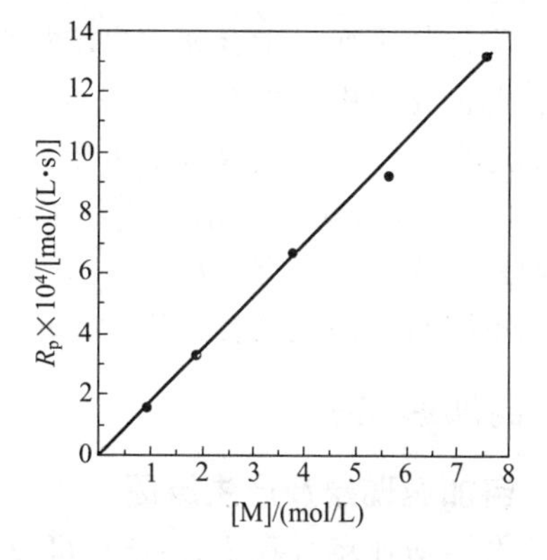

图 3-3　聚合速率 R_p 与单体浓度 [M] 的关系

（单体：MMA；引发剂：BPO；溶剂：苯；温度：50℃）

合度很大可忽略链引发的单体消耗假设和稳态假设）的正确性。实验结果还表明，上述动力学方程只适合于低转化率时（即聚合初期），因此被称为自由基聚合微观动力学方程。当转化率较高时，情况就比较复杂，有自加速现象等反常动力学行为出现，这将在本章稍后部分进行讨论。

其他的引发方式如直接光引发聚合，将相应的引发速率 R_i 方程式(3-7）代入式(3-12)，可得其速率方程：

$$R_p=k_p\left(\frac{\varepsilon I_0}{k_t}\right)^{\frac{1}{2}}[M]^{3/2} \tag{3-15}$$

3.5.2 温度对聚合速率的影响

先考虑由引发剂引发聚合的情况，将其聚合速率方程式(3-14）中速率常数部分合并定义为聚合反应的总速率常数 k：

$$k=k_p(k_d/k_t)^{1/2} \tag{3-16}$$

总速率常数 k 与温度的关系遵循 Arrhenius 方程：

$$\ln k=\ln A-E/RT \tag{3-17}$$

各基元反应速率常数 k_p、k_d、k_t 与温度的关系与上式相同。

将式(3-16）取对数：

$$\ln k=\ln k_p+1/2(\ln k_d-\ln k_t)$$

再将 k_p、k_d、k_t 与温度的 Arrhenius 关系式代入上式后得

$$\ln k=\ln[A_p(A_d/A_t)^{1/2}]-(E_p+E_d/2-E_t/2)/RT \tag{3-18}$$

比较式(3-17）和式(3-18)，得聚合反应总活化能 E：

$$E=E_p+E_d/2-E_t/2$$

引发剂分解活化能 E_d 一般为 120～150kJ/mol，链增长反应活化能 E_p=20～40kJ/mol，链终止反应活化能 E_t=8～20kJ/mol，则总活化能 E=80～90kJ/mol。总活化能大于零，表明温度升高，聚合总速率常数 k 增大，聚合反应速率也随之加快。

如果聚合温度从 T_1 升到 T_2，可由下式求出聚合速率常数的变化：

$$\ln(k_1/k_2)=E(1/T_2-1/T_1)/R$$

例如当 E=84kJ/mol 时，聚合温度从 50℃升至 60℃，k 值增加约 2.5 倍，如单体浓度和引发剂浓度保持不变，聚合速率也增加约 2.5 倍。

在聚合总活化能中，引发剂分解活化能 E_d 最大，占据主导地位。选择 E_d 低的引发剂，则可显著加速聚合，而且其效果显著于升高聚合温度。氧化-还原引发体系的分解活化能 E_d 大约只有 40～60kJ/mol，相应地 E 约为 40kJ/mol，即活化能降低一半，所以反应可在低温下进行。而对于光引发聚合，E_d=0，此时 E 仅约为 21kJ/mol，由于活化能很低，不但反应可在低温下进行，而且聚合速率对温度较不敏感。

3.5.3 自加速现象

3.5.3.1 自加速现象及产生原因

根据聚合反应速率方程式(3-14）可以预见，随着聚合反应进行，单体浓度和引发剂浓度不断降低，聚合速率应相应地不断下降。但实际上，在许多聚合反应中，当转化率达到一定值（如 15%～20%）后，聚合速率不但没有降低，反而迅速增加，这种反常的动力学行为便称为自加速现象。引起自加速现象的原因被称为自加速作用，可分为以下两种情况讨论。

(1) 高黏度聚合体系（本体聚合体系或高浓度溶液聚合体系） 随着反应的进行，转化率提高，体系黏度增加，长链自由基运动受阻而导致其扩散速率下降，链自由基的活性末端碰撞机会减少，双基终止困难，链终止速率常数 k_t 显著下降。而链增长反应是链自由基与小分子单体间的反应，黏度增加还不足于严重妨碍单体扩散，也就是说黏度增加对链增长反应的影响较小，链增长速率常数 k_p 基本保持不变。因此，聚合反应速率方程式(3-14) 中的 $k_p/k_t^{1/2}$ 项大幅度增加，聚合速率相应随之增加，即出现自加速。当然，转化率继续增加，体系黏度达到足以妨碍单体运动时，增长反应也受扩散因素影响，k_p 急剧变小，同时单体和引发剂的浓度也随之下降，因此聚合速率又趋于降低。

(2) 聚合物溶解性较差的溶液聚合体系 增长链呈卷曲构象，由于活性中心可能被增长链线团包裹，从而导致双基链终止反应难以进行，而单体能顺利扩散进入线团，链增长反应影响不显著，导致（$k_p/k_t^{1/2}$）显著增大。

自加速作用的根源在于双基终止困难，链增长反应正常进行。而只有自由基聚合才会双基终止，所以自加速现象是自由基聚合的特有现象。由于双基终止困难，链自由基的寿命延长，因此自加速作用也同时导致聚合产物分子量增加。基于此，自加速现象又被称为凝胶效应（注意不要与体型缩聚中的凝胶化概念相混）。

3.5.3.2　影响自加速现象的因素

从以上讨论已清楚，产生自加速现象的原因是体系黏度增加或增长链呈卷曲构象，双基终止困难，聚合因而加速。因此，聚合介质的性质、溶剂量、聚合温度、产物分子量等对体系黏度或增长链构象有影响的因素，都会对自加速现象产生深远的影响。

(1) 聚合物/单体溶解特性 如苯乙烯的本体聚合，由于苯乙烯单体是聚苯乙烯的良溶剂，长链自由基处于比较舒展的状态，体系黏度相对较低，双基扩散终止较容易，所以自加速现象出现的较晚，要到转化率为 30%左右时才出现。

甲基丙烯酸甲酯并不是其聚合物的良溶剂，在本体聚合时，长链自由基有一定的卷曲和包裹，同时体系黏度相对较高，所以自加速现象在较低转化率（10%～15%）以后便开始出现。

相反，丙烯腈、氯乙烯等的聚合，由于单体分别是各自聚合物的非溶剂（即沉淀剂），在聚合过程中一旦大分子链自由基生成，很快会从单体中析出，链自由基的卷曲和包裹都很大，双基终止机会大大下降，所以很容易发生自加速现象，聚合一开始就出现。

(2) 单体浓度及溶剂类型 单体在溶剂中聚合时，单体的浓度直接对体系的黏度产生影响。如图 3-4 所示的甲基丙烯酸甲酯在苯中的聚合反应，在较低单体浓度（10%～40%）下，其聚合速率与式(3-14) 预料的相符合，属于正常的动力学行为，显然是因为在此浓度下的体系黏度不足以影响链自由基的扩散而无自加速现象。当单体浓度较高如大于 60%时，出现自加速现象。且随着单体浓度增加，开始出现自加速现象时的转化率提前，即自动加速愈明显。特别是不加溶剂的本体聚合（单体浓度为 100%），自加速更剧烈。

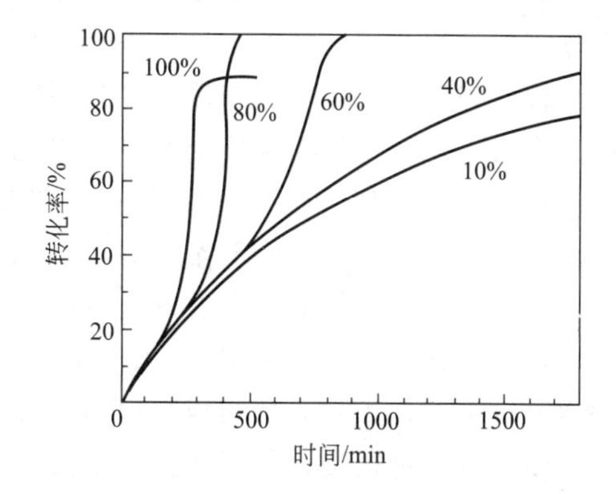

图 3-4　甲基丙烯酸甲酯在苯中聚合，单体浓度对自动加速作用的影响
[引发剂：BPO；溶剂：苯；温度：50℃（曲线上数字为单体百分含量）]

在溶液聚合时，除单体浓度外，溶剂种类（对生成的聚合物是良溶剂还是非良溶剂）对自加速现象也产生影响，其情形与上述讨论的聚合物/单体特性对自加速现象的影响类似。

(3) 其他因素 聚合温度、引发剂活性和用量、链转移反应等也是影响自加速现象的因素。聚合温度对自加速现象的影响，直接体现在温度对聚合体系黏度的影响。在较低温度下聚合体系的黏度较高，因此自加速现象在较低转化率时出现。

引发剂的活性和用量、链转移反应等对聚合产物的分子量有影响，相应也影响体系的黏度，因此也影响自加速现象出现的迟早。如引发剂用量增加或链转移反应概率增大，都会使产物分子量下降，从而推迟自加速现象的发生。

3.5.4 聚合过程速率变化类型

微观动力学方程只限于低转化率即在自加速现象出现之前，而实验室制备和工业生产所感兴趣的却是聚合全过程。聚合整个过程的速率可以看成由正常的聚合速率（动力学方程描述的速率）和自加速的聚合速率叠加而成。动力学方程决定的速率随聚合时间即转化率的增加而降低；自加速速率随转化率增加而增加，直到高转化率时减慢。二者叠加的结果使聚合速率有着复杂的变化，难以用适当的函数式来描述。因此，一般常用转化率-时间曲线来直观地描述聚合速率的变化规律。自由基聚合的转化率-时间关系曲线主要以三种类型出现，如图 3-5 所示。

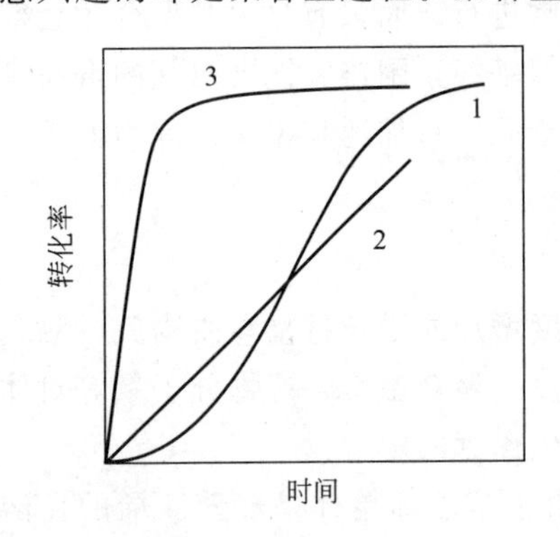

图 3-5 自由基聚合反应转化率-时间曲线

1—S 型；2—匀速聚合型；3—前快后慢型

(1) S 型 如图 3-5 中的曲线 1，整个聚合过程一般可分为聚合初期、中期、后期等几个阶段，影响各阶段速率的控制因素并不完全相同。聚合初期是聚合反应开始到转化率达到 5%～10%这段时间，此阶段聚合速率遵循式(3-14) 动力学方程，因此又被称为等速期（注意不是匀速)。随着聚合反应进行，当转化率达到 10%～20%以后，聚合速率呈急剧增加之势，原因是出现了自加速现象。加速现象可以一直延续到转化率为 50%～80%时，这阶段称聚合中期，又称加速期。以后随着单体和引发剂不断消耗，聚合速率转慢，进入聚合后期。甲基丙烯酸甲酯、苯乙烯、氯乙烯等常见单体的自由基聚合反应的转化率-时间曲线往往呈 S 型。

(2) 匀速聚合型 如果选择半衰期适当的引发剂，使正常的聚合速率衰减与自加速过程的速率增加正好相互抵消，则有可能出现匀速聚合反应，如图 3-5 中的直线 2。如在工业上氯乙烯悬浮聚合时，选用半衰期为 2h 左右的引发剂，基本上可以实现匀速聚合。从生产过程控制的角度上讲，工业上希望尽可能地做到匀速聚合。如果在选择引发剂时发生困难，还可考虑将高活性与低活性引发剂配合使用，以达到匀速聚合的效果。

(3) 前快后慢型 如图 3-5 中的曲线 3，当选用特高活性的引发剂时，聚合初期引发剂快速分解消耗，产生大量初级自由基引发聚合，聚合速率很快，其后由于引发剂残留浓度很低，使聚合变得很慢，甚至转化率不高时就停止了聚合。从控制反应过程的角度看，这种情况是不利的。解决的方法是可以将引发剂分批加入。

3.5.5 聚合反应速率测定的一般方法

聚合速率 R_p 即单位时间内单体的消耗量，可通过测定单体的转化率而获得。转化率

（conversion，简称 C）定义为：

$$C=([M]_0-[M])/[M]_0$$

式中，$[M]_0$为单体起始浓度；$[M]$ 为聚合至时间 t 时残余单体浓度。聚合速率与转化率 C 关系如下：

$$R_p=-d[M]/dt=[M]_0 dC/dt$$

将测得的转化率 C 与时间 t 作图，得到转化率-时间曲线。在曲线上任何一点作切线，其斜率 dC/dt 乘以 $[M]_0$便为该时刻的聚合反应速率 R_p（图 3-6）。

转化率的实验测定方法很多，归纳起来有两类：直接法和间接法。直接法包括重量法、色谱法和化学分析法或光谱分析法等。重量法是聚合进行到一定时间后，取出一定量的反应物，将之过滤（适用于沉淀聚合）或加入沉淀剂沉淀聚合物或真空干燥除掉溶剂和未反应掉的单体，得到的聚合物经洗涤干燥后称重，计算转化率。色谱法则可用气相色谱（适用于易气化的单体）或液相色谱测量聚合过程中单体浓度的变化。化学分析法如用溴滴定未反应的烯烃单体双键的含量。光谱分析法则可通过紫外光谱、红外光谱、核磁共振等手段测定单体的特征吸收峰强度在聚合过程中的变化来给出单体浓度的变化[15]。

间接法是利用单体和聚合物的一些物理常数如密度、折光指数等在聚合过程中的变化来求出单体转化率，其中应用最广泛的是膨胀计法。单体分子之间以范德华力相互吸引，分子间距较远，密度较小。聚合后，单体单元通过共价键相连形成聚合物，间距缩小，密度增大。因此随着聚合反应的进行，聚合体系的体积不断收缩。如本体聚合，当聚合完全时收缩可达 10%～30%。实验证明，转化率 C 与体积收缩 ΔV 成正比，因此

$$C=\Delta V/\Delta V_\infty \tag{3-19}$$

式中，ΔV 为反应时间 t 时的体积收缩；ΔV_∞ 为单体 100%转化为聚合物时的体积收缩，即为单体起始体积 V_m 与生成的聚合物体积 V_p之差。设单体和聚合物在聚合温度下的密度分别为 d_m和 d_p，则

$$\Delta V_\infty=V_m-V_p=V_m-(d_m/d_p)V_m=(1-d_m/d_p)V_m \tag{3-20}$$

由式(3-19) 和式(3-20) 可得

$$C=\Delta V/[V_m(1-d_m/d_p)] \tag{3-21}$$

因此，将含定量引发剂的单体加入已经校准的膨胀计（图 3-7）中至一定刻度，在一定温度下进行聚合反应，每隔一段时间记录体积收缩值 ΔV（由膨胀计上带刻度的毛细管中液体下降的高度测得），由式(3-21) 便可求出不同时刻的转化率。

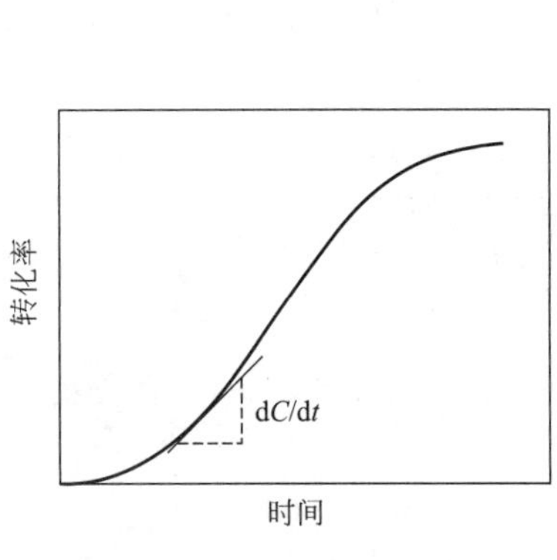

图 3-6　转化率-时间曲线

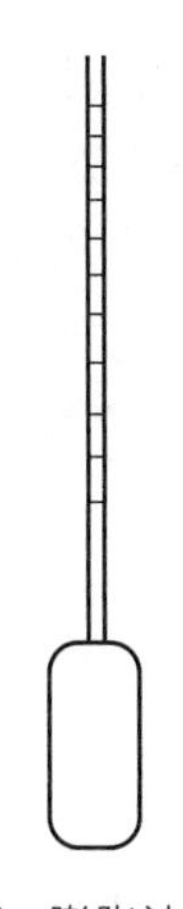

图 3-7　膨胀计示意图

3.6 阻聚与缓聚

3.6.1 阻聚与缓聚作用

某些物质对自由基聚合有抑制作用，这些物质能与自由基（包括初级自由基和链自由基）反应，使其成为非自由基或反应性太低而不能增长的自由基即稳定的自由基。根据对聚合反应的抑制程度，可将这类物质分成阻聚剂和缓聚剂。阻聚剂能完全终止自由基而使聚合反应完全停止；而缓聚剂则只使部分自由基失活或使自由基活性衰减，从而使聚合速率下降。阻聚剂和缓聚剂在作用机制上不存在本质区别，只是作用程度不同而已。有时候阻聚和缓聚效果兼有，两者难以区别。

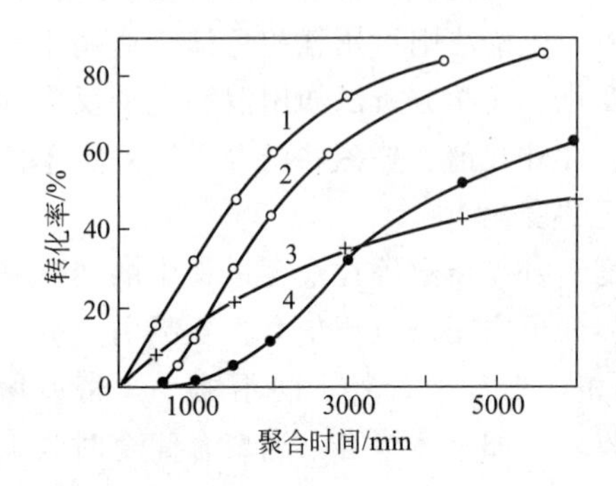

图 3-8 苯乙烯 100℃热聚合时阻聚与缓聚作用

1—无阻聚剂；2—0.1%苯醌；3—0.5%硝基苯；4—0.2%亚硝基苯

图 3-8 为苯乙烯热聚合时阻聚与缓聚的情况[16]。加入典型阻聚剂苯醌后，它消耗了引发剂分解的初级自由基而不引发链增长反应，在一段时间内观察到的聚合速率为零，出现所谓诱导期（曲线 2）。苯醌耗尽后，聚合反应才开始，聚合速率与无添加阻聚剂的纯苯乙烯热聚合（曲线 1）基本相同。可以想象，诱导期的长短与所加阻聚剂苯醌的量成正比。硝基苯是一种缓聚剂，它的加入使聚合速率显著下降，但因没完全停止反应而无诱导期（曲线 3）。而亚硝基苯的加入，先出现一诱导期，诱导期后聚合速率也降低，因而它兼有阻聚和缓聚的作用（曲线 4）。

烯烃单体如苯乙烯、甲基丙烯酸甲酯等在储存和精馏过程中，需加入适量阻聚剂（常用的是对苯二酚）以防止其自聚。而在聚合前，通常要除去所加的阻聚剂，或适当增加引发剂用量来补偿。在进行理论研究时，为获得良好的实验重现性，需对单体精心纯化，因为单体中的杂质可能起阻聚或缓聚作用。

在聚合过程中如需控制一定转化率，可加入阻聚剂及时终止反应。由此可见，阻聚剂的性质与引发剂相反，但其作用也非常重要。

3.6.2 阻聚剂的种类及其阻聚机理

3.6.2.1 分子型阻聚剂

苯醌、硝基苯类、芳胺、酚类等属于分子型阻聚剂，是广泛使用的阻聚剂，表 3-9 给出了这类阻聚剂常用的品种。

表 3-9 常用分子型阻聚剂

阻聚剂类型	品种
苯醌	对二苯醌、邻二苯醌
硝基化合物	硝基苯、多硝基苯、2,4-二硝基氯苯
芳香胺	NHC_6H_5（β-苯基萘胺）

续表

阻聚剂类型	品种
酚	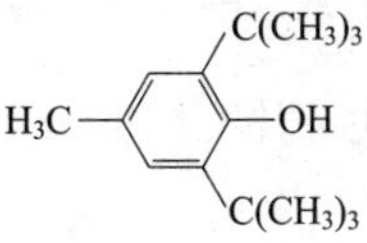 $C(CH_3)_3$, H_3C—, —OH, $C(CH_3)_3$（抗氧剂 264）、对苯二酚

对于分子型阻聚剂，目前尚无普适的自由基阻聚机理。最常用的苯醌类阻聚剂的阻聚机理就相当复杂，链自由基可与对二苯醌上的碳或氧原子反应。若对氧进攻：

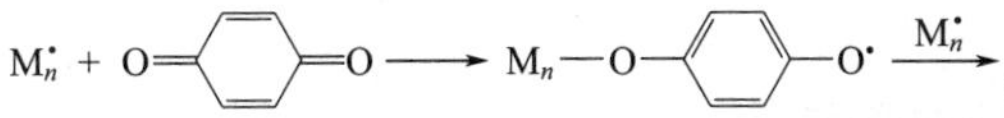

$M_n^{\cdot}$ + O═⟨⟩═O ⟶ M_n—O—⟨⟩—O$^{\cdot}$ $\xrightarrow{M_n^{\cdot}}$ 偶合或歧化终止

若对碳原子进攻：

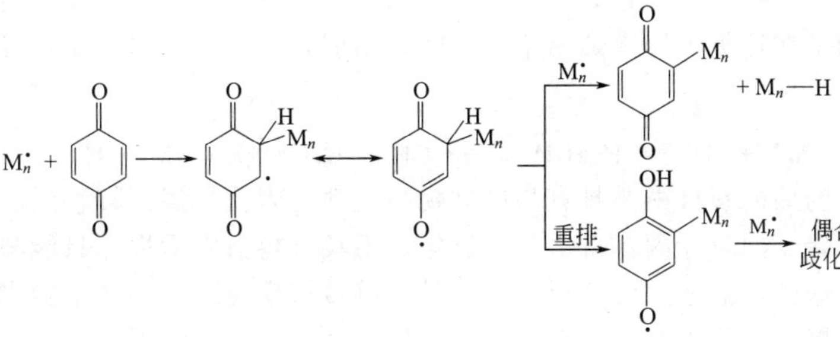

$M_n^{\cdot}$ + O, O ⟶ O, H, M_n, O ⟷ O, H, M_n, O$^{\cdot}$ ⟶ $\xrightarrow{M_n^{\cdot}}$ O, M_n, O + M_n—H；$\xrightarrow{重排}$ OH, M_n, O$^{\cdot}$ $\xrightarrow{M_n^{\cdot}}$ 偶合或歧化终止

对苯二酚在微量杂质氧的存在下，极易氧化成苯醌而具阻聚作用，也是一种常用的阻聚剂。阻碍酚则是另一种阻聚机理：

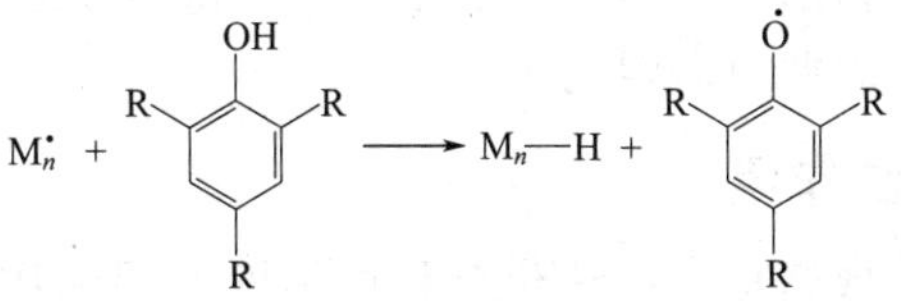

$M_n^{\cdot}$ + OH, R, R, R ⟶ M_n—H + O$^{\cdot}$, R, R, R

即链自由基向阻碍酚发生链转移而失活，生成的新芳氧自由基由于空阻原因，而不具有引发单体的活性，只能与另一自由基偶合而终止。阻碍酚同时也是常用的抗氧剂，其原理是及时消灭由氧化形成的自由基。

3.6.2.2　稳定自由基阻聚剂

一些化合物如 2,2-二苯基-2,4,6-三硝基苯肼自由基（DPPH）、2,2,6,6-四甲基-1-哌啶氧自由基（TEMPO）等，它们均含有氮或氧自由基，非常稳定，在室温下可长期保存。

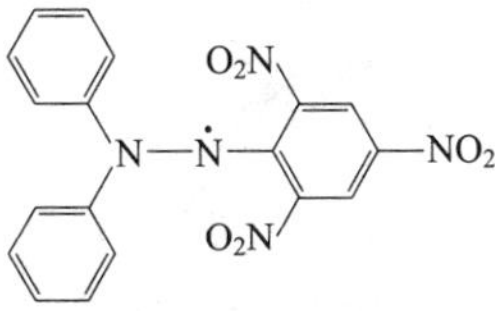

O_2N, N—$\dot{N}$—, —NO_2, O_2N　　H_3C, H_3C, N, CH_3, CH_3, O$^{\cdot}$

DPPH 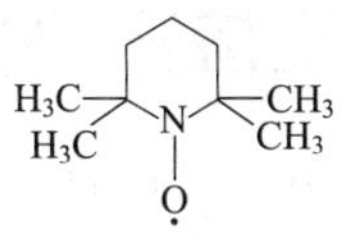　　TEMPO

这类稳定的自由基不具有引发活性，但与初级自由基或链自由基具有极高的反应活性，使它们失活而阻止聚合。如 DPPH 浓度在 10^{-4} mol/L 时，即可有效地阻止苯乙烯、甲基丙烯酸甲酯、乙酸乙烯酯等烯类单体的聚合，故有自由基捕捉剂之称。DPPH 与自由基的反应式如下：

$$R^{\cdot} + (C_6H_5)_2N-\dot{N}-C_6H_2(NO_2)_3 \longrightarrow (C_6H_5)(R-C_6H_4)N-NH-C_6H_2(NO_2)_3$$

上反应可定量进行，因此可用来测定引发剂的分解方式及分解速率。

3.6.2.3 金属盐氧化剂

$FeCl_3$、$CuCl_2$ 等金属盐氧化剂是强阻聚剂，它们是通过氧化-还原反应来终止自由基的，例如 $FeCl_3$：

$$\sim\sim CH_2\dot{C}HX + FeCl_3 \longrightarrow \sim\sim CH_2CHXCl + FeCl_2$$

$$\sim\sim CH_2\dot{C}HX + FeCl_3 \longrightarrow \sim\sim CH{=}CHX + FeCl_2 + HCl$$

3.6.3 烯丙基单体的自阻聚作用

烯丙基单体 $CH_2{=}CH{-}CH_2Y$ 在进行聚合反应时，不但聚合速率慢，而且往往只能得到低聚体。其原因是在这类单体中烯丙基 C－H 键很弱，链自由基易向单体发生链转移，其过程如下：

$$M_n^{\cdot} + CH_2{=}CH{-}CH_2Y \longrightarrow CH_2{=}CH{-}\dot{C}HY + M_n{-}H$$

由于链转移后生成的烯丙基自由基具有高度共轭稳定性，因此上述链转移反应很易发生，使产物分子量剧烈下降。同时烯丙基自由基很稳定，不具有再引发活性，只能与链自由基或本身发生双基终止。这样，上述反应从形式上看是一链转移反应，但其效果相当于一加阻聚剂的终止反应，而阻聚剂是单体本身，因此被称为烯丙基单体的自阻聚作用。

常见的烯丙基自阻聚单体有丙烯、乙酸烯丙酯等。而甲基丙烯酸甲酯、甲基丙烯腈等单体也存在烯丙基 C—H 键，但自阻聚作用不明显。原因是酯基和腈基对自由基具有共轭稳定作用，降低了链自由基的转移活性，但却增加了单体的链增长活性，从而使链增长与链转移这对竞争反应中前者占优，因此可获得高聚物。

3.6.4 氧的阻聚和引发作用

氧对自由基聚合反应呈现两重性，在相对较低温度（如＜100℃）下聚合时，氧极易与链自由基加成生成无再引发活性的过氧自由基，它只能与链自由基或本身发生双基终止，起阻聚作用：

$$M_n^{\cdot} + O_2 \longrightarrow M_n{-}OO^{\cdot} \xrightarrow{M_n^{\cdot}} M_n{-}OO{-}M_n$$

由于以上阻聚作用，聚合前往往需要先除氧，或在惰性气氛（如氮气）下进行聚合反应。但在高温时，由上式生成的过氧化物却能分解产生具有引发活性的活泼自由基 $M_nO^{\cdot}$，表现出引发剂的作用。工业上便是利用氧的这一特性，在高温聚合时用它作引发剂。

3.7 自由基聚合反应产物的分子量

前面几节我们讨论了自由基聚合的反应机理（基元反应）和聚合动力学，本节则讨论另一个非常重要的问题——聚合产物的分子量。分子量是表征聚合产物的一个重要指标，它直接影响聚合物作为材料使用的性能。在自由基聚合反应中，影响聚合反应速率的因素诸如单体浓度、引发剂浓度和温度等往往对聚合产物分子量也产生影响。

3.7.1 动力学链长及其与聚合度的关系

动力学链长是一学术概念，它之所以被提出是因为它可以作为一桥梁，将聚合产物分子量与聚合速率联系起来。所谓动力学链长（ν）是指平均每一个活性中心（自由基）从产生（引发）到消失（终止）所消耗的单体分子数。显然，消耗的单体聚合生成大分子链，因此动力学链长与分子量相关。根据动力学链长的定义，它等于链增长速率和引发速率之比，而稳态时，引发速率与终止速率相等，故

$$\nu=\frac{R_p}{R_i}=\frac{R_p}{R_t}$$

将 $R_p=k_p[M][M\cdot]$，$R_t=2k_t[M\cdot]^2$ 代入上式，并作简单变换得到

$$\nu=\frac{k_p^2[M]^2}{2k_tR_p}$$

由引发剂引发时，将式(3-14) 聚合速率方程代入上式得

$$\nu=\frac{k_p}{2(fk_dk_t)^{1/2}}\times\frac{[M]}{[I]^{1/2}} \tag{3-22}$$

上式表明，动力学链长与单体浓度成正比，与引发剂浓度的平方根成反比。其中，引发剂浓度对动力学链长和对聚合速率的影响方向正好相反，引发剂浓度增加，聚合速率增加，但动力学链长减小，即分子量下降。这一结论具有重要的实际意义，在自由基聚合中，任何通过增加引发剂或自由基浓度来提高聚合速率的措施，往往以降低产物分子量为代价。当然动力学链长或聚合度还与温度有关，这是因为式(3-22) 中表征动力学链长或聚合度的综合速率常数 $k_p/(k_dk_t)^{1/2}$ 是温度的函数。研究表明，引发剂引发或热引发时，温度升高，聚合度下降，与温度对聚合速率的影响方向相反。光引发或辐射引发聚合时，温度对聚合度影响甚微。

在无链转移反应时，动力学链长与聚合度的关系根据双基终止方式，分为以下几种情况：

歧化终止时　$\overline{X}_n=\nu$

偶合终止时　$\overline{X}_n=2\nu$

歧化和偶合终止同时存在时，可按比例计算。设体系中有 n 条增长链，偶合终止的分数为 a，歧化终止的分数则为 $1-a$。偶合终止生成的大分子两端都带有引发剂残基，而歧化终止时每个大分子只带有一个引发剂残基。因此，偶合终止导致 na 个引发剂残基和 $na/2$ 条大分子生成；歧化终止导致 $n(1-a)$ 个引发剂残基和 $n(1-a)$ 条大分子生成。则平均每条大分子所带的引发剂残基数目 b 为

$$b=\frac{an+(1-a)n}{an/2+(1-a)n}=\frac{2}{2-a}$$

因此，兼有歧化和偶合两种方式终止时，聚合度与动力学链长的关系是

$$\overline{X}_n=b\nu=\frac{2\nu}{2-a}$$

3.7.2　链转移对聚合度的影响

当存在着链转移反应时，每进行一次链转移，原有的链自由基消失形成一条大分子，但同时却产生一个新的自由基，它又继续引发单体聚合产生一条新的链自由基，即动力学链尚未终止，直至由双基终止导致链自由基真正“死掉”为止。因此，链转移反应不影响动力学链长的大小，但却使聚合度下降。研究聚合度时，除考虑链终止外，还须考虑链转移。

按定义，平均聚合度等于单体消耗速率与大分子生成速率之比。单体消耗速率等于链增长速率，大分子生成速率包括链终止速率与链转移速率两部分。

$$\overline{X}_n=\frac{\text{单体消耗速率}}{\text{大分子生成速率}}=\frac{R_p}{R_{td}+\frac{1}{2}R_{tc}+\sum R_{tr}} \tag{3-23}$$

式中，R_{td}、R_{tc}、R_{tr}分别表示歧化终止速率、偶合终止速率和链转移速率（tr 表示链转移，transfer）。偶合终止速率 R_{tc}前有一系数 1/2，是因为偶合终止时两条链自由基结合生成一条大分子。

在 3.4.2 节已讨论了各种链转移反应，其中比较常见且对聚合度影响较大的是活性链向单体、引发剂、溶剂等小分子物质的转移。向单体（M）、引发剂（I）和溶剂（S）转移反应的速率方程分别为

$$M_x^{\cdot}+M\xrightarrow{k_{tr,M}}M_x+M^{\cdot}\qquad R_{tr,M}=k_{tr,M}[M^{\cdot}][M]$$

$$M_x^{\cdot}+I\xrightarrow{k_{tr,I}}M_x+R^{\cdot}\qquad R_{tr,I}=k_{tr,I}[M^{\cdot}][I]$$

$$M_x^{\cdot}+S\xrightarrow{k_{tr,S}}M_x+S^{\cdot}\qquad R_{tr,S}=k_{tr,S}[M^{\cdot}][S]$$

式中，$R_{tr,M}$和 $k_{tr,M}$分别为向单体链转移反应的速率和速率常数，其他符号意义类推。将以上各种链转移反应速率方程代入式(3-23)，并转换成倒数形式：

$$\frac{1}{\overline{X}_n}=\frac{R_{td}+\frac{1}{2}R_{tc}}{R_p}+\frac{k_{tr,M}}{k_p}+\frac{k_{tr,I}}{k_p}\times\frac{[I]}{[M]}+\frac{k_{tr,S}}{k_p}\times\frac{[S]}{[M]} \tag{3-24}$$

又将链转移速率常数与链增长速率常数之比定义为链转移常数 C，它代表这两种反应的竞争力，反映某一物质的链转移能力。则向单体、引发剂和溶剂的链转移常数 C_M、C_I和 C_S可分别表示为

$$C_M=\frac{k_{tr,M}}{k_p}\qquad C_I=\frac{k_{tr,I}}{k_p}\qquad C_S=\frac{k_{tr,S}}{k_p}$$

代入式(3-24) 得

$$\frac{1}{\overline{X}_n}=\frac{R_{td}+\frac{1}{2}R_{tc}}{R_p}+C_M+C_I\frac{[I]}{[M]}+C_S\frac{[S]}{[M]} \tag{3-25}$$

当只有歧化终止时（$R_{tc}=0$，如甲基丙烯酸甲酯自由基聚合）：

$$\frac{1}{\overline{X}_n}=\frac{1}{\nu}+C_M+C_I\frac{[I]}{[M]}+C_S\frac{[S]}{[M]} \tag{3-26}$$

当只有偶合终止时（$R_{td}=0$，如苯乙烯自由基聚合）：

$$\frac{1}{\overline{X}_n}=\frac{1}{2\nu}+C_M+C_I\frac{[I]}{[M]}+C_S\frac{[S]}{[M]} \tag{3-27}$$

以上两式就是链转移反应对聚合度影响的定量关系式，右边四项依次为链终止、向单体链转移、向引发剂链转移、向溶剂链转移对聚合度的贡献，由于是倒数关系，实际上是对聚合度的负贡献。对于某一特定的体系，并不一定包括以上全部四项，下面分别予以讨论。为讨论方便起见，只考虑歧化终止的情形［式(3-26)］。

3.7.2.1 向单体链转移的影响

对于本体聚合，体系中无溶剂，所以式(3-26) 中第四项为零。若使用的引发剂 C_I值很小（如 AIBN，不发生诱导分解链转移）或引发剂浓度很低，第三项也可以忽略不计，体系可近似地看成只发生向单体链转移，式(3-26) 则简化成

$$\frac{1}{\overline{X}_n}=\frac{1}{\nu}+C_M \tag{3-28}$$

此时，聚合度与反映向单体链转移能力大小的链转移常数 C_M 有关。

链转移常数 C_M（或链转移能力）主要决定于单体本身的结构，并随聚合温度的不同而改变。单体上带有的键合力较小的原子，如氯原子、叔氢原子等，容易被自由基夺取而发生链转移。一般情况下，链转移的活化能大于链增长的活化能，所以 C_M 值随温度的上升而增加，表 3-10 列出了一些单体在不同温度下的链转移常数。

表 3-10　一些单体的链转移常数（$C_M \times 10^4$）与温度的关系

单体	温度/℃			
	30	50	60	80
甲基丙烯酸甲酯	0.12	0.15	0.18	0.4
丙烯腈	0.15	0.27	0.30	
苯乙烯	0.32	0.62	0.85	
乙酸乙烯酯		1.29	1.91	
氯乙烯	6.25	13.5	20.2	

表 3-10 结果还显示，多数单体如甲基丙烯酸甲酯、丙烯腈、苯乙烯等的链转移常数较小，约为 10^{-5}～10^{-4}，对聚合度无明显影响，向单体链转移对聚合度的影响可以忽略。但也有一些单体如乙酸乙烯酯、氯乙烯等链转移常数较大。特别是氯乙烯，C_M 达 10^{-3}。这是因为氯乙烯分子上的 C—Cl 键结合较弱，氯原子很易被夺取而发生转移，以致向单体的链转移速率远远超过链终止速率（$R_{tr,M} \gg R_t$）。此时，聚氯乙烯聚合度主要决定于向单体的链转移反应：

$$\overline{X}_n=\frac{R_p}{R_t+R_{tr,M}}\approx\frac{R_p}{R_{tr,M}}=\frac{1}{C_M} \tag{3-29}$$

或者说，在式(3-26) 中，C_M 已大到使右边第一项也可以忽略的程度，结果也如式(3-29)。由于链转移常数 C_M 是温度的函数，也就是说，此时产物的聚合度仅与温度有关，而与引发剂浓度和单体浓度等基本无关。这样，可以通过调节温度来控制聚合度，而聚合速率则由引发剂用量来调节。

3.7.2.2　向引发剂链转移的影响

链自由基向引发剂的链转移反应，实际就是在 3.2 节已讨论的引发剂诱导分解。它不但影响引发剂的引发效率，而且也可能影响聚合产物的聚合度。但一般情况下引发剂浓度相对于单体浓度很小（[I]/[M] 约为 10^{-5}～10^{-3}），C_I 也不大（不超过 10^{-2}），则二者乘积 C_I[I]/[M] 值更小（10^{-7}～10^{-5}），所以向引发剂链转移对产物聚合度的影响可以忽略不计。但要注意的是，此时不能说引发剂对聚合度无影响，因为除了链转移反应之外，引发剂浓度对链终止部分即动力学链长［式(3-26) 第一项］有影响。

3.7.2.3　向溶剂链转移的影响

当聚合反应在溶剂存在下进行时，向溶剂链转移对分子量影响明显。将式(3-26) 右边前三项合并即无溶剂（本体聚合）聚合度 $(\overline{X}_n)_0$ 的倒数：

$$\frac{1}{\overline{X}_n}=\frac{1}{(\overline{X}_n)_0}+C_S\frac{[S]}{[M]} \tag{3-30}$$

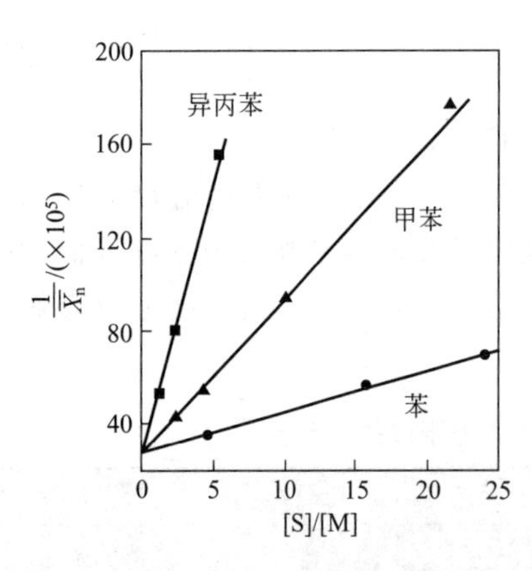

图 3-9 溶剂对聚苯乙烯聚合度的影响（100℃热聚合）

实验测定不同［S］/［M］比值下聚合产物的聚合度，以 $1/\overline{X}_n$ 对［S］/［M］作图，可得一条直线，其斜率即为溶剂链转移常数 C_S。这种链转移常数测定方法具有普适性，不但可用于不同溶剂，还可用于其他物质如引发剂、单体等链转移常数的测定。如图 3-9 所示[17]，通过上述方法可测得在苯乙烯 100℃热聚合时，异丙苯、甲苯、苯三种芳烃溶剂的链转移常数 C_S分别为 2.27×10^{-4}、6.53×10^{-5}、2.9×10^{-5}。

由于向溶剂的链转移与链增长是一对竞争反应，那么反应主体链自由基、单体和溶剂的活性，当然还有温度，是决定链转移常数的重要因素。表 3-11 列出了不同条件（温度、单体等）下，几种溶剂的链转移常数 C_S。从表中数据可以总结出以下三点：①链转移常数 C_S随溶剂性质不同而变化较大，那些含有活泼氢或含碳-卤弱键的溶剂容易发生链转移反应，其链转移常数也较大。例如异丙苯＞乙苯＞甲苯＞苯，含有卤原子溶剂如四氯化碳、四溴化碳的链转移常数更大；②同一种溶剂用于对不同单体的聚合，其链转移常数随单体活性的增大而减小，如苯乙烯＜甲基丙烯酸甲酯＜乙酸乙烯酯。链增长和链转移是一对竞争反应，单体活性越大，生成的链自由基活性越小，更加不利于向溶剂的链转移，因此其 C_S变小；③温度升高，溶剂的链转移常数增加，这是由于链转移反应的活化能较链增长反应要高，链转移速率常数对温度增加更敏感。

表 3-11 一些溶剂的链转移常数[18]

溶剂	$C_S\times10^4$			
	苯乙烯		甲基丙烯酸甲酯	乙酸乙烯酯
	60℃	80℃	60℃	60℃
苯	0.023	0.059	0.075	1.2
甲苯	0.125	0.31	0.52	21.6
乙苯	0.67	1.08	1.35	55.2
异丙苯	0.82	1.30	1.90	89.9
环己烷	0.031	0.066	0.10	7.0
丙酮	4.1			11.7
正丁醇	1.6			20
氯代正丁烷	0.04			10
溴代正丁烷	0.06			50
碘代正丁烷	1.85			800
氯仿	3.4			150
四氯化碳	110			10700
四溴化碳	22000			39000

3.7.3 链转移剂的应用

在实际应用中，有时需要降低聚合产物的分子量。如合成橡胶，若分子量太高，则难以加工。再如一类被称为“低聚物”的聚合物，其分子量只有几千，用于制备润滑油、表面活性剂等精细化工材料。虽然提高聚合温度或增加引发剂用量可以达到降低分子量的效果，但往往同时会使聚合速率增加，甚至会达到难于控制的程度。因此，工业上通常选用适当的链转移剂来调节分子量。所谓链转移剂，是指一些链转移常数较大的物质。根据链转移剂用量，可分为两种情形。

3.7.3.1 分子量调节剂

分子量调节剂即在聚合体系中添加少量链转移常数大的物质，如脂肪族硫醇（RSH），其中以十二烷基硫醇最为常用。由于链转移能力特别强，只需少量加入便可明显降低分子量，而且还可通过调节其用量来控制分子量，因此这类链转移剂又叫分子量调节剂。

分子量调节剂用量与聚合度的定量关系式（以歧化终止为例）：

$$\frac{1}{\overline{X}_n}=\frac{1}{\nu}+C_M+C_I\frac{[I]}{[M]}+C_S\frac{[S]}{[M]}+C_S'\frac{[S']}{[M]} \tag{3-31}$$

即在式(3-26）的右边，再加上分子量调节剂对聚合度的贡献一项。式中，C_S'为分子量调节剂的链转移常数，[S′] 为其浓度。

3.7.3.2 调节聚合

所谓调节聚合是指在“活性”溶剂中进行聚合，合成极低分子量的聚合物。所谓“活性”溶剂是指链转移常数较大的溶剂，见表 3-11 中的四氯化碳、四溴化碳等。如乙烯在四氯化碳中聚合，在适当条件下可获得聚合度为 10 左右的所谓“人造石蜡”。

3.8 聚合热力学

单体聚合能力可以从热力学及动力学两方面考虑，前者决定聚合的可能性，后者决定其反应速率。一个聚合反应如果在热力学上是不允许的，那么在任何条件下都不可能发生。但要实现一个在热力学上可行的聚合反应，还依赖于动力学因素，即在给定的反应条件下，能否获得适宜的聚合反应速率，例如 α-烯烃的聚合并不存在热力学障碍，但在一般自由基或离子型引发剂作用下却难以进行，只能在 Ziegler-Natta 型引发剂作用下才能发生。

本节将从热力学的角度，分析聚合反应中的能量转化以及影响聚合反应方向和限度的主要因素。

3.8.1 聚合反应热力学特征

判断一个聚合反应在热力学上是否可行，可以从反应物（单体）转变成生成物（聚合物）的自由能变化来判断，根据热力学定律：

$$\Delta G=\Delta H-T\Delta S$$

式中，ΔG、ΔH 和 ΔS 分别是聚合时自由能、焓和熵的增量。当自由能增量 $\Delta G<0$ 时，聚合反应才有自发进行的倾向；当 $\Delta G=0$ 时，单体和聚合物处于可逆平衡状态；当 $\Delta G>0$ 时，聚合反应不能发生。因此，要使聚合反应能自动进行，必须满足热力学条件：

$$\Delta G=\Delta H-T\Delta S<0$$

在链式聚合反应中，单体的双键打开，形成聚合物的单键，为一放热过程，焓增量 ΔH 为负值，$-\Delta H$ 则被定义为一个聚合反应的聚合热。单体变成聚合物时，无序性减小，即聚合反应是一熵值变小的过程，ΔS 为负值。由此可见，从焓变的角度看是有利于聚合反应的进行，而从熵变的角度看却不利于聚合反应的进行。

表 3-12 给出在标准状态下，几种单体聚合反应的聚合热（$-\Delta H^{\ominus}$）和聚合熵（$-\Delta S^{\ominus}$）[19]。

所谓标准状态，对于单体通常是纯单体或1mol/L的溶液；对于聚合物是指非晶态或轻度结晶的纯聚合物，或一个含1mol/L单体单元的聚合物溶液。表中的数据显示，聚合热（$-\Delta H$）随单体不同变化较大，而聚合熵（$-\Delta S$）对单体结构却不太敏感，相对稳定在100～120J/(mol·K)范围内。因此，决定单体聚合倾向的主要因素在于聚合热。而且由于聚合反应的ΔH为负值，其绝对值必须大于$-T\Delta S$才能使$\Delta G<0$，即聚合在热力学上成为可能，所以聚合热越大，聚合倾向越明显。

表3-12 25℃（标准状态）下聚合热和聚合熵（以液体单体转变成无定形聚合物为例）

单体	$-\Delta H^{\ominus}$/(kJ/mol)	$-\Delta S^{\ominus}$/[J/(mol·K)]
乙烯	92	155
丙烯	84	116
1-丁烯	84	113
异丁烯	48	121
丁二烯	73	89
异戊二烯	75	101
苯乙烯	73	104
α-甲基苯乙烯	35	110
氯乙烯	72	—
偏二氯乙烯	73	89
四氟乙烯	163	112
丙烯酸	67	—
丙烯腈	77	109
乙酸乙烯酯	88	110
丙烯酸甲酯	78	—
甲基丙烯酸甲酯	56	117

3.8.2 聚合热与单体结构的关系

聚合热（$-\Delta H$）可由实验测定，通常的方法是燃烧热法。烯类单体聚合热也可由键能初步估算。C═C的键能约为610kJ/mol，C—C的键能约为347kJ/mol。烯类单体聚合是一双键转变成两个单键的过程，聚合热约为两个键能之差：

$$-\Delta H=2\times347-610=84\text{kJ/mol}$$

以上计算结果与表3-12中不少单体的聚合热（$-\Delta H$）实验值相接近，但也有一些单体的聚合热与估算值偏离较大，其原因在于单体的结构对聚合热有显著的影响。下面用图3-10直观地表示单体转化成聚合物后的能量变化即聚合热（$-\Delta H$），并分析单体结构（主要是取代基的性质）对聚合热的影响。

（1）取代基的位阻效应 带取代基的单体聚合后变成大分子，取代基之间的夹角从120°变成109°，即相对于单体而言，大分子上取代基之间的空间张力变大，使聚合物的能级提高，如图3-10所示，聚合热则变小。

（2）取代基的共轭效应 一些取代基对单体的双键具有π-π共轭或p-π共轭稳定作用，使单体能级降低，而在聚合后所形成的大分子中便不存在这种共轭稳定作用，因此单体与聚合物之间的能级差降低，聚合热也相应减少。

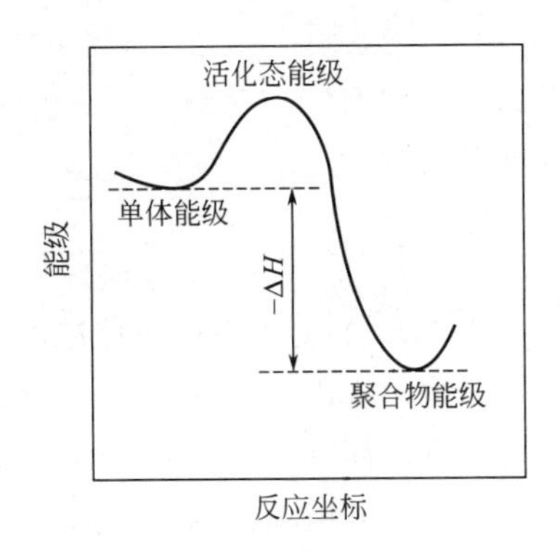

图 3-10 聚合反应能量变化

(3) 氢键和溶剂化作用 单体中若含有—COOH、—NH 等基团，它们之间可形成氢键而使单体稳定，即使单体能级下降。而在聚合物中，这种氢键稳定作用虽然也存在，但由于受到大分子链的约束而大大降低。这样净的结果是单体与聚合物的能级差变小，聚合热下降。同样的道理，溶剂化作用也使聚合热下降。

以上因素的任何一种或几种共同作用都会引起不同结构烯类单体的聚合热发生变化。如乙烯、丙烯和异丁烯的聚合热分别是 92kJ/mol、84kJ/mol 和 48kJ/mol。与乙烯相比，丙烯和异丁烯的聚合热下降是由甲基位阻效应和甲基超共轭效应的叠加而引起的。再如 α-甲基苯乙烯，由于两个取代基的位阻效应、苯环共轭效应和甲基超共轭效应的共同作用，使该单体的聚合热大大降低，仅为 35kJ/mol。而对于丙烯酸、丙烯酰胺等单体，聚合热的降低则主要是由氢键缔合对单体的稳定化作用而引起的。

某些带强电负性取代基的单体会使聚合热升高，典型的例子是四氟乙烯，聚合热高达 163kJ/mol。其原因不是十分清楚，可能是由于分子间存在偶极相互作用从而增加了聚合物的稳定性，聚合物能级下降、聚合热上升。

聚合热的大小一般也可用来粗略判断聚合物的热稳定性，单体的聚合热越大，生成的聚合物热稳定性越好，如聚四氟乙烯便是一个很好的耐热高分子；而聚合热小的 α-甲基苯乙烯，其聚合物热稳定性很差，40～50℃时就发生降解。

3.8.3 聚合上限温度

在链式聚合反应中，链增长反应及其逆反应——解聚反应是一对平衡反应：

$$M_n^{\bullet} + M \underset{k_{dp}}{\overset{k_p}{\rightleftharpoons}} M_{n+1}^{\bullet} \tag{3-32}$$

式中，k_{dp} 为解聚反应速率常数。

上述平衡的位置取决于温度，由于解聚反应活化能较链增长反应要高，因此在一般温度下，解聚反应进行得很慢，甚至可以忽略。但温度升高，解聚反应速率常数比链增长速率常数增加得更快，解聚反应变得不可忽略，且随温度的增加愈显重要。当温度升高至某一值时，链增长速率与解聚速率相等，即聚合反应实际上是不进行的（聚合物产生的净速率为零），此时的温度称为聚合上限温度 T_c（ceiling temperature）。

由式(3-32)，链增长速率 R_p 和解聚速率 R_{dp} 可表示为

$$R_p = k_p[M_n^{\bullet}][M]$$

$$R_{dp} = k_{dp}[M_{n+1}^{\bullet}]$$

平衡时，R_p 与 R_{dp} 相等，且自由基活性与链长无关，即 $[M_n^{\bullet}]=[M_{n+1}^{\bullet}]$，因此

$$k_p[M_n^{\bullet}][M] = k_{dp}[M_{n+1}^{\bullet}]$$

$$k_p[M] = k_{dp}$$

设平衡时，单体浓度 $[M]=[M]_c$，那么链增长-解聚平衡反应的平衡常数 K 为

$$K = \frac{k_p}{k_{dp}} = \frac{1}{[M]_c} \tag{3-33}$$

在非标准状态下，反应过程的自由能变化 ΔG 与平衡常数 K 的关系由反应等温式决定：

$$\Delta G=\Delta G^{\ominus}+RT\ln K \tag{3-34}$$

而 $\Delta G^{\ominus}=\Delta H^{\ominus}-T\Delta S^{\ominus}$，平衡时 $\Delta G=0$，代入式(3-34)，再结合式(3-33) 可得聚合上限温度 T_c：

$$T_c=\frac{\Delta H^{\ominus}}{\Delta S^{\ominus}+R\ln[M]_c} \tag{3-35}$$

式中，$[M]_c$为平衡单体浓度，也就是不能聚合的最低单体浓度。

从式(3-35) 可以看出，聚合上限温度 T_c是平衡单体浓度 $[M]_c$的函数。在任何一个单体浓度下，都有一个使聚合反应不能进行的上限温度 T_c；或者反过来说，在某一温度下，有一对应的平衡单体浓度或能进行聚合反应的最低极限浓度 $[M]_c$，其值由式(3-35) 确定。在标准状态下，$[M]_c=1\text{mol/L}$，则

$$T_c=\frac{\Delta H^{\ominus}}{\Delta S^{\ominus}} \tag{3-36}$$

实际上，上式也可以由 $\Delta G^{\ominus}=\Delta H^{\ominus}-T\Delta S^{\ominus}=0$ 直接导出。文献常常给出某一单体的一个 T_c值，若没有特别说明，往往是1mol/L单体或纯单体的 T_c值。

表 3-13 给出了几种单体在 25℃时的平衡单体浓度和纯单体的最高聚合温度。数据显示，在 25℃时，大多数单体如乙酸乙烯酯、丙烯酸甲酯、苯乙烯等，单体的平衡浓度 $[M]_c$很小，表明剩余单体浓度很低、聚合趋于完成。而且这些单体的聚合上限温度 T_c也较高，表明它们的聚合倾向大。但对于 α-甲基苯乙烯，25℃聚合达到平衡时，剩余单体浓度高达 2.2mol/L，或者说 2.2mol/L 的 α-甲基苯乙烯溶液在 25℃时就不能进行聚合反应，即使是纯的 α-甲基苯乙烯，其聚合上限温度 T_c也只有 61℃，因此该单体难以聚合。

表 3-13 几种单体的平衡浓度及聚合上限温度

单体	$[M]_c$(25℃)/(mol/L)	纯单体的 T_c/℃
乙酸乙烯酯	1×10^{-9}	—
丙烯酸甲酯	1×10^{-9}	—
甲基丙烯酸甲酯	1×10^{-3}	220
苯乙烯	1×10^{-6}	310
α-甲基苯乙烯	2.2	61
乙烯	—	400
丙烯	—	300
异丁烯	—	50

3.9 聚合反应的实施方法

自由基聚合反应的实施方法通常有本体聚合、悬浮聚合、溶液聚合和乳液聚合四种。虽然不少单体可以选用这四种方法中的任何一种进行聚合，但工业上每种单体只选用一种或两种方法进行聚合，其主要依据是考虑生产成本、产品的性能要求及用途等。本体聚合、溶液聚合也适合于其他链式聚合如离子型聚合及配位聚合。下面就各种聚合方法的原理和优缺点做简要介绍。

3.9.1 本体聚合

本体聚合是单体本身在不加溶剂或分散介质（常为水）的条件下，在少量引发剂或光、

热、辐射的作用下进行的聚合反应。根据需要有时还可在聚合体系中加入必要量的颜料、增塑剂、防老剂等。根据单体在聚合体系中的状态，本体聚合可有气相聚合、液相聚合及固相聚合三种，但最常见的是液相聚合法，这是因为大部分单体在聚合温度下是液体，即使是气态单体也可以通过加压液化。

在本体聚合中，如果生成的聚合物能溶于单体，如苯乙烯、甲基丙烯酸甲酯、乙酸乙烯酯等聚合体系，则体系自始至终都是均相，属于均相聚合。相反，聚合物不能溶于单体，则聚合物一旦生成便沉淀下来，属于非均相聚合，或称沉淀聚合，乙烯、氯乙烯、丙烯腈等的聚合属于这一类。

本体聚合的优点是产品纯度高，有利于制备透明和电性能好的制品，聚合设备也较简单。另外，由于单体浓度高，聚合反应速率较快、产率高。缺点是聚合体系由于无溶剂存在而黏度大，自加速现象显著，聚合热不易导出，体系温度难以控制，因此会引起局部过热甚至暴聚而影响最终聚合产物的质量，如变色、产生气泡、分子量分布宽等。为了解决聚合热的导出问题，实验室或工业上往往采用分段聚合工艺，即分预聚合和后聚合两段进行。可先在低温下预聚合，然后逐渐升高温度进行后聚合。也可相反，先在较高温度下预聚合，控制转化率在一定范围内，然后再迅速冷却，再在较低温度下缓慢聚合（后聚合）。有关工艺问题将在介绍具体聚合物品种时讨论。

3.9.2 溶液聚合

把单体和引发剂溶于适当的溶剂中，在溶液状态下进行的聚合反应称溶液聚合。这种方法也可分为均相与非均相（沉淀）聚合。前者聚合产物溶于所用溶剂，如丙烯腈在 DMF 中的聚合；后者聚合产物不溶于所用的溶剂，如丙烯腈在水中的聚合。

与本体聚合相比，此法的优点是溶剂可作为传热介质，有利于聚合热的导出，体系温度容易控制；体系黏度低，自加速现象较弱，同时也有利于物料输送；体系中聚合物浓度被溶剂稀释而变小，向聚合物链转移生成支化或交联产物的概率大大降低。缺点是体系单体浓度小，聚合速率较慢而使生产效率下降；由于使用溶剂，对人体或环境都有污染；同时产物是聚合物溶液，必然涉及聚合物分离纯化、溶剂回收等后序，增加了成本；再者由于溶剂的链转移作用，溶液聚合难以合成分子量较高的聚合物。

根据溶液聚合的特点，它适合用于生产直接使用聚合物溶液的场合，例如涂料、黏合剂、合成纤维纺丝液等。

溶液聚合时一个关键的问题是溶剂的选择，要考虑的主要问题：一是溶剂的活性，即对引发剂诱导分解的活性和与链自由基发生链转移反应的活性，尽量选择惰性溶剂；二是溶剂对聚合物的溶解性，均相聚合时选择良溶剂，沉淀聚合时则选择劣溶剂。

3.9.3 悬浮聚合

悬浮聚合是在分散剂存在下，借助搅拌把非水溶性单体分散成小液滴悬浮于水中进行的聚合反应。单体中溶有油溶性引发剂，整体看水为连续相，单体为分散相，属非均相聚合。但以一个单体小液滴为单元的话，可看成是本体聚合。其聚合机理与本体聚合相同，符合一般自由基聚合动力学规律。根据聚合物在单体中的溶解性，液滴单元的本体聚合有均相聚合、非均相聚合之分。均相聚合得到透明珠状聚合物，如聚苯乙烯、聚甲基丙烯酸甲酯，因此悬浮聚合有时被称为珠状聚合；非均相聚合如氯乙烯的悬浮聚合则得到不透明粉状聚合物。

凡能进行本体聚合的单体一般多可进行悬浮聚合，此法的优点是水做分散介质，无毒、安全，散热好，温度易控制；由于产物是珠状或粉状的固体微粒，分离、干燥等后处理方便，适宜大规模生产。主要缺点是分散剂易残留于聚合物中，而使其纯度和透明性降低。

悬浮聚合中，分散剂和搅拌是两个重要的因素，二者将单体分散成稳定的小液珠的过程如图 3-11 所示。

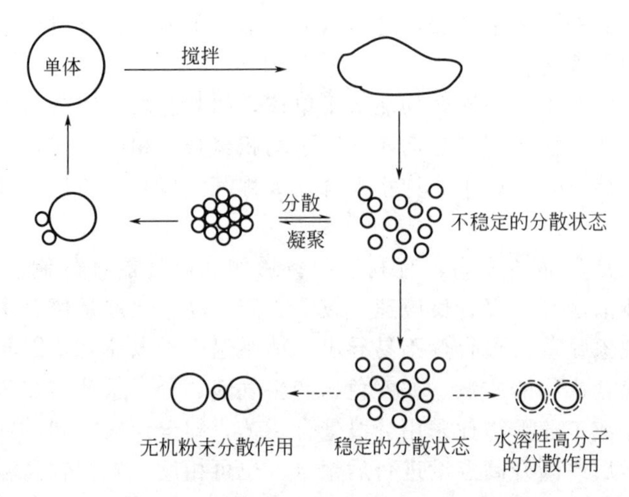

图 3-11 悬浮聚合中单体分散过程示意图

不溶于水的单体在搅拌的剪切力作用下首先分散成大液珠，受力继续分散成小液珠。但单凭搅拌形成的珠滴是不稳定的，特别是聚合进行到一定转化率后，小珠滴内因溶有聚合物而发黏，很易黏结甚至成块，此时搅拌的作用已不是分散，而是促进黏结。为了使单体呈稳定的分散状态，必须在聚合体系中加入分散剂（或悬浮剂）。分散剂主要有两大类：一类是水溶性高分子如聚乙烯醇、明胶、纤维素衍生物等，其作用机理主要是能降低界面张力而有利于单体分散，同时吸附在液滴表面，形成保护膜，提高其稳定性；另一类是不溶于水的无机粉末，如碳酸镁、碳酸钙、滑石粉、高岭土等，它们的作用机理是细粉末吸附在液滴表面，起机械隔离的作用。从上述分析可知，悬浮聚合中搅拌速度、分散剂的种类和用量是决定单体液滴大小及其分布的最重要因素，同时也决定了最终聚合物微珠的大小和均匀度。搅拌速度愈大，分散剂用量愈多，聚合物颗粒愈细。在其他条件不变时，一般通过调节搅拌速度来控制聚合物颗粒大小是最方便的。

悬浮聚合也可把水溶性单体溶于水中，再分散成小液滴悬浮于有机溶剂中进行，此时称反相悬浮聚合。

3.9.4 乳液聚合

3.9.4.1 乳液聚合的特点

乳液聚合[20]是非水溶性（或低水溶性）单体在乳化剂和搅拌的作用下，在水中形成乳状液而进行的聚合反应。显然它不同于本体聚合和溶液聚合，属于液-液非均相聚合体系。而与同是液-液非均相聚合的悬浮聚合比较，虽然都是将单体分散在水中，但二者有明显的区别：①悬浮聚合反应在单体液滴中进行，而乳液聚合则发生在乳化剂形成的胶束内，后者的粒径较前者小得多；②悬浮聚合使用油溶性引发剂，在单体相中分解，而乳液聚合使用水溶性引发剂，在水相中分解，因此乳液聚合有其独特的反应历程，机理较前面介绍的三种聚合方式要复杂得多，控制因素也不同。

乳液聚合的优点有：用水作分散介质，传热、控温容易；体系黏度与聚合物分子量及聚合物含量无关，反应后期体系黏度仍然较低，有利于搅拌、传热和物料输送，特别适合制备黏性大的橡胶类聚合物；由于特殊的反应机理（下面讨论），导致聚合速率较快，产物分子量高，且不像其他聚合方法那样，受聚合速率与产物聚合度成反比规律的限制，能在提高聚合速率的同时又不牺牲聚合产物分子量。缺点是产物含乳化剂而纯度差，除涂料、黏合剂等直接使用乳液的场合，需经破乳、洗涤、干燥等后工序，增加生产成本。

3.9.4.2 乳液聚合的基本组分

乳液聚合的基本组分是单体、分散介质、乳化剂和引发剂等。

分散介质通常是水，其用量占总体系质量的40%～70%，除了分散作用外，水还是聚合体系中其他组分如乳化剂、引发剂等的溶剂。

单体一般不溶于或微溶于水，通常占体系质量的30%～60%。常见的乳液聚合单体有苯乙烯、丁二烯、丙烯酸酯、氯乙烯、乙酸乙烯酯等。单体在水中的溶解度影响着聚合机理，苯乙烯、丁二烯难溶于水，乙酸乙烯酯水溶性较好，丙烯酸酯、氯乙烯介于其间，它们的乳液聚合机理尤其是聚合物乳胶粒子的形成过程（即成核）有所不同。对于水溶性单体如丙烯酸、丙烯酰胺等要进行乳液聚合的话，则采用有机溶剂为分散介质，相应的过程称反相乳液聚合，但不常用。

引发剂要求是水溶性的，其用量通常为单体总量的0.1%～1%。无机过氧化物（如过硫酸铵或过硫酸钾）和水溶性氧化-还原体系（如 H_2O_2/Fe^{2+}，过硫酸盐/Fe^{2+}）是应用最广的引发体系。相比于前者，后者的分解活化能较低，可在较低温度（室温或低于室温）下引发聚合。乳液聚合也可以采用部分水溶性的氧化-还原引发体系，如水溶性还原剂（如硫酸亚铁）和油溶性有机过氧化物（如叔丁基过氧化氢）相配合，使用时让有机过氧化物和还原剂分别加入单体相和水相中，依靠过氧化物从油相（单体相）扩散进入水中，在水相中进行氧化-还原反应产生自由基。与完全水溶性氧化-还原体系相比，部分水溶性体系的自由基产生速度由于受扩散控制而更稳定。在氧化-还原体系中使用亚铁盐作为还原剂时，往往在体系中加入络合剂如EDTA的钠盐（乙二胺四乙酸钠）防止铁离子沉淀，同时还加入副还原剂如吊白块（甲醛合次硫酸氢钠）使 Fe^{3+} 转变成 Fe^{2+}，循环使用亚铁还原剂（有颜色）以减少其用量。

乳化剂在乳液聚合中起独特的作用，其用量一般为单体质量的0.2%～5%。它可使互不相溶的油（单体）-水转变为热力学稳定的乳状液，该过程称乳化。乳化剂之所以能起乳化作用，是因为乳化剂都是表面活性剂，在它的分子上同时带有亲水性基团和亲油（疏水）性基团。根据亲水基团的性质，可将乳化剂主要分为阴离子型、阳离子型和非离子型三类。

阴离子型乳化剂中，亲水基团一般为羧酸基（$—COO^-$）、硫酸基（$—OSO_3^-$）和磺酸基（$—SO_3^-$）等阴离子，亲油基一般为 C_{11}～C_{17} 的直链烷基或 C_3～C_6 烷基取代的苯基或萘基。常见的品种有脂肪酸钠、十二烷基硫酸钠、十二烷基磺酸钠、二丁基萘磺酸钠（拉开粉）、松香皂等。阴离子型乳化剂的特点是乳化能力强，适于碱性或中性条件，遇到酸、硬水等会形成不溶于水的脂肪酸或金属皂，使乳化失效。为此可在乳液聚合体系中加入缓冲剂以避免体系pH值的下降，常用的缓冲剂是一些弱酸强碱盐，如焦磷酸钠、碳酸氢钠等。

阳离子型乳化剂的亲水基团是阳离子，主要是一些带长链烷基的季铵盐，如十六烷基三甲基溴化铵、十二烷基胺盐酸盐等。阳离子型在一般的乳液聚合中很少使用，但在微乳液聚合中应用较多。

非离子型乳化剂的分子上不带有离子基团，其典型的代表是环氧乙烷聚合物，如 $R{\leftarrow}OC_2H_4{\rightarrow}_nOH$、$R-C_6H_4{\leftarrow}OC_2H_4{\rightarrow}_nOH$ 等，其中 $R=C_{10}$～C_{16}，$n=4$～30。它们的亲水基团是非离子的醚键。与阴离子型乳化剂相比，非离子型乳化剂的乳化能力相对弱些，但由于分子上不带有离子基团，对体系的pH不敏感，制得的乳液化学稳定性更好，因此常与阴离子型乳化剂配合使用。

除通常的单一功能乳化剂外，不断地有一些新型多功能的乳化剂涌现，尤其是一类同时含非离子型亲水基和离子型亲水基的两性乳化剂，如壬基酚聚氧乙烯醚硫酸铵和月桂醇聚氧乙烯醚磺基琥珀酸单酯二钠等，与一般的阴离子乳化剂和非离子乳化剂相比，这类乳化剂能得到更小的乳胶颗粒。壬基酚聚氧乙烯醚硫酸铵和月桂醇聚氧乙烯醚磺基琥珀酸单酯二钠的结构如下：

$$C_9H_{19}-\langle C_6H_4\rangle-O-(CH_2CH_2O)_n-SO_3NH_4$$

壬基酚聚氧乙烯醚硫酸铵

$$C_{12}H_{25}O-(CH_2CH_2O)_9-\overset{O}{\overset{\|}{C}}-CH_2-\underset{SO_3Na}{\underset{|}{C}H}COONa$$

月桂醇聚氧乙烯醚磺基琥珀酸单酯二钠

乳化剂溶于水后，开始以分子状态溶解于水中，当浓度达到一定值后，乳化剂分子开始由 50～100 个聚集到一起形成胶束（2～10nm），它的形态可以是球状，也可以是棒状，如图 3-12 所示。乳化剂在水中能形成胶束所需要的最低浓度称为临界胶束浓度，简称 CMC。显然，CMC 越小，乳化剂的乳化能力越强。

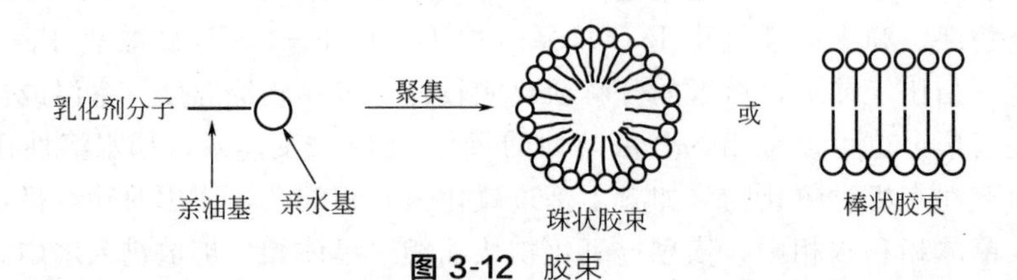

图 3-12 胶束

在溶有乳化剂的水中（乳化剂浓度大于 CMC），加入单体，在搅拌和乳化剂的作用下，不溶于水的单体绝大部分（～95%）被分散成单体液滴，其表面吸附着一层乳化剂分子而得以稳定，另有一小部分单体可渗入胶束的疏水（亲油）基内部，形成所谓的增容胶束，这种由于乳化剂的存在而增强了水难溶性单体在水中溶解性的现象称为胶束增容现象。由此可见，乳化剂的乳化作用可归纳为：①降低表面张力，便于单体在水中分散成细小的液滴；②在液滴或胶粒表面形成保护层，防止凝聚，使乳液稳定；③形成胶束，使单体增溶。

选择乳化剂时，首先要考虑的是乳化剂与待乳化单体混合物 HLB 值的适配性。HLB 值（hydrophile-lipophile balance number）称亲水疏水平衡值，也称水油度。HLB 值越大代表亲水性越强，HLB 值越小代表亲油性越强，亲水亲油转折点 HLB 值为 10。HLB 值小于 10 的乳化剂为亲油性的，适于油包水（W/O）型乳液；HLB 值大于 10 的乳化剂为亲水性的，适于水包油（O/W）型乳液。因此，常规乳液聚合应选用 HLB 值大于 10 的水包油型乳化剂，而反相乳液聚合则选用 HLB 值小于 10 的油包水型乳化剂。

3.9.4.3 乳液聚合机理

1947 年 Harkins 提出了经典乳液聚合的物理模型，随后 1948 年 Smith 和 Ewart 作了定量处理。聚合开始前，体系中存在三相：一是水连续相，含有引发剂、以分子分散状态存在的微量单体和乳化剂；二是单体液滴，表面吸附着乳化剂成为保护膜而稳定地分散在水中，其直径约为 10^3～10^5 nm，数量为 10^{10}～10^{12} 个/mL；三是（增溶）胶束，由 50～100 个乳化剂分子聚集而成，胶束内增溶有一定量的单体，其直径为 5～10nm，数量为 10^{17}～10^{18} 个/mL。

(1) 聚合的场所 水相中，引发剂分解产生初级自由基，随后引发单体聚合，那么聚合的场所在哪里，这是为了阐明乳液聚合机理首先要解决的问题。

水中溶解的单体，当然可以被引发聚合。但对于难溶于水的单体，由于在水中的浓度极低，所以即使单体在水相中聚合，但对聚合的贡献很小，可以忽略，即水相不是聚合的主要场所。

单体液滴中本身无引发剂（这不同于悬浮聚合），那么引发剂在水相中分解的初级自由基能否扩散进入单体液滴而引发聚合呢？答案是否定的，即单体液滴也不是聚合的场所，原因分析如下：单体液滴尽管拥有总量95%以上的单体，但是其数目仅为增溶胶束数目的百万分之一，同时单体液滴的体积较增溶胶束的要大得多，因此其总表面积也比增溶胶束要小很多，约为增溶胶束表面积的4%。这样自由基应更容易向体系中数量和表面积大得多的增溶胶束内扩散。一旦自由基（除了初级自由基之外，还包括在水相中引发微量单体聚合所形成的短链自由基）进入增溶胶束，立即引发增溶胶束内的单体进行聚合（增溶胶束内单体浓度很高，接近于本体浓度），因此增溶胶束才是乳液聚合的主要场所。增溶胶束内单体发生聚合后，增溶胶束就转变成乳胶粒，该过程称为成核过程。由于乳胶粒内部同时含有单体和聚合物分子，所以乳胶粒又被称为单体-聚合物颗粒（M/P 颗粒）。可见，聚合场所确切地说应是增溶胶束通过成核过程转变成的乳胶粒。图3-13为一典型的乳液聚合体系的示意图。

(2) 成核机理 成核是指乳胶粒的形成过程，存在着以下两种可能的成核机理。一种是胶束成核，适用于苯乙烯等难溶于水单体的经典乳液聚合体系。如上所述，自由基（初级自由基或水相中形成的短链自由基）从水相扩散到增溶胶束内，引发其中单体聚合而成核，生成乳胶粒。另一种是均相成核（或水相成核），适用于乙酸乙烯酯等有相当水溶性单体的乳液聚合体系。溶解在水中的单体在水相中经引发聚合，当链增长至上百聚合度后，所形成的链自由基在水中的溶解度变小，多条这样的链自由基相互聚集在一起絮凝成初始核，并通过吸附水相中或单体液滴上的乳化剂分子而稳定，随后以此为核心，单体不断扩散入内并聚合形成乳胶粒。

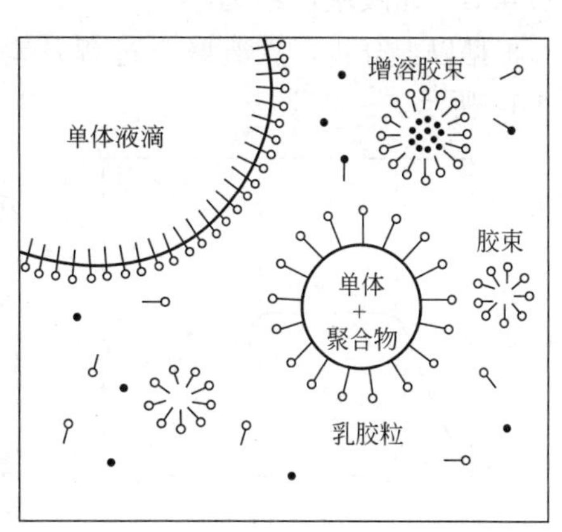

图3-13 乳液聚合体系示意图

—o 表示乳化剂分子；• 表示单体分子

在乳液聚合中，究竟是胶束成核还是均相成核主要决定于单体在水中的溶解度。苯乙烯难溶于水，以胶束成核为主。乙酸乙烯酯在水中有相当的溶解度，则均相成核占优势。而甲基丙烯酸甲酯的水溶性介于二者之间，两种成核机理共存。

3.9.4.4 乳液聚合历程

典型的乳液聚合可分为三个不同阶段，聚合体系的相态也发生相应的变化。

(1) 乳胶粒生成阶段——成核期 引发剂在水相中分解，产生的自由基扩散至增溶胶束内，随即在增溶胶束中发生聚合反应，使增溶胶束转变成乳胶粒。此阶段相态特征是乳胶粒、增溶胶束和单体液滴三者共存。聚合反应开始后，水相中的自由基进攻增溶胶束，将生成越来越多的新乳胶粒。聚合发生场所的增多意味着聚合速率的增加，以动力学的角度看，这段可称为加速期。

随着聚合的进行，乳胶粒可不断地吸收来自单体仓库——单体液滴扩散而来的单体，以补充聚合消耗掉的单体，而使其中的单体浓度保持在一平衡（饱和）水平。这样，乳胶粒逐渐变大，而单体液滴体积相应不断缩小，但在这一阶段其数目保持不变。

乳胶粒不断增大，要保持稳定，就需要更多的乳化剂分子对其表面覆盖。这样，越来越多的乳化剂从水相转移到乳胶粒表面上，使溶解在水相中的乳化剂不断减少，直到其浓度低于 CMC，增溶胶束不稳定而被瓦解破坏以致最后消失，相应地乳胶粒的数目也不再增加，这时标志着成核过程的结束。该阶段的时间较短，单体转化率仅约为 2%～15%。

(2) 乳胶粒长大阶段　这阶段乳胶粒数目保持恒定，约为开始存在胶束数的 0.1%。同时单体液滴的存在为乳胶粒内的聚合反应提供稳定的单体补充，因此聚合速率是恒定状态，又被称为恒速期。随着聚合的进行，乳胶粒体积不断增大，单体液滴体积不断缩小，直至最后消失，意味着恒速期的结束，此时单体转化率约为 15%～60%范围内。这阶段体系的相态特征是乳胶粒和单体液滴二者共存。

(3) 聚合后期（完成）阶段　这阶段乳胶粒数目虽然不变，但单体液滴消失，乳胶粒内单体得不到补充，所以乳胶粒内单体浓度逐步减小，聚合速率不断降低，直至聚合完全停止，因此又称减速期。聚合完成后乳胶粒熟化，形成外层由乳化剂包围的聚合物颗粒，其相态特征是只有乳胶粒（最后变成聚合物乳胶粒）。

3.9.4.5　乳液聚合动力学

根据以上分析，乳液聚合过程从动力学角度上可分为加速、恒速和减速三阶段，如图 3-14 所示。

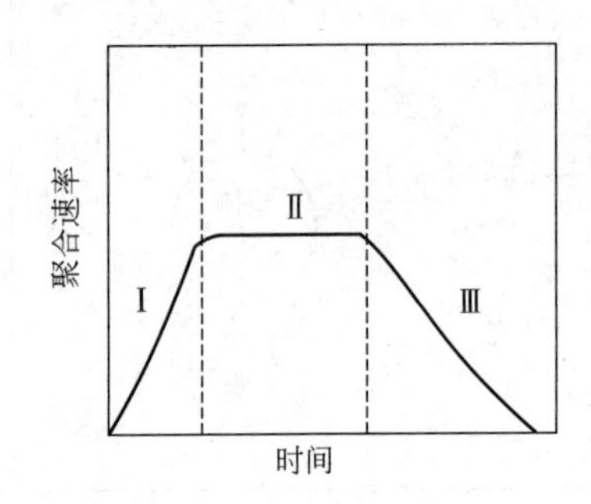

图 3-14　乳液聚合动力学曲线示意图

Ⅰ—加速期；Ⅱ—恒速期；Ⅲ—减速期

如前所述，乳液聚合的引发剂分解产生初级自由基的反应是在水中进行的，但聚合反应（包括链引发、链增长和链终止）是在乳胶粒内进行的，因此聚合速率与乳胶粒的数目直接相关。在一个典型的乳液聚合体系中，引发剂分解生成初级自由基的速率约为 10^{16}个/(L·s)，而乳胶粒浓度约为 10^{18}个/L，由此计算可知平均要间隔 100s 才能有一个自由基进入乳胶粒内，即自由基处于一种供不应求的状态，因此每次只可能有一个自由基进入乳胶粒。第一个自由基进入乳胶粒后，引发单体进行链增长反应，直到第二个自由基进入，立刻发生双基终止，此时乳胶粒变成不含自由基、不进行链增长反应的“死乳胶粒”。只有待第三个自由基进入时方再次被活化成含有一个自由基的“活性乳胶粒”。因此在任何时间内统计整个乳液聚合体系，平均有一半的乳胶粒分别含有一个自由基，另外一半乳胶粒不含自由基，即活性自由基浓度为乳胶粒数目的一半。设乳胶粒数为 Nmol/L，则

$$R_p = k_p[M][M\cdot] = k_p[M]\frac{N}{2}$$

式中，[M] 为乳胶粒中的单体浓度。

研究证明，乳胶粒浓度 N 与乳化剂浓度 [E] 和引发剂浓度 [I] 有关：

$$N \propto [I]^{\frac{2}{5}}[E]^{\frac{3}{5}}$$

因此

$$R_p = k'_p[M][I]^{\frac{2}{5}}[E]^{\frac{3}{5}} \tag{3-37}$$

由此可见，除一般自由基聚合速率的控制因素如单体浓度、引发剂浓度、温度以外，乳液聚合速率还多了一个控制因素——乳化剂的浓度。

考虑没有链转移反应的情况，则产物聚合度 $\overline{X}_n$ 为

$$\overline{X}_n = \frac{R_p}{0.5R_i}$$

式中，引发速率 R_i 前要有个系数 0.5，是因为由引发剂生成的自由基一半用于引发，一半用于终止。而 $R_i = 2fk_d[I]$，则

$$\overline{X}_n = \frac{R_p}{fk_d[I]} \tag{3-38}$$

结合式(3-37) 和式(3-38)，再引入一个总速率常数 k，则

$$\overline{X}_n = k[M][I]^{-\frac{3}{5}}[E]^{\frac{3}{5}} \tag{3-39}$$

由式(3-37) 和式(3-39) 可知，与一般自由基聚合相似，在乳液聚合中增加引发剂浓度可提高聚合速率，但却使聚合度下降。但是乳化剂浓度对聚合反应速率和聚合度的影响方向却是一致的：增大乳化剂浓度可同时提高聚合速率和聚合度，这是乳液聚合的最大特点。

与其他聚合方法相比，乳液聚合中的自由基寿命较长（因为每个乳胶粒中只有一个自由基，只有待第二个自由基进入才发生双基终止），所以产物分子量较高。

以上对乳液聚合的讨论，基于 Smith 和 Ewart 的经典乳液聚合理论。实际上，乳液聚合的理论研究仍然还落后于实践，还很不成熟。有关于乳液聚合的机理模型的研究，仍然是该领域的研究热点，不断有新的研究成果出现，出于篇幅所限，在此不予展开。

3.9.4.6　乳液聚合工艺

乳液聚合的基本工艺有间歇聚合、半连续聚合、连续聚合以及种子聚合等，各种工艺的差别主要是加料方式（加料次序、加料速度）的不同。乳液聚合体系是一热力学亚稳定状态体系，有产生乳胶粒子凝聚现象的可能，凝聚物的有无及其多少与聚合过程中体系的稳定性密切相关，它不仅取决于前述的配方设计，也取决于实施乳液聚合的工艺。同时，不同的工艺还会影响乳液聚合产品的微观性能如乳胶粒子的形态、大小及其分布等，从而导致乳液的宏观性能如乳液黏度、胶膜（乳液干燥后所形成的膜）的物理机械性能等存在很大的差异。

(1) 间歇聚合　这种工艺是一次加料，即将所有物料一次全部加入聚合反应器内，在规定的条件下完成聚合直至出料包装。该工艺的优点是设备简单、操作容易，特别适合沸点较低的单体如丁二烯、氯乙烯等的乳液聚合。但该工艺对于工业规模的装置来说，由于聚合时热效应较大，使得聚合体系的温度不易控制、体系稳定性较差。为此，聚合时选择较低的聚合温度和较大的水油比，以消除反应热的集中释放。

(2) 半连续聚合　此法是将单体缓慢而连续地加到聚合反应器内的乳化剂水溶液中，同时滴加引发剂的水溶液，并以滴加速度来控制聚合反应温度；或者是先将部分单体、引发剂、乳化剂和水等加入反应器中，聚合到一定程度后再将余下的单体、引发剂等在连续添加的情况下完成全部聚合过程。根据单体加料速度不同，聚合体系中单体处于三种状态：饥饿态（单体加料速度小于其聚合消耗速率）、充溢态（单体加料速度大于其聚合消耗速率）和半饥饿态（某几种单体是饥饿态，其他几种单体是充溢态）。半连续乳液聚合的最大优点在于可以通过加料快慢来控制聚合反应速率，避免出现放热高峰，使反应可平稳地进行，因而聚合体系的稳定性更高。此外，在半连续乳液聚合过程中还可以通过改变单体的加料方式方便地调节乳胶性能。例如使用半饥饿方式，先全部将反应活性低的单体一次性加入，然后再连续加入反应活性高的单体，且滴加速度小于其反应消耗速度，这样有利于控制共聚产物的组成分布在小范围内变化。由于半连续聚合工艺以上的优点，因而在工业生产中应用最广泛。

(3) 连续聚合 此法是连续添加单体及其他物料，并通过乳液聚合反应而连续取出反应产物（聚合物乳液）。工业上多采用多斧串联连续反应器，通过单体转化率或乳液黏度控制聚合反应终点。连续式乳液聚合的优点是可在较单纯的条件下进行运转，产品质量稳定，便于实现生产过程的自动化，但此法不适合易粘斧和挂胶的乳液聚合体系。

(4) 预乳化工艺 先将部分或全部乳化剂和水投入预乳化釜中，搅拌溶解，再加入单体强力搅拌一段时间后，形成单体预乳液，然后将单体预乳液按一定的方式加入反应器中进行聚合。在进行连续式或半连续式乳液聚合时，几乎都采用单体预乳化工艺。与单体直接加入工艺相比，单体预乳化工艺的乳液体系更稳定。

(5) 种子聚合 先在反应器中加入水、乳化剂、单体和引发剂进行乳液聚合，生成数目足够多、粒径足够小的乳胶粒，这样的乳液称作种子乳液。然后取一定量（1%～5%）的种子乳液投入聚合釜中，再按一定的方式加入水、乳化剂、单体及引发剂，以种子乳液的乳胶粒为核心，进行聚合反应，使乳胶粒不断长大。在进行种子乳液聚合时，为了保持胶乳的稳定性，还须另加一些乳化剂，但要严格地控制乳化剂的补加速度，以防止形成新的胶束和新的乳胶粒，以使新加入的单体只能在种子颗粒的表面上进行聚合，此时所得到的聚合物乳液粒度分布均匀，接近单分散。在不增加乳化剂用量下，种子乳液聚合法生产的乳液稳定性明显好于其他方法，且可以通过控制加入的种子量调节所形成的乳胶粒粒径大小，例如种子乳液用量越多，粒径越小。工业上还可同时采用粒径不同的第一代和第二代种子乳液进行聚合反应，形成双峰分布的胶粒，以获得高固含量低黏度的聚合物乳液。所谓第一代种子乳液是指不加种子的乳液聚合所得到的乳液，而在第一代种子乳液的基础上继续聚合所制成的乳液称为第二代种子乳液。

3.9.4.7 乳液聚合技术进展

近几十年来，随着乳液聚合理论和实践的发展，乳液聚合技术也在不断地发展和创新，在传统的乳液聚合工艺基础上，不断涌现出一些新技术，其中有些已在工业生产上得到应用。

(1) 核壳乳液聚合 核壳乳液聚合是上面已介绍过的种子乳液聚合的延伸，即在进行种子乳液聚合时，种子乳液和后续聚合所使用的单体组成不同，种子乳液单体为核，后续聚合单体为壳，形成核壳结构的乳胶粒子。在进行核壳乳液聚合时，壳单体的加入方式主要有两种：平衡溶胀法和半连续饥饿法。前者是将壳单体加入种子乳液中溶胀一段时间后再进行后续聚合。后者是在进行后续聚合时，将壳单体缓慢加入，使单体在体系中处于饥饿状态，以防止形成新的乳胶粒，使新加入的壳单体只能在种子颗粒的表面上进行聚合。核单体和壳单体的选择视聚合产物的性能要求而定，可以通过核单体和壳单体的不同组合，进行乳胶粒子设计，得到一系列不同形态结构的乳胶粒子，进而获得不同功能的乳液产品。最常见的核壳结构有“硬核软壳”和“软核硬壳”两种类型。甲基丙烯酸甲酯、苯乙烯、丙烯腈等属于硬单体（其均聚物玻璃化转变温度较高），经乳液聚合后成为刚性的硬核（种子乳液），随后再加入丁二烯、丙烯酸丁酯等软单体（其均聚物玻璃化转变温度较低）进行后续聚合，又形成柔性的软壳层。这类硬核软壳型聚合物乳液特别适合应用于涂料，硬核赋予漆膜强度，软壳可降低乳液最低成膜温度（有利于成膜）。与之相反，以软单体丙烯酸丁酯等为核、硬单体甲基丙烯酸甲酯、苯乙烯等为壳，得到的是软核硬壳型乳胶粒子，可用作聚合物材料的抗冲改性剂。

(2) 无皂乳液聚合 传统的乳液聚合都会用到一定量的乳化剂，然而这会将乳化剂带入到最终产品中去。含有乳化剂的聚合物会影响乳液聚合物的电性能、光学性质、表面性质及耐水性等，使其应用受到限制。为了克服由于加入乳化剂而带来的弊端，出现了无皂乳液聚合技术。所谓无皂乳液聚合是指在反应过程中，完全不加乳化剂或仅加入微量乳化剂（其浓度小于临界胶束浓度 CMC）的乳液聚合过程。无皂乳液聚合不使用乳化剂，但又要使最终聚合物乳液稳定，关键在于设法将亲水性基团引入聚合物分子上，让聚合物分子本身提供乳化剂的作用，实现途径主要有三种：①引发剂残基法，使用过硫酸钾或偶氮二异丁脒盐酸盐等水溶性引发剂，在聚合物末端引入水溶性引发剂残基，整条聚合物分子便成为大分子乳化剂，提供乳液稳定性。但引入的水溶性引发剂残基含量少，稳定能力有限，只能获得低固含量（<10%）的乳液。②自乳化单体法，在乳液聚合体系中加入少量亲水性共聚单体（自乳化单体）如丙烯酸、丙烯酰胺、烯丙基磺酸钠、乙烯基磺酸钠等，在聚合物分子链上引入亲水性基团而赋予其乳液稳定性。该法可以用来制备固含量较高的乳液。③反应型乳化剂法，在进行乳液聚合时，使用可聚合性乳化剂，如 1-烯丙氧基-3-(4-壬基苯酚)-2-丙醇聚氧乙烯（10）醚硫酸铵（商品名为 DNS-86）：

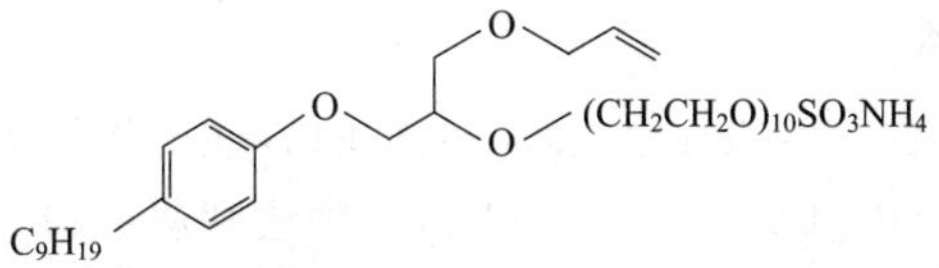

O　O　O　$(CH_2CH_2O)_{10}SO_3NH_4$

C_9H_{19}

这类可聚合乳化剂除了具有传统乳化剂所具有的亲水基、亲油基之外，还具有能参与聚合的可聚合基团。在单体聚合过程中，通过可聚合基团键合到乳胶粒的表面，形成稳定的乳液。在实际过程中，方法②和方法③经常同时使用，可获得高固含量的乳液。

（3）微乳液聚合　微乳液聚合是指制备粒径为 10～80nm 的聚合物乳胶粒的乳液聚合方法。所谓微乳液是相对于普通乳液而言的，普通乳液是外观白色浑浊、粒径在 100～500nm 范围内的热力学不稳定乳状液体，而微乳液是一种各向同性、热力学稳定的透明或半透明胶体分散体系，其分散相尺寸为纳米级。由于具有极好的光泽性、黏合性、渗透性、流平性和流变性，微乳液已广泛用于胶黏剂、高档涂料、原油开采用乳液等领域。典型的微乳液聚合往往需要大量的乳化剂，许多场合下还需加入戊醇等助乳化剂进一步降低表面张力，使单体（用量通常小于乳化剂）分散成 10～80nm 的微液滴。就聚合机理而言，在微乳液聚合过程中，体系没有大的单体珠滴，水溶性小的单体都被增溶于胶束中形成微液滴，水溶性引发剂通过扩散由水相进入微液滴引发聚合，微乳液聚合最主要的成核位置应是微液滴。微乳液聚合也可使用油溶性引发剂，它存在于微液滴中，并引发其中的单体聚合。由于微乳液相态形成的需要，微乳液聚合体系中单体/乳化剂比值较常规乳液聚合低很多，所得产品的固含量低，使得涂膜丰满度低。此外，大量的乳化剂不但造成了工业制造成本的提高，且残余的乳化剂会对涂膜耐水性等造成负面影响，这些很大程度上限制了微乳液聚合在涂料领域的应用。因此，长期以来，微乳液聚合研究的热点就是提高聚合过程中单体/乳化剂的比例，目前除了开发新型高效乳化剂外，还可通过改进聚合工艺以达到目的。

（4）细乳液聚合　细乳液是指单体在乳化剂、助乳化剂和超声或高剪切力作用下，在水中形成的大小介于 50～500nm 之间的微小单体液滴。聚合反应在微小液滴内进行，相应的过程便称为细乳液聚合。细乳液是热力学亚稳体系，不能自发形成，必须依靠高剪切力，由乳化剂（一般采用离子型乳化剂）和助乳化剂（通常是一些长链脂肪醇或长链烷烃等强疏水性物质）共同作用，来克服油相内聚能和形成液滴的表面能，使微小液滴分散在水相中才能形成。细乳液聚合与普通乳液聚合的区别是在体系中引进助乳化剂，并采用微乳化工艺，这样使原来较大的单体液滴被分散成更小的单体亚微液滴。以胶束形式存在的乳化剂转移到单体亚微液滴表面上，胶束数量减少，因此单体亚微液滴就成为引发成核的主要场所，也就是说，细乳液聚合是液滴成核，乳胶粒从单体液滴直接转化而来，这种成核机理使得乳胶粒直径与初始单体液滴直径一致，通过控制均质化强度和助乳化剂的用量，可以调控产物乳胶的粒径。微乳液聚合的引发剂既可是水溶性的，也可是油溶性的。水溶性引发剂通过扩散由水相进入微液滴引发聚合，油溶性引发剂存在于微液滴中，并引发其中的单体聚合。以液滴成核为特征的细乳液聚合除具有常规乳液聚合的众多优点外，还有一些常规乳液聚合不具有的独特特征，已成为制备特殊结构聚合物及聚合物分散体的新型方法，特别是对一些高疏水性单体如氟代单体、有机硅单体等参与的聚合体系，在常规乳液聚合中不容易实现，但在细乳液中却可以很好地聚合。

3.10 重要自由基聚合产物

3.10.1 低密度聚乙烯

目前工业上生产聚乙烯（polyethylene，PE）的方法有高压法、中压法和低压法三种。其中高压法属本章介绍的自由基聚合，中压法和低压法则属配位聚合，将在第 6 章讨论。

高压法合成聚乙烯是在 100～200MPa 压力和 160～300℃ 温度下，以微量氧（5～300μL/L）作引发剂（氧在高温下是自由基聚合的引发剂）引发乙烯的本体聚合（高压下，乙烯单体液化）。聚合反应器有釜式和管式两种，单体单程转化率为 15%～20%，未聚合的乙烯可循环使用。由于乙烯分子结构完全对称，无活化取代基，聚合活性极低，因此需在较激烈条件下（高温、高压）才能使其聚合。而在高温条件下，链自由基容易发生分子内或分子间链转移反应：

$$\sim\sim CH_2-CH_2\text{—}(\text{环状过渡态: } \dot{C}H_2-CH_2-CH_2-\overset{H_2}{C}-CH_2) \xrightarrow{\text{分子内链转移}} \sim\sim CH_2\dot{C}HCH_2CH_2CH_2CH_3$$

$$\sim\sim CH_2\dot{C}H_2 + \sim\sim CH_2CH_2CH_2CH_2\sim\sim \xrightarrow{\text{分子间链转移}} \sim\sim CH_2CH_3 + \sim\sim CH_2\dot{C}HCH_2CH_2\sim\sim$$

所生成聚合物链上自由基可引发乙烯聚合，形成支链。因此，所得聚乙烯结晶度低（50%～70%），相对密度也低（0.91～0.93），故常常被称为低密度聚乙烯（low density polyethylene，LDPE）。

聚乙烯是无毒的半透明蜡状材料，其电绝缘性能优越，化学稳定性好，耐酸、碱和大多数有机溶剂。由于低密度聚乙烯的结晶度较低，使得其刚度和软化温度等都较低，但都具有良好的柔韧性、延伸性和透明性，而成为非常好的膜材料，大量用于农用薄膜、工业包装膜。除此之外，还可用于制造软管、中空容器及电线绝缘包层等。

3.10.2 聚氯乙烯

聚氯乙烯（polyvinyl chloride，PVC）是目前世界上仅次于聚乙烯的第二大塑料品种。工业上氯乙烯的聚合方法有悬浮法、乳液法、本体法三种。其中，悬浮法工艺成熟，后处理简单，目前世界上用该法生产的树脂占总量的 80%～85%以上。乳液法树脂（又称半糊状树脂）主要作人造革、墙纸等。本体法树脂的性能与悬浮法树脂类似，但纯度要高些，更适合作电气绝缘材料和透明制品。

氯乙烯悬浮聚合的基本过程是先将单体以外的其他组分如水、引发剂（如过氧化二碳酸二异丙酯）、分散剂（如明胶或聚乙烯醇）等加入反应釜内，通 N_2 排除釜内空气后，吸入氯乙烯单体，搅拌下加热反应物至所需温度，聚合至釜内压力降至0.05MPa（相当于90%转化率）时排出未聚合的单体。出料树脂悬浮液经离心脱水、干燥等后处理工艺，得到粉状聚氯乙烯树脂。

氯乙烯在聚合过程中，很容易发生向单体的链转移反应，其速率很大，远远超过正常的终止速率，结果聚氯乙烯的平均聚合度仅仅决定于氯乙烯的链转移常数 C_M：

$$\overline{X}_n=\frac{R_p}{R_t+R_{tr,M}}\approx\frac{R_p}{R_{tr,M}}=\frac{1}{C_M}$$

而链转移常数 C_M 只是温度的函数，这样聚合度仅决定于聚合温度，而与引发剂浓度无关，工业上利用这一特征，用聚合温度调节聚氯乙烯的聚合度。

PVC的主要特点是耐腐蚀、阻燃、电绝缘性好，机械强度较高，其缺点是热稳定性差，受热易脱除氯化氢，因此加工时要加入脂肪酸的金属盐作为稳定剂。为适应不同的用途，可在PVC中添加一定量的增塑剂，加工成不同类型的产品，从柔软的薄膜、人造革、软管到硬质的板材、管材及容器。PVC薄膜可用于农用薄膜、包装膜、雨衣等。PVC板材、管材可用于建筑材料（门窗、地板等）和各种输送管道（水管、下水管道、通风管等）。

3.10.3 聚苯乙烯

聚苯乙烯（polystyrene，PS）也是一种用途广泛的通用塑料，其产量仅次于聚乙烯及聚氯乙烯。苯乙烯的聚合反应一般采用本体聚合法和悬浮聚合法：

$$n\ CH_2{=}CH(C_6H_5) \longrightarrow \left[CH_2{-}CH(C_6H_5)\right]_n$$

悬浮聚合法是以水为介质，聚乙烯醇、碳酸镁或磷酸钙作分散剂，以BPO为引发剂，在85℃下进行聚合，得到珠状聚苯乙烯树脂。

本体聚合法采用分段聚合，以解决本体聚合的散热问题。苯乙烯单体先在搅拌釜内加热（100℃）预聚到20%～30%转化率（可用折光仪检测），再送入带搅拌的塔式反应器内进行连续聚合。聚合温度从110℃逐段提高到170℃，以便达到单体完全转化。聚合物熔体由反应器的底部连续排出，经过挤出成条、冷却，切割成粒状产品。

聚苯乙烯无色透明，具有良好的刚性、光泽和电绝缘性，无毒无味，并能自由着色，广泛用于各种仪器零件、仪表外壳、保温材料（泡沫塑料）、食品包装容器及日常用品（如纽扣、梳子、牙刷及玩具等）。聚苯乙烯主要缺点是性脆、耐热性差，从而限制了它的使用范围。为了克服这种缺点，可采用橡胶接枝改性（参见9.4节），由于橡胶的增韧作用，而获得抗冲击聚苯乙烯，未经改性的苯乙烯均聚物则被称为通用级聚苯乙烯。

3.10.4 聚甲基丙烯酸甲酯

聚甲基丙烯酸甲酯（polymethyl methacrylate，PMMA），俗称有机玻璃，主要用本体聚合法合成：

$$n\ CH_2{=}C(CH_3)(COOCH_3) \longrightarrow \left[CH_2{-}C(CH_3)(COOCH_3)\right]_n$$

本体聚合时，分预聚和浇铸聚合两步。由于聚合反应有一个很大的体积收缩，因此分步聚合不仅解决本体聚合的散热问题，而且也有利于聚合后制品的尺寸控制。首先在不锈钢预聚釜内加入单体、引发剂（如过氧化二苯甲酰）和其他配料（如色料、增塑剂等），在80～90℃下预聚合，待转化率约为20%时，用水冷却至室温使聚合反应暂时停止。然后把预聚浆液倾入无机玻璃平板模具中，在较低温度（40～50℃）下缓慢聚合，聚合时间视板材厚度不同而异（10～160h），转化率达到90%左右后，反应物变硬，升温至100℃左右熟化，使单体充分聚合。冷却脱模，即成有机玻璃板材。甲基丙烯酸甲酯也可通过悬浮聚合法聚合成粉状树脂，可注射、挤出和模压成型。

有机玻璃透光率高达90%以上，比普通无机玻璃还好，相对密度为1.18，仅为普通玻璃的二分之一，但力学强度和韧性是普通玻璃的10倍以上，耐冲击、不易破碎。主要缺点是表面硬度低，耐磨性较差，而且在80～90℃左右就开始软化变形。有机玻璃主要用作航空透明材料，如飞机风挡和座舱罩等，还广泛用于建筑的天窗、仪表防护罩、车窗玻璃、光学镜片及文具生活用品等。

3.10.5 聚丙烯腈

工业上生产聚丙烯腈（polyacrylonitrile，PAN）主要采用溶液聚合：

$$n\,\underset{\displaystyle CN}{CH_2{=}\underset{|}{C}H} \longrightarrow \left[CH_2{-}\underset{\underset{\displaystyle CN}{|}}{C}H\right]_n$$

丙烯腈溶于水，在水中以水溶性自由基引发剂引发聚合，但聚合物不溶于水，故是一个沉淀聚合反应。若用 *N*,*N*-二甲基甲酰胺或硫氰酸钠水溶液（浓度为49%）作溶剂，在AIBN引发下，则是一个均相溶液聚合体系，产物直接用于溶液纺丝制造聚丙烯腈纤维。

工业上为改进聚丙烯腈纤维的物性，往往加入少量其他单体与之共聚，如加入约7%的丙烯酸甲酯改善纤维的松软性，加入约1.5%的衣康酸钠 $CH_2{=}C(COONa)CH_2COONa$ 增强其染色性。

聚丙烯腈主要用于制造纤维，俗称腈纶，其外观和手感很像羊毛，故又称“合成羊毛”。腈纶突出的优点是耐光、耐候性好，仅次于含氟纤维而优于天然纤维及其他合成纤维。

3.10.6 聚乙酸乙烯酯

聚乙酸乙烯酯（polyvinyl acetate，PVAC）根据其用途，采用溶液聚合法或乳液聚合法获得：

$$n\,CH_2{=}\underset{\underset{\displaystyle OCOCH_3}{|}}{C}H \longrightarrow \left[CH_2{-}\underset{\underset{\displaystyle OCOCH_3}{|}}{C}H\right]_n$$

溶液聚合主要用于生产聚乙烯醇，采用甲醇作溶剂、AIBN为引发剂，在约60℃下进行聚合，得到的聚乙酸乙烯酯溶液进一步醇解获得聚乙烯醇。

乳液聚合则用于生产涂料或黏合剂，作为涂料可用于纸张、织物及地板等的涂装；作为黏合剂（俗称白乳胶），可应用于木材、纸张或织物等多孔性材料的黏合。乳液聚合时可采用过硫酸钾为引发剂，阴离子型乳化剂（如十二烷基硫酸钠）和非离子乳化剂（如OP-10）并用，并加入聚乙烯醇作保护胶体以进一步提高乳液稳定性，在80℃左右下聚合2～4h后，升温至90℃再反应0.5h，得到白色胶乳。

3.10.7 水溶性聚合物

重要的水溶性聚合物有聚丙烯酰胺、聚丙烯酸和聚甲基丙烯酸等：

$$\left[CH_2{-}\underset{\underset{\displaystyle CONH_2}{|}}{C}H\right]_n \qquad \left[CH_2{-}\underset{\underset{\displaystyle COOH}{|}}{C}H\right]_n \qquad \left[CH_2{-}\overset{\overset{\displaystyle CH_3}{|}}{\underset{\underset{\displaystyle COOH}{|}}{C}}\right]_n$$

聚丙烯酰胺　　聚丙烯酸　　聚甲基丙烯酸

它们可通过以水为溶剂的均相溶液聚合或以有机溶剂为分散介质的反相乳液聚合等方法制备。聚丙烯酰胺（一般与阳离子单体共聚）的重要用途是作为絮凝剂，用于工业废水处理、饮用水净化等。聚丙烯酸或聚甲基丙烯酸则是常用的增稠剂（如用于石油开采用水增稠）和无机颜料的分散剂。

3.10.8　含氟聚合物

含氟聚合物是指由含氟烯烃单体如四氟乙烯、一氯二氟乙烯、偏氟乙烯等聚合而得的产物，其中以聚四氟乙烯（polytetrafluoroetheylene，PTFE）产量最大，用途最广。由于具有宽广的耐高低温性（－200～250℃），卓越的化学稳定性、电绝缘性、自润滑性、耐老化性和适中的机械强度，使其在化学设备、电线电缆、军事工业和家用器具（无黏性涂层）等行业中获得广泛的应用。

聚四氟乙烯一般采用悬浮聚合法合成：

$$n\ CF_2{=}CF_2 \longrightarrow {+}CF_2{-}CF_2{+}_n$$

产物或是粉状树脂或是水分散液，前者熔体黏度很高，难以用热塑性塑料通常的加工方法成型，需采用类似“粉末冶金”的烧结成型工艺，后者可用糊状成型工艺合成。

习题

1. 解释下列名词：诱导分解，引发效率，自加速现象，阻聚和缓聚，动力学链长，链转移常数，分子量调节剂，聚合上限温度，增溶作用，临界胶束浓度。

2. 下列单体能否进行聚合，若可以的话，适合于何种机理（自由基聚合、阳离子聚合和阴离子聚合），并说明原因。

（1）$CH_2{=}CHCl$；（2）$CH_2{=}CHC_6H_5$；（3）$CH_2{=}CHCN$；

（4）$CH_2{=}C(CN)_2$；（5）$CH_2{=}C(CH_3)_2$；（6）$CF_2{=}CF_2$；

（7）$CH_2{=}C(CN)COOCH_3$；（8）$CH_2{=}CHC(CH_3){=}CH_2$；（9）$CH_2{=}CCl_2$；

（10）$CH_2{=}C(C_6H_5)_2$；（11）$ClCH{=}CHCl$；（12）$CH_3CH{=}CHCH_3$；

（13）$CF_2{=}CFCl$；（14）$CH_2{=}C(CH_3)COOCH_3$。

3. 比较链式聚合和逐步聚合的特征。

4. 大多数链式聚合反应都是通过自由基引发的，而离子引发聚合比较少，为什么？

5. 用碘量法测定 60℃下过氧化二碳酸二环己酯的分解速率，数据如下：

T/h	0	0.2	0.7	1.2	1.7
[I]/(mol/L)	0.0754	0.0660	0.0484	0.0334	0.0228

求该引发剂在 60℃下的分解速率常数和半衰期。

6. 在一自由基聚合反应中，聚合产物的每个分子含 1.30 个引发剂碎片，假定不发生链转移反应，计算歧化终止和偶合终止的相对比例。

7. 写出由异丙苯过氧化氢热分解引发丙烯腈聚合反应的基元反应式。

8. 写出下列常用自由基引发剂的分解反应式。

（1）AIBN；（2）BPO；（3）过硫酸钾；（4）过硫酸钾/亚硫酸氢钠；（5）H_2O_2/Fe^{2+}；（6）异丙苯过氧化氢/Fe^{2+}。

9. 分析产生自加速现象的原因，并比较苯乙烯、甲基丙烯酸甲酯和丙烯腈三种单体在进行本体聚合时，发生自加速现象的早晚。

10. 过硫酸盐无论在受热、受光或受还原剂作用下均能产生 $SO_4^{\cdot -}$ 自由基。如果要随时调整反应速率或随时停止反应，应选择哪种方式产生自由基。如果工业上要求生产分子量很高的聚合物，需聚合温度尽量低，应选择哪种方式产生自由基。

11. 自由基聚合中，链终止反应比链增长反应的速率常数要大四个数量级左右，但一般的自由基聚合反应却仍然可以得到聚合度高达 10^3～10^4 以上的聚合物，为什么？

12. 在 60℃以 BPO 引发苯乙烯的自由基聚合，动力学研究实验数据如下：$R_p=0.255\times10^4$ mol/(L·s)；$X_n=2460$；$f=80\%$；自由基寿命 $\tau=0.826$s。已知在该温度下苯乙烯密度为 0.887g/mL，BPO 加入量为单体质量的 0.109%。试计算速率常数 k_d、k_p、k_t，建立这三个常数的数量级概念，再求出自由基浓度 [M·] 并与单体浓度进行比较。

13. 苯乙烯本体聚合时，加入少量乙醇后聚合产物分子量下降，加入量超过一定限度时，产物分子量增加，请解释。

14. 以过氧化叔丁基作引发剂，苯作溶剂，60℃下进行苯乙烯溶液聚合。已知 [M]=1.0mol/L；[I]=0.01mol/L；引发速率和链增长速率分别为 4.0×10^{-11} mol/(L·s) 和 1.5×10^{-7} mol/(L·s)。试计算聚合反应初期的动力学链长和聚合度。计算时采用以下数据：60℃下苯乙烯、苯的密度分别为 0.887g/mL 和 0.839g/mL；$C_M=8.10\times10^{-5}$；$C_I=3.2\times10^{-4}$；$C_S=2.3\times10^{-6}$，设苯乙烯/苯体系为理想溶液。

15. 按上题制得的聚苯乙烯分子量仍然比较高，需加入多少分子量调节剂正丁硫醇（$C_S=21$），才能制得分子量为 85000 的聚苯乙烯。

16. 苯乙烯在甲苯中于 100℃下进行热引发聚合，实验测得有关数据为：

[S]/[M]	23.1	11.0	4.5	22
X_n	572	1040	1750	2300

① 求甲苯的链转移常数 C_S。

② 要制备 $X_n=1500$ 的聚苯乙烯，问配方中甲苯与苯乙烯的摩尔浓度比应为多少？

17. 比较本体聚合、溶液聚合、悬浮聚合、乳液聚合的基本特征和优缺点。

18. 乳液聚合的一般规律是：初期聚合速率随时间的延长而增加，然后进行恒速聚合，最后聚合速率逐渐下降。试从乳液聚合机理分析上述动力学现象。

19. 典型乳液聚合的特点是持续反应速率快，产物分子量高。在大多数本体聚合中常常出现反应速率变快，分子量增大的现象。试分析上述现象的原因并比较其异同。

20. 分析 α-甲基苯乙烯聚合上限温度较低的原因。

参考文献

[1] 潘祖仁．高分子化学 [M]. 2版．北京：化学工业出版社，1997.

[2] 复旦大学高分子系高分子教研室．高分子化学 [M]. 上海：复旦大学出版社，1995.

[3] 余学海，陆云．高分子化学 [M]. 南京：南京大学出版社，1994.

[4] 王槐三，寇晓康．高分子化学教程 [M]. 北京：科学出版社，2002.

[5] Odian G. Principles of Polymerization [M]. 4th ed. New Jersey：John Wiley & Sons Inc，2004.

[6] Bamford C H. Radical Polymerization in Encyclopedia of Polymer Science and Engineering [M]. New York：Wiley-Interscience，1988，13：708.

[7] Denisova E T，Denisova T G，Pokidova T S. Handbook of Free Radical Initiators [M]. New York：Wiley，2003.

[8] Lehrle R S. A study of the purification of methyl methacrylate suggests that the "thermal" polymerisation of this monomer is initiated by adventitious peroxides [J]. Eur Polym J，1988，24 (5)：425.

[9] Graham W D，Green J G，Pryor W A. Radical production from the interaction of closed-shell molecules. 10. Chemistry of methylenecyclohexadiene and the thermal polymerization of styrene [J]. J Org Chem，1979，44 (6)：907.

[10] Lingnau J，Meyerhoff G. Spontaneous polymerization of methyl methacrylate. 8. Polymerization kinetics of acrylates containing chlorine atoms [J]. Macromolecules，1984，17 (4)：941.

[11] Oster G，Yang N L. Photopolymerization of vinyl monomers [J]. Chem Rev，1968，68 (2)：125.

[12] Wilson J E. Radiation Chemistry of Monomers, Polymers and Plastics [M]. Now York: Marcel Dekker, 1974.

[13] Guiot J, Ameduri B, Boutevin B. Radical homopolymerization of vinylidene fluoride initiated by tert-butyl peroxypivalate. Investigation of the microstructure by 19F and 1H NMR spectroscopies and mechanisms [J]. Macromolecules, 2002, 35 (23): 8694.

[14] Cais R E, Kometani J M. Synthesis of pure head-to-tail poly (trifluoroethylenes) and their characterization by 470-MHz fluorine-19 NMR [J]. Macromolecules, 1984, 17 (10): 1932.

[15] Collins E A, Bares J, Billlmeyer F W. Experiments in Polymer science [M]. New York: Wiley-Interscience, 1973.

[16] Schulz G Y. Zur Klassifizierung der inhibitor-und reglerwirkungen bei polymerisationsreaktionen [J]. Chem Ber, 1947, 80 (3): 232.

[17] Gregg R A, Mayo F R. Chain transfer in the polymerization of styrene. II. TherReaction of styrene with carbon tetrachloride [J]. J Am Chem Soc, 1948, 70 (7): 2373.

[18] Brandrup J , Immergut E H. Polymer Handbook [M]. 4th ed. New York: Wiley-Interscience, 1999.

[19] Brandrup J , Immergut E H. Polymer Handbook [M]. 3th ed. New York: Wiley-Interscience, 1989.

[20] 曹同玉，刘庆普，胡金生．聚合物乳液合成原理性能及应用 [M]. 北京：化学工业出版社，1997.

3

第4章 离子聚合

4.1 离子聚合特征

离子聚合[1-4]与自由基聚合一样，同属链式聚合反应，但链增长反应活性中心是带电荷的离子而不是自由基。根据活性中心所带电荷的不同，可分为阳（正）离子聚合和阴（负）离子聚合。对于含碳-碳双键的烯烃单体而言，活性中心就是碳正离子或碳负离子。离子聚合反应以阳离子聚合为例，可表示如下：

$$A^+B^- + CH_2{=}\underset{|\atop X}{CH} \xrightarrow{\text{链引发}} A{-}CH_2{-}\underset{|\atop X}{\overset{+}{C}H}\overset{-}{B}\cdots \xrightarrow[\text{链增长}]{H_2C{=}CHX} {+}CH_2{-}\underset{|\atop X}{CH}{+}_{n-1}CH_2{-}\underset{|\atop X}{\overset{+}{C}H}\overset{-}{B} \xrightarrow{\text{链转移或链终止}} {+}CH_2{-}\underset{|\atop X}{CH}{+}_n$$

除了活性中心的性质不同之外，离子聚合与自由基聚合明显不同，主要表现在以下几个方面：

(1) 单体结构 一般而言，自由基聚合对单体选择性较低，大多数烯烃单体都可以进行自由基聚合。但离子聚合对单体具有严格的选择性，只适合于带能稳定碳正离子或碳负离子取代基的单体。带有给电子取代基的单体，倾向于阳离子聚合；带有吸电子取代基的单体，则容易进行阴离子聚合。由于离子聚合单体选择范围窄，导致已工业化的聚合品种较自由基聚合要少得多。

(2) 活性中心的存在形式 在自由基聚合中，反应活性中心是电中性的自由基，虽然寿命很短，但可独立存在。而离子聚合的链增长活性中心带电荷，为了保持电中性，在离子增长链近旁有一个来自引发剂、带相反电荷的离子与之伴随。这种带相反电荷的离子被称为反离子或抗衡离子，它与离子增长链形成离子对。离子对在反应介质中能以几种形式存在，可以是共价键合、紧密离子对、被溶剂分隔的疏松离子对乃至自由离子，以阳离子聚合为例：

$$\underset{\text{共价键合}}{\sim\!\sim AB} \rightleftharpoons \underset{\text{紧密离子对}}{\sim\!\sim A^+\,B^-} \rightleftharpoons \underset{\text{疏松离子对}}{\sim\!\sim A^+ /\!/ B^-} \rightleftharpoons \underset{\text{自由离子}}{\sim\!\sim A^+ + B^-}$$

以上各种形式之间处于动态平衡，从左到右，增长活性链与反离子作用减弱，与单体的加成反应活性增大，聚合速率加快，但聚合过程的立体控制性则有所下降。

共价键合形式一般无反应活性，大多数离子聚合的链增长活性中心是处于平衡状态的离子对和自由离子。离子对中，离子增长链和反离子结合的紧密程度主要取决于单体、反离子结构以及溶剂和温度等聚合条件，而聚合条件又反过来影响聚合反应速率、聚合物分子量和单体加入的立体化学。由于离子聚合经常存在多种活性中心，因而其聚合机理和反应动力学较自由基聚合复杂，难以定量化。

(3) 聚合温度 离子聚合的活化能较自由基聚合低，可以在低温（如0℃）以下，甚至−100～−70℃下进行。若温度过高，聚合速率过快，有可能产生爆聚。同时，离子型活性中心具有发生如离子重排、链转移等副反应的倾向，低的聚合温度可减少这些竞争副反应的发生。

(4) 聚合机理　离子聚合的引发活化能较自由基聚合低，因此与自由基聚合的慢引发不同，离子聚合是快引发。自由基聚合中链自由基相互作用可进行双基终止；但离子聚合中，增长链末端带有同性电荷，不会发生双基终止，只能发生单基终止。

(5) 聚合方法　自由基聚合可以在水介质中进行，但水对离子聚合的引发剂和链增长活性中心有失活作用，因此离子聚合一般采用溶液聚合，偶有本体聚合，而不能进行乳液聚合和悬浮聚合。同时由于微量杂质如水、酸、醇等都是离子型聚合的阻聚剂，因此离子聚合对低浓度的杂质和其他偶发性物质的存在极为敏感，实验结果重现性差，这也限制了离子聚合在工业上的应用。

4.2　阳离子聚合

4.2.1　阳离子聚合单体

阳离子聚合单体必须是有利于形成阳离子的亲核性烯类单体，包括以下三大类。

(1) 带给电子取代基的烯烃

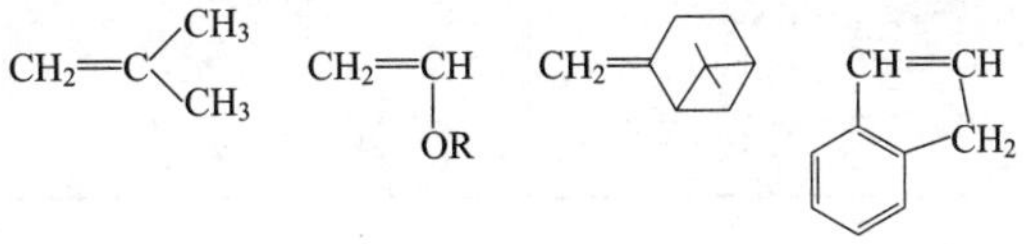

$CH_2=C(CH_3)_2$　　$CH_2=CH-OR$　　$CH_2=$（蒎烯环）　　$CH=CH$，CH_2（茚环）

异丁烯　　乙烯基醚　　*β*-蒎烯　　茚

(2) 共轭烯烃

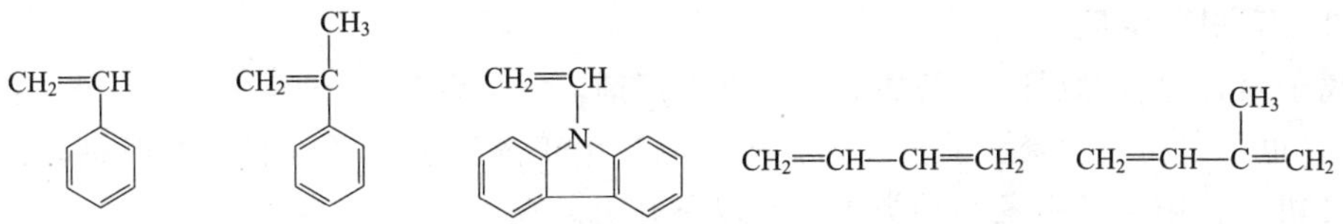

$CH_2=CH-C_6H_5$　　$CH_2=C(CH_3)-C_6H_5$　　$CH_2=CH-N$（咔唑）　　$CH_2=CH-CH=CH_2$　　$CH_2=CH-C(CH_3)=CH_2$

苯乙烯　　*α*-甲基苯乙烯　　*N*-乙烯基咔唑　　丁二烯　　异戊二烯

(3) 环氧化合物

四氢呋喃　　三氧六环　　环氧乙烷　　环氧丙烷

上述 (1)、(2) 类单体属烯烃单体，其增长链是碳正离子，为本章重点讨论的对象，(3) 类单体的增长链为氧鎓离子，将于另章讨论（见第 8 章）。

烯烃单体的阳离子聚合活性与其取代基给电子性的强弱密切相关。乙烯无侧基，双键电子云密度低，难以进行阳离子聚合；丙烯上的甲基是给电子基，双键电子云密度有所增大，但一个甲基的给电子性不强，聚合活性不大，产物为低分子量油状物；异丁烯有两个给电子的 *α*-甲基，使双键电子云密度增加很多，易受阳离子进攻，聚合生成高分子量聚合物。实际上，异丁烯是 *α*-烯烃中为数不多、最重要的阳离子聚合单体，而且也只能通过阳离子聚合才能获得聚合物，所以常利用异丁烯这一特性来鉴别引发机理。

同理，对于苯乙烯类单体，由于苯环上取代基的给电子性大小不同，而导致它们的聚合活性大小顺序为：

$$H_2C{=}CH{-}C_6H_4{-}OCH_3 > H_2C{=}CH{-}C_6H_4{-}CH_3 > H_2C{=}CH{-}C_6H_5 > H_2C{=}CH{-}C_6H_4{-}Cl$$

乙烯基烷基醚也是一类常见的阳离子聚合乙烯基单体。由于烷氧基上氧原子的未共用电子对能与双键形成 p-π 共轭，使双键电子云密度大大增加，结果使乙烯基醚的阳离子聚合活性很高，而且只能进行阳离子聚合。当乙烯基烷基醚单体的烷氧基—OR 中 R 为芳基时，氧原子上未共用电子对也可和苯环共轭而减弱了它对双键的给电子性，结果使乙烯基芳基醚的阳离子聚合活性显著下降。

苯乙烯、丁二烯、异戊二烯等共轭烯烃，由于 π-π 共轭能使阳离子稳定，因此可以进行阳离子聚合，但它们的活性远不及乙烯基烷基醚和异丁烯。这样，共轭烯烃在工业上很少通过阳离子聚合来生产聚合物。根据取代基给电子性的强弱，以苯乙烯为标准，几种单体阳离子聚合相对活性列于表 4-1。

表 4-1 单体阳离子聚合相对活性

单体	相对活性	单体	相对活性
乙烯基烷基醚	很高	苯乙烯	1.0
p-甲氧基苯乙烯	100	*p*-氯苯乙烯	0.4
异丁烯	4	异戊二烯	0.12
p-甲基苯乙烯	1.5	丁二烯	0.02

4.2.2 阳离子聚合机理

4.2.2.1 链引发反应

阳离子聚合的引发剂通常是缺电子的亲电试剂，它可以是一个单一的正离子（正碳离子或质子），也可以在引发聚合前由几种物质反应产生正离子引发活性种，此时称其为引发体系更为妥切[5]。阳离子引发剂种类主要有以下几类。

(1) 质子酸 质子酸诸如 H_2SO_4、H_3PO_4 和 $HClO_4$ 等无机强酸和 CF_3SO_3H、CF_3COOH、CCl_3COOH 等有机强酸，可直接提供质子引发活性种进攻烯烃单体而引发聚合：

$$H^+A^- + CH_2{=}C\genfrac{}{}{0pt}{}{R^1}{R^2} \longrightarrow CH_3{-}\overset{+}{C}\genfrac{}{}{0pt}{}{R^1}{R^2}A^-$$

质子酸引发活性的强弱取决于其提供质子的能力和阴离子的亲核性。卤化氢（HA）类，如 HI、HBr 和 HCl 等都不能使任何烯烃单体聚合。原因是虽然它们的提供质子能力较强，但相应的酸根阴离子 A 的亲核性太大，容易形成 C—A 共价键而终止聚合：

$$H^+A^- + CH_2{=}C\genfrac{}{}{0pt}{}{R^1}{R^2} \longrightarrow CH_3{-}\overset{+}{C}\genfrac{}{}{0pt}{}{R^1}{R^2}A^- \longrightarrow CH_3{-}C\genfrac{}{}{0pt}{}{R^1}{R^2}{-}A$$

由于氧的电负性较大，使得含氧酸如 $HClO_4$、H_2SO_4 等的酸根阴离子亲核性较弱，可以引发烯类单体聚合，但得到的聚合物分子量一般不会太大，因而不常使用，只用于合成一些低聚物，作为汽油、润滑油、表面活性剂等使用。

(2) Lewis 酸 这类引发剂包括 $AlCl_3$、BF_3、$SnCl_4$、$SnCl_5$、$ZnCl_2$ 和 $TiCl_4$ 等金属卤化物，以及 $RAlCl_2$、R_2AlCl 等有机金属化合物，其中以铝、硼、钛、锡的卤化物应用最广。Lewis 酸引发阳离子聚合时，可在高收率下获得较高分子量的聚合物，因此从工业上看，它们是阳离子聚合的主要引发剂。

Lewis 酸引发时，常需要在质子给体（又称质子源）或碳正离子给体（又称正碳离子源）的存在下才能有效。质子给体是一类能析出质子的物质，如水、卤化氢、醇、有机酸等；碳正离子给体是一类能析出碳正离子的物质，如卤代烃、酯、醚、酸酐等。它们与 Lewis 酸反应产生质子或碳正离子引发单体聚合，从这个角度讲，质子给体或碳正离子给体是引发剂，而 Lewis 酸是共引发剂，二者一起称为引发体系。Lewis 酸共引发剂有时也被称为活化剂。目前有些教科书对引发剂和共引发剂的定义与我们以上所用的概念相反，注意不要混淆。

以 BF_3 和 H_2O 引发体系为例，质子给体引发剂与 Lewis 酸共引发剂的引发过程可表示如下：

$$BF_3 + H_2O \rightleftharpoons H^+[BF_3OH]^-$$

$$H^+[BF_3OH]^- + CH_2{=}C(CH_3)_2 \longrightarrow CH_3{-}C^+(CH_3)_2[BF_3OH]^-$$

已有实验证实上述引发过程，即严格干燥聚合体系（反应器、单体和溶剂等），单用 BF_3 不能引发异丁烯聚合，但加入微量水后，聚合则迅速进行。

但必须注意，作为引发剂的质子给体如水、醇、酸等的用量必须严格控制，过量会使聚合变慢甚至无法进行，并导致分子量下降。究其原因，一是使 Lewis 酸毒化失活，以水为例：

$$BF_3 + H_2O \rightleftharpoons H^+[BF_3OH]^- \xrightleftharpoons{H_2O} [H_3O]^+[BF_3OH]^-$$

生成的氧鎓离子（水合质子）活性太低，不能引发单体聚合；二是导致转移性链终止（见4.2.2.3 节）。也就是说水既是引发剂又是阻聚剂，因此对于多数阳离子聚合，引发剂与共引发剂有一最佳比例，此时聚合速率最快。例如 $SnCl_4/H_2O$ 在 CCl_4 中引发的苯乙烯聚合，当 $[SnCl_4] \approx 0.12mol/L$、$[H_2O] \approx 4.7\times10^{-4} mol/L$ 时聚合最快。可见作为引发剂，水的用量不需太高，一般小于 $10^{-3}mol/L$，这与一般聚合体系中残留微量杂质水的浓度相当，即多数情况下，作为引发剂的 H_2O 并不需有意加入。

碳正离子给体，如叔丁基氯在 Lewis 酸 $AlCl_3$ 活化下，引发反应可表示如下：

$$AlCl_3 + (CH_3)_3CCl \rightleftharpoons (CH_3)_3C^+[AlCl_4]^-$$

$$(CH_3)_3C^+[AlCl_4]^- + CH_2{=}CH(C_6H_5) \longrightarrow (CH_3)_3C{-}CH_2{-}\overset{+}{C}H(C_6H_5)[AlCl_4]^-$$

当酯作为碳正离子给体时，产生碳正离子引发活性种的反应式为

$$AlCl_3 + R^1\overset{O}{\overset{\|}{C}}OR^2 \longrightarrow R^{2+}[R^1COOAlCl_3]^-$$

引发剂/共引发剂引发体系的活性，决定于它提供质子或碳正离子的能力。对于 Lewis 酸共引发剂而言，Lewis 酸酸性越强，其活化能力越强，如不同 Lewis 酸对异丁烯聚合的引发活性大小顺序为

$$BF_3 > AlCl_3 > TiCl_4 > TiBr_4 > BCl_3 > BBr_3 > SnCl_4$$

对于质子给体引发剂，其活性随酸性增强而增大：

$$HCl > HAc > C_6H_5OH > CH_3OH$$

碳正离子给体引发剂的活性决定于其在 Lewis 酸活化下产生的碳正离子的稳定性。碳正离子的稳定性越大越易生成，引发活性种的浓度就越高，有利于引发。但稳定的碳正离子活性低，不易引发单体。兼顾二者考虑，$(CH_3)_3CCl$、$C_6H_5CH(CH_3)Cl$、$C_6H_5C(CH_3)_2Cl$、

$CH_3COOC(CH_3)_2C_6H_5$等是比较合适而常用的碳正离子给体。

在少数阳离子聚合体系中，发现 $AlBr_3$、$TiCl_4$ 等一类 Lewis 酸并不需要在质子给体或碳正离子给体存在下也能引发单体聚合，其机理不是十分清楚，推测是一种自引发过程[6]：

$$2AlBr_3 \rightleftharpoons AlBr^+[AlBr_4]^-$$

$$AlBr^+[AlBr_4]^- + M \longrightarrow AlBrM^+[AlBr_4]^-$$

此时 Lewis 酸既是引发剂，又是共引发剂。

类似的自引发机理也可发生在两种不同的 Lewis 酸之间，如单独用 BCl_3 引发异丁烯聚合时聚合速率很慢，但加入本身对异丁烯聚合无引发活性的 $FeCl_3$ 后，聚合反应瞬间完成。推测是由于两种 Lewis 酸反应产生阳离子引发活性中心造成的：

$$BCl_3 + FeCl_3 \rightleftharpoons FeCl_2^+[BCl_4]^-$$

(3) 碳正离子盐 一些碳正离子如三苯甲基碳正离子 $(Ph)_3C^+$、环庚三烯碳正离子 $C_7H_7^+$ 能与酸根 ClO_4^-、$SbCl_6^-$ 等成盐，由于这些碳正离子的正电荷可以在较大区域内离域分散而能稳定存在，它们在溶剂中能离解成正离子引发单体聚合。但由于这些正离子稳定性高而活性较小，只能用于乙烯基烷基醚、*N*-乙烯基咔唑等活泼单体的阳离子聚合。

(4) 卤素 卤素如 I_2 也可引发乙烯基醚、苯乙烯等的聚合，其引发反应被认为是通过碘与单体加成后再离子化：

$$I_2 + CH_2{=}\underset{\displaystyle OR}{\underset{|}{CH}} \longrightarrow ICH_2{-}\underset{\displaystyle OR}{\underset{|}{CHI}} \xrightarrow{I_2} ICH_2{-}\underset{\displaystyle OR}{\underset{|}{\overset{+}{C}I_3^-}}$$

即 I_2 既是引发剂又是 Lewis 酸活化剂。其他卤素如 Cl_2、Br_2 等需在强 Lewis 酸如 $AlEt_2Cl$ 活化下才能产生正离子引发活性种，以 Cl_2 为例：

$$Cl_2 + AlEt_2Cl \longrightarrow Cl^+[AlEt_2Cl_2]^-$$

(5) 阳离子光引发剂 最重要的阳离子光引发剂是二芳基碘鎓盐（$Ar_2I^+Z^-$）和三芳基硫鎓盐（$Ar_3S^+Z^-$），式中 Z^- 是一些诸如 PF_6^-、AsF_6^-、SbF_6^- 等超强酸的酸根阴离子[7]。这两类鎓盐受光照射时，产生超强酸引发阳离子聚合反应，以二苯碘鎓盐为例：

$$Ar_2I^+Z^- \xrightarrow{h\nu} ArI^+Z^- + Ar\cdot$$

$$ArI^+Z^- + RH \longrightarrow ArI + R\cdot + H^+Z^-$$

式中，RH 为一些含活泼氢的物质，可以是体系中的溶剂或微量杂质 H_2O，也可以是外加醇类化合物等。由于生成的超强酸 H^+Z^- 的酸性强，同时酸根阴离子 Z^- 亲核性小，不易发生链终止反应，从而引发活性很高。以上两类鎓盐可引发乙烯基醚、苯乙烯、环氧树脂预聚物等的阳离子聚合，在光固化涂料工业中得到了广泛应用。

4.2.2.2 链增长

引发反应所生成的碳正离子与单体不断加成进行链增长反应，以 BF_3/H_2O 引发异丁烯聚合为例：

$$CH_3{-}\overset{CH_3}{\underset{CH_3}{C^+}}[BF_3OH]^- + CH_2{=}C\begin{matrix}CH_3\\CH_3\end{matrix} \xrightarrow{k_p} CH_3{-}\overset{CH_3}{\underset{CH_3}{C}}{-}CH_2{-}\overset{CH_3}{\underset{CH_3}{C^+}}[BF_3OH]^-$$

$$\xrightarrow{单体} CH_3{-}\overset{CH_3}{\underset{CH_3}{C}}{-}\left[CH_2{-}\overset{CH_3}{\underset{CH_3}{C}}\right]_n{-}CH_2{-}\overset{CH_3}{\underset{CH_3}{C^+}}[BF_3OH]^-$$

这种加成反应也可以看成是通过单体不断地在碳正离子与其反离子所形成的离子对间的插入而进行的。阳离子聚合链增长反应活化能较低，约为 20～25kJ/mol，略低于自由基聚合增长活化能，因此链增长反应速率很快。

不同于自由基聚合的单活性中心（自由基），阳离子聚合的链增长过程中经常存在两类活性中心：自由离子和离子对，而离子对又分紧密离子对和疏松离子对。因此，阳离子聚合实际上存在两种以上的活性中心，它们对聚合反应的影响非常复杂。不同形式的离子对具有不同的活性，而离子对的存在形式在很大程度上取决于反离子的性质和反应介质。

(1) 反离子效应 链增长过程中，来自引发体系带负电荷反离子的性质将会影响离子对的链增长反应活性。反离子亲核性越强，离子对越紧密，链增长活性越小。亲核性太大时，将使链增长终止，得不到聚合物。反离子体积也有影响，体积大，离子对疏松，链增长活性大。但到目前为止，仍然难以用实验证实反离子效应，这是由于某一单体在带不同反离子的引发剂下聚合时，所测动力学数据（聚合速率和链增长速率常数）中既有离子对的贡献，又有自由离子的贡献，二者难以区分。

(2) 溶剂效应 在阳离子聚合中，阳离子增长链与反离子之间可以以共价键、离子对乃至自由离子形式结合，彼此处于平衡状态。反应介质（溶剂）的性质主要是极性和溶剂化能力不同，可改变自由离子与离子对的相对浓度以及离子对结合的松紧程度，从而影响聚合反应的速率和分子量。溶剂的极性和溶剂化能力越强，越有利于生成溶剂分离的离子对和自由离子，结果链增长速率增加。表 4-2 列出碘引发对甲氧基苯乙烯在不同极性的溶剂中聚合时，所测得的表观链增长速率常数 k_p^{app}（同时考虑了离子对和自由离子对聚合速率的贡献），从低介电常数的四氯化碳到高介电常数的二氯甲烷，表观速率常数增大了两个数量级。

表 4-2 30℃下碘引发对甲氧基苯乙烯阳离子聚合的溶剂效应

溶剂	介电常数	k_p^{app}/[L/(mol·s)]
CCl_4	2.3	0.12
CH_2Cl_2/CCl_4(1/1)	5.2	0.31
CH_2Cl_2/CCl_4(3/1)	7.0	1.8
CH_2Cl_2	9.7	17

一些碱性溶剂，如醇、乙醚、THF、二甲基甲酰胺、吡啶等，虽然它们极性和溶剂化能力都强，但由于它们带有给电子基团，可以与阳离子链增长活性中心络合，反而会使自由离子或离子对的活性降低导致聚合速率下降，同时这类溶剂往往会和 Lewis 酸活化剂发生反应而使后者毒化，因此不适用于阳离子聚合。溶剂对链增长过程中的立体化学也有影响，将在后面讨论。

某些单体在进行阳离子聚合的链增长过程中，还伴随着链增长活性中心的异构化反应，其结果是在聚合物链上产生与单体结构不同的结构单元。异构化反应实际上是由于增长链碳正离子活性中心通过分子内 H^- 或 R^- 的转移而发生分子内重排引起的，重排的驱动力是生成热力学更稳定的阳离子。这种伴随增长链活性中心重排的聚合称为异构化聚合。例如3-甲基-1-丁烯的碳正离子聚合，依条件（温度）不同可以有两种不同结构的产物：

$$H_2C{=}CH{-}CH(CH_3)_2 \xrightarrow{R^+} RCH_2{-}\overset{+}{C}H{-}CH(CH_3)_2$$

$$RCH_2{-}\overset{+}{C}H{-}CH(CH_3)_2 \xrightarrow{\text{正常阳离子聚合}} {+}CH_2{-}CH(CH(CH_3)_2){+}_n$$

$$RCH_2{-}\overset{+}{C}H{-}CH(CH_3)_2 \xrightarrow{H^-\text{转移}} RCH_2{-}CH_2{-}\overset{+}{C}(CH_3)_2 \xrightarrow{\text{异构化聚合}} {+}CH_2{-}CH_2{-}C(CH_3)_2{+}_n$$

正常阳离子聚合的活化能比异构化聚合高，因此当聚合温度在−100℃以上时，以正常阳离子为主，而在−130℃低温时，则主要发生异构化聚合。另一种发生异构化聚合的单体是β-蒎烯：

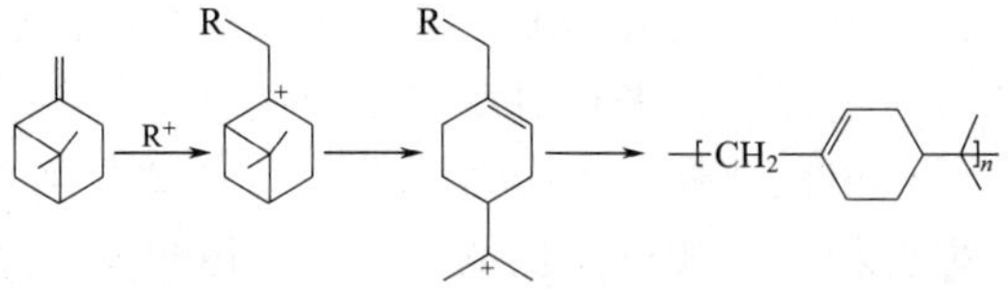

$$\xrightarrow{R^+} \longrightarrow \longrightarrow -\!\!\!\{CH_2-\}_n$$

其异构化反应的驱动力是通过开环可以释放张力较大的四元环的能量。

4.2.2.3 链转移和链终止

多种反应可使阳离子聚合的增长链失活，若动力学链被终止则是链终止，若增长链终止的同时，又再生出具引发活性的离子对，则是链转移。

(1) 链转移反应

① 向单体链转移。在阳离子聚合过程中，向单体的链转移是最主要且难以避免的链转移反应，其常见的方式是增长链阳离子的β-质子转移到单体分子上：

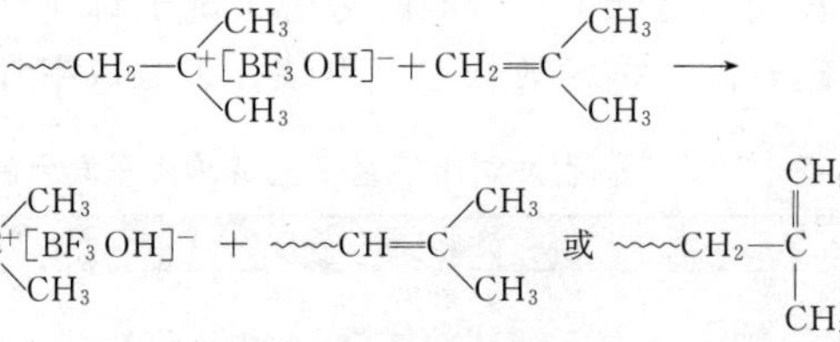

$$\sim\!\sim CH_2-\overset{+}{C}(CH_3)_2[BF_3OH]^- + CH_2{=}C(CH_3)_2 \longrightarrow$$

$$CH_3-\overset{+}{C}(CH_3)_2[BF_3OH]^- + \sim\!\sim CH{=}C(CH_3)_2 \text{ 或 } \sim\!\sim CH_2-C(=CH_2)-CH_3$$

另一种向单体链转移的方式是增长链阳离子从单体转移一个氢负离子：

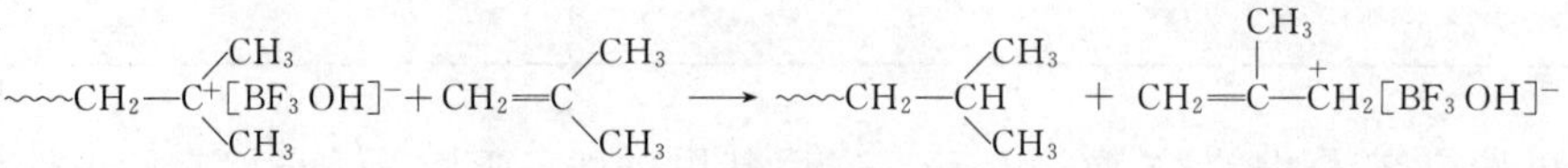

$$\sim\!\sim CH_2-\overset{+}{C}(CH_3)_2[BF_3OH]^- + CH_2{=}C(CH_3)_2 \longrightarrow \sim\!\sim CH_2-CH(CH_3)_2 + CH_2{=}C(CH_3)-\overset{+}{C}H_2[BF_3OH]^-$$

这种转移方式在活泼单体的阳离子聚合中较难发生，主要发生在丙烯、1-丁烯等不活泼α-烯烃的阳离子聚合中。由于再生的是一个烯丙基碳正离子，再引发活性低，实际上发生的是烯丙基终止反应。因此丙烯、1-丁烯等进行阳离子聚合时，单体转化率低，且只能得到油状低聚物。

在阳离子聚合中，极易发生向单体的链转移反应，其链转移常数C_M为$10^{-4}\sim10^{-2}$，比一般自由基聚合的（$10^{-5}\sim10^{-4}$）高得多，因此阳离子聚合产物的分子量一般较自由基聚合的要低。链转移与链增长是一对竞争反应，降低温度、提高反应介质的极性，有利于链增长反应，从而可提高产物分子量，这也是为什么阳离子聚合需在低温、极性溶剂下进行的原因。

② 向反离子链转移。增长链阳离子上的β-质子也可向反离子转移，这种转移方式又称自发终止：

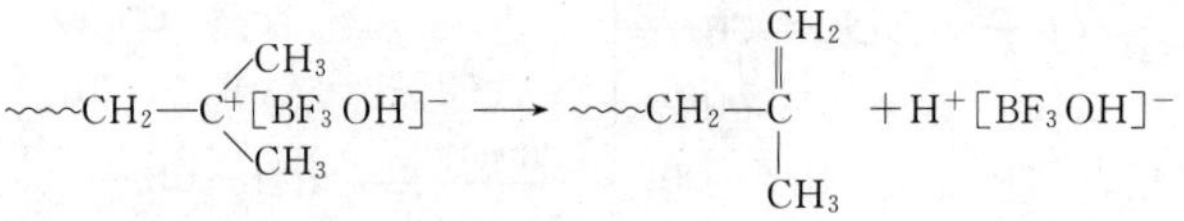

$$\sim\!\sim CH_2-\overset{+}{C}(CH_3)_2[BF_3OH]^- \longrightarrow \sim\!\sim CH_2-C(=CH_2)-CH_3 + H^+[BF_3OH]^-$$

③ 向溶剂链转移。如向芳烃溶剂的链转移反应：

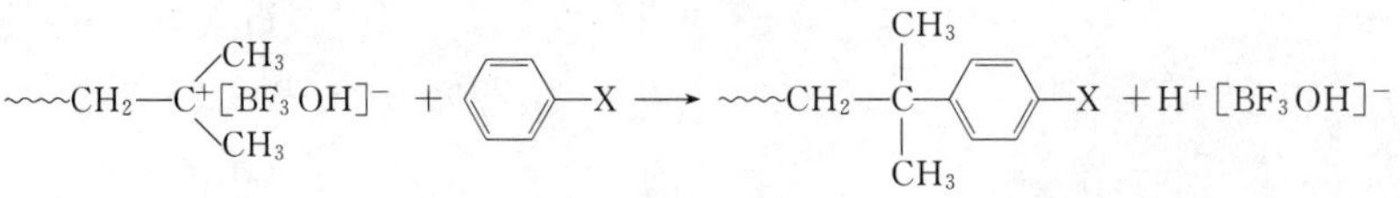

$$\sim\!\sim CH_2-\overset{+}{C}(CH_3)_2[BF_3OH]^- + C_6H_5-X \longrightarrow \sim\!\sim CH_2-C(CH_3)_2-C_6H_4-X + H^+[BF_3OH]^-$$

④ 向大分子链转移。在苯乙烯及其衍生物的阳离子聚合中，可通过分子内亲核芳香取代机理发生链转移：

$$\sim\sim CH_2-\underset{C_6H_5}{CH}-CH_2-\overset{+}{\underset{C_6H_5}{C}H}\,B^- \longrightarrow \sim\sim CH_2-CH-CH_2\text{（与苯环成环，茚满结构）} + H^+B^-$$

α-烯烃如丙烯的阳离子聚合中，增长链仲碳正离子可以夺取聚合物链上的叔碳氢而向大分子链转移：

$$\sim\sim CH_2-\overset{CH_3}{\underset{H}{C^+}} + \sim\sim CH_2-\overset{H}{\underset{CH_3}{C}}\sim\sim \longrightarrow \sim\sim CH_2-CH_2-CH_3 + \sim\sim CH_2-\overset{+}{\underset{CH_3}{C}}\sim\sim$$

（2）链终止反应

① 与反离子结合。用质子酸引发时，增长链阳离子与酸根反离子加成终止，例如在三氟乙酸引发苯乙烯的聚合中，便发生这种链终止反应：

$$\sim\sim CH_2-\overset{+}{\underset{C_6H_5}{C}H}[OCOCF_3]^- \longrightarrow \sim\sim CH_2-\underset{C_6H_5}{CH}-OCOCF_3$$

用 Lewis 酸引发时，一般是增长链阳离子与反离子中一部分阴离子碎片结合而终止，如 BF_3 引发异丁烯聚合时：

$$\sim\sim CH_2-\overset{CH_3}{\underset{CH_3}{C^+}}[BF_3OH]^- \longrightarrow \sim\sim CH_2-\overset{CH_3}{\underset{CH_3}{C}}-OH + BF_3$$

即增长链阳离子与反离子中的 OH^- 结合终止。但用 BCl_3 代替 BF_3 时，终止反应变为：

$$\sim\sim CH_2-\overset{CH_3}{\underset{CH_3}{C^+}}[BCl_3OH]^- \longrightarrow \sim\sim CH_2-\overset{CH_3}{\underset{CH_3}{C}}-Cl + BCl_2OH$$

此时增长链阳离子与反离子中的 Cl^- 而不是 OH^- 结合终止。造成以上差别的原因在于以下键强大小顺序：B—F>B—O>B—Cl。

当使用烷基卤化物/烷基铝引发时，可与反离子中的烷基负离子结合即烷基化终止：

$$\sim\sim CH_2-\overset{CH_3}{\underset{CH_3}{C^+}}[(CH_3CH_2)_3AlCl]^- \longrightarrow \sim\sim CH_2-\overset{CH_3}{\underset{CH_3}{C}}-CH_2CH_3 + (CH_3CH_2)_2AlCl$$

或与反离子中烷基的氢负离子结合即氢化终止：

$$\sim\sim CH_2-\overset{CH_3}{\underset{CH_3}{C^+}}[(CH_3CH_2)_3AlCl]^- \longrightarrow \sim\sim CH_2-\overset{CH_3}{\underset{CH_3}{C}}-H + CH_2{=}CH_2 + (CH_3CH_2)_2AlCl$$

当烷基铝的烷基上有 β-氢原子时，这种终止方式占优势。

② 与亲核性杂质的链终止。在聚合体系中，若存在一些亲核性杂质，如水、醇、酸、酐、酯、醚等，它们虽然可以作为质子或碳正离子源在 Lewis 酸活化下引发阳离子聚合。但它们的含量过高时，还会导致转移性链终止反应，以水为例：

$$\sim\sim CH_2-\overset{CH_3}{\underset{CH_3}{C^+}}[BF_3OH]^- + H_2O \longrightarrow \sim\sim CH_2-\overset{CH_3}{\underset{CH_3}{C}}-OH + H^+[BF_3OH]^-$$

$$H^+[BF_3OH]^- \xrightarrow{H_2O} [H_3O]^+[BF_3OH]^-\ \text{(无引发活性)}$$

即水可与链转移再生出的质子反应，生成无引发活性的氧鎓离子，此时过量的水实际上起到链终止剂的作用。

氨或有机胺也是阳离子聚合的终止剂，它们与增长链阳离子生成稳定无引发活性的季铵盐正离子：

$$\sim\!\sim M_n^+B^- + :NR_3 \longrightarrow \sim\!\sim M_n\overset{+}{N}R_3B^-$$

4.2.2.4 Inifer 试剂

Inifer 的含义是指同时具有引发（initiate）和转移（transfer）双重作用，具有这种功能的化合物称为 Inifer 试剂。如在枯基氯/三氯化硼体系引发的异丁烯阳离子聚合中，有以下反应存在[8]：

链引发、链增长

$$C_6H_5-C(CH_3)_2-Cl + BCl_3 \rightleftharpoons C_6H_5-C^+(CH_3)_2[BCl_4]^- \xrightarrow{CH_2=C(CH_3)_2} \sim\!\sim CH_2-C^+(CH_3)_2[BCl_4]^-$$

链转移（向枯基氯）

$$\sim\!\sim CH_2-C^+(CH_3)_2[BCl_4]^- + C_6H_5-C(CH_3)_2-Cl \longrightarrow \sim\!\sim CH_2-C(CH_3)_2-Cl + C_6H_5-C^+(CH_3)_2[BCl_4]^-$$

上述反应中，枯基氯为 Inifer 试剂，它即是引发剂，在 Lewis 酸 BCl_3 活化下引发异丁烯聚合，又充当链转移剂，且其链转移能力远远大于单体，这样避免了一般阳离子聚合中常见的向单体链转移反应，产生所谓定向链转移，其结果使生成的聚异丁烯末端上带有所望期的功能基 Cl 原子，通过化学反应，可容易地将 Cl 原子转换成其他功能基，合成带末端功能基的大分子，这便是 Inifer 技术的意义所在。

4.2.3 阳离子聚合动力学

4.2.3.1 动力学方程

由于阳离子聚合的链引发涉及引发剂和共引发剂间的复杂化学反应，又存在多种链增长活性中心，影响因素复杂。因此，阳离子聚合反应动力学比自由基聚合的要复杂得多，研究起来相当困难，至今还没有一套广泛适用的动力学方程，只能在特定的实验条件（主要是引发、终止方式）下，借用自由基聚合的稳态假设，建立近似的动力学方程。

如采用质子酸引发剂（HA）/共引发剂（C）的引发体系，链终止方式为与反离子结合的单分子终止，此时阳离子聚合基元反应及相应速率方程可用通式表示如下：

链引发

$$HA + C \overset{K}{\rightleftharpoons} H^+(CA)^- \ (K\ \text{为平衡常数})$$

$$H^+(CA)^- + M \xrightarrow{k_i} HM^+(CA)^-$$

$$R_i = k_i[H^+(CA)^-][M] = k_iK[HA][C][M] \tag{4-1}$$

链增长

$$M_n^+(CA)^- + M \xrightarrow{k_p} M_{n+1}^+(CA)^-$$

以 $[M^+]$ 表示所有链增长活性中心的总浓度，则

$$R_p = k_p[M^+][M] \tag{4-2}$$

链终止

$$M_{n+1}^{+}(CA)^{-} \xrightarrow{k_t} M_{n+1}CA$$

$$R_t = k_t[M^+]$$

假设反应达到稳态，$[M^+]$ 保持不变，则 $R_i = R_t$，因此

$$[M^+] = Kk_i[HA][C][M]/k_t \tag{4-3}$$

把式(4-3) 代入式(4-2) 得阳离子聚合动力学方程：

$$R_p = \frac{Kk_ik_p}{k_t}[HA][C][M]^2 \tag{4-4}$$

上式表明，阳离子聚合速率对引发剂和共引发剂浓度均呈一级反应，对单体浓度呈二级反应。

一种特殊的情况是共引发剂过量或其浓度远远大于引发剂浓度，此时 $R_i = k_i[HA][M]$，阳离子聚合动力学方程则变为

$$R_p = \frac{k_ik_p}{k_t}[HA][M]^2 \tag{4-5}$$

无链转移反应时，动力学链长 ν 等于平均聚合度：

$$\nu = \overline{X}_n = \frac{R_p}{R_t} = \frac{k_p[M]}{k_t} \tag{4-6}$$

即聚合度与引发剂、共引发剂浓度无关，与单体浓度成正比。

当存在链转移反应且以向单体链转移为主时，

$$\overline{X}_n = \frac{R_p}{R_t + R_{tr,M}} = \frac{k_p[M^+][M]}{k_t[M^+] + k_{tr,M}[M^+][M]} = \frac{k_p[M]}{k_t + k_{tr,M}[M]} \tag{4-7}$$

或

$$\frac{1}{\overline{X}_n} = \frac{k_t}{k_p[M]} + C_M$$

式中，$C_M = k_{tr,M}/k_p$，即向单体链转移常数。若向单体链转移速率远远大于链终止速率，即 $R_{tr,M} \gg R_t$，则

$$\overline{X}_n = \frac{R_p}{R_t + R_{tr,M}} \approx \frac{R_p}{R_{tr,M}} = \frac{1}{C_M} \tag{4-8}$$

同样，当向溶剂或转移剂（S）的链转移速率很大时，

$$\overline{X}_n = \frac{R_p}{R_{tr,S}} = \frac{k_p[M]}{k_{tr,S}[S]} = \frac{[M]}{C_S[S]} \tag{4-9}$$

式中，C_S为溶剂或转移剂的链转移常数。

从上述一组阳离子聚合动力学方程式中，我们可以看到它和自由基聚合的动力学行为不一样。主要差别在于：①阳离子聚合反应速率与引发剂浓度的一次方成正比，而自由基聚合速率则与引发剂浓度的平方根成正比；②阳离子聚合反应的动力学链长（无链转移时的平均聚合度）仅与单体浓度成正比，而与引发剂浓度或聚合速率无关，而自由基聚合反应中的动力学链长则与引发剂浓度或聚合速率成反比。

要注意的是理论上推导的阳离子聚合动力学方程与实验结果往往有出入，最重要的原因是阳离子聚合的引发速率很快，稳态条件不存在，另外，增长活性中心的性质也不确定。

4.2.3.2　温度对聚合速率及聚合物分子量的影响

由阳离子聚合动力学方程式(4-4) 和式(4-6) 可以得出聚合反应速率活化能 E_R 和平均聚合度活化能 $E_{\overline{X}_n}$ 为

$$E_R = E_i + E_p - E_t \tag{4-10}$$

$$E_{\overline{X}_n} = E_p - E_t \tag{4-11}$$

式中，E_i、E_p、E_t分别为链引发、链增长和链终止阶段的活化能。若在阳离子聚合中，链转移是导致大分子生成的主要反应时，式(4-11) 中的E_t应用链转移活化能E_{tr}来代替：

$$E_{\overline{X}_n} = E_p - E_{tr} \tag{4-12}$$

由于阳离子聚合的链增长活化能较小，而链引发活化能和链终止活化能一般较链增长活化能大，所以聚合速率活化能较小，E_R值一般在$-20\sim+40$kJ/mol之间。大多数情况下，$E_R<0$，则往往出现聚合温度降低，聚合速率反而加快的反常现象。但由于E_R绝对值较自由基聚合速率活化能（约84kJ/mol）要小得多，因此从聚合速率对温度的依赖性而言，阳离子聚合要远远小于自由基聚合。

由于链终止或链转移活化能总是比链增长活化能大，从式(4-11) 或式(4-12) 可知，聚合度活化能$E_{\overline{X}_n}$总是负值，所以温度升高，链终止或链转移加快，分子量下降，这是阳离子聚合多在低温下进行的原因。

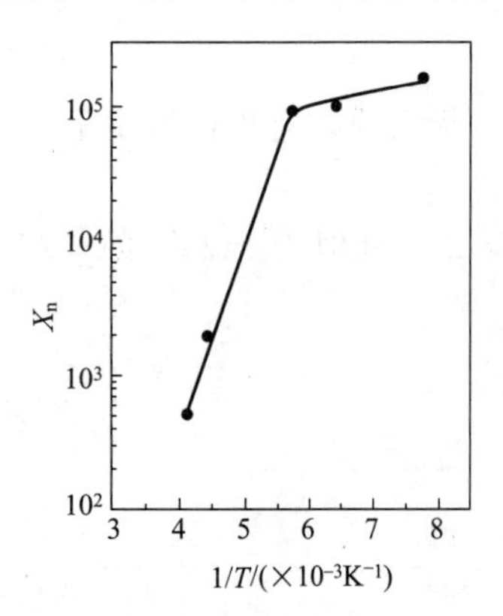

图 4-1 $AlCl_3$引发异丁烯聚合时聚合度与温度的依赖关系

温度对聚合度的影响有时表现得较为复杂，如图 4-1 是在二氯乙烷溶液中用$AlCl_3$引发异丁烯聚合时聚合度与温度的关系曲线。温度降低，聚合度上升。但在不同的温度范围内，聚合度与温度的依赖关系不同，由图可见，在-100℃附近出现转折。这是由于链转移反应的方式不同而引起的，在-100℃以下时为向单体链转移，而在-100℃以上时为向溶剂链转移。不同链转移的活化能不一样，则聚合度对温度的依赖程度也不同。

4.2.4 阳离子聚合工业应用——聚异丁烯和丁基橡胶

阳离子聚合实际应用的例子很少，这一方面是因为适合于阳离子聚合单体种类少，另一方面其聚合条件苛刻，如需在低温、高纯有机溶剂中进行，这限制了它在工业上的应用。聚异丁烯和丁基橡胶是工业上用阳离子聚合的典型产品。

异丁烯的主要来源是石油加工产物裂化气体中提出的C_4馏分。Lewis 酸是异丁烯阳离子聚合常用引发剂，不同 Lewis 酸，引发活性不同。如在-80℃下，用BF_3/H_2O引发聚合时，异丁烯瞬间（几秒钟）聚合完全，转化率接近 100%，而用$TiCl_4/H_2O$引发聚合时，反应要 12h 才渐完全。引发体系中的水一般是单体异丁烯本身所含的极微量杂质水，有时也需有意识地吹入湿空气或湿氮气。

温度是影响异丁烯阳离子聚合产物分子量的主要因素。在$-40\sim0$℃下聚合，得到的是低分子量（$M_n<5\times10^4$）油状或半固体状低聚物，可用作润滑剂、增黏剂、增塑剂等。在-100℃以下聚合时，则可得到高分子量聚异丁烯［$M_n=5\times(10^4\sim10^6)$］，它是橡胶状固体，可用作黏合剂、管道衬里及塑料改性剂等。

聚异丁烯虽然有一定的弹性，但由于它分子中没有可供硫化交联的双键，以致不能直接作弹性体（橡胶）使用。若将异丁烯与少量异戊二烯（为异丁烯的 1.5%～4.5%）共聚，便可得到较易硫化加工的丁基橡胶：

$$H_2C{=}C(CH_3)_2 + H_2C{=}C(CH_3){-}CH{=}CH_2 \xrightarrow[-100℃]{AlCl_3} \lbrack\!\lbrack (CH_2{-}C(CH_3)_2)_x (CH_2{-}C(CH_3){=}CH{-}CH_2)_y \rbrack\!\rbrack_n$$

工业上以 CH_3Cl 为溶剂，同时也作碳正离子源引发剂，$AlCl_3$ 作共引发剂，在 $-100℃$ 下聚合，聚合几乎瞬间完成，产物丁基橡胶以细粉状从 CH_3Cl 中沉淀下来。丁基橡胶的主要特点是气密性好，比天然橡胶强4～10倍，所以主要用途是作内胎、探空气球及其他气密性材料。由于大量侧甲基的存在，影响了高分子链的柔顺性，故其弹性较其他类橡胶低，而不宜制造外胎。

4.3 阴离子聚合

4.3.1 阴离子聚合单体

阴离子聚合单体除某些含杂原子的环状单体外，主要是带吸电子取代基的 α-烯烃和共轭烯烃。前一类单体的阴离子聚合属开环聚合，将另章讨论，后两类单体根据它们的聚合活性分为四组。

A组（高活性）：

$H_2C{=}C(CN)_2$　偏二氰乙烯

$H_2C{=}C(CN)COOC_2H_5$　α-氰基丙烯酸乙酯

$H_2C{=}CH(NO_2)$　硝基乙烯

B组（较高活性）：

$H_2C{=}CH{-}CN$　丙烯腈

$H_2C{=}C(CH_3){-}CN$　甲基丙烯腈

$H_2C{=}CH{-}C({=}O){-}CH_3$　甲基丙烯酮

C组（中活性）：

$H_2C{=}CH{-}COOCH_3$　丙烯酸甲酯

$H_2C{=}C(CH_3){-}COOCH_3$　甲基丙烯酸甲酯

D组（低活性）：

$H_2C{=}CH{-}C_6H_5$　苯乙烯

$H_2C{=}C(CH_3){-}C_6H_5$　α-甲基苯乙烯

$H_2C{=}CH{-}CH{=}CH_2$　丁二烯

$H_2C{=}C(CH_3){-}CH{=}CH_2$　异戊二烯

以上单体的阴离子聚合活性顺序，实际上与单体取代基吸电子性的强弱顺序是一致的。下面将讨论到，高活性单体用活性很弱的引发剂就可被引发，而低活性单体只有用强活性引发剂才能被引发。

4.3.2 阴离子聚合机理

4.3.2.1 链引发反应

按引发机理不同，可将阴离子聚合的引发反应分为两大类：电子转移引发和亲核加成引发。前者所用引发剂是可提供电子的物质，后者则采用能提供阴离子的阴离子型或中性亲核试剂作为引发剂[9]。

(1) 电子转移引发 碱金属原子将其外层价电子转移给单体或其他物质，生成阴离子聚合活性种，因此称电子转移引发剂。根据电子转移的方式不同，又分为电子直接转移引发和电子间接转移引发。

① 电子直接转移引发。碱金属 Li、Na、K 等将外层价电子直接转移给单体，生成单体自由基阴离子，它不稳定，双基立刻偶合成可进行双向链增长反应的双阴离子活性中心：

$$Na + H_2C{=}\underset{\displaystyle C_6H_5}{\underset{|}{CH}} \longrightarrow {}^{\bullet}CH_2{-}\underset{\displaystyle C_6H_5}{\underset{|}{CH^-}}\ Na^+$$

$$2\,{}^{\bullet}CH_2{-}\underset{\displaystyle C_6H_5}{\underset{|}{CH^-}}\ Na^+ \longrightarrow Na^{+-}\underset{\displaystyle C_6H_5}{\underset{|}{CH}}{-}CH_2{-}CH_2{-}\underset{\displaystyle C_6H_5}{\underset{|}{CH^-}}\ Na^+$$

由于碱金属的价电子非常活泼，很容易失去，转移给单体，所以碱金属的引发活性很高。但碱金属一般不溶于单体或溶剂，是非均相引发体系，引发剂利用率不高，导致引发反应较慢。一般可将金属分散成小颗粒或在反应器内壁上涂成薄层（金属镜）来增加金属的表面积，以提高引发速率。

② 电子间接转移引发。在极性溶剂如 THF 中，碱金属与多环芳烃反应形成带有颜色的可溶性复合物，最常见的如萘钠复合物，它能引发单体进行阴离子聚合。其机理是金属钠把电子转移给萘，生成萘的自由基阴离子复合物，它再将电子转移给单体，形成单体的自由基阴离子，并立刻偶合成双阴离子活性中心：

$$Na + C_{10}H_8 \xrightarrow{THF} [C_{10}H_8]^{\bullet -}\ Na^+\ (\text{绿色})$$

$$[C_{10}H_8]^{\bullet -}\ Na^+ + H_2C{=}\underset{\displaystyle C_6H_5}{\underset{|}{CH}} \longrightarrow {}^{\bullet}CH_2{-}\underset{\displaystyle C_6H_5}{\underset{|}{CH^-}}\ Na^+ + C_{10}H_8$$

$$2\,{}^{\bullet}CH_2{-}\underset{\displaystyle C_6H_5}{\underset{|}{CH^-}}\ Na^+ \longrightarrow Na^{+-}\underset{\displaystyle C_6H_5}{\underset{|}{CH}}{-}CH_2{-}CH_2{-}\underset{\displaystyle C_6H_5}{\underset{|}{CH^-}}\ Na^+$$

在整个过程中，萘相当于中间媒介，将电子从钠转移给单体苯乙烯，即是一种间接的电子转移引发。由于萘钠复合物溶于溶剂，可以和单体均相混合，这就克服了单用碱金属由于非均相而效率低的局限性。

(2) 亲核加成引发 相应的引发剂是一些能提供碳负离子、烷氧阴离子和氮阴离子等引发活性中心的阴离子型亲核试剂或中性分子亲核试剂，常用的品种如下。

① 碱金属烷基化合物。碱金属烷基化合物包括烷基钠、烷基钾、烷基锂等，其中最常用的是烷基锂如正丁基锂，其引发活性很强，引发能力与上面介绍的碱金属相当。由于正丁基锂制备容易（可通过金属锂与 *n*-氯丁烷在己烷或庚烷介质中直接反应获得），且可溶于多种极性和非极性溶剂，所以在理论研究和实际中应用较多。它对苯乙烯的引发作用可表示为：

$$C_4H_9^-\ Li^+ + H_2C{=}\underset{\displaystyle C_6H_5}{\underset{|}{CH}} \longrightarrow C_4H_9{-}CH_2{-}\underset{\displaystyle C_6H_5}{\underset{|}{CH^-}}\ Li^+$$

需要指出的是，由于 Li 具有一定的电负性，正丁基锂中的 C—Li 键被认为部分是离子键，部分是共价键。在醚类极性溶剂中离子键是主要的，且以未缔合的 C_4H_9Li 形式存在。

而在烃类或非极性溶剂中共价键占优势，并按缔合状态 $(C_4H_9Li)_6$ 形式存在。正丁基锂未缔合的形式较缔合的形式活泼得多，因而引发活性要高。

在非极性溶剂中，缔合子与解离子处于动态平衡，使引发反应的级数出现分数。如在苯中，正丁基锂通过下列解离平衡进行引发：

$$(n\text{-}C_4H_9Li)_6 \xrightleftharpoons{\text{苯}} 6n\text{-}C_4H_9Li$$

$$n\text{-}C_4H_9Li + M \xrightarrow{k_i} n\text{-}C_4H_9M^- Li^+$$

因此，$R_i \propto [(n\text{-}C_4H_9Li)_6]^{1/6}$。可以预料，在苯中加入少量 THF，就能使上述平衡向右移动，促使丁基锂解离，因而引发聚合速率成倍提高。

② 金属胺。这类化合物提供氮阴离子引发聚合，代表性的化合物是氨基钾，在强极性介质液氨中，它几乎离解成 NH_2^- 自由离子，引发聚合：

$$KNH_2 \xrightleftharpoons{\text{苯}} NH_2^- + K^+$$

$$NH_2^- + H_2C{=}CH(C_6H_5) \longrightarrow NH_2{-}CH_2{-}CH^-(C_6H_5)$$

③ 含烷氧阴离子化合物。如 ROK、RONa、ROLi 等，解离出烷氧阴离子引发聚合，如乙醇钠：

$$C_2H_5O^- Na^+ + H_2C{=}CH(CN) \longrightarrow C_2H_5O{-}CH_2{-}CH^-(CN)\ Na^+$$

④ 中性分子亲核试剂。R_3P（膦）、R_3N、吡啶、ROH、H_2O 等中性亲核试剂，都有未共用电子对，为 Lewis 碱，可以通过亲核加成机理引发阴离子聚合，但它们的引发活性较低，只能用于活泼单体的聚合，如活性很高的 α-氰基丙烯酸乙酯遇水可以被引发聚合：

$$H_2C{=}C(CN)(COOC_2H_5) + H_2O \longrightarrow H_2O^+{-}CH_2{-}C^-(CN)(COOC_2H_5)$$

在确定阴离子聚合的单体/引发剂组合时，必须考虑它们之间的活性匹配，即强碱性高活性引发剂能引发各种活性的单体聚合，而弱碱性低活性引发剂只能引发高活性的单体聚合，具体匹配关系见表 4-3。

表 4-3　常见阴离子聚合单体与引发剂的活性匹配关系

引发剂活性	高	较　高	中	低
引发剂	K、Na 萘钠复合物 KNH_2、RLi	RMgX t-BuOLi	ROK RONa ROLi	吡啶 R_3N H_2O
匹配关系				
单体	苯乙烯 α-甲基苯乙烯 丁二烯 异戊二烯	丙烯酸甲酯 甲基丙烯酸甲酯	丙烯腈 甲基丙烯腈 甲基丙烯酮	偏二氰乙烯 α-氰基丙烯酸乙酯 硝基乙烯
单体活性	低	中	较高	高

4.3.2.2 链增长反应

经链引发反应产生的阴离子活性中心不断与单体加成进行链增长，如丁基锂引发苯乙烯阴离子聚合的链增长反应如下：

$$C_4H_9CH_2\underset{\substack{| \\ C_6H_5}}{CH^-}\ Li^+ + H_2C{=}\underset{\substack{| \\ C_6H_5}}{CH} \longrightarrow C_4H_9CH_2\underset{\substack{| \\ C_6H_5}}{CH}CH_2\underset{\substack{| \\ C_6H_5}}{CH^-}\ Li^+ \xrightarrow{单体} C_4H_9CH_2\underset{\substack{| \\ C_6H_5}}{CH}{+}CH_2{-}\underset{\substack{| \\ C_6H_5}}{CH}{+}_n CH_2{-}\underset{\substack{| \\ C_6H_5}}{CH^-}\ Li^+$$

和阳离子聚合一样，阴离子聚合的链增长活性中心也是自由离子和松紧程度不一的离子对，它们处于动态平衡中：

$$\sim\!\sim M^-\ B^+ \overset{K}{\rightleftharpoons} \sim\!\sim M^- + B^+$$

溶剂和反离子的性质都会对上述平衡产生影响，从而显著改变链增长速率。溶剂的极性增强，上述平衡向右移动，体系中自由离子的相对浓度增加，同时离子对的结合变松，二者都使链增长速率加快。

反离子（一般为碱金属离子）的影响较为复杂，在高极性溶剂和低极性溶剂中的影响方向正好相反。在极性溶剂中，溶剂化作用对活性中心离子形态起着决定性作用，金属离子越小，越易溶剂化，平衡向右移动，自由离子浓度增加，链增长变快。但在低极性溶剂中，溶剂化作用十分微弱以至离子对的离解可以忽略，链增长活性中心主要是离子对，此时增长链碳负离子与反离子之间的库仑力对活性中心离子对的存在形态起决定性作用。金属离子越小，它与碳负离子的库仑力增强，离子对结合越紧密而使活性减小，增长速率反而下降。

表 4-4 给出了用不同烷基金属引发剂分别在高极性溶剂四氢呋喃和低极性溶剂二氧六环中，引发苯乙烯阴离子聚合的链增长速率常数，表中数据显示以上溶剂和反离子对增长速率的影响规律。在高极性溶剂四氢呋喃中，离子对和自由离子活性中心共存，可同时测得离子对活性中心链增长速率常数 $k_p^{\mp}$ 和自由离子活性中心链增长速率常数 k_p^-，k_p^- 值是 $k_p^{\mp}$ 值的 $10^2 \sim 10^3$ 倍，说明自由离子的活性远远高于离子对。当反离子是 Li^+ 时，从平衡常数 K 值计算出的自由离子浓度仅占整个链增长活性中心浓度的 1.5%。但是，再根据 k_p^- 和 $k_p^{\mp}$ 值计算可知，整个链增长速率中 90% 是由自由离子贡献的，即自由离子消耗了 90% 的单体。因此，自由离子浓度虽然很低，但它对聚合的贡献却是主要的。在低极性溶剂二氧六环中，用电导检测不出自由离子的存在，即活性中心主要是离子对，因此只能获得离子对活性中心链增长速率常数 $k_p^{\mp}$，由于活性高的自由离子的浓度为零，因而聚合速率较四氢呋喃中要低得多。从表 4-4 数据还可以看出，在四氢呋喃中，反离子从 Li^+ 到 Cs^+，体积逐渐增大，离子对离解平衡常数 K 逐渐变小，$k_p^{\mp}$ 不断降低。相反，在二氧六环中，离子对的活性随反离子体积增大而增大，因此观察到反离子从 Li^+ 到 Cs^+，$k_p^{\mp}$ 反而逐渐增大。

表 4-4 溶剂和反离子对苯乙烯阴离子聚合的影响

反离子	在四氢呋喃(ε=7.2)中聚合			在二氧六环(ε=2.2)中聚合
	$K/(\times10^{-7}$ mol/L)	$k_p^{\mp}$/[L/(mol·s)]	k_p^-/[L/(mol·s)]	$k_p^{\mp}$/[L/(mol·s)]
Li^+	2.2	160	6.5×10^4	0.94
Na^+	1.5	80		3.4
K^+	0.8	60～80		19.8
Rb^+	0.1	50～80		21.5
Cs^+	0.02	22		24.5

前面已指出，烷基锂 RLi 引发剂在非极性溶剂中会发生缔合现象，这种缔合现象在链增长过程中也会出现，增长活性链可缔合成二聚体：

$$2\sim\sim CH_2\underset{\substack{|\\R}}{C}H^- Li^+ \longrightarrow \sim\sim CH_2\underset{\substack{|\\R}}{C}H \overset{Li}{\underset{Li}{\rightleftharpoons}} \underset{\substack{|\\R}}{C}HCH_2\sim\sim$$

其结果使链增长活性中心的活性下降。而在极性溶剂中，则不发生上述缔合反应。用黏度法和光散射法已证明上述二聚体的存在：在单体 100%转化后，加水终止聚合，所得聚合物的分子量是终止前的二分之一。

与阳离子聚合类似，阴离子聚合过程中也可能发生活性链的异构现象，导致异构化聚合。典型的例子如以叔丁醇钠引发丙烯酰胺聚合时，得不到聚丙烯酰胺，而是 β-氨基丙酸，也就是聚酰胺-3：

$$nH_2C{=}\underset{\substack{|\\CONH_2}}{CH} \xrightarrow{NaOC_4H_9} \text{⫷}CH_2CH_2\overset{\substack{O\\\|}}{C}NH\text{⫸}_n$$

异构化聚合过程可表示如下：

$$C_4H_9O^- + H_2C{=}\underset{\substack{|\\CONH_2}}{CH} \longrightarrow C_4H_9O{-}CH_2\underset{\substack{|\\CONH_2}}{CH^-} \xrightarrow{H^+转移}$$

$$C_4H_9O{-}CH_2CH_2\overset{\substack{O\\\|}}{C}NH^- \xrightarrow{H_2C{=}CHCONH_2} C_4H_9O{-}CH_2CH_2\overset{\substack{O\\\|}}{C}NH{-}CH_2\underset{\substack{|\\CONH_2}}{CH^-} \xrightarrow{H^+转移}$$

$$C_4H_9O{-}CH_2CH_2\overset{\substack{O\\\|}}{C}NH{-}CH_2CH_2\overset{\substack{O\\\|}}{C}NH^-\cdots\cdots \longrightarrow \text{⫷}CH_2CH_2\overset{\substack{O\\\|}}{C}NH\text{⫸}_n$$

在聚合过程中，得到的碳负离子通过 H^+ 转移不断地发生分子内重排，成为较稳定的酰胺负离子。

4.3.2.3 链转移和链终止

与自由基聚合、阳离子聚合相比，阴离子聚合难以发生链转移和链终止反应。其原因如下：①活性链带有相同电荷，由于静电排斥作用，不能发生双基终止反应；②活性链碳负离子的反离子常为金属离子，而不是离子团，它一般不能从其中夺取某个原子或 H^+ 而终止；③向单体链转移需要通过活化能很高的脱去 H^- 反应，通常也不易发生：

$$\sim\sim CH_2\underset{\substack{|\\R}}{CH^-}\ B^+ + H_2C{=}\underset{\substack{|\\R}}{CH} \xrightarrow{难} \sim\sim \underset{\substack{|\\R}}{CH}{=}CH + CH_3\underset{\substack{|\\R}}{CH^-}\ B^+$$

因此，大多数阴离子聚合反应，尤其是非极性烯烃类单体如苯乙烯、丁二烯等的阴离子聚合，如果体系无杂质存在，是没有链转移和链终止反应的。链增长反应通常从一开始到单体耗尽为止，形成所谓“活”的聚合物，相应聚合被称为活性聚合。有关活性聚合将在第 7 章详细叙述。

当体系中存在杂质或人为加入终止剂时，阴离子聚合则发生链终止反应，例如 O_2 或 CO_2 与增长的碳负离子反应：

$$\sim\sim CH_2\underset{\substack{|\\R}}{CH^-}\ B^+ + O_2 \longrightarrow \sim\sim CH_2\underset{\substack{|\\R}}{CH}OO^-\ B^+$$

$$\sim\sim CH_2\underset{\substack{|\\R}}{CH^-}\ B^+ + CO_2 \longrightarrow \sim\sim CH_2\underset{\substack{|\\R}}{CH}COO^-\ B^+$$

生成的氧负离子或羧酸根负离子没有足够的碱性引发单体聚合，因此实际上是终止反应。水是一种活泼的链转移剂：

$$\sim\sim CH_2\underset{\displaystyle R}{\underset{|}{C}}H^-\ B^+ + H_2O \longrightarrow \sim\sim CH_2\underset{\displaystyle R}{\underset{|}{C}}H_2 + HO^-\ B^+$$

氢氧根阴离子通常没有足够的亲核性，不能再引发聚合反应，因而使动力学链终止，即实际上是链终止反应。

极性单体如甲基丙烯酸甲酯、丙烯腈等，其极性侧基容易与增长的碳负离子反应使聚合终止，如在甲基丙烯酸阴离子聚合中，增长链会与单体的羰基亲核加成而失活：

$$\sim\sim CH_2-\underset{\displaystyle COOCH_3}{\underset{|}{\overset{\displaystyle CH_3}{\overset{|}{C}}}}{}^-Li^+ \ + \ H_2C=\underset{\displaystyle COOCH_3}{\underset{|}{\overset{\displaystyle CH_3}{\overset{|}{C}}}} \longrightarrow \sim\sim CH_2-\underset{\displaystyle COOCH_3}{\underset{|}{\overset{\displaystyle CH_3}{\overset{|}{C}}}}-\overset{\displaystyle O}{\overset{\|}{C}}-\overset{\displaystyle CH_3}{\overset{|}{C}}=CH_2 + CH_3O^-\ Li^+$$

因此与非极性单体相反，极性单体的阴离子聚合还是容易发生链转移、链终止反应[10,11]，如何避免这些反应也将在第7章活性聚合中讨论。

由于微量 H_2O、O_2、CO_2 等都能使阴离子聚合反应终止，因此阴离子聚合须在高真空或惰性气氛、试剂和反应器都非常洁净的条件下进行。

4.3.3 阴离子聚合动力学

4.3.3.1 聚合速率

大多数非极性烯烃类单体的阴离子聚合是没有链转移和链终止反应的，且使用极性溶剂时，链引发相对于链增长要快，因此聚合速率可用链增长速率表示：

$$R_p = k_p[M^-][M] \tag{4-13}$$

式中，$[M^-]$ 表示增长链阴离子活性中心的总浓度。阴离子聚合的链增长实际上包括自由离子和离子对两种活性中心的增长，所以增长速率的表达式应为

$$R_p = k_p^-[P^-][M] + k_p^{\mp}[P^-B^+][M] \tag{4-14}$$

式中，k_p^- 和 $k_p^{\mp}$ 分别是自由离子和离子对的链增长速率常数；$[P^-]$ 和 $[P^-B^+]$ 分别是自由离子和离子对的浓度。而在式(4-13) 中未将两种不同的活性中心加以区分，用 $[M^-]$ 表示两种增长活性中心（自由离子和离子对）的总浓度。此时，速率常数 k_p 值实际上是表观速率常数 k_p^{app}，这样式(4-13) 应改写成

$$R_p = k_p^{app}[M^-][M] \tag{4-15}$$

比较式(4-14) 和式(4-15) 得到

$$k_p^{app} = \frac{k_p[P^-] + k_p^{\mp}[P^-B^+]}{[M^-]} \tag{4-16}$$

两种增长活性中心即离子对和自由离子按下式达成平衡：

$$P^-B^+ \overset{K}{\rightleftharpoons} P^- + B^+$$

离子对和自由离子的浓度取决于解离平衡常数 K：

$$K = \frac{[P^-] + [B^+]}{[P^-B^+]} \tag{4-17}$$

如果不外加离子，则 $[P^-]=[B^+]$，代入式(4-17) 得

$$[P^-] = (K[P^-B^+])^{1/2} \tag{4-18}$$

大部分情况下，解离程度非常小（即 K 很小），离子对浓度接近于增长链活性中心总浓度 $[M^-]$，式(4-18) 可简化成

$$[P^-] = (K[M^-])^{1/2} \tag{4-19}$$

则离子对的浓度相应地可用下式表示

$$[P^-B^+]=[M^-]-(K[M^-])^{1/2} \tag{4-20}$$

综合式(4-16)、式(4-19)和式(4-20)得

$$k_p^{app}=k_p^{\mp}+\frac{(k_p^- -k_p^{\mp})K^{1/2}}{[M^-]^{1/2}} \tag{4-21}$$

通过实验测得聚合速率，再根据式(4-15)可求得 k_p^{app}。在一些文献或书籍中，除非特别指出是自由离子或离子对的速率常数，否则所列举的都是表观速率常数 k_p^{app}，用它也可以说明离子聚合的某种倾向，如溶剂或温度对反应速率的影响等。

知道 k_p^{app} 后，自由离子和离子对的速率常数则可根据式(4-21)求得。方法是用 k_p^{app} 对 $[M^-]^{-1/2}$（$[M^-]$ 实际上等于引发剂浓度）作图得一条直线（图 4-2），其截距为 $k_p^{\mp}$，斜率为 $(k_p^- -k_p^{\mp})K^{1/2}$。由电导法测得平衡常数 K 后，可再求出 k^-。

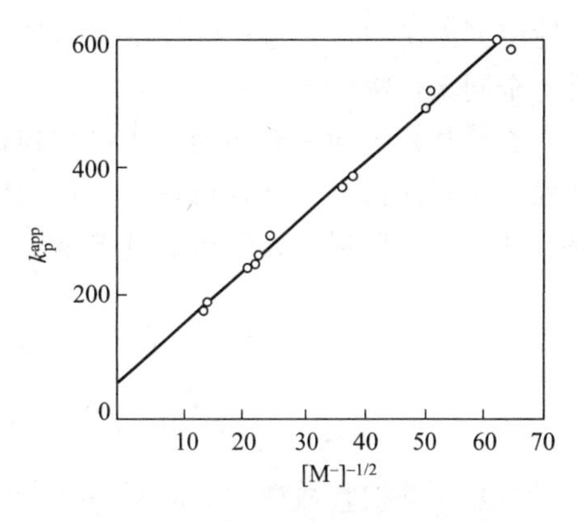

图 4-2　20℃下，3-甲基四氢呋喃中萘钠引发苯乙烯聚合反应

4.3.3.2　温度对链增长速率的影响

温度对阴离子聚合链增长反应的影响复杂，既影响自由离子与离子对的相对浓度，又影响它们各自的链增长速率常数。温度对链增长速率常数 k_p^- 和 $k_p^{\mp}$ 的影响同对所有速率常数一样，提高温度使 k_p^- 和 $k_p^{\mp}$ 同时增加，这对链增长反应是有利的。但由于离子对的离解是在溶剂的溶剂化作用下实现的，该过程的活化能为负值，因此离解平衡常数 K 随温度升高反而降低，自由离子的相对浓度也随之下降，这对链增长反应又是不利的。可见，温度对链增长反应速率影响具有二重性。通过链增长速率对温度的依赖关系实验可测得链增长反应的表观活化能，其值一般是较小的正值，表明总的效果还是聚合速率随温度的升高而有所增加。

在不同极性的溶剂中，聚合速率对温度的依赖程度不一样。在强极性溶剂中，溶剂化作用较强，K 值随温度变化也较大，温度对 K 值的影响几乎与对 k_p^- 和 $k_p^{\mp}$ 的影响相互抵消，因此表观活化能就较低，此时聚合速率对温度的变化就不敏感。而在弱极性溶剂中，溶剂化作用较弱，温度对 K 的影响小，温度对 K 值的影响不能与对 k_p^- 和 $k_p^{\mp}$ 的影响相互抵消，因此表观活化能相对较大，聚合速率对温度依赖性有所加强。例如钠引发苯乙烯阴离子聚合时的表观活化能，在溶剂化能力弱的二氧六环中为 37kJ/mol，而在溶剂化能力强的四氢呋喃中仅为 4.2kJ/mol。

4.4　离子聚合的立体化学

同自由基聚合反应比较，离子聚合更易得到立构规整的聚合物。溶剂的极性、反离子的性质和温度是影响离子聚合产物立构规整性的主要因素。

在极性溶剂中进行离子型聚合，离子对较松甚至离解成自由离子，链增长活性中心与单体加成时在空间方向上不受任何限制，因而生成聚合物的立构规整性较差，与自由基聚合差不多。相反，在非极性或弱极性溶剂中活性中心为紧密离子对，链增长时单体插入离子对之间受到空间方向上的某种限制，因而生成聚合物的立构规整性较好。降低温度有利于提高产物的立构规整性。

4.4.1 阳离子定向聚合

有关阳离子定向聚合，研究得最多的是乙烯基醚类单体。以 BF_3OEt_2 为引发剂，在非极性溶剂丙烷中、低温－60℃下进行乙烯基异丁醚阳离子聚合，得到结晶性聚合物，并被证明是全同聚合物。

乙烯基醚定向聚合物的生成机理到目前为止仍有争论，最常用来解释乙烯基醚全同增长过程的机理是正离子络合机理。该机理模型认为增长链末端碳正离子与增长链上倒数第三个烷氧基络合，形成六元环增长链末端：

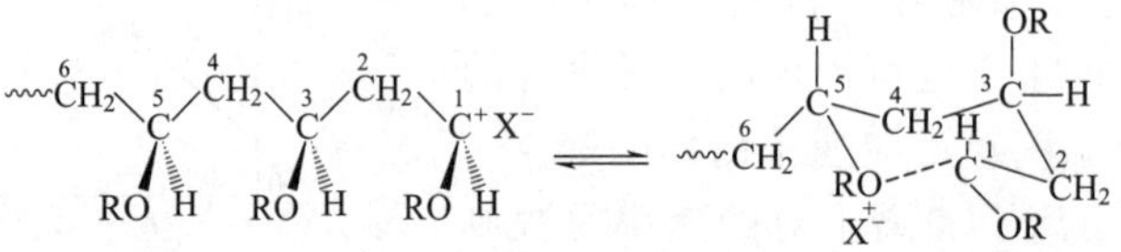

$$\sim CH_2(6)-\overset{5}{C}H(OR)-CH_2(4)-\overset{3}{C}H(OR)-CH_2(2)-\overset{1}{C}^{+}H(OR)\,X^- \rightleftharpoons \text{六元环增长链末端}$$

六元环链增长活性中心的 C1 原子（仍然带正电）继续进攻单体进行链增长，并形成一新的六元环增长链末端。由于环状结构的定向作用，使 C1 与 C3 具有相同的构型，从而得到全同聚合物。

4.4.2 阴离子定向聚合

4.4.2.1 甲基丙烯酸甲酯阴离子定向聚合

甲基丙烯酸酯类单体用适当的阴离子引发剂和溶剂可使之聚合成有规立构的聚合物，其结构与性能有别于通常用自由基聚合所得到的无规聚合物。表 4-5 列出了不同阴离子聚合条件下得到的各种立体构型的聚甲基丙烯酸甲酯的数据。

表 4-5 聚合条件对甲基丙烯酸甲酯阴离子聚合定向性的影响

引发剂	溶剂	温度/℃	聚合物结构
9-芴基锂	四氢呋喃	－70	间同
	二甲醚	－60	间同
	二乙醚	－65	全同、间同
	甲苯	－60	全同
正丁基锂	甲苯	－70	全同
二正丁基镁	甲苯	－60	全同、间同

9-芴基锂在非极性溶剂甲苯中，能使甲基丙烯酸甲酯进行定向聚合，得到全同立构聚甲基丙烯酸甲酯，其反应式为

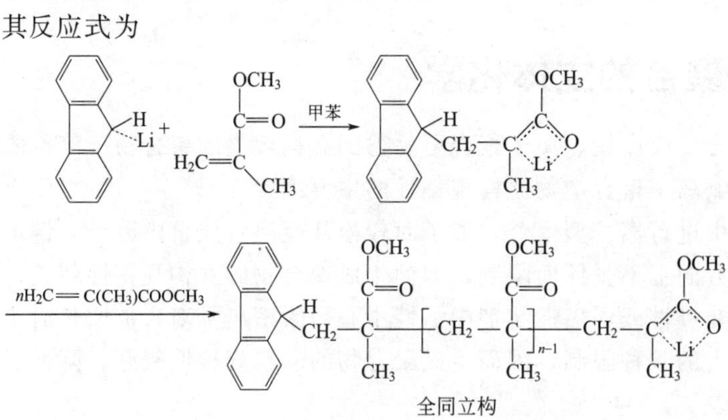

$$\text{芴基}-Li + H_2C=C(CH_3)C(=O)OCH_3 \xrightarrow{\text{甲苯}} \text{芴基}-CH_2-C(CH_3)\cdots C(OCH_3)\cdots O\cdots Li$$

$$\xrightarrow{nH_2C=C(CH_3)COOCH_3} \text{芴基}-CH_2-C(CH_3)(COOCH_3)-[CH_2-C(CH_3)(COOCH_3)]_{n-1}-CH_2-C(CH_3)\cdots C(OCH_3)\cdots O\cdots Li$$

全同立构

反离子 Li^+ 与增长链末端的单体单元络合形成一刚性的、具有定向作用的四元环增长链末端，从而生成全同立构产物。

在极性溶剂如四氢呋喃中，9-芴基锂能完全离解成 9-芴基自由阴离子及与四氢呋喃络合的 Li 阴离子：

$$\text{(9-芴基)}\begin{matrix}H\\Li\end{matrix} + :O\text{(THF)} \xrightarrow{\text{溶剂化}} \text{(9-芴基)}CH^- + \overset{+}{Li}:O\text{(THF)}$$

这样在链增长过程中，增长链活性中心不存在如上环状络合结构而不具立体定向作用，得到空间位阻较小的间同聚甲基丙烯酸甲酯。

从以上定向机理分析可知，金属反离子的配位能力越强，定向性越好。体积最小的锂离子配位能力最大、定向性最好，因此可从表 4-5 中的数据看到，同样在非极性溶剂甲苯中，用正丁基锂得到的是全同聚合物，而用二正丁基镁则得到的是全同、间同聚合物的混合物。可以推测，碱金属烷基化合物引发剂的定向能力的大小顺序应为：LiR＞NaR＞KR＞CsR。

4.4.2.2　共轭二烯烃的阴离子定向聚合

用烷基锂（如丁基锂）在非极性烯类溶剂中引发异戊二烯聚合，可以得到顺-1,4 结构大于 90％的聚异戊二烯，商业上称为高顺异戊（锂）胶，有别于用配位聚合方法所制得的高顺异戊（钛）胶（1,4-顺式含量为 97％）。高顺-1,4 聚异戊二烯在结构上同天然橡胶（顺-1,4 聚异戊二烯含量为 98％）非常接近，因此被称为合成天然橡胶。

异戊二烯在溶液中以顺式构象为主：

$$\underset{\text{顺式(约80\%)}}{(H_3C)(H_2C{=})C{-}C(H){=}CH_2} \rightleftharpoons \underset{\text{反式(约20\%)}}{(H_3C)(H_2C{=})C{-}C(H){=}CH_2}$$

在非极性溶剂中，丁基锂与上述顺式构象的单体之间产生很强的络合作用形成 π 络合物，进而通过一六元环过渡态把异戊二烯单元的顺式构型锁定：

$$C_4H_9Li + CH_2{=}\overset{CH_3}{\overset{|}{C}}{-}CH{=}CH_2 \longrightarrow C_3H_7{-}CH_2Li\cdots\begin{matrix}CH_2{=}C{-}CH_3\\CH_2{=}C{-}CH_3\end{matrix} \longrightarrow \left[C_3H_7{-}CH_2\cdots Li\cdots CH_2\ CH_3\ C\ CH_2\ CH_3\right] \longrightarrow \begin{matrix}C_4H_9\ \ CH_2\ \ CH_3\\Li\ \ \ \ C\\CH_2\ \ CH_3\end{matrix}$$

重复以上过程进行链增长，便得到顺式产物。在极性溶剂中，C—Li 键完全被溶剂化成自由阴离子而失去络合能力，无上述定向作用，因而主要生成 3,4 或反-1,4 结构的聚合物，因为二者的空间位阻小，增长反应活化能低。

丁二烯与异戊二烯不同，在溶液中以反式构象为主：

$$\underset{\text{反式(约96\%)}}{(H)(H_2C{=})C{-}C(H){=}CH_2} \rightleftharpoons \underset{\text{顺式(约4\%)}}{(H)(H_2C{=})C{-}C(H){=}CH_2}$$

在非极性溶剂中，使用烷基锂引发其聚合时，也存在上述异戊二烯聚合时的定向效果，使得产物中顺-1,4 结构单体单元的比例比单体中顺式构象的比例要高，可达约 35％，产物叫低顺丁橡胶。要得到高顺丁橡胶（顺-1,4 结构＞90％）则需通过配位聚合。

4.5 羰基单体的离子聚合

醛类化合物中的羰基（C═O）可在阳离子或阴离子聚合引发剂作用下进行聚合，生成缩醛聚合物：

$$\underset{\substack{|\\H}}{\overset{\substack{R\\|}}{C}}{=}O \longrightarrow \sim\sim\underset{\substack{|\\H}}{\overset{\substack{R\\|}}{C}}-O-\underset{\substack{|\\H}}{\overset{\substack{R\\|}}{C}}-O-\underset{\substack{|\\H}}{\overset{\substack{R\\|}}{C}}-O\sim\sim$$

除了甲醛等极少数醛以外，大多数醛类羰基单体由于聚合热较低，仅约为 29kJ/mol，远低于烯烃单体的聚合热（80～90kJ/mol），因而聚合上限温度较低，见表 4-6。要使这些单体顺利聚合，必须在较低温度（小于聚合上限温度）下进行。

表 4-6　醛类羰基单体的聚合上限温度

单体	T_c/℃
甲醛(1 大气压气体)	119
三氟乙醛(纯液体)	85
三氯乙醛(纯液体)	11
丙醛(纯液体)	－31
乙醛(纯液体)	－39
戊醛(纯液体)	－42

甲醛在几乎所有的常见阴离子聚合引发剂如烷基金属化合物、金属烷氧化合物、金属氢氧化物、有机胺等作用下，较容易发生阴离子聚合。其聚合过程表示如下：

链引发反应

$$A^-\ (G^+) + CH_2{=}O \longrightarrow A{-}CH_2{-}O^-\ (G^+)$$

链增长反应

$$A{+}CH_2{-}O{+}_n CH_2{-}O^-(G^+) + CH_2{=}O \longrightarrow A{+}CH_2{-}O{+}_{n+1} CH_2{-}O^-(G^+)$$

含活泼氢的化合物如水、醇等可使上述增长链终止。

尽管活性不如阴离子聚合反应，醛类羰基单体也可以在质子酸、Lewis 酸引发下进行阳离子聚合。以质子酸引发剂为例，链引发和链增长反应如下：

$$O{=}\underset{\substack{|\\H}}{\overset{\substack{R\\|}}{C}} + HA \longrightarrow HO{-}\underset{\substack{|\\H}}{\overset{\substack{R\\|}}{C^+}}A^-$$

$$H{+}O{-}CHR{+}_n O{-}\underset{\substack{|\\H}}{\overset{\substack{R\\|}}{C^+}}(A^-) + O{=}\underset{\substack{|\\H}}{\overset{\substack{R\\|}}{C}} \longrightarrow H{+}O{-}CHR{+}_{n+1} O{-}\underset{\substack{|\\H}}{\overset{\substack{R\\|}}{C^+}}(A^-)$$

有些单体如丙烯醛和乙烯酮等含有两种类型不同的可聚合基团（C═O 和 C═C），在自由基聚合条件下，一般只发生乙烯基的聚合。但是在离子聚合时，C═O 和 C═C 的聚合往往同时发生，生成同时含有两种单体单元的聚合物，以丙烯醛为例：

$$nCH_2{=}\underset{\substack{|\\CHO}}{CH} \longrightarrow {+}CH_2{-}\underset{\substack{|\\CHO}}{CH}{+}_m{+}\underset{\substack{|\\CH{=}CH_2}}{CH}{-}O{+}_{n-m}$$

习题

1. 试从单体、引发剂、聚合方法及反应特点等方面对自由基聚合反应、阴离子聚合反应和阳离子聚合反应进行比较。

2. 将下列单体和引发剂进行匹配，说明聚合反应类型并写出引发反应式。

单体：(1) $CH_2{=}CHC_6H_5$；　(2) $CH_2{=}C(CN)_2$；

(3) $CH_2{=}C(CH_3)_2$；　(4) $CH_2{=}CHO(n\text{-}C_4H_9)$；

(5) $CH_2{=}CHCl$；　(6) $CH_2{=}C(CH_3)COOCH_3$。

引发体系：

(1) $(C_6H_5COO)_2$；　(2) $(CH_3)_3COOH+Fe^{2+}$；

(3) 萘钠；　(4) $n\text{-}C_4H_9Li$；

(5) BF_3+H_2O；　(6) $AlCl_3+t\text{-}BuCl$。

3. 在离子聚合反应中，活性中心的形式有哪几种？不同形式活性中心和单体的反应能力如何？其存在形式受哪些因素影响？

4. 解释下列实验事实：

(1) 离子聚合与自由基聚合相比，聚合速率、聚合产物的立体结构对溶剂更敏感。

(2) −30℃、甲苯中，用正丁基锂引发甲基丙烯酸甲酯聚合，产物60%是全同结构，而用少量吡啶(约10%)部分代替甲苯时，则得到的产物60%是间同结构。

5. 在离子聚合反应过程中，能否出现自加速效应，为什么？

6. 写出在丙烯的阳离子聚合中，向单体、向聚合物链转移反应的方程式，哪种链转移方式为主，并分析丙烯在阳离子聚合条件下得不到高分子量产物的原因。

7. 写出4-甲基-1-戊烯和3-乙基-1-戊烯在较低温度下聚合所得聚合物的结构单元。

8. 以乙二醇二甲醚为溶剂，分别以RLi、RNa、RK为引发剂，在相同条件下使苯乙烯聚合，判断采用不同引发剂时聚合速率的大小顺序。如果改用环已烷作溶剂，聚合速率的大小顺序如何？说明判断的根据。

9. 以$n\text{-}C_4H_9Li$为引发剂，分别以硝基甲烷和四氢呋喃为溶剂，在相同条件下使异戊二烯聚合。判断不同溶剂中聚合速率的大小顺序，并说明原因。若以$AlCl_3$为引发剂，情况又如何？

10. 异丁烯聚合以向单体转移为主要的终止方式。现有4.0g聚异丁烯，使6.0mL 0.01mol/L的溴-四氯化碳溶液正好褪色，试计算聚合物的数均分子量。

参考文献

[1] 潘祖仁. 高分子化学 [M]. 2版. 北京：化学工业出版社，1997.

[2] 复旦大学高分子系高分子教研室. 高分子化学 [M]. 上海：复旦大学出版社，1995.

[3] 应圣康，郭少华，等. 离子型聚合 [M]. 北京：化学工业出版社，1988.

[4] Odian G. Principles of Polymerization [M]. 4th ed. New Jersey：Iohn Wiley & Sons Inc，2004.

[5] Matyjaszewski K. Cationic Polymerization：Mechanisms，Synthesis，and Applications [M]. New York：Marcel Dekker，1996.

[6] Grattan D W，Plesch P H. The initiation of polymerisations by aluminium halides [J]. Makromol Chem，1980，181 (4)：751.

[7] Decker C，Bianchi C，Decker D，et al. Photoinitiated polymerization of vinyl ether-based systems [J]. Prog Org Coat，2001，42 (3-4)：253.

[8] Kennedy J P，Smith R A. New telechelic polymers and sequential copolymers by polyfunctional initiator-transfer agents (inifers). II. Synthesis and characterization of α，ω-di (tert-chloro) polyisobutylenes [J]. J Polym Sci Part A：Polym Chem，1980，18 (5)：1523.

[9] Bywater S. Anionic Polymerization，in Encyclopedia of polymer science and engineering [M]. New York：Wiley-Interscience，1985.

[10] Zune C，Jerome R. Anionic polymerization of methacrylic monomers：characterization of the propagating species [J]. Prog Polym Sci，1999，24 (5)：631.

[11] Bywater S. Anionic Polymerization [M]. Chap. 2 in progress in polymer science，vol. 4. New York：Pergamon，1975.

第 5 章　链式共聚合

5.1　概述

由第 1 章绪论可知，在链式聚合中，由一种单体进行的聚合反应，称为均聚合（homopolymerization），形成的聚合物称为均聚物（homopolymer）；两种或两种以上单体共同参与的聚合反应则称为共聚合（copolymerization）[1-8]，所形成的聚合物称为共聚物（copolymer）。两种单体参与的聚合反应称为二元共聚，以此类推有三元共聚、四元共聚等，一般将三元或三元以上的共聚称为多元共聚。对于二元共聚，理论上已研究得相当透彻，而多元共聚的动力学和组成问题相当复杂，理论上定量分析困难，目前只限于实际应用。要注意的是，共聚物不是相应各种单体均聚物的混合物，不同单体单元是以化学键连在共聚物分子上的。

5.1.1　共聚物类型和命名

根据共聚物分子的微观结构，二元共聚物主要有四类。

(1) 无规共聚物 (random copolymer)　在无规共聚物分子中，两种单体单元 M_1 和 M_2 呈无序排列，按概率分布：

$$\sim\sim M_1M_2M_2M_2M_1M_1M_2M_2M_2M_1M_1M_1M_1M_1M_2\sim\sim$$

(2) 交替共聚物 (alternative copolymer)　交替共聚物分子中 M_1 和 M_2 两种单体单元有规则的交替分布：

$$\sim\sim M_1M_2M_1M_2M_1M_2M_1M_2M_1M_2M_1M_2M_1M_2M_1\sim\sim$$

(3) 嵌段共聚物 (block copolymer)　嵌段共聚物是由 M_1 和 M_2 两种单体单元各自组成长序列链段相互联结而成：

$$\sim\sim M_1M_1M_1M_1M_1M_1M_1M_2M_2M_2M_2M_2M_2M_2M_2\sim\sim$$

(4) 接枝共聚物 (graft copolymer)　接枝共聚物分子中，以一种单体的聚合物为主链，在主链上接上一条或多条另一单体形成的支链：

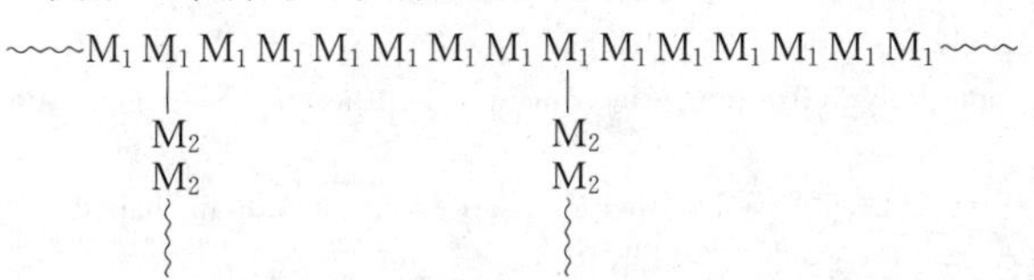

以上四类共聚物中，接枝共聚物和大多数嵌段共聚物不是通过两种单体同时聚合来合成的，一般需要通过另外一些类型的反应来实现。本章主要讨论形成无规共聚物和交替共聚物的共聚反应，而接枝共聚物、嵌段共聚物将在第 7 章、第 9 章进行讨论。

共聚物的命名是在两单体名称之间以横线相连，并在前面冠以“聚”字，或在后面冠以“共聚物”。例如，聚苯乙烯-丁二烯或苯乙烯-丁二烯共聚物。无规共聚物、交替共聚物、嵌段共聚物、接枝共聚物可以在两单体名称之间，分别用-*co*-、-*alt*-、-*b*-和-*g*-来区别，如聚(苯乙烯-*co*-甲基丙烯酸甲酯)、聚（苯乙烯-*alt*-甲基丙烯酸甲酯)、聚苯乙烯-*b*-聚甲基丙烯酸甲酯、聚苯乙烯-*g*-聚甲基丙烯酸甲酯。有时也把它们分别叫作苯乙烯-甲基丙烯酸甲酯无规共聚物、苯乙烯-甲基丙烯酸甲酯交替共聚物、苯乙烯-甲基丙烯酸甲酯嵌段共聚物、苯乙烯-甲基丙烯酸甲酯接枝共聚物。由此可见，共聚物的命名法尚未统一。至于命名时两种单体的先后次序，对无规共聚物而言，取决于它们的相对含量，一般含量多的单体名称在前，含量少的单体名称在后；若是嵌段共聚物，由于两种单体是在先后不同的聚合反应阶段加入的，因此其名称中单体的前后则代表单体聚合的次序；对于接枝共聚物，构成主链的单体名称放在前面，支链单体名称放在后面。

5.1.2　共聚反应的意义

在均聚反应中，聚合机理、聚合速率、分子量及分子量分布是要研究的主要问题。而在共聚反应中，除了以上问题之外，共聚物组成和序列分布为更重要的研究内容，即理论研究的范围扩展了。此外，通过共聚反应研究，可以获得有关单体和链增长活性中心（如自由基、碳正离子、碳负离子等）的活性信息，进而阐明单体或链增长活性中心活性与它们化学结构之间的关系，预测共聚物的组成。以上都是共聚反应研究的理论意义。

在应用上，共聚反应作为聚合物分子设计的有力手段，大大提高了人们有目的地合成具有预期性能聚合物的能力。共聚物是由两种或两种以上的单体以化学单键相连的聚合物，其性质明显不同于各自单体的均聚物及其共混物。因此，共聚合能从有限的单体（至多不过数百种）出发，根据实际需要进行人工裁剪，选择不同的单体组合和配比，以不同方式进行共聚，便可得到种类繁多、性能各异的共聚物，以满足不同的使用要求。通过共聚，还可以改进聚合物的诸多性能，如机械强度、弹性、塑性、柔软性、玻璃化转变温度、熔点、耐溶剂性能、染色性能、表面性能、耐老化性等。

表 5-1 列出了最典型的利用共聚进行聚合物改性的例子。以聚苯乙烯为例，它是一种硬度很高但抗冲击性和耐溶剂性能较差的易碎塑料。若将苯乙烯和丙烯腈共聚，增加了抗冲强度和耐溶剂性；与丁二烯共聚，产物具有良好的弹性，可作橡胶使用（丁苯橡胶）。而苯乙烯、丙烯腈、丁二烯三元共聚物则囊括了上述所有优点，其产物便是综合性能极好的 ABS 树脂。再如，聚乙烯、聚丙烯各自均为塑料，但它们的共聚物却是弹性体，称作“乙丙橡胶”。由此可见，共聚不仅可以改性，而且可以合成出全新性能的聚合物。

表 5-1　典型共聚物及其性能

主单体	第二单体	聚合类型	改进的性能及主要用途
乙烯	乙酸乙烯酯	自由基(无规)	增加柔性，软塑料
	丙烯	配位(无规)	破坏结晶性、增加柔性和弹性，乙丙橡胶
苯乙烯	丁二烯	自由基(无规)	提高冲击强度，丁苯橡胶
	丁二烯	阴离子(嵌段)	弹性体
	丁二烯	自由基(接枝)	强韧互补，抗冲击聚苯乙烯
	丙烯腈	自由基(无规)	提高冲击强度、耐溶剂性，增韧聚苯乙烯
氯乙烯	乙酸乙烯酯	自由基(无规)	内增塑、改善加工性能，用于软制品
	丙烯腈	自由基(无规)	提高耐热性，合成纤维
丙烯腈	丙烯酸甲酯	自由基(无规)	柔软性，合成纤维
	衣康酸	自由基(无规)	提高染色性，合成纤维
甲基丙烯酸甲酯	苯乙烯	自由基(无规)	改善塑料加工性能
异丁烯	异戊二烯	自由基(无规)	改善硫化性能，丁基橡胶

有些单体的均聚反应非常困难甚至无法进行。如 α-甲基苯乙烯因其最高聚合温度低（40～50℃）而难于聚合，但将它与其他单体共聚，由于共聚物的熵值（无序程度）要比均

聚物的大，因此共聚反应使从单体到聚合物这一过程的熵值减小量（ΔS）总小于均聚反应过程的熵值减小量，相应地聚合上限温度增加，这就为聚合反应的顺利进行创造了热力学方面的可能。再如，顺丁烯二酸酐、反丁烯二酸二乙酯等1,2-二取代单体因结构因素（空间障碍）无法均聚，但却能与苯乙烯等共聚生成交替共聚物。由此可见，共聚反应大大地扩展了可聚合单体的范围，从而也增加了聚合物的种类和应用范围。

5.2 二元共聚物的组成

5.2.1 共聚方程

5.2.1.1 共聚方程推导

两种单体共聚时，由于彼此化学结构的差异而导致它们的活性不同，因此得到的共聚物组成往往不同于单体投料组成。另外，单体在共聚反应时的相对活性与它们在均聚反应时的相对活性不同。有些单体共聚时表现出比均聚时更高的反应活性，甚至有些单体如顺丁烯二酸酐、1,2-二苯乙烯等本身不能发生均聚，但却容易进行自由基共聚；而另一些单体则相反，表现出较低的活性。这样，共聚物的组成不能根据已知的两单体均聚速率来测算。因此，需要研究共聚物组成与单体组成之间的关系即共聚物组成方程。

先讨论二元链式共聚反应的一般情况。两种单体 M_1 和 M_2 进行共聚，就形成两种链增长活性中心，一种以 M_1 为链端，另一种以 M_2 为链端，可以分别表示为 $\sim\!\sim M_1^*$ 和 $\sim\!\sim M_2^*$。根据链式聚合机理，星号表示可以是自由基、碳正离子或碳负离子。为了用动力学法推导共聚物组成方程，首先进行等活性假设，即链增长活性中心的活性与链长无关，也与前末端（倒数第二）单体单元结构无关，仅仅取决于活性中心所在的末端单体单元，则二元链式共聚反应有四种链增长反应，与相应的反应速率方程一起表示如下：

$$\sim\!\sim M_1^* + M_1 \xrightarrow{k_{11}} \sim\!\sim M_1^* \qquad R_{11}=k_{11}[M_1^*][M_1] \tag{5-1}$$

$$\sim\!\sim M_1^* + M_2 \xrightarrow{k_{12}} \sim\!\sim M_2^* \qquad R_{12}=k_{12}[M_1^*][M_2] \tag{5-2}$$

$$\sim\!\sim M_2^* + M_1 \xrightarrow{k_{21}} \sim\!\sim M_1^* \qquad R_{21}=k_{21}[M_2^*][M_1] \tag{5-3}$$

$$\sim\!\sim M_2^* + M_2 \xrightarrow{k_{22}} \sim\!\sim M_2^* \qquad R_{22}=k_{22}[M_2^*][M_2] \tag{5-4}$$

式中，R_{11} 和 k_{11} 分别为增长链 $\sim\!\sim M_1^*$ 与单体 M_1 加成的速率和速率常数；R_{12} 和 k_{12} 分别是增长链 $\sim\!\sim M_1^*$ 与单体 M_2 加成的速率和速率常数，其余类推。链增长活性中心与同种单体加成的链增长反应［如式(5-1) 和式(5-4)］称为同系链增长；与另一种单体加成的链增长反应［如式(5-2) 和式(5-3)］则称为交叉链增长。

又假设链增长反应都是不可逆的，并且共聚物聚合度很高，以至忽略链引发反应的单体消耗，链增长反应时两种单体的消耗速率等于两种单体进入共聚物的速率。根据式(5-1) 至式(5-4)，两种单体的消耗速率分别为：

$$\frac{d[M_1]}{dt}=R_{11}+R_{21}=k_{11}[M_1^*][M_1]+k_{21}[M_2^*][M_1] \tag{5-5}$$

$$\frac{d[M_2]}{dt}=R_{12}+R_{22}=k_{12}[M_1^*][M_2]+k_{22}[M_2^*][M_2] \tag{5-6}$$

两种单体的消耗速率比等于两种单体进入共聚物的速率比，也等于共聚物的组成 $d[M]_1/d[M]_2$：

$$\frac{d[M_1]}{d[M_2]}=\frac{k_{11}[M_1^*][M_1]+k_{21}[M_2^*][M_1]}{k_{12}[M_1^*][M_2]+k_{22}[M_2^*][M_2]} \tag{5-7}$$

为了消除上式中链增长活性中心的浓度，再作稳态假设，即共聚反应是稳态条件下进行的，体系中两种链增长活性中心的浓度不变。M_1^* 和 M_2^* 保持恒定，则 M_1^* 转变成 M_2^* [式(5-2)] 和 M_2^* 转变成 M_1^* [式(5-3)] 的速率相等：

$$k_{12}[M_1^*][M_2]=k_{21}[M_2^*][M_1] \tag{5-8}$$

代入式(5-7)，并令参数 r_1 和 r_2 分别为：

$$r_1=k_{11}/k_{12},\ r_2=k_{22}/k_{21}$$

经整理得到：

$$\frac{d[M_1]}{d[M_2]}=\frac{[M_1]}{[M_2]}\times\frac{r_1[M_1]+[M_2]}{r_2[M_2]+[M_1]} \tag{5-9}$$

方程（5-9）称为二元共聚物组成微分方程，简称二元共聚方程。r_1 和 r_2 定义为一种链增长活性中心与同种单体发生链增长（即均聚链增长）的速率常数与该链增长活性中心与另一单体发生链增长（即共聚链增长）的速率常数之比，称为竞聚率。因此，共聚方程描述共聚物瞬时组成（$d[M]_1/d[M]_2$）与相应时刻单体组成（$[M]_1/[M]_2$）以及竞聚率 r_1、r_2（与单体相对活性相关，见 5.5.1 节）之间的定量关系。

上述共聚方程式(5-9) 可以转化为摩尔分数的形式，为此，令 f_1 和 f_2 分别为单体 M_1 和 M_2 的摩尔分数，F_1 和 F_2 分别为共聚物中 M_1 和 M_2 单元的摩尔分数，则有：

$$f_1=\frac{[M_1]}{[M_1]+[M_2]}=1-f_2$$

$$F_1=\frac{d[M_1]}{d[M_1]+d[M_2]}=1-F_2$$

把 f_1 和 F_1 代入式(5-9) 得共聚方程的另一种表达式：

$$F_1=\frac{r_1f_1^2+f_1f_2}{r_1f_1^2+2f_1f_2+r_2f_2^2} \tag{5-10}$$

可按实际情况选用式(5-9) 和式(5-10)，相对而言，后者使用场合更多。

5.2.1.2 共聚方程应用条件

在以上用动力学法推导共聚方程的过程中，没有涉及链终止和链转移反应，所得到的共聚方程不包括链终止和链引发速率常数。因此，共聚物组成与链引发、链终止无关，也与是否添加阻聚剂和链转移无关。对于同一单体对，因链式聚合反应类型不同，如是自由基聚合、阴离子聚合还是阳离子聚合，r_1 和 r_2 会有很大的差别，共聚方程就有所不同。但只要是聚合类型相同，共聚方程就相同。例如自由基共聚，不管采用何种引发方式(引发剂、光、热、辐射等）以及何种聚合方法（本体、溶液、乳液），都得到相同的共聚物组成。共聚方程应用的一个必要条件是共聚物要有足够高的分子量，只要分子量足够高，在很大的分子量变化范围内，共聚物组成方程式(5-9) 或式(5-10) 不变。

共聚方程已在大量的自由基、阴离子、阳离子等链式共聚反应体系中为实验所证实。共聚方程推导中，归纳起来作了以下几方面的假设：①链增长活性中心的活性与链长无关；②长链假定，引发与终止反应对共聚物组成没有影响；③稳态假设，体系中两种链增长活性中心的总浓度恒定；④不考虑前末端（倒数第二）单元结构对链增长活性中心的影响；⑤假设共聚反应是不可逆的。仔细分析上述五条假设，实际上假设①～③是第 3 章推导自由基均聚合反应动力学方程时的基本假设；而④和⑤两个假设是针对共聚反应而提出的。由于有少

5

数单体对或反应条件并不符合④、⑤这两个假设，因而造成与共聚方程产生一定的偏差，为此要作修正。

(1) 前末端效应 即产生偏差的原因是由于链增长活性中心的活性受端基前一个单体单元的影响不能忽略，这种效应在一些含有位阻大或强极性取代基的单体对中更为明显。例如苯乙烯（M_1）与反丁烯二腈（M_2）的自由基共聚是典型的例子。前末端单元为反丁烯二腈的苯乙烯自由基$\sim\sim M_2M_1^*$与前末端单元为苯乙烯的苯乙烯自由基$\sim\sim M_1M_1^*$相比，前者与反丁烯二腈的加成反应活性显著降低，主要原因是前末端反丁烯二腈单元存在着位阻和极性斥力。

当存在前末端效应时，二元共聚体系则会有四种活性不同的链增长活性中心，将有八个增长反应：

$$\sim\sim M_1M_1^* + M_1 \xrightarrow{k_{111}} \sim\sim M_1M_1M_1^*$$

$$\sim\sim M_1M_1^* + M_2 \xrightarrow{k_{112}} \sim\sim M_1M_1M_2^*$$

$$\sim\sim M_2M_1^* + M_1 \xrightarrow{k_{211}} \sim\sim M_2M_1M_1^*$$

$$\sim\sim M_2M_1^* + M_2 \xrightarrow{k_{212}} \sim\sim M_2M_1M_2^*$$

$$\sim\sim M_2M_2^* + M_1 \xrightarrow{k_{221}} \sim\sim M_2M_2M_1^*$$

$$\sim\sim M_2M_2^* + M_2 \xrightarrow{k_{222}} \sim\sim M_2M_2M_2^*$$

$$\sim\sim M_1M_2^* + M_1 \xrightarrow{k_{121}} \sim\sim M_1M_2M_1^*$$

$$\sim\sim M_1M_2^* + M_2 \xrightarrow{k_{122}} \sim\sim M_1M_2M_2^*$$

相应也有四个竞聚率，其中两个为增长活性中心末端两单体单元相同时的竞聚率r_1和r_2，另两个为末端两个单体单元不同时的竞聚率r'_1和r'_2：

$$r_1=k_{111}/k_{112} \qquad r_2=k_{222}/k_{221}$$

$$r'_1=k_{211}/k_{212} \qquad r'_2=k_{122}/k_{121}$$

用推导式(5-9)同样方法，考虑前末端效应，共聚物方程为：

$$\frac{d[M_1]}{d[M_2]}=\frac{1+r'_1x(r_1x+1)/(r'_1x+1)}{1+r'_2x(r_2+x)/(r'_2+x)} \tag{5-11}$$

式中，$x=[M_1]/[M_2]$。

对于苯乙烯（M_1）和反丁烯二腈（M_2）体系，反丁烯二腈不能自增长，$r_2=r'_2=0$，式(5-11)可简化为：

$$\frac{d[M_1]}{d[M_2]}=1+\frac{1+r_1x}{1+1/r'_1x} \tag{5-12}$$

(2) 解聚效应 乙烯基单体在通常温度下共聚，逆反应倾向小，可以看作是不可逆的。但有些聚合上限温度较低的单体，如α-甲基苯乙烯（$T_c=61℃$），在通常共聚温度下，当单体浓度低于平衡单体浓度$[M]_c$时，则增长链端基发生解聚，结果共聚物中α-甲基苯乙烯单体单元含量比预期的小。而且聚合/解聚平衡与温度有关，因此共聚物组成与温度有关。聚合温度从0℃升到100℃时，共聚物中α-甲基苯乙烯的含量逐步降低。由此可见，共聚体系中有解聚倾向时，共聚情况比较复杂。Lowry对可逆共聚做了数学处理，推导出相应的共聚方程，并在某些共聚体系中得到实验证实，但数学表达式复杂，在此不予讨论。

5.2.2 共聚物组成曲线

按照共聚方程式(5-10)，以F_1对f_1作图，所得到的F_1-f_1曲线称为共聚物组成曲线。

与共聚方程相比，共聚物组成曲线能更直观地显示出两种单体瞬时组成所对应的共聚物瞬时组成。

由于 F_1-f_1 曲线随 r_1 和 r_2 的变化而呈现出不同的特征。因此在讨论共聚物组成曲线之前，有必要首先理解竞聚率数值的意义。按照竞聚率的定义，它是均聚反应链增长速率常数与共聚反应链增长速率常数之比，也就是表示一种单体均聚能力与共聚能力的相对大小。当 $r_1=0$ 时，表示 $k_{11}=0$，说明单体 M_1 只能共聚而不能均聚；当 $r_1=1$ 时，表示 $k_{11}=k_{12}$，即单体 M_1 的共聚反应和均聚反应倾向（概率）完全相同；当 $r_1<1$ 时，表示 $k_{11}<k_{12}$，即单体 M_1 的共聚反应倾向大于均聚反应倾向；当 $r_1>1$ 时，表示 $k_{11}>k_{12}$，即单体 M_1 的均聚反应倾向大于共聚反应倾向。根据不同的 r_1 和 r_2，呈现五种典型的二元共聚物组成曲线，分别介绍如下。

5.2.2.1　$r_1=r_2=1$（恒比共聚）

恒比共聚是一种特殊的情况，将 $r_1=r_2=1$ 代入式(5-10)，则共聚方程可简化成 $F_1=f_1$，即无论单体配比如何，共聚物组成恒等于单体组成，因此称为恒比共聚或恒分共聚。以 F_1 对 f_1 作图得到一直线，如图 5-1 所示的对角线。由于共聚物组成与单体组成始终相等，任何一具体配方（单体组成）一旦确定，则反应过程中单体组成不变，共聚物组成也不随转化率的上升而改变，即得到的共聚物组成非常均匀。属于恒比共聚的有甲基丙烯酸甲酯-偏二氯乙烯、四氟乙烯-三氟氯乙烯等自由基共聚合。

5.2.2.2　$r_1=r_2=0$（交替共聚）

交替共聚是另一种极端的情况，$r_1=r_2=0$，表明两种单体不能进行均聚而只能进行共聚。因此，在生成的大分子链中两种单体单元交替连接，称为交替共聚。将 $r_1=r_2=0$ 代入共聚方程式(5-10)，得 $F_1=0.5$，即不论两种单体投料比如何变化，共聚物组成始终保持 $F_1=0.5$，其共聚组成曲线是 $F_1=0.5$ 的一条水平线，如图 5-2。与上述恒比共聚一样，交替共聚产物的组成也不随转化率变化而改变。当浓度低的单体消耗完时，聚合反应就结束。

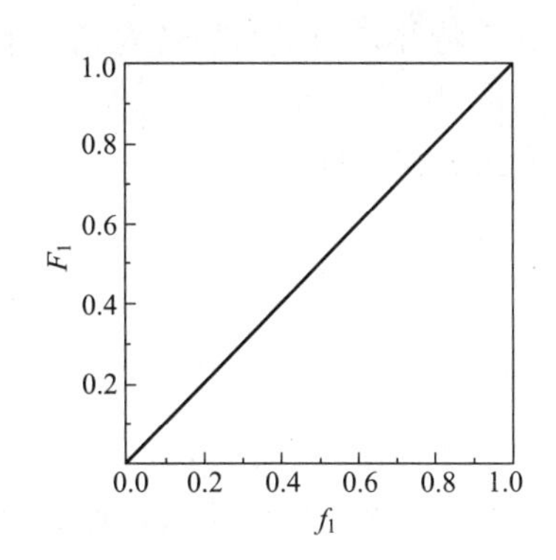

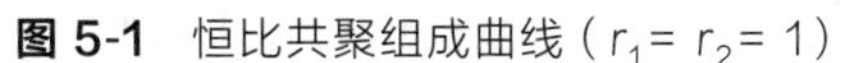
图 5-1　恒比共聚组成曲线（$r_1=r_2=1$）

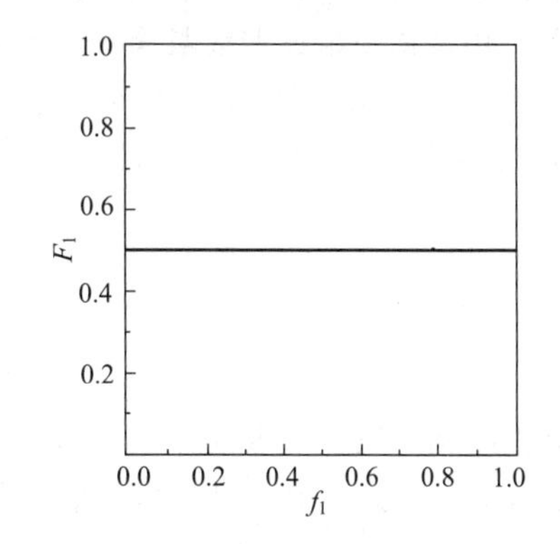

图 5-2　交替共聚组成曲线（$r_1=r_2=0$）

完全满足交替共聚的实际例子并不多，只有顺丁烯二酸酐/乙酸-2-氯烯丙基酯、顺丁烯二酸酐/1,2-二苯基乙烯等少数单体对，它们各自都不能进行均聚而只能进行交替共聚。更多的情况是表现出一定的交替共聚行为：r_1 和 r_2 都接近于零（可称为接近交替共聚）；或某一单体竞聚（如 r_1）接近于零，另一单体竞聚率（r_2）等于零（可称为单交替共聚）。如果 $r_2=0$，式(5-9) 则可简化为：

$$\frac{d[M_1]}{d[M_2]}=1+r_1\frac{[M_1]}{[M_2]}$$

显然，只要使不能均聚而只能共聚的单体 M_2 的相对浓度足够大，上式的第二项就接近于零，则 $d[M_1]/[M_2]$ 趋近于 1，便可生成接近交替组成的共聚物。苯乙烯（$r_1=0.01$）与顺丁烯二酸酐（$r_2=0$）的自由基共聚就属于这种情况，其共聚的组成曲线如图 5-3 所示。可见，控制苯乙烯的摩尔分数（f_1）小于 0.8，即可获得接近交替组成的共聚物。

一般用竞聚率的乘积 r_1r_2 趋近于零的程度来衡量单体对交替共聚的倾向，但此法只适用于 r_1 或 r_2 都不能远大于零的情形。如 $r_1=2$，$r_2=0$，虽然 $r_1r_2=0$，但很难得到交替共聚物。

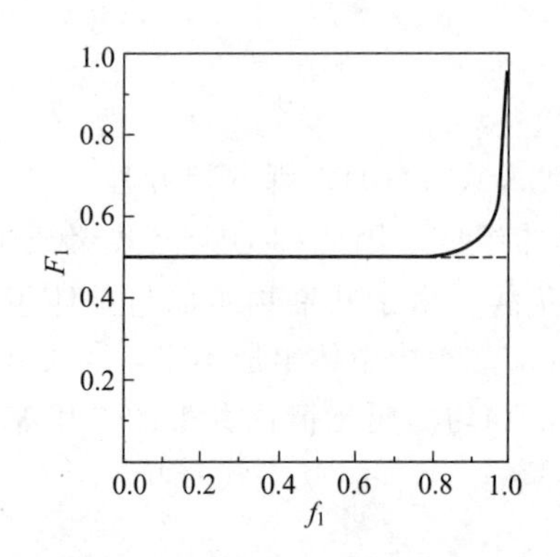

图 5-3 苯乙烯（M_1）/顺丁烯二酸酐（M_2）自由基共聚组成曲线（$r_1=0.01$，$r_2=0$）

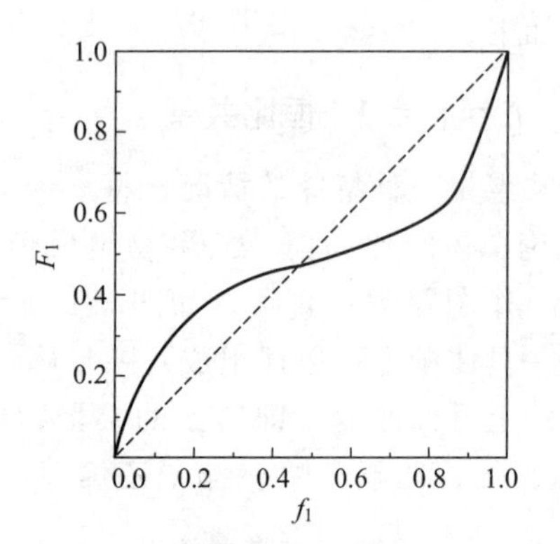

图 5-4 无序共聚组成曲线（$r_1<1$、$r_2<1$）

5.2.2.3 $r_1<1$、$r_2<1$（无序共聚）

由于 $r_1<1$、$r_2<1$，故 $k_{12}>k_{11}$、$k_{21}>k_{22}$，即两单体的共聚能力大于均聚能力。由于在共聚物分子链中两种单体单元的链段均较短，故称为无序共聚物，这种共聚常见于自由基共聚中。共聚物的组成曲线具有图 5-4 所示的反 S 型特征，曲线与恒比对角线有一交点，在此处共聚物组成与单体组成相等，称为恒比点。将 $d[M_1]/d[M_2]=[M_1]/[M_2]$ 代入式(5-9)，或将 $F_1=f_1$ 代入式(5-10)，可求出满足恒比点的条件：

$$\frac{[M_1]}{[M_2]}=\frac{1-r_2}{1-r_1}$$

或

$$f_1=\frac{1-r_2}{2-r_1-r_2}$$

由此可见，恒比点取决于 r_1 和 r_2。若 $r_1=r_2$，则恒分点在 $f_1=0.5$ 处，共聚物组成曲线上下对称，如丙烯腈-丙烯酸甲酯（$r_1=0.83$，$r_2=0.83$）共聚体系，但是这类共聚的例子不多。如果 $r_1>r_2$，恒比点出现在 0.5 之后；如果 $r_1<r_2$，恒比点出现在 0.5 之前。当在恒比点投料时，共聚物组成与单体组成相等，且不随聚合的进行而改变。当 f_1 低于恒比点时，共聚物组成总是高于单体组成；而当 f_1 高于恒比点时，则共聚物组成总是低于单体组成。在这两种情况下，单体组成和聚合物组成都将随聚合的进行而变化。

当 r_1 和 r_2 均越接近于 0 时，共聚组成曲线中部越平坦，极端的情况是 $r_1=r_2=0$，便是以上已介绍的交替共聚。而当 r_1 和 r_2 均越接近于 1 时，共聚组成曲线越接近对角线，极端的情况是 $r_1=r_2=1$，便是以上已介绍的恒比共聚。

5.2.2.4　$r_1>1$、$r_2<1$ 或 $r_1<1$、$r_2>1$（嵌均共聚）

嵌均共聚共聚物组成曲线如图 5-5 所示，不与对角线相交，即无恒比点。当 $r_1>1$、$r_2<1$ 时，为处于对角线上方的凸型曲线；当 $r_1<1$、$r_2>1$ 时，为处于对角线下方的凹型曲线。r_1 和 r_2 相差越大，曲线上凸或下凹的程度越大。.

由于两个单体的竞聚率一个大于 1（均聚能力大）、一个小于 1（共聚能力大），因此可以想象所得到的共聚物实际上是在一种单体（竞聚率大于 1）的均聚嵌段中嵌入另一单体（竞聚率小于 1）的短链节，故称为嵌均共聚物，其大分子链可用下式表示：

$$\sim\sim\sim M_1M_1M_1M_1M_1M_1M_1M_1M_2M_1M_1M_1M_1M_1M_1M_1M_1M_2M_2M_1M_1M_1M_1\sim\sim\sim$$

该类共聚的实例较多，如氯乙烯/乙酸乙烯酯（$r_1=1.68$、$r_2=0.23$）、甲基丙烯酸甲酯/丙烯酸甲酯（$r_1=1.96$、$r_2=0.5$）等的自由基共聚。理论上 $r_1\gg1$、$r_2\ll1$ 的共聚也属于此类，如苯乙烯/乙酸乙烯酯（$r_1=55$、$r_2=0.01$）的自由基共聚，但实际上由于二者竞聚率相差太大，聚合前期生成含有少量乙酸乙烯酯单元的聚苯乙烯，待苯乙烯消耗殆尽时，乙酸乙烯酯开始均聚。

在这类共聚中，有一特殊情况即 $r_1r_2=1$，称为理想共聚。这时的组成曲线与图 5-5 相似，但曲线与对角线对称。将 $r_1r_2=1$ 的条件代入共聚方程式(5-9)，则得

$$\frac{d[M_1]}{d[M_2]}=r_1\frac{[M_1]}{[M_2]}$$

此式与混合理想气体各组分的分压或理想液体各组分的蒸气分压的数学表达形式类似，故称为理想共聚。但并不意味着这类共聚任何情况下都是理想的，实际上随着两单体的竞聚率差值的增加，即使 $r_1r_2=1$，要合成两种单体含量都较高的共聚物就越难，此时可以说是“不理想”的。

5.2.2.5　$r_1>1$、$r_2>1$（嵌段或混均共聚）

两种单体倾向于均聚而不容易发生共聚，所得到的是“短嵌段”的共聚物，链段的长短取决于 r_1、r_2 的大小。由于 M_1 和 M_2 链段的长度都不大且难以控制，因此很难用此类共聚获得具有实际应用意义的嵌段共聚物。若 $r_1\gg1$、$r_2\gg1$，聚合反应只能得到两种均聚物。故称这类共聚为嵌段共聚或混均共聚。属于这类共聚反应实例不多，如苯乙烯（$r_1=1.38$）/异戊二烯（$r_2=2.05$）自由基共聚，其共聚组成曲线呈 S 型，也有恒分点，形状与 $r_1<1$、$r_2<1$ 的共聚组成曲线相反（如图 5-6）。

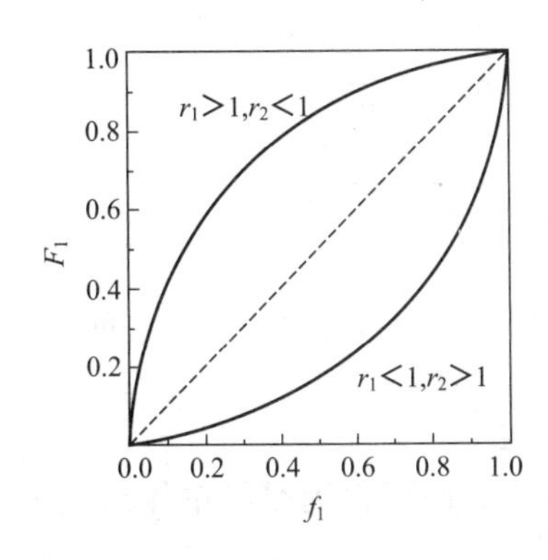

图 5-5　嵌均共聚共聚物组成曲线（$r_1>1$、$r_2<1$ 或 $r_1<1$、$r_2>1$）

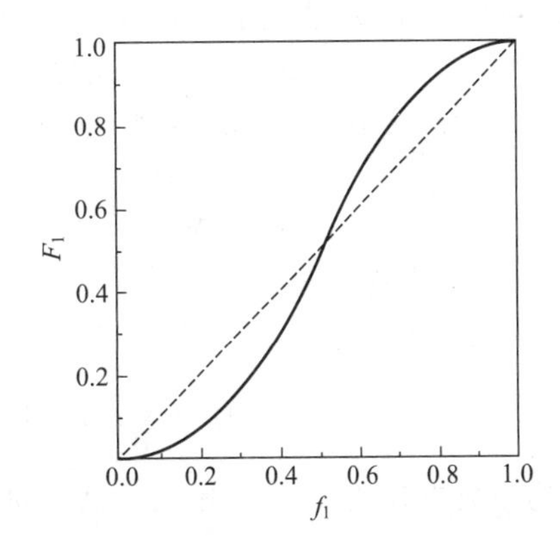

图 5-6　嵌段或混均共聚组成曲线（$r_1>1$、$r_2>1$）

5.2.3 共聚物组成分布及其控制

5.2.3.1 共聚物组成分布

从以上共聚类型的讨论中可知，除了恒比共聚和交替共聚以外，共聚物组成将随转化率的增大而改变。以自由基共聚较为普遍的情形 $r_1<1$、$r_2<1$ 为例，如图 5-7 所示，若要求合成的共聚物组成恰好是恒比共聚点 A 对应的组成 $(F_1)_A$，则取原料单体组成为 $(f_1)_A$ 即可，随着转化率提高，消耗的单体组成等于 $(f_1)_A$，所余单体的组成仍是 $(f_1)_A$，因此共聚物组成不随转化率而变。然而除了这一特殊情形之外，如要合成组成为 $(F_1)_B$ 的共聚物，按相应的原料单体组成 $(f_1)_B$ 投料，则瞬时生成的共聚物组成是合乎要求的。但因反应过程中进入共聚物中的 M_1 单体单元的摩尔分数 F_1 始终大于单体中 M_1 的摩尔分数 f_1，这就使得残留单体组成 f_1 递减，相应地形成的共聚物组成 F_1 也在递减。反应至一定时间，M_1 先行耗尽，此后生成的高聚物实际上是残余单体 M_2 的均聚物，以上过程组成变化方向如图中箭头所示。若要合成组成为 $(F_1)_C$ 的共聚物，其情况与 B 点正好相反。从以上讨论我们可以得出结论：随着聚合转化率的提高，共聚物组成在不断改变。所得到的是组成不均一的混合物，相应就出现了组成分布的问题。

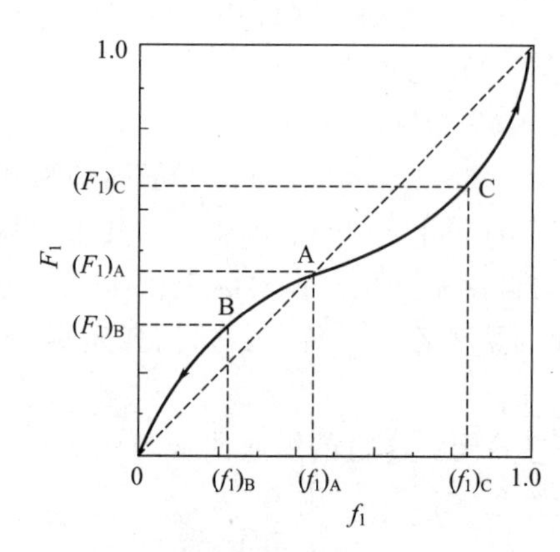

图 5-7 共聚物瞬间组成变化方向（$r_1<1$、$r_2<1$）

5.2.3.2 共聚物组成与转化率的关系

共聚物组成方程的各种形式［式(5-9) 或式(5-10)］给出的是瞬时共聚物组成，可以看成是在某一初始投料单体组成下，在很低的转化率（<5%）时所生成的共聚物组成，这是因为在很低的转化率下，单体组成的变化可以忽略。而为了确定共聚物瞬时组成随转化率变化的函数关系式，需对共聚物组成方程进行积分。积分方法有几种，但其中以 Skeist 提出的积分方案最为简便，也最为实用。

设二元共聚体系中在某一瞬间两种单体的总物质的量为 M，当 dM mol 的单体进行共聚后，则共聚物中 M_1 单体单元的增量为 $F_1 dM$ mol，而 M_1 单体的组成相应地由 f_1 变成 f_1-df_1。根据物料平衡原理，即 M_1 单体的消耗量等于共聚物中 M_1 单体的增加量：

$$Mf_1-(M-dM)(f_1-df_1)=F_1 dM$$

将上式重排并略去其中很小的一项 $dMdf_1$，再积分可得：

$$\int_{M_0}^{M}\frac{dM}{M}=\ln\frac{M}{M_0}=\int_{(f_1)_0}^{f_1}\frac{df_1}{F_1-f_1} \tag{5-13}$$

式中，下标“0”代表起始值。

根据转化率 C 的定义：$C=(M_0-M)/M_0=1-M/M_0$，则式(5-13) 可变为

$$\ln(1-C)=\int_{(f_1)_0}^{f_1}\frac{df_1}{F_1-f_1} \tag{5-14}$$

将共聚物组成方程式(5-10) 代入上式，进行积分便可得到原料单体组成随转化率变化的函数式：

$$C=1-\left[\frac{f_1}{(f_1)_0}\right]^{\alpha}\left[\frac{f_2}{(f_2)_0}\right]^{\beta}\left[\frac{(f_1)_0-\delta}{f_1-\delta}\right]^{\gamma} \tag{5-15}$$

式中，$\alpha=\dfrac{r_2}{1-r_2}$；$\beta=\dfrac{r_1}{1-r_1}$；$\gamma=\dfrac{1-r_1r_2}{(1-r_1)(1-r_2)}$；$\delta=\dfrac{1-r_2}{2-r_1-r_2}$。

对于一给定共聚单体对，r_1、r_2 是确定的，可以从手册中查到或直接由实验测定（见5.4.1节），转化率 C 也可以实验测得，初始原料单体组成 $(f_1)_0$、$(f_2)_0$ 是已知的，因此通过上式即可求得不同转化率 C 时的 f_1 和 f_2，进而通过式(5-10) 求得 F_1 和 F_2。这样便可绘出单体瞬时组成（f_1 和 f_2）、共聚物瞬时组成（F_1 和 F_2）和共聚物平均组成（$\overline{F}_1$ 和 $\overline{F}_2$）随转化率 C 变化的关系曲线。其中共聚物平均组成可由转化率 C 按下式计算得到

$$\overline{F}_1=\frac{(M_1)_0-M_1}{M_0-M}=\frac{(f_1)_0-(1-C)f_1}{C} \tag{5-16}$$

图5-8即是利用上述方法绘出的苯乙烯（M_1）和甲基丙烯酸甲酯（M_2）共聚时，各种组成随转化率变化的关系曲线。

5.2.3.3　共聚物组成分布的控制

共聚是聚合物改性的一种重要方法，而共聚物的性能不但与共聚物组成而且与组成分布有关。若按共聚物组成来配制原料单体组成，当转化率达到100%时，共聚物的平均组成虽然达到了要求，但由于内在组成的不均一性，使其性能仍不能合乎使用要求。例如组成不一样的共聚物具有很不相同的热学性能，所以难以加工。而且组成不均匀的共聚物也可能彼此不能互容，导致产品不透明或容易出现开裂等。因此如何控制共聚物的组成分布在工业上具有重要意义。常用的共聚物组成分布控制方法有以下三种：

(1) 恒比点一次投料法　当 $r_1<1$、$r_2<1$，二元共聚有恒比点时，若共聚物所需的组成与恒比共聚组成相等或非常接近，那就将两单体按所需的比例一次投入。

如苯乙烯（$r_1=0.40$）和丙烯腈（$r_2=0.04$）的共聚，其恒比共聚组成 $F_1=0.62$，按 $f_1=0.62$ 或附近投料，这样共聚物组成将在很大转化率范围内变化不大，组成相当均一。

(2) 控制聚合转化率的一次投料法　根据聚合物组成与转化率间的关系曲线，则可由控制转化率的方法来控制聚合物的组成分布。

如图5-9为苯乙烯（M_1）/反丁烯二酸二乙酯（M_2）共聚时，不同单体配比 f_1 下，共聚

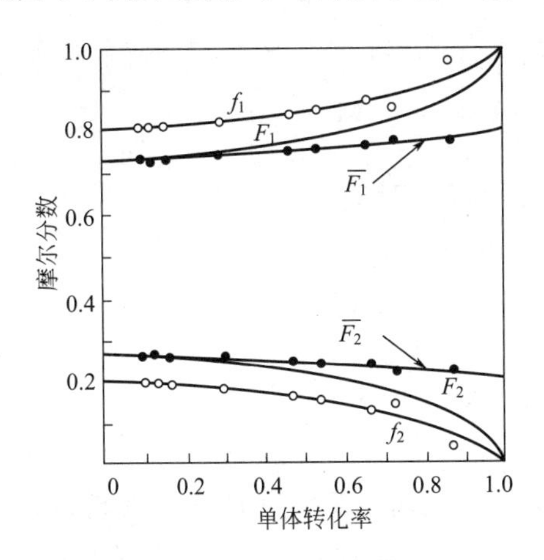

图5-8　苯乙烯（M_1）与甲基丙烯酸甲酯（M_2）共聚时，单体组成、共聚物组成及共聚物平均组成随转化率变化的关系
[$r_1=0.57$、$r_2=0.56$，$(f_1)_0=0.80$、$(f_2)_0=0.20$]

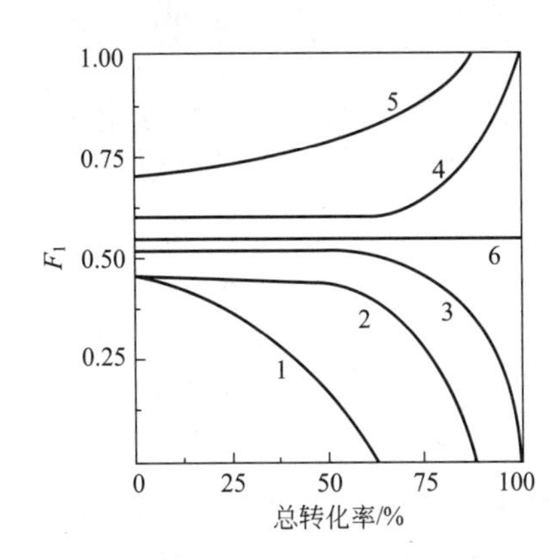

图5-9　苯乙烯（M_1）与反丁烯二酸二乙酯（M_2）共聚物瞬时组成与转化率的关系（$r_1=0.30$、$r_2=0.07$）
[$f_1=0.2$ (1)；0.4 (2)；0.50 (3)；0.60 (4)；0.80 (5)；0.57（恒比共聚，6）]

物瞬间组成 F_1 与转化率的关系曲线。在曲线较平坦的部分对应的转化率下终止反应，便可获得较均匀的共聚物。显而易见，在恒比点进行的共聚反应得到的共聚物组成不随转化率而变化（曲线 6），投料组成在恒比点附近，即使在较高转化率下（约 90%）共聚物组成的变化也不大（如曲线 3、4）。但投料组成偏离恒比点越远，共聚物组成随转化率增高而变化的程度越大（如曲线 1、5），此时就难以通过控制转化率的方法获得组成比较均一的共聚物。

(3) 补加活泼单体 通过分批或连续补加活性较大的单体，以保持体系在整个反应过程中单体组成基本恒定，便可得到组成分布较均一的共聚物。例如对于 $r_1>1$、$r_2<1$，即 $F_1>f_1$ 的体系，应将单体 M_1 分批或连续补加。

5.3 二元共聚物的微观结构——序列长度分布

5.3.1 序列长度分布

以上从宏观上讨论了共聚物瞬时组成及组成分布。若从微观上考虑，还存在着两种单体单元在共聚物分子链上排列的问题，即共聚物的序列结构，也称序列长度分布。所谓序列长度，是指在一相同的单体单元连续连接而成的链段中，所含该单体单元的数目。例如在下图所示的链段中，由 7 个 M_1 连续连接而成，其序列长度为 7，因此称为 7 M_1 序列。以此类推，有 1 M_1、2 M_1、3 M_1、…、$n M_1$ 序列。

$$\sim\sim M_2\underbrace{M_1M_1M_1M_1M_1M_1M_1}_{7\text{个}M_1}M_2M_2\sim\sim$$

对于严格的交替共聚物和嵌段共聚物，其共聚物分子链的序列结构是明确的。除此之外，一般共聚物的序列结构是不规则、不明确的，其序列长度呈多分散性。采用统计的方法，可以求得单体 M_1 或单体 M_2 各自成为 $1,2,3,4\cdots,n$ 连续序列的概率，即序列长度分布。

活性增长链 $\sim\sim M_2M_1^*$ 的链增长方式有两种，其一与单体 M_1 加成形成 $\sim\sim M_2M_1M_1^*$，设其概率为 P_{11}；其二与单体 M_2 加成形成 $\sim\sim M_2M_1M_2^*$，设其概率为 P_{12}。P_{11} 和 P_{12} 可分别由相应的链增长反应速率表示：

$$P_{11}=\frac{R_{11}}{R_{11}+R_{12}}=\frac{k_{11}[M_1^*][M_1]}{k_{11}[M_1^*][M_1]+k_{12}[M_1^*][M_2]}=\frac{k_{11}[M_1]}{k_{11}[M_1]+k_{12}[M_2]}=\frac{r_1[M_1]}{r_1[M_1]+[M_2]} \tag{5-17}$$

$$P_{12}=\frac{R_{12}}{R_{11}+R_{12}}=\frac{k_{12}[M_1^*][M_2]}{k_{11}[M_1^*][M_1]+k_{12}[M_1^*][M_2]}=\frac{k_{12}[M_2]}{k_{11}[M_1]+k_{12}[M_2]}=\frac{[M_2]}{r_1[M_1]+[M_2]} \tag{5-18}$$

显然，$P_{11}+P_{12}=1$。

活性链 $\sim\sim M_2M_1^*$ 与 M_1 加成一次概率为 P_{11}，加成两次概率为 $P_{11}{}^2$，以此类推，加成 $(n-1)$ 次概率为 $P_{11}{}^{(n-1)}$。若要形成 n 个 M_1 序列（nM_1 序列），必须由 $\sim\sim M_2M_1^*$ 与 M_1 加成 $(n-1)$ 次，而后再与 M_2 加成一次：

$$\sim\sim M_2M_1^* + M_1 \xrightarrow{(n-1)\text{次}} \sim\sim M_2\underbrace{M_1M_1\cdots\cdots M_1^*}_{n\text{个}M_1} \xrightarrow{M_2} \sim\sim M_2\underbrace{M_1M_1\cdots\cdots M_1}_{n\text{个}M_1\text{序列}}M_2^*$$

则形成 nM_1 序列的概率 $P_{1(n)}$ 为

$$P_{1(n)}=P_{11}^{(n-1)}P_{12}=\left(\frac{r_1[M_1]}{r_1[M_1]+[M_2]}\right)^{(n-1)}\frac{[M_2]}{r_1[M_1]+[M_2]} \tag{5-19}$$

同理

$$P_{22}=\frac{r_2[M_2]}{r_2[M_2]+[M_1]} \tag{5-20}$$

$$P_{21}=\frac{[M_1]}{r_2[M_2]+[M_1]} \tag{5-21}$$

则形成 $n\mathrm{M}_2$ 序列的概率 $P_{2(n)}$ 为

$$P_{2(n)}=P_{22}^{(n-1)}P_{21}=\left(\frac{r_2[M_2]}{r_2[M_2]+[M_1]}\right)^{(n-1)}\frac{[M_1]}{r_2[M_2]+[M_1]} \tag{5-22}$$

由此可见，单体 M_1 或 M_2 各种序列长度的生成概率即序列长度分布，与各自的竞聚率及单体组成有关。将 n 分别为 1,2,3,4…代入式(5-19) 或式(5-22)，便可得到 M_1 或 M_2 各种序列长度的生成概率。

以 $r_1=r_2=1$ 的恒分共聚（且 $f_1=f_2$）为例，M_1 单体序列分布计算结果见表 5-2。数据显示即使是这样比较简单的体系，序列长度分布仍很不均一，除了出现概率最多的 $1M_1$ 序列，还出现 2 M_1、3 M_1、4 M_1…等序列。因为 $f_1=f_2$，M_2 的序列分布与 M_1 完全相同。如果 $f_1\neq f_2$，则含量低的单体的序列长度分布变窄，而含量高的单体的序列长度分布变宽，这种现象在其他的共聚体系中也能观察得到，是一普遍现象。

表 5-2 恒分共聚（$r_1=r_2=1$，$f_1=f_2$）的序列长度分布

序列长度 n	1	2	3	4	5	6	7	…
出现概率/%	50	25	12.5	6.25	3.13	1.56	0.78	…

5.3.2 平均序列长度

由于共聚物序列长度是多分散性的，其值只有统计意义，一般用统计平均值来表示，称平均序列长度，M_1 和 M_2 单体的平均序列长度分别用 $\overline{L}_{M_1}$ 和 $\overline{L}_{M_2}$ 表示，根据定义：

$$\overline{L}_{M_1}=\sum_{n=1}^{n}nP_{1(n)}=\sum_{n=1}^{n}nP_{11}^{(n-1)}(1-P_{11})=\frac{1}{1-P_{11}}=1+r_1\frac{[M_1]}{[M_2]} \tag{5-23}$$

$$\overline{L}_{M_2}=\sum_{n=1}^{n}nP_{2(n)}=\sum_{n=1}^{n}nP_{22}^{(n-1)}(1-P_{22})=\frac{1}{1-P_{22}}=1+r_2\frac{[M_2]}{[M_1]} \tag{5-24}$$

当等物质的量投料即 $[M_1]=[M_2]$ 时，则上式可简化成

$$\overline{L}_{M_1}=1+r_1,\overline{L}_{M_2}=1+r_2$$

可见，r_1、r_2 值越小，其序列平均长度越短，例如 $r_1=r_2=0$ 的交替共聚，$\overline{L}_{M_1}=\overline{L}_{M_2}=1$。而 $r_1=5$、$r_2=0.2$ 的等物质的量理想共聚，则 $\overline{L}_{M_1}=6$，$\overline{L}_{M_2}=1.2$。

5.4 竞聚率的测定及反应条件对竞聚率的影响

5.4.1 竞聚率的测定

竞聚率是共聚反应的重要参数，它决定着一对单体的共聚行为如共聚物组成、序列长度分布等。竞聚率的数值可以通过实验测定单体组成和相应的共聚物组成而获得。单体组成最常用的测定方法有高效液相色谱（HPLC）法、气相色谱（GC）法等；共聚物组成的测定可根据共聚物中的特征基团或元素，选用元素分析、放射性同位素标记以及各种波谱技术

（IR、UV、NMR 等）。分析之前要对共聚产物样品纯化，彻底除去可能含有的均聚物及其他杂质。

几乎所有制备上感兴趣的单体对的竞聚率 r_1 和 r_2 都已被测定出来，可以在参考书或手册上查到，表 5-3 列出了一些单体在自由基共聚反应单体的竞聚率。注意竞聚率数值有一定误差，各书中引用时会有些出入。

表 5-3 自由基共聚反应单体竞聚率

M_1	M_2	r_1	r_2	温度/℃
苯乙烯	丙烯腈	0.37	0.05	50
	丁二烯	0.78	1.39	60
	甲基丙烯酸甲酯	0.52	0.46	60
	乙酸乙烯酯	55	0.01	60
	氯乙烯	17	0.02	60
	顺丁烯二酸酐	0.05	0.005	50
	丙烯酸	0.15	0.25	50
甲基丙烯酸甲酯	丙烯腈	1.35	0.18	60
	丁二烯	0.25	0.75	90
	乙酸乙烯酯	20	0.015	60
	氯乙烯	13	0	60
	偏氯乙烯	2.53	0.24	60
	顺丁烯二酸酐	3.4	0.01	75
乙酸乙烯酯	丙烯腈	0.06	4.05	60
	氯乙烯	0.23	1.68	60
	偏氯乙烯	0.03	4.7	68
丙烯腈	丁二烯	0.02	0.35	50
	异丁烯	0.98	0.02	50
	丙烯酸甲酯	1.5	0.84	50
氯乙烯	乙酸乙烯酯	1.68	0.23	60
	偏氯乙烯	0.3	3.2	60
	丙烯腈	0.02	3.28	60
	顺丁烯二酸酐	0.098	0	75
乙烯	丙烯腈	0	7.0	20
	丙烯酸丁酯	0.01	14	150
	乙酸乙烯酯	1.07	1.08	90
	四氯乙烯	0.15	0.85	80

下面介绍三种常用的竞聚率测定方法。

5.4.1.1 直线交叉法（Mayo-Lewis 法）

把共聚方程式(5-9) 重排得

$$r_1=\frac{[M_1]}{[M_2]}\left\{\frac{d[M_1]}{d[M_2]}\left(1+\frac{[M_1]}{[M_2]}r_1\right)-1\right\}$$

实验时采用单体投料配比 $[M_1]/[M_2]$ 进行共聚，在低转化率下（<10%）终止聚合，测定所得共聚物的组成。由于转化率较低，可以近似认为该共聚物组成就是投料配比 $[M_1]/[M_2]$ 所对应的瞬时共聚物组成 $d[M_2]/d[M_1]$。将 $[M_1]/[M_2]$ 和 $d[M_2]/d[M_1]$ 的数据代入上式，可得到一以 r_1 和 r_2 为变量的线性关系式，拟定数个（三个以上）r_1 值，便可按此线性关系式求算出数个 r_2 值，以 r_1 和 r_2 为坐标作图可得一直线。再以另一个不

同投料比进行一次实验，又可得到另一条直线。最少三次实验得到三条（r_1-r_2）直线，从三直线的交点或交叉区域的重心读取 r_1、r_2 值。如图 5-10，交叉区域的大小与实验的精确度有关，显然，交叉区域愈小，表示实验误差也愈小。

5.4.1.2　截距斜率法（Fineman-Ross 法）

令 $[M_1]/[M_2]=R$，$d[M_2]/d[M_1]=\rho$，代入共聚方程式(5-9) 再重排得

$$\left(R-\frac{R}{\rho}\right)=\frac{R^2}{\rho}r_1-r_2$$

进行数次实验（一般不少于 6 次），在低转化率下测定不同 $[M_1]/[M_2]$ 下对应的 $d[M_2]/d[M_1]$ 值，以（$R-R/\rho$）为纵坐标、R^2/ρ 为横坐标作图，即可得一条直线，斜率为 r_1，截距为 $-r_2$，如图 5-11 所示。

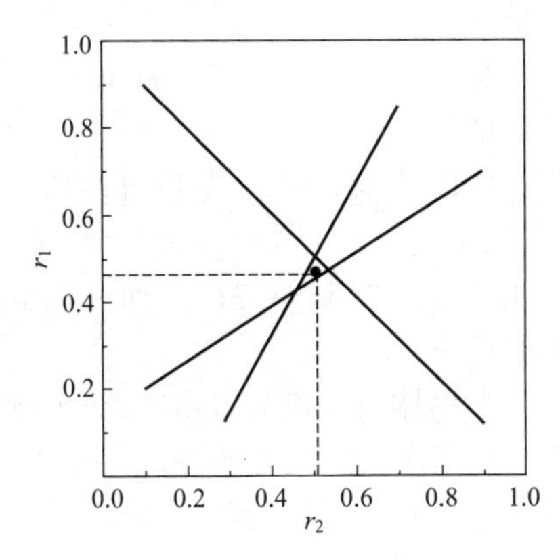

图 5-10　直线交叉法求 r_1、r_2 值

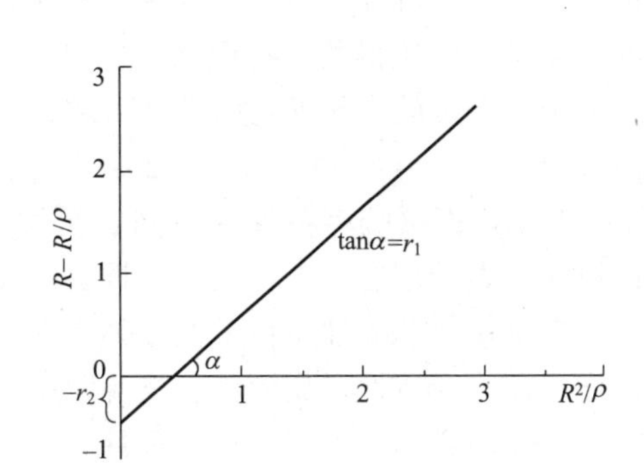

图 5-11　截距斜率法求 r_1、r_2 值

5.4.1.3　Kelen-Tudos 法

上述 Fineman-Ross 法虽然简便，但存在着对高组成和低组成的实验数据权重分配不均的问题，从而使 Fineman-Ross 图的线性有时较差，所得竞聚率精度不高，并且还常常因单体 M_1 或单体 M_2 的指定不同，得出不同的竞聚率 r_1 和 r_2 值。为此 Kelen 和 Tudos 对此法作了改进，将共聚方程式(5-9) 重排后，再引入一任意的常数 α 以均衡分配所有组成的实验数据点：

$$\eta=\left(r_1+\frac{r_2}{\alpha}\right)\zeta-\frac{r_2}{\alpha}$$

式中，$\eta=G/(\alpha+F)$，$\zeta=F/(\alpha+F)$，$G=X(Y-1)/Y$，$F=X^2/Y$，$X=[M_1]/[M_2]$，$Y=d[M_1]/d[M_2]$。α 值按 $\alpha=(F_mF_M)^{1/2}$ 来定，其中 F_m 和 F_M 分别为最低和最高的 F 值。以 η 对 ζ 作图得一条直线，外推至 $\zeta=0$ 得 $-r_2/\alpha$；外推至 $\zeta=1$ 得 r_1。

5.4.2　反应条件对竞聚率的影响

竞聚率的大小虽然本质上是由共聚单体以及相应的链增长活性中心的结构决定的，但是它还受温度、压力、反应介质等聚合反应条件的影响。现就链式共聚合中最为普遍的自由基共聚的单体竞聚率讨论如下。

(1) 温度　单体竞聚率是两个链增长反应速率常数之比，因此它与温度的关系为

$$r_1=\frac{k_{11}}{k_{12}}=\frac{A_{11}}{A_{12}}\exp\left(\frac{E_{12}-E_{11}}{RT}\right)$$

由此可见，r_1 随温度变化的大小实质上取决于交叉链增长和同系链增长活化能之差

$(E_{12}-E_{11})$。自由基聚合的链增长活化能本来就较小，它们的差值便更小（约 10kJ/mol）。因此，竞聚率对温度的变化不敏感，但不是说一点没有影响，一般的情况是随着温度升高，竞聚率都有向 1 靠近的趋势：若 $r>1$，温度升高，r 下降；相反，$r<1$ 时，温度升高，r 上升。

(2) 压力 压力的影响效果类似于温度的影响，即竞聚率随压力的变化不大，升高压力，竞聚率也有向 1 靠近的趋势。如乙烯（M_1）与乙酸乙烯酯（M_2）的共聚反应，压力从 15MPa 增至 40MPa，r_1 由 0.47 变至 0.77；r_2 从 0.95 变至 1.0。

(3) 反应介质 一般情况下，自由基共聚反应的单体竞聚率受介质影响较小。但在一些非均相聚合体系中，有可能出现局部反应区内单体浓度与总体宏观浓度不同的情况，此时即使竞聚率本身没有改变，但竞聚率表观值（测量值）发生了变化。如在乳液聚合体系中，由于两种共聚单体的扩散速率不同，使得在胶束内两单体的相对浓度与投料配比不同，而影响共聚物的组成。再如沉淀聚合中，如果某种单体更容易被沉淀出的大分子自由基吸附而更多地进入共聚物中，便使得共聚物中该单体单元的含量增加。

酸性或碱性单体的竞聚率与介质的 pH 值有关。如丙烯酸（M_1）与丙烯酰胺（M_2）的共聚，pH=2 时，$r_1=0.90$，$r_2=0.25$；但 pH=9 时，$r_1=0.30$，$r_2=0.95$。这是因为在不同的 pH 值下，丙烯酸存在形式不同：在低 pH 值下，主要是丙烯酸；而在高 pH 值下，主要以丙烯酸负离子存在。二者活性不同，故竞聚率也不同。

对于极性单体与非极性单体的共聚体系，假如极性单体或相应的自由基能与极性溶剂发生强烈的作用而改变活性，竞聚率将发生改变。大多数情况下，与非极性溶剂相比，在极性溶剂中极性单体的竞聚率下降，而非极性单体的竞聚率上升。这种现象已在苯乙烯与丙烯酰胺、丙烯腈、丙烯酸、甲基丙烯酸酯等共聚体系中被观察到。

5.5 自由基共聚合

以上讨论了链式共聚合的通性，以下分别讨论各种链式共聚合。与均聚合一样，链式共聚合也分为自由基型、离子型等几种，其中以自由基共聚反应在工业上利用最广，理论上研究也最为透彻。

5.5.1 单体及自由基的反应活性

仅仅通过均聚合速率常数 k_p 的大小来判断单体或自由基的活性是困难的。例如虽然苯乙烯和乙酸乙烯酯进行自由基均聚反应时，链增长速率常数分别为 145L/(mol·s) 和 2300L/(mol·s)，但我们仍不能据此得出结论，即乙酸乙烯酯活性高于苯乙烯，也不能判断它们的自由基究竟哪个活性大。这是因为链增长常数 k_p 是由单体的活性和自由基的活性共同决定的。若要比较不同单体的活性，必须以同一种自由基作为基准。同样，要比较自由基的活性，也必须以同一种单体作为基准，这就涉及共聚反应的问题了。因此，共聚合研究能了解单体及自由基的反应活性，从而揭示结构与反应活性的关系，这是共聚合研究的理论意义所在。

5.5.1.1 单体的相对活性

竞聚率的倒数如 $1/r_1=k_{12}/k_{11}$，表示同一种自由基～～～M_1^* 与不同单体 M_2 和 M_1 增长反应的速率常数之比，当以某种 M_1 单体为参比单体，测定不同的 M_2 单体与之共聚的 $1/r_1$，由 $1/r_1$ 可比较不同的 M_2 单体的相对活性。选取适当竞聚率数据（可在手册中查到），取其倒数列于表 5-4 中，则表中各纵列的数值表示不同单体对同一参比链自由基的反应活性。

表5-4 乙烯基单体对不同链自由基的相对活性（$1/r_1$）

单体	链自由基（~~~M_1·）						
	B·	St·	VAC·	VC·	MMA·	MA·	AN·
丁二烯(B)	—	1.7	—	29	4	20	50
苯乙烯(St)	0.73	—	100	50	2.2	5.0	25
甲基丙烯酸甲酯(MMA)	1.3	1.9	67	10	—	2	6.7
甲基乙烯酮(MVK)	—	3.4	20	10	—	—	1.7
丙烯腈(AN)	3.3	2.5	20	25	0.82	1.2	—
丙烯酸甲酯(MA)	1.3	1.4	10	17	0.52	—	0.67
偏二氯乙烯(VDC)	—	0.54	10	—	0.39	—	1.1
氯乙烯(VC)	0.11	0.059	4.4	—	0.10	0.25	0.37
乙酸乙烯酯(VAC)	—	0.019	—	0.59	0.050	0.11	0.24

比较表中各个纵列竞聚率倒数的数值大小可以发现，除几处由于交替效应而引起的偏离外（将在后面讨论），所列9种单体对于任何参比自由基（7种）的反应活性都是自上而下依次降低。由此可将乙烯基单体CH_2═CHX的活性按取代基X的不同，大小次序归纳如下：

—C_6H_5，—CH═CH_2>—CN，—COR>—COOH，—COOR>—Cl>—OCOR，R>OR，H

即苯乙烯、丁二烯是最活泼的单体，而乙酸乙烯酯、乙烯等是最不活泼的单体。

5.5.1.2 自由基的活性

比较不同自由基与同一参比单体进行链增长反应的速率常数k_{12}的大小便可得到各种自由基相对活性。通过实验或大多数情况下从手册中可获得r_1和k_{11}（实际上是单体M_1均聚时的链增长速率常数k_p），代入$r_1=k_{12}/k_{11}$，便可求出k_{12}，见表5-5。

表5-5 链自由基-单体链增长速率常数（$k_{12}\times10^{-2}$）

单体	链自由基（~~~M_1·）						
	B·	St·	MMA·	AN·	MA·	VAC·	VC·
丁二烯(B)	1	2.8	20.6	980	418	—	3190
苯乙烯(St)	0.7	1.65	11.3	490	100.5	2300	5500
甲基丙烯酸甲酯(MMA)	1.3	3.14	5.15	131	41.8	1540	1100
丙烯腈(AN)	3.3	4.13	4.22	19.6	25.1	460	2250
丙烯酸甲酯(MA)	1.3	2.15	2.68	13.1	20.9	230	1870
氯乙烯(VC)	0.11	0.097	0.52	7.20	5.2	101	110
乙酸乙烯酯(VAC)	—	0.034	0.26	2.30	2.30	23	64.9

将表中各横行数据进行比较可以发现，所列7种链自由基对于同一参比单体的反应活性都是自左到右依次增加的，其中丁二烯、苯乙烯链自由基的活性最低，乙酸乙烯酯、氯乙烯链自由基的活性最高。表中各纵列数据为各种单体对于同一参比链自由基的链增长速率常数，可表示单体相对活性，结果显示自上而下单体活性依次减小，与表5-4的数据所得结果一致。由此可见，自由基与单体的活性次序正好相反，即活泼单体产生的自由基不活泼，反过来不活泼单体产生的自由基活泼。

5.5.1.3 单体、自由基活性的结构因素

上面的讨论已给出了单体或自由基的相对活性。那么，单体或自由基的反应活性与它们的结构之间关系如何，是目前需要讨论的问题。在影响活性的结构因素中，主要考虑的是单体或自由基所带取代基的共轭效应、极性效应和空间位阻效应。

(1) 共轭效应 共轭效应是决定单体或自由基活性最重要的因素。如果取代基能与自由基共轭，可使其独电子离域性增加而稳定化。因此，取代基共轭效应越大，自由基就越稳定。由于双键取代基对自由基共轭稳定性最强，所以含不饱和或芳香取代基的单体如苯乙烯、丁二烯等的自由基最稳定，活性则最小。相反，氯、乙酰氧基等非共轭取代基对自由基的稳定化作用极小，相应的单体如氯乙烯、乙酸乙烯酯等的自由基最不稳定，活性则最大。但是如从单体的活性来看，情况则恰好相反。苯乙烯、丁二烯自由基的共轭稳定性高，故苯乙烯、丁二烯单体要转变成相应的自由基时所需活化能较小，反应容易进行，即苯乙烯、丁二烯单体的活性高。相反，氯乙烯、乙酸乙烯酯自由基不稳定，由单体变成自由基时所需活化能较大，故氯乙烯、乙酸乙烯酯单体的活性低。

取代基的共轭效应对自由基和单体的影响程度不同，例如从表 5-5 数据可知，对于给定单体，乙酸乙烯酯自由基的活性比苯乙烯自由基大 100～1000 倍，而对于给定自由基，苯乙烯单体的活性只比乙酸乙烯酯大 50～100 倍。可见，取代基共轭效应对自由基活性的影响要比对单体活性的影响大得多。这样，自由基聚合链增长反应速率常数的大小虽然由自由基活性和单体活性同时决定，但关键因素是自由基活性。这就解释了尽管苯乙烯单体比乙酸乙烯酯活泼，但乙酸乙烯酯的均聚速率却比苯乙烯的大。

自由基共聚时，单体对有三种情形，即带共轭稳定取代基单体与带非共轭稳定取代基单体的共聚；带共轭稳定取代基单体与带共轭稳定取代基单体的共聚；带非共轭稳定取代基单体与带非共轭稳定取代基单体的共聚。对于第一种单体对组合，以苯乙烯（共轭稳定取代基单体）/乙酸乙烯酯（带非共轭稳定取代基单体）为例，可能存在以下四种链增长反应：

$$\sim\sim\text{St}\cdot + \text{St} \longrightarrow \sim\sim\text{St}\cdot \quad ①$$

$$\sim\sim\text{St}\cdot + \text{VAC} \longrightarrow \sim\sim\text{VAC}\cdot \quad ②$$

$$\sim\sim\text{VAC}\cdot + \text{St} \longrightarrow \sim\sim\text{St}\cdot \quad ③$$

$$\sim\sim\text{VAC}\cdot + \text{VAC} \longrightarrow \sim\sim\text{VAC}\cdot \quad ④$$

其中交叉链增长反应②由于是活性很低的苯乙烯自由基与活性很低的乙酸乙烯酯单体间的反应，反应速率极低，而使共聚反应难以进行。而对于第二种或第三种单体组合，则不会出现以上在交叉链增长反应中两种反应物（自由基和单体）的活性同时都低的情况，共聚反应容易进行。由此可得到以下结论：有共轭稳定作用的两单体之间或无共轭稳定作用的两单体之间容易发生共聚；而有共轭稳定作用的单体与无共轭稳定作用的单体构成的体系则不容易共聚。

(2) 极性效应 在单体和自由基活性顺序表中（表 5-4 和表 5-5），会出现少数反常情况，这是由单体和自由基活性的另一个影响因素——取代基的极性效应引起的。给电子取代基使烯烃单体的双键带有部分负电性，吸电子取代基使烯烃单体的双键带有部分正电性。带有给电子取代基的单体（电子给体）与带有吸电子取代基的单体（电子受体）之间往往容易发生具有交替倾向的共聚反应，这就是极性效应，也称交替效应。因此，当带吸电子取代基的单体如丙烯腈在以带给电子取代基的自由基如丁二烯自由基或苯乙烯自由基为参比自由基时，其活性值出现反常增大的情况就不足为奇了。

由于极性效应，使一些如顺丁烯二酸酐等本身不能均聚的单体，却可与极性相反的单体

如苯乙烯、乙烯基醚（本身也不能自由基均聚）等进行共聚合。甚至两个都不能自聚的单体，例如 1,2-二苯乙烯和顺丁烯二酸酐，由于二者极性相反，都可顺利地进行共聚。

强给电子单体和强受电子单体可发生高度交替共聚，关于其聚合机理目前有两种理论：过渡态极性效应机理和电子转移络合物均聚机理[8]。前者认为在反应过程中，受电子自由基和给电子单体或者给电子自由基与受电子单体之间相互作用，形成稳定的过渡态，导致交叉链增长反应活化能大大降低。以苯乙烯/顺丁烯二酸酐共聚合为例，顺丁烯二酸酐自由基与苯乙烯单体之间发生部分电子转移：

$$\sim\!\!\sim HC-\dot{C}H + H_2C=CH(Ph) \longrightarrow \sim\!\!\sim HC-\overset{\delta\dot{-}}{C}H\cdots CH\cdots\overset{\delta\dot{+}}{C}H(Ph) \longrightarrow \sim\!\!\sim HC-CH-CH_2-\dot{C}H(Ph)$$

共振过渡态

同样，苯乙烯自由基与顺丁烯二酸酐单体之间也发生以上类似的电子转移。因此苯乙烯与顺丁烯二酸酐共聚时，更易发生交叉链增长反应，结果得到高度交替共聚物。

电子转移络合物均聚机理认为，受电子单体和给电子单体首先形成 1∶1 电子转移络合物，然后再均聚成交替共聚物。

$$M_1 + M_2 \rightleftharpoons M_1M_2\text{（络合物）}$$

$$nM_1M_2 \longrightarrow \text{⫞}M_1M_2\text{⫟}_n$$

以上 1∶1 电子转移络合物已被光谱实验所证实。上述两种机理一直争论不休，到现在还没有定论，但可以认为两种观点在不同的场合分别或同时成立。

当 $r_1<1$、$r_2<1$ 时，可用竞聚率乘积 r_1r_2 趋近 0 的程度来衡量交替共聚倾向的大小。按照单体极性大小将单体排成表 5-6 的顺序，带给电子取代基的单体位于左上方，带吸电子取代基的单体位于右上方。比较它们的竞聚率乘积 r_1r_2 发现，两个单体在表上的距离越大（意味着极性相差越大），r_1r_2 的值越趋近于 0，表明交替倾向也就越大。

表 5-6　部分单体对自由基共聚的 r_1r_2 值

	丁二烯	苯乙烯	乙酸乙烯酯	氯乙烯	甲基丙烯酸甲酯	偏二氯乙烯	甲基丙烯酮	丙烯腈
苯乙烯	0.98							
乙酸乙烯酯	—	0.55						
氯乙烯	0.31	0.34	0.39					
甲基丙烯酸甲酯	0.19	0.24	0.30	1.0				
偏二氯乙烯	<0.1	0.16	0.6	0.96	0.61			
甲基丙烯酮	—	0.10	0.35	0.83	—	0.99		
丙烯腈	0.006	0.016	0.21	0.11	0.18	0.34	1.1	
顺丁烯二酸酐	—	0.006	0.0002	0.0024	0.11	—	—	—

值得注意的是，Lewis 酸如 $ZnCl_2$、BF_3、$AlEt_2Cl$ 等能增加共聚单体对交替的倾向。其作用机制是受电子单体的取代基与 Lewis 酸络合后使单体变得更加缺电子，从而更易与给电子单体发生电子转移。利用这点，可使本来交替倾向不大的单体对发生共聚生成交替共聚物。

（3）空间位阻效应　空间位阻效应即单体中取代基的数目、大小、位置对单体或自由基活性的影响。表 5-7 列出了各种氯取代乙烯单体与三种参比自由基的反应速率常数 k_{12}。

表 5-7 中数据显示了取代基的数目及位置对单体活性的影响。1,1-二取代单体如果取代基不是很大，空间位阻效应往往不显著，反而由于两个取代基的电子效应迭加而使单体活性增加，例如偏二氯乙烯，具有较氯乙烯大得多的活性。

表 5-7 各种氯取代乙烯单体与不同链自由基的反应速率常数 k_{12}

单体(M_2)	链自由基 ~~~~M_1·		
	乙酸乙烯酯	苯乙烯	丙烯腈
氯乙烯	10000	9.7	725
偏二氯乙烯	23000	89	2150
顺-1,2-二氯乙烯	365	0.79	—
反-1,2-二氯乙烯	2320	4.5	—
三氯乙烯	3480	10.3	29
四氯乙烯	338	0.83	4.2

与此相反，1,2-二取代单体的空间位阻效应明显，单体活性下降，例如 1,2-二氯乙烯的活性与氯乙烯相比大大降低。比较顺式和反式 1,2-二氯乙烯两个单体，反式的活性要比顺式的大，这是一较普遍的现象。原因同样可解释为空间因素，即在自由基与单体加成时，顺式结构产生更大的空间阻碍。

三氯乙烯的活性低于偏二氯乙烯，但高于 1,2-二氯乙烯，这是空间效应和电子效应共同作用的结果。四氯乙烯活性最低，显然是空间效应造成的。以上 6 种单体，除氯乙烯、偏二氯乙烯以外，其余 4 种均因空间位阻效应不能自聚，但却能与乙酸乙烯酯、苯乙烯、丙烯腈等单取代单体顺利进行共聚。

5.5.2 Q-e 概念

前面讨论了单体或自由基的活性与结构（共轭效应、极性效应和空间位阻效应）的关系，那么如何建立二者之间的定量关系，然后据此计算单体对的竞聚率，以代替大量、烦琐的逐对单体竞聚率测定。Alfrey 和 Price 于 1947 年建立了 Q-e 概念，半定量地解决了上述问题。

按照 Q-e 概念，在不考虑空间位阻影响时，自由基和单体的反应速率常数与共轭效应、极性效应之间可用以下经验公式联系起来：

$$k_{12}=P_1Q_2\exp(-e_1e_2)$$

式中，P_1 和 Q_2 分别为共轭效应对自由基$M_1^{\cdot}$ 和单体 M_2 活性的贡献；e_1 和 e_2 分别为单体和自由基极性的量度，假定单体及相应自由基的极性相同，即可用 e_1 同时表示 M_1 和$M_1^{\cdot}$ 的极性，用 e_2 同时表示 M_2 和$M_2^{\cdot}$ 的极性，则其他反应速率常数的表达式可写成：

$$k_{11}=P_1Q_1\exp(-e_1e_1)$$
$$k_{21}=P_2Q_1\exp(-e_2e_1)$$
$$k_{22}=P_2Q_2\exp(-e_2e_2)$$

竞聚率相应地可表示为：

$$r_1=k_{11}/k_{12}=Q_1/Q_2\exp[-e_1(e_1-e_2)] \tag{5-25}$$
$$r_2=k_{22}/k_{21}=Q_2/Q_1\exp[-e_2(e_2-e_1)] \tag{5-26}$$

以上两式称 Q-e 方程。

选最常用单体苯乙烯为标准参考单体，并规定其 $Q_1=1$，$e=-0.8$。将苯乙烯与不同单体共聚，测定 r_1、r_2 后代入上述 Q-e 方程，即可求得不同单体相对于苯乙烯的 Q、e 值。表 5-8 列出了常见单体的 Q、e 值。Q 值越大，表示取代基的共轭效应越强，相应单体的活性也越高。e 值越大，取代基的吸电子性越强，e 值为正值时，取代基为吸电子基团；e 值为负值时，取代基为给电子基团。

表 5-8 常见单体 Q、e 值

单体	Q	e	单体	Q	e
乙基乙烯基醚	0.018	−1.80	氯乙烯	0.056	0.16
丙烯	0.009	−1.69	甲基丙烯酸甲酯	0.78	0.40
正丁基乙烯基醚	0.038	−1.50	丙烯酰胺	0.23	0.54
对甲氧基苯乙烯	1.53	−1.40	丙烯酸甲酯	0.45	0.64
异丁烯	0.023	−1.20	甲基丙烯腈	0.86	0.68
乙酸乙烯酯	0.026	−0.88	丙烯酸	0.83	0.88
α-甲基苯乙烯	0.97	−0.81	甲基丙烯酮	0.66	1.05
苯乙烯	1.00	−0.80	丙烯腈	0.48	1.23
异戊二烯	1.99	−0.55	四氟乙烯	0.032	1.63
丁二烯	1.70	−0.50	富马腈	0.29	2.73
乙烯	0.016	0.05	顺丁烯二酸酐	0.86	3.69

有了各种单体的 Q、e 值后，可利用 Q-e 方程而不需进行共聚实验，算出任意两单体组合的竞聚率 r_1 和 r_2。但由于 Q-e 方程本身的缺陷，如没有考虑空间位阻效应、将单体和自由基的极性等同看待等，使得求算出的 r_1、r_2 值误差较大。尽管如此，用它来粗略估算未知单体对的竞聚率，从而预测它们的共聚行为还是十分方便的。例如 Q 值相似的单体易于共聚，e 值相差大的单体倾向于交替共聚。

5.5.3 自由基共聚合的应用

5.5.3.1 苯乙烯共聚物

苯乙烯均聚物抗冲击强度和抗溶剂性能较差，限制了它的应用。通过与其他单体共聚进行改性，使其成为有广泛用途的高分子材料，重要的苯乙烯共聚物有以下几种。

(1) 苯乙烯-丙烯腈共聚物 苯乙烯与 10%～40%丙烯腈自由基共聚制得的含氰塑料，可提高上限使用温度，改善抗溶剂性、抗冲击强度。用于制造管道设备、冰箱衬垫、容器及体育器械等。

(2) 丁苯橡胶 苯乙烯与丁二烯通过乳液共聚而得到的弹性体，称丁苯橡胶，是目前产量最大的合成橡胶（占合成橡胶 60%以上）。根据聚合温度不同，分为高温丁苯橡胶（热胶）和低温丁苯橡胶（冷胶）两种。前者在较高温度（50℃）下用 $K_2S_2O_8$ 引发聚合；后者在低温（约 5℃）下采用烷基过氧化氢/亚铁盐氧化还原体系引发聚合，其中以冷胶工艺较为成熟。

合成丁苯橡胶时，苯乙烯含量一般约 20%～30%，所得丁苯橡胶的耐磨性和耐老化性较天然橡胶好，但力学强度稍差。可以代替天然橡胶或与天然橡胶合用来制造轮胎。提高共聚物中苯乙烯含量，产品硬度增加，可作硬质橡胶使用。

(3) ABS 塑料 ABS 是丙烯腈-丁二烯-苯乙烯共聚物，它兼有聚苯乙烯良好的加工性和刚性、聚丁二烯的韧性、聚丙烯腈的化学稳定性，是一种应用广泛的热塑性工程塑料。ABS 主要通过接枝共聚法合成，其中以乳液接枝工艺最为成熟。先将丁二烯-苯乙烯乳液共聚制成丁苯胶乳，然后再加入丙烯腈和苯乙烯两种单体和引发剂进行接枝共聚合。接枝共聚反应

机理复杂，可能的反应机理可用反应式表示如下：

$$\sim\sim CH_2-CH=CH-CH_2\sim\sim CH_2-\underset{\underset{C_6H_5}{|}}{CH}\sim\sim \xrightarrow{R\cdot} \sim\sim CH_2-\underset{\underset{R}{|}}{CH}-\dot{C}H-CH_2\sim\sim CH_2-\underset{\underset{C_6H_5}{|}}{CH}\sim\sim$$

（丁苯乳液）　　　　（大分子链自由基）

$$\xrightarrow[CH_2=CHPh(S)]{CH_2=CHCN(A)} \sim\sim CH_2-\underset{\underset{R}{|}}{CH}-\overset{H}{\underset{\underset{SSSAASA\sim\sim}{|}}{C}}-CH_2\sim\sim CH_2-\underset{\underset{C_6H_5}{|}}{CH}\sim\sim$$

实际上反应时接枝点的位置及分布和分枝结构是很复杂的，而且还伴随苯乙烯与丙烯腈之间的共聚反应，甚至还会产生二者的均聚物。

5.5.3.2 乙酸乙烯酯共聚物

（1）乙烯-乙酸乙烯酯共聚物 乙烯与乙酸乙烯酯共聚物，又叫 EVA 共聚物。共聚时随乙酸乙烯酯单体含量不同，所得共聚物结晶性发生改变而表现不同的性质，可用作塑料、热熔胶、压敏胶、涂料等。例如乙酸乙烯酯含量低于 20％的共聚物，可直接用作塑料；含量 25％～40％的，用于配制热熔胶；含量 40％以上的，用于配制压敏胶。

（2）氯醋树脂 氯醋树脂即氯乙烯-乙酸乙烯酯共聚物是内增塑型的改性聚氯乙烯，含 5％～15％乙酸乙烯酯的硬质共聚物，可用于制造管、板和唱片等。含 20％～40％乙酸乙烯酯的软质共聚物，可用于制造软管、胶片、薄板、手提包等。

5.5.3.3 丙烯酸酯共聚乳液

丙烯酸酯共聚乳液是一大类聚合物乳液的通称，它由不同丙烯酸酯单体通过乳液共聚获得，由于具有制备容易、性能优良且符合环保要求等优点，而在涂料和黏合剂领域应用广泛。

合成丙烯酸酯乳液的共聚单体中，甲基丙烯酸甲酯常作为硬单体（其均聚物的玻璃化转变温度较高），赋予乳胶膜一定的硬度、耐磨性；丙烯酸丁酯、丙烯酸乙酯等作为软单体（其均聚物的玻璃化转变温度较低），赋予乳胶膜以一定的柔韧性和耐久性。除此之外，通常还加入一些丙烯酸、丙烯酰胺等功能单体，以提高附着力和乳液稳定性。通过调节硬单体和软单体的比例，可获得玻璃化转变温度 T_g 不同的共聚物。T_g 越高，乳液成膜后的硬度越大，反之，T_g 越低，膜越软。共聚单体的组成与共聚物的 T_g 关系如下：

$$\frac{1}{T_g}=\frac{w_1}{T_{g_1}}+\frac{w_2}{T_{g_2}}+\cdots+\frac{w_i}{T_{g_i}}$$

式中，w_i 为共聚物中各单体的质量分数；T_{g_i} 为各单体均聚物的玻璃化转变温度，K；T_g 为共聚产物的玻璃化转变温度，K。

5.5.3.4 共聚交联

在共聚单体中，加入二乙烯基苯、双甲基丙烯酸乙二酯等二烯类单体，进行共聚反应，便可获得具有交联结构的共聚产物。这样的过程称为共聚交联，所加入的二烯类单体称为交联单体或交联剂。交联发生在共聚反应的前期还是后期，取决于二烯单体中两个双键的相对反应活性。交联度则直接与二烯单体的浓度有关。

交联共聚最典型的应用例子是离子交换树脂母体聚合物的合成，采用悬浮聚合工艺，将苯乙烯与二乙烯基苯进行自由基共聚，得到交联的聚苯乙烯小球，反应式可表示为：

$$n\,H_2C=\underset{\underset{C_6H_5}{|}}{CH} + m\,H_2C=\underset{\underset{C_6H_4-CH=CH_2}{|}}{CH} \xrightarrow{+BPO} \sim\sim CH_2-\underset{\underset{C_6H_5}{|}}{CH}-CH_2-\underset{\underset{C_6H_4-CH(\sim\sim)-CH_2\sim\sim}{|}}{CH}\sim\sim$$

可以想象，二乙烯基苯的第一个双键与苯乙烯共聚后，第二个双键的活性显著下降。因此聚合反应初期首先生成线型聚苯乙烯，只不过在该线型聚苯乙烯大分子链上还带有一些所谓“悬挂双键”即第二双键。一旦这些悬挂双键开始参与聚合，则会出现与体型缩聚类似的凝胶化现象，立刻生成交联体型的聚合物。

5.5.3.5 聚合物互穿网络

聚合物互穿网络（interpenetrating polymer network，IPN）是指两种或两种以上的组分各自独立地进行交联共聚反应，形成两个或两个以上相互贯穿的三维交联共聚网络。交联网络的合成可以同时进行（同步法），也可分步进行（分步法）。同步法通常是将可以生成两个网络的不同类单体、交联剂（多官能团单体）、引发剂或催化剂等充分混合，在适当的条件下按照不同的聚合机理（如一种是链式聚合，另一种是逐步聚合）各自独立进行共聚交联，形成彼此互相贯穿的交联网络。分步法是将先期合成的交联网络置于第二交联网络的单体中溶胀并聚合，如将交联的聚氨酯（PU）置于甲基丙烯酸甲酯单体中溶胀，在适量的双烯单体（如二乙烯基苯）和引发剂（如 BPO）存在下，加热聚合可形成 PU/PMMA 互穿网络。

与其他高分子合金一样 IPN 呈两相或多相结构，这种互穿网络的特殊结构有利于各相之间发挥良好的协同效应而赋予 IPN 共聚物许多优异的性能，目前已在人造心脏、功能高分子膜、涂料等方面得到广泛应用。

5.6 离子型共聚合

活性中心为离子的链式共聚反应称为离子型共聚合，包括阳离子型和阴离子型两种。前面已推导出的共聚物组成方程、序列分布方程等，不涉及活性中心的性质，因此除自由基共聚合之外同样适用于离子型共聚合和配位共聚（后者将在第6章讨论）。然而同一共聚单体对，因共聚反应类型不同，共聚单体的相对反应活性，即竞聚率 r_1 和 r_2 会有很大不同。例如苯乙烯/甲基丙烯酸甲酯共聚单体对，用 BPO 引发自由基共聚合时，$r_1=0.52$，$r_2=0.46$；用 $SnCl_4$ 引发阳离子共聚时，$r_1=10.5$，$r_2=0.10$；用钠氨离子引发阴离子共聚时，$r_1=0.12$，$r_2=6.4$。由于竞聚率不同，所得共聚物的组成差别很大，如图 5-12 所示。

自由基共聚合时，增长活性中心对单体的选择性不是很强，与苯乙烯或甲基丙烯酸甲酯发生链增长反应的机会相差不大，可获得组成较均匀的无规共聚物（图 5-12，曲线 2）。相反，离子型共聚合时，增长活性中心对单体选择性很大。阳离子共聚中，苯乙烯优先被正离子增长活性中心选择进行链增长反应，从而共聚物中富含苯乙烯单元（图 5-12，曲线 1）。但在阴离子共聚中，甲基丙烯酸甲酯优先被负离子增长活性中心选择进行链增长反应，使共聚物组成中富含甲基丙烯酸甲酯单元（图 5-12，曲线 3）。由此可见，离子型共聚对单体选择性高，往往难以合成两种单体单元含量都较高的共聚物，这是离子型共聚的特征之一。

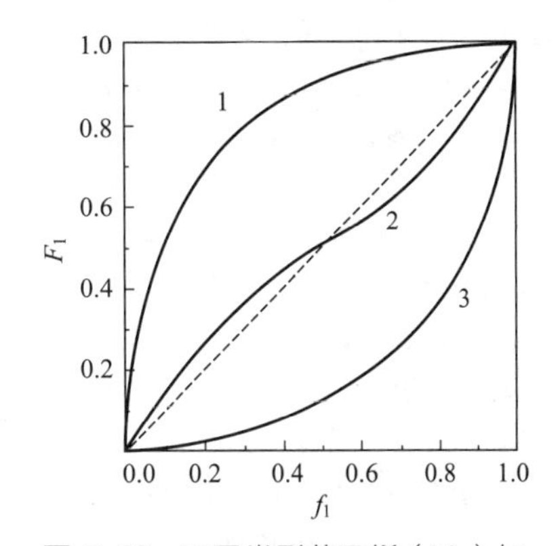

图 5-12 不同类型苯乙烯（M_1）与甲苯丙烯酸甲酯（M_2）共聚物组成曲线

1—阳离子共聚；2—自由基共聚；3—阴离子共聚

离子型共聚的另一特征是溶剂、温度等反应条件对竞聚率的影响很大，也很复杂。这是因为溶剂、温度对离子型共聚中活性中心的存在形式(或离子对的离解程度）有很大影响。同时不同引发剂产生的反离子不同，因此对聚合也有明显的影响。利用离子型共聚这一特点，可通过改变聚合条件来调控竞聚率，达到合成预期组成共聚物的目的。

表 5-9 显示异丁烯（M_1）与对氯苯乙烯（M_2）阳离子共聚合时，溶剂和反离子对反应竞聚率的影响情况。在非极性溶剂己烷中，$r_1=r_2$，即两单体的活性相近。但在极性溶剂硝基苯中，$r_1>r_2$，表明异丁烯活性大于对氯苯乙烯。即便在同一极性溶剂硝基苯中，由于不同引发剂产生的反离子不同，竞聚率也不相同。

表 5-9 溶剂和反离子对异丁烯（M_1）和对氯苯乙烯（M_2）阳离子共聚合时竞聚率的影响

溶剂	引发剂	r_1	r_2
己烷	$AlBr_3$	1.0	1.0
硝基苯	AlBr	14.7	0.15
硝基苯	$SnCl_4$	8.6	1.2

苯乙烯与异戊二烯的阴离子共聚也有类似的情况，竞聚率随溶剂或引发剂的改变而发生变化，从而最终影响共聚产物的组成，见表 5-10。

表 5-10 溶剂和引发剂对苯乙烯-异戊二烯阴离子共聚的共聚物组成影响

溶剂	共聚物中苯乙烯含量/%	
	RNa	RLi
本体	66	15
苯	66	15
三乙胺	77	59
四氢呋喃	80	80

习题

1. 用动力学法推导二元共聚物组成微分方程，并说明：(1) 推导过程中的假定；(2) 可能产生的偏离；(3) 何谓竞聚率，其物理意义是什么？

2. 讨论无规共聚物、交替共聚物、接枝共聚物和嵌段共聚物在结构上的差别。

3. 已知氯乙烯（M_1）与乙酸乙烯酯（M_2）共聚时，$r_1=1.68$，$r_2=0.23$。作 F_1-f_1 共聚物组成曲线，并回答：

(1) 若起始反应的原料单体中氯乙烯含量为 85%（质量分数），从所作的 F_1-f_1 图中求出共聚物中氯乙烯的含量（质量分数）；

(2) 由共聚物组成方程求出上一小题中共聚物中氯乙烯的含量，并相互比较。

4. 苯乙烯（M_1）与丁二烯（M_2）在某条件下共聚时，$r_1=0.64$，$r_2=1.38$。又已知 M_1 和 M_2 均聚链增长速率常数分别为 49L/(mol·s) 和 25.1L/(mol·s)，请回答下列问题：

① 计算共聚反应速率常数；

② 比较两种单体和两种链自由基的反应活性；

③ 作出 F_1-f_1 曲线；

④ 为了获得共聚物组成比较均一的产物，要采取什么聚合工艺？

5. 改变单体投料比进行苯乙烯（M_1）和甲基丙烯酸甲酯（M_2）的共聚反应，得到如下组成比的初期（转化率<5%）聚合物：

单体投料比$[M_1]/[M_2]$	0.25	0.50	1.0	5.0	10.0
共聚物组成比 $d[M_1]/d[M_2]$	0.39	0.76	1.04	3.30	5.93

试用截距法求竞聚率 r_1、r_2，并计算甲基丙烯酸甲酯的 Q、e 值。

6. 在生产丙烯腈（M_1）和苯乙烯（M_2）共聚物时，已知 $r_1=0.04$，$r_2=0.4$，若在投料质量比为 24∶76（M_1∶M_2）下采用一次投料的工艺，并在高转化率下才停止反应，试讨论所得共聚物组成的均匀性。

7. 画出下列各对竞聚率下的共聚物组成曲线，并说明其特征。

r_1	0.01	0.01	0	1	0.2	0.5
r_2	0.01	0	0	1	5	0.5

8. 在自由基均聚反应中，乙酸乙烯酯的聚合速率大于苯乙烯，但在自由基共聚反应中，苯乙烯单体的消耗速率远大于乙酸乙烯酯，为什么？若在乙酸乙烯酯均聚时，加入少量苯乙烯将会如何，为什么？

9. 下列单体与 1,3-丁二烯进行自由基共聚时，请按其交替倾向大小排序，并予以解释：

①乙酸乙烯酯；②甲基丙烯酸甲酯；③苯乙烯；④丙烯腈；⑤顺丁烯二酸酐；⑥正丁基乙烯基醚。

10. 两单体的竞聚率 $r_1=2.0$，$r_2=0.5$，如果 $(f_1)_0=0.5$，转化率为 50%，计算共聚物的平均组成。

11. 某理想共聚体系，$r_1=4.0$，$r_2=0.25$，原料组成 $[M_1]/[M_2]=1$，试求：

① 1 M_1、2 M_1 及 4 M_1 序列的比例；

② M_1、M_2 的平均序列长度。

12. 将等摩尔的 St（M_1）和 MMA（M_2）进行共聚，已知 $r_1=0.52$，$r_2=0.46$，试计算起始聚合物中下列三单元组分的相对比例：111，222，212，121，112，221。

13. 决定单体和自由基活性的结构因素有哪几种，对于某一单体对，起主导作用的因素可能是其中的一种，试以具体例子说明。

14. 试讨论离子型共聚反应的特征，并与自由基共聚合进行比较。

15. 单体 M_1 和 M_2 进行共聚，$r_1=0$，$r_2=0.5$，试计算并回答：

① 合成组成为 $F_2<F_1$ 的共聚物是否可能？

② 起始单体组成 $f_1=0.5$ 时，共聚物组成 F_1 为多少？

16. 分别用三种引发体系使苯乙烯（M_1）和甲基丙烯酸甲酯（M_2）共聚，当起始单体配比 $f_1=0.5$，共聚物中 F_1 的实测值列于下表：

引发体系	a	b	c
F_1	0.51	>0.9	<0.01

试指出 a、b、c 引发体系对应的共聚反应类型，并说明理由。

参考文献

[1] 潘祖仁. 高分子化学 [M]. 2 版. 北京：化学工业出版社，1997.

[2] 韩哲文. 高分子科学教程 [M]. 上海：华东理工大学出版社，2001.

[3] 邓云祥，刘振兴，冯开才. 高分子化学、物理和应用基础 [M]. 北京：高等教育出版社，1997.

[4] 肖超渤，胡运华. 高分子化学 [M]. 武汉：武汉大学出版社，1998.

[5] Odian G. Principles of Polymerization [M]. 4th ed. New Jersey：John Wiley & Sons Inc，2004.

[6] 余学海，陆云. 高分子化学 [M]. 南京：南京大学出版社，1994.

[7] Stevens M P. Polymer Chemistry，An Introduction [M]. New York：Oxford，1999.

[8] Cowie J M G. Alternating Copolymers [M]. New York：Plenum，1985.

第 6 章　配位聚合

6.1　Ziegler-Natta 引发剂与配位聚合

6.1.1　Ziegler-Natta 引发剂

配位聚合反应[1-6]始于 20 世纪 50 年代初 Ziegler-Natta 引发剂的发现，因此介绍配位聚合反应之前，必须先了解 Ziegler-Natta 引发剂。1953 年德国化学家 Ziegler 用 $TiCl_4$ 与 $AlEt_3$ 组成的体系引发乙烯聚合，首次在低温低压的温和条件下获得了具有线型结构的高密度聚乙烯。在此之前，人们只能在高温高压条件下通过自由基聚合获得高支化程度的低密度聚乙烯。随后 1954 年意大利科学家 Natta 以 $TiCl_3$ 取代 $TiCl_4$ 与 $AlEt_3$ 组成引发剂引发丙烯聚合，首次获得了结晶性好、熔点高、高分子量的聚合物。而在此之前，人们通过自由基聚合、阳离子聚合也只能得到液态低分子量的聚丙烯。上述 Ziegler 型引发剂 $TiCl_4/AlEt_3$ 和 Natta 型引发剂 $TiCl_3/AlEt_3$ 一起被称为 Ziegler-Natta 引发剂。Ziegler-Natta 引发剂的出现，立刻引起轰动，受到全世界的关注，并很快用于工业化生产。1955 年和 1957 年分别实现了低压聚乙烯、有规立构聚丙烯的工业化生产。Ziegler-Natta 引发剂用廉价的乙烯、丙烯单体能制备高性能聚合物，获得了巨大的工业效益。时至今日，聚乙烯和聚丙烯仍然是产量最大、用途最广的合成材料。同时 Ziegler-Natta 引发剂的出现还开创了高分子学科继自由基、阳离子、阴离子聚合之后的一新研究领域——配位聚合。无论从科学还是工业的观点看，这都是一项革命性的发现，Ziegler 和 Natta 也因此共同荣获 1963 年诺贝尔化学奖。

Ziegler 和 Natta 的发现导致了以后数以千计 Ziegler-Natta 型引发体系的出现，现在广义上的 Ziegler-Natta 引发剂定义为由Ⅳ-Ⅷ族过渡金属化合物与Ⅰ-Ⅲ族金属烷基化合物或氢化物组成的复合引发体系，是一大类主要用于乙烯和 α-烯烃配位聚合引发体系的统称。其中过渡金属化合物的作用更重要，是主引发剂；金属烷基化合物起活化作用，是共引发剂。作为主引发剂的过渡金属化合物一般是 Ti、V、Cr、Co、Ni 的卤化物（M_tX_n）、氧卤化合物（M_tOX_n）、乙酰丙酮基化合物［$M_t(acac)_n$］、环戊二烯基卤化物（$Cp_2M_tX_2$）。作为共引发剂，Al、Zn、Mg、Be、Li 的烷基化合物是常见的，其中以有机铝化合物如 $AlEt_3$、$AlEt_2Cl$、$AlEtCl_2$ 等用得最多。

众多的 Ziegler-Natta 引发剂，按它们在聚合介质（一般为烃类溶剂）中的溶解情况可以分为均相引发剂和非均相引发剂两大类。高价态过渡金属卤化物如 $TiCl_4$、VCl_5 等与 $AlEt_3$、$AlEt_2Cl$ 等的组合，在低温（-78℃）下、烃类溶剂（庚烷或甲苯等）中形成暗红色均相引发剂溶液，可引发乙烯聚合。但这类引发剂在温度升高至 -25℃以上时却发生不可逆变化，生成棕红色沉淀，从而转化成非均相引发剂。若要获得在室温甚至高于室温条件下的均相引发剂，需将过渡金属卤化物中的卤素被一些有机基团如烷氧基、乙酰丙酮基或环戊二烯基部分或全部取代，再与 $AlEt_3$ 组合。低价过渡金属卤化物如 $TiCl_3$、VCl_3 等本身就是不溶于烃类溶剂的结晶固体，它们与 $AlEt_3$、$AlEt_2Cl$ 等共引发剂反应后仍然是固体，即为非均相引发剂。典型的 Ziegler-Natta 引发剂如 $TiCl_3/AlEt_3$、$TiCl_4/AlEt_2Cl$（高温）就属这一类，这两种引发剂是被研究得最多、工业意义最大的体系。本章以后的讨论表明，非均相配位聚合引发体系的定向作用与其非均相晶体表面的结构有关。

6.1.2 配位聚合的一般描述

配位聚合（coordination polymerization）的概念最早是由 Natta 提出的，用于解释 α-烯烃在 Ziegler-Natta 引发剂作用下的聚合机理。虽同属链式聚合机理，但配位聚合与自由基聚合、离子型聚合的聚合方式不同，最明显的特征是其活性中心为过渡金属（M_t）-碳键。若先不考虑活性中心的具体结构，以乙烯单体为例，配位聚合过程可表示如下：

$$\overset{\delta^+}{M_t}-\overset{\delta^-}{R}+H_2C{=}CH_2\xrightarrow{\text{配位}}\underset{\underset{\pi\text{-配合物}}{H_2C{=}CH_2}}{\overset{\delta^+}{M_t}\uparrow}-\overset{\delta^-}{R}\xrightarrow{\text{插入}}\overset{\delta^+}{M_t}-\overset{\delta^-}{C}H_2CH_2-R\xrightarrow[\text{配位}]{H_2C{=}CH_2}$$

$$\underset{H_2C{=}CH_2}{\overset{\delta^+}{M_t}\uparrow}-\overset{\delta^-}{C}H_2CH_2-R\xrightarrow{\text{插入}}\overset{\delta^+}{M_t}-\overset{\delta^-}{C}H_2CH_2CH_2CH_2-R\cdots\longrightarrow\overset{\delta^+}{M_t}-\overset{\delta^-}{C}H_2CH_2\leftarrow\!CH_2CH_2\!\rightarrow_n R$$

由此可见，单体分子的碳碳双键先与金属原子的空轨道配位，形成 π-配合物，然后单体分子插入金属-碳键（M_t—C）之间，重复此过程便可实现链增长。在上述过程中，单体首先与金属配位而被活化，同时也使 M_t—C 键变弱而便于打开，从而使单体插入以形成新的 M_t—C 键，也就是说单体在金属上的配位是链增长的先决条件。因此，称这类聚合为配位聚合，同时又称为插入聚合（insertion polymerization）。除了 Ziegler-Natta 引发剂引发的烯烃配位聚合之外，前面第 4 章已介绍的在非极性溶剂中烷基锂引发的二烯烃聚合，虽然从表面上看属于阴离子聚合，但实际上应属于配位聚合。

按照配位聚合中活性中心的电荷类别，原则上可分为配位阳离子聚合和配位阴离子聚合两类。不过由于配位聚合活性中心多数是以带负电荷的碳离子为活性中心，以带正电荷的金属原子为反离子，单体则是通过在金属正离子上配位而进行聚合的，所以配位聚合多数属于配位阴离子聚合机理。

上述配位聚合过程实际上只描述了配位聚合的链引发和链增长，与其他链式聚合一样，配位聚合也存在着链转移和链终止反应。最主要的链转移反应是 β-氢消除链转移反应：

$$M_t-CH_2CH_2\sim\sim\longrightarrow M_t-H+H_2C{=}CH\sim\sim$$

除此之外，还有向单体、向共引发剂（如 $AlEt_3$）和 H_2 等的转移，反应式如下：

$$M_t-CH_2CH_2\sim\sim+H_2C{=}CH_2\xrightarrow{k_{tr,M}}M_t-CH_2CH_3+H_2C{=}CH\sim\sim$$

$$M_t-CH_2CH_2\sim\sim+Al(C_2H_5)_3\xrightarrow{k_{tr}}M_t-C_2H_5+\begin{matrix}C_2H_5\diagdown\\C_2H_5\diagup\end{matrix}Al-CH_2CH_2\sim\sim$$

$$M_t-CH_2CH_2\sim\sim+H_2\xrightarrow{k_{tr}}M_t-H+CH_3CH_2\sim\sim$$

$$M_t-H\xrightarrow[\text{再引发}]{H_2C{=}CH_2}M_t-CH_2CH_3$$

其中向 H_2 的链转移反应在工业上被用来调节产物分子量，即 H_2 是分子量调节剂，相应过程称为“氢调”。

链终止反应主要是醇、羧酸、胺、水等一些含活泼氢化合物与活性中心反应而使其失活：

$$M_t-CH_2CH_2\sim\sim+\begin{cases}ROH\\RCOOH\\RNH_2\\H_2O\end{cases}\longrightarrow\begin{cases}M_t-OR\\M_t-OOCR\\M_t-NHR\\M_t-OH\end{cases}+CH_3CH_2\sim\sim$$

O_2、CO_2 等也能使链终止，因此在进行配位聚合时，单体、溶剂要认真纯化，体系要严格排除空气和水分。

6.2 聚合物的立体异构

1954 年 Natta 以 $TiCl_3/AlEt_3$ 首次获得高结晶性、高熔点、高分子量的聚丙烯。Natta 进一步研究发现，所得到的聚丙烯具有立体结构规整性，且正是这种立构规整性使之具有高结晶性、高熔点的特性。因此 Ziegler-Natta 引发剂的发现，不仅开创了配位聚合这一崭新的研究领域，而且也产生了定向聚合的新概念。所谓定向聚合，是指形成有规立构聚合物为主（≥75%）的聚合过程。任何聚合反应（自由基聚合反应、阴离子聚合反应、阳离子聚合反应、配位聚合反应）或任何聚合实施方法（本体法、溶液法、乳液法、悬浮法等）只要它主要形成有规立构聚合物，都属于定向聚合。虽然配位聚合一般可以通过选择引发剂种类和聚合条件制备多种有规立构聚合物，但并不是所有的配位聚合都是定向聚合，即二者不能等同。

本章之前已经多次使用了全同和间同、顺式和反式等聚合物立构规整性术语，为了对聚合物的立体结构进一步系统地了解，特设本节专门论述。聚合物的立体异构现象是由于分子链中的原子或原子团不同的空间排列而引起的。构型异构有两种：对映异构和顺反异构（几何异构）。

6.2.1 对映异构

6.2.1.1 单取代乙烯聚合物

单取代乙烯（$CH_2{=}CHR$），一般又称为 α-烯烃，其聚合物中，每个重复单元有一个手性碳原子或立体异构中心，用 C^* 表示：

$$\underset{\text{(a)}}{\sim\sim\overset{\displaystyle H}{\underset{\displaystyle R}{\overset{|}{\underset{|}{C^*}}}}\sim\sim} \qquad\qquad \underset{\text{(b)}}{\sim\sim\overset{\displaystyle R}{\underset{\displaystyle H}{\overset{|}{\underset{|}{C^*}}}}\sim\sim}$$

手性 C^* 与四个不同的取代基相连，即 H、R 和两个长度不等的链段。当分子量较大时，连接在一个 C^* 上两个长度不等的链段差别极小，几乎是等价的，因此聚合物无法显示光学活性。这种作为聚合物立体异构中心而又不使聚合物具有光学活性的手性碳原子叫作“假手性碳原子”。与此相对应，α-烯烃单体可称为前手性单体，一旦聚合，在每个重复单元中便产生假手性碳原子。

如果将聚合物的 C—C 主链拉直成为平面锯齿型构象，那么与 C^* 相连的 R 基可以处于 C—C 主链所在平面的上方或下方，而导致两种不同的构型，互成对映体，如上图中的（a）或（b），一般用 R 构型和 S 构型表示。因为与 C^* 相连的两个大分子链的优先次序相同，不能采用通用的 Cahu-Engold-Preloug 规则确定其绝对构型，所以聚合物中 C^* 的构型是任意指定的，即如指定（a）为 *R* 构型，则（b）为 *S* 构型，或相反。

若取代基 R 随机地分布在聚合物主链锯齿形平面的两侧，即大分子链上两种构型的立体异构中心 C^* 的排列完全无规则，这种聚合物称为无规立构（atactic）聚合物。若分子链上每个立体异构中心 C^* 具有相同的构型，即取代基 R 全部处于锯齿形平面的上侧或下侧，这种聚合物称为全同立构或等规立构（isotactic）聚合物。若分子链中相邻的立体异构中心 C^* 具有相反的构型，且二者交替出现，即取代基 R 交替地出现在锯齿形平面的两侧，相应的聚合物称为间同立构或间规立构（syndiotactic）聚合物。全同立构聚合物和间同立构聚合物的立体结构是有序的，因此都称为立构规整性（steroregular）聚合物，或简称有规

（tactic）聚合物，相应的聚合过程便是定向聚合。

三种立体异构大分子的结构如图 6-1 所示，最左边图是将聚合物的 C—C 主链拉直成平面锯齿形，主链上的碳原子在同一平面；中间的图则是 Fisher 投影式；最右边的图是由 Fisher 投影图逆时针旋转 90°得到。由 Fisher 图可以清楚地看出，在全同聚合物中，通过 H—C* —R 有一个内对称平面，以内消旋排列（meso），称为 *m*-排列；而在间同聚合物中，相邻的一对立体异构中心构型相反，以外消旋排列（racemic），称为 *r*-排列。显然，二者都无光学活性。

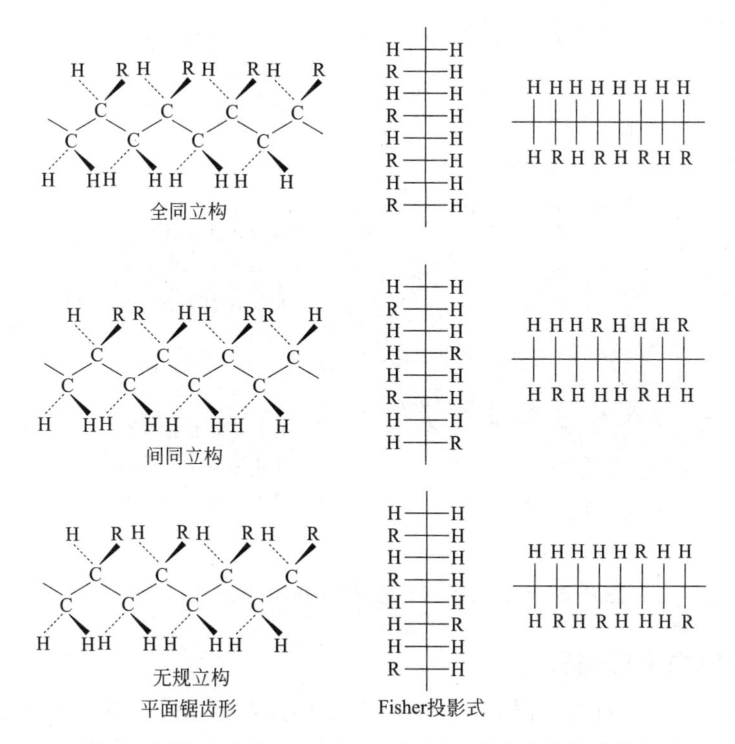

图 6-1　聚 α-烯烃（CH_2═CHR）的立体异构体结构

6.2.1.2　二取代乙烯聚合物

二取代乙烯有 1,1-二取代和 1,2-二取代两种。在 1,1-二取代乙烯（CH_2 ═CR^1R^2）中，如果 R^1 和 R^2 相同，如异丁烯和偏氯乙烯等单体，相应的聚合物分子链中没有立体异构中心，即无立体异构现象。若 R^1 和 R^2 不相同，如甲基丙烯酸甲酯，其聚合物的立体异构情况与以上已介绍的单取代乙烯聚合物的相似。一旦一取代基的排布确定，另二取代基的位置也跟着确定，聚合物同样有三种立体异构体：全同立构聚合物、间同立构聚合物和无规立构聚合物。

对于 1,2-二取代单体 RCH ═CHR′，其聚合物分子链上的每个结构单元中含有两个立体异构中心：

$$\begin{array}{c} \quad H \quad H \\ \quad | \quad\;\; | \\ \sim\sim C - C \sim\sim \\ \quad | \quad\;\; | \\ \quad R \quad R' \end{array}$$

它们以不同的组合方式排列，可以形成四种立构规整性聚合物，其结构如图 6-2 所示。当两个立体异构中心都为全同立构时，出现二个双全同立构结构：其中结构单元上两个立体异构中心的构型若相同，称叠同双全同立构；若两个立体异构中心的构型相反，则称对映双全同立构。当两个立体异构中心均为间同立构时，则出现两个双间同立构结构：其中结构单元上两个立体异构中心的构型若相同，称叠同双间同立构；两个立体异构中心的构型相反，则称对映双间同立构。

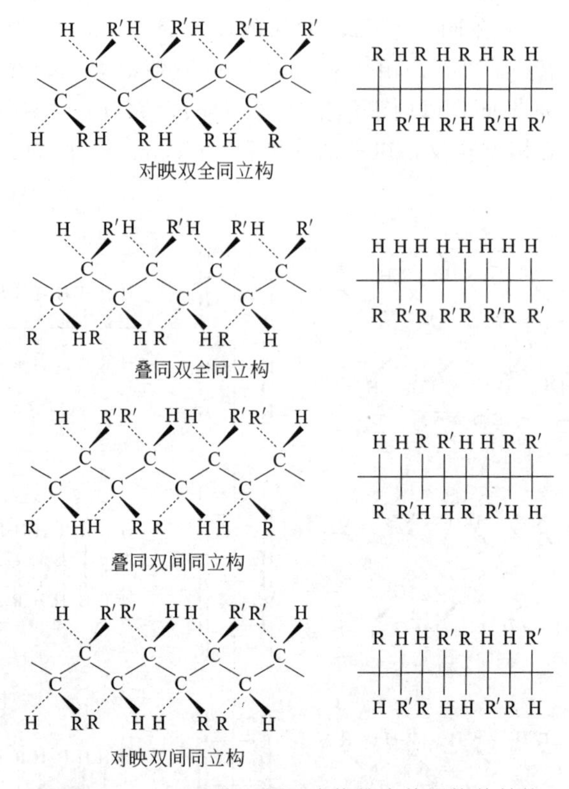

图 6-2 1, 2-二取代乙烯聚合物的立体异构体结构

6.2.2 顺反异构（几何异构）

高聚物的顺反异构或称几何异构是由于分子链中的双键上取代基在空间上排列不同而造成的。典型的例子是 1,3-丁二烯进行 1,4-聚合时，形成带双键的单体单元，该双键便是一立体异构中心，有顺式构型和反式构型。若聚合物分子链中所有双键都有相同的构型，结果就有两种不同的有序结构：顺式有规立构和反式有规立构，如下所示：

$$H_2C=CH-CH=CH_2 \xrightarrow{1,4\text{-聚合}} \lbrack CH_2-CH=CH-CH_2 \rbrack_n$$

顺式-1,4-聚1,3-丁二烯

反式-1,4-聚1,3-丁二烯

又如异戊二烯 1,4-聚合时也可得到顺、反两种异构体：

顺式-1,4-聚异戊二烯

反式-1,4-聚异戊二烯

显然，双烯烃单体除发生 1,4-聚合之外，仍可进行 1,2-聚合或 3,4-聚合，以异戊二烯为例：

$$H_2C{=}C(CH_3){-}CH{=}CH_2 \xrightarrow{1,2-聚合} \sim\sim CH_2{-}\overset{*}{C}(CH_3)(CH{=}CH_2)\sim\sim$$

$$H_2C{=}C(CH_3){-}CH{=}CH_2 \xrightarrow{3,4-聚合} \sim\sim CH_2{-}\overset{*}{C}H(C(CH_3){=}CH_2)\sim\sim$$

在以上两种聚合产物的分子链中每个重复结构单元上都存在一个手性碳 C^*，与 α-烯烃一样，可有全同、间同和无规三种立体异构体。可见双烯烃的立体异构现象较单烯烃复杂，既有顺反异构，又有对映体异构。再如 1-取代的丁二烯，即使是 1,4-聚合，其产物的分子链上就同时存在双键和手性碳二种立体异构中心：

$$H_2C{=}CH{-}CH{=}CHR \xrightarrow{1,4-聚合} \sim\sim CH_2CH{=}CH{-}\overset{*}{C}HR\sim\sim$$

可形成四种有规立构异构体，即双键的顺、反两种异构体以及各自的等规、间规两种有规立构体，这进一步说明双烯烃立体异构结构的复杂性。

上面介绍了在聚合物分子链中，由于取代基在手性中心或双键上的空间构型不同而产生的立体异构现象。高聚物的立体异构还有一种为构象异构，它是指分子中的原子或原子团绕单键自由旋转所占据的特殊空间位置不同而产生的异构体。例如一个碳链高分子，可以具有伸直链的平面锯齿形的构象，也可以是无规线团、折叠链或螺旋形分子等。需要注意的是，构型和构象是两个截然不同的概念：构象异构体可以通过单键的旋转而转化，具有统计意义；而构型异构体之间除非化学键断裂，是不可以相互转化的。

6.2.3　立构规整度及其测定

虽然通过定向聚合，可以获得全同、间同或顺式、反式等立构规整性聚合物。但实际上很难合成完全规整的高分子链，这就产生分子链的立构规整度（tacticity）问题。所谓立构规整度就是立构规整性聚合物占总聚合物的分数。

由常见的 α-烯烃 $CH_2{=}CHR$ 生成的聚合物，其立构规整度可用二单元组、三单元组等的立构规整度表示。在聚合物中由两个相邻的单体单元组成的结构单元称二单元组，由三个相邻的单体单元组成的结构单元称三单元组，依此类推有四单元组、五单元组等。

二单元组有全同二单元组（内消旋二单元组，用 m 表示）和间同二单元组（外消旋二单元组，用 r 表示）两种：

图中水平线为分子链，垂直线表示立体异构中心的构型。三单元组可以看成是二单元组的组合，有全同、间同和无规三种情形，分别用 mm、rr 和 mr 表示：

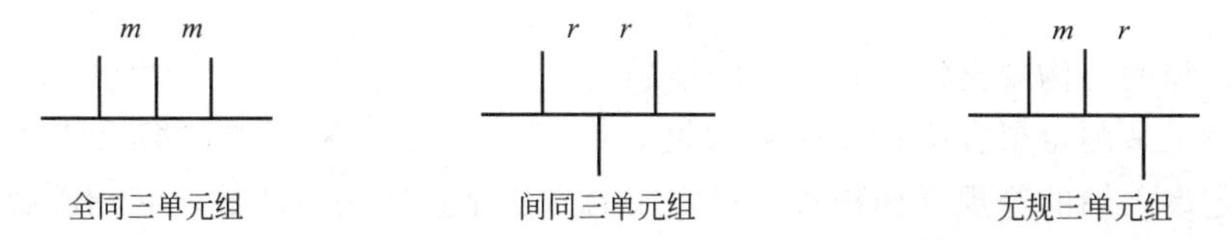

二单元组立构规整度可定义为全同或间同二单元组的分数，分别用（m）和（r）表示。同样三单元组立构规整度可定义为全同、间同或无规三单元组的分数，分别用（mm）、（rr）和（mr）表示。按定义：

$$(m)+(r)=1 \tag{6-1}$$

$$(mm)+(rr)+(mr)=1 \tag{6-2}$$

设在链增长时，全同加成的概率为 P_m，间同加成的概率为 P_r，则它们与全同或间同二单元组的分数之间的关系应为

$$(m)=P_m \tag{6-3}$$

$$(r)=P_r=1-P_m \tag{6-4}$$

三单元组可以认为是二单元组的重复，所以

$$(mm)=P_m^2 \tag{6-5}$$

$$(rr)=(1-P_m)^2 \tag{6-6}$$

$$(mr)=1-(mm)-(rr)=2P_m(1-P_m) \tag{6-7}$$

综合式(6-3) 至式(6-7)，可通过下式而将二单元组分数和三单元组分数相关联：

$$(m)=(mm)+0.5(mr) \tag{6-8}$$

$$(r)=(rr)+0.5(mr) \tag{6-9}$$

可见，只要测得任何两个三单元组的分数，就可以在知道聚合物的三单元组立构规整度的同时也知道聚合物的二单元组立构规整度。

完全全同聚合物，$(m)=(mm)=1$；完全间同聚合物，$(r)=(rr)=1$；完全无规聚合物，$(m)=(r)=0.5$，$(mm)=(rr)=0.25$，$(mr)=0.5$。如果$(m)\neq(r)\neq0.5$ 或$(mm)\neq(rr)\neq0.25$，则有不同程度的全同、间同立构规整性，如当$(m)>0.5$ 和$(mm)>0.25$ 时，全同占优势；而当$(r)>0.5$ 和$(rr)>0.25$ 时，间同占优势。

高分辨核磁共振谱是测定立构规整度最有力的手段，目前不仅可以测定三单元组，还可以测定四单元组、五单元组甚至更高单元组的分布情况。图 6-3 为聚氯乙烯^{13}C NMR 谱，从图中可以清楚地看出，主链上—CH(Cl)—碳原子的信号由于三单元组的立体结构不同而分裂成三个峰（全同 mm，间同 rr，无规 mr），而—CH_2—碳的信号分裂成更多的峰，分别对应于四单元组的各种立体结构，从它们的相对强度可以算出三单元组的立构规整度。

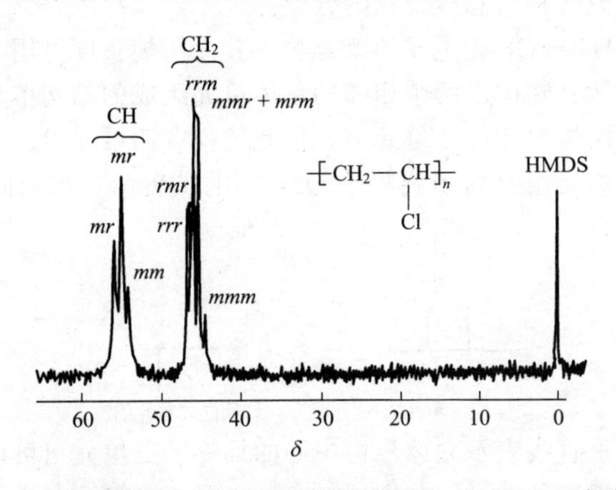

图 6-3 聚氯乙烯的^{13}C NMR 谱图（测定条件：120℃，三氯苯溶剂）

由于聚合物的立构规整性与聚合物的结晶性有关，所以许多测定结晶度或与结晶度相关量的方法也常用来测定聚合物的立构规整度，如 X 射线法、密度法和熔点法等。工业上和实验室中测定聚丙烯的等规立构物含量最常用的方法是正庚烷萃取法，它用沸腾正庚烷的萃

取剩余物即等规聚丙烯所占分数来表示等规度（无规聚丙烯溶于正庚烷）：

$$等规度=\frac{沸腾正庚烷萃取后的样品重}{样品重}\times100\%$$

对于二烯烃聚合物，其立构规整度常用某种立构体如顺式-1,4 结构、反式-1,4 结构或全同-1,2 结构、间同-1,2 等结构的百分含量来表示。其最有效的测试方法仍然是核磁共振法，此外红外光谱法也常使用。例如聚 1,3-丁二烯，可利用其红外谱图中 741cm^{-1}（顺式-1,4 结构）、964cm^{-1}（反式-1,4-结构）和 909cm^{-1}（1,2-结构）三个特征峰的相对强度计算顺式聚合物、反式聚合物的相对含量。

6.2.4 立体结构控制机理

在讨论了聚合物的立体异构之后，接下来的问题就是聚合反应朝着立体定向进行的驱动力是什么。全同定向聚合和间同定向聚合的驱动力不同，分别对应于两种不同的控制模型：引发剂（催化剂）活性中心控制机理和增长链末端控制机理。

6.2.4.1 引发剂（催化剂）活性中心控制机理

配位聚合时，前手性单体 α-烯烃如丙烯分子首先要与引发剂（催化剂）的金属活性中心配位，配位方式有以下两种可能：

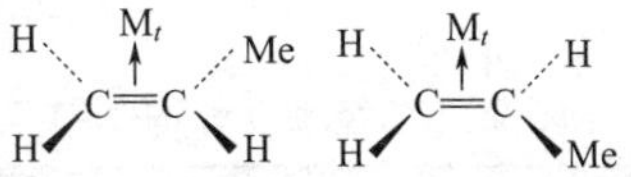

M_t ↑ H, Me / C=C / H, H　　　M_t ↑ H, H / C=C / H, Me

即丙烯分子能从两个手性面方向（上方或下方）进行配位。如果进攻单体的取代基（对丙烯而言为甲基）和金属活性中心上的配体之间存在着空间位阻和静电排斥作用，便可产生一种推动力迫使单体只能以两个可能方向中的一个与金属活性中心配位，进而进行插入增长，结果得到全同立构聚合物。显然，这种定向推动力是否存在，取决于金属引发剂（催化剂）本身的结构，因此称为引发剂（催化剂）活性中心控制机理。传统的非均相 Ziegler-Natta 引发剂使 α-烯烃聚合生成全同立构聚合物，其原理就是利用非均相引发剂特殊的晶体表面结构，形成手性配位活性中心，只允许单体以某一个手性面发生配位作用。而传统的均相 Ziegler-Natta 催化剂的配位活性中心是非手性的，单体可以任意一个单体面与金属活性中心配位，从而不能生成全同聚合物。

6.2.4.2 增长链末端控制机理

在配位聚合中，若由引发剂形成的金属配位活性中心本身不具备立体定向控制的结构因素（如传统的均相 Ziegler-Natta 引发剂），允许单体以任意的一个单体面发生配位作用。单体与金属配位后便进行插入反应而实现链增长，此时增长链末端单体单元的取代基和进攻单体的取代基之间由于静电效应和空阻效应而产生相互排斥作用，可以想象这种排斥作用在形成间同立构时达到最小，也就是说间同定向聚合的推动力就是这种增长链末端单元和进攻单体取代基间的相互排斥力，因此称为增长链末端控制机理。这种立构控制机理同样适用于前面已介绍的自由基聚合、离子型聚合等非配位聚合反应。但是这种由增长链末端单元和进攻单体取代基间的相互排斥力而导致的能量差一般是不大的，也就是说通过增长链末端控制机理得到间同立构聚合物的选择性不会很高，大多数链式聚合只有在低温下才能得到以间同立构为主的聚合物。

6.2.5 立构规整性聚合物的性质

有规立构规整性聚合物与非立构规整性聚合物间的性质差别很大，不同异构形式的有规立构聚合物之间性能也不同。性能的差异主要起源于分子链的立构规整性对聚合物结晶的影响。有规聚合物的有序链结构容易结晶，无规聚合物的无序链结构则不易形成结晶，而结晶导致聚合物具有高的物理强度和良好的耐热性和抗溶剂性，因此有规立构聚合物更具有实际应用意义。以聚丙烯为例，见表 6-1。

表 6-1 不同立构异构聚丙烯的性质

性质	全同立构聚丙烯	间同立构聚丙烯	无规立构聚丙烯
相对密度	0.94	0.94	0.85
玻璃化转变温度 T_g/℃	115	45	−25～−11
熔融温度 T_m/℃	174～176	134	−35
抗张强度/$\times10^{-5}$Pa	343～363	—	12～15
断裂伸长率/%	≤600	—	500～600

二烯烃聚合物的顺式异构体和反式异构体的性能差异，也是由于分子链的对称性不同引起的。反式结构的分子链对称性好，所以结晶度高，相应地 T_m 和 T_g 值也高。顺式结构的分子链对称性差，结晶度低，T_m 和 T_g 也低，见表 6-2。顺反异构体性能上的差异，导致它们具有不同的用途。如顺式-1,4-聚异戊二烯是一种性能优良的弹性体，而反式-1,4-聚异戊二烯则更多地作为热塑性塑料使用。

表 6-2 1,4-聚二烯烃顺反异构体的 T_g 和 T_m

聚合物	异构体	T_g/℃	T_m/℃
1,4-聚丁二烯	顺式	−95	6
	反式	−83	145
1,4-聚异戊二烯	顺式	−73	28
	反式	−58	74

6.3 α-烯烃 Ziegler-Natta 聚合反应

Ziegler-Natta 引发剂是目前唯一能使丙烯、丁烯等 α-烯烃进行聚合的一类引发剂。当今，用此类引发剂以配位聚合方法生产的等规聚丙烯和高密度或线型低密度聚乙烯的产量已居世界塑料生产的首位，具有重大的实际应用价值。但是，与配位聚合生产的高速发展相比，配位聚合的理论研究要落后很多。一些基本问题如引发剂活性中心结构、定向聚合机理等至今尚不完全清楚。本节主要讨论钛-铝 Ziegler-Natta 引发剂的配位定向聚合反应，特别是 $TiCl_3/AlEt_3$ 和 $TiCl_4/AlEt_3$ 两个非均相体系，二者不仅在理论上被研究得较为透彻，而且最具工业化意义。

6.3.1 链增长活性中心的化学本质

为了弄清 Ziegler-Natta 聚合机理，首先要知道引发剂活性中心的本质，为此要了解引发剂组分之间的化学反应。研究表明 Ziegler-Natta 引发剂的两组分即主引发剂和共引发剂之间存在着复杂的化学反应。以 $TiCl_4$（液体）-$AlEt_3$ 为例，它们在惰性溶剂中发生以下反应：

$$TiCl_4 + AlEt_3 \longrightarrow TiCl_3Et + AlEt_2Cl \tag{6-10}$$

$$TiCl_4 + AlEt_2Cl \longrightarrow TiCl_3Et + AlEtCl_2 \tag{6-11}$$

$$TiCl_3Et + AlEt_3 \longrightarrow TiCl_2Et_2 + AlEt_2Cl \tag{6-12}$$

$$TiCl_3Et \longrightarrow TiCl_3 + Et\cdot \tag{6-13}$$

$$TiCl_3 + AlEt_3 \longrightarrow TiCl_2Et + AlEt_2Cl \tag{6-14}$$

$$2Et\cdot \longrightarrow \text{歧化或偶合} \tag{6-15}$$

$TiCl_4$ 首先被 $AlEt_3$ 烷基化形成烷基氯化钛［式(6-10) 至式(6-12)］，烷基氯化钛分解使钛还原（$Ti^{4+} \rightarrow Ti^{3+}$）而生成固体 $TiCl_3$ 从溶剂中析出，并同时产生自由基［式(6-13)］，$TiCl_3$ 再被 $AlEt_3$ 烷基化［式(6-14)］，自由基则可发生偶合或歧化反应［式(6-15)］。实际上的反应可能要比上述所示的更复杂，但可以肯定的是，$TiCl_4$ 烷基化和还原后的产物 $TiCl_3$ 晶体，再与 $AlEt_3$ 发生烷基化反应而被活化，形成非均相引发活性中心，其本质是金属-碳键（Ti—C），有关结构将在下面讨论。既然 $TiCl_3$ 才是真正的具有引发活性的物质，因此实际上可直接用 $TiCl_3$ 代替 $TiCl_4$，即 $TiCl_3/AlEt_3$ 体系，用于 Ziegler-Natta 聚合。但从后面的讨论可知，由于 $TiCl_3$ 具有不同的晶型，相应得到的非均相引发剂的活性和立体定向性也不同。

6.3.2　Ziegler-Natta 引发剂的配位聚合机理

自从 Ziegler-Natta 引发剂发现之日起，有关其引发的聚合机理问题一直是这个领域最活跃、最引人注目的研究课题。聚合机理的核心问题是引发剂活性中心的结构、链增长方式和立构定向原因。至今为止，虽已提出许多假设和机理，但还没有一个能解释所有实验现象。

早期有学者根据引发剂两组分反应能生成自由基的实验现象，提出自由基聚合机理的假设，但立刻被大量的实验结果所否定。如乙烯、丙烯在低压条件下很难进行自由基聚合，再者一些胺类等自由基捕捉剂不仅对 Ziegler-Natta 聚合反应无阻聚作用，反而使之加速。随后，又有学者先后提出阴离子聚合机理和阳离子聚合机理。阴离子机理的根据是 $TiCl_4$ 与 AlR_3 烷基化反应后产生的烷基氯化钛，可离解生成烷基负离子引发 α-烯烃的阴离子聚合，但它不能解释一基本的实验结果，即典型的阴离子引发剂如烷基锂不能引发乙烯或丙烯的聚合。阳离子机理的根据是 Ziegler-Natta 引发剂的主要组分之一 $TiCl_4$、$TiCl_3$ 等是典型的阳离子引发剂，但事实上 α-烯烃在 Ziegler-Natta 引发下的聚合活性大小顺序为：乙烯＞丙烯＞丁烯＞异丁烯。这一活性顺序恰与典型阳离子聚合的单体活性顺序相反，同时典型的阳离子聚合难以得到高分子量的聚丙烯，更谈不上形成等规立构聚合物。由此可见，Ziglar-Natta 引发的 α-烯烃聚合不是传统的自由基聚合或离子聚合，而是崭新的配位聚合。关于配位聚合的机理，在众多的假设中以两种机理模型最为重要，即双金属活性中心机理和单金属活性中心机理。

6.3.2.1　双金属活性中心机理

双金属活性中心机理首先由 Natta 于 1959 年提出，该机理的核心是 Ziegler-Natta 引发剂两组分反应后，形成含有两种金属的桥形配合物活性中心：

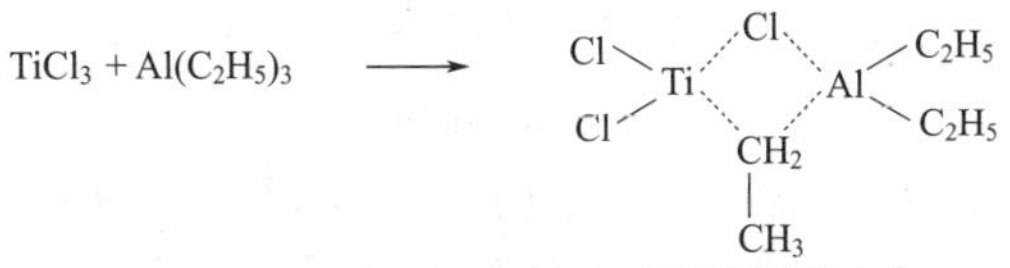

$TiCl_3 + Al(C_2H_5)_3 \longrightarrow$ Cl_2Ti(···Cl···)(···CH_2CH_3···)$Al(C_2H_5)_2$

双金属活性中心

上述活性中心的形成是在 $TiCl_3$ 晶体表面上进行的，α-烯烃在这种活性中心上引发、增长。

如图 6-4 所示，单体（丙烯）的 π 键先与正电性的过渡金属 Ti 配位，随后 Ti—C 键打开、单体插入形成六元环过渡态，该过渡态移位瓦解重新恢复至双金属桥式活性中心结构，并实现了一个单体单元的增长，如此重复进行链增长反应。

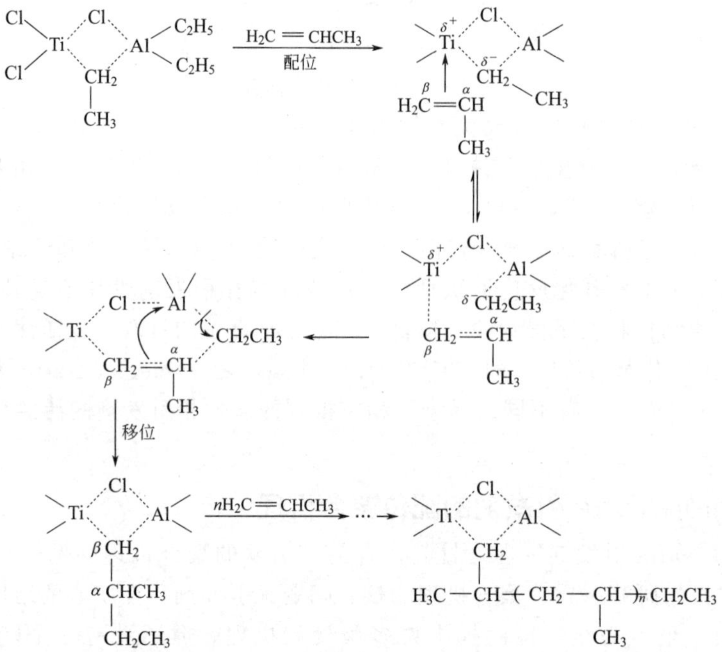

图 6-4 Ziegler-Natta 聚合的双金属活性中心机理

双金属活性中心机理一经提出，曾风行一时，成为当时解释 α-烯烃配位聚合的权威理论，但它受到越来越多的实验事实冲击。同时，该机理没有涉及立构规整聚合物的形成原因。许多实验数据表明增长反应仅发生在过渡金属-碳键上，其中最有力的实验证据是Ⅰ～Ⅲ族金属组分单独不能引发聚合，而单独的过渡金属组分则可以。因此，现在人们普遍接受的是另一配位聚合机理模型——单金属活性中心机理。但双金属活性中心机理首先提出的配位、插入等有关配位聚合机理的概念，仍具有突破性意义。

6.3.2.2 单金属活性中心机理

单金属活性中心机理认为，在 $TiCl_3$ 表面上，烷基铝将 $TiCl_3$ 烷基化，形成一个含 Ti—C 键、以 Ti 为中心的正八面体单金属活性中心：

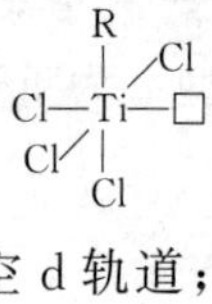

式中，□表示八面体 Ti 未被占据的空 d 轨道；R 表示烷基（由烷基铝中的烷基与 $TiCl_3$ 中的氯交换而得）。

单金属活性中心的链增长机理如图 6-5 所示。单体（丙烯）的双键先与 Ti 原子的空 d 轨道配位，生成 π 配位化合物，并形成一个四元环过渡态。随后 Ti—R 键打开、单体插入而实现一次链增长。此时再生出一个空位，但其位置发生了改变，相应地构型也与原来相反。如果第二个单体在此位置上配位、插入增长，应得到间同立构聚合物。根据生成全同立构聚合物这一实验事实的要求，必须假设单体每次插入前，增长链必须“飞回”到原位而使空位的位置复原。以上机理 1960 年首先由物理学家 Cossee 提出，后经晶体学家 Arlman 完善，所以称 Cossee-Arlman 单金属活性中心机理。

单金属活性中心机理的一个明显弱点是空位复原的假设，Cossee 和 Arlman 在解释这种可能性时认为，由于立体化学和空间阻碍的原因，使配位基的几何位置具有不等价性，单体

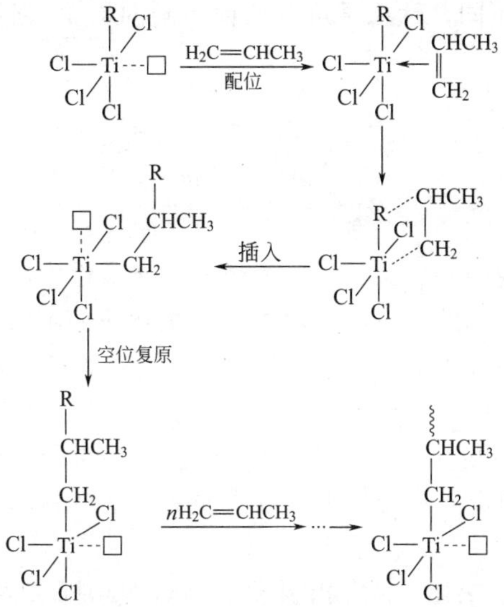

图 6-5　Ziegler-Natta 聚合单金属活性中心机理

每插入一次，增长链迁移到另一个位置，与原位置相比，增长链受到更多配体（Cl）的排斥而不稳定，因此它又“飞回”到原位，同时也使空位复原。显然以上解释仍然不具很强的说服力，有关空位复原的动力仍然是单金属机理讨论的热点。

6.3.2.3　非均相 Ziegler-Natta 引发剂全同定向原理

现已肯定丙烯等 α-烯烃全同定向聚合过程与非均相 Ziegler-Natta 引发剂的表面结构紧密相关。典型的 $TiCl_3/AlR_3$ 非均相引发体系的表面结构主要决定于 $TiCl_3$ 晶体的结构。$TiCl_3$ 晶体有 α、β、γ、δ 四种晶型，其中 α、γ、δ 晶型的结构类似，都是层状结构（两层氯夹一层钛），具有较强的定向性；而 β 晶型为线型结构，虽然活性较大但定向性最差（见 6.3.3 节），一般不用于 α-烯烃定向聚合。下面以 α-$TiCl_3/AlR_3$ 引发体系为例，介绍非均相 Ziegler-Natta 引发剂的全同定向聚合机理。

在 α-$TiCl_3$ 晶体中，钛原子处于氯原子组成的正八面体中心，而氯是六方晶系的致密堆积，在这种晶格中每隔两个钛就有一个钛是空的，即出现一个内空的正八面体晶格，如图 6-6 所示。

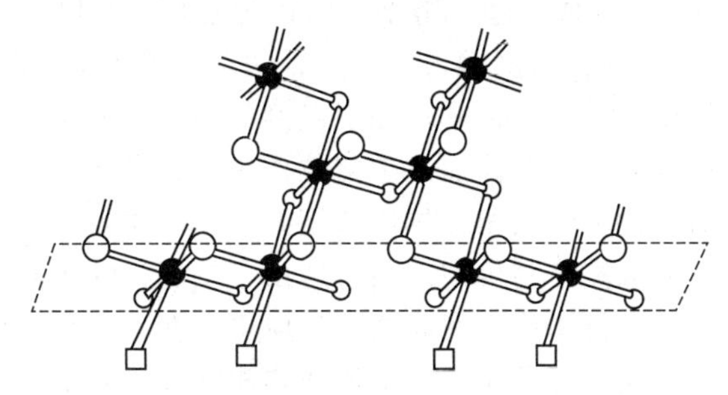

图 6-6　α-$TiCl_3$ 晶体结构示意图（●—Ti；○—Cl；□—空位）

为了保持电中性（或者说保持 Ti/Cl 比值为 1∶3），处于 $TiCl_3$ 晶体表面边缘（图 6-6 中用虚线标示的部分）上的一个 Ti 原子仅与 5 个而不是 6 个 Cl 原子键合，即出现一个未被 Cl 原子占据的空位。5 个 Cl 原子中的 4 个与 Ti 原子形成比较强的 Ti—Cl—Ti 桥键，而第 5 个则与 Ti 原子形成相对较弱的 Ti—Cl 单键，当 $TiCl_3$ 与 AlR_3 反应时，该 Cl 原子可被 R 取代，形成前面已提及的正八面体单金属活性中心。活性中心中金属 Ti 原子是手性的，由于空位和 R 的空间相对位置不同，钛原子可取两种不同的构型，而使活性中心具有两种构型，互成对映体：

```
      Cl                 Cl
  Cl╲ |                  | ╱Cl
 Cl—Ti—Cl           Cl—Ti—Cl
     | ╲R              R╱ |
     □                     □
    (a)                  (b)
```

聚合时单体首先与活性中心（a）、（b）配位，由于活性中心（a）或（b）是手性的，它们只允许单体以两个手性面中的一个面与之配位。虽然我们不清楚单体的哪一面与活性中心（a）配位，哪一面与活性中心（b）配位，但可以肯定的是若单体的一个面与活性中心（a）配位，则相反的一面与活性中心（b）配位。单体与活性中心配位后，按单金属配位机理进行链增长（图 6-5），活性中心（a）和（b）都分别导致全同聚合物的生成。这便是非均相 Ziegler-Natta 引发剂的全同定向聚合机理，其本质实际上就是前面已介绍的引发剂活性中心控制机理。

用^{13}C-NMR 对由 $TiCl_3/AlR_3$ 非均相引发剂制得的全同聚丙烯进行结构分析[7]，发现分子链的构型排列如结构Ⅰ所示，即聚合时一旦进入的丙烯分子构型出现“差错”就立刻更正，这是引发剂活性中心控制分子链构型的有力证明。如果立体构型是按增长链末端控制机理控制的话，一旦构型出现“差错”，就会“一错再错”而形成如结构Ⅱ的等规嵌段构型排列。

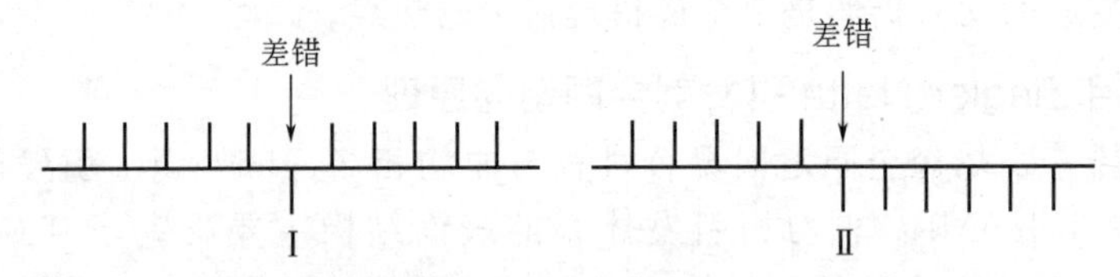

6.3.2.4 均相 Ziegler-Natta 引发剂间同定向原理

用传统的 Ziegler-Natta 引发剂已成功合成的间同聚合物品种有聚丙烯、聚苯乙烯、聚 1,3-丁二烯等，但几乎只有钒系均相 Ziegler-Natta 引发剂才能用来制备间同聚合物。$VCl_4/AlEt_2Cl$ 均相引发体系是制备间规聚丙烯最有效的引发剂之一，它引发的丙烯间同聚合反应的推动力与低温下进行的自由基聚合反应、离子型非配位聚合反应的相似，是增长链末端单元的取代基（甲基）和进攻单体的取代基（甲基）之间的相互排斥作用，即增长链末端控制机理。图 6-7 是间同聚丙烯的生成机理，链增长活性中心是一个以钒为中心的八面体（单金属活性中心），含有一烷基配体作为链增长反应点、一个供单体配位的空位。

间同定向引发剂是均相的，不具备非均相引发剂的晶体表面结构，引发剂本身不具有立体定向性，允许单体以任意的一个单体面发生配位作用。分子链的构型受控于增长链末端单元的取代基和配位单体的取代基间的相互排斥作用，当这种相互排斥作用达到最小时而呈现间同立构排列，即是增长链末端控制机理。而且，由于均相活性中心上各配位基几何位置是等价的，无须增长链与空位进行调位，间同增长反应可以在两个配位位置上交替地进行。而在由非均相引发剂引发的全同聚合反应中，由于非均相活性中心上配位基几何位置的不等价性，单体每插入一次，增长链与空位调位一次（空位复原）。

按增长链末端控制机理进行间同聚合反应的实验证据之一是高度间同的聚丙烯必须在低温（−78℃）下才能得到。升高温度间同立构规整度显著下降，在 0℃以上，产物则变成无规立构聚合物，这种温度效应符合上述增长链末端控制机理模型的要求。因为温度升高，本来在低温下被冻结的 V—C 键旋转被解冻，间规聚合反应的推动力减弱，从而聚合产物的间同立构规整度下降。

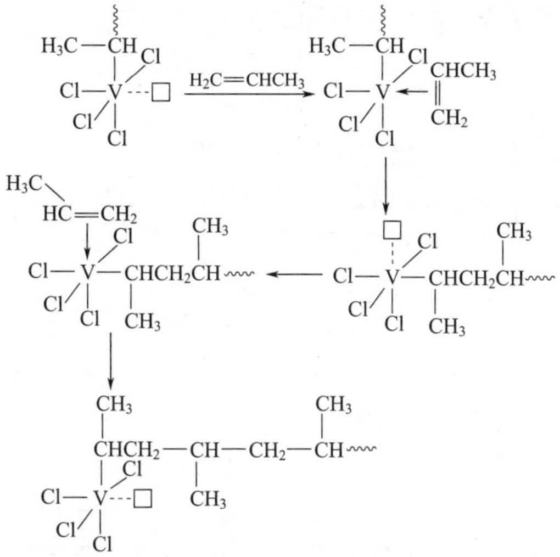

图 6-7 间同聚丙烯的生成机理

6.3.2.5 序列规整性（一级插入与二级插入）

比较图 6-5 和图 6-7 会发现，单体的插入方式有所不同，图 6-5 的单体插入方式称为一级插入，即单体插入后，不带取代基的一端与 M_t 相连。图 6-7 的单体插入方式称二级插入，此时带取代基的一端与 M_t 相连。两种插入模型可表示如下：

$$\sim\sim M_t + H_2C{=}CH(R) \xrightarrow{\text{一级插入}} \sim\sim CH(R){-}CH_2{-}M_t$$

$$\sim\sim M_t + H_2C{=}CH(R) \xrightarrow{\text{二级插入}} \sim\sim CH_2{-}CH(R){-}M_t$$

如果单体插入进行链增长反应时，全部为一级插入方式或二级插入方式，除了聚合物的端基外，两种插入模型得到的是结构相同的聚合物。若两种插入方式同时存在时，聚合物分子链上单体单元的连接方式既有头-尾相连又有头-头相连，即出现聚合物序列规整性问题。NMR 对产物末端结构分析证明 Ziegler-Natta 聚合反应中序列选择性较高，如丙烯的全同定向聚合是一级插入（图 6-5），而丙烯的间同定向聚合是二级插入（图 6-7），其原因尚不完全清楚。

6.3.3 Ziegler-Natta 引发剂组分的影响

不同的过渡金属和Ⅰ～Ⅲ族金属化合物可组合成数千种 Ziegler-Natta 引发剂，它们表现出不同的引发性能。Ziegler-Natta 引发剂的性能主要包括活性和立构定向性。活性可通常表示为由每克（或每摩尔）过渡金属（或过渡金属化合物）所得聚合物的千克数，立构定向性可通过测定产物的立构规整度而获得。

Ziegler-Natta 引发剂的立构定向性和活性随引发剂的组分和它们的相对含量不同而发生很大变化，通常的情况是引发剂组分的改变对引发剂的活性和立构定向性的影响方向相反。由于对活性中心的结构以及立构定向机理尚未完全弄清，所以许多数据难以从理论上得到解释，引发剂组分的选择至今仍凭经验。下面主要给出引发剂组分对其立构定向性的影响规律。

6.3.3.1 过渡金属组分（主引发剂）

最常见的过渡金属组分是 Ti、Zr、V、Cr、Mo 等的卤化物，不同的过渡金属及其不同价态的化合物具有不同的立构定向能力，如对丙烯聚合而言可得到以下规律：

① 改变过渡金属，其立构定向性大小顺序为：

$$TiCl_3(\alpha、\gamma、\delta) > VCl_3 > ZrCl_3 > CrCl_3$$

$$TiCl_4 \approx VCl_4 \approx ZrCl_4$$

② 不同价态的钛中，以三价钛定向性最好：

$$TiCl_3(\alpha、\gamma、\delta) > TiCl_2 > TiCl_4$$

③ 不同钛的卤化物中，以氯化物的定向性最高：

$$\alpha\text{-}TiCl_3 > TiBr_3 > TiI_3$$

$$TiCl_4 \approx TiBr_4 \approx TiI_4$$

$$TiCl_4 > TiCl_2(OC_4H_9)_2 \gg Ti(OC_4H_9)_4 \approx Ti(OH)_4$$

不同晶体结构过渡金属化合物的立构定向性差别也很大，如 $TiCl_3$ 有 α、β、γ、δ 四种晶型，其中的 α-$TiCl_3$ 的结构前面已讨论过，它具有很强的定向性。γ-$TiCl_3$、δ-$TiCl_3$ 由于它们具有与 α-$TiCl_3$ 类似的层状晶体结构而表现出几乎一样的性质。β-$TiCl_3$ 的结构与其他几种晶型的结构不一样，它是由许多线型的 $TiCl_3$ 链组成。在这种结构的两末端上有半数的钛有两个空位，另一半的钛有一个空位，如图 6-8 所示：

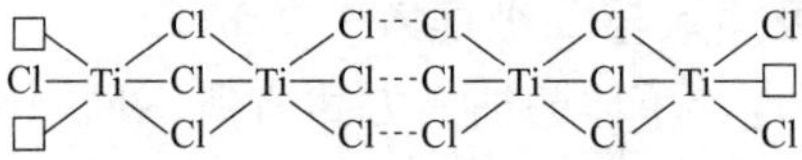

```
□      Cl      Cl---Cl      Cl      Cl
Cl—Ti—Cl—Ti—Cl---Cl—Ti—Cl—Ti—□
□      Cl      Cl---Cl      Cl      Cl
```

图 6-8 β-$TiCl_3$ 的晶型结构

每一个含有两个空位的钛将形成一个含双空位的正八面体活性中心，其定向能力肯定要差。当用 $TiCl_4$ 作主引发剂时，它在烷基铝作用下被还原成 β-$TiCl_3$，因此 $TiCl_4$ 的定向性也差。

6.3.3.2 Ⅰ～Ⅲ族金属组分（共引发剂）

Ⅰ～Ⅲ族金属组分对于引发剂的活性和立构定向性都有非常明显的影响，为了使引发剂具有高的引发活性和强的定向能力，通常需要将Ⅰ～Ⅲ族金属组分与过渡金属组分配合使用。虽然Ⅰ～Ⅲ族金属中的 Li、Na、K、Be、Mg、Zn、Cd 和 Ga 等都可以用来制备高活性的乙烯聚合引发剂或 α-烯烃聚合引发剂，但铝化合物由于其易得和处理方便而被使用最多。

在Ⅰ～Ⅲ族金属组分中如果金属不变，引发剂的立构定向性一般随有机基团的增大而降低，即 $Al(C_2H_5)_3 > Al(C_3H_7)_3 > Al(C_{16}H_{33})_3$，当烷基被卤素原子取代时定向性增大，卤素的影响次序是 I>Br>Cl（表 6-3），但活性的顺序正好相反。

表 6-3 烷基铝化合物对聚丙烯等规度的影响（与 α-$TiCl_3$ 共引发）

烷基铝化合物	聚丙烯等规度/%
$Al(C_2H_5)_3$	85
$Al(C_3H_7)_3$	75
$Al(C_{16}H_{33})_3$	59
$Al(C_2H_5)_2Cl$	91～94
$Al(C_2H_5)_2Br$	94～96
$Al(C_2H_5)_2I$	96～98

按单金属活性中心机理很难解释Ⅰ～Ⅲ族金属组分对 α-烯烃配位聚合的立构规整度的影响，这也是该机理需要完善之处。

6.3.3.3 第三组分

按定义，Ziegler-Natta 引发剂由过渡金属化合物与Ⅰ～Ⅲ族金属化合物组成，但在实际应用的过程中，往往添加其他组分——第三组分来提高引发剂的活性和立构定向性。第三组分多是一些带有孤对电子的给电子物质，所以又常称为电子给体。可作为第三组分的化合物极为广泛，大多是一些含氧、磷、硫、氮和硅的有机化合物，如醇、醚、酯、膦、硫醚、硫醇、胺、腈、异氰酸酯、硅氧烷等，还有无机卤化物或螯合物。

第三组分对 Ziegler-Natta 引发剂的活性和定向能力影响很大，这种影响除与第三组分本身的性质有关外，还和它们与一种或两种金属组分的相互作用（复杂的化学反应）有关。有些第三组分可以同时提高引发剂的定向性和活性，有些则只能提高活性和定向性中的一种。更多的情况是在提高活性的同时则降低了定向性，反之亦然。此外，第三组分还可以影响产物的分子量。

有关第三组分的作用机理有多种说法，如第三组分与Ⅰ～Ⅲ族金属化合物反应改变了后者的化学组成，从而具有更高的活化作用。至于第三组分的加入提高定向性的原因，是它可与非定向活性中心作用，降低非定向活性中心的活性或数量。但是由于使用的第三组分种类繁多，同时第三组分可以分别与引发剂中两个组分相互作用，它的用量和添加次序对引发剂的效果均有影响，再加上 Ziegler-Natta 引发剂本身的复杂性，目前还没有一个统一的第三组分作用机理的理论，第三组分的评选仍多是经验的过程。

6.3.4 高效 Ziegler-Natta 引发剂

早期工业化的常规 Ziegler-Natta 引发剂 $TiCl_4/AlEt_3$、$TiCl_3/AlEt_3$（或 $AlEt_2Cl$），分别用于乙烯和丙烯的聚合时引发活性很低，只有 1～2kg(聚合物)/g(Ti)。而且对丙烯聚合来讲，还存在着产物的立构规整性差的问题，常规引发剂所得聚丙烯的等规度低于 90%。因此聚合后还需对产物进行后处理，以除去残留金属引发剂（此过程称为脱灰）和非等规聚合物（对丙烯聚合而言）。常规引发剂之所以活性很低，是因为在这种以 $TiCl_3$ 为基础（$TiCl_3$ 或直接加入或由 $TiCl_4$ 与烷基铝原位反应生成）的引发剂中，只有少数（小于 1%）暴露在晶体表面的钛原子成为活性中心，大多数钛原子被包埋在晶体内部而无引发活性。

如何提高 Ziegler-Natta 引发剂的活性和定向性一直是人们关注的课题和努力的目标。早期探索的途径包括超细研磨和加入醚类第三组分。超细研磨不但可以增大引发剂的表面积，而且还可以促进引发剂各组分的反应，从而提高其活性。添加第三组分则可大大改善引发剂的定向能力。通过以上方法，引发剂的定向性达到了要求（不用通过后处理除去产物中非等规成分），但活性仍未能达到完全革除脱灰后处理的水平。直到 20 世纪 70 年代，出现了以 $MgCl_2$ 为载体的钛系引发体系，引发活性高达 1500～6000kg(聚合物)/g(Ti)，不但大大减小了引发剂用量，而且可免除后处理工序，生产成本也随之显著下降。这种新一代的高效载体催化剂的开发成功，可以说是 Ziegler-Natta 引发剂发展史上的一次重大突破，开创了烯烃聚合的新时代。

载体引发剂之所以能产生高的引发活性，可以用 $TiCl_4/MgCl_2$ 载体引发剂为例来说明。$MgCl_2$ 载体尽可能使 $TiCl_4$ 充分地分散在其上，使之一旦与烷基铝（如 $AlEt_3$）反应，生成的 β-$TiCl_3$ 晶体也得到充分地分散，从而使能成为活性中心的 β-$TiCl_3$ 数目大大增加。经测定，活性中心 Ti 原子占总 Ti 原子数目的比例由原来常规引发剂的 1%上升到约 90%，这种物理分散作用是 $MgCl_2$ 能提高引发效率的原因之一。除了物理分散，$MgCl_2$ 载体中的金属 Mg 的原子半径与 Ti 的接近，易发生共结晶而产生 Mg—Cl—Ti 化学键，由于 Mg 的电负性小于 Ti，Mg 的推电子效应会使 Ti 的电子密度增大而削弱 Ti—C 键，从而有利于单体的插入。

为了使 $MgCl_2/TiCl_4$-AlR_3 载体引发剂在具有极高活性的同时保持高的立体定向性，需要添加电子给体第三组分。为获得更好的效果，一般需加入内、外电子给体。所谓内电子给体，是在 $TiCl_4$ 与 $MgCl_2$ 负载时加入；而外电子给体是在聚合时与烷基铝一同加入。内、外电子给体可以相同，也可不同，工业上常用的内、外电子给体有苯甲酸乙酯、苯甲酸二异丁酯、$RSi(OCH_3)_3$ 等。

制备载体引发剂的方法有两种：一是浸渍法，或称反应法，即将载体 $MgCl_2$（或直接加入或通过化学反应原位生成）与钛组分加热反应一段时间，然后用溶剂洗涤除去未被负载的钛组分；另一种是研磨法，即将载体和钛组分在球磨机中、氮气氛下共同研磨而成。

6.3.5 Ziegler-Natta 聚合动力学行为

Ziegler-Natta 聚合反应的动力学是复杂的，特别是对非均相 Ziegler-Natta 引发体系，固体引发剂表面吸附、主引发剂与共引发剂相互作用、引发剂的形态及尺寸大小以及聚合工艺等诸因素都对聚合动力学产生影响。因此至今为止，还没有一个全面的或统一的 Ziegler-Natta 聚合反应动力学模型。三种典型的速率曲线分别是匀速型（A）、衰减型（B）和匀速-衰减混合型（C），如图 6-9 所示。在这三种速率曲线中，以衰减型最为常见。

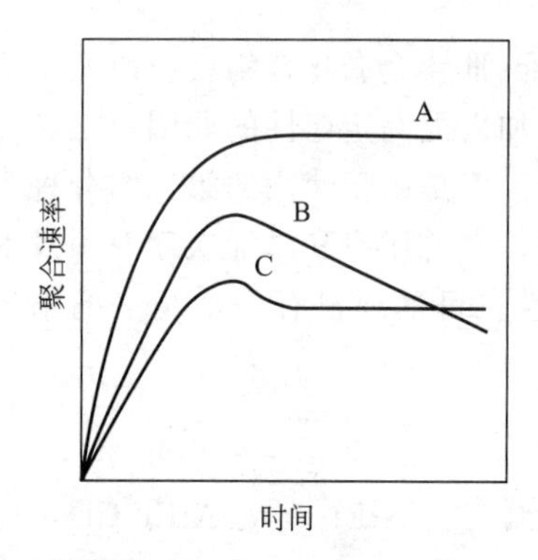

图 6-9 Ziegler-Natta 聚合速率曲线类型

关于聚合初期聚合速率逐渐上升的原因，一般认为是由于随着反应进行，聚合增长链的机械力可以使刚开始聚集在一起的引发剂颗粒破裂，暴露出新的引发剂表面而使活性中心的数目增加。当引发剂颗粒不能再进一步破裂时，意味着可以达到稳态的恒速期。但在引发剂中，如存在活性不同的活性中心，其中某些活性中心可能会失活，再加上引发剂被生成的聚合物包裹而不利于单体接近活性中心，这些都会使聚合速率下降。

6.3.6 α-烯烃 Ziegler-Natta 聚合工业应用

6.3.6.1 实施方法

目前工业上乙烯、丙烯及其他 α-烯烃配位聚合的实施方法有淤浆法、本体法和气相法。之前也有采用环己烷为溶剂的溶液聚合的工艺，但由于聚合物的溶解性所限，需在较高温度（140～150℃）下进行，因此已被淘汰，目前仅局限于生产低分子量聚烯烃蜡。所谓淤浆法，是在庚烷等非极性溶剂中，用高效载体 Ziegler-Natta 引发剂，在低的压力（0.2～2.0MPa）、50～80℃下进行聚合。由于聚合产物和引发剂都不溶于溶剂中而使聚合体系呈淤浆状，故称淤浆法。若用液态单体（高压液化）本身作稀释剂进行淤浆聚合，则是本体聚合法。气相法则是在流动床或搅拌床反应器中进行，温度为 70～105℃，压力为 2～3MPa，反应体系为引发剂、聚合物粉末及气相单体的混合物。聚合后放空，便可将聚合产物与单体分离，后者可循环使用。与淤浆法比较，气相法最大优点是不使用溶剂，于是省去了溶剂的回收与精制等工序。

6.3.6.2 高密度聚乙烯

用 Ziegler-Natta 引发剂引发乙烯配位聚合，由于聚合条件温和（较低的温度和压力），不易发生向大分子的链转移反应，而使产物基本无支链，所以称线型聚乙烯。低的支化度导致聚合物具有较高的结晶度（70%～90%）和较高的密度（0.94～0.96g/mL），因此又称高密度聚乙烯（HDPE）。与之相反，高温高压法自由基聚合得到的聚乙烯（参见第 3 章），由于产物支化度高而具有较低的结晶度（40%～60%）和较低的密度（0.91～0.93g/mL），故称低密度聚乙烯（LDPE）。与低密度聚乙烯相比，高密度聚乙烯具有更高的强度、硬度、耐溶剂性和上限使用温度，因此应用范围更广，主要用于注塑和中空成型制品，如瓶、家用器皿、玩具、桶、箱子、板材、管材等。

一般用途的 HDPE 分子量为 5 万～20 万左右，分子量高于 150 万以上的 HDPE，被称为超高分子量聚乙烯（UHMWPE），是热塑性塑料中抗磨损性和耐冲击性最好的品种，可用于代替金属制造齿轮、轴承、锭子，并在开矿、武器制造、重型机械等行业中得到应用。

6.3.6.3 线型低密度聚乙烯

乙烯与少量 α-烯烃（如 1-丁烯、1-己烯、1-辛烯等）进行 Ziegler-Natta 配位共聚合，所得产物分子链结构仍属线型，但因带有侧基而密度降低，所以称线型低密度聚乙烯（LLDPE）。由于分子链上侧基的多少、长度决定于共聚单体的用量和类型，调节容易，可制备多种型号。它具有 HDPE 的性能，又具有 LDPE 的特性，由于抗撕裂强度比 LDPE 高，膜可以更薄，可以省料 20%以上，因此已广泛代替 LDPE 使用。

6.3.6.4 聚丙烯

Ziegler-Natta 聚合对丙烯而言更具重要性，因为由于自身结构的原因，用自由基聚合无论是在通常条件下或在高温高压下，均得不到聚合物，而用 Ziegler-Natta 引发剂在与高密度聚乙烯大致相同的工艺条件下，可顺利得到高分子量聚丙烯（PP）。不过与乙烯聚合不同的是，丙烯聚合的引发体系既要有高活性又要有高的定向性，为此在引发体系中，需要添加第三组分来提高聚丙烯的等规度。

等规聚丙烯在主要的塑料品种中是最轻的（$d=0.90\sim0.91$g/mL），因而具有很高的强度/质量比。它的熔点较高（165～175℃），最高使用温度达到 120℃，与 HDPE 相比耐热性要好。为了提高透明性、韧性，聚丙烯产品中的一部分（约 20%）是通过共聚改性的共聚物，最常见的是含有 2%～5%乙烯的共聚物。聚丙烯的用途十分广泛，可以用作塑料（建筑、家具、办公设备、汽车、管道等）、薄膜（压敏胶带、包装膜、保鲜袋等）和纤维（地毯、无纺布、绳）。

6.3.6.5 乙丙橡胶

采用可溶性均相 Ziegler-Natta 引发剂，如 $VOCl_3$-$AlEt_2Cl$，在甲苯或庚烷中、0～25℃下进行乙烯-丙烯共聚合，控制共聚物中乙烯摩尔分数为 40%～90%时，便得到乙烯-丙烯共聚物弹性体，即乙丙橡胶。目前，乙丙橡胶有两个品种，一是乙烯-丙烯二元共聚物；二是乙烯-丙烯-二烯烃三元共聚物。后者是在共聚体系中加入 3%～4%（摩尔分数）的非共轭二烯烃，如双环戊二烯（Ⅰ）、乙叉降冰片烯（Ⅱ）或 1,4-己二烯（Ⅲ）等作为第三单体进行三元共聚，第三单体的一个双键参加共聚，剩下一个双键可供硫化，即第三单体的加入是为了提高乙丙橡胶的硫化性能。

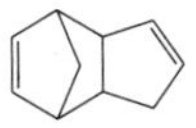

CHCH$_3$ $H_2C{=}CH{-}CH_2{-}CH{=}CH{-}CH_3$

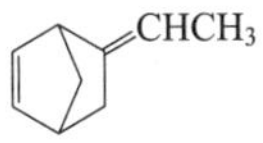

（Ⅰ） （Ⅱ） （Ⅲ）

乙丙橡胶的特点是密度低，是所有合成橡胶中最轻的。另外，它的化学稳定性特别是耐臭氧、耐化学品、耐老化性很好。用途包括用于电线电缆、汽车部件（散热管、挡风雨条）、传送带、生活用品等。

6.3.6.6 聚丙烯无规共聚物

聚丙烯无规共聚物，商品名为 PPR（polypropylene random），是由 99%～93%丙烯与 1%～7%乙烯通过 Ziegler-Natta 配位共聚合得到的丙烯-乙烯无规共聚物。因为少量乙烯单体单元的无规插入，适当地阻碍了聚丙烯分子的结晶型排列，导致其结晶度降低，从而引起物理性质的改变。与全同聚丙烯均聚物相比，PPR 刚性虽然有所下降，但却换得了更好的抗冲击性能、透明度和加工性能（熔化温度较低）。PPR 主要用作管材，与传统铸铁管、镀锌钢管、水泥管等相比，PPR 管材具有轻质高强、耐腐蚀、内壁光滑不结垢、施工和维修简便、使用寿命长等优点，广泛应用于城乡给排水、城市燃气、电力和光缆护套、工业流体输送、农业灌溉等市政、工业和农业领域。

6.4 共轭二烯烃的配位聚合

在共轭二烯烃（或 1,3-二烯烃）单体中，最重要的要属丁二烯和异戊二烯。它们的定向聚合产物的立构规整结构要比 α-烯烃更复杂，既有 1,4-聚合产生的顺式和反式立体异构体，又有 1,2-聚合或 3,4-聚合产生的全同和间同立体异构体（参见 6.2 节）。其中以顺式 1,4-结构聚合物如顺式 1,4-聚丁二烯和顺式 1,4-聚异戊二烯最具实际应用意义，二者是合成橡胶中非常重要的品种。

共轭二烯烃的定向配位聚合引发剂包括三大类：烷基锂引发剂、Ziegler-Natta 引发剂和 π-烯丙基型引发剂。其中烷基锂引发的聚合反应虽然已在阴离子聚合章节（第 4 章）讨论过，但是该聚合反应表面上看属于阴离子聚合，而实质上应属配位聚合。本节主要介绍后两种引发剂体系。

6.4.1 Ziegler-Natta 引发剂

Ziegler-Natta 引发剂不但对 α-烯烃的定向配位聚合非常有效，而且也适用于共轭二烯烃，可以说 Ziegler-Natta 引发剂的工业成就主要表现在 α-烯烃和共轭二烯烃的定向聚合上。可用于共轭二烯烃配位聚合的 Ziegler-Natta 引发剂很多，其中以 Ti、V、Co、Ni 和稀土金属（Pr、Nd）最为重要。不同引发剂对丁二烯、异戊二烯聚合产物的结构影响列于表 6-4。从表中所列数据可以看出，选用适当的引发剂可以选择性地合成不同有规立构聚合物（顺式 1,4-结构、反式 1,4-结构和间同 1,2-结构）。虽然这些引发体系已在工业上广泛使用，但相关的作用机理还不是很清楚。

表 6-4 Ziegler-Natta 引发剂种类对共轭二烯烃聚合物结构的影响

引发剂	聚合物结构/%		
	顺式 1,4-结构	反式 1,4-结构	1,2-结构(或 3,4-结构)
		1,3-丁二烯	
$TiCl_4/AlEt_3$(Al/Ti=1.2)	50	45	5
$TiCl_4/AlEt_3$(Al/Ti=0.5)	—	91	—
$TiCl_4/AlEt_3$	95	2	3
$VCl_4/AlEt_3$	—	94～98	—
$Ni(C_7H_{13}COO)_2/AlEt_3/BF_3OEt$	97	—	—
$CoCl_2/AlEt_2Cl$/吡啶	98	—	—
Co(乙酰丙酮基)$_2/AlR_3/CS_2$	—	—	99(间同结构)
$Nd(C_7H_{13}COO)_2/AlEt_2Cl/Al(i\text{-}Bu)_2H$	97	—	—
		异戊二烯	
$TiCl_4/AlEt_3$	97	—	—
$VCl_3/AlEt_3$	—	97	—
$Ti(OC_4H_9)_4/AlEt_3$	—	—	60～70

Ziegler-Natta 引发剂对共轭双烯烃定向聚合的选择性高于烷基锂引发剂，如用丁基锂在非极性溶剂中只能得到顺式 1,4-结构含量为 35%～60%的聚丁二烯，而用 $TiCl_4/AlEt_3$、$Ni(C_7H_{13}COO)_2$（二辛酸镍）/$AlEt_3/BF_3OEt$ 等非均相或均相 Ziegler-Natta 引发剂均可获得顺式 1,4-结构含量大于 95%的聚丁二烯。顺式 1,4-结构含量大于 90%的聚丁二烯称高顺丁橡胶，顺式 1,4-结构含量约为 40%的聚丁二烯称低顺丁橡胶，前者的强度和弹性远远高于后者。高顺丁橡胶是当前世界上合成橡胶中仅次于丁苯橡胶的第二大品种，可部分代替天然橡胶制造轮胎和各种工业用橡胶制品。对于异戊二烯的定向聚合，Ti/Al 型 Ziegler-Natta 引发剂（如 $TiCl_4/AlEt_3$）的选择性也略高于丁基锂负离子引发剂（后者顺式 1,4-结构含量约为 94%，前者顺式 1,4-结构含量约为 97%）。高顺式 1,4-结构含量聚异戊二烯的结构与天然橡胶（含 98%顺式 1,4-聚异戊二烯）极为接近，故称合成天然橡胶，它具有良好的弹性、耐磨性和耐热性，可代替天然橡胶制成各种橡胶制品，诸如汽车和飞机轮胎、胶管、胶带和鞋底等。

6.4.2 π-烯丙基型引发剂

π-烯丙基型引发剂是指 π-烯丙基直接和 Ti、V、Cr、Ni、Co 等过渡金属相连（或作为过渡金属的配体）的一类引发剂。由于 π-烯丙基过渡金属引发剂具有制备容易和比较稳定的优点，同时也是研究丁二烯增长链端理想的模型，所以相关研究十分活跃。无论从理论上还是从实际应用的角度，π-烯丙基镍型引发剂在 π-烯丙基型引发剂中都是最重要的。π-烯丙基镍型引发剂可以是单分子型（如 π-$C_3H_5NiOCOCF_3$）或双分子型（二聚体）[如 $(\pi$-$C_3H_5NiCl)_2$]，它们的结构分别如下：

CH, H_2C, CH_2, Ni, $OCOCF_3$

π-$C_3H_5NiOCOCF_3$

HC, CH_2, CH_2, Ni, Cl, Cl, Ni, CH_2, CH_2, CH

$(\pi$-$C_3H_5NiCl)_2$

表 6-5 为几种 π-烯丙基镍型引发剂所得聚丁二烯的结构，由此可见，若 π-烯丙基镍中无其他配体如 $(\pi$-$C_3H_5)_2Ni$，不仅活性低，而且产物仅为环状低聚体。若 π-烯丙基镍上引入 CF_3COO^-、Cl^-、I^- 等吸电子配体后，引发活性显著提高，而且聚丁二烯产物的结构随配体的性质不同而改变：顺式 1,4-结构含量随配体的吸电子能力增加而增大，如含 CF_3COO^-、Cl^- 引发剂主要得到顺式 1,4-结构产物，而含碘引发剂主要得到反式 1,4-结构产物，含溴引发剂则得到顺式 1,4-结构和反式 1,4-结构混杂产物。

表 6-5 π-烯丙基镍型引发剂所得聚丁二烯的结构

引发剂	聚合物结构
$(\pi$-$C_3H_5)_2Ni$	环状低聚物
π-$C_3H_5NiOCOCF_3$	94%顺式 1,4-结构
$(\pi$-$C_3H_5NiCl)_2$	95%顺式 1,4-结构
$(\pi$-$C_3H_5NiBr)_2$	45%～72%顺式 1,4-结构,25%～53%反式 1,4-结构
$(\pi$-$C_3H_5NiI)_2$	96%反式 1,4-结构

6.4.3 共轭二烯烃定向聚合机理

共轭二烯烃的定向聚合机理还不是十分清楚，其复杂性表现在增长链末端的结构不是单一的，可能有 σ-烯丙基型和 π-烯丙基型两种：

$$\sim\!\sim CH_2-CH=CH-\overset{\delta^-}{C}H_2\overset{\delta^+}{M_t} \rightleftharpoons \sim\!\sim CH_2-CH\langle CH, CH_2, M_t \rangle$$

σ-烯丙基型　　π-烯丙基型

聚合时增长链末端可通过 σ-烯丙基型转变成 π-烯丙基型来稳定。一般认为，当单体丁二烯以顺式 1,4-构象与活性中心金属配位并以 1,4-方式插入得到顺式 1,4-聚丁二烯；当丁二烯以反式 1,4-构象与活性中心金属配位并以 1,4-方式插入得到反式 1,4-聚丁二烯，分别表示如下。

① 顺式 1,4-定向配位聚合：

增长链　丁二烯顺式构象　配位　顺式配位

插入

② 反式 1,4-定向配位聚合：

增长链　丁二烯反式构象　配位　反式配位

移位　插入

6.5 配位聚合的新型引发剂体系

Ziegler-Natta 引发剂的发现开创了烯烃聚合的新时代，经过几代的发展，Ziegler-Natta 引发剂的性能不断提高，特别是 20 世纪 70 年代出现的高效载体引发剂是 Ziegler-Natta 引发剂的巨大革新。人们一直没有中断对配位聚合新型引发剂的探索研究，到目前为止已取得了不少突破性进展，其中最引人注目的便是茂金属引发剂和非（后）茂金属引发剂，下面分别加以讨论。

6.5.1 茂金属引发剂的烯烃聚合

6.5.1.1 茂金属引发剂

最早的茂金属引发剂二氯二环戊二烯基钛（Cp_2TiCl_2）出现在 20 世纪 50 年代，它在 $AlEt_2Cl$ 活化下组成一均相引发体系能使乙烯聚合，但活性很低，并且对丙烯等 α-烯烃无引发活性，因而未能引起人们更多的关注。直到 1980 年，Kaminsky 等发现在茂金属化合物如二氯二环戊二烯基锆（Cp_2ZrCl_2）中加入 $AlMe_3$ 的部分水解产物甲基铝氧烷（MAO）后，可使乙烯、丙烯聚合，并且引发活性非常高，其效率比 Ti 系高效载体引发剂还高几个数量级[8]。从此，由于 MAO 的引入使可溶性茂金属引发剂的性能发生了质的变化，从而唤起了人们对茂金属引发剂研究的极大兴趣。自此，人们对茂金属引发剂的化学问题进行了广泛的研究，不论是在理论上还是应用上都取得了突破性进展，可以说茂金属引发剂的发现和发展是 Ziegler-Natta 引发剂发展史上的又一次革命[9-11]。

现在广义上的茂金属引发剂被定义为由过渡金属（主要是ⅣB 族元素 Ti、Zr、Hf）和至少一个环戊二烯或环戊二烯衍生物（如茚基、芴基等）配体形成的配合物，其通式如图 6-10。

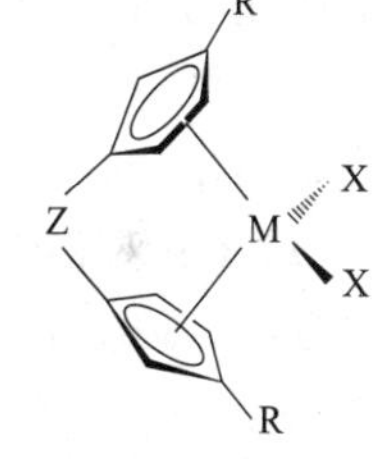

图 6-10 茂金属化合物的结构

图 6-10 结构中 R 为 H 或烷基；X 为 Cl 或烷基；Z 是一桥联基团，通常是 $C(CH_3)_2$、$Si(CH_3)_2$、CH_2CH_2 等，它将两个茂环相连而给茂金属化合物带来刚性，这点对引发剂定向性尤为重要（下面具体讨论）。当然茂金属引发剂也有非桥联系的结构（即无 Z 桥联基团）。

与传统的 Ziegler-Natta 引发剂相比，茂金属引发剂最重要的特点之一是均相体系，产生的活性中心结构单一，从而聚合产物的分子量分布较窄（$M_w/M_n \approx 2$）。而传统的非均相 Ziegler-Natta 引发体系有多种活性中心（可由不同价态的过渡金属产生），每个活性中心产生不同分子量的聚合物，而使分子量分布变宽（$M_w/M_n = 3 \sim 8$）。茂金属另一个重要特点是可通过改变其分子结构（如配体或取代基）来调控聚合产物的分子量、分子量分布及立构规整性等，从而可以按照应用的要求“定制”（tailor-made）产物的分子结构。鉴于茂金属引发剂以上的特点，它可望给聚烯烃工业带来真正的革命。

6.5.1.2 MAO 的作用机理

MAO 的助催化作用使茂金属引发剂成为远比一般 Ziegler-Natta 引发剂活性高得多的新引发体系。MAO 是三甲基铝在控制条件下部分水解［通常是在含结晶水的无机盐如 $Al_2(SO_4)_3 \cdot 18H_2O$ 的存在下，使三甲基铝缓慢水解］的产物，其结构复杂，可能是含有线型、环状和三维结构的混合物，其中线型结构可表示为

$$\left[\begin{array}{c} CH_3 \\ | \\ -Al-O- \end{array} \right]_n \qquad n=5\sim20$$

MAO 在茂金属引发体系中的作用除了同烷基铝一样可以除去体系中对聚合不利的杂质之外，更重要的是参与活性中心的形成，以最简单茂金属化合物 Cp_2TiCl_2 为例，可表示如下：

$$Cp_2TiCl_2 \xrightarrow{MAO} Cp_2Ti\begin{matrix}\diagup CH_3 \\ \diagdown Cl\end{matrix} \xrightarrow{MAO} Cp_2\overset{+}{Ti}\begin{matrix}\diagup CH_3 \\ \diagdown \square\end{matrix} \quad (MAOCl)^- \tag{6-16}$$

MAO 首先使 Cp_2TiCl_2 中的 Ti—Cl 键烷基化形成 Ti—C 键，随后由于 MAO 中铝原子强烈的缺电子倾向，又夺取茂金属化合物中的第二个氯原子形成一带一空配位（□）的茂金属阳离子活性中心。

链增长反应的方式与前面介绍的传统 Ziegler-Natta 引发剂下的聚合类似，即单体在空位上配位，然后插入 Ti—C 键进行链增长（单金属机理）：

$$Cp_2\overset{+}{Ti}\begin{matrix}\diagup CH_3 \\ \diagdown \square\end{matrix} \xrightarrow[\text{配位}]{M} \xrightarrow{\text{插入}} Cp_2\overset{+}{Ti}\begin{matrix}\diagup \square \\ \diagdown M-CH_3\end{matrix} \xrightarrow[\text{配位}]{M} \xrightarrow{\text{插入}} Cp_2\overset{+}{Ti}\begin{matrix}\diagup MM-CH_3 \\ \diagdown \square\end{matrix} \xrightarrow[\text{配位}]{M} \xrightarrow{\text{插入}} \cdots\cdots \tag{6-17}$$

由此可见，茂金属化合物中两个 Cl 配体所在的位置是聚合反应发生的位置，称为配位活性点，链增长（单体的配位和插入）在两个配位活性点上交替进行，此时由于是均相引发体系，不存在前面介绍单金属机理时所涉及的空位复原过程。

6.5.1.3 茂金属引发剂的立体定向性

非桥联茂金属络合物如 Cp_2TiCl_2 等在 MAO 活化下对丙烯等 α-烯烃具有高的引发活性，但由于茂金属化合物中的环戊二烯基能以金属元素为轴线自由旋转，使其产生的活性中心是非手性的而无立体定向性，因此一般只能得到无规聚合物。而在茂环上引入桥基后（图 6-10），给茂金属配体带来了刚性，使得两个环戊二烯基无法自由旋转而易使茂金属化合物产生手性化的活性中心，具有高的立体定向性。通过分子设计合成不同结构和对称性的茂金属化合物，可以获得各种立体选择性（全同、间同等）的引发体系。下面就以几种具有代表性的茂金属化合物为例，阐明它们结构与立体定向选择性之间的关系。

(1) C_2-对称性茂金属化合物 C_2-对称性茂金属化合物通常是外消旋体即一对对映体的混合物，以 *rac*-$(CH_3)_2Si(Ind)_2ZrCl_2$（Ind 为茚基）为例，结构如下：

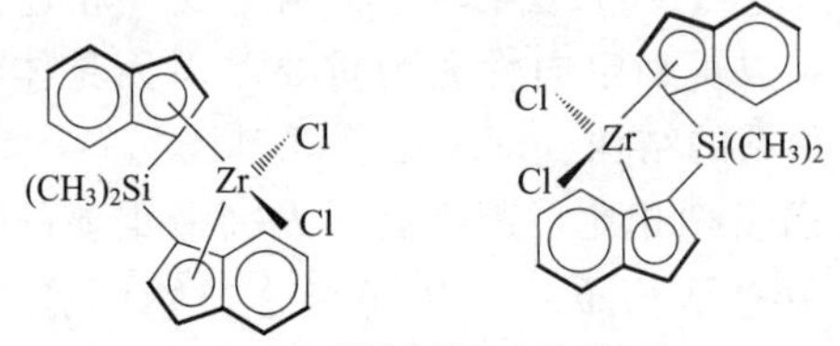

rac-$(CH_3)_2Si(Ind)_2ZrCl_2$

在每一个对映体中，与 Zr 相连的两个 Cl 原子在 MAO 作用下，一个变成 CH_3 基，一个变成空位□，聚合时单体首先在空位上配位，然后插入 Zr—C 键［参见式(6-16) 和式(6-17)］。在 $(CH_3)_2Si(Ind)_2ZrCl_2$ 中，两个配位活性点（两个 Cl 配体所在的位置）是等价的，并具有手性特征。因此，按照引发剂活性中心控制机理应得到全同立构聚合物。但由于 *rac*-$(CH_3)_2Si(Ind)_2ZrCl_2$ 是外消旋体，因此得到的应是两种立体构型相反的全同立构聚合物。这是人们首次用均相引发剂合成全同立构聚烯烃，在此之前，只有用非均相 Ziegler-Natta 引发剂才能获得全同立构聚合物。

(2) C_s-对称性茂金属化合物 茂金属化合物中若存在一对称镜面，便是具有 C_s-对称性。对称镜面可以与茂环平行如 *meso*-$(CH_3)_2Si(Ind)_2ZrCl_2$（*meso* 表示内消旋），也可以是与茂环垂直如 $(CH_3)_2Si(CP)(Flu)ZrCl_2$（Flu 为芴基），它们的结构分别为

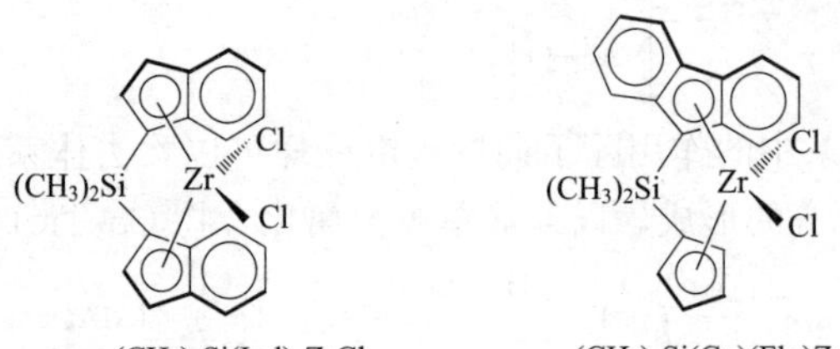

meso-$(CH_3)_2Si(Ind)_2ZrCl$　　$(CH_3)_2Si(Cp)(Flu)ZrCl_2$

对于内消旋体 *meso*-$(CH_3)_2Si(Ind)_2ZrCl$，两个配位活性点是非手性的，因此得到无规立构聚合物。而对于 $(CH_3)_2Si(Cp)(Flu)ZrCl_2$，两个配位活性点具有手性且构型相反（互成对映体），两个配位活性点与单体配位的方向相反，由于链增长（单体的配位和插入）是在两个配位活性点上交替进行的，所以得到间同立构聚合物。与传统的均相 Ziegler-Natta 引发剂不同，茂金属均相引发剂导致间同立构聚合物的产生是由引发剂活性中心控制机理而不是增长链末端控制机理决定的。

(3) C_1-对称性茂金属化合物 C_1-对称性茂金属化合物无任何轴或面对称元素，其立体定向性复杂，随茂金属化合物中茂环配体及配体上取代基的不同而变化很大，可以得到各种立体异构聚合物。其中值得关注的是半全同立构聚合物。所谓半全同立构聚合物是指每隔一个重复单元符合全同结构，而相邻重复单元则是无规结构。如 C_1-对称性化合物

$(CH_3)_2C(3\text{-}CH_3\text{-}Cp)(Flu)ZrCl_2$，其结构如下：

$(CH_3)_2C(3\text{-}CH_3\text{-}Cp)(Flu)ZrCl_2$

在较拥挤（带甲基取代基的茂环）一侧的配位活性点具有立体选择性，单体在此位置上只能以两个面中的一个面进行配位，而另一个配位活性点立体障碍小、无立体选择性，单体能以两个面中的任何一个面进行配位。链增长反应在两个配位活性点上交替进行，从而得到半全同立构聚合物。

(4) C_{2V}-对称性茂金属化合物 C_{2V}-对称性茂金属化合物具有高度对称性，以 $(CH_3)_2Si(Flu)_2ZrCl_2$ 为例，两个配位活性点是等价且非手性的，因此得到的是无规立构聚合物。

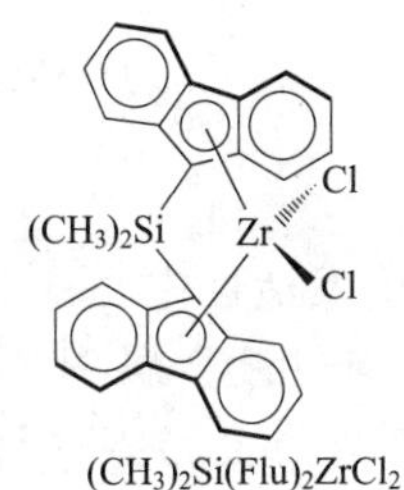

$(CH_3)_2Si(Flu)_2ZrCl_2$

(5) 等规-无规立构嵌段共聚物 无桥基的茂金属化合物由于茂环的自由旋转使配位活性点处于非手性环境而无立体定向性，但在茂环上引入适当的取代基后，茂环自由旋转受阻，有可能只出现几种特定的构象异构体，如 $(2\text{-}Ph\text{-}Ind)_2ZrCl_2$ 存在以下两种构象异构体：

其中左边异构体的两个配位活性点是手性的，可导致等规立构聚合物生成；右边异构体的两个配位活性中心是非手性的，导致无规立构聚合物的生成。由于在聚合过程中以上两种构象异构体不断转化，所以得到等规-无规立构嵌段聚合物，它是一种新型热塑弹性体材料。

6.5.2 非茂金属引发剂

非茂金属引发剂是指由过渡金属（钛、锆、铪等前过渡金属和镍、钯、铁、钴等后过渡金属）与非环戊二烯基配体形成的有机金属配合物。由于非茂金属引发剂的研发晚于茂金属引发剂，因此又称为后茂金属引发剂。可以预期，在不久的将来非茂金属引发剂将与传统的Ziegler-Natta引发剂和茂金属引发剂一起推动聚烯烃工业的发展。在非环戊二烯基配体中，以 α-二亚胺配体和水杨醛亚胺最为重要。

6.5.2.1 α-二亚胺后过渡金属配合物

以Ⅷ族金属 Ni、Pd、Fe 和 Co 等后过渡金属为基础形成的均相单活性中心引发体系，其活性与茂金属引发剂相当甚至更高。除保持了茂金属引发剂诸如聚合产物分子量分布窄、结构可控等优点以外，还有一些茂金属引发剂没有的突出特点，如引发剂比较稳定，共引发剂 MAO 用量少，甚至可以不用等。最关键的是后过渡金属的亲氧性较弱，能用于极性单体与烯烃的共聚合，合成性能优异的功能化聚烯烃材料。而传统的 Ziegler-Natta 引发剂和茂金属引发剂对极性基团非常敏感，易中毒而失活，因而难以实现极性单体的聚合。

Brookhart 等于 1995 年首次报道了含 α-二亚胺配体的 Ni（或 Pd）后过渡金属引发剂[12]，在 MAO 活化下对乙烯及 α-烯烃具有很高的活性。它的发现引起了后过渡金属引发剂的研究热潮，使之成为继茂金属引发剂之后的又一研究开发热点。

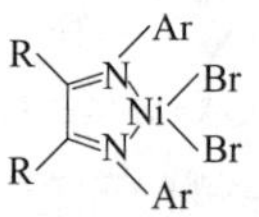

α-二亚胺 Ni 配合物

乙烯在 α-二亚胺 Ni 配合物引发下聚合，可生成高度支化的聚乙烯，这点具有重要的应用意义，因为目前采用传统的 Ziegler-Natta 引发剂合成支化的线型低密度聚乙烯时，必须使用昂贵的己烯、辛烯等 α-烯烃共聚单体。α-二亚胺 Ni 或 Pd 类引发体系之所以可以合成支化聚乙烯，这与乙烯在聚合时发生 β-氢转移有关[13]，其过程可表示如下：

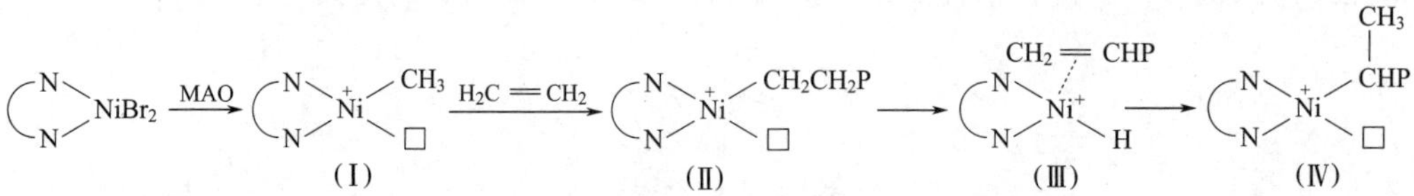

(Ⅰ)　(Ⅱ)　(Ⅲ)　(Ⅳ)

α-二亚胺 Ni 在 MAO 作用下生成引发活性中心（Ⅰ），按正常的链增长方式形成增长链活性中心（Ⅱ）。活性链末端上的 β-氢向过渡金属 Ni 上转移，形成带乙烯基末端的大分子链，该大分子链像单体一样通过末端双链与金属 Ni 配位（Ⅲ），随后插入 Ni—H 键形成甲基支化的聚合物（Ⅳ）。如果上 β-氢转移反应连续发生，便可形成更长的支化链。

在 α-二亚胺 Ni 和 Pd 引发剂的基础上，最近又出现了 Fe 和 Co 烯聚合引发剂，采用的配体是大体积的 2,6-二亚胺基吡啶[14]，典型结构如下：

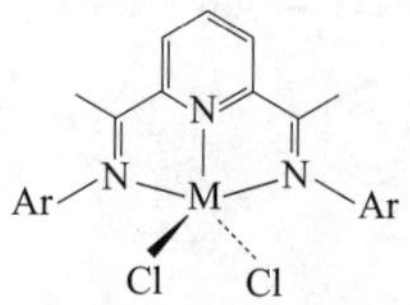

这类 Fe、Co 引发剂的合成较为简单，价格便宜，有望在工业化时使引发剂费用大大下降，有利于降低生产成本。而且可以通过设计引发剂分子结构来控制聚合产物的分子量和结构，如在芳环（Ar）邻位引入大位阻取代基，可以大大减小链转移速率，得到高分子量、高线型聚乙烯，相反可得支化聚乙烯甚至低分子量齐聚物。

6.5.2.2 水杨醛亚胺配合物

继 α-二亚胺配合物之后，1998 年 Fujita 等开发了一种以水杨醛亚胺为配体的非茂过渡金属引发剂，其对烯烃聚合具有超高的活性，是迄今为止发现的活性最高的聚乙烯引发剂[15]。水杨醛亚胺过渡金属引发剂配合物的结构如下所示：

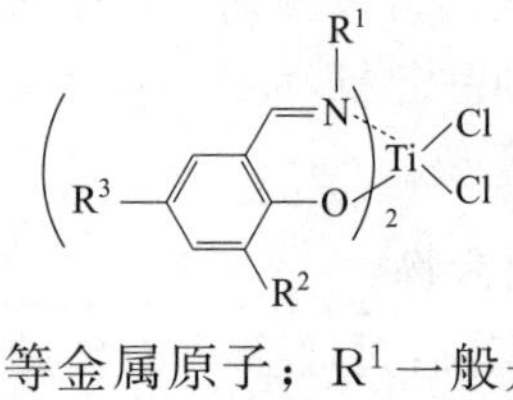

式中，M 为 Ti、Zr、Hf 或 V 等金属原子；R^1 一般是苯基或取代苯基；R^2 为烷基；R^3 为烷基或 H 等。配体结构和中心金属原子对引发活性、产物分子量和立构规整性均有影响。与 Zr 引发剂相比，Ti 引发剂活性要低，但可获得更高分子量的聚合物。R^1 取代基的体积越大，所得聚合物分子量越大，其原因是大的 R^1 取代基对阻止 β-H 消除反应起到了关键作

用。R^2 取代基主要影响引发剂的活性，R^2 取代基的体积越大，引发活性越高。这可能是因为一方面 R^2 取代基以其空间位阻，可使引发剂与 MAO 等共引发剂反应后所形成的阳离子活性中心更稳定；另一方面大的 R^2 取代基，可促进阳离子活性中心和阴离子共引发剂的分离，有利于单体向金属-碳之间插入。

习题

1. 解释下列概念和名词：配位聚合，定向聚合，Ziegler-Natta 引发剂，立构规整度，茂金属引发剂，后过渡金属引发剂。

2. 写出由下列单体聚合生成的立构规整性聚合物的结构：

(1) $CH_2{=}CH-CH_3$；(2) $CH_2{=}C(CH_3)(C_2H_5)$；(3) $CH_2{=}CH-CH{=}CH_2$；(4) $CH_2{=}C(CH_3)-CH{=}CH_2$。

3. 写出在 $TiCl_4/AlEt_3$ 引发下，乙烯配位聚合的基元反应方程式。

4. 用单金属模型阐明丙烯发生配位聚合时形成全同和间同立构聚合物的机理，并指出温度对形成两种立构规整性聚合物的影响。

5. 解释下列各现象：

(1) 把 $AlEt_3$ 加入 Ziegler-Natta 聚合体系中，聚合速率增加到一个最大值后，或保持不变或者下降；

(2) 氢能降低在 Ziegler-Natta 引发剂作用下乙烯聚合产物或丙烯聚合产物的分子量；

(3) 降低温度有利于得到间同立构聚合产物。

6. 丁二烯定向聚合引发剂有几类，举例说明。

7. 聚乙烯有几种分类方法，这几种聚乙烯在结构和性能上有何不同，它们分别是由何种方法生产的？

8. 考虑以下几种茂金属引发剂：$(Cp)_2ZrCl_2$，$Me_2Si(Ind)_2ZrCl_2$，$Me_2C(Cp)(Flu)ZrCl_2$。

请回答：

(1) 画出它们的结构式，并指出它们的对称元素；

(2) 指出分别用上述引发剂所得产物的立体结构。

参考文献

[1] 林尚安，于同隐，扬士林．配位聚合 [M]．上海：上海科学技术出版社，1988.
[2] Witold K. Principles of Coordination Polymerization [M]. New York：John Wiley & Sons Ltd，2001.
[3] 林尚安，陆耘，梁兆熙．高分子化学 [M]．北京：科学出版社，1982.
[4] Odian G. Principles of Polymerization [M]. 4th ed. New Jersey：John Wiley & Sons Inc，2004.
[5] 潘祖仁．高分子化学 [M]．2 版．北京：化学工业出版社，1997.
[6] 肖士镜，余赋生．烯烃配位聚合催化剂及聚烯烃 [M]．北京：北京工业大学出版社，2002.
[7] Ammendola P，Tancredi T，Zambelli A. Isotactic polymerization of styrene and vinylcyclohexane in the presence of carbon-13-enriched Ziegler-Natta catalyst：regioselectivity and enantioselectivity of the insertion into metal-methyl bonds [J]. Macromolecules，1986，19 (2)：307.
[8] Sinn H，Kaminsky W. Ziegler-Natta Catalysis [J]. Adv Organomet Chem，1980，18：99.
[9] Togni A，Halterman R. Metallocenes：Synthesis，reactivity，applications [M]. Weinheim：Wiley-VCH，1998.
[10] 黄葆同，陈伟．茂金属催化剂及其烯烃聚合物 [M]．北京：化学工业出版社，2000.
[11] 胡友良．烯烃聚合催化剂和聚合反应 [J]．高分子通报，1999，3：121.
[12] Johnson L K，Killian C M，Brookhart M. Highly active iron and cobalt catalysts for the polymerization of ethylene [J]. J Am Chem Soc，1995，120 (16)：4049.
[13] Gates D P，Svejda S A，Onate E，et al. Synthesis of branched polyethylene using (α-diimine) nickel (Ⅱ) catalysts：Influence of temperature，ethylene pressure，and ligand structure on polymer properties [J]. Macromolecules，2000，33 (7)：2320.
[14] Britovsek G J P，Gibson V S，McTavish S J，et al. Novel olefin polymerization catalysts based on iron and cobalt [J]. Chem Commun，1998，7：849.
[15] 金鹰泰，李刚，曹丽辉，等．烯烃聚合高性能 FI 催化剂的进展 [J]．高分子通报，2006，9：37.

第7章　活性聚合

7.1　概述

7.1.1　活性聚合概念

传统的链式聚合如自由基聚合和离子聚合等，增长活性链除进行链增长反应以外，还可发生链转移、链终止等使增长活性链失活的副反应，导致无法精确控制聚合产物的结构、分子量及分子量分布。假如聚合过程中不存在链转移和链终止，相应的聚合称为活性聚合（living polymerization）。为了保证所有的活性中心同步进行链增长反应，以获得窄分子量分布的聚合物，活性聚合一般还要求链引发速率大于链增长速率。典型的活性聚合具备以下特征：

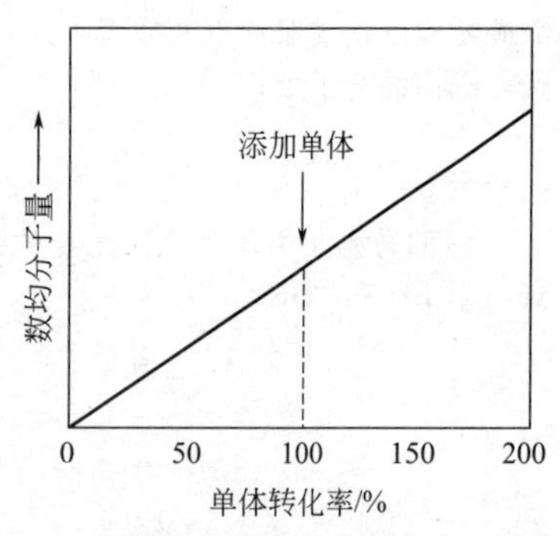

图7-1　活性聚合产物数均分子量与单体转化率的关系

① 聚合产物的数均分子量与单体转化率呈线性增长关系。

② 当单体转化率达100%后，向聚合体系中加入新单体，聚合反应继续进行，数均分子量进一步增加，并依然与单体转化率成正比（图7-1）。若加入的新单体与第一单体不同，则得到嵌段共聚物。

③ 聚合产物分子量具有单分散性，即 $\overline{M}_w/\overline{M}_n \rightarrow 1$。

④ 聚合物分子数等于活性增长链的数目，则聚合度与单体浓度、引发剂浓度的关系为：

$$\overline{X}_0=\frac{n[\mathrm{M}]_0 C}{[\mathrm{I}]_0}$$

式中，$[\mathrm{M}]_0$ 为单体起始浓度；C 为单体转化率；$[\mathrm{I}]_0$ 为引发剂起始浓度；n 为形成每条活性增长链所消耗的引发剂分子数，如在活性阴离子聚合中，单阴离子链 $n=1$；双阴离子链 $n=2$。由于 $\overline{X}_0$ 可由单体与引发剂的投料比定量控制，因此活性聚合又称计量聚合。

以上特征同时也是判断一个聚合反应是否是活性聚合的实验依据。可是，完全满足这些条件的反应体系很少，有些聚合体系并不是完全不存在链转移或链终止反应，但它们相对于链增长反应而言可以忽略不计，因此分子量在一定范围内可设计，分子量分布也较窄，明显具有活性聚合的特征。为了与真正意义上的活性聚合相区别，通常把这些宏观效果上类似于活性聚合，但实际上仍存在链转移或链终止的聚合称为活性/可控聚合。这就大大扩展了活性聚合的概念。

活性聚合是1956年美国科学家Szware用萘钠在THF中引发苯乙烯阴离子聚合时首先发现的。Szware等人发现，在无水、无氧、无杂质、低温条件下，以THF为溶剂、萘钠为引发剂，进行苯乙烯阴离子聚合，得到的聚合物溶液在低温、高真空条件下存放数月后，再加入苯乙烯单体，聚合反应可继续进行，得到分子量更高的聚苯乙烯。若加入第二种单体丁二烯，则得到苯乙烯-丁二烯嵌段共聚物。根据以上实验结果，Szware等人第一次明确提出了阴离子型无链终止、无链转移的聚合反应，即活性聚合的概念。因为所得聚合物在单体全部耗尽后仍具有引发聚合活性，因此他们同时提出了活性聚合物（living polymer）的概念。

这是一具有划时代意义的伟大发现，开创了聚合物分子设计的新纪元。活性聚合一直受到高分子科学界的高度重视和广泛关注，迄今为止，活性聚合已从最早的阴离子聚合扩展到其他如阳离子聚合、自由基聚合、配位聚合等链式聚合[1]，本章将分别给予介绍。另一方面，活性聚合技术越来越显示出其巨大的工业应用价值，在活性阴离子聚合体系报道10年后，Shell公司就成功利用此技术开发了SBS弹性体，实现了合成橡胶工业的一次革命。

7.1.2 活性聚合的动力学特征

一般的聚合反应体系中，由于链引发、链增长、链终止等基元反应的存在而使聚合过程呈现复杂的动力学特征。但在理想的活性聚合体系中，无链转移和链终止反应（$R_{tr}=R_t=0$），且链引发速率远远大于链增长速率（$R_i \gg R_p$），即引发剂很快定量地转变成活性中心，并同步发生链增长。活性中心浓度在整个聚合过程保持恒定，且一般与引发剂浓度相等。因此，各种活性聚合体系可以用相对统一和简单的动力学方程加以描述，聚合速率与单体浓度呈一级动力学关系，表示如下：

$$R_p \equiv -d[M]/dt = k_p[M^*][M] = k_p[I]_0[M]$$

将上式积分后可得 $\ln([M]_0/[M]) = k_p[I]_0 t$，即 $\ln([M]_0/[M])$ 与反应时间 t 呈线性关系。反过来，若用 $\ln([M]_0/[M])$ 对 t 作图得到一条直线，说明该聚合体系的链增长活性中心浓度为一常数，即不存在链终止、链转移反应，这也可以作为一动力学特征来判断聚合反应是否是活性聚合。

7

7.2 活性阴离子聚合

7.2.1 活性阴离子聚合的特点

阴离子聚合，尤其是非极性单体如苯乙烯、丁二烯等的聚合，若聚合体系很干净的话，本身是没有链转移和链终止反应的，即是活性聚合。阴离子聚合不容易发生链转移和链终止的原因已在前离子聚合一章讨论过（参见4.3.2.3节）。相对于其他链式聚合，阴离子聚合是比较容易实现活性聚合的，这也是为什么首例活性聚合是在阴离子聚合中发现的原因。

但是对于丙烯酸酯、甲基乙烯酮、丙烯腈等极性单体的阴离子聚合，情况要复杂一些。这些单体中的极性取代基（酯基、酮基、氰基）容易与聚合体系中的亲核性物质如引发剂或增长链阴离子等发生副反应而导致链终止。以甲基丙烯酸甲酯的阴离子聚合为例，已观察到以下几种亲核取代副反应[2]：

$$H_2C{=}C(CH_3){-}C(=O){-}OCH_3 + R^- Li^+ \longrightarrow H_2C{=}C(CH_3){-}C(OLi)(R){-}OCH_3 \longrightarrow H_2C{=}C(CH_3){-}C(=O){-}R + CH_3O^- Li^+ \quad (7\text{-}1)$$

$$\sim\!\!\sim CH_2{-}C^-(CH_3)(COOCH_3)\ Li^+ + H_2C{=}C(CH_3)(COOCH_3) \longrightarrow \sim\!\!\sim CH_2{-}C(CH_3)(COOCH_3){-}C(=O){-}C(CH_3){=}CH_2 + CH_3O^- Li^+ \quad (7\text{-}2)$$

$$\text{(环化反应：链端阴离子进攻倒数第三单元的酯羰基，生成六元环酮)} + CH_3O^- \quad (7\text{-}3)$$

由此可见，引发剂既可以进攻单体的双键进行链引发，也可与甲基丙烯酸甲酯的羰基发生亲核加成生成活性较低的异丙烯基烷基酮单体［见式(7-1)］，其结果使引发效率和聚合速率下降，并且得到的是共聚物。同时，增长链阴离子活性中心除与单体进行链增长反应以外，也可以与单体［式(7-2)］或通过分子内“反咬”［式(7-3)］发生亲核取代副反应而使活性链失活，并生成结构复杂的低聚物。因此，与非极性单体相比，极性单体难以实现活性阴离子聚合。

7.2.2 极性单体的活性阴离子聚合

为了实现极性单体的活性阴离子聚合，必须使活性中心稳定化而清除以上介绍的副反应，主要途径有以下两种[3]。

7.2.2.1 使用立体阻碍较大的引发剂

1,1-二苯基己基锂、三苯基甲基锂等引发剂，立体阻碍大、反应活性较低，用它们引发甲基丙烯酸甲酯阴离子聚合时，可以避免引发剂与单体中羰基的亲核加成这一用一般的烷基锂（如丁基锂）引发极性单体聚合时的主要副反应［见式(7-1)］。同时选择较低的聚合温度（如−78℃），还可完全避免活性端基“反咬”成环而失活的副反应［式(7-3)］，在上述条件下甲基丙烯酸甲酯反应具备活性聚合的全部特征[4-6]。

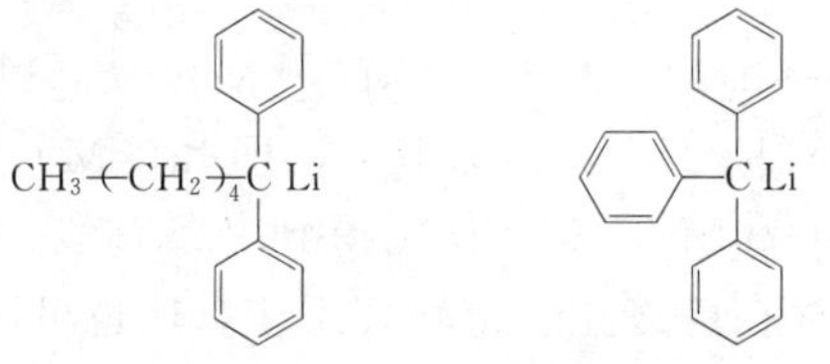

$CH_3\text{-}(CH_2)_4\text{-}C\ Li$　　　$C\ Li$

1,1-二苯基己基锂　　　三苯基甲基锂

7.2.2.2 在体系中添加配体化合物

将一些配体化合物如金属烷氧化合物（LiOR）、无机盐（LiCl）、烷基铝（R_3Al）以及冠醚等，添加到（甲基）丙烯酸酯类单体的阴离子聚合体系中，可使引发活性中心和链增长活性中心稳定化，抑制了链引发和链增长过程中各种副反应的发生，实现活性聚合[7,8]。这种在配体化合物存在下的阴离子活性聚合被称为配体化阴离子聚合（ligated anionic polymerization），它是目前实现极性单体阴离子活性聚合的最有力手段，与上一途径相比，单体适用范围更广。

配合物的作用机理被认为是它可以与引发活性种、链增长活性种（包括阴离子和金属反离子）络合，形成单一而稳定的活性中心，同时这种络合作用增大了活性链末端的空间位阻，可减少或避免活性链的反咬失活等副反应的发生。

7.3 活性阳离子聚合

在1956年Szwarc开发出活性阴离子聚合后，人们就开始向往实现同是离子聚合机理的活性阳离子聚合。但大量实验事实表明，阳离子聚合不像阴离子聚合那样容易控制。探索研究虽然一直在进行，但长期以来成效不大，因此人们甚至对开发活性阳离子聚合失去了信心，并形成了阳离子聚合重现性差、难以控制、不可能实现活性聚合的观念。直到1985年，Higashimura首先报道了乙烯基醚的活性阳离子聚合[9]，紧跟其后又由Kennedy发现了异丁烯的活性阳离子聚合[10]，才打破了人们长期以来形成的以上传统观念，开辟了阳离子聚合研究的崭新篇章[11,12]。

7.3.1 活性阳离子聚合原理

在乙烯基单体的阳离子聚合中，链增长活性中心碳正离子稳定性极差，特别是β-位上质子酸性较强，易被单体或反离子夺取而发生链转移［见式(7-4)］，碳正离子活性中心这一固有的副反应被认为是实现活性阳离子聚合的主要障碍。

$$\sim\!\!\sim C(H)(H)^{\beta}-\overset{+}{C}(R)\text{---}\overset{-}{B}\begin{cases}\xrightarrow[\text{向单体链转移}]{H_2C=CHR}\sim\!\!\sim CH=CH(R)+H_3C-\overset{+}{C}(R)\text{---}\overset{-}{B}\\ \xrightarrow[\text{向反离子链转移}]{}\sim\!\!\sim CH=CH(R)+\overset{+}{H}\,\overset{-}{B}\end{cases}\tag{7-4}$$

因此要实现活性阳离子聚合，除保证聚合体系非常干净、不含有水等能导致不可逆链终止的亲核杂质之外，最关键的是设法使本身不稳定的增长链碳正离子稳定化，抑制β-质子的转移反应。如离子聚合一章所叙，在离子型聚合体系中，往往存在多种活性中心，通常是共价键、离子对和自由离子，它们处于动态平衡之中，示意如下：

$$\underset{\text{共价键}}{\sim\!\!\sim C-X}\rightleftharpoons\underset{\text{离子对}}{\sim\!\!\sim\overset{\delta^+}{C}\text{---}\overset{\delta^-}{X}}\rightleftharpoons\underset{\text{自由离子}}{\sim\!\!\sim C^++X^-}$$

其中，共价键活性种无链增长反应活性，而离子对和自由离子具有链增长反应活性。自由离子的活性虽高但不稳定，在具有较高的链增长反应速率的同时，链转移速率也较快，相应的聚合过程是不可控的，为非活性聚合。而离子对的活性决定于碳正离子和反离子之间相互作用力的大小：相互作用力越大，二者结合越牢固，活性越小但稳定性越大；相反，相互作用越小，活性越大但稳定性越小。当碳正离子与反离子的相互作用适中时，离子对的反应性与稳定性这对矛盾达到统一，便可使增长活性种有足够的稳定性，避免副反应的发生，同时又保留一定的活性（或正电性），能与单体顺利加成进行链增长，这便是实现活性阳离子聚合的基本原理。根据这一基本原理，可采取三条途径实现活性阳离子聚合，现以烷基乙烯基醚的活性阳离子聚合为例加以阐述。

7.3.1.1 设计引发体系以获得适当亲核性的反离子

碳正离子和反离子间的相互作用力与反离子的亲核性密切相关，一般是随反离子亲核性的增强而增大。而反离子来自引发剂，因此可通过设计引发体系，引入亲核性适当的反离子，使得碳正离子和反离子之间相互作用力大小适中。Higashimura 等用 HI/I_2 引发体系，在非极性溶剂、$-15℃$下进行烷基乙烯基醚阳离子聚合，它具有前述典型活性聚合的全部特征，首次实现了活性阳离子聚合。其反应机理可表示如下：

$$H_2C=\underset{OR}{CH}\xrightarrow{HI}\underset{(a)}{H_3C-\underset{OR}{CH}-I}\xrightarrow{I_2}\underset{(b)}{H_3C-\overset{\delta^+}{\underset{OR}{CH}}\text{---}\overset{\delta^-}{I}\text{---}I_2}\xrightarrow{H_2C=CHOR}\underset{\text{(活性聚合物)}}{H\!\left(CH_2-\underset{OR}{CH}\right)_{\!n}CH_2-\overset{\delta^+}{\underset{OR}{CH}}\text{---}\overset{\delta^-}{I}\text{---}I_2}$$

首先 HI 与单体发生加成反应，定量生成加成物（a），但不发生聚合反应。当加入 Lewis 酸 I_2 后，加成物分子中的 C—I 共价键被活化而形成带有部分正电荷的碳正离子（b），它引发单体聚合，直至单体消耗完毕，活性仍然保持，即得到活性聚合物。这里，由引发体系产生的反离子$\overset{\delta^-}{I}\text{---}I_2$具有适当的亲核性，能使碳正离子稳定化并同时又具有一定的链增长活性，从而实现活性聚合。

实验结果表明，聚合产物的分子数等于 HI 的起始分子数，与 I_2 起始分子数无关，但随 I_2 的浓度增大，聚合速率加快。因此在以上聚合反应中，HI 为引发剂，I_2 为活化剂（或共引发剂）。不过从以上反应式可知，真正的引发剂应是乙烯基醚单体与 HI 原位加成的产物（a）。实际上，也可以预先合成单体-HI 加成物作为引发剂使用。

根据上式所示反应机理，HI 应该可以用其他一些质子酸代替，如 HCl、RCOOH、RSO_3H 等，而 I_2 也可以用其他一些弱 Lewis 酸代替，如 ZnI_2、$ZnCl_2$、$ZnBr_2$、$SnCl_2$ 等。

实验事实正是如此，用以上质子酸（或事先合成它与单体的加成物）/Lewis 酸组成的引发体系，同样可实现乙烯基醚的活性阳离子聚合，这些引发体系的作用与 HI/I_2 相似，都可形成亲核性适中的反离子。

7.3.1.2 添加 Lewis 碱稳定碳正离子

在上述乙烯基醚活性聚合体系中，若用较强的 Lewis 酸如 $SnCl_4$、$TiCl_4$、$EtAlCl_2$ 等代替 I_2 或 ZnX_2 等，聚合反应加快，瞬间完成，但产物分子量分布很宽，表明聚合是不可控的，即为非活性聚合。这是由于 $SnCl_4$、$TiCl_4$ 等 Lewis 酸酸性太强，在它们的活化下所形成的反离子亲核性太小，与碳正离子作用力太弱。由于碳正离子远离反离子，甚至解离成自由离子，因此不稳定，在链增长反应的同时还易发生链转移反应。此时若在体系中添加适量的醚（如 THF、二氧六环）、酯（如乙酸乙酯、苯甲酸乙酯）等弱 Lewis 碱亲核性物质后，聚合反应变缓，但产物分子量分布变窄，显示典型活性聚合特征。在这里，Lewis 碱的作用机理被认为是对碳正离子的亲核稳定化，可示意如下：

$$H_2C{=}CH(OR) \xrightarrow{HCl} H_3C{-}CH(OR){-}Cl \xrightarrow{SnCl_4} H_3C{-}\overset{+}{C}H(OR)\ \overset{-}{Cl}\cdots SnCl_4$$

引发剂

$$\xrightarrow{H_2C=CHOR} \sim\sim CH_2{-}\overset{+}{C}H(OR)\ \overset{-}{Cl}\cdots SnCl_4 \longrightarrow \beta\text{-H链转移(非活性聚合)}$$

$$\xrightarrow[\text{>O: (Lewis碱)}]{H_2C=CHOR} \sim\sim CH_2{-}\overset{\delta^+}{C}H(OR)\cdots O\!<\cdots \overset{\delta^-}{Cl}\cdots SnCl_4 \not\longrightarrow \beta\text{-H链转移};\ \longrightarrow \text{活性聚合}$$

7.3.1.3 添加同离子盐稳定碳正离子

如上所述，强 Lewis 酸作活化剂时不能实现活性聚合，原因是在 Lewis 酸作用下碳正离子与反离子解离而不稳定，易发生 β-质子链转移等副反应。但若向体系中加入一些季铵盐或季鏻盐，如 nBu_4NCl、nBu_4PCl 等，由于阴离子浓度增大而产生同离子效应，抑制了离子对解离，使碳阳离子稳定化而实现活性聚合，如下图所示：

$$\sim\sim CH_2{-}\overset{+}{C}H(OR)\overset{-}{Cl}\cdots SnCl_4 \xrightarrow[\text{添加盐}]{n\text{-}Bu_4N^+Cl^-} \sim\sim CH_2{-}\overset{\delta^+}{C}H(OR)\cdots\overset{\delta^-}{Cl}\cdots SnCl_4$$

解离(非活性聚合) 非解离(活性聚合)

以上以乙烯基醚单体为例介绍了实现活性阳离子聚合的三种途径[13]，代表性的实验结果如图 7-2 所示。

7.3.2 单体结构对活性阳离子聚合的影响

碳正离子与反离子间相互作用的大小，不仅取决于反离子的亲核性，同时也与碳正离子的亲电性有关，而碳正离子的亲电性是由形成碳正离子的单体结构本身所决定的，因此单体结构不同，能使其进行活性阳离子聚合的引发体系也就不同。

目前为止，除乙烯基醚单体以外，其他大多数阳离子聚合单体如异丁烯、苯乙烯（包括苯乙烯衍生物，如 α-甲基苯乙烯、对甲氧基苯乙烯、对烷基苯乙烯等）、β-蒎烯、乙烯基咔唑等的活性聚合都已开发成功，所用引发剂基本上都是由质子酸-单体加成物和 Lewis 酸组成的二元体系，其中质子酸（HX 或有机酸）-单体加成物作为引发剂，在 Lewis 酸活化剂作用下产生碳正离子引发聚合。不同单体的活性阳离子聚合的实现，关键是要选择与单体性质相匹配的引发剂和 Lewis 酸活化剂。

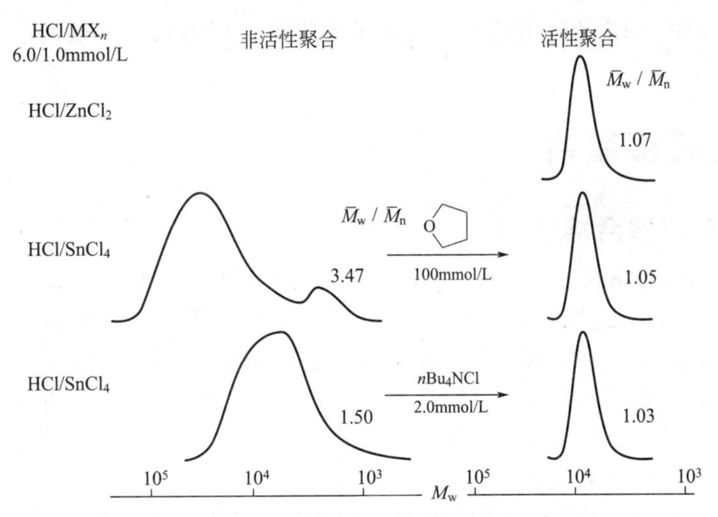

图 7-2 HCl/MX$_n$引发异丁基乙烯基醚（IBVE）的聚合结果

{$[IBVE]_0=0.5mol/L$，转化率≈100%}

首先，为了保证所有的链增长活性中心同时形成、同步增长以获得窄分子量分布的聚合物，必须要求引发速率大于链增长速率。为此所选择的引发剂要能在 Lewis 酸活化下，产生与增长链碳正离子结构相似的引发活性中心，以获得高的引发效率。最常用的方法就是使用相应聚合的单体与质子酸的加成物作引发剂，如对于乙烯基醚的活性聚合，可采用乙烯基醚-HCl 加成物为引发剂；而苯乙烯、异丁烯的活性阳离子聚合，则可分别采用苯乙烯-HCl 加成物（α-氯代乙苯）和异丁烯-乙酸加成物（乙酸叔丁酯）作引发剂。

Lewis 酸活化剂的选择也与单体的种类密切相关，Lewis 酸酸性要与单体的聚合活性相适应，太弱起不到活化作用，太强则易使反离子远离碳正离子而失去稳定化的作用。单体的活性越强，活化剂的 Lewis 酸性要求就越弱，反之亦然。例如在进行乙烯基醚、甲氧基苯乙烯等活泼单体的活性聚合时，使用较弱的 Lewis 酸活化剂如 I_2、$ZnCl_2$ 等；而对于苯乙烯、异丁烯等不太活泼单体的活性聚合，则要使用较强的 Lewis 酸活化剂如 $SnCl_4$、BF_3 等。

异丁烯的活性阳离子聚合于 1986 年由 Kennedy 首先发现，所用引发体系为乙酸叔丁酯/BCl_3，其过程可表示如下：

$$H_3C-\underset{CH_3}{\overset{CH_3}{C}}-O-\overset{O}{\overset{\|}{C}}-CH_3 \xrightarrow{BCl_3} H_3C-\underset{CH_3}{\overset{CH_3}{C}}\overset{\delta^+}{\cdots}\overset{\delta^-}{O}\cdots\overset{O\cdots BCl_3}{C}-CH_3 \xrightarrow{H_2C=C(CH_3)_2}$$

$$H_3C-\underset{CH_3}{\overset{CH_3}{C}}-CH_2-\underset{CH_3}{\overset{CH_3}{C}}\overset{\delta^+}{\cdots}\overset{\delta^-}{O}\cdots\overset{O\cdots BCl_3}{C}-CH_3 \xrightarrow{H_2C=C(CH_3)_2} H_3C-\underset{CH_3}{\overset{CH_3}{C}}\left(CH_2-\underset{CH_3}{\overset{CH_3}{C}}\right)_n CH_2-\underset{CH_3}{\overset{CH_3}{C}}\overset{\delta^+}{\cdots}\overset{\delta^-}{O}\cdots\overset{O\cdots BCl_3}{C}-CH_3$$

除乙酸叔烷基酯外，叔烷基醚、叔醇均可作引发剂进行活性聚合。但如果用叔烷基氯（R_3CCl）代替上述引发剂，或用更强的 Lewis 酸 $TiCl_4$ 代替 BCl_3 作活化剂，就必须加入 Lewis 碱如 DMF、乙酸乙酯等调节反离子的亲核性使碳正离子稳定化，以实现活性聚合。

第一个近乎完美的苯乙烯活性阳离子聚合是于 1990 年 Higashimura 报道的，如下式所示，是在添加剂 nBu$_4$NCl 存在下，由 α-氯代乙苯/$SnCl_4$ 组成的引发体系下获得的：

$$H_3C-\underset{C_6H_5}{CH}-Cl \xrightarrow[nBu_4NCl]{SnCl_4} \xrightarrow{St} \sim\!\sim CH_2-\underset{C_6H_5}{\overset{\delta^+}{CH}}\cdots\overset{\delta^-}{Cl}\text{---}SnCl_4$$

如前所述，$n\mathrm{Bu_4NCl}$ 的作用是通过同离子效应来抑制增长链末端的离子解离，使碳正离子稳定化。

7.4 基团转移聚合

7.4.1 基团转移聚合特点

基团转移聚合（group transfer polymerization，GTP）是由 Webster 等于 1983 年发现的一种聚合方法[14]。它适用于 α、β 位上带不饱和双键的单体如（甲基）丙烯酸酯、丙烯腈、丙烯酰胺等，其中以（甲基）丙烯酸酯类单体的基团转移聚合最为重要，这是因为它们的聚合速率适中，更重要的是具有活性聚合的全部特征，可以进行分子量调节及聚合物的分子设计。与阴离子活性聚合相比，基团转移聚合可在 20～70℃下进行，这使得（甲基）丙烯酸酯类单体的活性聚合更具有实用价值。

基团转移聚合所用引发剂为结构较特殊的烯酮硅缩醛及其衍生物，以二甲基乙烯酮甲基三甲基硅缩醛（MTS）最为常用，它可通过以下方法合成：

$$\mathrm{(H_3C)_2CH{-}\overset{O}{\overset{\|}{C}}{-}OCH_3 \xrightarrow{i\text{-}Pr_2NLi} (H_3C)_2C{=}\underset{}{\overset{OCH_3}{\overset{|}{C}}}{-}OLi \xrightarrow{(CH_3)_3SiCl} (H_3C)_2C{=}\overset{OCH_3}{\overset{|}{C}}{-}OSi(CH_3)_3}$$

聚合时还需加入亲核性催化剂或 Lewis 酸类催化剂。$[(CH_3)_2N]_3SHF_2$、$(n\text{-}C_4H_9)_4NF$ 等可溶性盐类化合物可提供亲核性阴离子 HF_2^- 和 F^-，是最有效的亲核性催化剂。Lewis 酸催化剂有卤化锌（ZnX_2，X＝Cl、Br、I）和一氯二烷基铝等。从催化效果来看，亲核性催化剂要好于 Lewis 酸，因为前者需要量很小，只相当于引发剂用量的 0.1%；而后者需要量较大，相当于引发剂用量的 10%或更高。

7.4.2 基团转移聚合机理

基团转移聚合与自由基聚合、离子聚合一样，也属链式聚合。以烯酮硅缩醛 MTS 引发甲基丙烯酸甲酯（MMA）为例，链引发反应为：

$$\mathrm{(H_3C)_2C{=}C(OCH_3){-}O{\cdots}Si(CH_3)_3 + H_2C{=}C(CH_3){-}C(OCH_3){=}O \longrightarrow H_3C{-}C(CH_3)(C(OCH_3){=}O){-}CH_2{-}C(CH_3){=}C(OCH_3){-}OSi(CH_3)_3}$$

引发剂分子的 π-电子与单体的双键发生亲核加成（Michael 加成），加成产物的末端具有与引发剂 MTS 类似的烯酮硅缩醛结构，可按上链引发反应的方式不断与单体加成进行链增长：

$$\mathrm{H_3C{-}C(CH_3)(C(OCH_3){=}O){-}CH_2{-}C(CH_3){=}C(OCH_3){-}O{\cdots}Si(CH_3)_3 + H_2C{=}C(CH_3){-}C(OCH_3){=}O \longrightarrow CH_3O{-}\overset{O}{\overset{\|}{C}}{-}C(CH_3)_2{-}CH_2{-}C(CH_3)(COOCH_3){-}CH_2{-}C(CH_3){=}C(OCH_3){-}OSi(CH_3)_3}$$

$$\mathrm{\xrightarrow{MMA} CH_3O{-}\overset{O}{\overset{\|}{C}}{-}C(CH_3)_2{-}\!\left[CH_2{-}C(CH_3)(COOCH_3)\right]_{n}\!{-}CH_2{-}C(CH_3){=}C(OCH_3){-}OSi(CH_3)_3}$$

由于在整个聚合过程中，都伴随着从引发剂或增长链末端向单体转移一个特定基团

(—$SiMe_3$)，形成新的活性末端——烯酮硅缩醛，“基团转移聚合”由此得名。

若聚合体系十分干净，上述基团转移聚合无链转移、链终止反应，且链引发速率大于或等于链增长速率，即是活性聚合。所得产物分子量分布很窄（$M_w/M_n=1.03\sim1.2$），分子量与单体转化率成正比，且聚合度可以由单体（MMA）和引发剂（MTS）两者摩尔比来控制。与其他活性聚合一样，可以人为加入终止剂来进行活性链链终止，以甲醇为终止剂时发生如下反应：

$$\sim\!CH_2-C(CH_3)(COOCH_3)-CH_2-C(CH_3)=C(OSi(CH_3)_3)(OCH_3)+CH_3OH \longrightarrow \sim\!CH_2-C(CH_3)(COOCH_3)-CH_2-C(CH_3)(COOCH_3)-H+Si(CH_3)_3OCH_3$$

至于亲核性催化剂和 Lewis 酸催化剂在基团转移聚合中的作用机理尚不十分清楚。亲核性催化剂的作用机理一般认为是催化剂的阴离子与引发剂中的硅原子配位而使引发剂活化。Lewis 酸催化剂的作用机理则是通过 Lewis 酸与单体中的羰基配位而使单体中的双键正电性增大，结果使单体活化，有利于受引发剂亲核进攻。

另一类基团转移聚合，称为羟醛基团转移聚合（Aldol-GTP）[15]，其典型的代表是以苯甲醛作引发剂，在 $ZnBr_2$ 催化剂存在下三烷硅基乙烯基醚的聚合：

$$C_6H_5-CH=O+CH_2=CH-O-SiR_3 \longrightarrow C_6H_5-CH(OSiR_3)-CH_2-CH=O \xrightarrow{H_2C=CH-OSiR_3}$$

$$C_6H_5-CH(OSiR_3)\!-\!(CH_2-CH(OSiR_3))_n\!-\!CH_2-CH=O \xrightarrow{H_2O} C_6H_5-CH(OH)\!-\!(CH_2-CH(OH))_n\!-\!CH_2-CH=O$$

上述反应可在室温下进行，并具有活性聚合的特征。将该聚合物水解便可得到分子量大小可控、窄分子量分布的聚乙烯醇。虽然 Lewis 酸（如 $ZnBr_2$）也可直接引发硅基乙烯基醚单体的阳离子聚合，但需在低温下进行，且分子量是不可控的，为非活性聚合。

7.5　活性/可控自由基聚合

7.5.1　实现活性/可控自由基聚合的策略

自由基聚合的链增长活性中心为自由基，具有强烈的双基终止即偶合或歧化终止倾向。此外，经典的自由基聚合引发剂分解速率低，引发速率较链增长速率要慢得多。因此，传统的自由基聚合是不可控的。

从自由基聚合反应动力学可知，链增长反应和链终止反应对增长链自由基的浓度而言分别是一级反应和二级反应，它们的速率方程分别为：

$$R_p=k_p[P\cdot][M]$$

$$R_t=k_t[P\cdot]^2$$

由此可见，相对于链增长反应，链终止反应速率对链自由基浓度［P·］的依赖性更大，降低链自由基浓度，链增长速率和链终止速率都下降，但后者更为明显。若能使链自由基浓度降低至某一程度，既可维持可观的链增长速率（即聚合速率），又可使链终止速率减少到相对于链增长速率而言可以忽略不计，这样便消除了自由基可控聚合的主要症结——双基终止，使自由基聚合反应从不可控变为可控[16]。

根据自由基聚合动力学参数估算，当链自由基浓度在 10^{-8} mol/L 左右时，聚合速率仍然相当可观，而 R_t/R_p 约为 $10^{-4}\sim10^{-3}$，即 R_t 相对于 R_p 实际上可忽略不计。那么，接下来的问题是如何在聚合过程中保持如此低的自由基浓度。高分子化学家在先前离子型活性聚合研究成果的启发下提出以下策略：通过可逆的链终止或链转移，使活性种（具有链增长活性）和休眠种（暂时失活的活性种）进行快速可逆转换，成功地解决了这一问题。其原理可用下式表示：

$$\underset{\text{活性种}}{\overset{k_p,\ +M}{M_n^{\cdot}}} + X \rightleftharpoons \underset{\text{休眠种}}{M_n—X}$$

即在聚合体系中引入一种特殊的化合物 X，它与活性种链自由基进行可逆的链终止或链转移反应，使其失活变成无增长活性的休眠种，而此休眠种在实验条件下又可分裂成链自由基活性种，这样便建立了活性种与休眠种的快速动态平衡。这种快速的平衡反应不但使体系中自由基浓度控制得很低而抑制双基终止，而且还可以控制聚合产物的分子量和分子量分布，实现活性/可控自由基聚合。不过这还不是真正意义上的活性聚合，为了以示区别，把这种宏观上显示活性聚合特征的聚合称为活性/可控自由基聚合。

按照以上思路，自 20 世纪 90 年代以来已开发出三种可控/活性自由基聚合体系：氮氧自由基存在下的自由基聚合、原子转移自由基聚合以及可逆加成-断裂链转移自由基聚合。与离子聚合相比，自由基聚合具有可聚合的单体种类多、反应条件温和、可以以水为介质等优点，容易实现工业化生产。因此，活性/可控自由基聚合的开发研究更具有实际应用意义，一直受到高分子化学界的关注。

7.5.2 氮氧自由基（TEMPO）存在下的自由基聚合

氮氧自由基，如 2,2,6,6-四甲基-1-哌啶氮氧自由基（TEMPO）是一种稳定的自由基，在有机化学或高分子化学中常作为自由基捕捉剂使用。1993 年加拿大 Xerox 公司 Georges 等发现[17]，在 123℃、BPO/TEMPO 引发下的苯乙烯本体聚合具有活性聚合的特征：聚合产物分子量随单体转化率而线性增加，且分子量分布较窄（$M_w/M_n \approx 1.27$）。

TEMPO 是稳定的自由基（由于其空间位阻），它虽不能引发单体聚合，但可快速地与增长链自由基（也包括由 BPO 分解的初级自由基）发生偶合终止生成休眠种。但在高温（>100℃）下，休眠种又可分解生成链自由基，即复活成活性种。这样，通过 TEMPO 的可逆链终止作用，活性种与休眠种之间建立了一快速动态平衡，从而实现活性/可控自由基聚合：

$$\text{BPO} \longrightarrow R^{\cdot} \xrightarrow{M} \underset{\text{活性种}}{R—M_n^{\cdot}}\ (+M,\ k_p) + \underset{\text{TEMPO}}{{}^{\cdot}O—N(C(CH_3)_2)_2(CH_2)_3} \rightleftharpoons \underset{\text{休眠种}}{R—M_n—O—N(C(CH_3)_2)_2(CH_2)_3}$$

大量研究表明，TEMPO 体系目前只适合苯乙烯及其衍生物的活性/可控自由基聚合，因此通过这一体系进行高分子材料分子设计的范围受限。此外 TEMPO 价格昂贵，工业化前景暗淡。但 TEMPO 体系毕竟是首例活性自由基聚合，具有重要的学术意义。

7.5.3 原子转移自由基聚合

7.5.3.1 基本原理

1995 年，Matyjaszwski 和王锦山等报道了一种新的活性/可控自由基聚合方法，即原子转移自由基聚合（atom transfer radical polymerization，ATRP）[18]。他们以有机卤化物 R—X（如 α-氯代乙苯）为引发剂，低价过渡金属卤化物（如氯化亚铜）/2,2′-联二吡啶（bpy）为催化剂，在 110℃下实现了苯乙烯活性/可控自由基聚合。催化剂中 bpy 的作用是与氯化亚铜络合，并增加其在有机相中的溶解性。现以该体系为例，阐述 ATRP 的基本原理：

$$
\begin{array}{l}
R—Cl + CuCl(bpy) \rightleftharpoons R^{\cdot} + CuCl_2(bpy) \\
\quad\quad\quad\quad\quad\quad\quad\quad \downarrow M \\
\quad\quad\quad\quad\quad\quad R—M_n^{\cdot} + CuCl_2(bpy) \rightleftharpoons R—M_n—Cl + CuCl(bpy) \\
\quad\quad\quad\quad\quad\quad (+M, k_p)
\end{array}
$$

活性种　　　　　　　　休眠种

如上式所示，低氧化态金属卤化物 CuCl 催化剂（活化剂）从引发剂 R—Cl 中夺取 Cl 原子（实际上是 Cl·），生成自由基 R·及高氧化态金属卤化物 $CuCl_2$。R·引发单体聚合形成增长链自由基 R—M_n·（活性种），链自由基又可以从 $CuCl_2$ 中获得 Cl 原子而被终止，形成暂时失活的大分子氯化物 R—M_n—Cl（休眠种），但该终止反应是可逆的，R—M_n—Cl 也像引发剂 R—Cl 一样，可被 CuCl 夺取 Cl 原子而活化，重新形成 R—M_n·活性种。由此可见，通过 Cl 原子从氯化物到 CuCl、再从 $CuCl_2$ 至自由基这样一个反复循环的原子转移过程（其动力为过渡金属 Cu 的可逆氧化-还原反应），在活性种（自由基）与休眠种（大分子氯化物）之间建立了可逆动态平衡，降低了体系中的自由基浓度，从而抑制了双基终止副反应，实现了对聚合反应的控制。

在 ATRP 中，产物分子量可由卤代烷（R—X）引发剂的用量控制，它们之间的关系为：

$$\overline{X}_n = \frac{[M]_0}{[R-X]_0} \times \text{单体转化率}$$

7.5.3.2 ATRP 体系中各组分的影响

典型 ATRP 体系组分包括单体、引发剂、金属催化剂以及配体等。除了苯乙烯以外，其他单体如（甲基）丙烯酸酯类、丙烯腈、丙烯酰胺等都可以通过 ATRP 技术实现活性/可控自由基聚合，可见与 TEMPO 体系相比，ATRP 具有较宽的单体选择范围，因此倍受关注。

作为 ATRP 的引发剂，一般是一些 α-位上含有苯基、羰基、氰基等基团的卤代烷，如 α-卤代乙苯、α-卤代丙酸乙酯、α-卤代乙腈等。卤化物中，溴化物的活性大于氯化物，碘化物虽然活性最高但易在光照下发生副反应而不常用，氟化物无引发活性。除卤代烷以外，芳基磺酰氯（$C_6H_5SO_2Cl$）也可用于 ATRP 的引发剂，而且由于 S—Cl 键的解离能低，引发效率更高。引发剂选择时必须注意其活性与单体活性的匹配性，一般的原则是选择能产生与增长链自由基结构相似自由基的卤代烷，例如，α-氯代乙苯、α-溴代丙酸乙酯和 α-氯代丙腈可分别用于苯乙烯、丙烯酸酯和丙烯腈的聚合。

ATRP 以有机卤化物为引发剂，金属催化剂为卤原子载体，通过可逆氧化还原反应，在活性种与休眠种之间建立可逆动态平衡。因此作为金属催化剂必须有可变的价态，一般为过渡金属盐如最常用的 CuCl 和 CuBr。其他金属 Ru、Fe 等的化合物，如 $RuCl_2$、$FeCl_2$ 等也成功用于 ATRP。

配体在 ATRP 体系中的作用一方面是增加催化剂过渡金属盐在有机相中的溶解性，另一方面它与过渡金属配位后对其氧化还原电位产生影响，从而可用来调节催化剂的活性。对于 Cu 系催化体系，用得最多的配体是 2,2′-联二吡啶，若在联二吡啶杂环上引入长脂肪链取代基后，如 4,4-二正庚基-2,2′-联二吡啶，聚合体系由原来的联二吡啶的非均相变为均相，相应地引发效率提高，产物分子量分布进一步变窄。其他便宜易得的多齿直链烷基胺类化合物如四甲基乙二胺等也有类似的功效。对于 Ru、Fe 系催化剂，最常用的配体是三苯基膦。

7.5.3.3 反向 ATRP

在以上介绍的 ATRP 中，以卤代烷 R—X 为引发剂，低价态过渡金属盐（如 CuX）为催化剂。而所谓的反向 ATRP，则使用传统的自由基引发剂（如 AIBN、BPO）为引发剂，并加入高价态过渡金属盐（如 CuX_2）以建立活性种和休眠种的可逆平衡，实现对聚合的控制，其原理可表示如下：

$$I \longrightarrow R^{\cdot} \xrightarrow{M} R-M_n^{\cdot}$$

$$\underset{\text{活性种}}{R-M_n^{\cdot}} + CuCl_2 \rightleftharpoons \underset{\text{休眠种}}{R-M_n-Cl} + CuCl$$

（活性种 $R-M_n^{\cdot}$ 经 $+M$，k_p 增长）

反向 ATRP 也是由 Matyjaszewski 和王锦山等首先报道的，他们应用 $AIBN/CuCl_2/bpy$ 成功实现了苯乙烯的活性/可控自由基聚合[19]。之后 Teyssie 等将其发展为 $AIBN/FeCl_3/PPh_3$（三苯基膦）体系，成功地实现了甲基丙烯酸甲酯的活性/可控聚合。

7.5.4 可逆加成-断裂链转移可控自由基聚合

继 TEMPO 和 ATRP 之后，1998 年 Rizzardo 等报道了另一种可控/活性自由基聚合体系，即可逆加成-断裂链转移（reversible addition-fragmentation transfer，RAFT）自由基聚合[20,21]。它是在 AIBN、BPO 等引发的传统自由基聚合体系中，加入链转移常数很大的链转移剂后，聚合反应由不可控变为可控，显示活性聚合特征。RAFT 聚合成功实现可控/活性自由基聚合的关键是找到了具有高链转移常数和特定结构的链转移剂双硫酯（称 RAFT 试剂），其化学结构如下：

$$Z-C(=S)-S-R$$

Z=Ph、CH_2Ph、CH_3等
R=$C(CH_3)_2Ph$、$CH(CH_3)Ph$、CH_2Ph、$C(CH_3)_2CN$等

其中，Z 是能够活化 C═S 键对自由基加成的基团，通常为芳基、烷基；而 R 是活泼的自由基离去基团，断键后生成的自由基 R· 应具有再引发聚合活性，通常为枯基、α-苯乙基、异丁腈基等。常作为 RAFT 试剂的双硫酯如：

Z=Ph、R=$C(CH_3)_2Ph$　　Z=Ph、R=$CH(CH_3)Ph$　　Z=Ph、R=$C(CH_3)_2CN$

RAFT 自由基聚合的机理可表示如下：

$$I \longrightarrow R^{\cdot} \xrightarrow{M} P_n^{\cdot}$$

$$P_n^{\cdot} + S{=}C(Z)-S-R \underset{\text{断裂}}{\overset{\text{加成}}{\rightleftharpoons}} P_n-S-\dot{C}(Z)-S-R \underset{\text{加成}}{\overset{\text{断裂}}{\rightleftharpoons}} P_n-S-C(=S)-Z + R^{\cdot}$$

$$R^{\cdot} \xrightarrow{M} P_m^{\cdot}$$

$$P_m^{\cdot}(+M) + S{=}C(Z)-S-P_n \rightleftharpoons P_m-S-\dot{C}(Z)-S-P_n \rightleftharpoons P_m-S-C(=S)-Z + P_n^{\cdot}(+M)$$

由此可见，引发剂（I）分解成初级自由基引发单体聚合生成链自由基 $P_n^{\cdot}$，它与双硫酯 RAFT 试剂加成形成一种稳定的自由基中间体（无聚合活性），该自由基中间体又可逆地断裂出一新的自由基 R· 和大分子双硫酯 S═C(Z)S－P_n。R· 继续引发单体聚合形成链自由基 $P_m^{\cdot}$，而生成的大分子双硫酯与初始的 RAFT 试剂（小分子双硫酯）结构相似，因而具有相同的链转移特性，可以充当新一轮可逆加成-断裂链转移过程的链转移剂。经过足够的时间反应及平衡（链平衡）后，P_m 和 P_n 的分子量趋于相等，因此可得到分子量分散性小的聚合物。

在传统自由基聚合中，链转移反应不可逆，导致链自由基永远失活变成“死”的大分子。与此相反，在 RAFT 自由基聚合中，活性种（链自由基）向 RAFT 试剂的链转移是一

个可逆的过程，链自由基暂时失活变成休眠种（大分子双硫酯 RAFT 试剂）。休眠种和活性种之间快速转移，实现了活性种和休眠种之间的动态链平衡，使聚合体系的活性链自由基保持很低的平衡浓度，最大程度上减少了不可逆链终止等副反应，实现对自由基聚合的控制。

由于加成-断裂过程是链式反应，可以自我重复，理论上只要少量的自由基源（相对于 RAFT 试剂）就足够“启动”加成-断裂反应并进行下去。所以一个理想的 RAFT 聚合反应可以看成是在少量自由基激活下，单体不断从 C—S 键处插入 RAFT 试剂并最终得到“活性”聚合物链的过程：

$$\text{单体(M)} + Z-C(=S)-S-R \xrightarrow{\text{自由基源}} Z-C(=S)-S-P_n-R$$

因此，聚合产物分子量由单体和初始 RAFT 试剂的用量控制：

$$\overline{X}_n = \frac{[M]_0}{[RAFT]_0} \times \text{单体转化率}$$

RAFT 聚合仅通过在一般自由基聚合基础上，加入一种特殊的链转移剂而区别于传统的自由基聚合，因此在反应条件和聚合实施工艺上 RAFT 最接近传统的自由基聚合，具有更广泛的单体适用范围，不仅适合于苯乙烯、(甲基）丙烯酸酯、丙烯腈等常见单体，还适合于丙烯酸、丙烯酰胺、苯乙烯磺酸钠等功能性单体。同时 RAFT 聚合条件温和，不受聚合方法限制（可采用本体聚合、溶液聚合、悬浮聚合和乳液聚合等聚合工艺)，且产物不会像 ATRP 体系一样留下金属催化剂污染，被认为是最具工业化前景的可控自由基聚合之一。

7.6　活性配位聚合

烯烃配位聚合时，容易发生 β-氢消除链转移反应：

$$M_t-CH_2\underset{\displaystyle R}{\underset{|}{C}}H\sim\sim \longrightarrow M_t-H + H_2C=\underset{\displaystyle R}{\underset{|}{C}}\sim\sim$$

上述 β-氢消除链转移是大多数烯烃单体难于实现配位活性聚合的最主要原因。目前为止，成功进行活性配位聚合的例子不多[22,23]，最具影响力的研究工作是由 Fujita 等报道的，他们用含氟水杨醛亚胺钛/MAO 均相引发体系，成功实现了乙烯和丙烯的活性聚合，并合成出了乙烯-丙烯嵌段共聚物。以乙烯聚合为例：

F F F F F TiCl₂ 2 t-Bu —MAO→ Ti⁺ CH₃ 2 t-Bu —$H_2C=CH_2$ 配位、插入→ Ti⁺ F···H CH CH₃ CH₂ 2 t-Bu

含氟水杨醛亚胺钛配合物在 MAO 的作用下，生成 Ti 正离子引发活性中心，乙烯单体在 Ti 正离子活性中心上配位、插入，进行链增长。增长链末端的 β-H 与配体邻位上取代的 F 原子之间的距离很短，处于非成键相互吸引范围，F—H 之间的相互作用，有效地阻止了 β-H 消除链转移，从而实现了乙烯的活性聚合。使用邻位上无氟取代的水杨醛亚胺钛配合物时，聚合不表现出活性聚合特征，说明邻位取代氟是活性聚合所必需的。

7.7　链式缩聚反应

本书前几章所讨论的链式聚合都是乙烯基单体的链式聚合反应，是通过单体双键与聚合活性中心之间的加成反应实现链增长。而链式缩聚反应则是通过单体所含功能基与聚合活性中心之间的缩合反应实现链增长，其聚合活性中心为单体所带的功能基。通常功能基的稳定性比自由基和离子活性中心高得多，不容易发生失活反应，因此可在适当条件下获得活性聚合。

在2.2.4节中提到，对于AA+BB体系，若其中某单体的一个功能基反应后，另一个功能基变得更加活泼时，即使该单体大量过量也不影响获得高分子量聚合产物。对于AB型单体，若其中A功能基反应后，B功能基变得更加活泼，甚至比单体所含B功能基活泼得多，在此情形下，单体总是优先与聚合中间产物的末端B功能基反应，极端条件下甚至可使聚合反应由逐步聚合反应转化为链式聚合反应。如当单体所含的A、B功能基活性很低，在反应条件下相互之间不能发生聚合反应，但是在聚合体系中加入某种含高活性B功能基的化合物与单体的A功能基反应后，可活化其未反应的B功能基，使聚合中间产物中的B功能基能与单体中的A功能基反应，并进而活化该单体的B功能基，如此反复进行聚合反应。在此情形下，单体与单体之间不能进行聚合反应，加入的含高活性B功能基的化合物相当于引发剂，引入聚合反应活性中心即活化的B功能基，单体通过其A功能基与聚合中间产物活化的B功能基活性中心进行反应生成新的聚合反应活性中心，如此反复进行聚合反应，符合链式聚合反应的特征。

链式缩合聚合反应实现活性聚合的关键在于：①必须完全抑制单体之间的逐步聚合反应；②必须抑制聚合中间产物分子之间的反应；③要求增长链的末端功能基必须是稳定的功能基，不会因某些副反应而失活。

链式缩聚反应根据其反应机理大致可分为两大类：①基于功能基电子效应对功能基反应活性影响的链式缩聚反应[24]。②基于金属催化缩聚反应的催化剂转移链式缩聚反应[25-28]。

7.7.1 基于功能基电子效应的链式缩聚反应

基于功能基电子效应的链式缩聚反应的机理可简述如下：对于AB型单体，受A功能基电子效应的影响，B功能基的反应活性很低，为非活性基团，单体分子中的A功能基和B功能基之间不能直接发生反应，但一旦AB单体与外加高活性的B功能基反应后，反应产物的电子效应发生改变，使反应产物中的B功能基活化为活性基团，可以与单体A功能基反应，如此反复进行聚合反应。功能基的电子效应可以是共轭效应，也可以是诱导效应。

(1) 共轭效应 一个典型的共轭效应链式缩聚反应的例子是对烷氨基苯甲酸酯在碱作用下的聚合反应，其反应机理可示意如下：

对烷氨基苯甲酸苯酯单体（A）在碱作用下失去氨基质子后变为含氨基阴离子的阴离子化单体（B），氨基阴离子是强给电子基团，通过共轭电子效应对酯基具有强烈的抑制反应活性的作用，使其酯基反应活性很低，因此阴离子化单体（B）中的酯基和氨基之间不具反应性，不能发生聚合反应；但是若在体系中加入少量高活性的苯甲酸酯，如对硝基苯甲酸苯酯（C），由于强吸电子基团—NO_2 对酯基的强活化作用，其酯基具有高反应活性，可与阴离子化单体的氨基阴离子反应生成酰胺化产物（D），酰胺化产物中的酰化氨基为弱的给电子基团，对酯基的抑活作用较弱，虽然其酯基的反应性不如对硝基苯甲酸酯，但比阴离子化单体中酯基的活性高得多，可与阴离子化单体的氨基阴离子发生酰胺化反应，并且活化后者所带的酯基，如此反复进行聚合反应。

在聚合反应过程中，聚合中间产物分子的一端为活化的酯基，另一端为非反应性功能基，因此聚合中间产物之间不会发生聚合反应。在该聚合体系中，单体之间不能发生聚合反应，加入的对硝基苯甲酸苯酯为引发剂，聚合反应活性中心为活化的酯基。由于在聚合反应条件下不存在使活化酯基失活的副反应，该聚合反应表现出活性聚合的特性，聚合产物的数均分子量与单体转化率成正比，并可通过单体和引发剂的投料比进行精确控制，聚合产物的分子量分布非常窄（分子量高达 22000，$M_w/M_n \leqslant 1.1$）。

(2) 诱导效应 上述例子是利用单体功能基之间的共轭效应对功能基反应活性的影响来实现由逐步聚合反应向链式聚合反应的转换，并获得活性聚合，除此以外，也可利用功能基的诱导效应对功能基反应活性的影响来实现这种转换。以间烷氨基取代苯甲酸酯单体（E）的聚合反应为例，其聚合反应机理可示意如下：

给电子诱导效应
HN–R ... OC_2H_5 —碱→ $\bar{N}$–R ... OC_2H_5 —H_3C–C₆H₄–C(O)–OPh (G)→
(E)　强给电子基团　非活性基团　(F)
H_3C–C₆H₄–C(O)–N(R)–C₆H₄–C(O)–OC_2H_5 —$(n-1)$F→ H_3C–C₆H₄–C(O)–[N(R)–C₆H₄–C(O)]$_n$–OC_2H_5
(H)　活性基团

单体（E）在碱作用发生阴离子化，得到阴离子化单体（F），F 中的氨基阴离子对其间位的酯基具有强的给电子诱导效应，使酯基的活性显著下降，不能与氨基阴离子发生聚合反应，即单体之间不能发生聚合反应，但在体系中加入含高活性酯基的化合物（G），其与氨基阴离子反应生成弱给电子性的酰化氨基，使单体所含的非活性酯基转变为活性酯基，可与阴离子化单体的氨基阴离子发生酰胺化反应，如此反复进行链式聚合反应。在合适条件下同样可获得活性聚合，得到分子量精确可控、分子量分布窄（$M_w/M_n \leqslant 1.1$）的聚合产物。

7.7.2 催化剂转移缩聚反应

如 2.1.2 节所述，过渡金属催化缩聚反应是合成共轭聚合物的重要手段，通常金属催化缩聚反应是以逐步聚合反应的方式进行，但是有些 AB 型单体的金属催化缩聚反应在适当条件下是以链式聚合的方式进行，并且聚合反应呈现活性聚合特征。目前广为接受的反应机理可示意如下[26,27]：

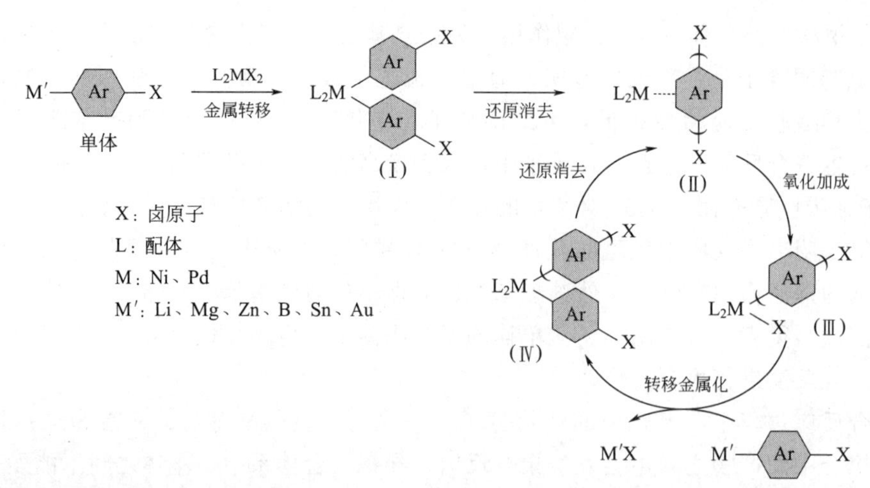

首先金属催化剂与 2eq 的单体反应（如果金属催化剂预先与适当的卤代芳烃反应得到单芳基功能化预催化剂，则与 1eq 单体反应）生成二芳基金属配合物（Ⅰ），然后二芳基金属配合物发生还原消去反应，二芳基偶联生成聚合增长链，同时消去金属催化剂，消去的金属催化剂与增长链形成金属-芳基配合物中间体（Ⅱ）。配合物中间体再发生分子内氧化加成生成末端带—Ar—ML_2X 的活性链（Ⅲ），相当于活化增长链的末端 C—X 键，使之可与单体发生转移金属化反应，脱去 M′X，生成新的二芳基金属配合物（Ⅳ），再还原消去得到聚合度增大的增长链-金属配合物中间体，再发生分子内氧化加成，如此反复进行链增长反应。其链增长反应活性中心为氧化加成生成的末端—Ar—ML_2X。其中从还原消去到氧化加成的反应结果是催化剂从增长链的中部选择性转移到了增长链的末端，因此称为催化剂转移缩聚反应（catalyst-transfer polycondensation，CTP）[28]。催化剂转移缩聚反应能够按照链式聚合机理进行的关键是在还原消去反应后，金属催化剂与增长链之间必须有很强的配位作用，才能够保证选择性发生分子内催化剂转移，使活性中心始终在增长链的末端。

催化剂转移缩聚反应体系中可能存在三类副反应导致聚合反应可控性变差，聚合反应机理变复杂，聚合产物的分子量分布变宽[26]：①如果金属催化剂中金属或配体的电子效应或空间位阻效应与单体不匹配，使得金属催化剂与增长链的配位作用不强，则催化剂的转移可能不再是选择性发生在分子内，还有可能发生在分子间，使催化剂与体系中的其他反应物（如配位性溶剂或单体）配位，结果发生链转移反应。这种链转移反应特别是向单体的链转移反应可能导致聚合变为逐步缩聚反应。②两个金属-增长链配合物中间体之间发生歧化反应：

$$P_1 \sim ML_nX + P_2 \sim ML_nX \xrightarrow{\text{歧化反应}} P_1 \sim \underset{L_n}{M} \sim P_2 + ML_nX_2$$

$$\downarrow \text{还原消去}$$

$$P_1 \sim\sim P_2 + ML_n$$

结果得到两个新的催化剂（ML_nX_2 和 ML_n）和一个分子量倍增的增长链（$P_1 \sim P_2$）。③如果是外加的预催化剂，还可能存在链引发反应慢，在聚合反过程中持续有新的增长链生成，导致分子量分布变宽。

为了获得活性/可控聚合，就必须抑制这些副反应。虽然可以通过调节催化剂浓度、溶剂特性或者反应温度等减少这些副反应，但因为催化剂本身结构因素的影响最大，更好的方法是对催化剂的结构进行改性，针对不同的单体改变催化剂的配体或过渡金属，从而调节催化剂的电子效应和立阻效应，使之与单体相匹配[26]。

7.8 活性聚合的应用

自从1956年Szwarc发现活性聚合至今，活性聚合已发展成为高分子化学领域中最具学术意义和工业应用价值的研究方向之一。由于不存在链转移和链终止等副反应，通过活性聚合可以有效地控制聚合物的分子量、分子量分布和结构。此外，作为聚合物的分子设计最强有力的手段之一，活性聚合还可用来合成种类繁多、具有特定性能的多组分共聚物及具有特殊形状的模型聚合物等。下面以阴离子活性聚合或自由基活性聚合为例，介绍活性聚合在高分子设计合成中的应用[29-32]。

7.8.1 指定分子量大小、窄分子量分布聚合物的合成

在活性聚合中，通过控制单体与引发剂浓度之比，可合成指定分子量的聚合物，而且分子量分布很窄。目前通过阴离子活性聚合制得的聚合物，其分子量分布最窄可达1.04，接近于均一分子量分布。指定分子量大小、窄分子量分布的聚合物在理论上为研究聚合物分子量与性能之间的关系提供了便利条件，在实际应用上可作为凝胶渗透色谱（GPC）测定聚合物分子量的标准物使用。

7.8.2 端基官能化聚合物的合成

端基官能化聚合物是指在大分子链末端带有官能团的聚合物，官能团可以是一端的（～X），也可以是两端的（X～Y）。常见的官能团有卤素、羟基、氨基、羧基、环氧基、双键等。这些官能团赋予大分子特定性能，如反应性（遥爪聚合物）、引发活性（大分子引发剂）、聚合活性（大分子单体）等。利用活性聚合的快速定量引发、无链转移和链终止的特点，可采用引发剂法和终止剂法合成末端官能化聚合物。

所谓引发剂法是用带官能团X的引发剂引发活性聚合，将官能团X引入聚合物的α-末端：

$$\mathrm{X{-}R^*} \xrightarrow[\text{活性聚合}]{\text{单体}} \mathrm{X{\sim\sim}M^*} \xrightarrow{\text{终止}} \mathrm{X{\sim\sim}M}$$

例如，α-端羟基聚苯乙烯（St）可由以下阴离子聚合反应合成：

$$\mathrm{(CH_3)_3CO{-}C_6H_4{-}CH_2CH_2Li} \xrightarrow{n\mathrm{St}} \mathrm{(CH_3)_3CO{-}C_6H_4{-}CH_2CH_2{+}CH_2{-}\underset{\displaystyle C_6H_5}{CH}{+}_{n-1}CH_2{-}\underset{\displaystyle C_6H_5}{CH^-}\ Li^+} \xrightarrow{\mathrm{H^+}}$$

$$\mathrm{HO{-}C_6H_4{-}CH_2CH_2{+}CH_2{-}\underset{\displaystyle C_6H_5}{CH}{+}_{n}H}$$

进行以上阴离子聚合反应时，引发剂分子中的羟基必须以被保护形式存在，否则会导致副反应发生，待聚合反应完成后再水解脱保护，还原成羟基。

活性自由基聚合的单体范围广，且对功能基的容忍程度高，相对于阴离子活性聚合，能更方便地通过引发剂法将各种功能基直接引入聚合物的α-末端。例如，使用以下带不同官能团的原子转移自由基聚合（ATRP）引发剂：

$$\mathrm{HO{-}CH_2{-}CH_2{-}O{-}C({=}O){-}C(CH_3)(CH_3){-}Br} \qquad \mathrm{H_3C{-}N(CH_3){-}CH_2{-}CH_2{-}O{-}C({=}O){-}CH(C_6H_5){-}Cl}$$

引发苯乙烯或丙烯酸酯等单体的活性自由基聚合，便可将羟基、叔氨基、芘环、炔基和叠氮基等官能团引入聚合物末端，获得相应的端基官能化聚合物。

所谓终止剂法是活性聚合体系中，加入带有官能团 Y 的终止剂进行链终止，使聚合物的 ω-末端带上官能团 Y：

$$\sim\sim M^{*} + RY \longrightarrow \sim\sim MR—Y$$

例如，在丁基锂引发的苯乙烯活性阴离子聚合体系中，加入不同的终止剂便可得到相应端基的聚苯乙烯：

$$\sim\sim CH_2—CH^{-}Li^{+}\ (活性聚苯乙烯) \xrightarrow[②\ H^{+},\ H_2O]{①\ 环氧乙烷} \sim\sim CH_2—CHCH_2CH_2OH\ \ \omega\text{-羟基聚苯乙烯}$$

$$\xrightarrow[②\ H^{+},\ H_2O]{①\ CO_2} \sim\sim CH_2—CHCOOH\ \ \omega\text{-羧基聚苯乙烯}$$

$$\xrightarrow{Br—CH_2CH=CH_2} \sim\sim CH_2—CHCH_2CH=CH_2\ \ 大分子单体$$

欲合成两端官能团相同的聚合物，则可采用萘钠等引发剂引发单体进行双向链增长，再加入带官能团终止剂。若将引发剂法和终止剂法联用，则可得到两端带有不同官能团的聚合物。

7.8.3 嵌段共聚物的合成

在传统的聚合反应中，当共聚单体的竞聚率都大于 1 时，有可能得到嵌段共聚物，但在生成嵌段共聚物的同时还会有大量的均聚物生成，而且嵌段共聚物中两嵌段的长度是不可控的。只有通过活性聚合才能合成不含均聚物、分子量及组成均可控制的“纯”嵌段共聚物。具体方法主要有顺序加料法和大分子引发剂法两种。

(1) 顺序加料法 先让第一单体进行活性聚合，待单体转化率接近 100%时，直接加第二单体到反应体系中，便可得到 AB 型二嵌段共聚物，以阴离子活性聚合为例，可表示如下：

$$A \xrightarrow{RLi} A\sim\sim AAA^{-} \xrightarrow{B} A\sim\sim AAA\sim\sim BBB^{-} \xrightarrow[终止]{H_2O} AB\ 二嵌段共聚物$$

要注意的是，作为第二单体 B 的活性必须接近或高于第一单体 A，这样 A 单体的阴离子才能引发 B 单体聚合。例如可以将苯乙烯作第一单体，甲基丙烯酸甲酯作第二单体，而相反的顺序则不行。

若采用双官能团引发剂如萘钠、萘锂等，便可得到 ABA 三嵌段共聚物：

$$B \xrightarrow{萘锂} {}^{-}BBB\sim\sim BBB^{-} \xrightarrow{A} {}^{-}AAA\sim\sim BBB\sim\sim BBB\sim\sim AAA^{-} \xrightarrow[终止]{H_2O} ABA\ 三嵌段共聚物$$

通过上述阴离子活性聚合的方法，苯乙烯-丁二烯-苯乙烯（SBS）和苯乙烯-异戊二烯-苯乙烯（SIS）三嵌段共聚物已被商品化生产。由于聚苯乙烯链段与聚丁二烯链段或聚异戊二烯链段不相容，因此会发生微观相分离。硬链段聚苯乙烯在体系中对软链段聚丁二烯或聚异戊二烯橡胶起了物理交联作用，使得 SBS 和 SIS 在常温下的力学性能与硫化橡胶十分相似。但温度高于聚苯乙烯的玻璃化转变温度时，聚苯乙烯链段软化，物理交联点破坏，体系可以像热塑性塑料一样加工成型，因此 SBS 和 SIS 被称为热塑弹性体。

(2) 大分子引发剂法　首先通过活性聚合合成末端带具有引发活性官能团的大分子，经分离纯化后，作为大分子引发剂引发第二单体的活性聚合，便可获得 AB 二嵌段共聚物。若大分子引发剂的两端都带具有引发活性的基团，便可得到 ABA 三嵌段共聚物。

例如，用 2-溴丙酸甲酯/CuBr/联二吡啶（bpy）进行丙烯酸甲酯的原子转移自由基聚合（ATRP），得到末端含 Br 的聚丙烯酸甲酯，以此作大分子引发剂，在 CuBr/联二吡啶（bpy）存在下再进行苯乙烯的 ATRP，便可得到丙烯酸甲酯-苯乙烯二嵌段共聚物：

$$H_2C{=}CH{-}COOCH_3 \xrightarrow[\text{CuBr/bpy}]{H_3C{-}O{-}C(=O){-}CH(CH_3){-}Br} CH_3{-}O{-}C(=O){-}CH(CH_3){+}CH_2{-}CH(COOCH_3){+}_m Br$$

$$\xrightarrow[\text{CuBr/bpy}]{CH{=}CH_2(C_6H_5)} {+}CH_2{-}CH(COOCH_3){+}_m{+}CH_2{-}CH(C_6H_5){+}_n$$

如果使用双头引发剂 2,2-二氯苯乙酮引发丙烯酸甲酯的 ATRP，可得到两端都含 Cl 的聚丙烯酸酯，以此作大分子引发剂，引发丙烯酸丁酯的 ATRP，便可得到丙烯酸丁酯-丙烯酸甲酯-丙烯酸丁酯三嵌段共聚物：

$$H_2C{=}CH{-}COOCH_3 \xrightarrow[\text{CuBr/bpy}]{C_6H_5{-}C(=O){-}CHCl_2} Cl{+}CH(COOCH_3){-}CH_2{+}_m CH(COC_6H_5){+}CH_2{-}CH(COOCH_3){+}_m Cl$$

$$\xrightarrow[\text{CuBr/bpy}]{H_2C{=}CH{-}COOC_4H_9} {+}CH(COOC_4H_9){-}CH_2{+}_n{+}CH(COOCH_3){-}CH_2{+}_m CH(COC_6H_5){+}CH_2{-}CH(COOCH_3){+}_m{+}CH_2{-}CH(COOC_4H_9){+}_n$$

大分子引发剂法与顺序加料法相比操作虽复杂些，需经分离、纯化才能得到大分子引发剂，但所得嵌段共聚物会更纯一些。采用顺序加料法时，第二链段中不可避免地夹杂第一链段单体单元（因为在加第二单体前，并不能保证第一单体已完全消耗）。

此外，利用大分子引发剂法还可以实现不同活性聚合的转换，即先通过一种活性聚合获得大分子引发剂，再通过另一种活性聚合引发第二单体聚合。通过这种不同机理活性聚合的转换，便可获得单一聚合机理无法得到的嵌段共聚物。例如，受单体聚合选择性的限制，无法用单一的活性阳离子聚合或活性阴离子聚合制备异丁烯和丙烯酸酯的嵌段共聚物，但可通过活性阳离子聚合与原子转移自由基聚合的转换实现上述目标，反应过程表示如下：

$$\text{IB} \xrightarrow[\text{活性阳离子聚合}]{t\text{-BuCl/BCl}_3} \text{PIB}^+ \xrightarrow[\text{封端}]{\text{St}} \text{PIBSt}^+ \xrightarrow[\text{终止}]{} \text{PIBStCl} \xrightarrow[\text{ATRP}]{\text{MMA，CuCl/bpy}} \text{PIB-}b\text{-PMMA}$$

首先进行异丁烯（IB）的活性阳离子聚合，待单体转化率接近100%时，加入少量苯乙烯（St）封端后，终止聚合得到含苄氯端基的聚异丁烯（PIBStCl），以此为大分子引发剂，引发甲基丙烯酸甲酯（MMA）的原子转移自由基聚合（ATRP），便可获得IB/MMA嵌段共聚物。

7.8.4 星形聚合物的合成

通过活性聚合技术合成星形聚合物（star polymer）主要有先核后臂（core-first）、先臂后核（aim-first）和偶联三种方法。

(1) 先核后臂法 采用多官能团引发剂，引发单体活性聚合。例如，用三官能烷基锂引发剂引发苯乙烯（St）阴离子活性聚合，生成星形（三臂）聚苯乙烯：

1,3,5-三（1-苯基乙烯基）苯 $\xrightarrow{C_4H_9Li}$ 三官能团引发剂（苯环1,3,5位各连 $-C(Li)(C_6H_5)CH_2C_4H_9$） $\xrightarrow[\text{阴离子活性聚合}]{St}$ 星形(三臂)聚苯乙烯

若用四官能ATRP引发剂引发苯乙烯活性自由基聚合，则得到星形（四臂）聚苯乙烯：

1,2,4,5-四（溴甲基）苯（BrH_2C、CH_2Br） $\xrightarrow[CuCl(bpy)]{St}$ 苯环1,2,4,5位各连 $\sim\sim StH_2C-$ / $-CH_2St\sim\sim$

星形（四臂）聚苯乙烯

(2) 先臂后核法 先通过活性聚合制备大分子引发剂（末端带有引发活性功能基）或大分子单体（带有可聚合的末端C═C），再在二乙烯基单体交联剂（如二乙烯基苯等）作用下（若是大分子单体，还需加入引发剂），使臂（大分子引发剂或大分子单体）交联，形成星形聚合物：

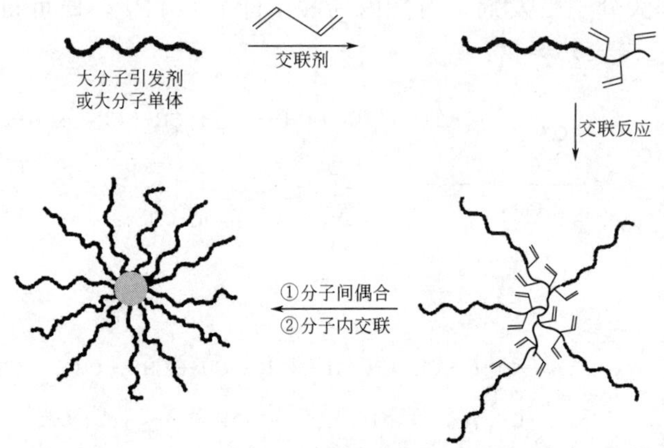

与先核后臂法相比，先臂后核法可获得臂数更多的星形聚合物，其臂数可由臂与交联单体的投料比控制。

(3) 偶联法 即先通过活性聚合制备线型的活性聚合物，再加入官能度>3的偶联剂，便可合成三臂以上的星形聚合物。如使用$SiCl_4$作偶联剂与聚苯乙烯阴离子活性链反应，便可得到四臂的聚苯乙烯（St）星形聚合物：

$$\sim\sim CH_2-\underset{C_6H_5}{CH^-}\ Li^+ + SiCl_4 \longrightarrow \sim\sim St-\underset{St\sim\sim}{\overset{\sim\sim St}{Si}}-St\sim\sim$$

活性聚苯乙烯

星形聚合物的最显著特点是其熔体黏度与聚合物的分子量无关，仅取决于每个臂的分子量大小。因此，若分子量相同，星形聚合物的熔融黏度较线型聚合物的小，有利于加工。

7.8.5　梳形共聚物的合成

梳形共聚物是一类特殊的接枝共聚物，其高密度分布的侧链共价连接到主链上。紧密侧链的空间排斥作用，使它们呈现出虫状构象和紧凑的分子尺寸。由于其独特的分子结构，梳形共聚物不仅在理解结构与性能的关系方面具有重要理论意义，而且还在生物医学和纳米技术领域具有潜在的应用价值。借助活性聚合，可合成结构确定、侧链长度均一的梳形共聚物，常用的方法有大分子引发剂法和偶联法。

大分子引发剂法是以带具有引发活性侧基的聚合物分子为引发剂，引发单体的活性聚合，生成梳形聚合物。例如，可用含苄氯侧基的聚合物（可由对氯甲基苯乙烯的自由基聚合获得）作引发剂，引发苯乙烯或丙烯酸酯等单体的原子转移自由基聚合（ATRP），便可得到相应的梳形聚合物，如下所示：

$$\sim CH_2-CH(C_6H_4CH_2Cl)\sim CH_2-CH(C_6H_4CH_2Cl)\sim CH_2-CH(C_6H_4CH_2Cl)\sim \xrightarrow[\text{CuBr/bpy}]{\text{M}} \sim CH_2-CH(C_6H_4CH_2-M\sim)\sim CH_2-CH(C_6H_4CH_2-M\sim)\sim CH_2-CH(C_6H_4CH_2-M\sim)\sim$$

偶联法是末端功能化的支链高分子与侧基功能化的主链高分子通过功能基偶联反应，形成梳形聚合物。末端功能化的支链高分子可以是一活性聚合物末端，例如活性阴离子聚合物的末端碳阴离子，它可与另一聚合物侧基上的亲电基团（如酯基、苄氯基等）反应，形成梳形聚合物，如下所示：

$$\sim CH_2-C(CH_3)(C{=}O\,OCH_3)-CH_2-C(CH_3)(C{=}O\,OCH_3)-CH_2-C(CH_3)(C{=}O\,OCH_3)\sim + \sim CH_2-CH^-(C_6H_5)\ Li^+ \longrightarrow \sim CH_2-C(CH_3)(C{=}O)-CH_2-C(CH_3)(C{=}O)-CH_2-C(CH_3)(C{=}O)\sim \quad [\text{each } C{=}O-CH(C_6H_5)-CH_2\sim]$$

更多的情况下，末端功能化的支链高分子是由带功能基的引发剂引发活性聚合获得。例如，使用炔基功能化引发剂引发 N-异丙基丙烯酰胺的原子转移自由基聚合（ATRP），便可获得末端炔基功能化的聚（N-异丙基丙烯酰胺）：

$$H_2C{=}CH-C({=}O)-NH-CH(CH_3)_2 \xrightarrow[\text{ATRP}]{CH{\equiv}C-CH_2-O-C(=O)-CH(CH_3)-Cl} CH{\equiv}C-CH_2-O-C(=O)-CH(CH_3)\!-\!\!\left(CH_2-CH(C(=O)NH-CH(CH_3)_2)\right)_m\!Cl$$

所得到的末端炔基功能化的聚（N-异丙基丙烯酰胺）再与含叠氮侧基的聚合物（可由对叠氮甲基苯乙烯的自由基聚合获得）通过炔基-叠氮偶联反应，获得相应的梳形聚合物，如下所示：

$$CH\equiv C-CH_2-O-\overset{O}{\overset{\|}{C}}-\underset{CH_3}{\underset{|}{CH}}\!\left(CH_2-\underset{\underset{\underset{\underset{H_3C\quad CH_3}{CH}}{|}}{O=C-NH}}{\underset{|}{CH}}\right)_m Cl \quad + \quad \left(CH_2-\underset{\underset{CH_2N_3}{C_6H_4}}{\underset{|}{CH}}\right)_n$$

$$\xrightarrow{Cu(\mathrm{I})} \left(CH_2-\underset{\underset{CH_2-\text{N}(\text{1,2,3-triazole})-CH_2-O-\overset{O}{\overset{\|}{C}}-\underset{H_3C}{CH}\left(CH_2-\underset{\underset{\underset{\underset{H_3C\quad CH_3}{CH}}{|}}{O=C-NH}}{\underset{|}{CH}}\right)_m Cl}{C_6H_4}}{\underset{|}{CH}}\right)_n$$

上述反应使用了炔基-叠氮偶联反应，它具有高效、高选择性和条件温和等特点，是一种最典型的“点击”反应（click reaction）。各种点击反应的出现，使得聚合物之间的共价偶联变得更加高效和便利。

习题

1. 活性聚合的特征是什么？

2. 简述活性聚合在聚合物合成中的应用。

3. 极性单体如甲基丙烯酸甲酯的阴离子聚合反应中，存在哪些与链增长反应竞争的副反应，如何避免这些副反应实现活性聚合，用具体例子加以说明。

4. 讨论 Lewis 碱在活性阳离子聚合体系中的作用。

5. 简述实现活性/可控自由基聚合的主要困难是什么，如何解决。

6. 以 α-氯代乙苯/CuCl/联二吡啶（bpy）引发体系为例，简述苯乙烯的原子转移自由基聚合（ATRP）的原理。

7. 描述如何用 ATRP 技术在氯乙烯-乙酸乙烯酯共聚物上接枝聚苯乙烯。

8. 用反应方程式表示甲基丙烯酸甲酯的基团转移聚合。

9. 将 1.0×10^{-3}mol 萘钠及 2.0mol 苯乙烯加入四氢呋喃中，体系总体积为 1L。若在 2000min 内有一半单体聚合，试计算：

（1）链增长速率常数；

（2）聚合时间分别为 2000min 和 4000min 时，聚合产物的聚合度。

10. 写出合成下列嵌段共聚物的反应方程式：（1）ABA；（2）CABAC。

式中，A 为苯乙烯；B 为丁二烯；C 为异戊二烯。

参考文献

[1] 张洪敏，侯元雪．活性聚合［M］．北京：中国石化出版社，1988.

[2] 张洪敏，侯元雪．极性单体结构对其阴离子聚合及聚合物性质的影响［J］．北京化工大学学报，1993，20（3）：37.

[3] Baskaran D. Strategic developments in living anionic polymerization of alkyl (meth) acrylates [J]. Prog Polym Sci，2003，28：521.

[4] Wiles D M，Bywater S. Polymerization of methyl methacrylate initiated by 1,1-diphenylhexyl lithium [J]. Trans Faraday Soc，1965，61：150.
[5] Zhang H M，Ishikawa H，Ohata M，et al. Anionic polymerization of alkyl methacrylates and molecular weight distributions of the resulting polymers [J]. Polymer，1992，33 (4)：828.
[6] Anderson B C，Andrews G D，Arthur P，et al. Anionic polymerization of methacrylates. Novel functional polymers and copolymers [J]. Macromolecules，1981，14：1599.
[7] Fayt R，Forte R，Jacobs C，et al. New initiator system for the living anionic polymerization of tert-alkyl acrylates [J]. Macromolecules，1987，20：1442.
[8] Jerome R，Teyssie P，Vuillemin B，et al. Recent achievements in anionic polymerization of (meth) acrylates [J]. J Polym Sci Polym Chem Ed，1999，37：1.
[9] Higashimura T，Sawamoto M. Polymer synthesis by cationic polymerization：Living and functionalized polymers [J]. Makromol Chem Suppl，1985，12：153.
[10] Faust R，Kennedy J P. Living carbocationic polymerization. III. Demonstration of the living polymerization of isobutylene [J]. Polym Bull，1986，15：317.
[11] Sawamoto M. Modern cationic vinyl polymerization [J]. Prog Polym Sci，1991，16：111.
[12] Matyjaszewski K，Sawamoto M. Cationic polymerizations：Mechanisms，synthesis，and applications [M]. New York：Maecel Dekker，1996.
[13] Sawamoto M. The nature of the growing species in living cationic polymerization：Principles，stereochemistry，and in-situ NMR analysis [J]. Macromol Symp，1994，85：33.
[14] Webster O W，Hertler W R，Sogah D Y，et al. A new concept for addition polymerization with organosilicon initiators [J]. J Am Chem Soc，1983，105：5706.
[15] Sogah D Y，Webster O W. Sequential silyl aldol condensation in controlled synthesis of living poly (vinyl alcohol) precursors [J]. Macromolecules，1986，19：1775.
[16] 何天白，胡汉杰. 海外高分子科学的新进展 [M]. 北京：化学工业出版社，1997：5-18.
[17] Hawker C J，Bosman A W，Harth E. New polymer synthesis by nitroxide mediated living radical polymerizations [J]. Chem Rev，2001，101：3661.
[18] Wang J S，Matyjaszewski K. Controlled/ "living" radical polymerization. Atom transfer radical polymerization in the presence of transition-metal complexes [J]. J Am Chem Soc，1995，117：5614.
[19] Wang J S，Matyjaszewski K. "Living"/controlled radical polymerization. Transition-metal-catalyzed atom transfer radical polymerization in the presence of a conventional radical initiator [J]. Macromolecules，1995，28：7572.
[20] Chiefary J，Chong Y K，Ercole F，et al. Living free-radical polymerization by reversible addition-fragmentation chain transfer：The RAFT process [J]. Macromolecules，1998，31：5559.
[21] 陈小平，丘坤元. "活性"/控制自由基聚合的研究进展 [J]. 化学进展，2001，13 (3)：224.
[22] Coates G W，Hustad P D，Reinartz S. Catalysts for the living insertion polymerization of alkenes：Access to new polyolefin architectures using Ziegler-Natta chemistry [J]. Angew Chem Int Ed，2002，41：2236.
[23] Domski G J，Rose J M，Coates G W，et al. Living alkene polymerization：New methods for the precision synthesis of polyolefins [J]. Prog Polym Sci，2007，32：30.
[24] Yokozawa T，Yokoyama A. Chain-growth polycondensation for well-defined condensation polymers and polymer architecture [J]. Chem Record，2005，5：47.
[25] Bryan Z J，McNeil A J. Conjugated polymer synthesis via catalyst-transfer polycondensation (CTP)：Mechanism，scope，and applications [J]. Macromolecules，2013，46：8395.
[26] Leone A K，McNeil A J. Matchmaking in catalyst-transfer polycondensation：Optimizing catalysts based on mechanistic insight [J]. Acc Chem Res，2016，49：2822.
[27] Baker M A，Tsai C H，Noonan K J T. Diversifying cross-coupling strategies，catalysts and monomers for the controlled synthesis of conjugated polymers [J]. Chem Eur J，2018，24：13078.
[28] Miyakoshi R，Yokoyama A，Yokozawa T. Catalyst-transfer polycondensation. Mechanism of Ni-catalyzed chain-growth polymerization leading to well-defined poly (3-hexylthiophene) [J]. J Am Chem Soc，2005，127：17542.
[29] Joseph J G. Preparation of functionalized polymers using living and controlled polymerizations [J]. Reactive & Functional Polymers，2001，49：1.
[30] 周其凤，胡汉杰. 高分子化学 [M]. 北京：化学工业出版社，2001.
[31] 王建国. 高分子合成新技术 [M]. 北京：化学工业出版社，2004.
[32] Barner L，Davis T P，Stenzel M H，et al. Complex macromolecular architectures by reversible addition fragmentation chain transfer chemistry：Theory and practice [J]. Macromol Rapid Commun，2007，28：539.

第 8 章　开环聚合

8.1 概述

8.1.1 开环聚合反应的特性

开环聚合反应为含环结构的单体通过其环的打开相互连接形成聚合物的反应过程。开环聚合反应为链式聚合反应，包括链引发、链增长和链终止等基元反应，聚合反应通过单体和链增长活性中心之间的反应进行，单体和单体之间并不能进行聚合反应。但开环聚合反应与乙烯基单体的链式聚合反应又有所区别，其链增长反应速率常数与许多逐步聚合反应的速率常数相似，而比通常乙烯基单体的链式聚合反应低数个数量级。

与乙烯基单体的链式聚合相比，开环聚合可在高分子主链结构中引入多种功能基，如酯基、醚、亚氨基、碳酸酯或酰氨基等。另外，开环聚合反应过程中的体积收缩更小，当聚合产物分子量相近时，乙烯基单体聚合的体积收缩约为环单体开环聚合的 2 倍，且环单体的分子量越大，聚合时体积收缩越小。与逐步聚合反应相比，逐步聚合反应虽然也能得到与开环聚合相似的聚合物，但逐步聚合反应常伴随有小分子副产物生成，为得到高分子量聚合产物，必须尽量将这些小分子副产物从体系中除去，而开环聚合不存在类似问题。开环聚合的反应条件常常比逐步聚合反应更温和，某些情况下，开环聚合能得到逐步聚合反应因副反应而难以获得的聚合物，如乙二醇脱水缩聚时，因为分子内脱水与分子间脱水是竞争反应，一旦发生分子内脱水形成末端双键，逐步聚合反应就会被终止，因而很难得到高分子量的聚乙二醇，而环氧乙烷的开环聚合则可获得高分子量聚乙二醇。此外，逐步聚合反应为获得高分子量聚合产物，必须精确控制功能基等摩尔比，而开环聚合不需要考虑这些。更为有利的是，有些开环聚合还表现出活性聚合的特性：可精确控制聚合产物分子量、获得窄分子量分布，易获得具有精确可控结构的均聚物与共聚物。

8.1.2 开环聚合的热力学和动力学可行性

环单体能否顺利进行开环聚合得到高分子量聚合物取决于热力学和动力学两方面因素。首先环单体的开环聚合必须是热力学可行的，而能否得到高分子量聚合物则取决于聚合反应的动力学可行性。表 8-1 列出了乙烯与一些环烷烃转化为相应的线型高分子时热力学参数变化的半经验值以及环结构的张力能。

表 8-1　乙烯与一些环烷烃转变为线型高分子时热力学参数的变化[1]

单体	ΔH/(kJ/mol)	ΔS/[J/(K·mol)]	ΔG/(kJ/mol)	张力能/(kJ/mol)
乙烯	−116.1	−173.6	−56.5	94.6
环丙烷	−113.0	−69.0	−92.5	115.5
环丁烷	−105.0	−55.2	−88.7	110.5
环戊烷	−21.8	−42.7	−9.2	27.2
环己烷	2.9	−10.5	5.9	0.0
环庚烷	−21.3	−15.9	−16.3	26.4
环辛烷	−34.7	−3.3	−34.3	40.2

注：除乙烯为气体外，其他聚合反应过程都是在 25℃条件下由液态单体形成结晶聚合物。

可见，除环己烷外，其余环烷烃的开环聚合反应在热力学上都是可行的，其热力学可行性顺序为三元环、四元环＞八元环＞五元环、七元环，其中环丙烷和环丁烷转化为聚乙烯的自由能变甚至与乙烯相当，但它们进行聚合反应时通常都只能得到低聚物，说明除了热力学可行性外，还必须具有动力学上可行的开环方式和反应，才能保证聚合反应顺利进行。与环烷烃不同，杂环化合物中的杂原子易受引发活性种进攻并引发开环，因而在热力学和动力学上都具有可行性，而环烷烃要聚合的话，必须引入合适的活化基团[1]。因此，绝大多数的开环聚合单体都是杂环化合物，包括环醚、环缩醛、内酯、内酰胺、环胺、环硫醚、环酸酐等，通过单体环中含杂原子功能团的异裂发生开环聚合。少数带有活化基团的环烷烃也能进行开环聚合，如乙烯基取代环丙烷和环丁烷、环烯烃等。结合热力学和动力学因素，同类环单体进行开环聚合时，三元环、四元环和七元环至十一元环的聚合活性较高，而五元环的聚合活性较低，六元环的聚合活性则低得多，除个别例外，绝大多数六元环单体不能进行开环聚合。

8.1.3 开环聚合反应的分类

根据聚合反应活性中心性质的不同，开环聚合可分为阳离子开环聚合、阴离子开环聚合、配位开环聚合、自由基开环聚合和开环易位聚合。

8.2 阳离子开环聚合反应

8.2.1 环醚

环醚分子中的C—O键是其活性基，其中的O原子具有Lewis碱性，因此除张力大的环氧化合物外，环醚只能进行阳离子开环聚合[2]，而不能进行阴离子开环聚合。常见的只含一个醚键的环醚单体包括三元环（环氧化合物）、四元环（如氧杂环丁烷类）和五元环（如四氢呋喃）；常见的含两个以上醚键的环醚单体主要为环缩醛，如1,3-二氧戊环、1,3-二氧庚环、1,3-二氧辛环等。

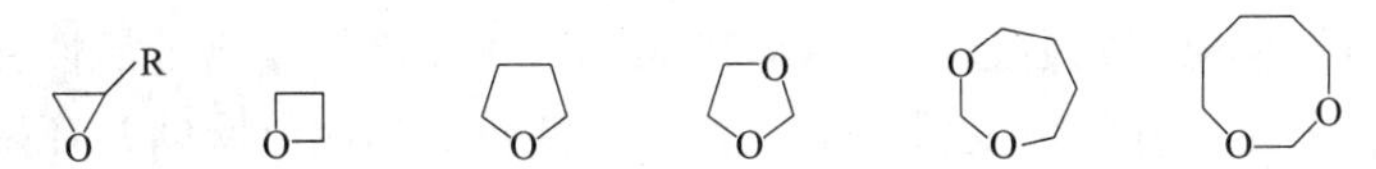

环氧化物　氧杂环丁烷　四氢呋喃　1,3-二氧戊环　1,3-二氧庚环　1,3-二氧辛环

环大小对环醚单体聚合活性的影响与一般环单体的聚合规律一样，原子数小于5或大于6的环醚单体相对容易聚合，五元环醚的聚合活性低得多，取代五元环醚一般不具有聚合活性。六元环醚如四氢吡喃、1,4-二氧六环和1,3-二氧六环等一般都不能进行开环聚合，但全由缩醛结构构成的六元环缩醛——三聚甲醛则可进行阳离子开环聚合得到聚甲醛。

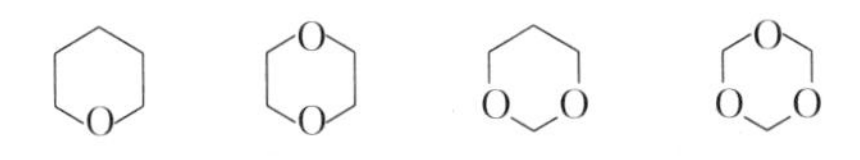

四氢吡喃　1,4-二氧六环　1,3-二氧六环　三聚甲醛

8.2.1.1 链引发

许多用于乙烯基单体阳离子聚合反应的引发剂也可用于环醚的阳离子开环聚合，包括强质子酸、Lewis酸、碳正离子源/Lewis酸复合体系等。

强质子酸引发聚合反应时，首先质子与环醚单体形成二级环氧鎓离子，其α-C具有缺电子性，当它与另一单体反应时，单体的O对α-C亲核进攻使环氧鎓离子开环，生成端基为—OH的三级氧鎓离子链增长活性中心。以四氢呋喃的阳离子开环聚合为例，其链引发反应可示意如下：

$$H^+A^- + \text{O}\langle\text{THF}\rangle \longrightarrow H-O^+\langle\text{THF}\rangle\ A^-$$

$$H-O^+\langle\text{THF}\rangle A^- + :O\langle\text{THF}\rangle \longrightarrow HO-CH_2CH_2CH_2CH_2-O^+\langle\text{THF}\rangle A^-$$

与乙烯基单体的阳离子聚合相似，一般的质子酸由于其酸根离子亲核性较强，容易与增长链阳离子结合使聚合反应终止，结果只能得到低聚物。因此适宜的质子酸引发剂只限于一些超强酸，如三氟乙酸、三氟甲磺酸等。

单独 Lewis 酸（如 BF_3、$SbCl_5$ 等）引发聚合反应时，是通过与体系中微量的水或其他质子源作用生成质子再引发阳离子开环聚合反应。

碳正离子源在 Lewis 酸活化下可产生碳正离子，与环醚加成生成三级环氧鎓离子，引发聚合反应，但有些碳正离子，特别是一些位阻大的碳正离子如三苯基碳正离子并不是直接与单体加成，而是夺取单体分子中 O 的 α-H，形成新的碳阳离子再引发聚合反应。如：

$$Ph_3C-Cl + AgSbF_6 \longrightarrow Ph_3C^+\ SbF_6^- + AgCl$$

$$Ph_3C^+\ SbF_6^- + \text{1,3-二氧五环} \longrightarrow Ph_3CH + \text{(H)C}^+\text{(1,3-二氧五环)}\ SbF_6^-$$

由于环醚阳离子开环聚合的链增长活性中心为三级氧鎓离子，因此一些预先合成的三级氧鎓离子也可用作环醚阳离子开环聚合的引发剂，如：

$$(CH_3CH_2)_3O^+BF_4^- + O\langle\rangle \longrightarrow C_2H_5-O^+\langle\rangle\ BF_4^- + (CH_3CH_2)_2O$$

Lewis 酸、碳正离子源（或质子源）与活泼环醚单体复合可用于引发活性较低的环醚单体的聚合反应。引发反应首先通过活泼单体形成二级或三级氧鎓离子活性种，再引发低活性的单体聚合，活泼单体可看作引发促进剂。如在活性较低的四氢呋喃开环聚合体系中加入少量环氧乙烷作为引发促进剂，其机理可示意如下：

$$\triangleright O \xrightarrow{H^+A^-} H-\overset{+}{O}\triangleleft\ A^- \xrightarrow{\triangleright O} HOCH_2CH_2-\overset{+}{O}\triangleleft\ A^-$$

$$H-\overset{+}{O}\triangleleft\ A^- \xrightarrow{\text{THF}} HOCH_2CH_2-\overset{+}{O}\langle\text{THF}\rangle$$

$$HOCH_2CH_2-\overset{+}{O}\triangleleft\ A^- \xrightarrow{\text{THF}} HOCH_2CH_2OCH_2CH_2-\overset{+}{O}\langle\text{THF}\rangle$$

8.2.1.2 链增长反应

与链引发反应相似，环醚阳离子聚合反应的链增长反应为单体的 O 对增长链三级环氧鎓离子活性中心的 α-C 的亲核进攻反应。以四氢呋喃的聚合为例，其链增长反应可示意如下：

$$\sim\sim OCH_2CH_2CH_2CH_2-O^+\langle\text{THF}\rangle A^- + :O\langle\text{THF}\rangle \longrightarrow \sim\sim OCH_2CH_2CH_2CH_2OCH_2CH_2CH_2CH_2-O^+\langle\text{THF}\rangle A^-$$

对于大多数环醚单体，该亲核反应是 S_N2 反应，如果 α-C 上有两个烷基取代基则发生 S_N1 开环反应。大多数结构不对称单体的阳离子开环聚合具有高选择性，亲核反应几乎总是发生在位阻相对较小的 C 上，主要得到首尾连接结构。

与乙烯基单体的阳离子聚合相似，环醚阳离子开环聚合的链增长活性中心与抗衡阴离子之间存在离解平衡，可形成共价键、离子对和自由离子等多种活性种，同样地，不同活性种的相对含量取决于引发剂、单体、溶剂、反应温度等反应条件：

$$\sim OCH_2CH_2CH_2CH_2A \rightleftharpoons \sim \overset{+}{O}(\text{环})\,A^- \rightleftharpoons \sim \overset{+}{O}(\text{环}) + A^-$$

共价键　　　　离子对　　　　自由离子

链增长活性中心与抗衡离子的离解程度越高，链增长活性中心的聚合活性越高，聚合反应速率越快。共价键活性种虽然也具有聚合活性，但活性低得多。与乙烯基单体的阳离子聚合类似，共价键活性种对于获得活性聚合非常重要，若共价键活性种与离子活性种之间能快速地相互转换，就有可能实现活性聚合。如一些带稳定抗衡阴离子（如 AsF_6^-、PF_6^- 和 $SbCl_6^-$）的酰基阳离子和一些超强酸（如三氟甲磺酸）及其酯可引发环醚的活性阳离子开环聚合。

8.2.1.3　链转移反应

向高分子的链转移反应是环醚阳离子开环聚合中常见的链转移反应。与链增长反应相似，聚合物分子中的 O 也可亲核进攻环氧鎓离子链增长活性中心生成三级氧鎓离子，然后单体进攻该氧鎓离子使增长链再生：

$$\sim O(CH_2)_4-\overset{+}{O}(\text{环})\,A^- + O\begin{cases}(CH_2)_4\sim\\(CH_2)_4\sim\end{cases} \longrightarrow$$

$$\sim O(CH_2)_4-O(CH_2)_4-\overset{+}{O}\begin{cases}(CH_2)_4\sim\\(CH_2)_4\sim\end{cases}A^- \xrightarrow{\text{四氢呋喃}}$$

$$\sim O(CH_2)_4-O(CH_2)_4-O(CH_2)_4\sim + (\text{环})\overset{+}{O}-(CH_2)_4\sim\ A^-$$

链转移反应的结果是高分子链发生交换，可能导致分子量分布变宽。向高分子的链转移反应既可发生在分子间，也可发生在分子内。分子内的高分子链转移反应常称为“回咬”反应，结果得到环状低聚物，以环氧乙烷为例：

$$\sim OCH_2CH_2OCH_2CH_2-\overset{+}{O}\lhd\ A^- \longrightarrow \sim OCH_2CH_2-\overset{+}{O}(\text{二氧六环})\,A^-$$

$$\xrightarrow{\text{环氧乙烷}} \sim OCH_2CH_2-\overset{+}{O}\lhd\ A^- + O(\text{环})O$$

链增长反应与向高分子的链转移反应之间的竞争取决于几方面因素：

① 单体与聚合物中 O 亲核性的相对强弱。与聚合物中 O 的亲核性相比，单体中 O 的亲核性越强越有利于链增长反应；反之，则对链转移反应有利。单体中 O 的亲核性与单体环大小有关，随着单体环的增大而增大，因此单体环的增大对链增长反应有利。如与其他环醚相比，环氧乙烷单体中 O 的亲核性最小，因此环氧乙烷的阳离子开环聚合很容易发生链转移反应特别是“回咬”反应生成环状低聚物。事实上通常的环氧乙烷阳离子开环聚合的主要产物为 1,4-二氧六环（80%～90%），只有少量的线型低聚物（分子量<1000）。环氧乙烷的阳离子开环聚合对于合成线型聚合物并无实用价值，但可用于合成冠醚。随着单体环的增大，单体中 O 的亲核性也增大，相应地链转移反应减少，环状低聚物减少。如与环氧乙烷

相比，氧杂环丁烷聚合的环状低聚物较少，而四氢呋喃聚合的环状低聚物少得多，环状低聚物的总含量少于百分之十。

② 空间位阻。由于链增长反应为增长链与小分子单体之间的反应，其空间位阻比发生在长链分子间的链转移反应小，因此在单体环上引入取代基，其对链增长反应空间位阻的影响比链转移反应小得多，因而有利于链增长反应，可减少环状低聚物的生成，引入的取代基体积越大，环状低聚物含量越少。如 3,3-二氯甲基氧杂环丁烷的阳离子开环聚合可得到分子量达 10^4～10^5 的线型聚合物，环状低聚物的含量仅百分之几。

3,3-二氯甲基氧杂环丁烷

③ 对于"回咬"链转移反应，反应物浓度也是重要影响因素。"回咬"链转移反应为分子内的单分子反应，链增长反应为增长链与单体之间的双分子反应，因此低浓度对"回咬"反应有利，而高浓度则对链增长反应有利（可参见 2.2.2.2 节中反应物浓度对逐步聚合中环化副反应的影响）。

8.2.1.4 链终止反应

与乙烯基单体的阳离子聚合相似，阳离子开环聚合的链终止反应主要为增长链氧鎓离子与抗衡阴离子或由抗衡阴离子转移的阴离子结合，如：

$$\sim\sim OCH_2CH_2-\overset{+}{O}\triangleleft \ (\overset{-}{B}F_3OH) \longrightarrow \sim\sim OCH_2CH_2OCH_2CH_2OH + BF_3$$

一般质子酸的抗衡阴离子亲核性较强，易发生链终止反应，在阳离子聚合中的应用不多。而抗衡阴离子会不会转移其他阴离子及其程度如何，取决于抗衡阴离子的稳定性。像 PF_6^-、$SbCl_6^-$ 等抗衡离子很稳定，不易向增长链转移氯离子而终止聚合反应，而 $AlCl_4^-$、$SnCl_4^-$ 则具有一定的转移倾向，BF_4^-、$FeCl_4^-$ 的转移倾向中等。

聚合体系中若存在水或氨等杂质也会导致链终止反应，有时会有意识地加入水或氨，在聚合物末端引入羟基或氨基官能团。

需要特别指出的是，由质子酸或 Lewis 酸引发的环缩醛阳离子开环聚合产物的末端带有半缩醛结构，如三聚甲醛的阳离子开环聚合：

$$H^+ + \text{(三聚甲醛)} \longrightarrow H-\overset{+}{O}\text{(环)} + \text{(三聚甲醛)} \longrightarrow H-OCH_2OCH_2OCH_2-\overset{+}{O}\text{(环)} \xrightarrow{\text{三聚甲醛}}$$

$$H \text{+} OCH_2OCH_2OCH_2 \text{+}_n \overset{+}{O}\text{(环)} \xrightarrow[\text{终止}]{H_2O} H \text{+} OCH_2OCH_2OCH_2 \text{+}_{n+1} OH$$

由于聚合产物分子链末端的半缩醛结构很不稳定，加热时易发生解聚反应分解成甲醛，不具有实用价值。解决方法之一是把产物和乙酸酐一起加热进行封端反应，使末端的羟基酯化，生成热稳定性的酯基。

此外，环硫醚也能进行类似的阳离子开环聚合，且由于 C—S 键更易极化，其阳离子开环聚合更易进行，链增长活性中心为三级硫鎓离子，如：

$$\sim\sim SCH_2CH_2-\overset{+}{S}\triangleleft$$

8.2.2 环胺

环胺[3]分子中的 N 具有碱性，可被阳离子活性种进攻发生阳离子开环聚合。常见的环胺为三元环胺和四元环胺，即氮杂环丙烷和氮杂环丁烷及其取代衍生物。

氮杂环丙烷　　氮杂环丁烷

8.2.2.1 链引发反应

环胺阳离子开环聚合的链引发反应为亲电性的引发剂进攻环胺的 N 原子形成环胺盐链增长活性中心。以烷基化试剂三氟甲磺酸甲酯引发氮杂环丁烷的阳离子开环聚合为例，其链引发可示意如下：

$$\text{NH} + CF_3SO_3CH_3 \longrightarrow H_3C-\overset{+}{N}H \quad CF_3SO_3^-$$

常用的引发剂包括质子酸（如 HCl、乙酸等）和烷基化试剂（如硫酸酯、磺酸酯、苄基卤代烃等）等。很多时候，也可以预先将制备好的单体环胺盐用作引发剂。Lewis 酸可以与环胺化合物形成稳定的配合物，因此 Lewis 酸本身并不能引发环胺单体的阳离子开环聚合，除非体系中加入合适的质子给体。如加入合适的醇，其真实的引发活性中心为质子化的环胺单体，如：

$$\xrightarrow{BF_3} F_3B\leftarrow N \quad + CH_3OH \rightleftharpoons \overset{+}{N}-H \quad + BF_3OCH_3^-$$

8.2.2.2 链增长反应

链增长反应为单体分子中的氨基亲核进攻链增长活性中心环胺盐中 N 的 α-C 使其开环并形成新的环胺盐链增长活性种，如此反复进行链增长反应：

$$H_3C-\overset{+}{N}H \; CF_3SO_3^- + HN \longrightarrow H_3C-\overset{H}{N}-CH_2CH_2CH_2-\overset{+}{N}H \; CF_3SO_3^- \xrightarrow{\text{单体}} H_3C\left(\overset{H}{N}-CH_2CH_2CH_2\right)_n\overset{+}{N}H \; CF_3SO_3^-$$

链增长反应的驱动力来自环胺盐活性中心环张力的释放。环胺单体阳离子开环聚合的反应速率主要取决于两方面因素：环胺盐的开环活性和环胺单体的亲核反应活性。由于环胺盐的开环活性比相应的环氧鎓离子和环硫鎓离子低，因此环胺的聚合反应比相应的环醚和环硫醚要慢得多。

环胺单体上取代基的电子效应和立阻效应对其聚合反应以及产物的分子量具有重要影响。若在氮杂环丙烷环上引入取代基，由于立阻大，可妨碍聚合反应的发生，如 1,2-二取代氮杂环丙烷和 2,3-二取代氮杂环丙烷不能进行聚合反应，而 1-取代氮杂环丙烷或 2-取代氮杂环丙烷虽然可以进行聚合反应，但通常只能得到分子量较低的线型聚合物和环状低聚物。

1,2-二取代氮杂环丙烷　　2,3-二取代氮杂环丙烷

8.2.2.3 链终止反应

环胺单体的阳离子开环聚合反应常常只能得到有限的单体转化率，主要原因是易发生链终止反应，即单体以外的其他亲核试剂进攻环胺盐活性中心使其开环而失活。

聚合体系中存在两种可能的亲核试剂：抗衡阴离子和聚合产物分子中的氨基。为了抑制

抗衡阴离子的终止作用，可以选择合适的引发体系使其抗衡阴离子的亲核性小于单体。如选择亲核性较小的 BF_4^-、ClO_4^-、PF_6^- 以及硫酸酯和磺酸酯等。聚合产物分子中的氨基对环胺盐活性中心的亲核进攻可以发生在分子内，也可以发生在分子间，前者生成大环产物，后者生成支化产物。以分子间的反应为例，其反应过程可示意如下：

$$\text{—}(\overset{H}{N}\text{—}CH_2CH_2CH_2)_m\text{—}\overset{+}{N}H\langle\square\rangle\;CF_3SO_3^- + \text{—}(\overset{H}{\ddot{N}}\text{—}CH_2CH_2CH_2)_n\text{—} \longrightarrow \text{—}(\overset{H}{\overset{+}{N}}\text{—}CH_2CH_2CH_2)_n\text{—}\;\; CF_3SO_3^-\;\; (CH_2\text{—}CH_2\text{—}CH_2\text{—}NH)_{m+1}$$

反应生成的胺盐离子不在环上（分子间反应）或在稳定的大环结构中（分子内反应），从而失去了链增长反应的驱动力（环张力的释放），不具聚合反应活性，结果使聚合反应终止。

在环胺单体上引入大体积的 N-取代基可以降低氨基的碱性，且将链增长活性中心由环叔胺盐活性中心转化为环季铵盐活性中心，增加了活性中心的开环活性，同时可显著降低聚合物分子中氨基对链增长活性中心的亲核进攻活性，减少支化产物，主要得到线型聚合物，甚至可得到活性聚合[4]，如下列单体的阳离子开环聚合：

8.2.2.4 链转移反应

环亚胺单体的链增长活性中心可发生向单体的脱质子链转移反应，生成新的质子化环胺盐链增长活性中心。以氮杂环丙烷的聚合为例，其链转移反应可示意如下：

$$R\text{—}(\underset{H}{N}\text{—}CH_2CH_2)_n\text{—}\overset{H}{\overset{|}{N^+}}\triangleleft\;X^- + HN\triangleleft \longrightarrow R\text{—}(\underset{H}{N}\text{—}CH_2CH_2)_n\text{—}N\triangleleft + H_2\overset{+}{N}\triangleleft\;X^-$$

N-烷基取代环胺单体由于其增长链活性中心脱烷基转移的反应活性低得多，难以发生向单体的链转移反应。

8.2.3 内酯

内酯的聚合反应活性与单体环大小之间的关系与其他环单体的聚合活性规律相同，六元环内酯由于其稳定的环结构不能进行聚合反应，四元环内酯、五元环内酯、七元环内酯可在阳离子聚合引发剂引发下进行开环聚合，但五元环内酯一般只能得到低聚物。

用于环醚阳离子开环聚合反应的引发剂也可用于内酯的阳离子开环聚合，以三氟甲磺酸甲酯引发环内酯聚合为例，其链引发与链增长反应机理可示意如下。

链引发反应：

$$^+CH_3 + \text{(β-内酯, R)} \longrightarrow H_3C\text{—}O\text{—}\overset{+}{C}\text{(环, R)}$$

链增长反应：

$$H_3C\text{—}O\text{—}\overset{+}{C}\text{(环, R)} + \text{(β-内酯, R)} \longrightarrow H_3C\text{—}O\text{—}\underset{O}{\overset{\|}{C}}\text{—}R\text{—}CH_2\text{—}O\text{—}\overset{+}{C}\text{(环, R)} \Longrightarrow H_3C\text{—}(O\text{—}\underset{O}{\overset{\|}{C}}\text{—}R\text{—})_n\text{—}O\text{—}\overset{+}{C}\text{(环, R)}$$

首先，三氟甲磺酸甲酯离解生成的甲基阳离子引发活性种与内酯单体的羰基加成，生成环碳正离子链增长活性中心，然后单体的羰基 O 进攻环碳正离子活性中心 O 的 α-C，使烷氧 C—O 键断裂开环，并形成新的环碳正离子链增长活性种，如此反复进行链增长反应。

内酯的阳离子开环聚合由于存在分子内酯交换反应（回咬反应）、H^- 和 H^+ 转移反应等副反应，不如其相应的阴离子开环聚合容易获得高分子量聚合物，因而内酯的阳离子开环聚合不如其阴离子开环聚合应用广泛，但一些高活性单体如丙内酯的阳离子开环聚合可得到分子量达 100000 的聚酯。

8.2.4　环碳酸酯

环碳酸酯进行阳离子开环聚合时存在着脱 CO_2 的竞争反应，目前认为其可能的机理是当链增长活性中心与单体反应时，既可进攻羰基氧形成碳正离子，进行正常的开环聚合得到聚碳酸酯结构（路径 a）；也可进攻烷氧基氧形成氧𬭩离子，氧𬭩离子易发生脱 CO_2 反应而在聚合产物主链中生成醚结构（路径 b）：

其中路径 a 是主要反应，路径 b 发生的程度与链增长活性中心的反应性有关，链增长活性中心越活泼，越易发生路径 b 反应。

8

与乙烯基单体的阳离子聚合相似，环碳酸酯阳离子开环聚合链增长活性中心的活性与抗衡阴离子的亲核性、溶剂的极性、反应温度以及单体的取代基性质有关[5]。抗衡阴离子的亲核性越弱，链增长活性中心越活泼，脱 CO_2 的反应程度越高。如分别以三氟甲磺酸甲酯（MeOTf）或碘甲烷为引发剂引发环碳酸酯的本体聚合或低极性溶剂中的阳离子开环聚合时，前者的抗衡阴离子为 OTf^-，亲核性较弱，链增长活性中心活性高，脱 CO_2 程度相对较高，产物中含 5%～10%的醚结构单元；而后者的抗衡阴离子为 I^-，亲核性较强，链增长活性中心活性较低，聚合反应按正常的开环聚合方式（路径 a）进行，产物分子基本不含醚结构单元，但是如果加大溶剂极性，如以硝基苯为溶剂时，由于溶剂极性增大有利于链增长活性中心与抗衡阴离子的离解，从而增大了链增长活性中心的活性，结果所得聚合产物中含有 4%～5%的醚结构单元。

若在环碳酸酯合适的位置上引入适当的取代基，则可通过取代基与链增长活性中心之间的作用，使之转化为相对稳定的链增长活性中心，从而抑制脱 CO_2 反应。如在六元环碳酸酯的 β-位上引入苯甲酸酯取代基：

(R = H、OCH_3、NO_2)

β-取代环碳酸酯　　　　α-取代环碳酸酯

可通过以下邻基效应将活性中心转化为有苯环稳定化的新的链增长活性中心[6]，结果聚合反应按正常的开环聚合方式（路径 a）进行，甚至可实现环碳酸酯的活性阳离子开环聚合，而 α-取代则没有这种邻基效应：

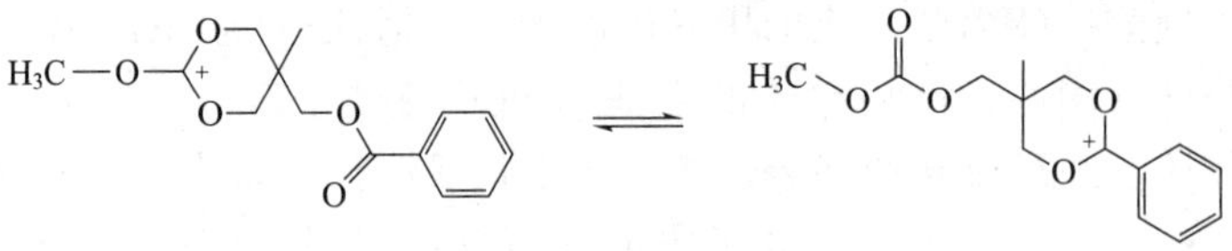

8.2.5 内酰胺

以质子酸引发的己内酰胺阳离子开环聚合为例，一般认为其聚合反应过程如下，首先内酰胺被质子化，质子化既可发生在酰胺键的 O 原子上，也可发生在 N 原子上，由于共振稳定作用，以前者为主：

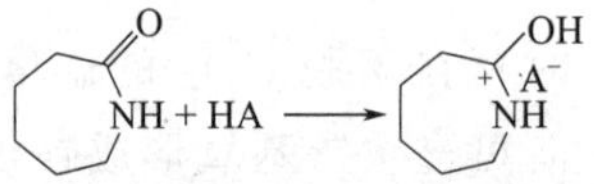

然后单体亲核进攻被质子化的内酰胺使之开环形成含末端胺盐的二聚物：

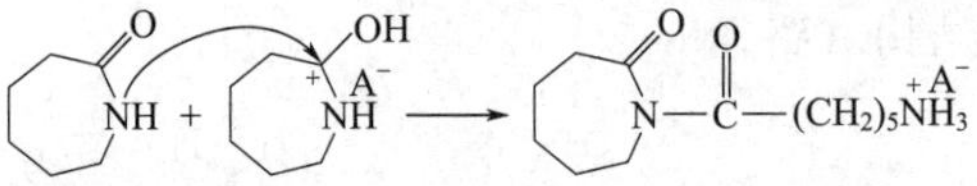

二聚物胺盐与内酰胺单体发生质子转移生成末端为氨基的二聚物和质子化单体：

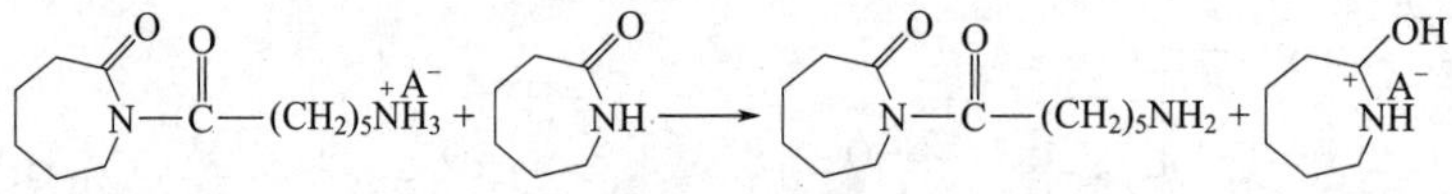

二聚物的氨基亲核进攻质子化单体开环生成末端为胺盐的三聚物：

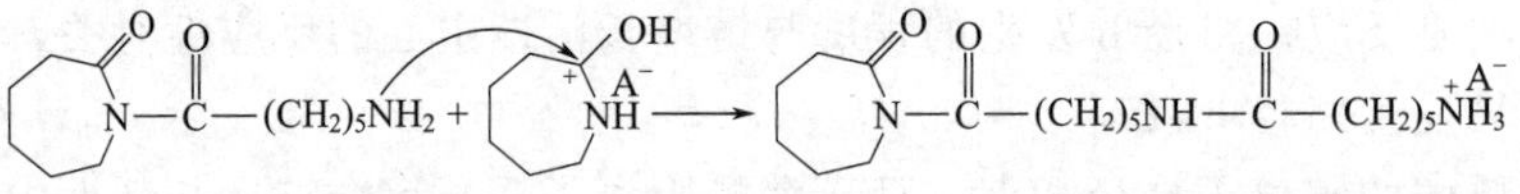

三聚物胺盐再与单体发生相似的质子转移、亲核进攻开环反应，如此反复进行链增长反应。

通常内酰胺的阳离子开环聚合难以得到高分子量聚酰胺，主要原因是增长链的末端氨基可和质子化的酰氨基反应生成脒，脒可很快与质子酸反应生成不具活性的盐使反应终止：

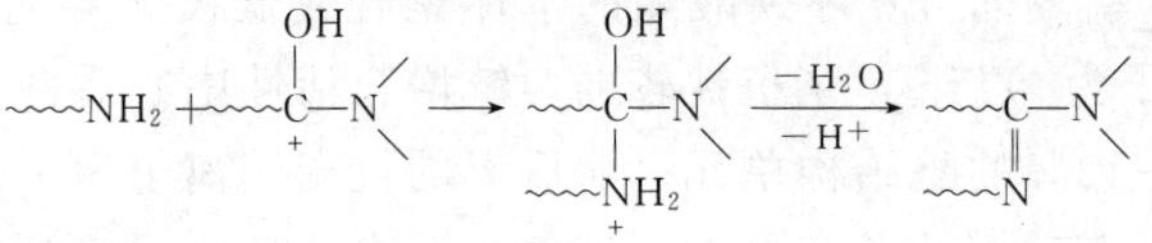

虽然内酰胺的阳离子开环聚合不如其阴离子开环聚合容易得到高分子量聚合物，但 *N*-烷基取代的内酰胺只能进行阳离子开环聚合。

8.2.6 环硅氧烷

最常见的环硅氧烷单体是一些硅氧烷环三聚物和环四聚物，如八甲基环四硅氧烷（简称 D_4）：

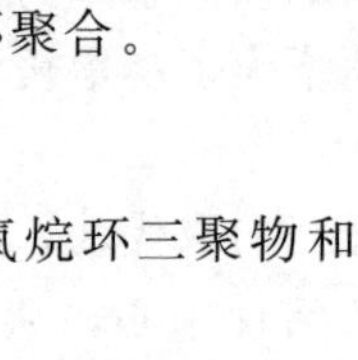

D_4单体

环硅氧烷阳离子开环聚合引发剂包括质子酸和 Lewis 酸。常用的强质子酸包括硫酸、高氯酸、甲磺酸、三氟甲磺酸等。常用的 Lewis 酸包括 $FeCl_3$、$SnCl_4$ 等，其真实的引发剂是其水解产生的质子。环硅氧烷的阳离子聚合反应机理非常复杂，目前仍然没有完全了解，以质子酸 HA 引发的环硅氧烷聚合反应为例，一般认为其聚合反应过程可示意如下[7]：

首先，HA与环硅氧烷单体开环加成生成硅醇中间体，硅醇中间体再在HA作用下与环硅氧烷单体反应生成三级氧鎓离子链增长活性中心，然后另一分子的环单体进攻氧鎓离子的α-Si使其开环，并形成新的三级氧鎓离子链增长活性中心，如此反复进行链增长反应，此过程与环醚单体的阳离子开环聚合类似。

除了正常的开环聚合反应外，反应过程中末端羟基可以与引发剂发生末端交换（酯化反应）生成末端酯基，末端羟基之间以及末端羟基与末端酯基之间可以发生缩聚反应：

$$\sim Si-OH + HA \xrightleftharpoons{-H_2O} \sim Si-A$$

末端交换

$$\sim Si-OH + HO-Si\sim \xrightleftharpoons{-H_2O} \sim Si-O-Si\sim$$

$$\sim Si-OH + A-Si\sim \xrightleftharpoons{-HA} \sim Si-O-Si\sim$$

缩聚反应

由于反应过程中开环聚合与缩聚反应共存，所得聚合产物的分子量分布一般较宽。

8.2.7 活化单体机理（AMM）阳离子开环聚合反应[8,9]

如前所述的阳离子开环聚合，除内酰胺外，其他环单体聚合反应过程中，离子活性中心都位于增长链的末端，因而易发生末端“回咬”反应生成环状低聚物。研究发现，在质子酸引发的环氧乙烷阳离子开环聚合体系中外加醇可减少环状低聚物生成，并且醇与单体的浓度比越高，环状低聚物越少。由于离子末端的“回咬”反应是单分子反应，任何外部因素包括外加醇都不应该影响其反应速率，相应地也不应该影响低聚物含量。因此上述实验现象说明，外加醇可能改变了环氧乙烷阳离子开环聚合机理，使“回咬”反应受阻或被消除。一般认为在醇的存在下，环氧乙烷的阳离子开环聚合机理为“活化单体机理（AMM)”，即聚合体系中的阳离子不是位于增长链上，而是在单体分子上。其机理可示意如下：

$$R-OH + \overset{+}{O}H \longrightarrow RO-CH_2CH_2\overset{+}{O}H_2 \xrightleftharpoons{快} RO-CH_2CH_2OH + \overset{+}{O}H$$

首先单体被质子酸等催化剂活化形成氧鎓离子，然后醇的—OH亲核进攻氧鎓离子的α-C使之开环，并将质子快速转移给其他环氧乙烷单体分子使之活化，如此反复进行链增长反应。理论上，质子不仅可以向单体也可以向聚合物链上的O发生转移，但由于单体环张力的缘故，单体质子化生成的三级氧鎓离子，其活性远高于聚合物中O发生质子化生成的二级氧鎓离子。

在AMM聚合反应中，外加醇实际上起引发剂的作用，质子酸实际上是活化单体的催化剂，增长链的活性末端为—OH，聚合产物的聚合度取决于已反应单体浓度与外加醇所含羟基浓度之比。由于链增长反应发生在增长链的末端—OH 和活化单体之间，其离子活性中心在活化单体分子上，而不在增长链末端，因此不会发生回咬反应。

聚合反应过程中，质子化的单体也可以和单体反应形成三级氧鎓离子引发活性中心，引发增长链末端为氧鎓离子（链增长活性中心）的“活化链末端机理（ACE）”聚合反应，意即 ACE 和 AMM 聚合反应共存，是竞争关系：

$$R—OH + \text{(环氧乙烷)} + \text{(质子化环氧乙烷, } \overset{+}{O}H) \begin{cases} \xrightarrow{AMM} RO—CH_2CH_2OH\ (+\ “H^+”) \\ \xrightarrow{ACE} HO—CH_2CH_2—\overset{+}{O}\text{(环)} \end{cases}$$

两种机理聚合反应速率分别为

$$R_{(AMM)} = k_{p(AMM)}[OH][M^*]$$

$$R_{(ACE)} = k_{p(ACE)}[M][M^*]$$

式中，$k_{p(AMM)}$、$k_{p(ACE)}$分别为 AMM 和 ACE 聚合反应速率常数；M^* 代表质子化单体。因此 AMM 与 ACE 聚合反应速率之比为

$$\frac{R_{(AMM)}}{R_{(ACE)}} = \frac{k_{p(AMM)}[OH]}{k_{p(ACE)}[M]}$$

可见，为了抑制 ACE 聚合反应，须使体系中非质子化单体的浓度尽可能低，但为了获得高分子量聚合物又必须保证单体浓度与活性链浓度之比（[M]/[OH]）要高，为此可使聚合反应在单体不足的条件下进行，如将单体缓慢地滴加到聚合反应混合物中。

AMM 阳离子开环聚合不仅适用于环醚单体，也适用于其他杂环单体，包括环缩醛、内酯、环胺和内酰胺等。

8.3 阴离子开环聚合反应

阴离子开环聚合是制备聚合物的重要方法之一，适用于阴离子开环聚合的单体，包括环氧化物、硫杂环丙烷衍生物、环酯、内酰胺、环碳酸酯、环硅氧烷等。阴离子开环聚合的一大优势是许多阴离子开环聚合呈现出活性聚合的特性，有利于精确控制聚合物的分子量和分子结构。

8.3.1 环氧化物

环醚由于其分子中的 O 为碱性，因此只有环张力大的环氧化物（氧杂环丙烷及其取代衍生物）能进行阴离子开环聚合。能引发环氧乙烷和环氧丙烷阴离子开环聚合的引发剂，包括金属氢氧化物、金属烷氧化物、金属氧化物、金属氨基化合物、烷基金属化合物以及电子转移阴离子引发剂等。其中最常使用的环氧乙烷阴离子开环聚合引发剂为钠、钾、铯等的氢氧化物和烷氧化物，锂金属化合物由于易形成低活性的缔合体，不能正常引发聚合反应。

以环氧乙烷为例，其阴离子开环聚合过程可示意如下：

链引发反应：

$$H_2C\overset{O}{—}CH_2 + M^+A^- \longrightarrow A—CH_2CH_2O^-M^+$$

链增长反应：

$$A—CH_2CH_2O^-M^+ + H_2C\overset{O}{—}CH_2 \longrightarrow A—CH_2CH_2OCH_2CH_2O^-M^+$$

在链引发反应中，阴离子引发活性种与环氧基加成，使之开环形成烷氧阴离子链增长活性中心，链增长活性中心再与单体进行反复加成形成增长链。结构不对称的环氧化物聚合时，其环氧基上具有两个可能的亲核开环反应活性点，相应地可形成两种不同的链增长活性

种，以环氧丙烷为例，其链增长活性种可有以下两种可能的结构：

$$CH_3-\underset{\diagdown O \diagup}{CH-CH_2} \nearrow \sim\sim CH(CH_3)-CH_2-O^- K^+ \quad (a)$$
$$\searrow \sim\sim CH_2-CH(CH_3)-O^- K^+ \quad (b)$$

通常，链增长反应为 S_N2 反应，链增长活性中心几乎总是进攻位阻相对较小的活性点，按（b）方式进行链增长得到头-尾结构的聚合物。环氧丙烷和其他取代环氧化物由于位阻的关系，聚合反应活性比环氧乙烷低。

大多数环氧化物的阴离子聚合表现出活性聚合的特征，当由单阴离子引发剂引发时，聚合产物的数均聚合度为

$$\overline{X}_n=\frac{p[M]_0}{[I]_0}$$

式中，p 为单体转化率；$[M]_0$ 为单体起始浓度；$[I]_0$ 为引发剂起始浓度。

但是，当聚合体系中存在质子化合物（如水、醇等）时，聚合反应过程中可发生交换反应。如一些金属烷氧化物和氢氧化物引发的聚合反应体系中，为了使引发剂溶于反应溶剂形成均相聚合体系，常需加入适量的水或醇，所加的水或醇除了溶解引发剂作用外，还可促进增长链阴离子与抗衡阳离子的离解，增加自由离子浓度，加快聚合反应速率。在醇的存在下，增长链可和醇发生如下交换反应：

$$R\text{+}OCH_2CH_2\text{+}_nO^-\ Na^+ + ROH \rightleftharpoons R\text{+}OCH_2CH_2\text{+}_nOH + RO^-\ Na^+$$

交换反应生成的醇盐可继续引发聚合反应。从形式上看，交换反应与链转移反应相似，但与链转移反应不同，交换反应生成的端羟基聚合物并不是“死”的聚合物，而只是休眠种，可和增长链之间发生类似的交换反应再引发聚合反应：

$$R\text{+}OCH_2CH_2\text{+}_nOH + R\text{+}OCH_2CH_2\text{+}_mO^-\ Na^+ \rightleftharpoons R\text{+}OCH_2CH_2\text{+}_nO^-\ Na^+ + R\text{+}OCH_2CH_2\text{+}_mOH$$

交换反应速率远高于链增长反应速率。通过交换反应，体系中的醇也可引发单体聚合，因此若无其他链转移反应时，体系中生成的聚合物分子数应等于引发剂起始分子数与所加醇的分子数之和，在此情况下，聚合产物的数均聚合度为：

$$\overline{X}_n=\frac{p[M]_0}{[I]_0+[ROH]}$$

交换反应对聚合反应的影响取决于所加的醇（或其他质子化合物）与生成的端羟基聚合物酸性的相对强弱。如果两者的酸性相近，交换反应将贯穿聚合反应始终，聚合反应速率不受影响，但产物分子量下降；如果加入的醇比端羟基聚合物的酸性更强，则交换反应发生在聚合反应之前，大多数的醇都与初级活性种发生交换反应：

$$ROCH_2CH_2O^-\ Na^+ + ROH \longrightarrow ROCH_2CH_2OH + RO^-\ Na^+$$

由于 ROH 的酸性较强，交换反应生成的 $RO^-\ Na^+$ 再引发聚合反应时，聚合反应速率相对较慢，结果导致聚合反应速率减慢，分子量分布变宽；如果所加醇的酸性比端羟基聚合物弱，对聚合反应速率的影响通常较小，交换反应主要发生在聚合反应的末期，导致分子量分布变宽。若加入 HCl 或羧酸等质子化合物，由于其交换反应衍生的阴离子 Cl^- 或 $RCOO^-$ 引发活性较低，不会发生再引发或再引发反应速率很慢，结果起阻聚剂或缓聚剂的作用。

金属烷氧化物和氢氧化物在非质子溶剂中的聚合反应不存在上述的交换反应。其他可溶于通常的聚合反应溶剂的引发剂（如金属烷基化合物等），不需要添加水或醇来保持体系均相，因此也不存在上述交换反应的限制，许多聚合反应可得到分子量达 10^5～10^6 的聚合物。尽管如此，醇或其他质子化合物的加入对于聚合产物分子量的控制具有重要意义。

取代环氧乙烷的阴离子开环聚合通常只能得到分子量较低的聚合物（如环氧丙烷阴离子开

环聚合产物的分子量通常<6000)，主要原因是烷氧阴离子是强碱，易从取代环氧化物单体的取代基夺取质子发生链转移。以环氧丙烷的聚合反应为例，向单体的链转移反应可示意如下：

$$\sim\sim CH_2-\underset{}{\overset{CH_3}{\overset{|}{C}}}H-O^- Na^+ + CH_3-\overset{O}{\overbrace{CH-CH_2}} \longrightarrow \sim\sim CH_2-\overset{CH_3}{\overset{|}{C}}H-OH + \overset{O}{\overbrace{H_2C-CH}}-CH_2^- Na^+$$

$$\downarrow$$

$$CH_2=CH-CH_2O^- Na^+$$

$$\rightleftharpoons$$

$$CH_3-CH=CHO^- Na^+$$

增长链从单体取代基夺取质子后本身转化为末端带—OH 的聚合物，而环氧丙烷单体则转化为不稳定的环氧基烷基阴离子，很快开环形成烯丙烷氧阴离子，后者可部分异构化成烯醇阴离子。烯丙烷氧阴离子和烯醇阴离子可再引发聚合反应形成新的聚合物链。环氧单体上的烷基取代基越多，向单体的链转移反应越频繁。

在碱金属衍生物引发剂的聚合体系中加入碱金属离子的络合剂可显著提高环氧化物的聚合速率[10]，如冠醚、穴醚等。这些络合剂可有效地抑制非活性的离子缔合体的形成，并且可以促进链增长活性中心与抗衡阳离子的离解，增加自由离子浓度。如 $RO^- K^+$ 引发的环氧乙烷阴离子开环聚合体系中（THF，20℃）加入穴醚-222，其聚合反应活性种 $PEO^- K^+$ 的离解常数增大 1700 倍，而自由离子的活性比离子对的活性要高约 60 倍，因此聚合反应速率大幅增加。由于环氧基 α-碳上质子的酸性，烷基取代环氧化合物单体的阴离子开环聚合难以避免地会发生向单体的链转移反应，长烷基取代环氧化合物的链转移反应活性低于环氧丙烷，其聚合反应活性也低于环氧丙烷，为了提高其聚合活性就需要提高反应温度，链转移反应活性也相应提高，从而导致聚合产物分子量受限。但是加入冠醚等络合剂则可在低温条件下获得高聚合活性，并且减少向单体的链转移反应，从而获得更高分子量的聚合产物。如在加入络合剂的条件下，丁基环氧乙烷、己基环氧乙烷、辛基环氧乙烷等长链环氧乙烷单体的聚合反应甚至可以在 0℃以下进行，几乎可以完全抑制向单体的链转移反应。如丁基环氧乙烷在 $RO^- K^+$ 和 18-冠-6-醚的引发下，在 −23～−10℃下聚合可获得分子量为 50000～100000，且分子量分布<1.1 的聚合产物。

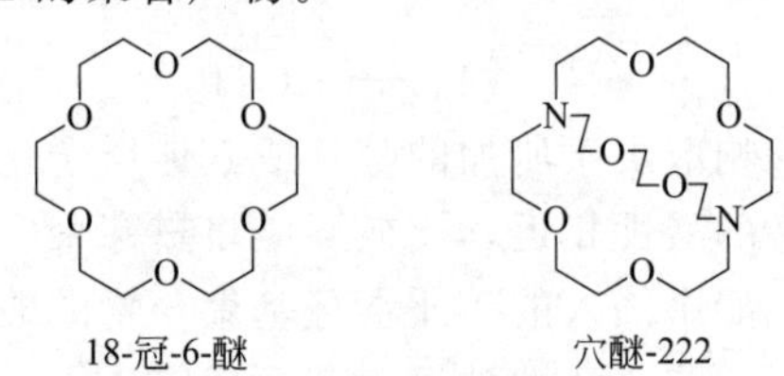

18-冠-6-醚　　　穴醚-222

环氧乙烷的阴离子开环聚合易实现活性聚合，而取代环氧乙烷（如环氧丙烷）的阴离子开环聚合则易发生向单体的链转移反应，通过抗衡离子与冠醚等复合或者选用离子半径更大的阳离子如 Rb^+ 或 Cs^+ 等，可在一定程度上抑制这种链转移反应，但是即使如此，环氧丙烷聚合产物的数均分子量也难超过 15000。但在碱金属烷氧化合物在烃类溶剂中引发环氧丙烷的聚合体系中加入三烷基铝（AlR_3），环氧丙烷的聚合速率明显加快，链转移反应显著减少，可以获得分子量达 20000 的聚合产物。通常认为 AlR_3 的作用是活化环氧丙烷单体和烷氧阴离子链增长活性中心，从而使链增长反应相对链转移反应更具优势[10]。

硫杂环丙烷及其取代衍生物的阴离子开环聚合与环氧化合物相似，其链增长活性种为硫醇阴离子：

$$\sim\sim CH_2CH_2SCH_2CH_2S^-$$

且由于 C—S 键比 C—O 键更易极化，聚合反应活性更高。

8.3.2　环酯

能进行阴离子开环聚合的环酯[11]单体包括内酯和内交酯两大类：

$$n\ \text{(内酯)} \longrightarrow \left[CH_2R-\overset{\overset{O}{\|}}{C}-O \right]_n$$

内酯

$$n\ \text{(内交酯)} \longrightarrow \left[\underset{H}{\overset{R}{\overset{|}{C}}}-\overset{\overset{O}{\|}}{C}-O \right]_{2n}$$

内交酯

内酯阴离子开环聚合的引发剂主要有碱金属、碱金属氧化物、碱金属-萘/冠醚复合物等。其链引发反应可有两种方式：①引发阴离子对内酯的羰基 C 进行亲核进攻，使酰氧 C—O键断裂形成烷氧阴离子活性链末端；②引发阴离子对烷氧基 C 进行亲核进攻，使烷氧 C—O 键断裂生成羧酸根阴离子活性链末端。以 β-内酯的聚合反应为例，其链引发反应机理可示意如下：

$$R^-M^+ + \text{(β-内酯)} \xrightarrow{1} R-\overset{\overset{O}{\|}}{C}\sim\sim O^-M^+ \qquad R^-M^+ + \text{(β-内酯)} \xrightarrow{2} R\sim\sim\overset{\overset{O}{\|}}{C}-O^-M^+$$

一般由弱碱引发 β-内酯阴离子开环聚合时，通常发生烷氧键断裂引发反应，形成羧酸根阴离子增长活性中心；而强碱引发剂，如碱金属烷氧化物，则发生酰氧键断裂形成烷氧阴离子增长活性中心。在有些聚合体系中两种机理共存，如甲醇钾或叔丁醇钾与 18-冠-6-醚复合物引发丙内酯或丁内酯聚合时，首先烷氧阴离子进攻单体的羰基 C 发生酰氧键断裂形成末端为酯基的烷氧阴离子活性中心，该活性链在随后的聚合反应过程可发生末端消去反应生成 KOH 和末端不饱和的聚酯，所得 KOH 也是阴离子开环聚合引发剂，它引发聚合时进攻烷氧 C，发生烷氧 C—O 键断裂结果得到末端带—OH 的羧酸根阴离子活性增长链。大环内酯如己内酯、丙交酯等聚合时只发生酰氧键断裂形成烷氧阴离子活性中心。

内酯阴离子开环聚合存在链转移反应，包括向单体的链转移反应和向高分子的链转移反应。向单体的链转移反应主要为从单体夺取 β-质子的链转移反应，如丙内酯的阴离子开环聚合中，增长链活性中心从单体夺取质子，本身变为末端为羧基的聚合物分子，丙内酯单体失去 β-质子后开环生成丙烯酸根阴离子引发聚合反应，结果得到不饱和末端的聚酯[12]：

$$\sim\sim\overset{\overset{O}{\|}}{C}-O^- + \text{(丙内酯)} \longrightarrow \sim\sim\overset{\overset{O}{\|}}{C}-OH + H_2C=\underset{H}{C}-\overset{\overset{O}{\|}}{C}-O^-$$

$$\xrightarrow{\text{单体}} H_2C=\underset{H}{C}-\overset{\overset{O}{\|}}{C}-O\left[CH_2CH_2-\overset{\overset{O}{\|}}{C}-O\right]_n CH_2CH_2-\overset{\overset{O}{\|}}{C}-O^-$$

向高分子的酯交换链转移反应，可导致分子量变宽，分子内的酯交换反应（回咬反应）可导致环状低聚物生成，而分子间的酯交换反应会导致分子链发生交换，这对合成精确结构的共聚物是不利的。引发剂活性对链转移反应影响显著，引发剂的活性越高，越易发生向单体和高分子的链转移反应，因此为了获得活性聚合通常采用引发活性相对较低的配位阴离子引发剂（参见 8.4 节）。

与环氧化物的阴离子开环聚合相似，在内酯单体的阴离子开环聚合体系中加入冠醚或穴醚与抗衡阳离子复合，可大幅提高聚合反应速率（上百倍），抑制链转移反应。

8.3.3 内酰胺

强碱如碱金属、金属氢化物、金属氨基化合物、金属烷氧化合物和金属有机化合物等可与内酰胺反应形成内酰胺[2,13]阴离子，但内酰胺的阴离子开环聚合并不是由强碱直接引发，内酰胺的阴离子开环聚合为活化单体机理。以碱金属引发内酰胺阴离子开环聚合为例，其链引发反应可分为两步，首先内酰胺与碱金属反应生成内酰胺阴离子：

$$\overset{O}{\overset{\|}{C}}\text{—NH} + M \longrightarrow \overset{O}{\overset{\|}{C}}\text{—}\bar{N}\ \ M^+ + 1/2\,H_2$$

所用阴离子引发剂的碱性越弱，所得内酰胺阴离子的浓度越低。但使用强碱性的碱金属或金属氢化物虽然可得到高浓度的内酰胺阴离子，但是它们与胺或水之间的副反应可破坏聚合反应活性中心。大多数的阴离子引发剂可形成共轭酸污染聚合体系，并破坏聚合反应活性种，因此为避免上述的不良后果，通常预先制备并纯化内酰胺阴离子，再加入聚合体系。

链引发反应的第二步反应为内酰胺阴离子进攻内酰胺单体的羰基 C 发生酰胺交换反应，使单体开环生成末端带 N-酰化环酰胺结构的二聚体伯胺阴离子：

$$\overset{O}{\overset{\|}{C}}\text{—}\bar{N}\ \ M^+ + \overset{O}{\overset{\|}{C}}\text{—NH} \longrightarrow \overset{O}{\overset{\|}{C}}\text{—N—}\overset{O}{\overset{\|}{C}}\ \ \bar{N}H\ \ M^+$$

与内酰胺阴离子不同，伯胺阴离子不与羰基共轭，反应活性非常高，很快从单体酰氨基夺取 H 形成含 N-酰化环酰胺结构的酰亚胺二聚物，同时生成内酰胺单体阴离子：

$$\overset{O}{\overset{\|}{C}}\text{—N—}\overset{O}{\overset{\|}{C}}\ \ \bar{N}H\ M^+ + \overset{O}{\overset{\|}{C}}\text{—NH} \longrightarrow \overset{O}{\overset{\|}{C}}\text{—N—}\overset{O}{\overset{\|}{C}}\ \ NH_2 + \overset{O}{\overset{\|}{C}}\text{—}\bar{N}\ M^+$$

链引发反应所得酰亚胺二聚物中的 N-酰化环酰胺结构，由于其环外 N-酰基的吸电子作用，增强了环酰胺键的缺电子性，因此它与内酰胺单体阴离子的反应活性比内酰胺单体高得多，易受内酰胺单体阴离子亲核进攻开环生成带有酰胺阴离子的三聚体：

$$\overset{O}{\overset{\|}{C}}\text{—}\bar{N}\ \ M^+ + \overset{O}{\overset{\|}{C}}\text{—N—}\overset{O}{\overset{\|}{C}}\ \ NH_2 \longrightarrow \overset{O}{\overset{\|}{C}}\text{—N—}\overset{O}{\overset{\|}{C}}\ \ \overset{M^+}{\bar{N}}\text{—}\overset{O}{\overset{\|}{C}}\ \ NH_2$$

该三聚体阴离子再从内酰胺单体夺取 H，使单体活化生成内酰胺单体阴离子，内酰胺单体阴离子再亲核进攻三聚体的 N-酰化环酰胺结构，如此反复进行链增长反应，其增长链活性末端始终是相应的 N-酰化环酰胺结构（如下式虚线框中所示）。

$$\overset{O}{\overset{\|}{C}}\text{—N—}\overset{O}{\overset{\|}{C}}\ \ \overset{M^+}{\bar{N}}\text{—}\overset{O}{\overset{\|}{C}}\ \ NH_2 + \overset{O}{\overset{\|}{C}}\text{—}\overset{H}{\overset{|}{N}} \longrightarrow \overset{O}{\overset{\|}{C}}\text{—}\overset{M^+}{\bar{N}} + \overset{O}{\overset{\|}{C}}\text{—N—}\overset{O}{\overset{\|}{C}}\ \ NH\text{—}\overset{O}{\overset{\|}{C}}\ \ NH_2 \longrightarrow$$

$$\boxed{\overset{O}{\overset{\|}{C}}\text{—N—}\overset{O}{\overset{\|}{C}}}\ \ \overset{M^+}{\bar{N}}\text{—}\overset{O}{\overset{\|}{C}}\ \ NH\text{—}\overset{O}{\overset{\|}{C}}\ \ NH_2$$

链增长活性中心

可见，酰亚胺二聚物是聚合反应实际上的引发剂，是聚合体系中原位生成的，所加阴离子引发剂的作用是活化单体。由于内酰胺单体的酰胺键与内酰胺阴离子之间的反应活性不高，因此酰亚胺二聚物浓度的增加较慢，导致内酰胺聚合反应的开始阶段存在反应速率慢的诱导期。为了消除聚合反应的诱导期，可在聚合体系中预先加入环外 *N*-酰基内酰胺作为引发剂。

单体结构和聚合反应条件对内酰胺聚合反应具有重要影响。由于开环聚合反应的驱动力主要来源于内酰胺单体环张力的释放，环张力越大的单体聚合活性越高。内酰胺阴离子开环聚合除—NH 外，与羰基相邻 α-C 的 H 也可发生质子转移，导致副反应的发生，要抑制该副反应必须采用温和的反应条件，如在室温或低于室温下反应，但是大多数的聚酰胺熔点高，室温条件下不溶于阴离子聚合常用的溶剂，因此为了保证聚合反应在均相体系中进行，必须选择强极性溶剂，如二甲基亚砜、*N*,*N*-二甲基乙酰胺等，与聚酰胺的溶液缩聚相似，也可加入 LiCl 来提高聚酰胺的溶解性。

在聚合反应后期，当单体基本消耗完后，聚酰胺之间可发生酰胺交换反应，导致分子量分布变宽：

链1 链2 a b c d

因此为了获得窄分布的聚合物，必须及时终止聚合反应，避免反应后期高分子间的酰胺交换反应。

8.3.4 *N*-羧基环酸酐

N-羧基环酸酐（*N*-carboxy-anhydride，NCA）可由碱性或亲核性引发剂进行阴离子开环聚合得到高分子量的聚酰胺。

NCA

$$n \text{ NCA} \longrightarrow \text{+}\!\!\left(\text{CO—CHR—NH}\right)_n + nCO_2$$

常用的 NCA 开环聚合引发剂包括胺、金属烷氧化物（醇盐）、金属氢氧化物和金属氢化物等。使用伯胺为引发剂时，其聚合反应机理有两种可能：氨基活性末端机理和活化单体机理[7]。

(1) 氨基活性链末端机理（ACE 机理） 氨基活性链末端机理的链增长反应基于伯氨基对 NCA 单体羰基 C 的亲核进攻，使酰氧键断裂，然后发生质子转移生成末端氨基甲酸，末端氨基甲酸分解生成末端氨基并释放 CO_2，如此反复生成聚合物链。链末端氨基为其聚合反应活性中心。

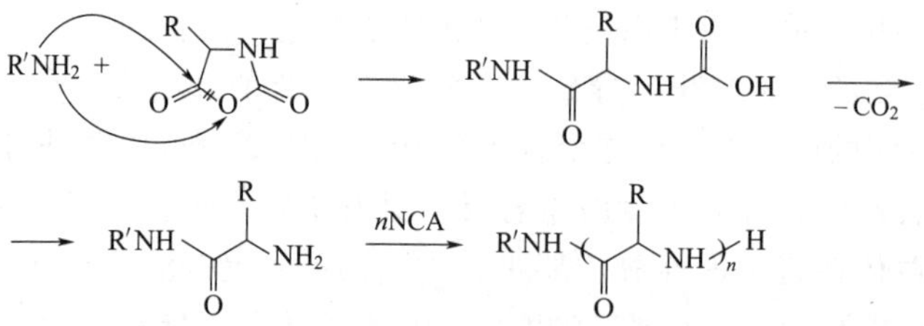

(2) **活化单体机理(AMM)** AMM聚合则是伯胺引发剂从NCA单体夺取*N*-质子生成活化单体阴离子,活化单体阴离子再亲核进攻NCA使之开环,开环产物再与NCA单体发生夺氢、脱CO_2反应,生成增长链,同时再生活化单体阴离子。所得增长链末端所带的*N*-酰化NCA结构即为聚合反应活性中心,由于*N*-酰基的活化作用,*N*-酰化NCA与活化单体阴离子的反应活性远高于NCA单体,因此活化单体阴离子选择性进攻增长链的*N*-酰化NCA,如此反复进行链增长反应。

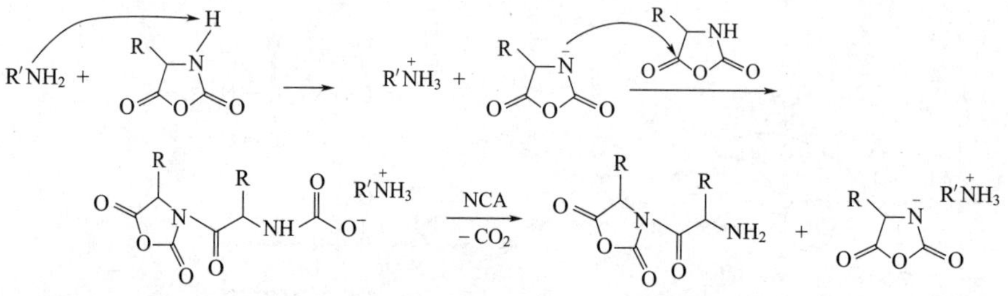

增长链

伯胺引发剂的NCA聚合反应通常两种机理并存,导致聚合反应可控性较差。为了提高聚合反应的可控性,需使聚合反应尽量以单一机理进行。AMM聚合反应中的伯胺夺取NCA单体质子的反应可以看作是ACE机理聚合反应过程中发生的向单体的链转移反应,为了抑制这种链转移反应,可以用伯胺盐酸盐替代伯胺作为引发剂,伯胺盐酸盐($RNH_3^+Cl^-$)扮演双重角色:伯胺的休眠种和质子源。伯胺休眠种角色可释放出游离伯胺起引发作用,而质子源角色则可以抑制伯胺对单体的夺氢反应,从而抑制AMM聚合反应,聚合反应以单一的ACE机理进行,使聚合反应具有更好的可控性。

在强碱(R^-、HO^-、RO^-)或叔胺引发下,NCA的聚合反应为AMM聚合。

NCA的开环聚合产物可以看作是相应的α-氨基酸的缩聚产物,但受制于缩聚反应的特性,如聚合反应速率较慢、通常需要高温聚合、易发生各种副反应、难以获得高反应程度等,α-氨基酸的缩聚反应难以合成高分子量聚合物。而NCA的开环聚合为链式聚合,无此缺陷,是目前合成高分子量聚α-氨基酸的主要方法。α-氨基酸是生物体内多肽的结构单元,因此NCA的聚合产物实际上可以看成是人工合成的多肽。

8.3.5 环硅氧烷

环硅氧烷的阴离子开环聚合引发剂包括碱金属的氢氧化物、烷基化物、烷氧化物、硅醇盐(如三甲基硅醇钾)以及其他碱。其聚合反应机理可示意如下[7]:

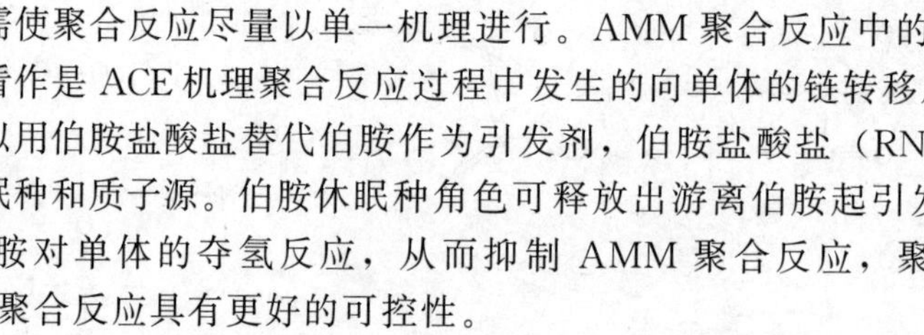

式中，Cat^+ = 碱金属离子、R_4N^+ 或 R_4P^+ 等；B^- = OH^-、R^-、R_3SiO^- 等。

环硅氧烷的本体阴离子开环聚合反应速率与抗衡阳离子密切相关，随着抗衡阳离子体积的增大，增长链阴离子与抗衡阳离子之间的相互作用减弱，有利于离解程度的提高，加快聚合反应速率，不同阳离子的聚合反应速率顺序为：$Li^+ < Na^+ < K^+ < Rb^+ < Cs^+ \approx {}^+N(CH_3)_4 \approx {}^+PBu_4$。

虽然环硅氧烷的阴离子开环聚合反应没有链终止反应，也不存在不可逆的链转移反应，但通常只有环三硅氧烷（如 D_3）在亲核促进剂存在下的阴离子开环聚合可以认为是活性/可控聚合。由于环三硅氧烷类单体的高活性，其链引发反应非常快，即使当单体几乎转化完全，副反应也可忽略不计，聚合物产率几乎是定量的，数均分子量与单体转化率呈线性关系，并可由单体与引发剂摩尔比进行控制，分子量分布非常窄（PDI<1.1）。

8.4　非金属有机引发剂/活化剂

在大多数情形下，阳/阴离子开环聚合的引发剂/活化剂含有金属成分，这对于一些对聚合物中金属含量要求非常严格的应用是不利的，这种情形下，非金属有机引发剂/活化剂[14]的一些独特优势就显得尤为重要。与含金属成分的引发剂/活化剂相比，非金属有机引发剂/活化剂的优势是多方面的：①毒性低，对环境友好；②对氧和湿气等杂质敏感性低，使其制备和储存更加简便；③所得聚合物不含任何金属残留物，在一些特殊的高价值和敏感领域的应用独具优势，如生物医学、美容护理、微电子器件、食品包装等。

非金属有机引发剂/活化剂的开环聚合反应机理取决于引发剂/活化剂的性质以及单体的聚合反应活性。聚合反应可通过活化单体机理（AMM 机理）进行，也可通过活化聚合物链末端机理（ACE 机理）进行，或者同时发生 AMM 机理和 ACE 机理聚合反应。

非金属有机引发剂/活化剂在开环聚合反应中的应用，最受关注的是环酯（包括交酯和内酯）的开环聚合反应，一方面是由于聚酯的可生物降解性和可体内生物吸收，因而在生物医学领域具有重要应用，而这类应用对材料的无毒性要求特别严格；另一方面也因为环酯这类极性环单体相对容易聚合。

8.4.1　阳离子开环聚合

非金属有机亲电试剂主要通过 AMM 机理引发杂环单体的阳离子开环聚合，起活化剂的作用，包括质子酸、非金属 Lewis 酸、烷基化试剂、酰化试剂等。质子酸（包括无机酸和有机酸，如硫酸、磷酸、三氟乙酸、三氯乙酸、对甲苯磺酸、三氟甲磺酸等）和非金属 Lewis 酸（如三甲基硅三氟甲磺酰亚胺）等亲电试剂主要通过与单体杂原子的相互作用生成活化单体，活化单体比单体本身具有更强的亲电性，能够与引发剂或聚合物链末端进行亲电加成，使单体开环，同时再生出亲电试剂。此类亲电试剂起活化剂作用，聚合体系中需加入质子化合物（通常为醇）作为引发剂，以丙交酯在亲电试剂 E 作用下的聚合反应为例，其阳离子开环聚合可示意如下：

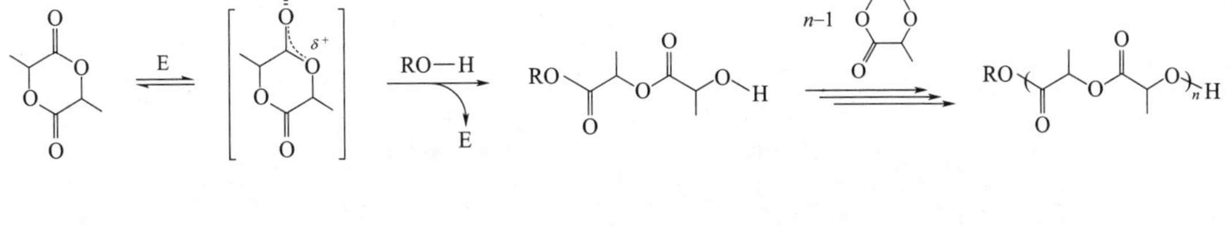

单体与亲电试剂 E 作用生成活化单体，活化单体与醇进行亲电开环加成生成末端带—OH的增长链，同时再生出亲电试剂 E，E 再与单体作用生成活化单体与增长链的末端—OH进行开环加成，如此反复进行链增长反应。在非水环境下只发生开环聚合反应，而在水存在下，还可能发生单体与水开环加成生成羟基酸进行缩聚反应。

8.4.2 阴离子开环聚合

在一些非金属亲核试剂的作用下，杂环单体发生的阴离子开环聚合可依反应条件的不同而发生 AMM 机理聚合反应或 ACE 机理聚合反应。

在醇存在下，亲核试剂起活化剂作用，其聚合反应机理为 AMM 机理。以丙交酯的阴离子开环聚合为例，其聚合反应机理可示意如下：

LA　活化单体　RO—H　中间体　Nu　增长链　$n-1$

亲核试剂 Nu 首先与单体开环加成生成带亲核基团 Nu 的两性离子中间体（活化单体），活化单体与醇类引发剂（ROH）发生质子化，生成末端—OH 的中间体和烷氧阴离子 RO^-，RO^- 亲核进攻中间体的亲核基团 Nu 发生取代反应生成增长链，同时再生出亲核试剂 Nu，如此反复进行链增长反应。

若体系中不存在醇等质子性引发剂，则聚合反应按 ACE 机理进行，以 β-丁内酯（β-BL）在亲核试剂 Nu 作用下的开环聚合反应为例，其聚合反应机理可示意如下：

β-BL　$n-2$

亲核试剂 Nu 与单体开环加成生成两性离子中间体，两性离子中间体的烷氧阴离子为聚合反应活性中心，与单体发生亲核开环加成生成末端带烷氧阴离子的增长链，如此反复进行链增长反应。

常用于引发杂环单体阴离子开环聚合的非金属亲核试剂包括含 N 亲核试剂和含 P 亲核试剂。含 N 亲核试剂包括叔胺、吡啶、季铵盐、*N*-杂环卡宾（NHC，包括游离 NHC 和潜伏性 NHC），脒类和胍类等。

常见的潜伏性 NHC 试剂有咪唑鎓盐、咪唑啉鎓盐。潜伏 NHC 在非质子溶剂中与强碱发生夺质子反应后生成游离 NHC。

碱　非质子溶剂

潜伏NHC　游离NHC

与NHC试剂相比，吡啶类及烷基/芳基胺是相对较温和的Bronsted碱。但都具有很强的亲核性，可用于多种杂环单体的开环聚合，包括交酯、内酯、碳酸酯和 *O*-羧基酸酐（OCA）等。

常用的脒类与胍类引发剂/活化剂如下：

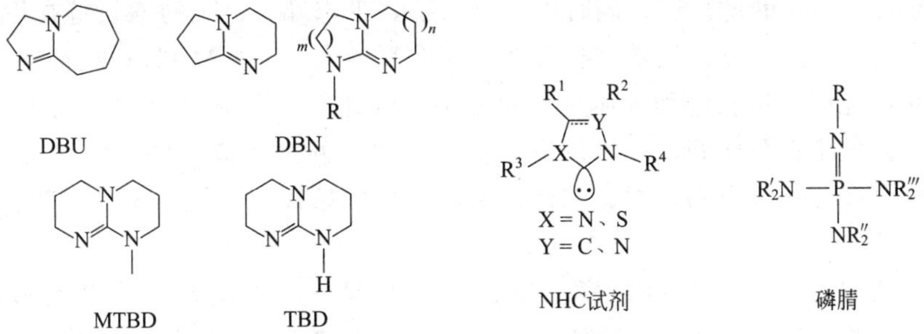

DBU DBN MTBD TBD

常用的脒与胍引发剂/活化剂

X = N、S
Y = C、N

NHC试剂

磷腈

含磷亲核试剂包括膦 PR_3、磷腈和季鏻盐等。常用的 PR_3 包括烷基或芳基膦如三丁基膦、二甲基苯基膦、甲基二苯基膦、三苯基膦等，不同R基的 PR_3 碱性强弱不同，因而可通过R基调节 PR_3 的活性，烷基取代膦碱性最强，亲核性最强，比相应的芳基取代膦活性高得多。

8.4.3 酶促开环聚合

酶按其催化的反应类型可分为6类，其中3种可以引发或催化聚合反应，即氧化还原酶、转移酶和水解酶。水解酶中的脂肪酶可以高效地催化酯键的形成，因而广泛用作逐步聚合或开环聚合合成聚酯的催化剂（引发剂/活化剂），包括环酯、环碳酸酯、环磷酸酯等单体的开环聚合反应。以脂肪酶的己内酯开环聚合为例，其聚合反应机理可示意如下[15]：

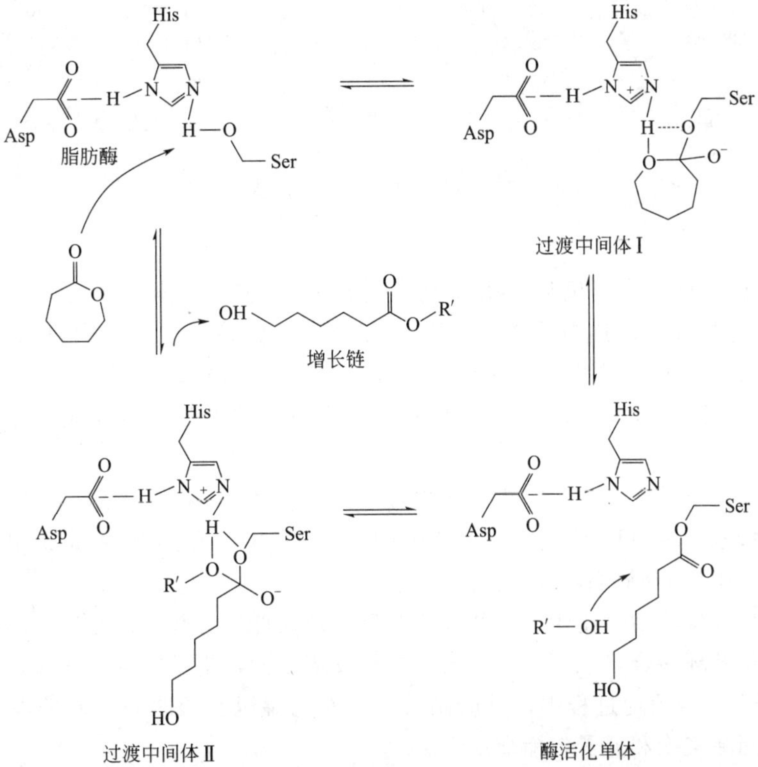

脂肪酶

增长链

过渡中间体Ⅰ

过渡中间体Ⅱ

酶活化单体

8

脂肪酶的活性位是一个由丝氨酸（Ser）、组氨酸（His）和天冬氨酸（Asp）组成的具有催化活性的三位一体组合体，己内酯的酯基相当于底物，催化组合体中丝氨酸的伯羟基亲核进攻己内酯酯基形成过渡中间体Ⅰ，内酯的酰氧键断裂开环得到所谓的酶活化单体，然后，亲核试剂（R′—OH）进攻酶活化单体形成一个新的过渡中间体Ⅱ，过渡中间体Ⅱ再分解释放出末端带—OH 的增长链，同时再生脂肪酶，带末端—OH 的增长链在后续反应中起 R′—OH 的作用，如此反复进行链增长反应。聚合反应通过 AMM 机理进行。

由于酶并不能区分增长链和单体所含的酯基，因此聚合反应过程中会发生酯交换反应，酯交换反应可以发生在分子间，也可以发生在分子内（回咬反应），因此聚合产物中既存在线型聚合物也存在环状聚合物，两者的比例取决于反应条件，包括浓度、溶剂、温度和亲核试剂浓度与活性。

聚合反应的引发阶段需特别注意，与金属引发剂的己内酯开环聚合类似，亲核试剂 R′—OH 对于酶的再生以及开环产物的生成是必不可少的，可以认为其是真正的引发剂，而酶是活化单体的活化剂。引发剂可以是水、醇、胺或硫醇等。酶促开环聚合虽然可以在一定程度上控制聚合物的分子量和末端功能基，但由于存在交换反应，并不能完全满足活性/可控聚合的要求。

8.5 配位开环聚合反应

配位开环聚合反应[16,17]指内酯、交酯、环碳酸酯[18]、环酸酐[19]等在一些含空 p、d 或 f 轨道的金属烷氧化物引发下进行的开环聚合反应，其聚合反应机理不同于离子开环聚合，而是配位-插入开环聚合机理，通过酰氧键断裂使单体插入引发剂的金属-氧键进行链增长反应。一般认为配位-插入开环聚合机理包括两步主要的反应，以内酯配位聚合反应为例，其聚合反应机理可示意如下[20,21]：

中间态

单体 聚合 $\text{M}\!\left(\text{O}-\text{R}'-\overset{\text{O}}{\overset{\|}{\text{C}}}\right)_n\!\text{OR} \xrightarrow{\text{H}^+} \text{H}\!\left(\text{O}-\text{R}'-\overset{\text{O}}{\overset{\|}{\text{C}}}\right)_n\!\text{OR}$

首先，引发剂与单体配位后，引发剂所含的烷氧基对单体羰基的 C 进行亲核进攻，羰基被打开形成中间态，其中原羰基的氧与金属原子配位；然后，通过金属原子与原酯基的烷基氧配位使单体的酰氧键断裂开环。如此反复进行链增长反应。链增长反应过程中，增长链通过烷氧键始终与金属原子配位。聚合反应可通过水解反应终止形成—OH 末端基。

配位开环聚合的引发剂通常为含有能量适当的空 p、d 或 f 轨道的金属烷氧化物（ROM）或羧酸盐（RCOOM）[16,17]。常用的金属有 Al、Sn（包括Ⅱ价和Ⅳ价）、Mg、Zn[22]、Ca[23]、Ti[24]和镧系金属[25]等。

配位开环聚合反应活性比阴离子开环聚合反应活性低，有些单体能进行阴离子开环聚合而不能进行配位开环聚合，但配位开环聚合的副反应更少，更易实现活性聚合。内酯或交酯等配位-插入开环聚合反应过程中常见的副反应是在高温以及长时间反应条件下的酯交换反应，包括分子间酯交换和分子内酯交换：

分子间酯交换反应：

$$\mathrm{RO{+}\overset{O}{\overset{\|}{C}}{-}R'{-}O{\rangle}_{n}M + RO{+}\overset{O}{\overset{\|}{C}}{-}R'{-}O{\rangle}_{m}{+}\overset{O}{\overset{\|}{C}}{-}R'{-}O{\rangle}_{p}M \longrightarrow}$$

$$\mathrm{RO{+}\overset{O}{\overset{\|}{C}}{-}R'{-}O{\rangle}_{m}M + RO{+}\overset{O}{\overset{\|}{C}}{-}R'{-}O{\rangle}_{n}{+}\overset{O}{\overset{\|}{C}}{-}R'{-}O{\rangle}_{p}M}$$

分子内酯交换反应（如尾咬反应）：

$$\mathrm{{\sim}O{-}R'{-}\overset{O}{\overset{\|}{C}}{-}O{-}R'{-}\overset{O}{\overset{\|}{C}}{\sim}\ \cdots\ {\sim}\overset{O}{\overset{\|}{C}}{-}R'{-}O{-}M \longrightarrow {\sim}O{-}R'{-}\overset{O}{\overset{\|}{C}}{-}O{-}R'{-}\overset{O}{\overset{\|}{C}}{\sim}\ (\text{环}) + M{-}O{-}R'{-}\overset{O}{\overset{\|}{C}}{\sim}}$$

分子间的酯交换反应使聚合物的分子量分布以及共聚物的组成分布难以控制，也不能利用不同单体的先后顺序聚合法获得嵌段共聚物。而分子内的酯交换反应则导致聚合物链降解生成环状低聚物。两种酯交换反应都会使聚合反应变得不可控。影响酯交换反应的因素主要有温度、反应时间、引发剂的种类与浓度以及单体的性质。

① 反应条件。温度越高、反应时间越长，酯交换反应程度越高。

② 引发剂。引发剂的酯交换反应活性取决于所用金属及其配体的位阻。常见的金属烷氧化合物引发剂对聚合物链的酯交换反应活性依次如下[26]：$Bu_2Sn(OR)_2 > Bu_3SnOR > Ti(OR)_4 > Zn(OR)_2 > Al(OR)_3$。与锡系引发剂相比，铝系引发剂的开环聚合反应可控性更强，对合成具有精确结构的聚合物分子更有利。在金属配合物中引入大位阻配体可阻碍聚合物链与活性中心的接触，从而可抑制酯交换反应的发生，获得活性聚合[27,28]。如通常的稀土金属烷氧化合物引发己内酯开环聚合时虽然表现出一定的活性聚合特征，但在单体转化完全后，由于易发生酯交换副反应，聚合物的分子量分布迅速变宽。而将引发剂分子中的烷氧基变成位阻大的异丙氧基后，则完全表现出活性聚合的特征。

③ 单体性质。单体聚合所得聚酯主链的挠曲性越高，越容易发生酯交换副反应。如D,L-丙交酯与L,L-丙交酯相比，前者聚合所得的主链为无规聚合物，具有更好的挠曲性，因而酯交换副反应程度更高[29]。

由于配位开环聚合比阴离子开环聚合更容易实现活性聚合，且其配位聚合的特性可以实现定向聚合，因而更有利于得到立体规整性好、分子量可控、分子量分布窄、结构明确、具有特定末端基的均聚物和共聚物。

8.6 自由基开环聚合反应

能进行自由基开环聚合[30]的环单体除环二硫化物和双环丁烷外，绝大多数都是环外亚甲基取代或乙烯基取代的环单体，它们在进行自由基开环聚合时，所含双键与自由基加成，再开环形成链增长自由基，其聚合反应机理可分别示意如下。

环外亚甲基取代环单体的自由基开环聚合：

$$\mathrm{R\cdot + H_2C{=}C{-}X{-}Y(Z) \longrightarrow \left[R{-}CH_2{-}\dot{C}{-}X{-}Y(Z) \xrightarrow{\text{开环}} R{-}CH_2{-}C{=}X\quad \dot{Y}{-}Z\right] \xrightarrow{\text{聚合}} {+}CH_2{-}C{=}X\quad \underset{}{\overset{Z}{\overset{|}{Y}}}{\rangle}_n}$$

乙烯基取代环单体的自由基开环聚合：

$$R\cdot + H_2C{=}CH{-}X{-}Y(Z) \longrightarrow [R{-}CH_2{-}\dot{C}H{-}X{-}Y(Z) \xrightarrow{\text{开环}} R{-}CH_2{-}CH{=}X\ \ \dot{Y}(Z)] \xrightarrow{\text{聚合}} {+}CH_2{-}CH{=}X\ \ Y(Z){+}_n$$

在这些含双键环单体的自由基聚合反应过程中，不开环的双键自由基聚合和自由基开环聚合是一对竞争反应，为了获得高选择性的自由基开环聚合，一般环单体的结构需满足以下条件：

① 足够的环张力以利于 X—Y 键的断裂；

② 可形成热力学稳定的 C═X 功能基；

③ 具有稳定链增长自由基作用的取代基 Z。

下面结合实例说明。

8.6.1 乙烯基环丙烷衍生物

乙烯基环丙烷衍生物进行自由基聚合时，由于环丙烷的环张力大，只发生自由基开环聚合，而不会发生乙烯基自由基聚合。以环上单或双取代乙烯基环丙烷为例，其自由基开环聚合反应机理可示意如下。

环丁烷结构

聚合

1,5-聚合

R·

聚合

1,4-聚合

环丁烷结构

其中，X、Y=H、Cl、COOR、CN、Ph、CH_2OH，X 与 Y 基团可以相同，也可以不同，开环聚合得到的聚合产物主链中含有顺式与反式共存的不饱和双键（结构式中的 ～ 表示双键可能是顺式，也可能是反式，下同）。

聚合反应过程中存在两种可能的开环机理，一种为所得链增长自由基有取代基稳定的 1,5-聚合方式，一种是无取代基稳定作用的 1,4-聚合方式。从取代基对自由基稳定作用来看，聚合反应应以 1,5-聚合方式为主，并且随取代基稳定作用的加强，1,5-聚合方式的比例增加[31,32]。在环丙烷环上引入可稳定自由基的吸电子基团，如酯基、氯或氰基等，不仅可提高聚合反应开环方式的选择性，而且还可使单体的聚合活性增加，并且单体活性随取代基的稳定作用增强而增加。如以下四种结构的单体中，单体聚合反应活性排序为[33]：2>3>1≫4，这几种单体的自由基聚合反应活性与苯乙烯相当。

1：X = Y = COOEt
2：X = Y = CN
3：X = CN、Y = COOEt
4：X = Y = Ph

除进行开环聚合外，在聚合反应过程中生成的链增长自由基还可与分子链中所含的双键进行分子内环化副反应生成环丁烷结构（自由基开环聚合反应机理图中虚线箭头示意），并且随着聚合反应温度的升高，这种副反应比例增加[31]。在单体结构中引入立阻大的取代基可减少这种副反应的发生，如以下结构单体聚合时，只含 1,5-开环聚合结构，而不含环丁烷结构[34]。

X = Cl、H、OMe　　OSiMe$_3$　　OSiMe$_3$　COOEt　　OSiMe$_3$　Ph

8.6.2　乙烯酮环缩酮

乙烯酮环缩酮类单体为环外亚甲基取代环单体，进行自由基聚合时，有两种可能的聚合机理，一种是开环聚合生成聚酯，另一种是乙烯基聚合生成带缩酮侧基的乙烯基聚合物：

乙烯酮缩酮　$(CH_2)_m$　R·　$(CH_2)_m$　开环　R　O　$\dot{C}H_2$　$(CH_2)_{m-1}$　聚合　$\left[CH_2-\overset{O}{\overset{\|}{C}}-(CH_2)_m \right]_n$　乙烯基聚合　$\left(CH_2-C \right)_n$　O　O　$(CH_2)_m$

其中开环聚合的比例取决于环的大小以及环上的取代基[30]。七元环几乎 100%进行开环聚合，而五元环、六元环则两种聚合机理共存。在环上引入苯基可有效提高开环聚合的比例。

乙烯酮环缩酮开环聚合形成的链增长自由基为伯碳自由基，伯碳自由基非常活泼，容易发生分子内氢转移反应形成更稳定的自由基，由于主链结构中 O 和 C ═O 的存在，增长链自由基难以发生 1,5-氢转移和 1,6-氢转移，而主要发生 1,7-氢转移得到邻位为羰基的稳定自由基，结果在聚合物主链上生成含酯基的侧基，此外由于 1,4-氢转移的活化能较小，而且形成的五元环过渡态的角张力小，因此也可以发生 1,4-氢转移生成丙基侧基[35]：

$O-CH_2-CH_2$ / $O-CH_2-CH_2$　R·　→　$R-CH_2-\overset{O}{\overset{\|}{C}}-OCH_2CH_2CH_2\dot{C}H_2$

单体→　$\sim CH_2-\overset{O}{\overset{\|}{C}}-OCH_2CH_2CH_2CH_2-CH_2-\overset{O}{\overset{\|}{C}}-OCH_2CH_2CH_2CH_2\cdot$　（1,4-氢转移；1,7-氢转移）

1,7-氢转移 →　$\sim CH_2-\overset{O}{\overset{\|}{C}}-OCH_2CH_2CH_2CH_2-\dot{C}H(-C(=O)-OCH_2CH_2CH_2CH_3)$

单体 →　$\sim CH_2-\overset{O}{\overset{\|}{C}}-OCH_2CH_2CH_2CH_2-CH(C(=O)OCH_2CH_2CH_2CH_3)-CH_2-\overset{O}{\overset{\|}{C}}-OCH_2CH_2CH_2\dot{C}H_2$

1,4-氢转移 →　$\sim CH_2-\overset{O}{\overset{\|}{C}}-OCH_2CH_2CH_2CH_2-CH_2-\overset{O}{\overset{\|}{C}}-O\dot{C}H(CH_2CH_2CH_3)$

单体 →　$\sim CH_2-\overset{O}{\overset{\|}{C}}-OCH_2CH_2CH_2CH_2-CH_2-\overset{O}{\overset{\|}{C}}-OCH(CH_2CH_2CH_3)CH_2-\overset{O}{\overset{\|}{C}}-OCH_2CH_2CH_2CH_2$

乙烯酮环缩酮可进行 TEMPO[36] 自由基活性聚合和 ATRP[37] 自由基活性聚合。与苯乙烯、甲基丙烯酸甲酯、乙酸乙烯酯和甲基乙烯酮等进行自由基共聚合可得到具有酶促降解和光降解性能的聚合物材料[38]。

8.6.3 环烯丙基硫醚

环烯丙基硫醚单体包括含有丙烯酸酯结构的活化环烯丙基硫醚和非活化环烯丙基硫醚：

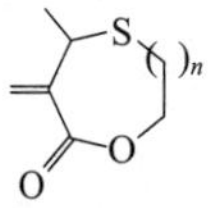

8-1：活化环烯丙基硫醚

8-1a：R = H, n = 1；8-1b：R = CH_3, n = 1；8-1c：R = H, n = 5

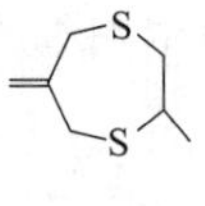

8-2：非活化环烯丙基硫醚(七元环)

8-2a：R = H；8-2b：R = CH_2OH；8-2c：R = CH_2OCOCH_3

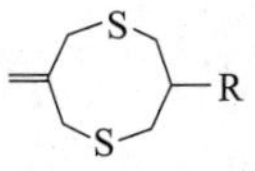

8-3：非活化环烯丙基硫醚(八元环)

8-3a：R = H；8-3b：R = OH；8-3c：R = $OCOCH_3$；8-3d：R = $OCOC_6H_5$

这些单体都具有较高的自由基均聚与共聚反应活性，进行自由基聚合时，由于烯丙基碳与硫之间的共价键易断裂，因而选择性地进行开环聚合，而不会发生乙烯基聚合：

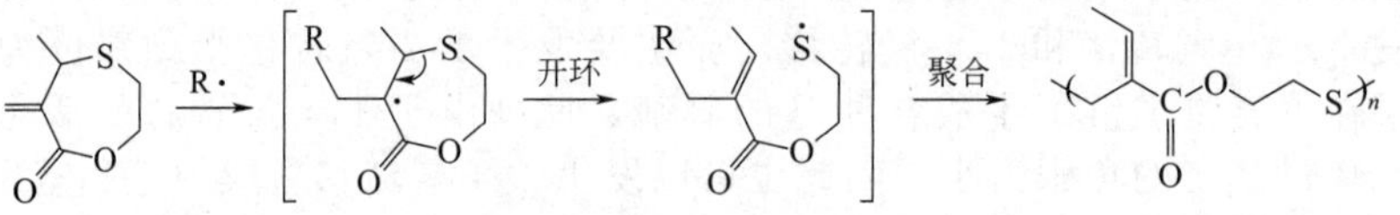

R· 开环 聚合

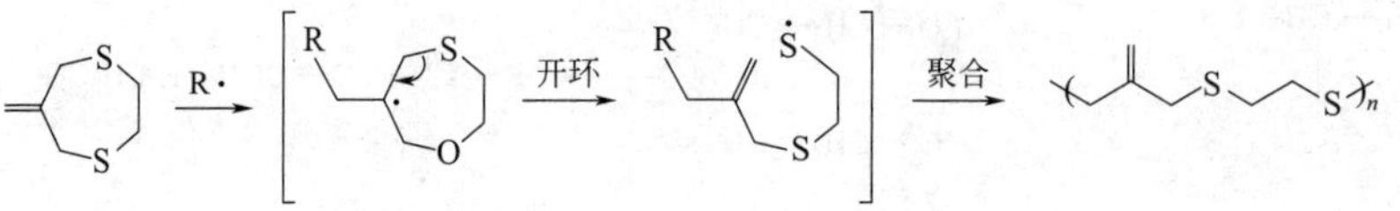

R· 开环 聚合

C—S 键断裂形成的增长链自由基为硫自由基，增长链硫自由基与氧自由基或碳自由基相比，具有独特的优越性，硫自由基易与多种单体加成，且不会发生明显的夺氢转移副反应(如链转移反应)。

活化单体的取代基 R 对单体的聚合反应活性以及所得聚合物的性能具有明显的影响。如与 8-1a 和 8-1c 相比，8-1b 的烯丙基碳上引入甲基，由于甲基的立阻关系，部分地妨碍了自由基与双键的加成反应，因而单体聚合活性稍低，但同时使聚合物分子链中的丙烯酸酯双键与自由基的反应活性降低，从而避免了交联反应的发生[39]。

8.6.4 其他自由基开环聚合[30]

双环丁烷虽然不含双键，但也能进行自由基开环聚合，其开环聚合的驱动力来自双环丙烷结构的环张力释放，所得聚合物主链由刚性的环丁烷组成，具有高的热稳定性。

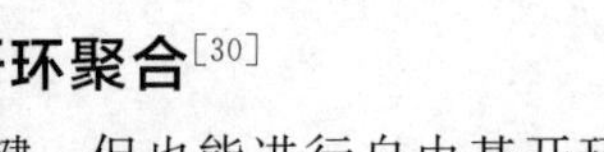

R· (X = COOR、CN)

乙烯基环丁烷可进行与乙烯基环丙烷类似的自由基开环聚合，如：

乙烯基五元环砜或者六元环双砜进行自由基聚合时完全以开环方式进行，得到脂肪族聚砜：

8.7　开环易位聚合反应（ROMP）[2,11,40]

8.7.1　开环易位聚合反应机理

第 2 章中提到非环双烯的烯烃易位聚合反应在反应过程中脱去乙烯，为逐步聚合反应机理。而环烯烃单体在金属-卡宾引发剂作用下发生烯烃易位反应时，环烯烃单体开环相互连接得到主链含双键的聚合物，为链式聚合反应，这类环烯烃聚合反应称为开环易位聚合反应。

典型的开环易位聚合反应机理可示意如下：

链引发反应：

金属-卡宾　　　　金属杂环丁烷

链增长反应：

链终止反应：

首先，金属-卡宾引发剂的金属原子与环烯烃的双键配位，金属-卡宾与单体双键环化加成形成含金属原子的四元环过渡态——金属杂环丁烷，然后金属杂环丁烷重排开环，结果使环烯烃单体在双键打开后插入金属-卡宾引发剂的金属原子与卡宾之间，生成新的金属-卡宾链增长活性中心，如此反复进行链增长反应。与配位聚合反应相似，开环易位聚合反应也属于插入聚合。

与大多数烯烃易位反应相似，开环易位聚合通常是可逆的，即链增长活性中心既可以和单体双键配位进行链增长反应，也可以和聚合产物分子中的双键配位发生降解反应。链增长反应与降解反应的平衡与温度有关，其平衡点即单体的最高聚合反应温度，与乙烯基单体的最高聚合反应温度的预测相似，环烯烃单体的开环易位聚合反应的最高聚合反应也可以通过聚合反应的热力学性质进行预测。

与其他开环聚合反应相似，开环易位聚合反应的驱动力来自环烯烃单体环张力的释放与熵罚的平衡。开环易位聚合最常见的单体是环张力较大的三元环、四元环、八元环及八元以上环单体，如环丁烯、环戊烯、顺式环辛烯和降冰片烯等。七元环单体的开环易位聚合反应的 ΔG 与单体浓度、单体环上的取代基以及是否是双环或多环体系的一部分有很大关系。而环己烯由于环张力小，进行开环易位聚合的焓驱动力非常低，因而开环易位聚合活性低，难以获得高分子量产物。

开环易位聚合反应存在分子间（交换反应）和分子内（回咬反应）的链转移反应。

分子间交换反应：

分子内回咬反应：

分子间的交换反应为某一增长链末端的金属-卡宾活性中心与其他增长链或聚合物分子中间的双键发生的烯烃易位反应，反应结果虽然分子链总数不变，两条增长链交换反应得到两条新的增长链，但一条的分子量增大，另一条的分子量减小。分子内的回咬反应则是增长链末端的金属-卡宾活性中心与该增长链中双键发生的易位反应，结果得到分子量减小的新增长链和环状低聚物。两种链转移反应都会导致聚合产物分子量分布变宽。环状低聚物的含量取决于多种反应条件，包括反应溶剂、温度、单体浓度、聚合产物分子中的顺式/反式烯烃的比例、单体的环张力、取代基的空间位阻等。通常高反应温度、低反应浓度、空间位阻小、单体环张力小等对回咬反应有利。

8.7.2 开环易位聚合反应引发剂

早期使用的开环易位聚合引发剂多为双组分体系，由稀土金属（如 W、Mo、Rh、Ru 等）的卤化物或氧化物和烷基化试剂（如 R_4Sn 或 $RAlCl_2$ 等烷基金属 Lewis 酸）组成，两组分原位反应生成金属-卡宾。这类引发剂具有许多不足之处：引发剂结构不明确，难以对引发剂进行精确的设计合成；Lewis 酸使产物分子量很难控制；对功能基的容忍度差；实际生成的金属-卡宾浓度低且难以精确控制；需要较高的反应温度（100℃）。随着结构明确、可分离的稳定单组分引发剂的出现，赋予了开环易位聚合反应更好的可控性，使开环易位聚合获得了突破性进展，从而在现代高分子化学中占据了重要地位。众多科学家为此付出了不懈的努力，其中 Grubbs 和 Schrock 课题组的贡献尤为突出，因此被分别以各自的名字命名其研究的引发剂类型，两人也因此获得了 2005 年诺贝尔化学奖。

8.7.2.1 Schrock 引发剂

Schrock 引发剂的通式可示意如下：

OR′
|
RCH═Mt═N—Ar
|
OR′

（Mt＝W、Mo）

Schrock 引发剂

式中，Ar＝苯环或取代苯环等；R＝乙基、苯基、$Si(CH_3)_3$、$C(CH_3)_2Ph$ 或 t-Bu；$R'=C(CH_3)_3$、$C(CH_3)_2CF_3$、$CCH_3(CF_3)_2$、$C(CF_3)_3$、芳环等。

Schrock 引发剂根据其分子中 CHR 与亚胺配体（NAr）之间的空间位置不同，分为顺、反两种构象，通常将R基团指向亚胺配体的称为顺式构象，背离亚胺配体的称为反式构象。以 $CHR=C(CH_3)_2Ph$ 的Schrock引发剂为例，两种构象及其相互转换可示意如下：

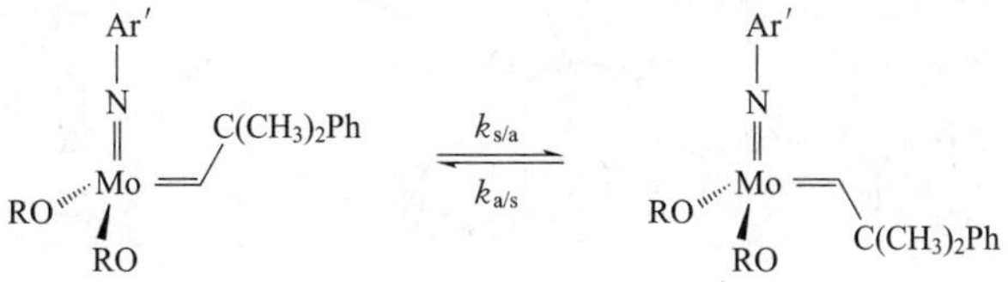

Ar′
N
C(CH₃)₂Ph
RO Mo
RO
顺式

$k_{s/a}$
$k_{a/s}$

Ar′
N
RO Mo
RO
C(CH₃)₂Ph
反式

两种构象的相对含量及其活性与烷氧配体（—OR）的电子效应有关，并对聚合产物的分子结构（烯烃的顺/反式、聚合物的立体规整性）有重要影响。烷氧配体的吸电子能力越强，顺式构象含量越高，聚合产物中烯烃为顺式，聚合产物立体规整性相对较低。如当烷氧配体为六氟叔丁氧基时，所得聚合物为全顺式烯烃，而烷氧配体为叔丁氧基时所得聚合物为全反式烯烃，后者所得聚合物的等规度更高。手性烷氧配体有利于提高聚合物的立体规整性，因此可通过选择合适的手性烷氧配体得到顺式烯烃含量>99%、等规度>99%的聚合产物。

Schrock引发剂对广范围的环烯烃开环易位聚合具有高活性，并可通过配体的变化调节引发剂的性能，提高聚合反应速率，抑制副反应。W系引发剂与Mo系引发剂相比，虽然在结构上非常相似，但Mo系引发剂具有更好的功能团容忍度，可以容忍的功能团范围要广得多，包括酯基、酰胺基、酰亚胺基、缩酮基、醚基、氰基、三氟甲基和伯碳卤代烃基等，同时对空气、水和其他杂质的容忍性也高得多，而W系引发剂即使是对痕量氧或湿气也高度敏感。Schrock引发剂的开环易位聚合反应最好用醛类化合物通过Wittig反应来终止：

$$Mo(NAr')(OR)_2(=CHR')+R''CHO \longrightarrow [Mo(NAr')(=O)(OR)_2]+R''CH=CHR'$$

8.7.2.2 Grubbs引发剂

Grubbs引发剂的通式可示意如下：

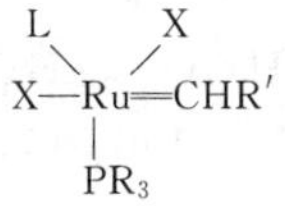

$$\begin{array}{c} L \quad X \\ X-Ru=CHR' \\ | \\ PR_3 \end{array}$$

Grubbs引发剂

通常认为Grubbs引发剂的开环易位聚合反应机理如下：

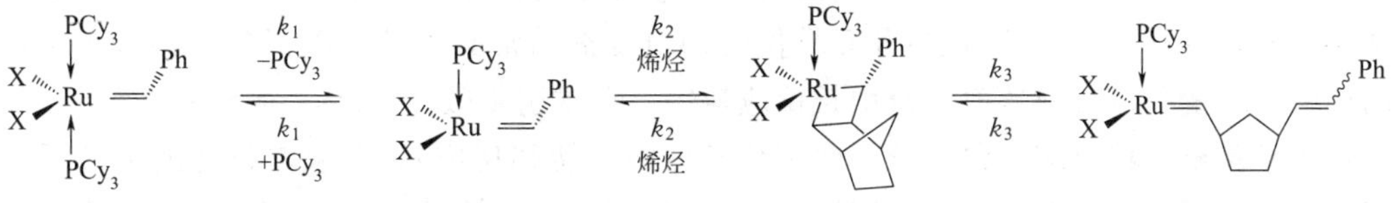

PCy₃ X Ru Ph X PCy₃ ⇌(k_1 −PCy₃ / k_1 +PCy₃) PCy₃ X Ru Ph X ⇌(k_2 烯烃 / k_2 烯烃) PCy₃ X Ru Ph X ⇌(k_3 / k_3) PCy₃ X Ru X Ph

Grubbs引发剂的反应活性与 L/PR_3、X、$=CH-R'$ 密切相关，其中L和 PR_3 配体是主要的影响因素，因此常通过L和 PR_3 配体的改变调节引发剂的活性。不同卤原子引发剂的易位反应活性顺序为 $X=I<Br<Cl$；对于 $=CH-R'$，R' 的体积越大，给电性越强，易位反应活性越高，不同 R' 的易位反应活性顺序为 $R'=H<Ph<$ 烷基 $<COOR$；L和 PR_3 的体积越大，给电性越强，其易位反应活性越高，对功能基的容忍度也越高，不同 PR_3 的易位反应活性顺序如下：$PPh_3<PCyPh_2<PCy_2Ph<PCy_3$。第Ⅱ、Ⅲ代Grubbs引发剂分别用给电性更强的 *N*-杂环卡宾（ ，$IMesH_2$）和吡啶等取代第Ⅰ代Grubbs引发剂中的 PR_3，其易位反应活性提高两个数量级以上。将Grubbs引发剂中卡宾 $=CHR$

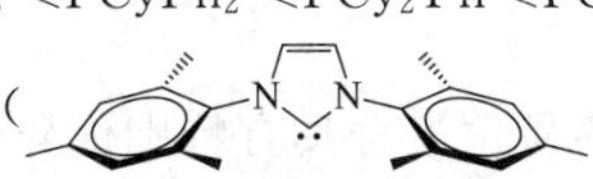

的R基设计成异丙氧基苯基醚得到所谓的Grubbs-Hoveyda引发剂，其易位反应活性和稳定性都大幅度提高。代表性的Grubbs和Grubbs-Hoveyda引发剂的结构示意如下：

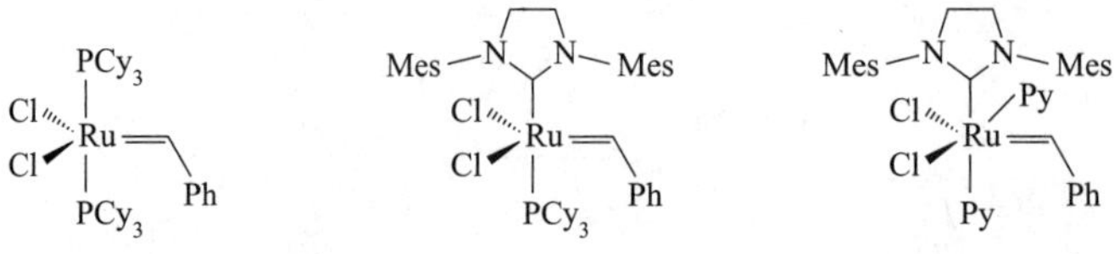

Grubbs Ⅰ　　Grubbs Ⅱ　　Grubbs Ⅲ

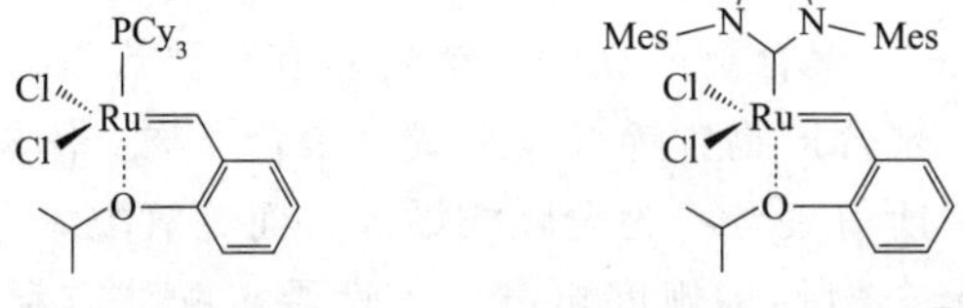

Grubbs-Hoveyda Ⅰ　　Grubbs-Hoveyda Ⅱ

需要指出的是，引发剂的易位反应活性大小与其引发效率高低顺序是相反的，因为引发剂的易位反应活性越高意味着链增长反应活性越高，链引发效率反而越低[41]。

Grubbs引发剂对极性功能基具有极高容忍度，Grubbs引发剂的开环易位聚合反应甚至可以在水或质子介质中进行。在Grubbs引发剂中的PR_3配体中引入带电荷取代基，便能得到水溶性Grubbs引发剂，应用于水介质中的开环易位聚合，如：

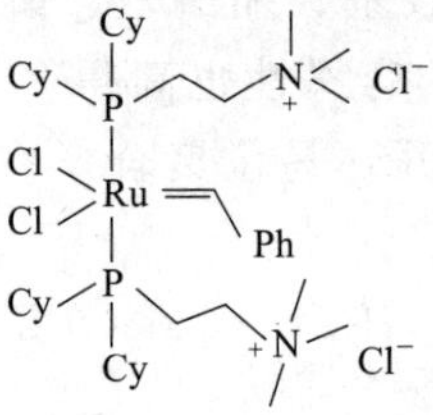

Grubbs引发剂所得聚合物主要含反式烯烃。Grubbs引发剂的聚合反应最好用乙烯基醚来终止聚合反应：

$$RuCl_2(IMesH_2)(L)_n(=CHR)+CH_2=CH-O-C_2H_5 \longrightarrow RuCl_2(IMesH_2)(L)_n(=CH-O-C_2H_5)+CH_2=CHR$$

8.7.3 活性开环易位聚合[40]

虽然活性/可控开环易位聚合反应的实现与单体本身的性质有很大关系，但更多地取决于特殊引发剂的开发。活性/可控开环易位聚合引发剂通常必须满足以下条件：①定量而快速的链引发，链引发反应速率≫链增长反应速率，要求引发效率要高，否则易导致分子量分布宽；②避免链转移反应（包括分子间和分子内的链转移反应），要求增长链的易位反应活性不能太高，否则易在聚合反应后期导致链转移反应；③可以与合适的终止剂反应以利于选择性地末端功能化；④在反应溶剂中具有良好的溶解性；⑤从应用的角度，还要求引发剂对湿气、空气和通常的有机官能团具有高的容忍度。

早期的多组分开环易位聚合引发剂的聚合反应不具有活性聚合特性，而且这类引发剂大多为强Lewis酸，因而对大多数含杂原子的功能团敏感，容忍度差。结构明确单组分引发剂的开环易位聚合具有更好的可控性，实际上活性/可控开环易位聚合的实现依赖于单组分引发剂的发展。

W系Schrock引发剂对环烯烃的开环易位聚合具有特别优异的引发活性，且引发剂分子中的烷氧配体可以在相当程度上调控引发剂的反应活性，使之与单体聚合活性相匹配，满足活性/可控聚合的需要。如当 W 系 Schrock 引发剂中的 OR 为 $OC(CH_3)_2(CF_3)$ 或 $O(CH_3)(CF_3)_2$时，与 OR 为 O*t*Bu 相比，引发剂的亲电性增强了，使其易位反应活性明显增加，链增长反应活性高，结果其引发的降冰片烯聚合反而易导致链转移反应，难以实现活性/可控聚合，但是当 OR 为 O*t*Bu 时，虽然链增长反应活性下降了，但却能保证高引发效率，且链转移反应少，反而能引发降冰片烯的活性开环易位聚合反应。

Grubbs 引发剂的反应活性主要受 X、═CH—R 以及 PR_3 配体的影响，因而可以从多方面调节其反应活性以适应不同单体活性/可控聚合的要求。如引发剂 $(PPh_3)_2Cl_2Ru$ ═CH—CH ═CPh_2 可以对降冰片烯或环丁烯衍生物的开环易位聚合具有优异的引发活性，聚合反应表现为活性聚合，链转移反应很少，但却不能有效引发一些低活性单体的聚合反应。将 PPh_3 配体替换成 PCy_3 配体后，虽然引发剂的活性及其对功能基容忍度大幅提高，但由于其活性过高，反而使其引发的降冰片烯开环易位聚合易发生链转移反应，导致分子量分布变宽，却可以引发其他反应活性相对较低的功能化单体的活性聚合。此外，还可以在 Grubbs 引发剂聚合体系中添加比引发剂更活泼的膦来调节引发剂的反应活性，实现活性聚合。如对于 $(PCy_3)_2Cl_2Ru$═CH—Ph 聚合体系，为了降低增长链活性，提高引发效率，抑制链转移反应，可以在聚合体系中加入 PPh_3 与活性中心的 PCy_3 发生快速交换，从而降低增长链反应活性，实现活性聚合。如在 $(PCy_3)_2Cl_2Ru$═CH—Ph 的降冰片烯衍生物开环易位聚合体系中加入 1～5eq 的 PPh_3，可使聚合产物的多分散系数（PDI）由 1.25 降至 1.04。此外在聚合体系中加入过量 PR_3 配体，虽然不能改变活性中心的易位反应活性，但可以相对降低链增长反应活性，从而提高引发剂的引发效率，抑制链转移反应，使聚合反应更加可控。

Grubbs 引发剂不仅可以通过改变卡宾（═CH—R′）来调节其反应活性，并且由于引发剂卡宾的 R′将引入聚合产物的末端，从而为通过活性开环易位聚合反应合成末端功能化聚合物提供一种便利的方法。

8

8.8 重要的开环聚合产物

8.8.1 聚醚

最重要的聚醚包括聚环氧乙烷（也称聚乙二醇、聚氧乙烯，英文缩写为 PEO 或 PEG）、聚环氧丙烷（也称聚 1,2-丙二醇、聚氧丙烯，英文缩写为 PPG）、环氧乙烷-环氧丙烷共聚物以及聚四氢呋喃。

工业上 PEG、PPG 及其共聚物几乎都是由阴离子开环聚合合成，但由于四氢呋喃只能进行阳离子开环聚合，因此聚四氢呋喃只能由其阳离子开环聚合合成。

功能化聚醚通常是在其末端引入功能基，最常见的末端功能化基团包括羟基、氨基、烷氧基等。功能化聚醚可应用于多方面，如反应性预聚物、非离子表面活性剂、超分散剂、温敏聚合物等。

8.8.1.1 端羟基聚醚

端羟基聚醚为带有末端羟基的聚醚，可分为单羟基聚醚、聚醚二元醇、支化和星形多羟基聚醚。单羟基聚醚最常见的是聚乙二醇单甲醚（MPEG），可以由甲醇为引发剂在碱金属氢氧化物的作用下引发环氧乙烷聚合再用水或醇终止聚合反应而得。在化妆品和制药工业中应用广泛，也用于合成含 MPEG 的大分子单体来合成各种分散剂。

大多数的聚醚二元醇是由 KOH 或 CsOH 引发环氧化合物的阴离子开环聚合反应制备，OH^- 作为引发基团将羟基引入聚合产物的 α 端，然后用水或醇终止聚合反应在聚合物的

ω-端引入羟基，从而得到二羟基聚醚。以二羟基聚丙二醇为例，其反应过程可示意如下：

$$HO^{-}\overset{+}{Mt} + \text{环氧丙烷} \longrightarrow HO\text{—}CH_2CH(CH_3)O^{-}\,^{+}Mt \xrightarrow{n\ \text{环氧丙烷}} HO\text{—}(CH_2CH(CH_3)O)_n\text{—}CH_2CH(CH_3)O^{-}\,^{+}Mt \xrightarrow{H_2O} HO\text{—}(CH_2CH(CH_3)O)_n\text{—}CH_2CH(CH_3)OH$$

支化和星形聚醚通常由多元醇的醇盐（如钾盐）作为引发剂引发环氧化合物的阴离子开环聚合而得。通常的做法是，在多元醇引发剂中加入摩尔比为 0.2～0.8 的碱金属氢氧化物，使多元醇部分去质子化后用作多功能引发剂，引发环氧化合物开环聚合得到支化/星形的增长链，然后用水或醇终止聚合反应，从而在每个支链的末端引入—OH 得到支化/星形的多羟基聚醚。如以甘油为引发剂在 KOH 活化下引发环氧丙烷开环聚合，聚合反应用水或醇终止便可得到三羟基聚环氧丙烷：

$$\begin{matrix} CH_2OH \\ | \\ CHOH \\ | \\ CH_2OH \end{matrix} + 3n\ CH_3\text{—}\underset{\diagdown O \diagup}{CH\text{—}CH_2} \xrightarrow{KOH} \begin{matrix} CH_2O\text{—}(CH_2CH(CH_3)O)_n\text{—}H \\ | \\ CHO\text{—}(CH_2CH(CH_3)O)_n\text{—}H \\ | \\ CH_2O\text{—}(CH_2C(OH)(CH_3))_n\text{—}H \end{matrix}$$

多羟基聚醚（包括二羟基聚醚）是生产聚氨酯、聚酯弹性体的重要原料。

8.8.1.2 聚醚胺

聚醚胺为末端带有氨基的聚醚，分为单氨基聚醚胺、双氨基聚醚和多氨基聚醚胺，主要用作超分散剂、聚氨酯预聚物、环氧树脂固化剂等。

单氨基聚醚胺通常由带有伯氨基的醇胺作为引发剂引发环氧化合物的阴离子开环聚合而得。在碱性活化剂的作用下，羟基和氨基都可发生脱质子生成烷氧阴离子和氨基阴离子，两者形成竞争关系，但羟基的反应活性更高，特别是大体积抗衡阳离子更有利于烷氧阴离子的形成，从而保证聚合反应以羟基作为引发基团而氨基则予以保留引入聚合物的末端，得到聚醚胺。但由于氨基质子可以发生链转移和链终止副反应，通常只能得到分子量为 1000 左右的聚醚胺。将伯氨基替换为叔氨基可以抑制氨基的链转移和链终止反应，有利于提高聚合产物分子量。叔氨基虽然不像伯氨基那样具有多种反应性，但因其对颜料/染料具有良好的亲和性，端叔氨基聚醚对颜料/染料具有良好的分散性，在涂料、油墨等领域具有重要的应用。

多氨基聚醚胺的末端氨基并不能直接由引发反应或终止反应引入，而是由多羟基聚醚与氨气在 300℃反应，将末端羟基置换成氨基而得，分子量取决于其多羟基聚醚前体。多氨基聚醚的重要应用之一是用作环氧树脂固化剂。

8.8.1.3 聚醚非离子表面活性剂

若用长链脂肪醇或烷基取代酚作引发剂在碱性活化剂作用下引发环氧乙烷开环聚合，所得聚合物既含亲水性的聚醚，又含亲油性的烷基链，多用作非离子型表面活性剂，广泛应用于纺织、染料、化妆品、造纸等工业。如常见的 OP 类乳化剂为辛基酚聚乙二醇，NP 类乳化剂为壬基酚聚乙二醇。烷基酚聚乙二醇（APEO）由于含有有害的烷基酚结构，其应用越来越受限，而脂肪醇聚乙二醇如十八碳醇聚乙二醇（平平加类）、异构十三醇聚乙二醇等应用更广。

8.8.2 脂肪族聚酯

脂肪族聚酯[42]是非常重要的生物降解聚合物，可以由逐步聚合反应合成，也可以由环酯单体的开环聚合合成。逐步聚合反应受条件所限，难以获得高分子量聚合物，从而难以获得高性能的聚合物。环酯单体的开环聚合反应特别是阴离子开环聚合和配位开环聚合具有良好的可控性，更容易获得高分子量、窄分子量分布和可控结构/性能的聚合产物。

最重要的开环聚合脂肪族聚酯包括聚乳酸（PLA）和聚己内酯（PCL）以及它们的共聚物。

开环聚合 PLA 是由丙交酯开环聚合而得，工业上通常先由乳酸的缩聚反应得到低分子量聚乳酸，然后再水解成丙交酯，再由丙交酯开环聚合得到高分子量的 PLA。丙交酯的开环聚合常采用阴离子开环聚合或配位开环聚合，所用引发剂/活化剂通常为 Sn、Al、Pb、Zn、Bi、Fe 等过渡金属化合物以及 DMAP、PPh_3、NHC 等非金属化合物等。由于乳酸存在 L（+）型和 D（−）型两种对映异构体，因而丙交酯存在三种基本类型：D,D-丙交酯、L,L-丙交酯和 D,L-丙交酯。L,L-丙交酯或 D,D-丙交酯均聚物（即 PLLA 或 PDLA）为半结晶聚合物，PLLA 结晶度为 30%～40%，PDLA 结晶度为 60%～70%，熔点为 170～190℃，玻璃化转变温度为 55℃，而 PLLA/PDLA 立构复合物具有更高的熔点，达到 230℃。消旋体 D,D-丙交酯/L,L-丙交酯或内消旋体 D,L-丙交酯的聚合产物为无定形聚合物，玻璃化转变温度约为 55℃。结晶性 PLA 具有高模量、高拉伸强度、断裂伸长率小等优异的力学性能，无定形 PLA 拉伸强度低，断裂伸长率高，生物降解速率更快。

PLA 不仅具有合适的物理和机械性能，也具有优良的生物降解性，并且来源于 100% 可再生资源。高分子量 PLA 的拉伸强度与聚苯乙烯相当，比 PET 稍低，具有优异的抗油性，对气味和紫外线具有良好的阻隔性。其流变特性使之适于多种成型工艺，包括板材挤出、注射成型、吹膜和热压成型。

PLA 因其优异的体内生物吸收性能在医疗医药领域具有非常重要的应用，包括用于可吸收缝合线、移植件、骨螺钉和骨夹板、血管支架、药物释放体系和组织工程等。PLA 还因其生物相容性、低毒性，适用于与食品直接接触的包装材料，如杯、瓶、膜和容器等，包括刚性的热成型件如盘、盖子，装水、牛奶或油的瓶子等，包装用收缩膜，糖果、鲜花包装膜，一次性沙拉和冷饮杯等。PLA 可纺丝成织物纤维，应用于枕头内衬、羽绒被、衣服等，具有与 PET 或棉一样的穿着舒适性，且尺寸稳定性更好。

聚己内酯（PCL）是另一个重要的开环聚合脂肪族聚酯，是半结晶聚合物（结晶度约为 50%），熔点为 60℃，玻璃化转变温度为 −60℃。与 PLA 相比，PCL 的疏水性更高。工业上，高分子量 PCL 是由己内酯开环聚合而得，最常用的方法是以二异辛酸锡 $Sn(Oct)_2$ 为活化剂、高级醇如 1-十二醇为引发剂进行开环聚合。与 PLA 系聚酯不同，PCL 在室外环境下主要发生微生物和酶促降解，其降解周期相对更长，因而不利于医疗领域应用，但由于其药物渗透性好，对药物释放体系有利。将己内酯与其他单体共聚可以提高其降解速率和机械强度，使之适于一些矫形医疗应用。PCL 虽然因其生物降解性可用于生物降解医用材料，但目前其最大的应用是以端羟基 PCL 的形式用作聚氨酯中的软段预聚物，应用于黏合剂、涂料等领域。

8.8.3 聚酰胺

开环聚合合成的聚酰胺最重要的有聚酰胺-6（PA-6）和聚酰胺-12（PA-12），分别由己内酰胺（CL）和十二内酰胺（LL，月桂内酰胺）开环聚合而得。

工业上，纤维级 PA-6 和 PA-12 的开环聚合工艺最常见的是“水解聚合”，即将 80%～90%的单体水溶液在高温（约 260℃）下进行聚合反应。以己内酰胺的水解聚合为例，其反应过程主要包括三种反应平衡。

① 少量单体水解生成氨基酸：

$$\text{(CH}_2)_5\text{—NH (cyclic, C=O)} + H_2O \longrightarrow HOOC(CH_2)_5NH_2$$

② 开环聚合反应。水解生成的氨基酸作为非金属有机引发剂引发单体开环聚合：

$$HOOC(CH_2)_5NH_2 + (CH_2)_5\text{—NH (cyclic, C=O)} \longrightarrow HOOC(CH_2)_5NHCO(CH_2)_5NH_2 \xrightarrow{(CH_2)_5\text{—NH (cyclic, C=O)}} \sim\sim NHCO(CH_2)_5NH_2$$

开环聚合的机理实际上要比上式所示的复杂，有可能是内酰胺首先被氨基酸的—COOH质子化，然后氨基亲核进攻质子化的单体进行链引发、链增长，其过程实质为内酰胺的活化单体阳离子开环聚合。

③ 缩聚反应。水解单体以及开环聚合产物的末端分别带氨基和羧基，在高温下发生缩聚反应：

$$H[NH(CH_2)_5CO]_pOH + H[NH(CH_2)_5CO]_qOH \rightleftharpoons H[NH(CH_2)_5CO]_{p+q}OH + H_2O$$

由于开环聚合速率比缩聚反应速率至少要大 1 个数量级，因此开环聚合是聚合物生成的主要途径，缩聚反应所占比例很小。尽管缩聚反应对聚合物的形成贡献很小，但缩聚反应对最终聚合产物分子量的影响很重要，因为开环聚合产物之间可通过缩聚反应进一步提高分子量，聚合产物的最终分子量在很大程度上取决于体系中水的浓度，在转化率达到 80%～90%时，必须将大部分水脱除，以使缩聚反应平衡向高分子量方向移动。在聚合体系中也可加入单官能团酸来调节聚合物分子量，如乙酸。

内酰胺水解开环聚合产物中会含有 8%单体和 2%环状低聚物（以二聚体、三聚体为主），环状低聚物是通过分子内的“回咬”反应生成的。工业上将产物经热水抽提以除去单体和环状低聚物，再在 100～120℃下真空干燥。

虽然 PA-6 和 PA-12 的工业生产主要采用水解聚合工艺，但从理论和实践角度，其阴离子开环聚合有其独特优势：反应温度可以在聚合物的熔点以下，反应速率快，可有效控制产品中的低分子量产物的含量。而且阴离子开环聚合是制备粉末聚酰胺的唯一合适工艺，粉末聚酰胺的制备通常采用分散聚合或悬浮聚合工艺。

PA-6 与 PA-66 具有相同的酰氨基和亚甲基含量，因而具有与 PA-66 相似的性能，其物理机械性能、化学性能优于大多数的商用塑料，介于特种塑料和商用塑料之间，主要（超过三分之二）用于制造纤维，少数用于工程塑料。PA-12 的用途与 PA-6 相似，PA-12 亚甲基含量更高、酰氨基含量更低，因而耐热性（PA-6 熔点为 215℃，PA-12 熔点为 170～180℃）、强度、弹性模量等不如 PA-6，但吸水率更低、尺寸稳定性和冲击强度更好。

8.8.4 聚乙烯亚胺

聚亚胺由环胺化合物通过开环聚合制备，最常见的聚亚胺为聚乙烯亚胺（PEI），按聚合物的分子形态可分为支化 PEI 和线型 PEI。

支化 PEI 由氮杂环丙烷阳离子开环聚合所得，因聚合反应过程中容易发生活性链末端进攻聚合物分子中氨基而发生链终止反应，因而总是得到支化的聚合物（参见 8.2.2 节）。支化 PEI 分子中含有伯氨基、仲氨基和叔氨基，其中伯氨基为末端基团、叔氨基为支化结构、仲氨基为线型结构单元。理论上伯氨基/仲氨基/叔氨基＝1∶2∶1，但实际上由于反应条件的不同，有些商品化的 PEI 支化度更高，三种氨基的比例可以接近 1∶1∶1。

线型聚乙烯亚胺不能由氮杂环丙烷聚合而得，虽然可以由带有保护基团的取代氮杂环丙烷（如烷基取代氮杂环丙烷、苯甲酰基保护）的阳离子开环聚合得到线型聚合物，再去保护得到线型聚乙烯亚胺，但去保护反应条件苛刻，容易导致副反应或去保护不彻底。更好的合成线型 PEI 的方法是，由取代 2-噁唑啉阳离子开环聚合得到 *N*-酰化的线型聚乙烯亚胺，然后再进行酸或碱催化水解得到线型聚乙烯亚胺。主要由酸解反应而得：

n 2-噁唑啉 —阳离子开环聚合（1. E^+ 2. Nuc^-）→ E-[N(C(=O)R)CH₂CH₂]ₙ-Nuc (R = H、Me、Et、…) —水解（conc, HCl, 100℃）→ E-[NHCH₂CH₂]ₙ-Nuc

线型聚乙烯亚胺由于单体成本太高，其商业化规模不大。

聚乙烯亚胺中氨基含量高，是水溶性高分子，具有多方面的应用。传统应用包括：作为金属离子螯合剂用于清除废水中的有害金属离子，作为阳离子聚合物在纸浆造纸工业用作絮凝助剂，因其能与纤维素中的羟基反应产生交联用作纤维改性剂和纸张增强剂等。

PEI 因含有丰富的氨基，因而其在 CO_2 吸附分离上也具有重要应用[43]，在干燥条件下，PEI 的伯氨基和仲氨基是吸附中心，而在潮湿环境中叔氨基也具有吸附活性。

此外，由于 PEI 的阳离子特性，对负电性的核酸等具有优良的结合能力，是非常有效的核酸载体运输介质，能够高效地将核酸导入细胞，是一种优异的转染试剂，PEI 及其改性产物在 DNA 或 RNA 类的新型给药系统应用上具有巨大潜能[44]。通常认为 PEI 支化度越高，转染效率越高，但细胞毒性越大。

8.8.5　聚硅氧烷

聚硅氧烷的主链由 Si 和 O 相间连接而成，Si 上可带有烷基、苯基等取代基，从而得到不同组成和不同性能的聚合物。聚硅氧烷的主要合成方法是硅氧烷环低聚物（工业上主要是 D_4）的开环聚合。与相应硅醇的逐步聚合反应相比，开环聚合具有更好的可控性，有利于获得更高分子量和可控结构的聚合物。

聚硅氧烷的主要特性包括：耐高温、低温性好，可在 −65～255℃环境下使用；绝缘性、密封性好，体积电阻率可达 $1.0\times10^{16}\Omega\cdot cm$ 以上，可用于电子器件的封装，填缝密封；透明性好，透光率约为 100%；低表面张力，消泡性、匀泡性好，广泛用作消泡剂和匀泡剂；疏水性好，适于制备疏水材料，如用于织物表面和建筑防水处理等；润滑性好，用于机械润滑油；良好的生理惰性，可用于美容、移植件等。

8.8.6　开环易位聚合产物

除了环己烯只能获得非常低分子量的低聚物外，许多环烯烃和双环烯烃都可通过 ROMP 获得高分子量的聚合物。其中顺式环辛烯、降冰片烯、双环戊二烯的 ROMP 已工业化。

n 顺式环辛烯 ⟶ $-[CH=CH(CH_2)_6]_n-$

n 降冰片烯 ⟶ $-[CH=CH-\text{C}_5\text{H}_8]_n-$

n 双环戊二烯 ⟶ 聚合物

一些含有多个双键的环烯烃也可进行ROMP，如1-甲基-1,5-环辛二烯聚合得到的聚合产物分子结构为异戊二烯和丁二烯的交替共聚物；顺,反-1,5-环癸二烯的聚合产物分子结构为2∶1的丁二烯和乙烯的共聚物；1,3,5,7-环辛四烯聚合得到聚乙炔。

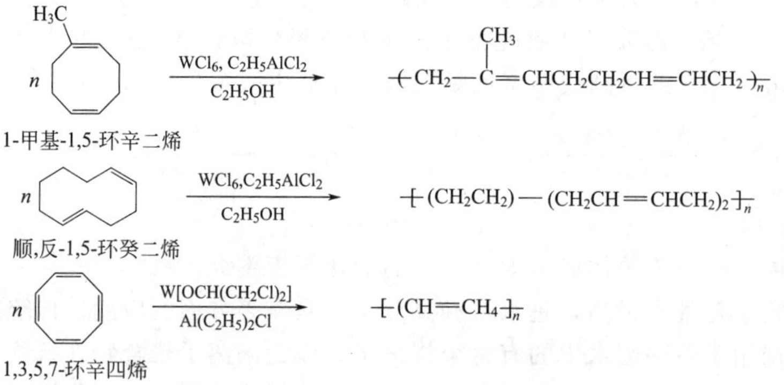

$$n\ \text{1-甲基-1,5-环辛二烯} \xrightarrow[C_2H_5OH]{WCl_6,\ C_2H_5AlCl_2} -\!\!\!\!\!\!\!\!-\!\!\!\!\!\!-[CH_2-\overset{CH_3}{\overset{|}{C}}=CHCH_2CH_2CH=CHCH_2]_n$$

$$n\ \text{顺,反-1,5-环癸二烯} \xrightarrow[C_2H_5OH]{WCl_6,C_2H_5AlCl_2} [(CH_2CH_2)-(CH_2CH=CHCH_2)_2]_n$$

$$n\ \text{1,3,5,7-环辛四烯} \xrightarrow[Al(C_2H_5)_2Cl]{W[OCH(CH_2Cl)_2]} [CH=CH_4]_n$$

习题

1. 环大小对环单体开环聚合反应活性有何影响？

2. 环氧丙烷的阴离子开环聚合常常只能得到低分子量聚合物，请解释其原因。

3. 当以金属氢氧化物或烷氧化物为引发剂引发环氧化物的阴离子开环聚合时，常常在体系中添加醇，目的是什么？所加的醇对产物分子量有何影响？

4. 请预测下列单体进行开环易位聚合时，聚合产物的结构。

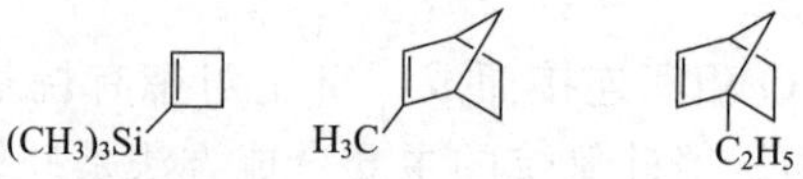

$(CH_3)_3Si$-环丁烯　　H_3C-降冰片烯　　C_2H_5-降冰片烯

5. 请给出可用于合成下列聚合物的环单体结构。

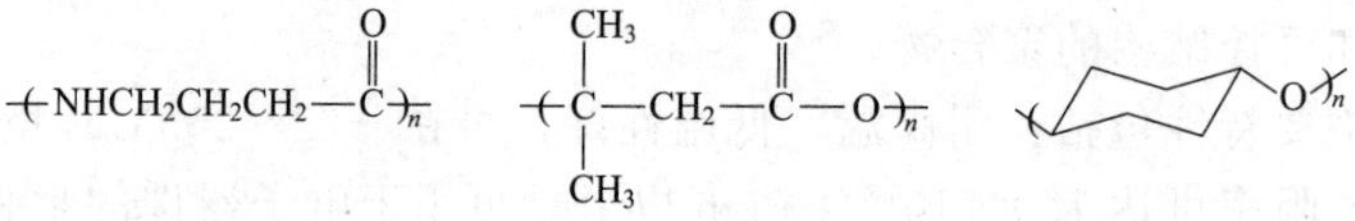

$$[NHCH_2CH_2CH_2-\overset{O}{\overset{\|}{C}}]_n \qquad [\underset{CH_3}{\underset{|}{\overset{CH_3}{\overset{|}{C}}}}-CH_2-\overset{O}{\overset{\|}{C}}-O]_n \qquad [\text{环己烷-1,4-二基}-O]_n$$

6. 写出以下单体开环聚合所得聚合产物的结构。

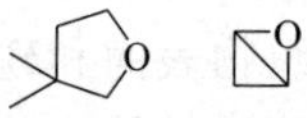

7. 下列单体进行阴离子开环聚合时可得到高分子量的聚酯。请写出用碱（OH^-）作引发剂时，所得聚合物的结构（包括末端基团），并请解释为什么这些单体聚合时不会因链转移反应的影响而得不到高分子量聚合物。

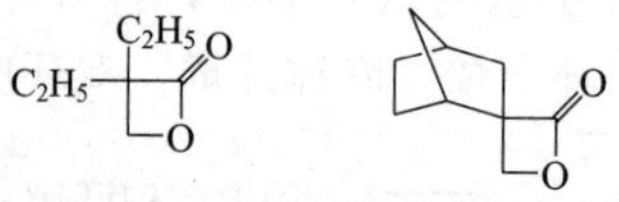

C_2H_5, C_2H_5 O O

参考文献

［1］ Cho I. New ring-opening polymerizations for copolymers having controlled microstructures［J］. Prog Polym Sci, 2000, 25: 1043.

［2］ Odian G. Principles of polymerization［M］. Fourth Edition. John Wiley & Sons Inc, 2004.

［3］ Goethals E J, Schacht E H, Bogaert Y E, et al. The polymerization of azetidines and azetidine derivatives［J］. Polym J, 1980, 12: 571.

[4] Oike H, Washizuka M, Tezuka Y. Cationic ring-opening polymerization of N-phenylazetidine [J]. Macromol Chem Phys, 2000, 201: 1673.

[5] Ariga T, Takata T, Endo T. Cationic ring-opening polymerization of cyclic carbonates with alkyl halides to yield polycarbonate without the ether unit by suppression of elimination of carbon dioxide [J]. Macromolecules, 1997, 30: 737.

[6] Nemoto N, Sanda F, Endo T. Cationic ring-opening polymerization of six-membered cyclic carbonates with ester groups [J]. J Polym Sci Part A: Polym Chem, 2001, 39: 1305.

[7] Penczek S, Cypryk M, Duda A, et al. Living ring-opening polymerizations of heterocyclic monomers [J]. Prog Polym Sci, 2007, 32: 247.

[8] Kubisa P, Penczek S. Cationic activated monomer polymerization of heterocyclic monomers [J]. Prog Polym Sci, 1999, 24: 1409.

[9] Penczek S. Cationic ring-opening polymerization (CROP) major mechanistic phenomena [J]. J Polym Sci Part A: Polym Chem, 2000, 38: 1919.

[10] Brocas A L, Mantzaridis C, Tunc D, et al. Polyether synthesis: From activated or metal-free anionic ring-opening polymerization of epoxides to functionalization [J]. Prog Polym Sci, 2013, 38: 845.

[11] Albertsson A C, Varma I K. Recent developments in ring opening polymerization of lactones for biomedical applications [J]. Biomacromolecules, 2003, 4: 1466.

[12] Stevens M P. Polymer Chemistry [M]. 3rd. New York: Oxford University Press, 1999.

[13] Hashimoto K. Ring-opening polymerization of lactams. Living anionic polymerization and its applications [J]. Prog Polym Sci, 2000, 25: 1411.

[14] Ottou W N, Sardon H, Mecerreyes D, et al. Update and challenges in organo-mediated polymerization reactions [J]. Prog Polym Sci, 2016, 56: 64.

[15] Heise A, Duxbury C J, Palmans A R A. Handbook of Ring-Opening Polymerization: Enzyme-Mediated Ring-Opening Polymerization [M]. Weinheim: WILEY-VCH Verlag GmbH & Co. KGaA, 2009: 379-398.

[16] Stridsberg K M, Ryner M, Albertsson A C. Controlled ring-opening polymerization: Polymers with designed macromolecular architecture [J]. Adv Polym Sci, 2002, 157: 41.

[17] Mecerreyes D, Jérôme R, Dubois P. Novel macromolecular architectures based on aliphatic polyesters: Relevance of the "coordination-insertion" ring-opening polymerization [J]. Adv Polym Sci, 1999, 147: 1.

[18] Ling J, Shen Z, Huang Q. Novel single rare earth aryloxide initiators for ring-opening polymerization of 2,2-dimethyltrimethylene carbonate [J]. Macromolecules, 2001, 34: 7613.

[19] Ropson N, Dubois P, Jerome R, et al. Living (co) polymerization of adipic anhydride and selective end functionalization of the parent polymer [J]. Macromolecules, 1992, 25: 3820.

[20] von Schenck H, Ryner M, Albertsson A C, Svensson M. Ring-opening polymerization of lactones and lactides with Sn(Ⅳ) and Al(Ⅲ) initiators [J]. Macromolecules, 2002, 35: 1556.

[21] Kowalski A, Duda A, Penczek S. Kinetics and mechanism of cyclic esters polymerization initiated with Tin(Ⅱ) octoate. 3. Polymerization of L,L-dilactide [J]. Macromolecules, 2000, 33: 7359.

[22] Chisholm M H, Eilerts N W, Huffman J C, et al. Molecular design of single-site metal alkoxide catalyst precursors for ring-opening polymerization reactions leading to polyoxygenates. 1. Polylactide formation by achiral and chiral magnesium and Zinc alkoxides, (η^3-L) MOR, where L=trispyrazolyl- and trisindazolylborate ligands [J]. J Am Chem Soc, 2000, 122: 11845.

[23] Zhong Z, Dijkstra P J, Birg C, et al. A novel and versatile calcium-based initiator system for the ring-opening polymerization of cyclic esters [J]. Macromolecules, 2001, 34: 3863.

[24] Takashima Y, Nakayama Y, Watanabe K, et al. Polymerizations of cyclic esters catalyzed by titanium complexes having chalcogen-bridged chelating diaryloxo ligands [J]. Macromolecules, 2002, 35: 7538.

8

[25] Ling J, Shen Z, Huang Q. Novel single rare earth aryloxide initiators for ring-opening polymerization of 2,2-dimethyltrimethylene carbonate [J] . Macromolecules, 2001, 34: 7613.

[26] Dubois P, Ropson N, Jérôme R, et al. Macromolecular engineering of polylactones and polylactides. 19. Kinetics of ring-opening polymerization of ε-caprolactone initiated with functional aluminum alkoxides [J] . Macromolecules, 1996, 29: 1965.

[27] Shen Y Q, Shen Z Q, Zhang Y F, et al. Novel rare earth catalysts for the living polymerization and block copolymerization of ε-caprolactone [J] . Macromolecules, 1996, 29: 8289.

[28] Agarwal S, Mast C, Dehnicke K, et al. Rare earth metal initiated ring-opening polymerization of lactones [J] . Macromol Rapid Commun, 2000, 21: 195.

[29] Bero M, Kasperczyk J. Coordination polymerization of lactides, 5. Influence of lactide structure on the transesterification processes in the copolymerization with ε-caprolactone [J] . Macromol Chem Phys, 1996, 197: 3251.

[30] Sanda F, Endo T. Radical ring-opening polymerization [J] . J Polym Sci Part A: Polym Chem, 2001, 39: 265.

[31] Sanda F, Takata T, Endo T. Radical polymerization behavior of 1,1-disubstituted 2-vinylcyclopropanes [J] . Macromolecules, 1993, 26: 1818.

[32] Moszner N, Zeuner F, Völkel T, et al. Synthesis and polymerization of vinylcyclopropanes [J] . Macromol Chem Phys, 1999, 200: 2173.

[33] Cho I. New ring-opening polymerizations for copolymers having controlled microstructures [J] . Prog Polym Sci, 2000, 25: 1043.

[34] (a) Sanda F, Takata T, Endo T. Selective radical ring-opening polymerization of α-cyclopropylstyrene [J] . Macromolecules, 1992, 25: 6719; (b) Sanda F, Takata T, Endo T. Radical ring-opening polymerization of alpha-cyclopropylstyrenes. Polymerization behavior and mechanistic aspects of polymerization by the molecular orbital method [J] . Macromolecules, 1993, 26: 5748; (c) Mizukami S, Kihara N, Endo T. Novel poly (silyl enol ether) s via radical ring-opening polymerization and their conversion to polyketones [J] . J Am Chem Soc, 1994, 116: 6453.

[35] Jin S, Gonsalves K E. A Study of the mechanism of the free-radical ring-opening polymerization of 2-methylene-1,3-dioxepane [J] . Macromolecules, 1997, 30: 3104.

[36] Wei Y, Connors E J, Jia X, et al. Controlled free radical ring-opening polymerization and chain extension of the "living" polymer [J] . J Polym Sci Part A: Polym Chem, 1998, 36: 761.

[37] Yuan J Y, Pan C Y, Tang B Z. "Living" free radical ring-opening polymerization of 5,6-benzo-2-methylene-1,3-dioxepane using the atom transfer radical polymerization method [J] . Macromolecules, 2001, 34: 211.

[38] (a) Hiraguri Y, Tokiwa Y. Synthesis of copolymers composed of 2-methylene-1,3,6-trioxocane and vinyl monomers and their enzymatic degradation [J] . J Polym Sci Part A: Polym Chem, 1993, 31: 3159; (b) Hiraguri Y, Tokiwa Y. Synthesis of photodegradable polymers having biodegradability and their biodegradations and photolysis [J] . Macromolecules, 1997, 30: 3691.

[39] Evans R A, Moad G, Rizzardo E, et al. New free-radical ring-opening acrylate monomers [J] . Macromolecules, 1994, 27: 7935.

[40] Bielawskia C W, Grubbs R H. Living ring-opening metathesis polymerization [J] . Prog Polym Sci, 2007, 32: 1.

[41] Michael R Buchmeiser. Handbook of Ring-opening Polymerization: Ring-opening Metathesis Polymerization [M] . Weinheim: WILEY-VCH Verlag GmbH & Co. KGaA, 2009: 197-254.

[42] Minna Hakkaratnen, Anna Finne-Wistrand. Handbook of Engineering and Specialty Thermoplastics. Volume 3, Polyethers and Polyesters : Polylactide [M] . New Jersey: John Wiley & Sons Inc, 2001.

[43] Sarazen M L, Sakwa-Novak M A, Ping E W, et al. Effect of different acid initiators on branched poly (propylenimine): Synthesis and CO_2 sorption performance [J] . ACS Sustainable Chem Eng, 2019, 7: 7338.

[44] Jager M, Schubert S, Ochrimenko S, et al. Branched and linear poly (ethylene imine)-based conjugates: synthetic modification, characterization, and application [J] . Chem Soc Rev, 2012, 41: 4755.

第 9 章　高分子化学反应

研究和利用高分子的分子内或分子间的各种化学反应具有重要意义，具体体现在三方面：①合成新型的具有特定功能的高分子。利用高分子的化学反应对高分子进行改性是合成新型高分子的有力手段之一，可得到许多难以直接由聚合反应合成的、复杂多样的高分子结构，从而赋予高分子新的特殊性能和用途。如离子交换树脂、高分子试剂及高分子催化剂、化学反应的高分子载体、可降解高分子、阻燃高分子、特殊的嵌段共聚物、接枝共聚物等。②有利于聚合物工业的可持续发展。研究和掌握聚合物的降解和老化机理，有利于延长聚合物的使用寿命，有利于废弃聚合物的回收再利用或降解回归大自然。③有助于了解和验证高分子的结构，如可利用邻二醇反应来测定聚乙烯醇分子链中头-头连接结构的含量等。

$$\sim\sim CH_2-\underset{OH}{\underset{|}{CH}}-\underset{OH}{\underset{|}{CH}}-CH_2\sim\sim \longrightarrow \sim\sim CH_2-\underset{O}{\underset{\|}{CH}} + \underset{O}{\underset{\|}{CH}}-CH_2\sim\sim$$

9.1　高分子化学反应的特点、影响因素与分类

9.1.1　高分子化学反应的特点

虽然高分子化合物的功能基能发生与小分子化合物功能基类似的化学反应，但由于高分子与小分子具有不同的结构特性，其化学反应也有不同于小分子化学反应的特点。

① 多数情况下，与相应的小分子化学反应相比，由于高分子主链本身对其所带功能基的屏蔽位阻效应，高分子化学反应的反应速率与转化率通常较低，高分子链所带功能基可能并不能全部参与反应，因此反应产物分子链上既带有起始功能基，也带有新生成的功能基，不能将起始功能基和新生成的功能基分离开来，很难像小分子反应一样可分离得到含单一功能基的反应产物。此外，聚合物本身是聚合度不一的混合物，每条高分子链上的功能基转化程度也可能不一样，而且功能基在分子链上的分布也可能是无规的，因而产物结构复杂、不均匀。例如假设丙酸甲酯水解时转化率为 80%，则可通过适当的分离提纯手段将原料与产物分离开来，可得到理论产率为 80%的纯丙酸；但是假设聚丙烯酸甲酯的水解转化率为 80%时，由于水解生成的羧基和未反应的酯基包含在相同的分子链上，无法将其分离，因此不可能得到理论产率为 80%的纯聚丙烯酸，而是得到平均每条分子链含有 80%的丙烯酸单体单元和 20%的丙烯酸甲酯单体单元的无规共聚物。

② 当高分子化学反应在溶液中进行时，高分子所含的功能基存在总浓度与局域浓度之分。高分子链在溶液中通常表现为无规线团，化学反应只能发生在无规线团局域内，高分子功能基在无规线团中的“局域浓度”高，而在无规线团以外区域中的浓度为 0。例如在 1%的聚乙酸乙烯酯（分子量为 10^6）溶液中，乙酸酯功能基在高分子线团中的局域浓度约为总浓度的 5 倍。同样，小分子反应物也存在局域浓度与总浓度之分，其局域浓度的高低取决于高分子的溶解性以及小分子反应物与高分子链间是否存在排斥或吸附作用。在高分子的良溶液中，若小分子反应物与高分子间不存在排斥或吸附作用时，小分子反应物在高分子线团内、外的浓度应该是相同的；若高分子的溶解性较差，小分子反应物向线团内的扩散相对较

难，则小分子反应物在高分子线团内的浓度就会低于线团外的浓度；当高分子与小分子反应物间存在相互吸附作用时，则高分子线团内的局域浓度高于总浓度，反应速率高于相应小分子化学反应，相反，若高分子与小分子反应物间存在排斥作用时，导致高分子线团内的局域浓度低于总浓度，反应速率比相应的小分子化学反应慢。

③ 聚合物的化学反应可能导致聚合物的物理性能发生改变，如溶解性、构象、静电作用等发生改变，从而影响反应速率甚至影响反应的进一步进行（详见 9.1.2.1 节）。

④ 高分子化学反应中副反应的危害性更大。当反应过程存在副反应时，小分子反应可通过各种分离提纯手段将副产物除去，而高分子化学反应中，能否将不期望的副产物除去直接取决于副反应的性质，如果在产物分子链中同时含有副反应生成的功能基与目标功能基，就不可能将两者分离。此外在高分子化学反应中，不期望的交联或降解等副反应都将对产物的物理性能造成致命的损伤，必须充分考虑。

9.1.2 高分子化学反应的影响因素

高分子化学反应的影响因素是多方面的，包括聚合物本身的因素以及聚合物所处的环境因素等。聚合物本身的影响因素概括起来主要有两大类，一类是与聚合物物理性质相关的物理因素，一类是与聚合物分子结构相关的结构因素。

9.1.2.1 物理因素

(1) 结晶性 在反应条件下，如果结晶或部分结晶聚合物的晶区没有熔化或溶解，由于晶区中分子链排列规整，分子链间相互作用强，链与链之间结合紧密，小分子不易扩散进入晶区，晶区中的聚合物功能基难以与小分子反应试剂接触，因此反应只可能发生在非晶区，所得产物是不均匀的，反应速率随聚合物中非晶区含量的增加而加快。只有通过选择适当的反应温度和/或溶剂使聚合物的晶区熔化或溶解，使反应在均相条件下进行时，聚合物的反应才会与相应的小分子化学反应相似。虽然通常均相体系对反应更有利，但有些场合并不希望改变聚合物的本体性能，此时非均相反应反而更有利，如一些聚合物表面改性处理。

(2) 构象变化[1] 即聚合物分子链在反应过程中卷曲程度的变化。在反应过程中，当聚合物的溶解性由好变差时，其分子链构象将由伸展状态向卷曲状态转变，分子链上的一些功能基会因此受到屏蔽，导致小分子反应物难以与聚合物功能基接触，使反应速率减慢。如聚（4-乙烯基吡啶）的季铵化反应，当季铵化程度较低时，由于静电排斥作用，使分子链变得更为伸展，分子链上的功能基更容易与小分子反应物接触，但随着季铵化程度的提高，聚合物的溶解性变差，使分子链变得卷曲，反应速率变慢。

(3) 溶解性变化 聚合物的溶解性随化学反应的进行可能不断发生变化。如聚乙烯在脂肪族或芳香族溶剂中的氯化反应，当引入的氯质量分数低于约 30%时，聚合物的溶解性随着氯化程度的提高而提高，再进一步氯化，聚合物的溶解性却随之下降，当氯化程度超过 50%～60%时，溶解性却又升高。聚合物在反应过程中的这种溶解性变化可能导致许多问题。一般溶解性变好对反应有利，溶解性变差对反应不利。一种极端情形是聚合物变得不溶解，从而可能导致小分子反应物难以扩散渗透到聚合物中，致使反应的最高转化率受限。但若沉淀的聚合物对反应试剂有吸附作用，由于可使聚合物分子上反应试剂的局域浓度增大，反而可使反应速率增大。

(4) 静电效应 聚合物所带的电荷可能改变小分子反应物在高分子线团中的局域浓度，从而影响其反应速率。当带电荷的聚合物与带相同电荷的小分子反应物反应时，由于静电排斥作用，使聚合物线团中的小分子反应物局域浓度降低，反应速率下降，甚至阻碍反应的充分进行。相反，当与带相反电荷小分子反应物反应时，则会提高小分子反应物在聚合物线团中的局域浓度，从而使反应速率加快。例如聚（4-乙烯基吡啶）与 α-溴代乙酸根离子反应时，如果聚（4-乙烯基吡啶）先部分质子化，使聚合物带上正电荷，从而可对体系中的 α-溴代乙酸根负离子产生吸附作用，增加其在聚合物链上的局域浓度，促进反应的进行。

(5) 交联　对于交联聚合物，小分子反应物在聚合物中的局域浓度比聚合物外的浓度低，并且随着交联度增大或溶剂溶解性变小，聚合物的溶胀性变小，这种差别更明显。同时小分子反应物在聚合物局域中的扩散也受到抑制，反应速率受到的影响也更显著。如吡啶与卤代烃的季铵化反应，当反应分别在正己烷、甲苯和 2-戊酮中反应时，随着溶剂极性增加，反应速率增大，反应速率比约为 1∶2∶7；而对于相应的交联聚（4-乙烯基吡啶）的季铵化反应，其在正己烷、甲苯和 2-戊酮中的反应速率比分别为 1∶10∶10，在甲苯和 2-戊酮中的高反应速率是由于甲苯与 2-戊酮都是聚（4-乙烯基吡啶）的良溶剂，而正己烷则是不良溶剂。由于交联聚（4-乙烯基吡啶）在 2-戊酮和甲苯中的溶胀度大，因而小分子反应物在交联聚合物中的局域浓度大且扩散系数更高。

9.1.2.2　结构因素

聚合物本身的分子结构对其化学反应性能的影响，称为高分子效应，这种效应是由高分子结构单元之间不可忽略的相互作用引起的。高分子效应主要有以下几种。

(1) 邻基效应　包括位阻效应和静电效应。

① 位阻效应。由于新生成功能基的立体阻碍，导致其邻近功能基难以继续参与反应。这种位阻效应主要体现在一些新引入功能基体积庞大的体系中。如聚乙烯醇的三苯乙酰化反应，由于新引入的三苯乙酰基体积庞大，位阻效应显著，导致其邻近的—OH 难以再与三苯乙酰氯反应：

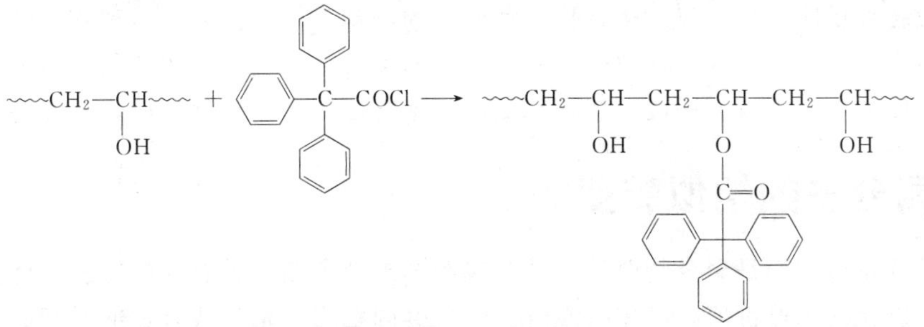

② 静电效应。邻近基团之间的静电效应可提高或降低功能基的反应活性。如聚丙烯酰胺在酸性条件下的水解反应就是一个邻基静电效应提高功能基反应活性的例子。其水解反应速率随反应的进行而增大，原因是水解生成的羧基与邻近未水解的酰氨基因静电效应易形成酸酐环过渡态，从而促进了酰胺基中—NH_2 的离去，加速水解。

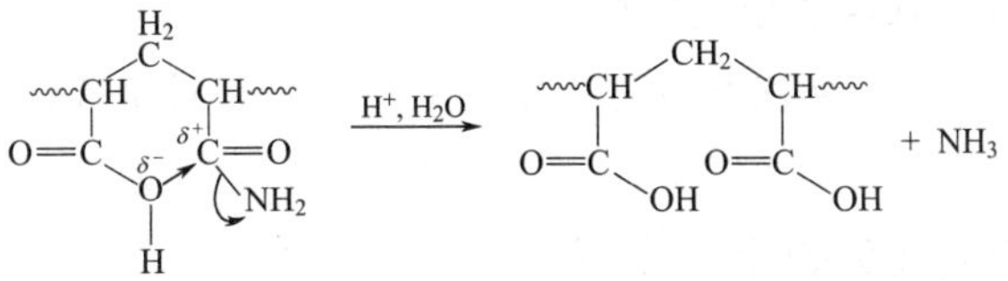

而聚丙烯酰胺在强碱条件下的水解反应则是一个典型的邻基静电效应降低反应活性的例子。当聚丙烯酰胺中某个酰氨基邻近的基团都已转化为羧酸根后，由于进攻的 OH^- 与高分子链上生成的—COO^- 带相同电荷，相互排斥，因而难以与被进攻的酰氨基接触，不能再进一步水解，导致聚甲基丙烯酰胺在碱性条件下的水解程度一般低于 70%。

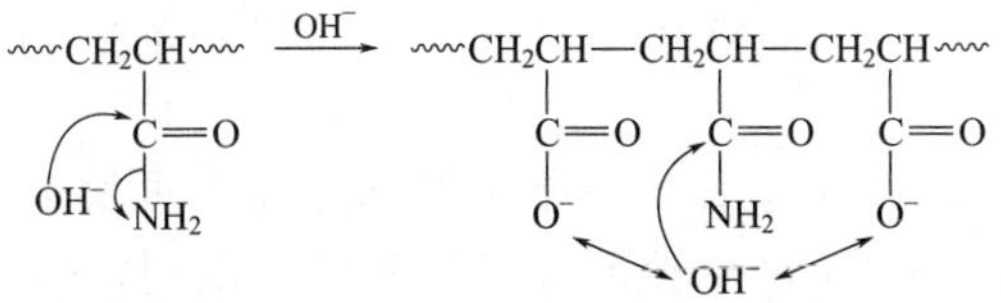

显然，这种邻基效应不会发生在类似的小分子反应中，因为在小分子反应中，未反应的功能基与已反应的功能基并不在同一分子中，不会相互影响。

此外，邻基效应不仅取决于功能基与反应类型，还与相邻功能基的立体化学有关。如全同立构聚甲基丙烯酸酯在吡啶/水中的皂化反应可观察到邻基促进作用，而在间同立构聚甲基丙烯酸酯的皂化反应中却没有这种促进作用，这是因为全同立构聚合物分子中相邻功能基的朝向适于相互形成环状酸酐过渡态。

（2）功能基孤立化效应（概率效应） 当高分子链上的相邻功能基成对参与反应时，由于成对基团反应存在概率效应，即反应过程中间或会产生孤立的单个未反应功能基，由于单个未反应功能基难以继续反应，因而不能100%转化，只能达到有限的转化率。典型的例子如聚乙烯醇的缩醛化反应以及聚氯乙烯的脱氯反应。

$$\sim\sim CH_2CH(OH)\sim\sim \xrightarrow{RCHO} \sim\sim(\text{环状缩醛})(\text{环状缩醛})CH(OH)(\text{环状缩醛})\sim\sim$$

$$\sim\sim CH_2-CH(Cl)\sim\sim \xrightarrow[Zn]{-Cl_2} \sim\sim CH_2-\underset{CH_2}{CH-CH}-CH_2-CH(Cl)-CH_2-\underset{CH_2}{CH-CH}\sim\sim$$

9.1.3 高分子化学反应的分类

高分子化学反应根据反应前后高分子所含功能基及其聚合度的变化可分为两大类：①聚合物的相似转变反应，反应仅发生在聚合物分子的侧基上，即侧基由一种基团转变为另一种基团，并不会引起聚合度的明显改变。②聚合物的聚合度发生根本改变的反应，包括聚合度变大的化学反应，如扩链、嵌段、接枝和交联；聚合度变小的化学反应，如降解与解聚。

9.2 高分子的相似转变

高分子的相似转变是聚合物改性以及合成新的高分子的一种有效的方法，许多高分子相似转变具有重要的工业价值。应用时需解决的关键问题之一是寻找合适的温和而又有效的反应条件。理想的高分子相似转变反应必须避免任何可能导致交联、降解或其他损害高分子性能的不期望副反应的发生，并且易于通过计量化学控制转变程度，这就要求相似转变反应的转化率要高，最好能定量进行。

9.2.1 新功能基的引入与功能基转换

在聚合物分子链上引入新功能基或进行功能基转换，是对聚合物进行化学改性、功能化以及获取新型复杂结构高分子的有效手段。

9.2.1.1 聚乙烯的氯化及氯磺化

聚乙烯的氯化反应历程跟小分子饱和烃的氯化反应相同，为自由基链式反应：

$$Cl_2 \xrightarrow[\text{或有机过氧化物}]{\text{光}} 2Cl\cdot$$

$$\sim\sim CH_2CH_2\sim\sim + Cl\cdot \longrightarrow \sim\sim CH_2\dot{C}H\sim\sim + HCl$$

$$\sim\sim CH_2\dot{C}H\sim\sim + Cl_2 \longrightarrow \sim\sim CH_2CH(Cl)\sim\sim + Cl\cdot$$

聚乙烯与Cl_2、SO_2或SO_2Cl_2在自由基引发剂存在下可发生氯磺化反应，同时在聚合物分子上引入氯磺基和氯。SO_2Cl_2单独也可以作氯磺化试剂，但必须与催化剂量的吡啶或其他有机碱协同作用[2]。有机碱的作用可能是催化 SO_2Cl_2 分解生成 SO_2 和 Cl_2。

$$\sim\!\sim CH_2CH_2CH_2CH_2\sim\!\sim + Cl_2 + SO_2 \xrightarrow{\text{引发剂}} \sim\!\sim CH_2-\underset{Cl}{\overset{H}{C}}-CH_2-\underset{SO_2Cl}{\overset{H}{C}}\sim\!\sim + HCl$$

$$\sim\!\sim CH_2CH_2CH_2CH_2\sim\!\sim + SO_2Cl_2 \xrightarrow[\text{碱催化剂}]{\text{引发剂}} \sim\!\sim CH_2-\underset{Cl}{\overset{H}{C}}-CH_2-\underset{SO_2Cl}{\overset{H}{C}}\sim\!\sim + HCl + SO_2$$

在聚乙烯分子链上引入氯原子后破坏了聚乙烯原有的分子链规整性，根据其氯化程度以及氯原子在分子链上的分布，可使结晶性的聚乙烯转化为半塑性、弹性或刚性的塑料。而氯磺基的引入则为聚合物提供了交联反应活性点，使之可用于热固性应用。

9.2.1.2　聚苯乙烯的功能化

聚苯乙烯的苯环上易发生各种取代反应（硝化、磺化、氯磺化等），可被用来合成功能高分子、离子交换树脂以及在聚苯乙烯分子链上引入交联点或接枝点。特别重要的是聚苯乙烯的氯甲基化，由于生成的苄基氯易通过亲核取代反应而转化为许多其他的功能基。图 9-1～图 9-3 为聚苯乙烯及其衍生物苯环上的各种化学反应。重要的聚苯乙烯功能化反应如交联聚苯乙烯经磺化后得到强酸型阳离子交换树脂；交联聚苯乙烯经氯甲基化，再和叔胺（NR_3）反应便可得到阴离子交换树脂。

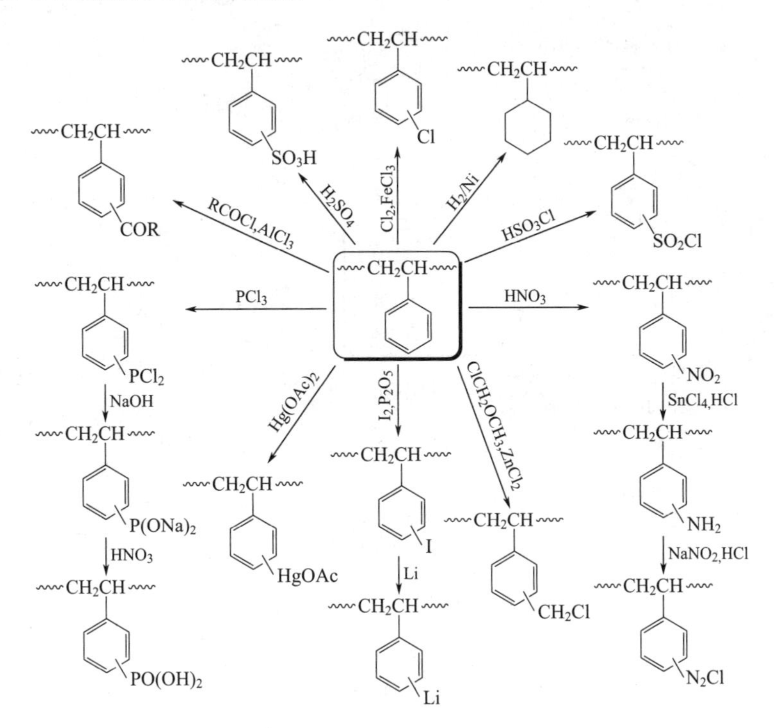

图 9-1　聚苯乙烯的各种化学反应

9.2.1.3　纤维素的化学改性与功能化

纤维素是一种多分散的含脱水葡萄糖重复结构单元（AGU）的结晶性线型聚合物，其分子结构如下：

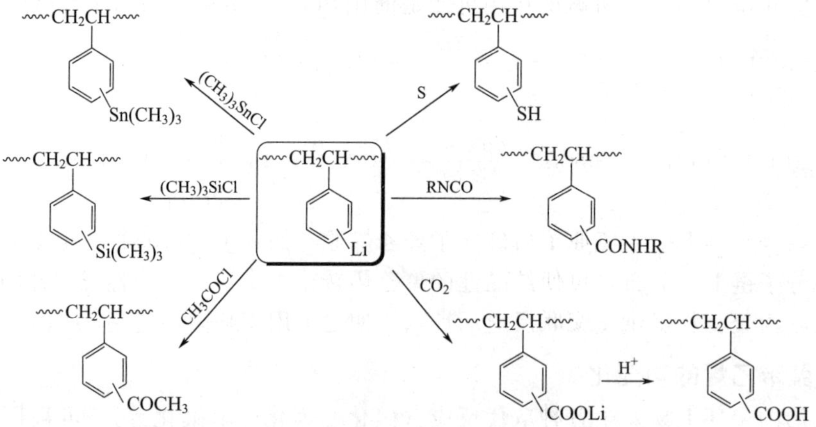

$\sim CH_2CH \sim$ (center, Li on ring)

$(CH_3)_3SnCl$ → $\sim CH_2CH \sim$, $Sn(CH_3)_3$

S → $\sim CH_2CH \sim$, SH

$(CH_3)_3SiCl$ → $\sim CH_2CH \sim$, $Si(CH_3)_3$

RNCO → $\sim CH_2CH \sim$, CONHR

CH_3COCl → $\sim CH_2CH \sim$, $COCH_3$

CO_2 → $\sim CH_2CH \sim$, COOLi; H^+ → $\sim CH_2CH \sim$, COOH

图 9-2 聚苯乙烯锂的各种化学反应

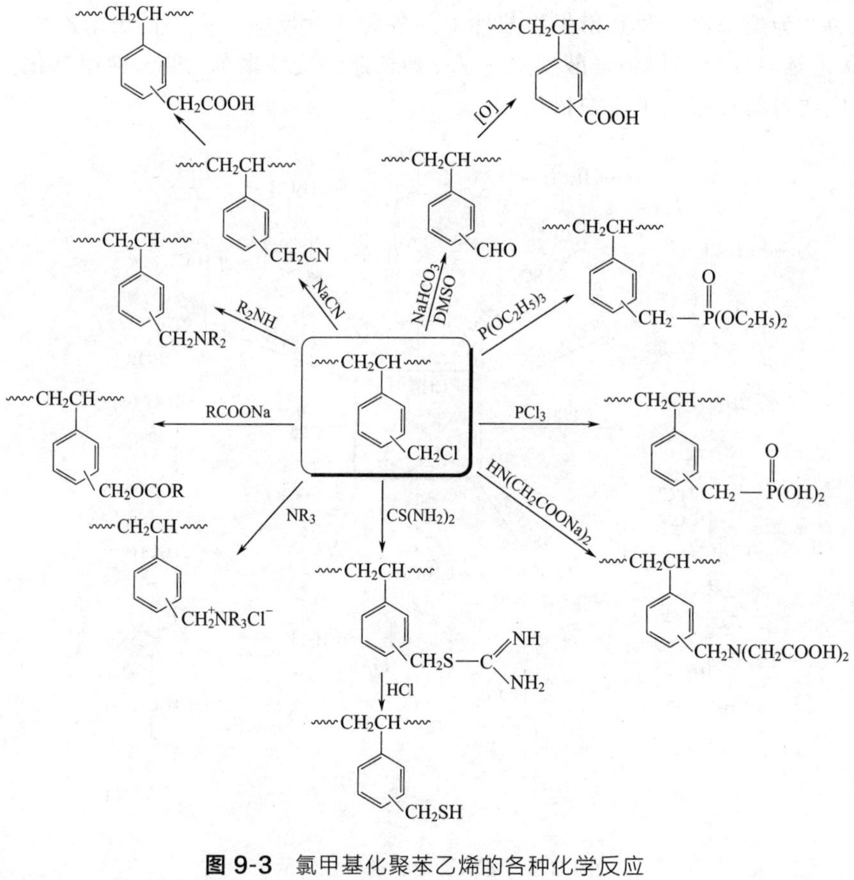

$\sim CH_2CH \sim$ (center, CH_2Cl on ring)

NaCN → $\sim CH_2CH \sim$, CH_2CN → $\sim CH_2CH \sim$, CH_2COOH

$NaHCO_3$ / DMSO → $\sim CH_2CH \sim$, CHO; [O] → $\sim CH_2CH \sim$, COOH

R_2NH → $\sim CH_2CH \sim$, CH_2NR_2

$P(OC_2H_5)_3$ → $\sim CH_2CH \sim$, $CH_2—P(O)(OC_2H_5)_2$

RCOONa → $\sim CH_2CH \sim$, CH_2OCOR

PCl_3 → $\sim CH_2CH \sim$, $CH_2—P(O)(OH)_2$

NR_3 → $\sim CH_2CH \sim$, $CH_2^+NR_3Cl^-$

$CS(NH_2)_2$ → $\sim CH_2CH \sim$, $CH_2S—C(=NH)NH_2$; HCl → $\sim CH_2CH \sim$, CH_2SH

$HN(CH_2COONa)_2$ → $\sim CH_2CH \sim$, $CH_2N(CH_2COOH)_2$

图 9-3 氯甲基化聚苯乙烯的各种化学反应

每一个脱水葡萄糖单元在 C2、C3 和 C6 上分别含有 3 个可反应羟基，可进行通常的伯羟基和仲羟基的各种化学转变，C2 和 C3 上相邻的羟基也能进行邻二醇类反应。

纤维素不仅具有高结晶性，而且分子间可形成大量氢键，导致其在水和通常有机溶剂中难溶解，难以在均相条件下进行反应。为了保证功能基在分子链上的均匀分布，要求反应在均相条件下进行或者至少在反应开始时体系是均相的，同时有利于通过调节小分子反应物与 AGU 重复结构单元的摩尔比控制产物的取代度。

能使纤维素溶解成均相体系的溶剂主要包括三大类[3]：①水性体系，其中较重要的是

一些通式为 $LiX \cdot nH_2O$（$X^- = I^-$、NO_3^-、CH_3COO^-、ClO_4^-）的含水无机盐，熔融后可溶解聚合度高达 1500 的纤维素；②非水体系，主要为一些有机溶剂与无机盐的混合物，重要的如有机溶剂/LiX（X=Cl、Br）混合体系，所用的有机溶剂包括 *N*,*N*-二甲基乙酰胺和 *N*-甲基-2-吡咯烷酮等；③反应型溶剂，如 CF_3COOH、HCOOH 等，通过与 AGU 结构中的羟基反应而提高其溶解性，其缺点是在溶解过程中伴随有副反应发生，因而反应的重现性差。

图 9-4 所示为一些常见的纤维素改性反应（以其中一个羟基的反应为例）。其改性产物具有多种用途，如黏胶纤维可用作织物纤维；羧甲基纤维素可用作胶体保护剂、黏结剂、增稠剂、表面活性剂等；乙基纤维素可作为乳化剂、增稠剂、稳定剂等应用于涂料、油墨、悬浮聚合分散剂以及药品包衣材料、骨架和胶囊材料等；硝化纤维素可因其硝化程度的不同用于生产赛璐珞、电影胶片、硝基漆、炸药等。

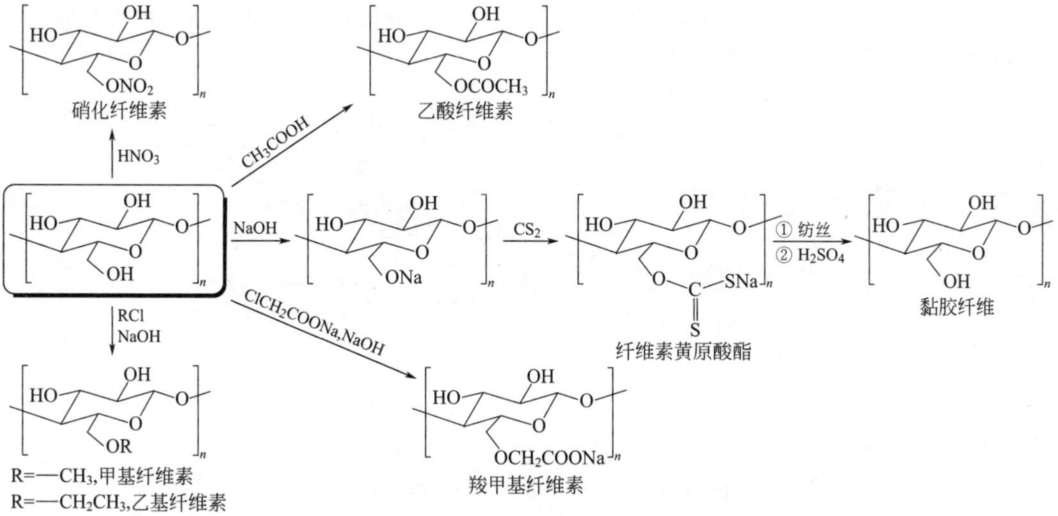

HO OH O ONO₂ n 硝化纤维素
HNO_3
CH_3COOH
HO OH O $OCOCH_3$ n 乙酸纤维素
HO OH O OH n
NaOH
HO OH O ONa n
CS_2
HO OH O O—C(=S)—SNa n 纤维素黄原酸酯
① 纺丝 ② H_2SO_4
HO OH O OH n 黏胶纤维
RCl NaOH
HO OH O OR n
R=—CH_3，甲基纤维素
R=—CH_2CH_3，乙基纤维素
$ClCH_2COONa$，NaOH
HO OH O OCH_2COONa n 羧甲基纤维素

图 9-4 纤维素的化学改性

9.2.1.4 聚乙烯醇的合成及其缩醛化

由于乙烯醇极不稳定，极易异构化成乙醛，因此不存在乙烯醇单体，聚乙烯醇并不能直接由乙烯醇单体聚合而成，而是由聚乙酸乙烯酯在酸或碱的作用下水解而成。在碱催化下的水解（醇解）又可分为湿法（高碱）和干法（低碱）两种。湿法是指在原料聚乙酸乙烯酯溶液中含有 1%～2%的水，碱催化剂也配成水溶液，湿法的特点是反应速率快，但副反应多，生成的乙酸钠多；干法是指聚乙酸乙烯酯溶液不含水，碱也溶在甲醇中，碱的用量少（只有湿法的 1/10），干法的优点是克服了湿法的缺点，但反应速率慢。常见的工业化聚乙烯醇有两种水解度，分别为 88%和 99%。商用聚乙烯醇牌号中包含聚合度和水解度信息，如 PVA-1799 是数均聚合度为 1700，水解度为 99%；PVA-0588 的数均聚合度为 500，水解度为 88%，依此类推。

$$\text{-}\!\!\left[CH_2\underset{\underset{\underset{O}{\|}}{O-CCH_3}}{CH}\right]\!\!\text{-}_n \xrightarrow[\text{干法}]{NaOH,CH_3OH} \text{-}\!\!\left[CH_2\underset{OH}{CH}\right]\!\!\text{-}_n + nCH_3COOCH_3$$

$$\text{-}\!\!\left[CH_2\underset{\underset{\underset{O}{\|}}{O-CCH_3}}{CH}\right]\!\!\text{-}_n \xrightarrow[\text{湿法}]{NaOH,CH_3OH} \text{-}\!\!\left[CH_2\underset{OH}{CH}\right]\!\!\text{-}_n + nCH_3COONa$$

聚乙烯醇分子中含有大量羟基，可进行醚化、酯化及缩醛化等化学反应，特别是缩醛化反应在工业上具有重要意义。如对聚乙烯醇纤维表面进行缩甲醛化、亚苄基化等缩醛化处理后，可得到具有良好的耐水性和机械性能的维纶，聚乙烯醇缩甲醛还可应用于涂料、黏合剂、海绵等方面；聚乙烯醇缩丁醛在涂料、黏合剂、安全玻璃等方面具有重要的应用。

$$\sim CH_2\underset{OH}{\underset{|}{C}}H-CH_2\underset{OH}{\underset{|}{C}}H-CH_2\underset{OH}{\underset{|}{C}}H\sim \xrightarrow[H^+]{RCHO} \sim CH_2CH-CH_2CH-CH_2\underset{OH}{\underset{|}{C}}H\sim \quad (\text{两个相邻 }O\text{ 经 }C(R)(H)\text{ 成环})$$

9.2.1.5 不饱和聚合物的改性与功能化

氢化反应是一个典型的不饱和聚合物改性方法，可显著提高聚合物的耐氧化性能和稳定性。除此以外，不饱和聚合物分子链中的双键还可通过醛化、羧化、硅氢化、氧化、环氧化和氨甲基化等反应进行改性和功能化[4]（如图 9-5）。该方法可用于制备新型的双功能黏合剂、聚合物-金属络合物、多羟基聚合物等。

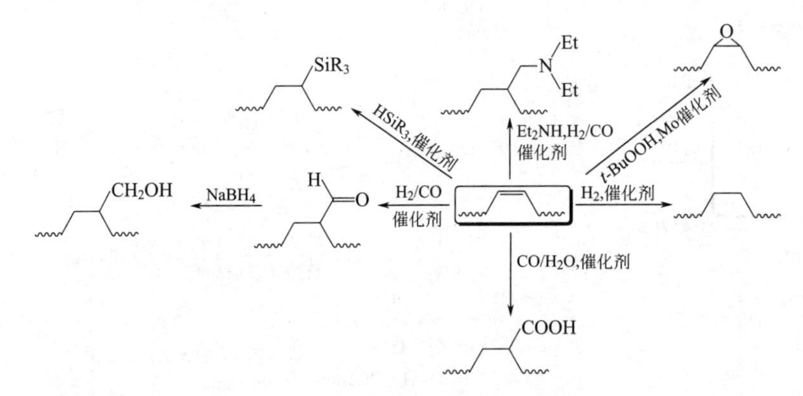

图 9-5 不饱和聚合物的改性与功能化

9.2.1.6 化学改性法合成新型嵌段共聚物

在前面有关章节中已经讨论了活性聚合法合成嵌段共聚物，虽然可以由一种活性聚合或几种活性聚合相结合合成多种精确可控结构的嵌段共聚物，但是适用的单体种类毕竟有限，特别是对于一些含特殊功能基的单体，常常难以直接进行活性聚合，而需要进行适当的功能基保护与去保护。利用聚合物的相似转变可以合成一些难以直接由活性聚合获得的嵌段共聚物[5]。其通常途径是将一精确结构的嵌段聚合物前体，通过熟知的有机化学反应选择性地将其中某一嵌段或整个分子进行化学改性，也可先后对不同嵌段进行不同的化学改性。

典型的如共轭双烯的嵌段共聚物可由 9.2.1.5 节所述方法对其共轭双烯嵌段进行各种改性得到新型的嵌段共聚物。水解反应可用来合成含羧基、羟基和氨基嵌段的嵌段共聚物，这些基团可在其聚合物前体中以适当的保护形式存在，再在温和的酸性或碱性条件下去保护。如聚丙烯酸或聚甲基丙烯酸嵌段可由聚丙烯酸叔丁酯或聚甲基丙烯酸叔丁酯酸解而得。如聚苯乙烯/聚甲基丙烯酸嵌段共聚物可由聚苯乙烯/聚甲基丙烯酸叔丁酯酸解而得。若嵌段共聚物的嵌段之一含有叔胺结构，则可与酸、卤代烃等进行季铵化反应，如聚苯乙烯-*b*-聚乙烯基吡啶中的聚乙烯基吡啶嵌段可用 HCl、CH_3I 或苄氯等处理转化为季铵盐，生成阳离子嵌段共聚物电解质。而二烯烃嵌段共聚物中的双键经硼氢化/氧化反应转变为羟基后，由于羟基可进行多种反应，从而可进一步将之转化为多种功能基，得到各种嵌段共聚物。

9.2.2 环化反应

与线型高分子相比，环状高分子由于不含末端基团，具有许多独特的溶液、熔体以及固态性能以及因之而产生的独特的流体动力学性能、流变学性能、热性能、光电性能等。环状高分子通常由线型高分子前体通过适当的成环反应而得。常用的成环反应有三类。

① 末端带相同功能基的 α,ω-双功能化线型高分子前体与适当的小分子偶联剂进行双分子偶合[6-11]。这是传统的合成环状高分子的方法之一。反应过程包括双功能化线型高分子前体的合成及其与小分子偶联剂偶合两个阶段，其中双功能化线型高分子前体通常由双活性中心引发剂引发的活性聚合合成。

以环状聚苯乙烯的合成为例，其过程可示意如下[8]：

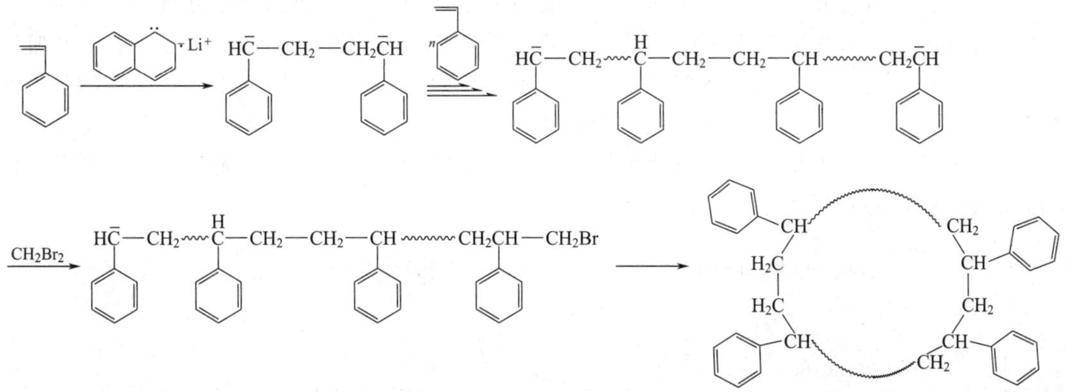

$$\text{CH}_2\!=\!\text{CHC}_6\text{H}_5 \xrightarrow{\text{C}_{10}\text{H}_8^{\cdot -}\text{Li}^+} \text{H}\bar{\text{C}}(\text{C}_6\text{H}_5)\!-\!\text{CH}_2\!-\!\text{CH}_2\bar{\text{C}}\text{H}(\text{C}_6\text{H}_5) \xrightarrow{n\ \text{CH}_2=\text{CHC}_6\text{H}_5} \text{H}\bar{\text{C}}(\text{C}_6\text{H}_5)\!-\!\text{CH}_2\!\sim\!\text{CH}(\text{C}_6\text{H}_5)\!-\!\text{CH}_2\!-\!\text{CH}_2\!-\!\text{CH}(\text{C}_6\text{H}_5)\!\sim\!\text{CH}_2\bar{\text{C}}\text{H}(\text{C}_6\text{H}_5)$$

$$\xrightarrow{\text{CH}_2\text{Br}_2} \text{H}\bar{\text{C}}(\text{C}_6\text{H}_5)\!-\!\text{CH}_2\!\sim\!\text{CH}(\text{C}_6\text{H}_5)\!-\!\text{CH}_2\!-\!\text{CH}_2\!-\!\text{CH}(\text{C}_6\text{H}_5)\!\sim\!\text{CH}_2\text{CH}(\text{C}_6\text{H}_5)\!-\!\text{CH}_2\text{Br} \longrightarrow \text{环状聚苯乙烯}$$

采用高分子前体与小分子偶联剂双分子偶联法时，主要的副反应包括高分子前体的扩链反应（高分子前体与偶联剂发生聚合），以及小分子偶联剂对高分子前体的封端反应（高分子前体分子链两端都分别与偶联剂反应）。为了减少封端副反应，高分子前体与小分子偶联剂之间需严格的化学计量，为避免同时发生高分子间的扩链反应，偶联反应必须在高度稀释的条件下进行，由于扩链反应是双分子反应，高度稀释可大大限制双分子反应的速率（参见 2.2.2.2 节）。如上述例子中，阴离子活性链的浓度必须小于 10^{-4} mol/L。

② 末端带不同功能基的 α,ω-双功能化线型高分子前体的单分子偶合反应[12-15]。该高分子前体在高度稀释条件下（抑制双分子聚合反应），通过两末端功能基之间直接的偶联反应成环，是一种单分子反应方法，反应过程也分两阶段，其过程可示意如下：

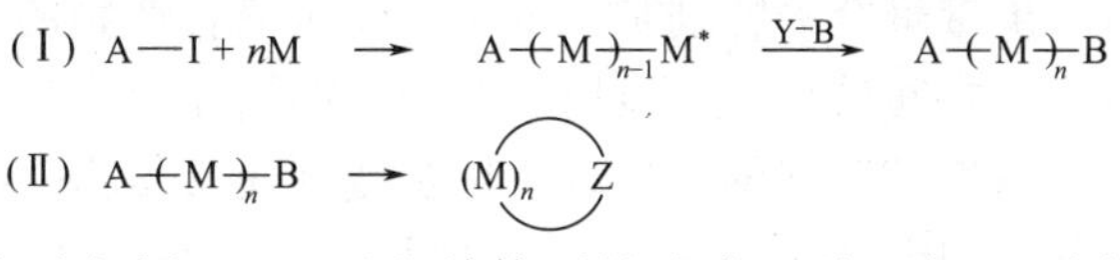

$$(\text{I})\quad \text{A—I} + n\text{M} \longrightarrow \text{A}\!\left(\text{M}\right)_{n-1}\!\text{M}^* \xrightarrow{\text{Y—B}} \text{A}\!\left(\text{M}\right)_n\!\text{B}$$

$$(\text{II})\quad \text{A}\!\left(\text{M}\right)_n\!\text{B} \longrightarrow (\text{M})_n\ \text{Z}\ (\text{环})$$

即先由一带功能基 A 的引发剂 A—I 引发单体活性聚合，从而把 A 功能基引入高分子前体的 α-末端，再用一带有功能基 B 的终止剂 Y—B 终止聚合反应，从而把 B 功能基引入高分子前体的 ω-末端。然后，在适当条件下 A 功能基和 B 功能基直接偶合成环。由于偶合反应在同一分子内进行，因而虽然体系的总浓度很低，但功能基的局域浓度比前一方法高，环化效率也相应较高。

上述两种方法得到的产物中难以避免会同时含有线型高分子（包括线型高分子前体、封端线型高分子以及扩链线型高分子）和环状高分子，为得到纯的环状高分子必须经适当手段进行分离。分离方法既可以利用产物物理特性的不同，采用分级沉淀法、制备凝胶渗透色谱或液相色谱等，但这些方法为完全除去线型聚合物，都难以避免地会同时除去部分环状聚合物；也可以利用产物化学性质的不同，即利用线型聚合物含有末端功能基，对其末端功能基进行改性，使其化学性能与环状聚合物有明显的区别，再利用两者化学性质的显著差别进行分离。如用 α,ω-二羟基聚二甲基硅氧烷经 NaH 处理后与二氯代硅烷偶联合成环状聚硅氧烷时，未成环的线型聚合物前体以阴离子形式存在，可用大孔阴离子交换树脂除去[16]。

③ 静电自组装成环法[17-19]。该方法是在方法①基础上的改进，在线型高分子前体的两末端功能基和小分子偶联剂的功能基上分别引入相反电荷，并使之在极稀条件下通过静电自组装形成环状结构后，再发生偶联反应生成环状高分子，其过程可示意如下：

稀释 → 多个高分子链的自组装 稀释 → 单个高分子链的自组装 偶联 → 环状高分子

该方法可定量得到环状高分子而不含线型高分子，因而不需要提纯后处理。以环聚四氢呋喃的合成为例，首先利用四氢呋喃的活性聚合获得双功能化的活性链，再与 N-苯基吡咯烷反应，在分子链末端引入吡咯烷盐结构，该吡咯烷盐功能化聚合物与小分子二羧酸盐可在有机溶剂中通过静电作用发生自组装，当浓度稀释到<1g/L 时，自组装结构就会完全解离成只含单个高分子链的最小的自组装结构。该自组装结构在加热条件下吡咯烷盐开环与羧酸根形成共价键，得到环状聚合物。

$$\text{R-}\overset{+}{N}(\text{pyrrolidinium})\text{+CH}_2\text{CH}_2\text{CH}_2\text{CH}_2\text{O}\text{+}_n\text{(CH}_2)_4\text{—}\overset{+}{N}(\text{pyrrolidinium})\text{-R}\ (\text{CF}_3\text{SO}_3^-,\ {}^-\text{OSO}_2\text{CF}_3) + \text{NaOOC—●—COONa} \xrightarrow[-2\text{CF}_3\text{SO}_3\text{Na}]{\text{稀释}}$$

$$\left[\text{R-}\overset{+}{N}\text{—(CH}_2\text{CH}_2\text{CH}_2\text{CH}_2\text{O)}_n\text{—(CH}_2)_4\text{—}\overset{+}{N}\text{-R}\quad {}^-\text{OOC—●—COO}^-\right] \xrightarrow[\text{吡咯烷盐开环}]{\triangle} \text{环状：—N(R)+CH}_2\text{CH}_2\text{CH}_2\text{CH}_2\text{O}\text{+}_n\text{(CH}_2)_4\text{—N(R)—(CH}_2)_4\text{—OOC—●—COO—(CH}_2)_4\text{—}$$

自组装环状结构

9.3 扩链反应与嵌段反应

所谓扩链反应是通过高分子的末端功能基反应形成聚合度增大了的线型高分子链的过程。末端功能化聚合物可由逐步聚合、自由基聚合、离子聚合等各种聚合方法合成，特别是活性聚合法。扩链部分既可以是同种高分子，也可以是第二种高分子，后者得到的产物为嵌段共聚物。

9.3.1 扩链反应

扩链反应是获取高分子量聚合物特别是高分子量逐步聚合产物的重要方法之一。逐步聚合反应过程中中间产物分子之间的聚合反应以及低聚物的固相聚合反应等都可以看作是扩链反应。在本节中只讨论需添加扩链剂的情形。所谓扩链剂通常是指一些双功能化的小分子化合物，能与线型低聚物分子的末端功能基发生偶联反应，从而得到分子量增大了的产物。

有些逐步聚合产物如聚酰胺、聚酯等通常由熔融聚合合成，由于客观条件所限，如熔融黏度大、小分子副产物难以除去以及在高温条件下易发生热降解、热氧化分解等副反应，难以获得高分子量聚合产物。虽可用固相聚合来获得高分子量产物，但固相聚合操作难且成本高，通常需在 200℃下反应约 10～20h。对于这类聚合物，扩链反应特别是一些无小分子副产物生成的扩链反应是获得高分子量聚合物的有效而经济的方法。

适于二羟基或二氨基预聚物的常见扩链剂包括环硅氮烷[20]、二异氰酸酯[21]、二唑酮[22]、1,3-二氧戊环[23]等，以二羟基预聚物为例，其扩链反应可示意如下：

$$\text{HO}\sim\sim\text{OH} + \underset{\text{环硅氮烷}}{(\text{Me}_2\text{SiNH})_4} \longrightarrow \sim\sim\text{O—}\underset{\text{Me}}{\overset{\text{Me}}{\text{Si}}}\text{—O}\sim\sim\text{O—}\underset{\text{Me}}{\overset{\text{Me}}{\text{Si}}}\text{—O}\sim\sim + \text{NH}_3\uparrow$$

$$\text{HO}\sim\sim\text{OH} + \underset{\text{二异氰酸酯}}{\text{OCN—R—NCO}} \longrightarrow \sim\sim\text{O—}\overset{\text{O}}{\overset{\|}{\text{C}}}\text{—NH—R—NH—}\overset{\text{O}}{\overset{\|}{\text{C}}}\text{—O}\sim\sim$$

HO〰OH + （二唑酮，R^1、R^2）→ 〰O—C(=O)—CH(R^1)—NH—C(=O)—R^2—C(=O)—NH—CH(R^1)—C(=O)—O〰

二唑酮

HO〰OH + （1,3-二氧戊环）→ 〰O—CH_2—O〰 + $HOCH_2CH_2OH$

1,3-二氧戊环

适于二羧基预聚物的常见扩链剂包括二噁唑啉[24]、二环氧化物[25]、二嗪等[26]，其扩链反应可示意如下：

HOOC〰COOH + （二噁唑啉，R）→ 〰C(=O)—OCH_2CH_2—N(H)—C(=O)—R—C(=O)—N(H)—CH_2CH_2O—C(=O)〰

二噁唑啉

HOOC〰COOH + （二环氧化物，R）→ 〰C(=O)—O—CH_2—CH(OH)—R—CH(OH)—CH_2—O—C(=O)〰

二环氧化物

HOOC〰COOH + （二嗪，R）→ 〰C(=O)—$OCH_2CH_2CH_2$—N(H)—C(=O)—R—C(=O)—N(H)—$CH_2CH_2CH_2O$—C(=O)〰

二嗪

有趣的是一些可逆的扩链反应，它能可逆地控制聚合物的分子量，有望获得具有特殊性能的新型材料。可逆扩链反应包括热可逆和光可逆。如在聚乙二醇末端引入 7-羟基香豆素功能基，该功能基在＞300nm 的光照下发生环化加成，生成的环结构在＜290nm 的光照下可发生可逆裂解，但即使在 320℃ 的高温下也是稳定的，因而在通常的使用环境中是稳定的[27]。

H—(O—CH_2CH_2)$_n$—OH + Cl—C(=O)—CH_2—O—（7-香豆素基）→（Et_3N,THF，0℃）香豆素—O—CH_2—C(=O)—(O—CH_2CH_2)$_n$—O—C(=O)—CH_2—O—香豆素

$h\nu>300nm$ / $h\nu<290nm$ ⇌ 〰O—(CH_2CH_2—O)$_n$—C(=O)—CH_2—O—（环丁烷二聚香豆素）—O—CH_2—C(=O)—(O—CH_2CH_2)$_n$—O〰

热可逆扩链反应的例子如二羟基聚酯与 1,2,4,5-苯四酸酐的扩链产物在温度高于 240℃ 又可逆地完全裂解为起始聚合物，这样的可逆扩链反应既能保证聚合物在高温下具有良好的加工性能，又能保证聚合物在常温时的高分子量和优越的机械性能[28]。

〰O—C(=O)—（苯环，HOOC，COOH）—C(=O)—O〰 ⇌（＞240℃ / 冷却）HO〰OH + （1,2,4,5-苯四酸酐）

分子量高、机械性能好　　分子量低、加工性能好

9.3.2 嵌段反应

高分子预聚物的嵌段反应有两种基本形式：大分子引发剂法和末端功能基偶联法。

9.3.2.1 大分子引发剂法

末端含引发基团的预聚物引发另一种单体聚合得到嵌段共聚物。单功能化的大分子引发剂得到二嵌段共聚物，双功能化的大分子引发剂得到 BAB 型三嵌段共聚物。制备大分子引发剂的最佳方法是活性聚合法。

$$-\!(A)_n\!-\!\text{I} + m\text{B} \longrightarrow -\!(A)_n\!(B)_m\!-$$
$$\text{I}\!-\!(A)_n\!-\!\text{I} + m\text{B} \longrightarrow -\!(B)_p\!(A)_n\!(B)_{m-p}\!-$$

9.3.2.2 末端功能基偶联法

由两种末端功能化高分子预聚物的偶联反应得到嵌段共聚物。根据两种预聚物所含末端功能基数目的不同可分别得到 AB 型二嵌段共聚物、ABA 型三嵌段共聚物以及多嵌段共聚物等。

$$-\!(A)_n\!-\!\text{G} + \text{G}'\!-\!(B)_m\!- \longrightarrow -\!(A)_n\!(B)_m\!-$$

AB型二嵌段共聚物

$$2-\!(A)_n\!-\!\text{G} + \text{G}'\!-\!(B)_m\!-\!\text{G}' \longrightarrow -\!(A)_n\!(B)_m\!(A)_n\!-$$

ABA型三嵌段共聚物

$$p\,\text{G}\!-\!(A)_n\!-\!\text{G} + p\,\text{G}'\!-\!(B)_m\!-\!\text{G}' \longrightarrow \left[(A)_n(B)_m\right]_p$$

多嵌段共聚物

末端功能基法简单易实施，特别是当预聚物分子量不高时，比较适宜。随着预聚物分子量的增加，末端功能基浓度降低，反应速率将受到较大影响。特别是当两预聚物不相容时，会产生相分离，使偶联反应效率受限。为克服以上问题，必须小心选择溶剂和反应温度以保证反应在均相条件下进行。

9.4 接枝反应

结构明确的接枝共聚物通常很难直接由聚合反应获得，而只能由高分子的接枝反应获得。高分子的接枝反应是指在高分子主链上连接不同组成的支链得到接枝共聚物，可分为三种基本方式。

9.4.1 高分子引发活性中心法

在主链高分子上引入引发活性中心（*）引发第二单体聚合形成支链：

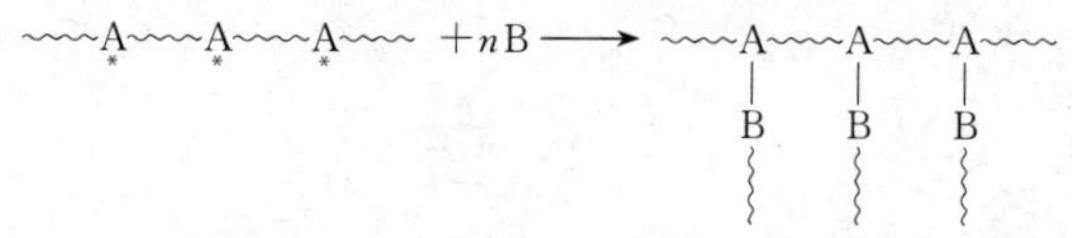

引入的引发活性中心可以是自由基，也可以是离子。高分子链自由基可由向高分子的链转移、辐射以及氧化还原反应产生，也可以在高分子链上引入自由基引发基团；离子活性中心则通常由高分子链上所引入的引发基团产生。其中自由基接枝法由于方法简单易行，应用较多。

9.4.1.1 链转移反应法

链转移接枝反应体系含三个必要组分：聚合物、单体和引发剂。利用引发剂产生的活性种向高分子链转移形成链活性中心，再引发单体聚合形成支链。接枝点通常为聚合物分子链上易发生链转移的地方，如与双键或羰基相邻的亚甲基等。

如将聚丁二烯溶于苯乙烯单体在 BPO 的引发下合成聚丁二烯-聚苯乙烯接枝共聚物，其接枝反应历程可简示如下。

① 初级自由基的生成：

$$Ph-\overset{O}{\overset{\|}{C}}-O-O-\overset{O}{\overset{\|}{C}}-Ph \xrightarrow{\triangle} 2\,Ph-\overset{O}{\overset{\|}{C}}-O\cdot\ (R\cdot)$$

② 聚苯乙烯自由基的形成：

$$R\cdot + nSt \longrightarrow R\sim\sim St\cdot$$

③ 主链自由基的形成：

$$R\cdot + \sim\sim CH_2CH=CHCH_2\sim\sim \longrightarrow RH + \sim\sim\dot{C}HCH=CHCH_2\sim\sim$$

$$R\cdot + \sim\sim CH_2CH=CHCH_2\sim\sim \longrightarrow \sim\sim CH_2-\dot{C}H-\underset{R}{\underset{|}{C}H}-CH_2\sim\sim$$

$$R\sim\sim St\cdot + \sim\sim CH_2CH=CHCH_2\sim\sim \longrightarrow R\sim\sim St-H + \sim\sim\dot{C}HCH=CHCH_2\sim\sim$$

④ 接枝反应：

$$\sim\sim\dot{C}HCH=CHCH_2\sim\sim + nSt \longrightarrow \sim\sim\underset{St\sim\sim}{\underset{|}{C}H}CH=CHCH_2\sim\sim$$

$$\sim\sim CH_2-\dot{C}H-\underset{R}{\underset{|}{C}H}-CH_2\sim\sim + nSt \longrightarrow \sim\sim CH_2-\underset{St\sim\sim}{\underset{|}{C}H}-\underset{R}{\underset{|}{C}H}-CH_2\sim\sim$$

$$\sim\sim St\cdot + \sim\sim\dot{C}HCH=CHCH_2\sim\sim \longrightarrow \sim\sim\underset{St\sim\sim}{\underset{|}{C}H}CH=CHCH_2\sim\sim$$

⑤ 苯乙烯均聚物的生成：

$$R\sim\sim St\cdot \xrightarrow{\text{双基终止}} \text{聚苯乙烯均聚物}$$

这类接枝反应在生成接枝共聚物的同时，难以避免会生成均聚物，可能还有一些链自由基偶联产生的交联产物生成，接枝率一般不高，常用于聚合物改性，特别适合于不需分离接枝聚合物的场合，如制造涂料、胶黏剂等。

9.4.1.2　辐射接枝法

利用高能辐射在聚合物分子链上产生自由基引发活性种是应用广泛的接枝方法。如聚乙酸乙烯酯用 γ 射线辐射接枝聚甲基丙烯酸甲酯：

$$\sim\sim CH_2-\underset{OCOCH_3}{\underset{|}{C}H}\sim\sim \xrightarrow{\gamma\text{射线}} \sim\sim CH_2-\underset{OCOCH_3}{\underset{|}{\dot{C}}}\sim\sim \xrightarrow{MMA} \sim\sim CH_2-\underset{OCOCH_3}{\underset{|}{\overset{MMA\sim\sim}{\overset{|}{C}}}}\sim\sim$$

如果单体和聚合物一起加入时，在生成接枝聚合物的同时，单体也可因辐射而均聚。因此必须小心选择聚合物与单体组合，一般选择聚合物对辐射很敏感，而单体对辐射不敏感的接枝聚合体系。此外为了减少均聚物的生成，可先对聚合物进行辐射引入引发活性中心，然后再加入单体进行接枝聚合反应。

9.4.1.3　大分子引发剂法

所谓大分子引发剂法就是在主链大分子上引入能产生引发活性种的侧基功能基，该侧基功能基在适当条件下可在主链上产生引发活性种引发单体聚合形成支链。主链上由侧基功能基产生的引发活性种可以是自由基、阴离子或阳离子，取决于引发基团的性质。

(1) 自由基型引发剂　在主链高分子上引入易产生自由基的基团，如—OOH，—CO—OOR，—N_2X，—X 等，然后在光或热的作用下在主链上产生自由基再引发第二单体聚合形成支链。如在聚苯乙烯的 α-C 上进行溴代，所得 α-溴代聚苯乙烯在光的作用下 C—Br 键均裂为自由基，可引发第二单体聚合形成支链：

$$\sim CH_2-CH(C_6H_5)\sim \xrightarrow[\text{或 NBS}]{Br_2} \sim CH_2-CBr(C_6H_5)\sim \xrightarrow{h\nu} \sim CH_2-\dot{C}(C_6H_5)\sim \xrightarrow{MMA} \sim CH_2-C(C_6H_5)(MMA\sim)\sim$$

再如含羟基聚合物可与铈盐（Ce^{4+}）等氧化剂组成氧化还原引发体系，通过氧化还原反应在高分子主链上产生自由基引发接枝聚合反应。该类氧化还原接枝反应体系中由于只生成高分子自由基，很少发生第二单体的均聚反应，因此通常具有相当高的接枝效率。

$$Ce^{4+} + \sim CH_2-CH(OH)\sim \longrightarrow Ce^{3+} + \sim CH_2-\dot{C}(OH)\sim + H^+$$

$$\downarrow AN$$

$$\sim CH_2-C(OH)(CH_2CH(CN)\sim)\sim$$

通常的自由基接枝反应由于难以精确控制分子量及分子量分布，难以得到结构精确的聚合物，而且还常常伴随有均聚物和交联产物的生成。如果接枝聚合反应为活性聚合则可克服上述缺点。如在聚合物侧基上引入具有 ATRP 引发活性的卤原子，所得聚合物作为大分子引发剂引发第二单体的 ATRP，这样支链的聚合反应为活性聚合，可避免均聚物的生成。这类大分子引发剂既可由含 ATRP 引发基团的单体作为共聚单体通过非 ATRP 聚合反应来获得，也可由聚合物的功能化改性来获得。多种卤代聚合物可用作 ATRP 的引发剂，如氯乙烯/氯代乙酸乙烯酯共聚物、苯乙烯/对溴甲基苯乙烯共聚物[29]、溴化丁基橡胶、氯磺化聚乙烯[30]、苯乙烯/对氯甲基苯乙烯[31]等。

(2) 阴离子型引发剂 阴离子型引发活性中心通常由主链高分子的金属化反应引入。常用方法包括主链高分子中所含的烯丙基、苄基、芳环、酰氨基、酚羟基以及与羰基相邻碳上的活泼氢与烷基金属化合物（如丁基锂）等作用产生阴离子引发活性中心[32]：

(Ⅰ) $\sim CH_2-CH=CH-CH_2\sim \xrightarrow{BuLi} \sim \bar{C}H(Li^+)-CH=CH-CH_2\sim$

(Ⅱ) $\sim CH_2-CH(C_6H_5)-CH_2-CH(CONH_2)\sim \xrightarrow{t\text{-}BuOK} \sim CH_2-CH(C_6H_5)-CH_2-CH(CO\bar{N}H\,Li^+)\sim$

(Ⅲ) $\sim CH_2-CH(OCOCH_2CH_3)\sim \xrightarrow{[(CH_3)_2CH]_2NLi} \sim CH_2-CH(OCO\bar{C}H(Li^+)CH_3)\sim$

(Ⅳ) $\sim CH_2-CH(C_6H_5)\sim CH_2-CH(C_6H_4OH)\sim \xrightarrow{C_6H_5C(CH_3)_2K} \sim CH_2-CH(C_6H_5)\sim CH_2-CH(C_6H_4\bar{O}K^+)\sim$

（Ⅴ）$\sim\sim CH_2—CH_2\sim\sim CH_2—CH(C_6H_4CH_3)\sim\sim \xrightarrow{BuLi} \sim\sim CH_2—CH_2\sim\sim CH_2—CH(C_6H_4CH_2^-Li^+)\sim\sim$

反应实施时，一般先在聚合物上形成活性中心后，再加入第二单体进行接枝聚合，这样可避免引发第二单体的均聚反应。由于阴离子聚合一般无链转移反应，因此可避免生成均聚物，接枝效率高。

(3) 阳离子型引发剂　主链高分子上所含的一些碳正离子源功能基在 Lewis 酸的活化下可产生阳离子引发活性中心，如碳-卤键、叔醇的酯基等。常见的是碳-卤键，如聚氯乙烯、聚氯丁二烯、氯化丁苯橡胶、氯化聚丁二烯等，在 Lewis 酸如 BCl_3、R_2AlCl 或 $AgSbF_6$ 等的作用下，在主链上产生碳正离子引发活性中心，可引发阳离子聚合单体聚合形成支链。如聚氯乙烯在 $AgSbF_6$ 活化下引发异丁烯接枝反应可示意如下：

$$\sim\sim CH_2—CH(Cl)\sim\sim + AgSbF_6 \xrightarrow{-AgCl} \sim\sim CH_2—\overset{+}{C}H(SbF_6^-)\sim\sim \xrightarrow{IB} \sim\sim CH_2—CH(CH_2—C(CH_3)_2\sim)\sim\sim$$

阳离子接枝聚合反应易发生向单体的脱质子链转移反应，导致均聚物的生成，为了提高接枝率可在体系中加入“质子阱”或 Lewis 碱等抑制向单体的链转移反应。

9.4.2　功能基偶联法

末端功能化的支链高分子与侧基功能化的主链高分子通过功能基偶联反应形成接枝聚合物。

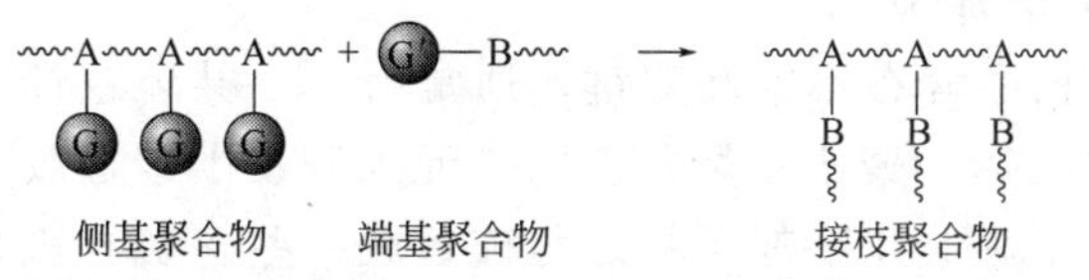

如苯乙烯-马来酸酐共聚物与聚乙二醇单甲醚的接枝反应[33]：

$$\sim\sim CH_2—CH(C_6H_5)—CH—CH(\text{酸酐})\sim\sim + CH_3O\text{—}(CH_2CH_2O)_n\text{—}H \longrightarrow \sim\sim CH_2—CH(C_6H_5)—CH(COOH)—CH(C(=O)O—CH_2—CH_2\sim\sim)\sim\sim$$

该方法的优越性在于，主链高分子与支链高分子可分别合成与表征，特别是当主链高分子与支链高分子都可由活性聚合获得时，其分子量与分子量分布都可控，因此所得接枝聚合物具有可控而精确的结构。颇具吸引力的末端功能化聚合物是阴离子活性链，阴离子活性链可与主链高分子上的多种亲电功能基偶合，如乙酰基[34]、酸酐基、环氧基、酯基、氰基、吡啶基、乙烯基硅基、苄卤、硅卤基等功能基[32]。

该方法的局限性在于：偶联反应为高分子与高分子之间的反应，立体阻碍大；可能存在相容性问题。

9.4.3　大分子单体法

大分子单体是指末端带有一个可聚合功能基的预聚物，通过其均聚或共聚反应可获得以起始大分子为支链的接枝聚合物。以末端带乙烯基的大分子单体为例，其通式可示意为：

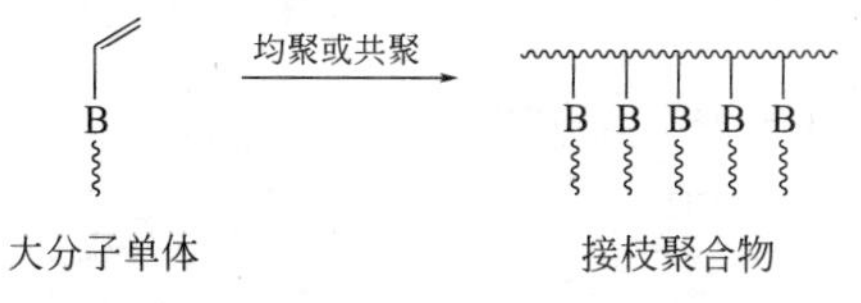

大分子单体可由多种聚合反应方法来获得，如自由基聚合、离子聚合、逐步聚合以及基团转移聚合等。合成大分子单体最适宜的方法是活性聚合法，可聚合基团通过适当的引发反应或终止反应一步或分步引入（参见活性聚合章节），采用活性聚合法合成的大分子单体不仅分子量及分子量分布可控，而且功能化程度高。虽然活性聚合法具有许多优点，但采用自由基链转移法由于简单易行，同样受到关注。可聚合基团的引入通常分步进行，首先通过链转移剂在分子链末端引入非聚合功能基，然后再通过功能基反应将其转变为可聚合基团。如在氯乙烯的聚合体系中加入链转移剂 2-巯基乙醇，在分子链末端引入羟基，再与甲基丙烯酰氯反应引入可聚合基团成为大分子单体[35]：

$$HO-CH_2CH_2-SH + nCH_2{=}CHCl \longrightarrow HO-CH_2CH_2-S{+}CH_2-\underset{Cl}{CH}{+}_nH \xrightarrow{CH_2{=}C(CH_3)COCl}$$

$$CH_2{=}\underset{CH_3}{C}-\overset{O}{\overset{\|}{C}}-O-CH_2CH_2-S{+}CH_2-\underset{Cl}{CH}{+}_nH$$

9.5 交联反应

第 2 章中对多功能度单体的非线型聚合反应、无规预聚体和确定结构预聚体的固化反应等通过单体或预聚物之间的功能基反应形成交联高分子进行了较多的讨论，这些都属于高分子的交联反应，本章中主要介绍其他类型的交联反应。

9.5.1 不饱和橡胶的硫化

不饱和橡胶分子结构中含有不饱和双键，通常由 1,3-共轭双烯单体均聚及其与其他单体共聚所得，如聚异戊二烯、聚丁二烯、乙丙三元橡胶、丁苯橡胶、丁腈橡胶、丁基橡胶等。这类橡胶的硫化，工业上几乎都是将之与硫黄或一些含硫有机化合物加热发生交联反应。因此在橡胶工业中，通常用“硫化”来称呼橡胶分子间的交联反应。

以天然橡胶的硫黄硫化为例，其硫化过程包括以下几个阶段：

(1) 引发

$$S_8 \xrightarrow{\triangle} \overset{\delta^+}{S_m}-\overset{\delta^-}{S_n} \quad (m+n=8)$$

$$\overset{\delta^+}{S_m}-\overset{\delta^-}{S_n} + \sim\!CH_2-\underset{CH_3}{C}{=}CH-CH_2\!\sim \longrightarrow \sim\!CH_2-\underset{CH_3}{C}\overset{S_m^+}{\frown}\underset{H}{C}-CH_2\!\sim + S_n^-$$

(2) 生成碳正离子

$$\sim\!CH_2-\underset{CH_3}{C}\overset{S_m^+}{\frown}\underset{H}{C}-CH_2\!\sim + \sim\!CH_2-\underset{CH_3}{C}{=}CH-CH_2\!\sim \longrightarrow \sim\!CH_2-\underset{CH_3}{\overset{H}{C}}-\underset{H}{\overset{S_m}{C}}-CH_2\!\sim + \sim\!\overset{+}{C}H-\underset{CH_3}{C}{=}CH-CH_2\!\sim$$

(3) 交联

$$\sim\!\overset{+}{C}H-\underset{CH_3}{C}{=}CH-CH_2\!\sim \xrightarrow{S_8} \sim\!\overset{S_m^+}{CH}-\underset{CH_3}{C}{=}CH-CH_2\!\sim \xrightarrow{\sim CH_2-\underset{CH_3}{C}=CHCH_2\sim} \begin{matrix} \sim CH-\underset{CH_3}{C}{=}CH-CH_2\sim \\ | \\ S_m \\ | \\ \sim CH_2-\underset{CH_3}{C}-\overset{+}{C}H-CH_2\sim \end{matrix}$$

$$\sim\sim CH_2-\underset{\displaystyle CH_3}{\underset{|}{C}}=CH-CH_2\sim\sim \longrightarrow \begin{array}{c}\sim\sim CH-C=CH-CH_2\sim\sim \\ |\quad\quad | \\ S_m\quad CH_3 \\ | \\ \sim\sim CH_2-C-CH_2-CH_2\sim\sim \\ | \\ CH_3\end{array} + \sim\sim \overset{+}{C}H-\underset{\displaystyle CH_3}{\underset{|}{C}}=CH-CH_2\sim\sim$$

9.5.2　过氧化物交联与辐射交联

将聚合物与过氧化物混合加热，过氧化物分解产生自由基，该自由基从聚合物链上夺氢转移形成高分子自由基，高分子自由基偶合就形成交联结构。以聚乙烯的过氧化物交联为例，其反应过程可示意如下：

$$ROOR \xrightarrow{\triangle} 2R\dot{O}$$

$$R\dot{O} + \sim\sim CH_2-CH_2\sim\sim \longrightarrow \sim\sim \dot{C}H-CH_2\sim\sim + ROH$$

$$2\ \sim\sim \dot{C}H-CH_2\sim\sim \longrightarrow \begin{array}{c}\sim\sim CH-CH_2\sim\sim \\ | \\ \sim\sim CH-CH_2\sim\sim\end{array}$$

除丁基橡胶因可发生降解反应不能进行过氧化物交联外，所有的不饱和聚合物都可进行过氧化物交联，而且过氧化物形成的交联结构比硫黄硫化形成的交联结构具有更好的热稳定性，而且气味小。尽管如此，由于过氧化物比硫黄成本高得多，且副反应较多，如降解、初级自由基的夺氢与脱氢反应等，因此过氧化物交联法在经济上不具竞争力。过氧化物交联法主要用于那些不含双键、不能用硫黄进行硫化的聚合物，如聚乙烯、乙丙橡胶和聚硅氧烷等。过氧化物交联是聚乙烯交联的一种重要方式[36]，聚乙烯交联后，其力学性能以及最高使用温度都得以提高。而乙丙橡胶和聚硅氧烷必须交联后才能作为橡胶使用。

聚合物在高能辐射（如离子辐射）下也可产生高分子自由基，高分子自由基偶合便产生交联。因此，除了高分子自由基的产生方式不同外，辐射交联在本质上与过氧化物交联是相同的，都是通过高分子自由基的偶合进行。辐射交联已在聚乙烯及其他聚烯烃、聚氯乙烯等在电线、电缆的绝缘以及热收缩产品（管、包装膜、包装袋等）的应用上实现了商业化。辐射交联在涂料以及黏合剂的固化等方面也有应用。

9.5.3　光聚合交联

一些多功能基预聚体（根据需要可加入多功能单体等）可在光直接引发或光引发剂引发下发生聚合形成交联高分子。光聚合交联的优点如下：①速度快，在强光照射下甚至可在几分之一秒内由液体变为固体，在超快干燥的保护涂层、清漆、印刷油墨以及黏合剂方面应用广泛；②聚合反应只发生在光照区域内，因而可很方便地借助溶剂处理实现图案化，这在印刷制板及集成电路制备上具有重要意义；③光聚合交联可在室温下进行，且无需溶剂，能耗低，是一种环境友好工艺，且聚合产物性能可预期。因而光聚合交联广受关注。

大多数多功能基预聚物在直接光照下难以高效地产生引发活性种，因此需要加入光引发剂。根据光引发剂产生的引发活性种的不同，光聚合交联主要分为光引发自由基聚合交联和光引发剂阳离子聚合交联。

9.5.3.1　光引发剂自由基聚合交联

常用的自由基光引发剂是一些芳香羰基化合物，在光照下发生 C—C 键断裂或夺氢反应形成自由基：

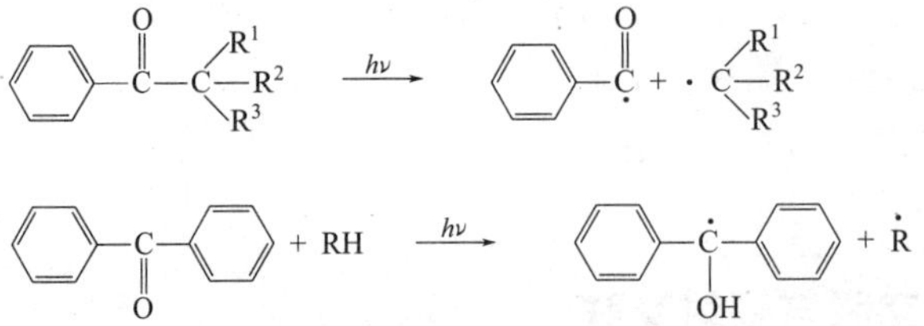

其中苯甲酰自由基是主要引发活性种，而二苯甲酮类光解产生的自由基对双键的引发活性较低，因此常需加入一些给氢化合物作为共引发剂，如加入叔胺形成 α-氨基烷基自由基来引发聚合反应。作为有效的光引发剂，必须在光照波长范围内的吸收大，产生引发自由基的量子效率高。光聚合交联常用的自由基光引发剂有以下几类[36]：

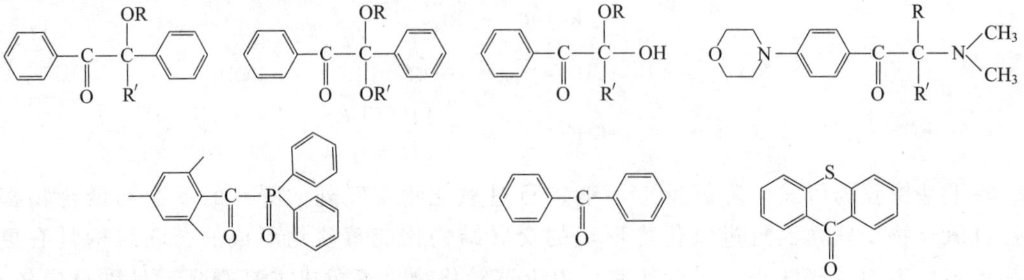

适于光引发自由基聚合交联的树脂体系主要有以下几类。

(1) 丙烯酸酯树脂 用于光交联的丙烯酸酯树脂是一些含丙烯酸酯末端功能基的遥爪预聚体，其结构可示意如下：

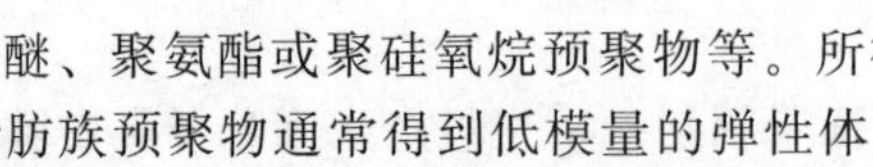

$$CH_2{=}CH{-}\overset{\overset{\displaystyle O}{\|}}{C}{-}O{\sim\sim}R{\sim\sim}O{-}\overset{\overset{\displaystyle O}{\|}}{C}{-}CH{=}CH_2$$

式中，R 可为聚酯、聚醚、聚氨酯或聚硅氧烷预聚物等。所得交联聚合物的性能主要取决于预聚物的化学结构。脂肪族预聚物通常得到低模量的弹性体，在预聚物分子结构中引入芳香结构可提高所得交联聚合物的模量，得到硬的玻璃态聚合物。

由于丙烯酸酯聚合反应活性高，且丙烯酸酯功能化预聚物种类多，因此丙烯酸酯预聚物在光固化领域占有重要地位。由于预聚物黏度大，常需在体系中加入适量小分子单体作为活性稀释剂。由于该类预聚物所得交联高分子的交联密度高，因而具有优异的耐化学性、耐热性以及耐辐射性能，并且其物理性能可通过预聚物的分子链长度及其化学结构进行设计。

(2) 不饱和聚合物/乙烯基单体体系 不饱和聚合物/乙烯基单体体系的交联反应通过不饱和聚合物分子中的双键与乙烯基单体共聚而进行。典型的有不饱和聚酯/苯乙烯（丙烯酸酯）体系[36]、苯乙烯-丁二烯-苯乙烯三嵌段共聚物（SBS）/丙烯酸酯体系[37]等。以不饱和聚酯/苯乙烯体系为例，其光交联聚合反应可示意如下：

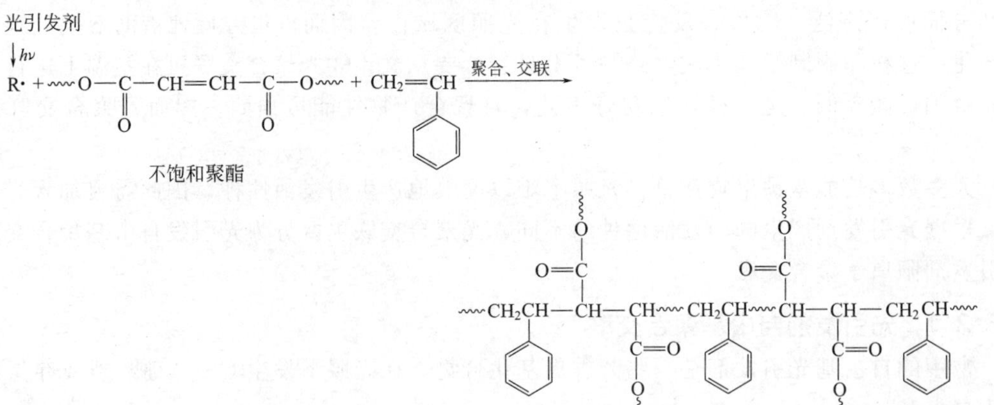

光引发剂

$h\nu$

聚合、交联

不饱和聚酯

（3）双烯聚合物（SBS、SIS、ABA）/硫醇体系　硫醇化合物与烯烃化合物在自由基存在下可发生自由基加成、转移反应，其过程可示意如下：

$$RS\cdot + CH_2{=}CH{-}R' \xrightarrow{\text{加成}} RS{-}CH_2\dot{C}H{-}R' \xrightarrow[\text{转移}]{RSH} RS\cdot + RS{-}CH_2CH_2R'$$

当硫醇化合物与烯烃化合物都至少为双功能化时，就可通过自由基逐步加成、转移发生聚合反应，如二硫醇与二烯烃反应时，可得到如下结构的聚合物：

$$nHS{-}R{-}SH + nCH_2{=}CH{-}R'{-}CH{=}CH_2 \xrightarrow{R\cdot} CH_2{=}CH{-}R'{-}CH_2CH_2{\leftarrow}S{-}R{-}S{-}CH_2CH_2R'{-}CH_2CH_2{\rightarrow}_{n-1}S{-}R{-}SH$$

当二烯烃与多硫醇、多烯烃与二硫醇或多烯烃与多硫醇进行聚合反应时，在适当条件下便可得到交联聚合物。由于共轭双烯（如丁二烯、异戊二烯）均聚或共聚物分子中含有多个双键，因此可利用上述反应对共轭双烯的均聚物、共聚物进行交联化处理，若自由基是由光引发剂产生，则可得到光聚合交联体系。如苯乙烯-丁二烯-苯乙烯（SBS）[38,39]、苯乙烯-异戊二烯-苯乙烯[40]和丙烯腈-丁二烯-丙烯腈[41]三嵌段共聚物都可用硫醇进行光聚合交联处理。相比于前面提到的双烯聚合物与丙烯酸酯体系，双烯聚合物/硫醇体系更有效，但成本较高，而且硫醇臭味很重，一定程度上限制了其广泛应用。

9.5.3.2　光引发剂阳离子聚合交联[36]

鎓盐在给氢化合物存在下发生光解反应可生成质子酸引发阳离子聚合反应，是常用的阳离子光引发剂。一些带含氟阴离子团（如 BF_4^-、PF_6^-、AsF_6^- 或 SbF_6^-）的二芳烃碘鎓盐和三芳烃锍盐是非常有效的阳离子光引发剂，光解时，在生成强质子酸的同时，伴随有自由基的生成。以锍盐为例，其光解反应通式可示意为

$$(PF_6^{-}\,{}^{+}S(Ph)(Ph){-}Ph{\rightarrow}_2S \xrightarrow[RH]{h\nu} (Ph{-}S{-}Ph{\rightarrow}_2S + 2Ph + 4R\cdot + 2HPF_6$$

光引发阳离子聚合具有与光引发自由基聚合不同的特点：对氧不敏感，由于无双基终止，因而聚合反应在光照停止后仍可有效进行。

光引发剂阳离子聚合交联预聚物主要包括含环氧或乙烯基醚功能基的预聚物。光阳离子引发剂光解生成的质子酸可引发环氧树脂所含环氧基的开环聚合或者乙烯基醚的阳离子聚合。末端含乙烯基醚功能基的预聚物包括聚醚类、聚酯类、聚氨酯类和聚硅氧烷。

若将不同聚合机理的低聚物或单体混合（杂化体系），如将自由基聚合的丙烯酸酯类预聚物与阳离子聚合的乙烯基醚类预聚物混合，然后由光引发剂引发聚合便能得到两种聚合物的互穿网络（IPN），这类杂化体系包括乙烯基醚/环氧树脂、乙烯基醚/不饱和聚酯、环氧树脂/丙烯酸酯等[36]。

9.5.3.3　光直接交联

在聚合物分子中引入光活性功能基，如 α,β-不饱和羰基，聚合物可在紫外光（UV）或电子束的照射下发生环化加成形成交联结构。最常见的光活性功能基是一些含有肉桂酰结构的功能基，在光照下可发生［2+2］环化加成形成交联结构。

既可以通过高分子的化学反应引入肉桂酰功能基，也可以先合成含肉桂酰功能基的单体。如聚乙烯醇或聚乙烯胺可通过功能基反应引入肉桂酰基，以聚乙烯胺为例，其功能化与光交联反应如下[42]：

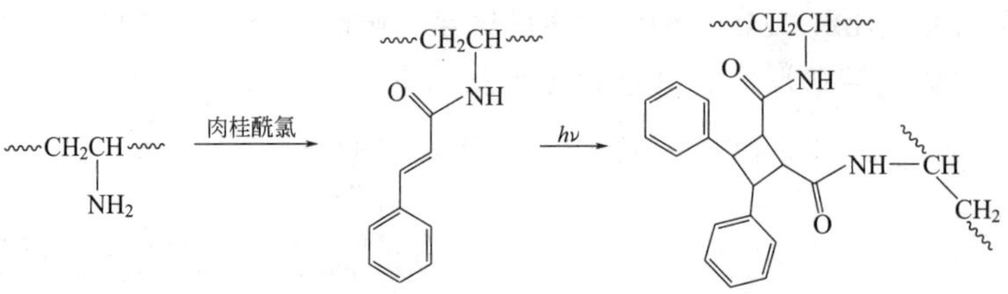

含肉桂酰功能基的单体根据其聚合基团的不同，主要有丙烯酸酯类、苯乙烯类和乙烯基醚类等，常见的单体如下[43]：

丙烯酸酯类：

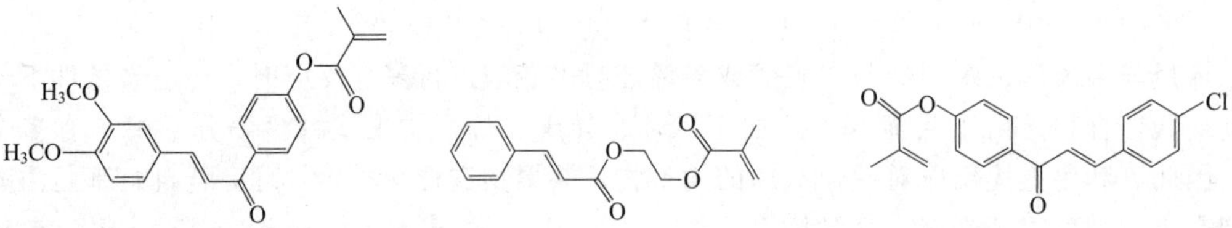

乙烯基醚类：

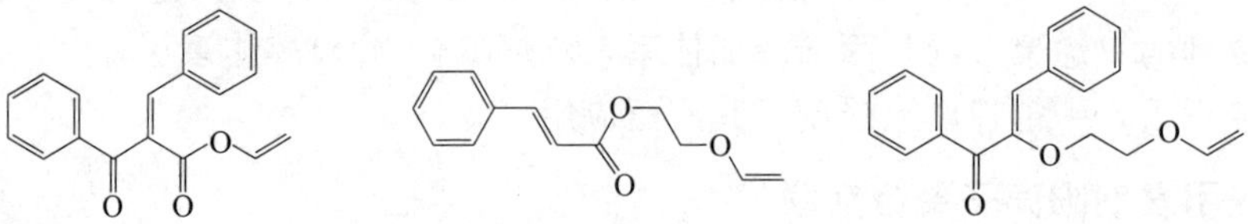

苯乙烯类：

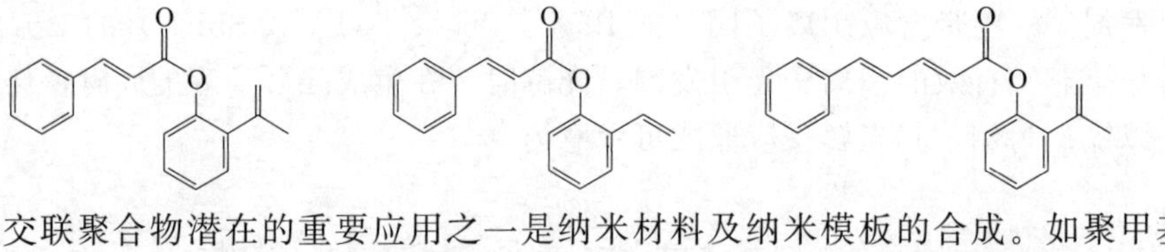

这类光交联聚合物潜在的重要应用之一是纳米材料及纳米模板的合成。如聚甲基丙烯酸丁酯（PBMA)-聚(2-肉桂酰甲基丙烯酸羟乙酯)(PCEMA)-聚丙烯酸叔丁酯(P-*t*-BA）三嵌段共聚物先在适当条件下自组装成以 P-*t*-BA 为芯、PCEMA 为壳的纳米柱分散在 PBMA 连续相中的膜，然后经光照使 PCEMA 层交联，从而使柱形结构永久化，将膜溶解便可得到以 PBMA 为冠、交联 PCEMA 为中间层和 P-*t*-BA 为芯的纳米纤维，若再将 P-*t*-BA 水解便能得到以聚丙烯酸为衬里的纳米管，其过程可示意如图 9-6[44]。

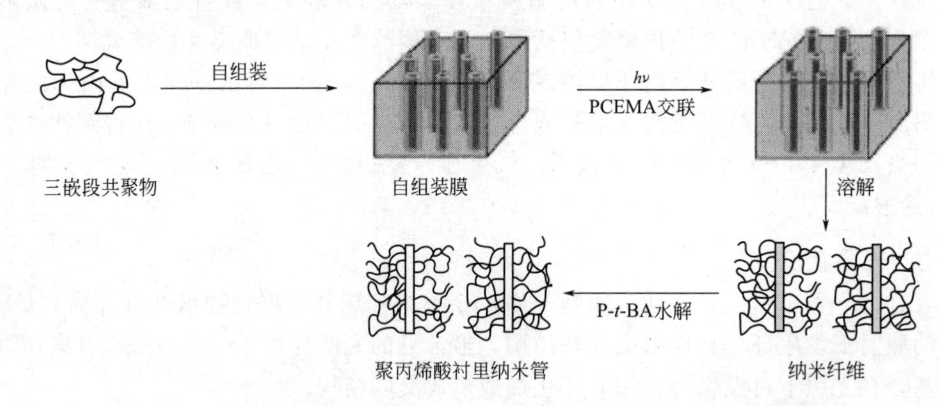

图 9-6 利用嵌段共聚物自组装及光交联合成纳米纤维、纳米管示意图

在 9.3.1 节中讨论过一种光可逆扩链反应，可以想象，假如在高分子链上引入多个这种可逆光敏基团，则所得聚合物在不同波长光照下发生可逆交联反应，可使聚合物既具有热塑

性聚合物的塑性加工性能，又具有热固性聚合物优异的物理化学性能。

9.5.4　其他交联

(1) 湿气交联　在聚合物分子上引入硅氧烷功能基，硅氧烷功能基在湿气作用下发生缩聚反应而产生交联，硅氧烷功能基的引入既可通过自由基接枝[45,46]，也可通过功能基反应接枝。

① 自由基接枝硅氧烷及其交联。如聚乙烯的湿气固化，其接枝与交联反应过程可示意如下：

$$\sim CH_2CH_2CH_2CH_2\sim + H_2C{=}CH{-}Si(OC_2H_5)_3 \xrightarrow{ROOR} \sim CH_2CH(CH_2CH_2Si(OC_2H_5)_3)CH_2\sim \xrightarrow[cat.]{H_2O}$$

$$\sim CH_2CH(CH_2CH_2Si(OH)_3)CH_2\sim \xrightarrow[\text{交联}]{cat.} \sim CH_2CH(CH_2CH_2{-}Si(OH)_2{-}O{-}Si(OH)_2{-}CH_2CH_2)CHCH_2\sim \xrightarrow{\text{深度交联}} \sim O{-}Si({\sim}){-}O\sim \ (\text{Si–O–Si 网络})$$

② 功能基反应接枝硅氧烷[45]。一些含活泼卤原子（氯或溴）的聚合物可与 3-氨基丙基-三乙氧基硅反应接枝硅氧烷，再发生湿气交联反应。

$$\sim CH(X)\sim + H_2N{-}(CH_2)_3{-}Si(OC_2H_5)_3 \longrightarrow \sim CH(X^{-}\,{}^{+}NH_2{-}(CH_2)_3{-}Si(OC_2H_5)_3)\sim \xrightarrow[-2C_2H_5OH]{H_2O}$$

$(X = Cl、Br)$

$$\sim CH{-}\overset{X^-}{\overset{+}{N}}H_2{-}(CH_2)_3{-}Si(OC_2H_5)_2{-}O{-}Si(OC_2H_5)_2{-}(CH_2)_3{-}\overset{X^-}{\overset{+}{N}}H_2{-}CH\sim$$

(2) 离子交联　聚合物之间也可通过形成离子键产生交联，如氯磺化的聚乙烯与水和氧化铅可通过形成磺酸铅盐产生交联：

$$\sim CH_2CH(SO_2Cl)\sim \xrightarrow{PbO,H_2O} \sim CH_2CH(SO_2^-)\sim \cdots Pb^{2+} \cdots \sim CH_2CH(SO_2^-)\sim$$

9.5.5　可逆共价键交联及其在自修复聚合物材料中的应用

自修复材料是指材料通过感受外界环境的变化，能够对其内部或者外部损伤进行自修复，从而消除隐患和延长使用寿命。自修复材料因其在可靠性、耐久性和使用寿命等方面的显著优势而广受关注，特别是自修复高分子材料由于其应用领域广、自修复机理多样化，关注度更高。

自修复聚合物材料可大致分为两类：外源型及本征型。外源型指的是聚合物分子本身不具有修复功能，修复功能来源于外加的修复剂，通常将修复剂分散于聚合物基质中，当聚合物材料遭受损伤时释放修复剂，修复剂通过自身的聚合反应或交联网络的重建来修复损伤区域。由于聚合物材料能够负载的外加修复剂有限，所以只能允许有限次数的修复，且通常不能在相同位置重复修复。本征型自修复聚合物材料的修复功能来自聚合物本身的结构因素，不需要外加修复剂，通过可逆共价键或非共价键的再生以及受损界面上聚合物链的缠绕，重建了聚合物基体实现自修复。理论上本征型自修复可以实现无限次修复，因此本征型自修复更具优势。大多数的外源型自修复是自发的，而本征型自修复则通常需要外部刺激，如光或热等。

为了使聚合物材料具有本征型自修复功能，必须在聚合物分子结构中引入可逆的相互作用，包括非共价键作用（如氢键）、离子相互作用、金属-配体相互作用以及可逆共价键。其中可逆共价键自修复尤受关注，包括可逆环化加成、可逆酰腙键、可逆双硫键、可逆酯交换等[47]。

9.5.5.1 环化加成

(1)［4+2］环化加成（Diels-Alder 反应，D-A 反应） D-A 反应为富电子双烯与缺电子双亲分子（electron-poor dienophile）（反之亦然）之间的［4+2］环化加成，生成稳定的环己烯类加成产物。D-A 反应是热可逆反应，对 D-A 产物进行热处理发生逆反应而使 D-A 加成环结构分解，当材料再冷却至较低温度时，又可发生环化加成重建共价键。在聚合物中引入这类结构，当聚合物材料遭受损伤时，先加热破坏掉 D-A 加成结构，再冷却重建 D-A 加成结构从而实现材料的自修复。

能够形成可逆 D-A 加成结构的体系多样，比较重要的组合及其可逆反应示例如下。

① 呋喃和马来酰亚胺衍生物。

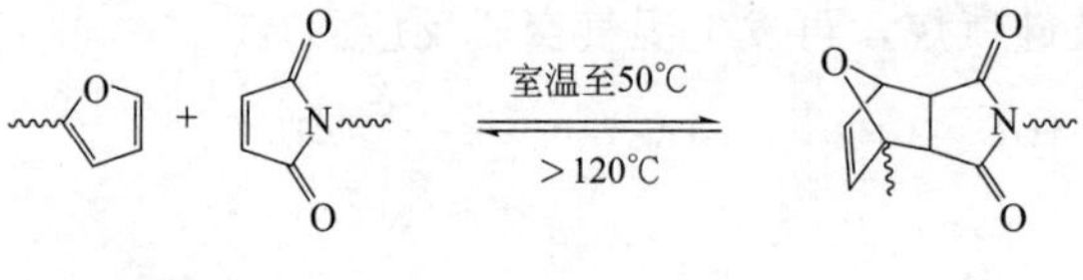

室温至50℃ / >120℃

② 蒽和马来酰亚胺衍生物。

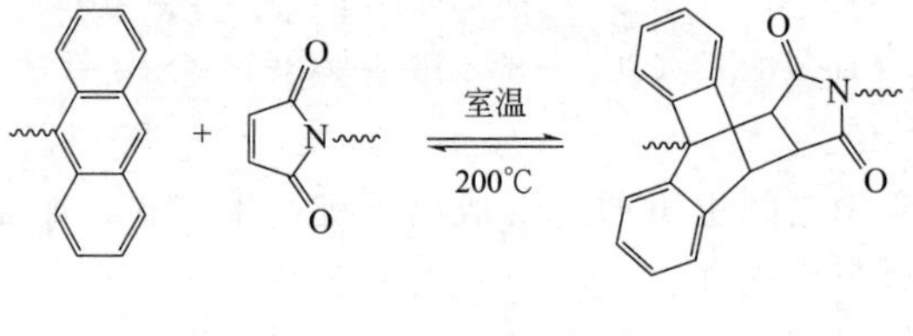

室温 / 200℃

③ 双环戊二烯。

室温 / 120℃

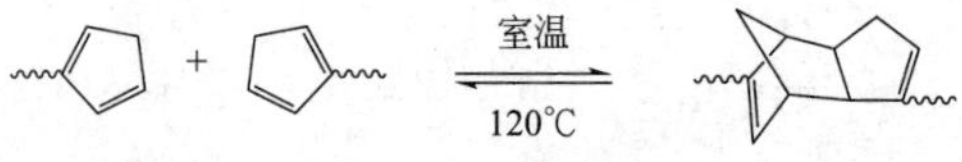

环戊二烯结构既可充当二烯也可充当缺电子双亲分子，由此带来的好处是可以将这类自修复聚合物材料做成单组分体系。

(2)［2+2］环化加成 ［2+2］环化加成是自修复聚合物领域熟知的可逆光交联反应，两个不饱和化合物相互反应生成环丁烷结构，该反应只能在光作用下进行而不能在热作用下进行，因而其自修复反应是在光引发下进行的。最常使用的［2+2］环化加成结构是肉桂酸和香豆素衍生物，其可逆环化反应机理可示意如下：

香豆素衍生物可逆环化加成

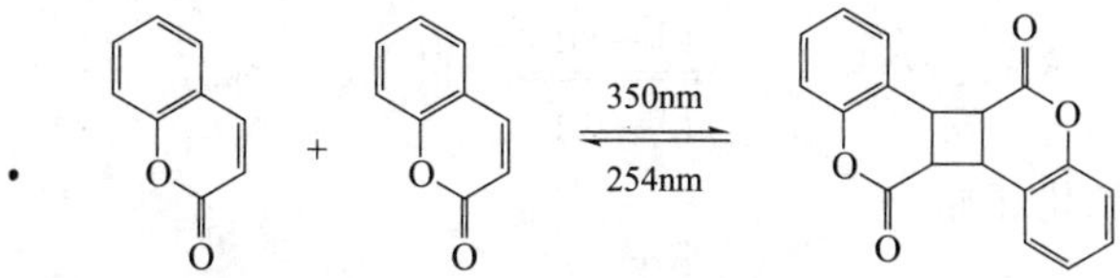

350nm
254nm

肉桂酸衍生物可逆环化加成

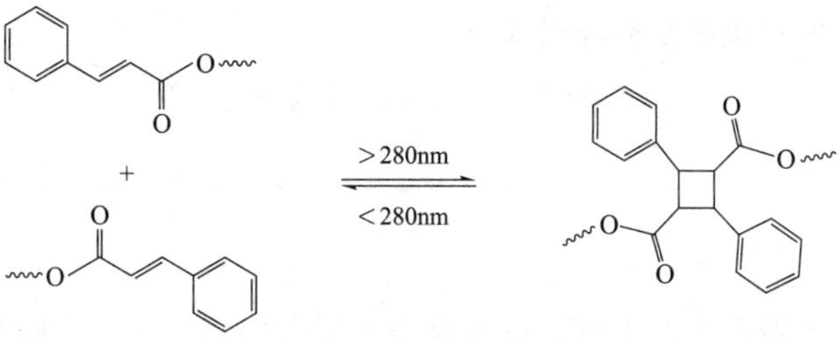

>280nm
<280nm

(3)[4+4]环化加成 与[2+2]环化加成相似，[4+4]环化加成也是光反应，[4+4]光环化加成的典型代表是蒽衍生物，其可逆环化加成机理为：

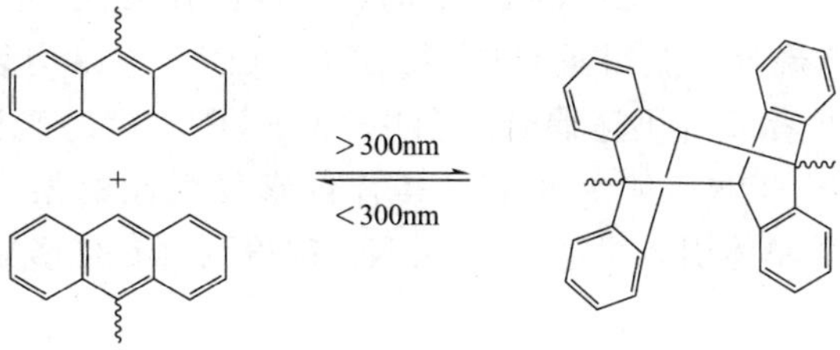

>300nm
<300nm

9.5.5.2 酰腙键

酰腙是由醛基与酰肼缩合反应而成，该反应可在温和条件下通过调节体系的pH呈现可逆性，并且还可以添加其他醛或酰肼进行可逆交换，借此调节聚合物的物理性能。

酰腙的可逆反应可示例如下：

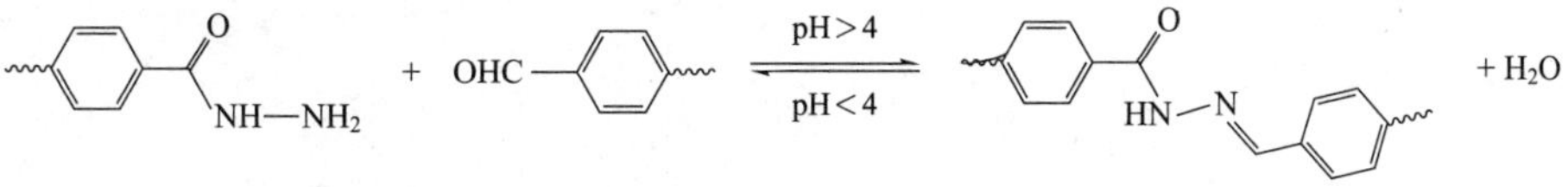

pH>4
pH<4
$+H_2O$

酰腙的可逆交换反应包括：

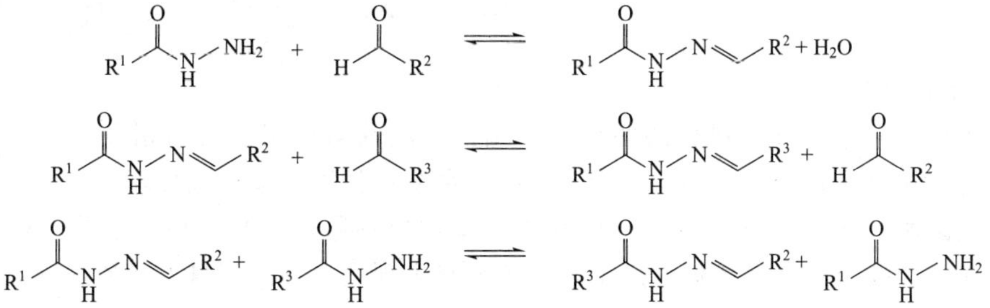

9.5.5.3 双硫键

双硫键可进行多种不同的可逆反应，因而在自修复聚合物材料设计方面得到了广泛应用。双硫键的可逆反应包括：

(1) 双硫的交换反应

（2）巯基与双硫键的交换反应

$$R^1\sim S-S\sim R^1 \underset{R^1-SH}{\overset{R^2-SH}{\rightleftharpoons}} R^1\sim S-S\sim R^2$$

（3）双硫键的可逆氧化还原

$$\sim S-S\sim \underset{\text{氧化}}{\overset{\text{还原}}{\rightleftharpoons}} \sim SH + HS\sim$$

（4）自由基引发的双硫键断裂与交换

$$\sim S-S\sim \xrightarrow{R\cdot} \sim\dot{S} + R-S\sim$$

$$\sim\dot{S} + \sim S-S\sim \longrightarrow \sim S-S\sim + \sim\dot{S}$$

$$\sim\dot{S} + \dot{S}\sim \longrightarrow \sim S-S\sim$$

双硫键既可以引入聚合物的主链，也可以引入聚合物侧链作为交联基团。

9.5.5.4 可逆—C—ON—键

在自修复聚合物材料之前，—C—ON—键的可逆性已在活性/可控自由基聚合（氮氧自由基聚合反应，TEMPO 聚合）获得重要应用，—C—ON—可以均裂产生活泼的 C 自由基和稳定的氮氧自由基，两者又可迅速偶合。利用—C—ON—键的这种可逆特性，在聚合物或交联剂分子中引入—C—ON—键便可得到具有自修复性能的聚合物材料。如可通过含—C—ON—结构的二元醇单体引入可逆—C—ON—键得到具有自修复功能的聚氨酯：

IPDI + CTPO + PEG2000 ⟶ 聚氨酯

9.5.5.5 酯交换

酯交换反应对于高分子量聚酯的合成（包括聚酯的熔融聚合及固相聚合）具有重要意义，也可应用于具有自修复性能的聚合物网络。主要包括羧酸酯和硼酸酯。

（1）羧酸酯 如由双酚 A 环氧树脂与多羧基化合物通过羧基与环氧基的开环加成得到由酯基相连的交联网络，在较低温度下，所得材料表现出典型的环氧树脂的热固性，交换反应非常缓慢；但是，在高温条件下，该材料则表现为黏弹性。搭接剪切试验表明，在 150℃ 加热 1h 搭接处可以达到焊接的效果，几个小时后，接合处的力学性能完全达到了与基体材料同样的水平。以上过程实质为接合处的酯交换反应过程。

（2）硼酸酯 可逆硼酸酯在自修复聚合物材料中的应用大多是基于含 pH 响应的可逆硼酸酯交联结构的水凝胶。硼酸酯键在水介质中的稳定性强烈取决于体系的 pH 和相应硼酸的 pK_a。当体系的 pH 值高于相应硼酸的 pK_a 值时，所得的硼酸酯是稳定的；而当体系的 pH 值低于硼酸的 pK_a 值时，硼酸酯更倾向于分解成游离的硼酸和醇。如：

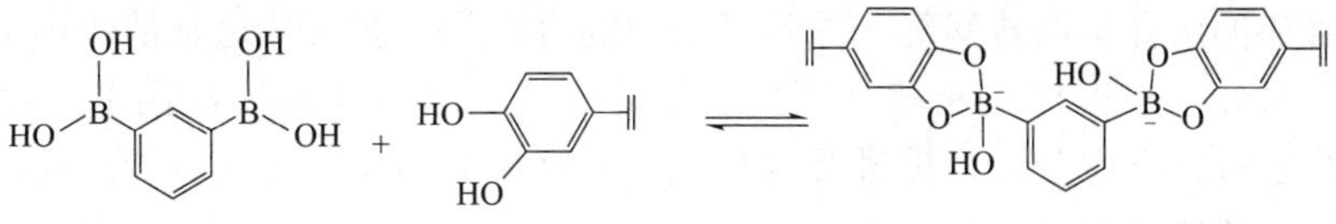

pH3.0　　　　　　　　pH9.0

由于硼酸的 pK_a 值可通过改变其取代基进行调节，因此这种硼酸酯可逆反应可在较宽的 pH 值范围内进行调控。

9.6　聚合物的降解反应

聚合物的降解反应是指聚合物分子链在机械力、热、高能辐射、超声波或化学反应等的作用下，分裂成较小聚合度产物的反应过程，但有时也把一些虽然没有引起聚合物的聚合度发生显著变化，但却导致聚合物的性能受到严重破坏、影响聚合物使用寿命的变化也归属于聚合物降解。如脆化是聚合物在使用过程中因某些反应使分子量降低或发生交联而最常见的聚合物降解后果。

与小分子化合物不同，只需少量的化学变化便可导致对聚合物机械性能的致命伤害。如对于通常的小分子烃类化合物溶剂而言，如果其中 1%的 C—C 键发生断裂，并不会对其性能产生严重影响，只不过引入了少量的杂质而已。但是聚烯烃分子链若发生同样的断键反应就可能由高聚物变成了低聚物。也就是说聚合物分子中即使是发生非常低程度的断键反应也可能使聚合物完全失去其机械性能。

与聚合物降解密切相关的一个概念是聚合物的老化。聚合物在加工、贮存及使用过程中，物理化学性质和力学性能发生不可逆的坏变现象称为老化。如橡胶的发黏、变硬和龟裂，塑料的变脆、变色和破裂等。需要注意的是，聚合物降解与老化是两个不同的概念。除了聚合物降解可引起聚合物老化外，一些物理因素也会引起聚合物的老化。如聚合物材料在使用时并不是使用纯聚合物，而需加入各种添加剂，这些添加剂在聚合物的贮存和使用过程中，因物理流失或化学降解以及与其他材料接触过程中添加剂的相互迁移，也会导致聚合物的性能随时间而发生变化。因此聚合物性能的变化不仅与其发生的化学反应有关，而且与一些物理因素也有关。本章中只讨论引起聚合物性能变化的化学变化。

聚合物的降解可有以下几种基本形式：热降解、光降解、氧化降解以及水解与生物降解。

9.6.1　热降解

聚合物的热降解指的是聚合物分子链中的某些化学键单纯在热能的影响下发生断键或重排反应，从而导致聚合物的性能变坏。由于聚合物在使用过程中通常无法避免与空气等的接触，且大多使用温度不高，因此更易发生氧化降解，纯热降解并不严重。但是热降解反应在决定聚合物的加工性能方面具有重要意义，是聚合物熔融加工成型过程中必须考虑的关键问题之一。

断键反应指的是当热能大于聚合物分子中某些化学键的键能时，就会导致这些键发生断裂，断键反应既可能发生在聚合物主链上也可能发生在侧基上，不一定直接导致断链；重排反应则是指在热的影响下，聚合物中的某些基团发生重排导致分子链的断裂。链式聚合产物与逐步聚合产物的热降解反应有实质差别。链式聚合产物通常为碳链高分子，其热降解反应主要为在热能作用下的断键反应，如 C—C 或 C—H 键断裂生成自由基，只能在较高温度下发生（通常在 300～500℃），在降解温度下，生成的自由基非常活泼，易于进行一系列其他反应，如自由基再结合、链转移等，导致复杂的混合产物。相反，通常的逐步聚合产物在分子链上有规律地分布有极性功能基，虽然，与碳链高分子一样可在高温下发生断键反应分解，但也能通过重排反应分解，重排反应与直接断键反应相比，可在较低温度下进行，并且对特定基团具有高选择性。

聚合物的纯热降解根据其降解产物的不同可分为三种机理，大多数聚合物发生热降解反应时常常不是按单一机理进行，取决于聚合物本身性质和降解温度。

(1) 解聚反应 解聚反应指的是高分子链的断裂发生在末端单体单元，导致单体单元逐个脱落生成单体，是聚合反应的逆反应。主要发生于1,1-二取代乙烯基单体所得的聚合物。

在链式聚合反应过程中，聚合反应与解聚反应是一对平衡关系，该平衡与温度有关，单体存在最高聚合温度 T_c（参见第3章）。对于大多数聚合物，由于通常不存在解聚反应的引发因素，因此即使在高于 T_c 的温度下也是稳定的，但是当温度高到足以打破分子链中的某些化学键产生自由基时，就有可能很快发生自由基解聚反应。断键反应易发生于聚合物分子中对热敏感的一些弱键处，这些弱键主要包括：①引发反应、链转移反应或链终止反应所引入的末端功能基；②聚合反应过程中与氧共聚，或聚合物贮存时发生氧化反应所引入的含氧功能基；③聚合反应过程中不正常的单体连接方式，如头-头连接等。因此聚合反应条件的控制以及聚合后对聚合物的改性对于减少这些弱键的存在，进而提高聚合物的热稳定性具有重要意义。

发生解聚反应时，由于是单体单元逐个脱落，因此聚合物的分子量变化很慢，但由于生成的单体易挥发导致质量损失较快。

典型的例子如聚甲基丙烯酸甲酯的热降解：

$$\sim\sim CH_2-\underset{COOCH_3}{\overset{CH_3}{C}}-CH_2-\underset{COOCH_3}{\overset{CH_3}{C}}\cdot \longrightarrow \sim\sim CH_2-\underset{COOCH_3}{\overset{CH_3}{C}}\cdot + CH_2=\underset{COOCH_3}{\overset{CH_3}{C}}$$

(2) 无规断链反应 对于乙烯基聚合物，一旦分子链发生断键生成自由基后，如果没有 α-H（1,1-二取代乙烯基单体聚合物)，就会发生解聚反应，但是如果存在活泼的 α-H 时，更容易发生如下的夺氢转移反应：

$$\sim\sim CH_2-\underset{X}{\overset{H}{C}}\cdot + \sim\sim CH_2-\underset{X}{\overset{H}{C}}\sim\sim \longrightarrow \sim\sim CH_2-\underset{X}{CH_2} + \sim\sim CH_2-\underset{X}{\overset{\cdot}{C}}\sim\sim$$

转移反应使新的自由基不再在分子链的末端。在此情形下，高分子链主要从其分子组成的弱键处发生断裂，分子链断裂成数条聚合度减小的分子链，导致分子量迅速下降，但产物是仍具有一定分子量的低聚物，难以挥发，因此质量损失较慢。这种热降解方式称为无规断链反应。

如聚乙烯的热降解：

$$\sim\sim CH_2CH_2CH_2CH_2\sim\sim \longrightarrow \sim\sim CH_2\dot{C}H_2 + \dot{C}H_2CH_2\sim\sim \longrightarrow \sim\sim CH=CH_2 + CH_3CH_2\sim\sim$$

聚合物热降解时发生解聚反应与无规断链的相对比例取决于链末端自由基的稳定性以及是否存在易被夺的活泼氢。事实上，只有既能生成较稳定的末端自由基，又不易发生夺氢转移反应时，聚合物才会完全发生解聚反应。如聚甲基丙烯酸甲酯与聚丙烯酸甲酯相比，前者无活泼的 α-H，难以发生转移反应，因而得到的降解产物几乎100%为单体；后者存在较活泼的 α-H，易发生夺氢转移而无规断链，因而热降解产物中，单体含量不超过1%，多为低聚物混合物或炭化产物。表9-1为一些常见聚合物热分解产物中的单体含量。

表 9-1　一些聚合物热分解产物中的单体含量[48]

聚合物	热分解产物中的单体含量/%
聚甲基丙烯酸甲酯	100
聚苯乙烯	42
聚 α-氘代苯乙烯	70
聚 α-甲基苯乙烯	100
聚丙烯腈	<5
聚甲基丙烯腈	100
聚四氟乙烯	100
聚丙烯酸甲酯	0
聚乙烯	<1
聚丙烯	2
聚异丁烯	32

如果高分子主链中含有功能基，如大多数的逐步聚合产物以及一些杂环单体的开环聚合产物，这些功能基通常就是分子链中的最弱键，它们热降解时降解反应选择性地发生在功能基上，通过分子重排断链成低聚物。如聚氨酯的热降解反应发生在氨基甲酸酯功能基上，N 上的 H 转移给相邻的 O，分解生成末端异氰酸酯基和羟基：

$$\sim\!\text{NH—}\overset{\text{O}}{\overset{\|}{\text{C}}}\text{—O}\sim\!\text{NH—}\overset{\text{O}}{\overset{\|}{\text{C}}}\text{—O}\sim\!\text{NH—}\overset{\text{O}}{\overset{\|}{\text{C}}}\text{—O}\sim \xrightarrow{\triangle} \sim\!\text{NH—}\overset{\text{O}}{\overset{\|}{\text{C}}}\text{—O}\sim\!\text{N=C=O} + \text{HO}\sim\!\text{NH—}\overset{\text{O}}{\overset{\|}{\text{C}}}\text{—O}\sim$$

脂肪族的聚酯以及由芳香二酸与脂肪二醇得到的聚酯热降解时，并不会发生聚合反应的逆反应，因为聚合反应生成的小分子水或醇已被除去。这类聚合物初始的热降解反应为其酯基的脱羧反应，以 PET 为例其降解反应可示意如下：

$$\sim\!\text{C}_6\text{H}_4\text{—}\overset{\text{O}}{\overset{\|}{\text{C}}}\text{—OCH}_2\text{CH}_2\text{O—}\overset{\text{O}}{\overset{\|}{\text{C}}}\text{—C}_6\text{H}_4\!\sim \xrightarrow{250\sim300℃} \sim\!\text{C}_6\text{H}_4\text{—}\overset{\text{O}}{\overset{\|}{\text{C}}}\text{—OH} + \text{H}_2\text{C=CHO—}\overset{\text{O}}{\overset{\|}{\text{C}}}\text{—C}_6\text{H}_4\!\sim$$

$$\xrightarrow{\text{HO—CH}_2\text{CH}_2\text{O—}\overset{\text{O}}{\overset{\|}{\text{C}}}\text{—C}_6\text{H}_4\sim} \text{CH}_3\text{CHO} + \sim\!\text{C}_6\text{H}_4\text{—}\overset{\text{O}}{\overset{\|}{\text{C}}}\text{—OCH}_2\text{CH}_2\text{O—}\overset{\text{O}}{\overset{\|}{\text{C}}}\text{—C}_6\text{H}_4\!\sim$$

脱羧生成末端羧酸和末端乙烯酯，末端乙烯酯在分解温度下不稳定，很快通过酯交换反应生成挥发性降解产物乙醛，由于乙醛是有害性物质，因此在用 PET 制造饮料瓶时必须小心控制这类降解反应。

聚酰胺-66 初始的热降解反应发生 α-C 上的 H 转移，生成末端环戊酮和末端氨基，末端环戊酮再进一步分解成环戊酮和末端异氰酸酯基：

$$\sim\!\text{NH—}\overset{\text{O}}{\overset{\|}{\text{C}}}\text{—CH}_2\text{CH}_2\text{CH}_2\text{CH}_2\text{—}\overset{\text{O}}{\overset{\|}{\text{C}}}\text{—NH}\sim \longrightarrow \sim\!\text{NH—}\overset{\text{O}}{\overset{\|}{\text{C}}}\text{—(2-环戊酮基)} + \text{H}_2\text{N}\sim$$

$$\longrightarrow \sim\!\text{N=C=O} + \text{环戊酮}$$

(3) 侧基降解反应 聚合物的热降解反应除了发生在主链上，导致断链反应外，也可只发生在聚合物的侧基上，结果聚合物的聚合度不变，但在分子链上形成了新的结构，导致聚合物性能发生根本变化。侧基降解反应主要包括侧基脱除和环化反应。

侧基脱除反应的典型例子如聚氯乙烯的脱 HCl、聚乙酸乙烯酯的脱羧反应：

$$\sim\sim CH_2-\underset{\displaystyle Cl}{\underset{|}{CH}}\sim\sim \xrightarrow{\triangle} \sim\sim CH=CH\sim\sim + HCl$$

$$\sim\sim CH_2-\underset{\displaystyle OCOCH_3}{\underset{|}{CH}}\sim\sim \xrightarrow{\triangle} \sim\sim CH=CH\sim\sim + CH_3COOH$$

聚乙烯醇、纤维素及其酯等也可发生类似反应。侧基脱除反应与断链反应相比，通常可在较低温度下进行，当温度更高时，侧基脱除与断链反应将成竞争反应。侧基脱除反应通常是由分子链上的一些缺陷引起的，如聚氯乙烯分子链中一些在聚合反应过程中由链转移或链终止反应引入的烯丙基结构、叔氯原子等。侧基脱除反应一旦在主链上生成双键后，就会活化其烯丙位上的氢和取代基（如—Cl），使其更易脱去，从而对消去反应产生加速作用。如聚氯乙烯的脱 HCl 反应，哪怕在主链上只生成了一个双键，也会使反应速率加快约两个数量级，如果在主链上产生了共轭结构，速度加快更显著[49]。

侧基环化反应如聚丙烯腈成环热降解反应：

$\xrightarrow{\triangle}$

聚丙烯腈成环热降解

热降解反应通常对聚合物的应用是不利的，但是可控的热降解反应对于获取特殊性能的高分子具有重要意义。例如，虽然侧基降解反应会导致聚合物变色、炭化，使聚合物性能遭受破坏，但侧基降解反应有时也是一种用来合成特种高分子的非常有意义的高分子反应，它可在高分子链中引入共轭或梯形结构。如侧基脱除反应是早期合成共轭高分子的重要方法之一，包括聚乙炔以及在电致发光高分子领域具有重要地位的聚对亚苯亚乙烯（PPV）的合成等。PPV 由于其高度共轭结构，难溶解，不能进行溶液加工成膜，而且如果直接由聚合反应合成的话，由于聚合产物的难溶性，只能得到低聚物，为了克服这些困难，一般采用可溶性聚合物前体合成路线。如先合成可溶性的锍盐高分子前体，经溶液加工成膜后，再加热脱去侧基生成 PPV 膜[50]：

MeOH,50℃ / 四氢噻吩

① NaOH-MeOH/H_2O
② HCl,MeOH
③ 渗析

220℃ ,− HCl

锍盐高分子前体　　PPV

聚合物的碳化反应可用来制备各种碳材料，但传统的碳化方法如热解碳化所得碳材料的孔大小、形貌以及碳材料的形态等可控性较差，更为优势的是一些可控碳化方法[51]。可控碳化可以将聚合物前体以可控的方式转化为各种各样具有规整、可控精细微结构的碳材料，从传统的活性炭、炭黑、碳纤维到碳纳米点、空心碳球、碳纳米纤维、碳纳米管、碳纳米片、石墨烯、碳分子筛、碳膜、碳泡沫、杂原子掺杂碳材料等，对于各种先进材料的制造以及将废弃聚合物转化为高附加值的功能碳材料具有重要意义。聚合物的碳化反应分为两个阶段，首先聚合物发生热降解，然后降解产物再碳化成碳材料。如果降解反应速率慢，碳化反应速率快，则降解中间产物的量不足以获得大量的碳化产物；如果降解反应速率偏快，而碳化反应速率偏慢，则可能导致碳化效率偏低。可控碳化的关键在于使聚合物的降解反应速率与降解产物的碳化反应速率相匹配，从而有效提高碳化效率，并且优化碳材料的生长，使所得碳材料的孔结构和形态具有高度可控性。常用的可控碳化反应方法包括复合催化碳化反应、快速碳化反应、活化模板碳化反应和共聚物模板碳化反应。以快速碳化反应为例，如果直接将废弃氯化聚氯乙烯（CPVC）静电纺丝纤维进行碳化反应，由于碳化反应速率较慢，CPVC 纤维在碳化前就会发生熔融、黏结，结果只能得到无规的碳化产物，但如果在 CPVC 中加适量催化剂 Fe_3O_4，再进行碳化反应，由于 Fe_3O_4 的催化作用可显著提高 CPVC 的碳化速度，使得 CPVC 纤维在熔融、黏结前便发生快速的碳化反应，结果碳化后 CPVC 的纤维形态得以保持，得到表面分布有 Fe_3O_4 晶体的碳纤维。

9.6.2　光降解

聚合物受光照射，当吸收的光能大于某些键的键能时，便会发生断键反应使聚合物降解。聚合物的光降解反应必须满足三个前提：①聚合物受到光照；②聚合物能够吸收光子，并被激发；③被激发的聚合物发生降解，而不是以其他方式失去能量。

聚合物在使用过程中通常只会暴露在 290～300nm 的光照下，撇开聚合物所含杂质的影响，聚合物必须含有可吸收以上波长光能的发色团，才会发生光降解。羰基是聚合物中常见的发色团之一，包括酯基、酰氨基和碳酸酯功能基等，通常在 290nm 以上具有较弱吸收。但通常聚合物吸收光能发生断键反应的量子效率都很低，因而像聚碳酸酯、芳香性聚酯、聚甲基丙烯酸甲酯等虽然含有羰基，但都具有良好的光稳定性。

含羰基聚合物的光降解反应可发生两种类型的断键反应：Norrish Ⅰ型和 Norrish Ⅱ型。当羰基分别在侧基和主链上，其光降解反应如下。

$$\sim CH_2{-}\underset{\underset{R}{|}}{\underset{C=O}{\underset{|}{CH}}}{-}CH_2{-}\underset{\underset{R}{|}}{\underset{C=O}{\underset{|}{CH}}}{-}CH_2\sim \xrightarrow{h\nu} \begin{cases} \xrightarrow{\text{Norrish Ⅰ}} \sim CH_2{-}\overset{H}{\dot{C}}{-}CH_2{-}\underset{\underset{R}{|}}{\underset{C=O}{\underset{|}{CH}}}{-}CH_2\sim + \cdot\underset{\underset{R}{|}}{C}{=}O \\ \xrightarrow{\text{Norrish Ⅱ}} \sim CH_2{-}\underset{\underset{R}{|}}{\underset{C=O}{\underset{|}{CH_2}}} + H_2C{=}\underset{\underset{R}{|}}{\underset{C=O}{\underset{|}{C}}}{-}CH_2\sim \end{cases}$$

$$\sim CH_2{-}CH_2{-}\overset{O}{\overset{\|}{C}}{-}CH_2CH_2\sim \xrightarrow{h\nu} \begin{cases} \xrightarrow{\text{Norrish Ⅰ}} \sim CH_2{-}CH_2{-}\overset{O}{\overset{\|}{C}}\cdot + \cdot CH_2{-}CH_2\sim \\ \xrightarrow{\text{Norrish Ⅱ}} \sim CH_2{-}CH_2{-}\overset{O}{\overset{\|}{C}}{-}CH_3 + CH_2{=}CH\sim \end{cases}$$

Norrish Ⅰ型断键反应中，被激发的羰基直接发生 α-断键反应，生成两个自由基。聚合物发生该类降解反应的量子效率通常都非常低（约为 0.001），因为断键生成的两个自由基在聚合物基体中容易可逆再结合。在惰性气氛中，如果温度高于单体的 T_c，Norrish Ⅰ型断键反应可引发解聚反应。如果温度比 T_c 低得较多，则可能发生断链或交联反应。

Norrish Ⅱ型断键反应中，被激发的羰基经六元环过渡态夺取 γ-氢，生成的双自由基很快裂解，最终断键不生成自由基，因此其量子效率比 Norrish Ⅰ型断链反应要高得多（通常约为 0.02）。

$$\text{H}_2\text{C}(\text{CH}_2)\text{-HC}\sim \cdots \text{C}{=}\text{O}^* \longrightarrow \text{H}_2\text{C}\text{-}\dot{\text{C}}\text{H}\sim \cdots \dot{\text{C}}\text{-O-H} \longrightarrow \sim\text{CH}_2\text{-}\overset{\text{O}}{\overset{\|}{\text{C}}}\text{-CH}_3 + \text{CH}_2{=}\text{CH}\sim$$

通常，聚合物中的酮基几乎只发生 Norrish Ⅱ型反应，而醛基则只发生 Norrish Ⅰ型反应，由于被激发的醛基很快就被氧化成酸，因此 Norrish Ⅱ型反应对聚合物的光降解意义更大。

在聚合物分子链中通过设计合成引入羰基，如与 CO 共聚在主链中引入羰基，或者与乙烯酮共聚在侧链上引入羰基，是设计合成光降解聚合物的有效方法之一。

由于聚合物对太阳光辐射的吸收速度慢，量子产率低，因而光降解过程一般较缓慢，为了加快聚合物的光降解，可加入吸收光子速度快、量子产率高的光敏剂（S），通过光敏剂首先吸收光子被激发形成激发态（S^*），再与聚合物反应生成自由基，这种光降解方式常称为光敏降解。

由激发态光敏剂产生活性自由基有两种方式。

① 激发态光敏剂与聚合物反应生成自由基。以二苯甲酮对聚乙醛的光敏降解为例，二苯甲酮能有效吸收波长大于 300nm 的紫外光形成激发态，再从聚合物夺取氢形成自由基，从而引发光降解。

$$\text{Ph-}\overset{\text{O}}{\overset{\|}{\text{C}}}\text{-Ph} \xrightarrow{h\nu} [\text{Ph-}\overset{\text{O}}{\overset{\|}{\text{C}}}\text{-Ph}]^*$$

$$[\text{Ph-}\overset{\text{O}}{\overset{\|}{\text{C}}}\text{-Ph}]^* + \sim\underset{\text{CH}_3}{\underset{|}{\text{CH}}}\text{-O-}\underset{\text{CH}_3}{\underset{|}{\text{CH}}}\text{-O-}\underset{\text{CH}_3}{\underset{|}{\text{CH}}}\sim \longrightarrow \text{Ph-}\underset{\text{OH}}{\underset{|}{\dot{\text{C}}}}\text{-Ph} + \sim\underset{\text{CH}_3}{\underset{|}{\text{CH}}}\text{-O-}\underset{\text{CH}_3}{\underset{|}{\dot{\text{C}}}}\text{-O-}\underset{\text{CH}_3}{\underset{|}{\text{CH}}}\sim$$

$$\sim\underset{\text{CH}_3}{\underset{|}{\text{CH}}}\text{-O-}\underset{\text{CH}_3}{\underset{|}{\dot{\text{C}}}}\text{-O-}\underset{\text{CH}_3}{\underset{|}{\text{CH}}}\sim \longrightarrow \sim\underset{\text{CH}_3}{\underset{|}{\text{CH}}}\text{-O-}\underset{\text{CH}_2}{\underset{\|}{\text{CH}}} + \cdot\text{O-}\underset{\text{CH}_3}{\underset{|}{\text{CH}}}\sim$$

② 光敏剂激发态寿命短（$10^{-9}\sim10^{-10}$s），分解产生自由基，所生成的自由基再与聚合物反应生成高分子链自由基引发降解。

$$S^* \longrightarrow S_1\cdot + S_2\cdot$$

$$S_1\cdot(\text{或 } S_2\cdot) + \sim\underset{\text{CH}_3}{\underset{|}{\text{CH}}}\text{-O-}\underset{\text{CH}_3}{\underset{|}{\text{CH}}}\text{-O-}\underset{\text{CH}_3}{\underset{|}{\text{CH}}}\sim \longrightarrow S_1\text{H}(\text{或 } S_2\text{H}) + \sim\underset{\text{CH}_3}{\underset{|}{\text{CH}}}\text{-O-}\underset{\text{CH}_3}{\underset{|}{\dot{\text{C}}}}\text{-O-}\underset{\text{CH}_3}{\underset{|}{\text{CH}}}\sim$$

一些变价金属盐也可起光敏剂作用。如 $FeCl_3$ 催化聚氯乙烯的光降解机理如下。

$$\text{FeCl}_3 \xrightarrow{h\nu} \text{FeCl}_2 + \text{Cl}\cdot$$

$$\sim\text{CH}_2\text{-}\underset{\text{Cl}}{\underset{|}{\text{CH}}}\sim + \text{Cl}\cdot \longrightarrow \sim\overset{\text{H}}{\dot{\text{C}}}\text{-}\underset{\text{Cl}}{\underset{|}{\text{CH}}}\sim + \text{HCl}$$

9.6.3 氧化降解

聚合物暴露在空气中易发生氧化作用，在分子链上形成过氧基团或含氧基团，从而引起分子链的断裂及交联，导致聚合物机械性能损失，包括韧性、冲击强度、断裂伸长率、挠曲强度等，也可导致聚合物外观发生显著变化，如粉化、产生裂纹、失去光泽、变黄等。

聚合物的氧化降解过程是一个链式反应过程，包括链引发、链增长和链终止反应。

链引发反应：

$$\sim\text{CH}_2\text{-}\underset{\text{X}}{\underset{|}{\text{CH}}}\sim \xrightarrow[\text{或 R}\cdot]{\text{O}_2} \sim\text{CH}_2\text{-}\underset{\text{X}}{\underset{|}{\dot{\text{C}}}}\sim + \cdot\text{OOH}(\text{或 RH})$$

链增长反应：

$$\sim\!\sim CH_2-\overset{\cdot}{\underset{X}{C}}\sim\!\sim + O_2 \longrightarrow \sim\!\sim CH_2-\overset{OO\cdot}{\underset{X}{C}}\sim\!\sim$$

$$\sim\!\sim CH_2-\overset{OO\cdot}{\underset{X}{C}}\sim\!\sim + \sim\!\sim CH_2-\underset{X}{CH}\sim\!\sim \longrightarrow \sim\!\sim CH_2-\overset{OOH}{\underset{X}{C}}\sim\!\sim + \sim\!\sim CH_2-\overset{\cdot}{\underset{X}{C}}\sim\!\sim$$

链终止反应：各种自由基的偶合或歧化反应。

链引发反应的诱发因素是聚合物中难以避免的杂质（如催化剂或引发剂残留、贮存及加工过程中引入的其他污染物等）以及聚合物分子结构中的某些缺陷。这些杂质可与聚合物发生反应，特别是在高温加工过程中更明显。其次是聚合物分子中某些弱键在加工过程中的高温、高剪切下易发生断裂，也可生成初级自由基（参见 9.6.1 节）。此外，在加工过程中，在痕量氧的存在下，也可因高温或高剪切作用形成过氧化物。

链增长反应包括两步，第一步反应为高分子链自由基与氧气反应生成过氧自由基，反应非常快。第二步反应为高分子过氧自由基从高分子链夺取氢，形成一个新的高分子链自由基和一个烷基过氧化氢基团，反应要慢得多。高分子过氧自由基相对较稳定，通常不易发生其他副反应，但生成的烷基过氧化氢基团不稳定，可在热或光照条件下发生分解，生成两个自由基：

$$\sim\!\sim CH_2-\underset{X}{CH}-CH_2-\overset{OOH}{\underset{X}{C}}-CH_2-\underset{X}{CH}\sim\!\sim \longrightarrow \sim\!\sim CH_2-\underset{X}{CH}-CH_2-\overset{\dot{O}}{\underset{X}{C}}-CH_2-\underset{X}{CH}\sim\!\sim + \cdot OH$$

$$\downarrow$$

$$\sim\!\sim CH_2-\underset{X}{CH}-\dot{C}H_2 + \overset{O}{\underset{X}{\overset{\|}{C}}}-CH_2-\underset{X}{CH}\sim\!\sim$$

生成的烷氧自由基和氢氧自由基都非常活泼，氢氧自由基很快从聚合物链上夺取氢生成水，同时生成新的高分子链自由基。烷氧自由基则可能发生 β-断键反应生成羰基和烷基自由基，该反应是导致断链反应的关键反应，而且反应生成的羰基更易发生氧化反应。

饱和聚合物氧化反应的主要后果是断链反应，而在不饱和聚合物如不饱和橡胶中，由于 C═C 含量高，烷氧自由基进攻 C═C 的反应是链增长和断链反应的竞争反应，因而可发生交联、环氧化、环过氧化等，结果导致交联密度增大，橡胶变硬。其交联反应可示意如下：

$$\sim\!\sim CH_2-\overset{O\cdot}{\underset{X}{C}}\sim\!\sim + \sim\!\sim\underset{H}{C}=\underset{R}{C}\sim\!\sim \longrightarrow \begin{array}{c} \sim\!\sim \overset{H}{C}-\overset{R}{\dot{C}}\sim\!\sim \\ | \\ O \\ | \\ \sim\!\sim CH_2-\underset{X}{C}\sim\!\sim \end{array}$$

聚合物发生氧化降解的难易程度与聚合物分子中是否含易氧化基团有关，氧化反应易发生在较活泼的三级 C—H、烯丙基 C—H、苄基 C—H 等上，聚酰胺的氧化则主要发生在 N 原子的 α-亚甲基上。不同 C—H 键的氧化活性顺序为：烯丙基 C—H、苄基 C—H＞叔碳 C—H＞仲碳 C—H＞伯碳 C—H。聚合物的耐氧化性与其所含 C—H 键的种类和相对含量有关，其一般性规律如下：①饱和聚合物的耐氧化性＞不饱和聚合物；②线型聚合物＞支化聚合物；③结晶聚合物在其熔点以下比非结晶性聚合物耐氧化性好；④取代基、交联都会改变聚合物的耐氧化性能。

9.6.4 聚合物的稳定化

热、光、电、高能辐射和机械应力等物理因素，氧化、酸、碱、水等化学因素以及微生物等生物因素都可能引起聚合物老化。其中因热和光引起的聚合物降解是最常见的老化作用。为保证聚合物材料在加工、贮存和使用过程中性能稳定，必须对聚合物进行稳定化处理，通常采用的方法是针对不同降解机理加入相应的稳定剂。

9.6.4.1 热稳定剂

聚合物因吸收热能而造成的化学键断裂是无法通过加入稳定剂来防止的，只能通过设计合成和聚合反应控制，尽量避免聚合物分子中弱键的产生，从而提高聚合物的热稳定性。热稳定剂能起的作用是抑制或延缓热断键后续反应的发展。热断键最常见的后续发展是氧化反应，因此热稳定剂的主要作用是消除氧化反应的影响，常称抗氧剂。根据抗氧剂的作用机理可分为两大类，一类是自由基清除剂，它们能与过氧自由基迅速反应使之转化为不活泼自由基或非自由基，从而防止聚合物的热氧化降解。常见的是一些酚类和胺类化合物，特别是一些立体阻碍酚和芳香胺，其清除自由基的机理与其在自由基聚合中的阻聚机理相同，如：

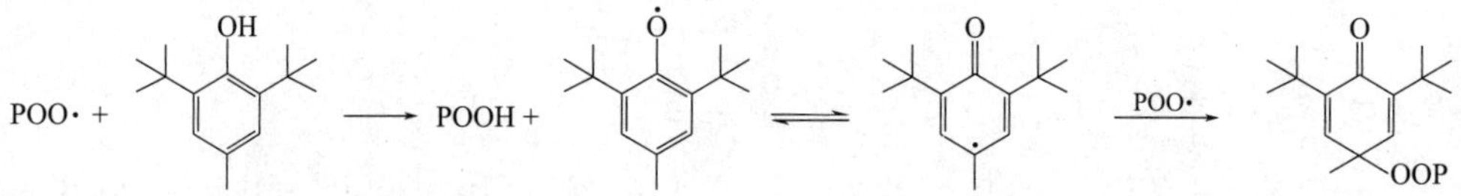

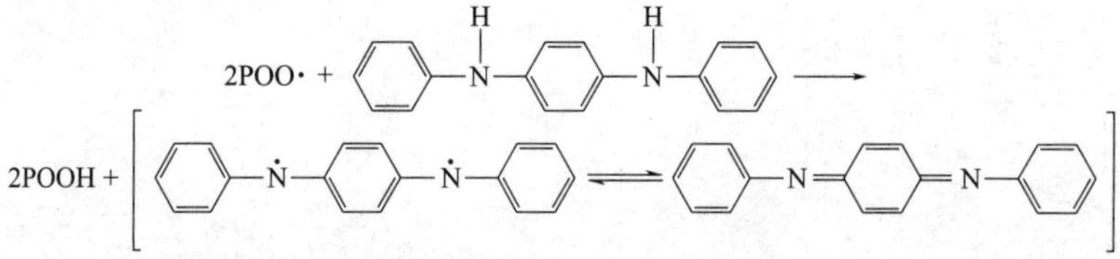

POO· + (OH) → POOH + (O·) ⇌ (O) —POO·→ (O, OOP)

2POO· + (H—N, H—N) → 2POOH + [(—N·—, —N·—) ⇌ (—N=, =N—)]

另一类是过氧化氢分解剂，能使氧化生成的烷基过氧化氢基团分解生成非自由基，主要是一些含硫化合物（如硫醇、硫醚等）和含磷化合物（如亚磷酸酯类）。其稳定机理可示意如下：

$$\sim\!\sim\mathrm{C{-}OOH} + 2\mathrm{RSH} \longrightarrow \sim\!\sim\mathrm{C{-}OH} + \mathrm{R{-}S{-}S{-}R} + \mathrm{H_2O}$$

$$\sim\!\sim\mathrm{C{-}OOH} + (\mathrm{RO})_3\mathrm{P} \longrightarrow \sim\!\sim\mathrm{C{-}OH} + (\mathrm{RO})_3\mathrm{PO}$$

常见的抗氧剂及其适用聚合物见表 9-2。

比较特别的是聚氯乙烯（PVC）的热稳定化。由于 PVC 必须加热到 160℃才能塑化，但其在 120～130℃时便开始发生热降解反应，因此热稳定剂是 PVC 成型加工必不可少的最重要的助剂之一，特别是非增塑 PVC（unplasticized PVC，UPVC）。在加工成型温度下 PVC 的热降解反应主要是脱 HCl 反应，因此必须针对其热降解反应机理加入相应的热稳定剂。目前广泛使用的 PVC 热稳定剂主要有以下几种：①含 PbO 成分的盐基性铅盐，包括无机酸和有机酸的铅盐，如硫酸铅、邻苯二甲酸铅等；②金属皂类，多为脂肪酸的二价金属盐，如硬脂酸钡、硬脂酸锌等；③有机锡化合物，一般为带两个烷基的有机酸、硫醇的锡盐，如二丁基月桂酸锡；④辅助热稳定剂，包括环氧化合物、亚磷酸酯、多元醇等，如亚磷酸三苯酯、季戊四醇等；⑤复合热稳定剂，上述几种稳定剂的复合物。

表 9-2　常见抗氧剂及其适用聚合物

抗氧剂名称	结构式	适用聚合物				
		聚烯烃	聚氯乙烯	聚酯	聚苯乙烯	ABS
抗氧剂 246	2,6-二[$C(CH_3)_3$]-4-$C(CH_3)_3$-苯酚（OH；$(H_3C)_3C$；$C(CH_3)_3$；$C(CH_3)_3$）	○	○	○	○	○
抗氧剂 2246	OH　H_2C　OH；$(H_3C)_3C$　$C(CH_3)_3$；CH_3　CH_3	○	/	○	○	○
抗氧剂 1076	$(H_3C)_3C$；HO—C₆H₂—$CH_2CH_2-\overset{O}{\overset{\parallel}{C}}-OC_{18}H_{37}$；$(H_3C)_3C$	○	○	/	/	○
抗氧剂 1010	$\left[(H_3C)_3C;\ HO-C_6H_2-CH_2CH_2-\overset{O}{\overset{\parallel}{C}}-OCH_2;\ (H_3C)_3C\right]_4C$	○	○	/	/	○
抗氧剂 DLTP	$S\left(CH_2CH_2-\overset{O}{\overset{\parallel}{C}}-OC_{12}H_{25}\right)_2$	○	○	/	/	○
抗氧剂 DSTP	$S\left(CH_2CH_2-\overset{O}{\overset{\parallel}{C}}-OC_{18}H_{37}\right)_2$	○	○	/	/	○
亚磷酸酯	$\left(C_9H_{19}-C_6H_4-O\right)_3P$	○	○	/	/	○
抗氧剂 DNP	萘基—N(H)—C₆H₄—N(H)—萘基	○			○	○
防老剂 H	C₆H₅—N(H)—C₆H₄—N(H)—C₆H₅	○				○

注：○适用；/不适用。

各种 PVC 热稳定剂的作用原理如下：

(1) 捕捉 PVC 热降解生成的 HCl　HCl 对 PVC 的热降解具有催化作用，加入捕捉 HCl 的热稳定剂可消除这种催化作用，盐基性铅盐、金属皂类、环氧化合物、亚磷酸酯、有机锡等都有这种捕捉能力。

铅盐：$PbO+2HCl \longrightarrow PbCl_2+H_2O$

金属皂类：$(RCOO)_2M+2HCl \longrightarrow 2RCOOH+MCl_2$

亚磷酸酯：$(RO)_3P+HCl \longrightarrow RCl+(RO)_2POH$

有机锡：$R_2Sn(OOCR')_2+HCl \longrightarrow R_2SnCl_2+2R'COOH$

环氧化合物：

$$\underset{\diagdown O \diagup}{H_2C—\overset{H}{C}—} + HCl \longrightarrow HO—CH_2—\underset{Cl}{\overset{H}{C}}—$$

（2）置换不稳定的 Cl 原子 PVC 分子结构中叔碳上的 Cl 以及烯丙位的 Cl 都是活泼不稳定的，这些不稳定的 Cl 是 PVC 热降解的起因，某些稳定剂可与这些活泼 Cl 反应，将之置换成稳定结构，如一些金属皂类和亚磷酸酯类化合物。

$$\sim CH_2—CH{=}CH—\underset{Cl}{CH}\sim + (RCOO)_2M \longrightarrow \sim CH_2—CH{=}CH—\underset{OCOR}{CH}\sim + RCOOMCl$$

$$\sim CH_2—CH{=}CH—\underset{Cl}{CH}\sim + (RO)_3P \longrightarrow \sim CH_2—CH{=}CH—\underset{RO—\underset{OR}{P}{=}O}{CH}\sim + RCl$$

（3）与共轭双键反应，阻止大共轭体系的形成 如前所述，聚氯乙烯一旦在其分子结构中形成共轭结构就会大大加快降解反应，因此必须抑制共轭体系的形成。一些含不饱和双键的顺丁烯二酸锡和不饱和酸的金属皂类可与共轭双键发生［4+2］环化加成反应，从而破坏共轭结构。

$$\sim CH{=}CH—CH{=}CH\sim + (\text{顺丁烯二酸二丁基锡，环状}:\ O{=}C—CH{=}CH—C{=}O,\ O—Sn(C_4H_9)_2—O) \longrightarrow (\text{环己烯加成产物，两个 }C{=}O\text{ 经 }O—Sn(C_4H_9)(C_4H_9)—O\text{ 成环})$$

（4）钝化起催化降解作用的金属离子 PVC 在合成、加工、贮存等过程中可能引入的一些金属离子，如锌、铜、铁、镉等，对 PVC 的降解都有一定的催化作用，在聚合物中加入适量的螯合剂，可与这些重金属离子形成络合物，一方面可抑制其催化作用，另一方面可防止金属氯化物析出。

9.6.4.2 光稳定剂

与热氧化降解相似，光氧化降解也可使用抗氧剂来消除体系中过氧自由基，但光降解反应具有与热降解反应不同的特性，包括光子吸收及能量转移，因而针对光降解反应采取的稳定化措施也与热降解反应不同。光稳定剂大致可分为四类（常见的光稳定剂见表 9-3）。

（1）光屏蔽剂 光屏蔽剂能屏蔽或减少紫外光透射作用，如聚合物外表面的铝粉涂层，可防止光照透入聚合物。其次是聚合物中添加的一些颜料，如炭黑等，不仅能吸收可见光，也能吸收对聚合物危害大的 UV，而且可使光的吸收只发生在材料表层。但由于颜料与聚合物常常存在相容性问题，因而其应用受到一定限制。

（2）紫外光（UV）吸收剂 紫外光吸收剂通常是一些染料，能高效地吸收紫外光，并将吸收的能量无害地消散，如转换为热量。UV 吸收剂能有效降低聚合物本身对光能的吸收，从而将 UV 对聚合物的损害显著降低。

（3）猝灭剂 这类稳定剂能与被激发的聚合物分子作用，把激发能转移给自身，并且无损害地耗散能量，使被激发的聚合物分子恢复至原来的基态。常用的是一些过渡金属络合物。

（4）抗氧剂 这类光稳定剂的主要作用是消除光氧化反应产生的过氧自由基及过氧化氢，其作用机理与热稳定剂中的抗氧剂相同。抗氧剂虽然不能吸收光能，但能有效地捕捉光解产生的自由基，防止光氧化降解反应的发展。

表 9-3 常见的光稳定剂[50]

化合物类型	化合物品种	光稳定机理
颜料	炭黑、ZnO、MgO、$CaCO_3$、$BaSO_4$、Fe_2O_3	UV 屏蔽剂
2-羟基苯甲酮类	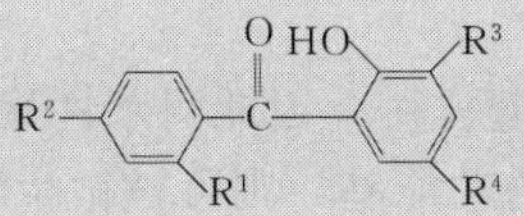 R^1=H、烷基；R^2=H、烷基、苯基；R^3=H、丁基；R^4=H、丁基；R=烷基 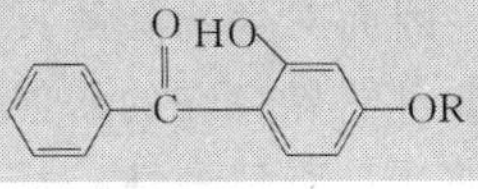	UV 吸收剂
水杨酸苯酯类	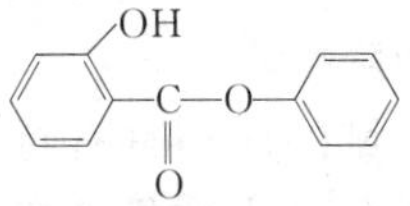	UV 吸收剂
苯并三唑类	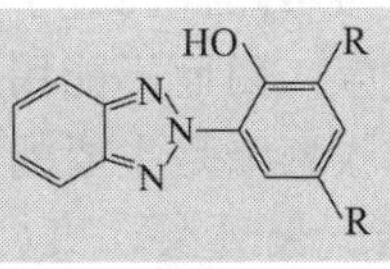 R=H、烷基	UV 吸收剂
镍络合物	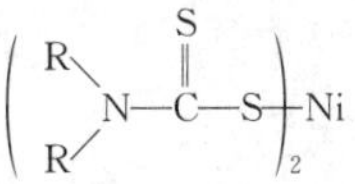 R=烷基 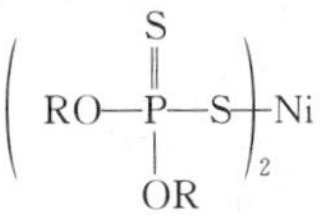 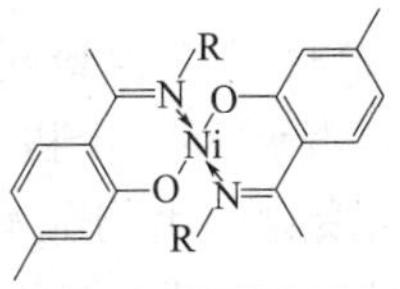	猝灭剂

9.6.5 水解与生物降解

9.6.5.1 水解

水解反应有两个前提：聚合物含有可与水反应的功能基、聚合物与水接触。碳氢聚合物由于既不含可水解基团，且疏水性大，因而耐水性非常高；而许多天然高分子，如纤维素、淀粉等，吸水性大，又含有可水解基团，因而容易在合适的 pH 下发生水解。大多数合成聚合物介于这两者之间。常见的逐步聚合产物，如聚酯、聚酰胺、聚碳酸酯、聚氨酯等在聚合物主链上含有可水解基团；而一些链式聚合产物如聚丙烯腈、聚甲基丙烯酸甲酯等则含有可水解的侧基。尽管如此，由于这些聚合物通常在水中的溶解性较差，而且常常为结晶聚合物，其吸水性都非常低，因而都具有良好的耐水性。但是这些聚合物材料的表面则可受到酸或碱的侵袭，因而不宜长期在酸、碱环境下使用。即使是一些逐步聚合交联产物，如环氧树脂、酚醛树脂、不饱和聚酯等，长期在苛刻的酸、碱条件下使用时，也会发生水解降解反应。

水溶性或水溶胀性的合成高分子，如聚乙烯醇、聚缩醛、聚丙烯酸酯聚合物和聚丙烯酰胺等，在中性条件下是比较稳定的，但在酸性或碱性条件下可很快发生水解反应。常见的工业化聚合物根据其耐水性可归类如下：①在任何环境下都具耐水性的聚合物，包括碳氢橡胶、聚苯乙烯、聚四氟乙烯、非增塑聚氯乙烯等；②在酸性或碱性环境下易水解的聚合物，包括纤维素酯、增塑聚氯乙烯、聚甲基丙烯酸甲酯、聚丙烯腈、聚甲醛、聚酰胺、聚酯、聚碳酸酯和聚砜等；③在碱性条件下可水解，而在酸性条件下不易水解的聚合物，如聚酯、不饱和聚酯、酚醛树脂等。

9.6.5.2 生物降解

(1) 水-生物降解 由于酶只能在水性环境下起作用，因此耐水性聚合物也耐生物降解。水溶性或水溶胀性聚合物，如果含有可酶促断裂的功能基，则可被微生物降解。水解降解反应可使聚合物分子量降低，有利于微生物消化，因而对生物降解具有促进作用。

蛋白质、核酸和多聚糖等天然高分子因能被自然界存在的酶催化降解，因此都是高生物降解性的。而合成高分子由于所含的功能基通常都具有耐酶性，且具有较高的表面能，不易被水润湿和渗透，因而通常具有较高的耐生物降解性。

完全生物降解高分子在医疗医药和农业领域的应用具有特殊的优越性。天然高分子虽然具有优异的生物降解性，但是，大多数天然高分子为结晶性高分子，具有较高的熔点，通常在变为热塑性高分子之前就会发生明显的热降解反应，因而不能用通常的聚合物加工方法进行加工成型，对其广泛应用造成了大的阻碍。脂肪族聚酯是主要的具有可加工性的合成生物降解高分子。重要的例子如聚羟基乙酸、聚己内酯、聚乳酸、聚(2-羟基丁酸)以及羟基乙酸-乳酸共聚物等。

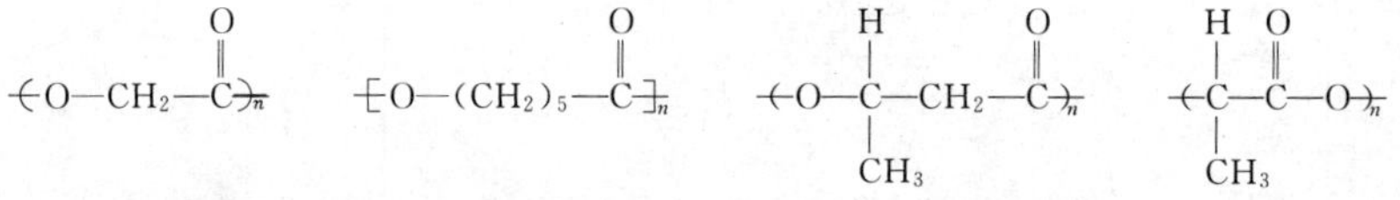

$$\left[\mathrm{O-CH_2-\overset{\overset{O}{\|}}{C}}\right]_n \qquad \left[\mathrm{O-(CH_2)_5-\overset{\overset{O}{\|}}{C}}\right]_n \qquad \left[\mathrm{O-\underset{\underset{CH_3}{|}}{\overset{\overset{H}{|}}{C}}-CH_2-\overset{\overset{O}{\|}}{C}}\right]_n \qquad \left[\mathrm{\underset{\underset{CH_3}{|}}{\overset{\overset{H}{|}}{C}}-\overset{\overset{O}{\|}}{C}-O}\right]_n$$

聚羟基乙酸　　聚己内酯　　聚(2-羟基丁酸)　　聚乳酸

脂肪族聚酯的生物降解性与其亲水性密切相关，亲水性顺序为聚羟基乙酸＞聚乳酸＞聚(2-羟基丁酸)＞聚己内酯，相应地，其生物降解性顺序为聚羟基乙酸＞聚乳酸＞聚(2-羟基丁酸)＞聚己内酯；可通过将不同降解性单体共聚调节聚合物的降解性能，如可通过改变羟基乙酸-乳酸共聚物中两单体单元的比例调节共聚物的生物降解速度以满足不同的应用需求。

另一类常见的生物降解高分子材料是淀粉降解塑料。淀粉降解塑料先后经历了3个技术发展阶段[52]：填充型淀粉塑料、淀粉基塑料和全淀粉热塑性塑料。填充型淀粉塑料是将原淀粉和非降解树脂简单混合而得，淀粉含量为5％～10％；淀粉基塑料是将原淀粉进行物理或化学改性处理后再与树脂接枝共混，形成淀粉基塑料，淀粉含量约为10％～40％。从减量意义上看，这两类淀粉塑料的应用可以在一定程度上减轻塑料对环境的污染，但由于其中含有大量的非生物降解塑料，其“降解”只是由于其中的淀粉组分生物降解后使制品破碎、粉化后造成的一种假象，如果不能解决其中非淀粉塑料的降解问题，不仅不能从根本上解决“白色污染”问题，反而因破碎、粉化造成废弃塑料难以回收带来更大的环境污染问题。因此，这种类型的淀粉复合塑料基本已被摒弃。但如果是将淀粉与生物降解高分子共混，特别是与一些脂肪族聚酯共混可得到完全生物降解的材料，可以起到降低成本的作用。全淀粉热塑性塑料是指材料除加工助剂外，80％～90％是由淀粉组成，既可以进行热塑加工，又能快速、完全地在自然环境中降解的塑料。全淀粉的热塑加工是通过添加增塑剂进行塑化处理来实现的[53]。常用的增塑剂有水、甘油、乙二醇等。但因受其性能上的限制，全淀粉热塑性塑料应用有其局限性，潜在的应用主要有农用地膜、快餐盒、包装材料等。

(2) 氧化-生物降解 热或光氧化作用对生物降解具有很强的增效作用。虽然大多数合成高分子都非常耐生物降解，但通过热或光氧化降解反应，一方面使聚合物分子量大大下降，另一方面可在分子链上引入极性基团，增加聚合物的润湿性，从而使聚合物能够完全生物降解。因此为提高聚合物的生物降解性，可在聚合物中加入促氧化剂。最有效的促氧化剂是一些能生成两种稳定性相似、氧化数仅差 1 的金属离子化合物，如 Mn^{2+}/Mn^{3+}。在促氧化剂的作用下，聚合物先与空气中的氧气发生热或光氧化降解，生成低分子量的氧化产物，如羧酸、醇、酮和低分子量的蜡等。氧化反应还可在聚合物分子链上引入极性基团，使聚合物亲水化，有利于微生物的生长与繁殖，从而使低分子量的氧化产物能被生物吸收。图 9-7 为以硬脂酸锰为促氧化剂的聚乙烯薄膜经 70℃预氧化处理四周后的土埋实验结果（横坐标为土埋时间，纵坐标为分解生成的 CO_2 占理论产量的百分比）[54]，可见经预氧化处理后的聚乙烯具有较好的生物降解性。

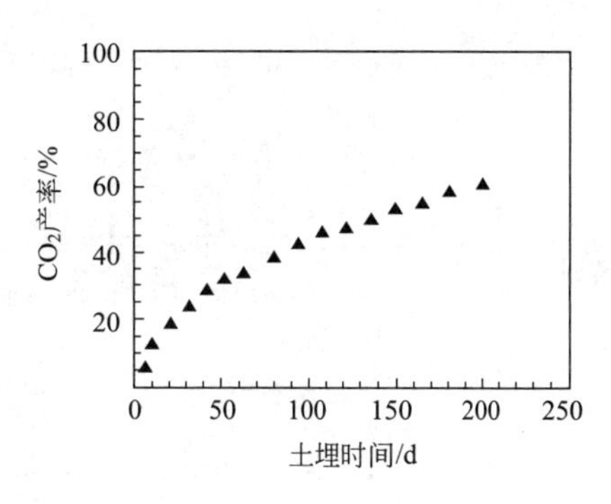

图 9-7 聚乙烯经预氧化处理后的土埋实验结果

习题

1. 名词解释：高分子的相似转变，高分子效应，降解，解聚，聚合物老化。

2. 高分子化学反应不同于小分子化学反应的特点主要有哪些？

3. 商用的苯乙烯-丁二烯 AB 型和 ABA 型嵌段共聚物常常会进行氢化处理，这样做的好处是什么？

4. 无色的聚丁二烯溶液用叔丁氧基钾处理后变为深蓝色，试推测可能发生了什么化学反应？并就该化学反应的应用举一例。

5. 请给出通过高分子的化学反应合成头-头连接聚乙烯醇的可能方法。

6. 聚乙烯为刚性材料，对聚乙烯进行氯化处理引入极性的—Cl，当氯化程度较低时，氯化产物表现为弹性体，但随着氯化程度的提高，氯化产物又转变为刚性塑料。试解释原因。

7. 请给下列聚合物的耐氧化性能进行排序，并说明原因。

（1）聚丁二烯；（2）聚异丁烯；（3）聚乙烯；（4）聚丙烯。

8. 简述聚合物热降解和热氧化降解的主要区别。

9. 把聚甲基丙烯酸甲酯、聚乙烯和聚氯乙烯分别进行热降解反应，各自可能主要发生何种降解反应？

10. 聚甲基丙烯酸甲酯和聚丙烯酸甲酯的热降解产物有何不同？为什么？

11. 分别简述热稳定剂和光稳定剂的作用。

12. 聚乙烯的交联可采用哪几种方法？

参考文献

[1] Platé N A, Litmanovich A D, Noah O V. Macromolecular Reactions: Peculiarities, Theory and Experimental Approaches [M]. New York: John Wiley & Sons Inc, 1995: 41.

[2] Ennis R. Encyclopedia of polymer science and technology: Ethylene polymers, Chlorosulfonated [M]. Copyright © 2002 by John Wiley & Sons, Inc. 409.

[3] Heinze T, Liebert T. Unconventional methods in cellulose functionalization [M]. Prog Polym Sci, 2001, 26: 1689.

[4] McGrath M P, Sal E D, Tremont S J. Functionalization of polymers by metal-mediated processes [J]. Chem Rev, 1995, 95: 381.

[5] Hadjichristidis N, Pispas S, Floudas G. Block copolymers: Synthetic strategies, physical properties, and applications. Synthesis of block copolymers by chemical modification [M]. John Wiley & Sons, Inc. 2003, 114-125.

[6] Sun T, Yu G E, Price C, et al. Cyclic polyethers [J]. Polymer, 1995, 36: 3775.

[7] White B M, Watson W P, Barthelme E E, et al. Synthesis and efficient purification of cyclic poly (dimethylsiloxane) [J]. Macromolecules, 2002, 35: 5345.

9

[8] Gan Y, Dong D, Carlotti S, et al. Enhanced fluorescence of macrocyclic polystyrene [J]. J Am Chem Soc, 2000, 122: 2130.

[9] Lepoittevin B, Dourges M A, Masure M, et al. Synthesis and characterization of ring-shaped polystyrenes [J]. Macronolecules, 2000, 33: 8218.

[10] Gan Y, Dong D, Hogen-Esch T E. Effects of lithium bromide on the glass transition temperatures of linear and macrocyclic poly (2-vinylpyridine) and polystyrene [J]. Macromolecules, 1995, 28: 383.

[11] Ohtani H, Kotsuji H, Momose H, et al. Ring structure of cyclic poly (2-vinylpyridine) proved by pyrolysis-GC/MS [J]. Macromolecules, 1999, 32: 6541.

[12] (a) Rique-Lurbet L, Schappacher M, Deffieux A. A new strategy for the synthesis of cyclic polystyrenes: Principle and application [J]. Macromolecules, 1994, 27: 6318; (b) Kubo M, Hayashi T, Kobayashi H, et al. Synthesis of α-carboxyl, ω-amino heterodifunctional polystyrene and its intramolecular cyclization [J]. Macromolecules, 1997, 30: 2805.

[13] Kubo M, Nishigawa T, Uno T, et al. Cyclic polyelectrolyte: Synthesis of cyclic poly (acrylic acid) and cyclic potassium polyacrylate [J]. Macromolecules, 2003, 36: 9264.

[14] Schappacher M, Deffieux A. Controlled synthesis of bicyclic "eight-shaped" poly (chloroethyl vinyl ether)s [J]. Macromolecules, 1995, 28: 2629.

[15] Beinat S, Schappacher M, Deffieux A. Linear and semicyclic amphiphilic diblock copolymers. 1. Synthesis and structural characterization of cyclic diblock copolymers of poly (hydroxyethyl vinyl ether) and linear polystyrene and their linear homologues [J]. Macromolecules, 1996, 29: 6737.

[16] White B M, Watson W P, Barthelme E E, et al. Synthesis and efficient purification of cyclic poly (dimethylsiloxane) [J]. Macromolecules, 2002, 35 : 5345.

[17] Oike H, Hamada M, Eguchi S, et al. Novel synthesis of single- and double-cyclic polystyrenes by electrostatic self-assembly and covalent fixation with telechelics having cyclic ammonium salt groups [J]. Macromolecules, 2001, 34: 2776.

[18] (a) Oike H, Kobayashi S, Mouri T, et al. Kyklo-telechelics: Tailored synthesis of cyclic poly(tetrahydrofuran)s having two functional groups at opposite positions [J]. Macromolecules, 2001, 34: 2742; (b) Oike H, Mouri T, Tezuka Y. Efficient polymer cyclization by electrostatic self-assembly and covalent fixation with telechelic poly (tetrahydrofuran) having cyclic ammonium salt groups [J]. Macromolecules, 2001, 34: 6592; (c) Oike H, Imaizumi H, Mouri T, et al. Designing unusual polymer topologies byelectrostatic self-assembly and covalent fixation [J]. J Am Chem Soc, 2000, 122: 9592.

[19] Tezuka Y, Oike H. Topological polymer chemistry [J]. Prog Polym Sci, 2002, 27: 1069.

[20] Zhao J B, Wu X F, Yang W T. Synthesis of aliphatic polyesters by a chain-extending reaction with octamethylcyclotetrasilazane and hexaphenylcyclotrisilazane as chain extenders [J]. J Appl Polym Sci, 2004, 92: 3333.

[21] Fradet A. Comprehensive Polymer Science [M]. 2nd Suppl. Vol., S. L. Aggarwal, S. Russo, Eds., Pergamon, Oxford, 1996: 151-162.

[22] Lefebvre H, Fradet A. Bis(4-monosubstituted-5(4H)oxazolinones) as coupling agents for block copolymer synthesis: reaction with hydroxy-terminated oligomers [J]. Macromol Chem Phy, 1998, 199: 2747.

[23] Franta E, Kubisa P, Refai J, et al. Chain extension of oligodiols by means of cyclic acetals [J]. Makromol Chem Macromol Symp, 1988, 13/14: 127.

[24] (a) Néry L, Lefebvre H, Fradet A. Chain extension of carboxy-terminated aliphatic polyamides and polyesters by arylene and pyridylene bisoxazolines [J]. Macromol Chem Phys 2004, 205: 448; (b) Culbertson B M. Cyclic imino ethers in step-growth polymerizations [J]. Prog Polym Sci, 2002, 27: 579.

[25] Haralabakopoulos A A, Tsiourvas D, Paleosc M. J Appl Polym Sci, 1999, 71: 2121.

[26] (a) Inata H, Matsumura S. Chain extension of poly (ethylene terephthalate) by reactive blending using diepoxides [J]. J Appl Polym Sci, 1985, 30: 3325; (b) Douhi A, Fradet A. Study of bulk chain coupling reactions. Ⅲ. Reaction between bisoxazolines or bisoxazlines and carboxy-terminated oligomers [J]. J Polym Sci Part A: Polym Chem, 1995, 33: 691.

[27] Trenor S R, Long T E, Love B J. Photoreversible chain extension of poly (ethylene glycol) [J]. Macromol Chem Phys, 2004, 205: 715.

[28] Yamanaka T, Kanomata A, Inoue T. Synthesis and properties of thermally reversible polyesters [J]. Macromol Symp, 2003, 199: 73.

[29] Jones R, Holder S. A convenient route to poly (methylphenylsilane)-graft-polystyrene copolymers [J] . Macromol Chem Phys, 1997, 198: 3571.
[30] Borner H G, Matyjaszewski K. Graft copolymers by atom transfer polymerization [J] . Macromol Symp, 2002, 177: 1.
[31] Coskun M, Temuz M M. Grafting of poly (styrene-co-p-chloromethyl styrene) with ethyl methacrylate via atom transfer radical polymerization catalyzed by CuCl/1,2-dipiperidinoethane [J] . J Polym Sci Part A: Polym Chem, 2003, 41: 668.
[32] (a) Pitsikalis M, Pispas S, Mays J W, Hadjichristidis N. Nonlinear block copolymer architectures [J] . Adv Polym Sci, 1998, 135: 1; (b) Hadjichristidis N, Pispas S, Pitsikalis M, Iatrou H, Lohse D J. Encyclopedia of Polymer Science and Technology: Graft copolymers [M] . John Wiley & Sons Inc, 2010.
[33] Eckert A R, Webber S E. Naphthalene-tagged copolymer micelles based on polystyrene-alt-maleic anhydride-graft-poly (ethylene oxide) [J] . Macromolecules, 1996, 29: 560.
[34] Li J M, Gauthier M, Teertstra S J. Synthesis of arborescent polystyrene-graft-polyisoprene copolymers Using acetylated substrates [J] . Macromolecules, 2004, 37: 795.
[35] Bonardi C, Boutevin B, Pietrasanta Y, et al. Synthèse et copolymérisation avec l'acrylamide de macromonomères d'acrylate de dodécyle [J] . Makromol Chem, 1985, 186: 261.
[36] Anbarasan R, Babot O, Maillard B. Crosslinking of high-density polyethylene in the presence of organic peroxides [J] . J Appl Polym Sci, 2004, 93: 75.
[37] Decker C. Photoinitiated crosslinking polymerization [J] . Prog Polym Sci 1996, 21: 593.
[38] Decker C, Nguyen Thi Viet T. Photocrosslinking of functionalized rubbers, 7. Styrene-butadiene block copolymers [J] . Macromol Chem Phys, 1999, 200: 358.
[39] Decker C, Nguyen Thi Viet T. Photocrosslinking of functionalized rubbers, 8. The thiol-polybutadiene system [J] . Macromol Chem Phys, 1999, 200: 1965.
[40] Decker C, Nguyen Thi Viet T. High-speed photocrosslinking of thermoplastic styrene-butadiene elastomers [J] . J Appl Polym Sci, 2000, 77: 1902.
[41] Decker C, Nguyen Thi Viet T. Photocrosslinking of functionalized rubbers. X. Butadiene-acrylonitrile copolymers [J] . J Appl Polym Sci, 2001, 82: 2204.
[42] Achari A, Coqueret X. Photocrosslinkable vinylamine copolymers. I. Synthesis and photosensitivity of cinnamoylated polyvinylamine [J] . J Polym Sci Part A: Polym Chem, 1997, 35: 2513.
[43] (a) Balaji R, Nanjundan S. Studies on photosensitive homopolymer and copolymers having a pendant photocrosslinkable functional group [J] . J Appl Polym Sci, 2002, 86: 1023; (b) Balaji R, Subramanian K, Nanjundan S, et al. Copolymers of 4-(4'-chlorocinnamoyl) phenyl methacrylate and methyl methacrylate: Synthesis, characterization and determination of reactivity ratios [J] . J Appl Polym Sci, 2000, 78: 1412.
[44] Yan X, Liu F, Zhao Li, et al. Poly(acrylic acid)-lined nanotubes of poly (butyl methacrylate)-block-poly (2-cinnamoyloxyethyl methacrylate) [J] . Macromolecules, 2001, 34: 9112.
[45] Akiba M, Hashim A S. Vulcanization and crosslinking in elastomers [J] . Prog Polym Sci, 1997, 22: 475.
[46] Shah G B, Fuzail M, Anwar J. Aspects of the crosslinking of polyethylene with vinyl silane [J] . J Appl Polym Sci, 2004, 92: 3796.
[47] Kuhl N, Bode S, Hager M D, et al. Self-healing polymers based on reversible covalent bonds [J] . Adv Polym Sci, 2016, 273: 1.
[48] Billingham N C. Encyclopedia of Polymer Science and Technology: Degradation [M] . John Wiley & Sons Inc, 2002: 93.
[49] Mayer Z, Overeigner B, Lim D. Thermal dehydrochlorination of poly (vinyl chloride) models in the liquid phase [J] . J. Polym Sci Part C Polym Sympo, 1971, 33: 289.
[50] Akcelrud L. Electroluminescent polymers [J] . Prog Polym Sci, 2003, 28: 875.
[51] Gong J, Chen X, Tang T. Recent progress in controlled carbonization of (waste) polymers [J] . Prog Polym Sci, 2019, 94: 1.
[52] 张贞浴，李丽萍，孙立国，等．热塑性淀粉塑料的研究 [J] ．黑龙江大学自然科学学报，2003，20：111.
[53] Perry P A, Donald A M. The role of plasticization in starch granule assembly [J] . Biomacromolecules, 2000, 1: 424.
[54] Jakubowicz I. Evaluation of degradability of biodegradable polyethylene (PE) [J] . Polym Degrad Stab, 2003, 80 : 39.

第 10 章 功能高分子

所谓功能高分子是指一些具有特殊的物理或化学性能的高分子，如吸附性能、反应性能、光性能、电性能、磁性能等。

10.1 吸附分离功能高分子

10.1.1 概述

吸附是指液体或气体中的某些分子通过各种亲和作用结合于固体材料上。吸附具有选择性，即固体物质只吸附气体或液体中的某些成分而不是全部。因此可以利用吸附作用实现复杂物质体系的分离与各种成分的富集与纯化，还可利用专一性吸附实现对复杂体系中某种物质的检测。

吸附分离功能高分子是指对某些特定离子或分子具有选择性吸附作用的高分子。按其吸附机理可分为化学吸附高分子、物理吸附高分子和亲和吸附高分子三大类[1]。化学吸附是指吸附作用是通过形成化学键而进行的，吸附化学键可以是离子键、配位键或易裂解的共价键。相应的吸附功能高分子分别为离子交换树脂、高分子螯合剂以及高分子试剂与高分子催化剂。本节中讨论前两者。高分子试剂与高分子催化剂将在 10.2 节中讨论。物理吸附是指通过范德华力、偶极-偶极相互作用、氢键等较弱的作用力吸附物质。亲和吸附功能高分子是利用生物亲和原理设计合成的，对目标物质的吸附具有专一性或高选择性，其吸附的专一性（分子识别能力）是氢键、范德华力、偶极-偶极相互作用等协同作用的结果。将互相识别的主客体中的主体（或客体分子）固定在高分子载体上形成的亲和吸附功能高分子能专一性地吸附客体分子（或主体分子），在生化物质分离、临床检测、血液净化治疗等方面具有重要意义。

10.1.2 吸附分离功能高分子骨架结构的合成

为了保证吸附树脂在使用时不被溶解，其骨架结构通常需有一定程度的交联，常常是由单乙烯基单体和双/多乙烯基交联单体共聚而成的交联结构，可以有无定形、珠状和纤维状三种基本形态，其中珠状材料在应用中既适用于分批间歇操作工艺，也适用于连续操作工艺；既适用于固定床，也适用于流化床，而且稳定性好，应用最为广泛。

10.1.2.1 成珠技术

交联聚合物小珠可通过悬浮聚合、沉淀聚合、分散聚合和乳液聚合等多种聚合工艺制备。每种聚合工艺所得聚合物小珠的粒径范围各不相同。传统的乳液聚合所得聚合物珠粒的粒径为 0.05～0.7μm，沉淀聚合[2]和分散聚合[3]所得聚合物珠粒的粒径为微米级，而悬浮聚合所得聚合物珠粒的粒径为 50～1500μm，其中又以悬浮聚合的应用最为广泛。

适于悬浮聚合的单体多为水不溶性或水难溶性的，只有少数是水溶性的。表 10-1 列出了一些常见的利用悬浮聚合制备交联聚合物珠粒的单体组合。

水溶性的共聚单体对一方面可通过反相悬浮聚合获得亲水性的交联聚合物珠粒，另一方面也可用传统的悬浮聚合法，但需在水相中加入盐类（如氯化钠），利用盐析效应减小单体在水中的溶解度，有时还可在水相中加入水相阻聚剂（如亚甲基蓝）进一步防止水相聚合。

此外也可先将水不溶性的单体衍生物聚合后，再将所得的小珠进行水解或氨化来获得亲水性的聚合物珠粒[4]。

表10-1 一些常见的利用悬浮聚合制备交联聚合物珠粒的单体组合[4]

单乙烯基单体	交联单体
苯乙烯	DVB
丙烯酰胺	BAAm
丙烯酸	EGDMA
丙烯腈	DVB
丙烯腈/乙酸乙烯酯	DVB
丙烯腈/丙烯酸乙酯或丁酯	DVB
甲基丙烯酸2,3-环硫丙酯	EGDMA
GMA	EGDMA
GMA	双甲基丙烯酸1,3-甘油酯
甲基丙烯酸羟乙酯	EGDMA
甲基丙烯酸	DVB
甲基丙烯酸	三甘醇二甲基丙烯酸酯
甲基丙烯酸甲酯	DVB TRIM TRIM/GMA TRIM/BAAm
MMA	TRIM
N-乙烯基咔唑	DVB
2-乙烯基吡啶或4-乙烯基吡啶	DVB

注：BAAm：*N*,*N*′-亚甲基双丙烯酰胺；DVB：二乙烯基苯；EGDMA：乙二醇双甲基丙烯酸酯；GMA：甲基丙烯酸缩水甘油酯；TRIM：三羟甲基丙烷三甲基丙烯酸酯。

传统的悬浮聚合虽然可通过调节搅拌速度、油水比以及分散剂等在一定程度上对珠粒的平均大小进行调控，但所得聚合物珠粒的粒径分布通常较宽，不能直接用于一些如色谱分离、固相聚合等高端应用，而必须先进行分级。为获得粒径分布窄的聚合物珠粒，可有以下几种方法：①在进行悬浮聚合时，单体液滴不是通过搅拌分散产生，而是由单体相通过毛细管或玻璃孔膜来获得[5]，单体液滴的大小主要取决于毛细管或玻璃孔膜的孔径大小；②“假”或半悬浮聚合技术，先将有机相在均相条件下（本体或溶液）部分聚合，再将之分散到水相中；③种子或模板悬浮聚合技术，先利用乳液聚合[6]或分散聚合[7]获得单分散的聚合物微珠，再以之作为种子或模板，用单体混合物溶胀到所需珠粒大小后再进行悬浮聚合反应。聚合反应完成后，起始种子珠子的形状和粒径的单一性得以保持，最终粒子的大小不再取决于搅拌条件而取决于种子粒子的溶胀程度。水不溶性的单体都可进行种子悬浮聚合，而水溶性单体一般不适合直接进行种子悬浮聚合，但可由其相应的衍生物先进行种子悬浮聚合再去保护。如先由甲基丙烯酸叔丁酯进行种子悬浮聚合获得单分散的珠粒后，再进行选择性水解就可获得单分散的聚丙烯酸珠粒。

10.1.2.2 致孔技术[1,4]

传统悬浮聚合所得的交联聚合物小球为凝胶型，凝胶型交联小球在干态时孔隙非常小，只有在添加良溶剂后才会重构一定孔隙，因此，凝胶型交联小球常常必须在良溶剂中使用。如果在聚合反应过程中加入致孔剂，则可得到大孔型交联小球，其多孔结构是永久的，即使在干态时也具有很大的表面积，因此在气相和不良溶剂中也可使用，并且大孔型交联小球比凝胶型交联小球吸附能力更强，在进行化学改性时，更容易获得高的功能基引入率。

目前广泛应用的成孔技术主要有惰性稀释剂致孔、线型高分子致孔和后交联致孔。

(1) 惰性稀释剂致孔 作为致孔剂的惰性稀释剂通常是一些能与单体混溶、不溶于水、沸点高于聚合反应温度、本身不参与聚合反应也无阻聚作用的有机溶剂。在聚合反应完成后，致孔剂包埋在聚合物珠粒内，通过蒸馏、溶剂抽提、冷冻干燥等处理，将聚合物珠粒中包埋的致孔剂除去便留下多孔结构[8]。致孔剂可以是聚合物的良溶剂，也可以是聚合物的非溶剂。两者所得聚合物珠粒的孔结构大小不同。通常良溶剂致孔剂适于制备比表面积大而孔径相对较小的聚合物珠粒，而使用非溶剂致孔剂则可得到大孔结构；采用良溶剂和非溶剂混合物，通过调节两者的比例可以控制孔结构的变化。

交联聚合物小珠中孔的总体积及其孔径分布可通过改变合成条件进行调节。主要的影响因素包括惰性稀释剂的类型与用量、交联单体的用量、聚合反应温度和引发剂种类等[4]。通常在一定范围内，孔的总体积随稀释剂用量的增加、交联单体用量增大而增大，升高温度对孔的总体积影响不大，但使孔径变小；引发剂的分解速率越快，孔径越小。

(2) 线型高分子致孔 在悬浮聚合的单体相中加入惰性（不参与聚合反应）的线型高分子，在聚合反应完成后再用线型高分子的溶剂对所得交联聚合物珠粒进行抽提，除去聚合物珠粒中包埋的线型聚合物，便可得到孔径较大的大孔树脂，但比表面积较小。线型高分子可与惰性稀释剂混合使用，可增加小孔比例，提高比表面积。

(3) 后交联致孔 直接由悬浮聚合制备的多孔树脂，通常具有交联不均匀（通常交联密度由里往外逐渐降低）、机械强度欠佳、孔结构不均匀的缺点。而以线型高分子珠粒为前体，经适当的化学处理使之交联的后交联致孔技术则可得到交联点均匀、机械强度较高、溶胀性能较好的大网均孔树脂，其比表面积可高达 $1000m^2/g$ 以上。如线型聚苯乙烯或苯乙烯/氯甲基苯乙烯共聚物珠粒便可采用 Friedel-Crafts 反应进行后交联成孔。

10.1.3 化学吸附功能高分子

10.1.3.1 离子交换树脂

离子交换树脂的主要功能之一是对相应的离子进行离子交换，交换次序取决于树脂对被交换离子的亲和能力的差异，它通过离子键与各种阳离子或阴离子产生吸附作用。

(1) 离子交换树脂的分类 离子交换树脂按其可交换离子的性质不同可分为两大类，即阳离子交换树脂和阴离子交换树脂。阳离子交换树脂可交换的离子为质子或金属阳离子，可与溶液中的阳离子进行交换反应。阴离子交换树脂可交换的离子为卤离子、氢氧根离子或酸根离子，可与溶液中的阴离子进行交换反应。

离子交换树脂按其酸碱强弱程度可分为：①强酸型阳离子交换树脂，其离子交换功能基为磺酸基（$—SO_3H$），酸性强，可在碱性、中性甚至酸性条件下具有离子交换功能，最具代表性的强酸型阳离子交换树脂，是聚苯乙烯型的，通过对聚苯乙烯交联骨架进行磺化反应而得（参见 9.2.1.2 节）；②弱酸型阳离子交换树脂，其离子交换功能团为羧基（—COOH）、磷酸基（$—PO_3H_2$）或酚羟基（—PhOH），其中以羧基型应用最广，这些功能基的离解常数较小，酸性较弱，适于在中性或碱性条件下使用，最具代表性的是聚（甲基）丙烯酸型的离子交换树脂；③强碱型阴离子交换树脂，其交换基团为季铵基，可在宽的 pH 值范围内使用（pH 1～14），常用的强碱型阴离子交换树脂是对聚苯乙烯交联小球先后经氯甲基化和季铵化改性后得到的（参见 9.2.1.2 节），该类阴离子交换树脂不仅可交换酸根离子，也可交换有机弱酸，如乙酸等；④弱碱型阴离子交换树脂，其离子交换功能基为伯胺基、仲胺基或叔胺基，在水中的离解常数较小，为弱碱性，只适于在中性和酸性条件下使用，且只能交换强酸的阴离子，但其交换容量较高，再生性较好。

(2) 离子交换树脂的应用

① 用于清除离子。如阳离子交换树脂用于清除水溶液中的阳离子，阴离子交换树脂用于清除水溶液中的阴离子，将阳离子交换树脂与阴离子交换树脂分别装柱串联使用或混合装柱，可消除水中的阴离子和阳离子，用于制备去离子水、废水处理等。阳离子交换树脂在吸附阳离子后可用强酸洗脱吸附的阳离子，使阳离子树脂再生。

② 用于离子交换。利用其离子交换的可逆性，用于离子交换反应，最成功的应用是离子交换色谱，可以用来分离由多种离子组成的混合物。离子交换色谱是对离子型混合物进行定性和定量分析的重要工具。

③ 用于酸、碱催化反应。如质子型的阳离子交换树脂可作为非常有效的高分子酸催化剂，氢氧根型阴离子交换树脂则是一种性能良好的高分子碱催化剂。

10.1.3.2　高分子螯合树脂

高分子螯合树脂的特征是在高分子骨架上连接有对金属离子具有配位功能的螯合基团，对多种金属离子具有选择性螯合作用，对各种金属离子具有浓缩和富集作用，可广泛地应用于分析检测、污染治理、环境保护和工业生产。

螯合基团多含有孤对电子，可与金属离子的空轨道进行配位，常用的配位原子是具有给电性质的ⅤA～ⅦA 元素原子，主要为 O、N、S、P、As、Se 等。含有上述配位原子的常见功能基见表 10-2。

表 10-2　主要的配位原子及相应的配位功能基

配位原子	配位基团
氧原子	$-OH$、$-O-$、$-C(=O)-$、$-COOH$、$-COOR$、$-NO_2$、$-NO$、$-SO_3H$、$-PHO(OH)$、$-PO(OH)_2$、$-AsO(OH)_2$
氮原子	$-NH_2$、$>NH$、$-N<$、$>C=NH$、$>C=N-R$、$>C=N-OH$、$-CONH_2$、$-CONH-OH$、$-CONHNH_2$、$-N=N-$、含氮杂环
硫原子	$-C(=S)-$、$-C(=O)-SH$、$-C(=S)-SH$、$-C(=S)-S-S-C(=S)-$、$-C(=S)-NH_2$、$-SH$、$-S-$
磷原子	一烷基膦、二烷基膦、三烷基膦或芳基膦
砷原子	一烷基胂、二烷基胂、三烷基胂或芳基胂
硒原子	$-SeH$、$>C=Se$、$-CSeSeH$

其中氧是最常见和最重要的配位原子。常见的氧配位高分子螯合树脂主要有醇类螯合树脂、β-二酮螯合树脂和冠醚类螯合树脂。最常见的醇类螯合树脂是聚乙烯醇，能与 Cu^{2+}、Ni^{2+}、Co^{3+}、Co^{2+}、Fe^{2+}、Fe^{3+}、Mn^{2+}、Ti^{2+}、Zn^{2+} 等离子形成高分子螯合物，其中

二价铜的螯合物最稳定。有趣的是聚乙烯醇与 Cu^{2+} 生成高分子螯合物时树脂会发生体积收缩，而当将高分子螯合物中的 Cu^{2+} 还原成 Cu^{+} 时，由于聚乙烯醇对 Cu^{+} 的配位能力弱，会释放出 Cu^{+}，树脂体积又重新膨胀，利用该特性可通过氧化还原反应来实现化学能与机械能的直接转换，因此这类材料被称为人工肌肉。β-二酮螯合树脂可以由含有 β-二酮结构的单体如甲基丙烯酰丙酮的均聚或共聚反应而得：

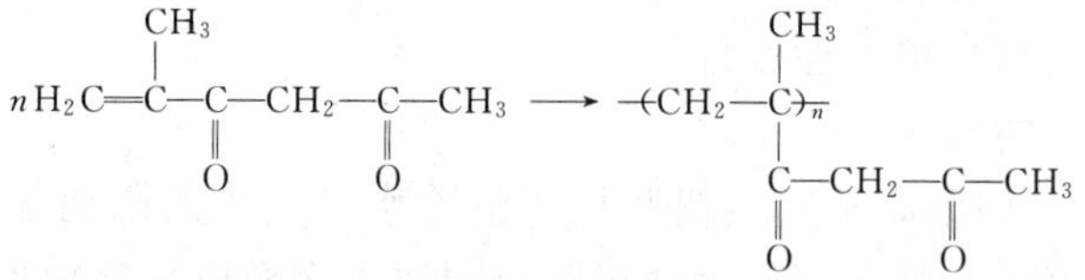

$$nH_2C=C(CH_3)-C(=O)-CH_2-C(=O)-CH_3 \longrightarrow -\!\!\left[CH_2-C(CH_3)(C(=O)-CH_2-C(=O)-CH_3)\right]_n\!\!-$$

β-二酮螯合树脂可与 Cu^{2+} 络合形成稳定的螯合物，用于 Cu^{2+} 的富集，且所得的络合物可用作过氧化氢的分解催化剂。冠醚类螯合树脂中的冠醚结构可以在主链上，也可在侧基上，其中以侧链形式较多，如：

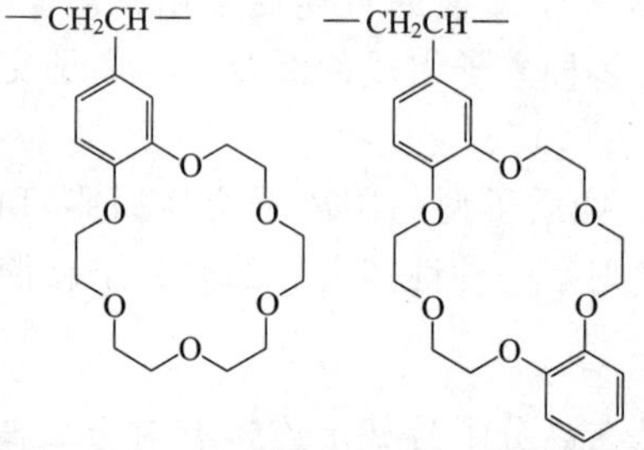

—CH₂CH— (苯并冠醚侧基结构) —CH₂CH— (二苯并冠醚侧基结构)

冠醚螯合树脂独特之处是可以络合其他类型螯合树脂难以络合的碱金属离子和碱土金属离子，其络合能力与冠醚环的大小和结构有关，只有体积大小与冠醚结构相适应的金属离子才能被络合，因而具有较强的选择性。冠醚螯合树脂不仅可用于金属离子的富集与分离，还可用作电极修饰材料。利用其对金属离子的选择性络合作用可制作离子选择性电极。此外，也可用作液相色谱固定相，用来分离碱金属和碱土金属离子。

氮原子作为配位原子在螯合树脂中的重要性仅次于氧原子。最常见的氮配位螯合树脂有聚乙烯亚胺、聚乙烯胺和高分子席夫碱等。聚乙烯亚胺由环胺单体开环聚合而得（参见第 8 章）。聚乙烯胺并不能由聚合反应直接合成，而需要经过适当的氨基保护和去保护：

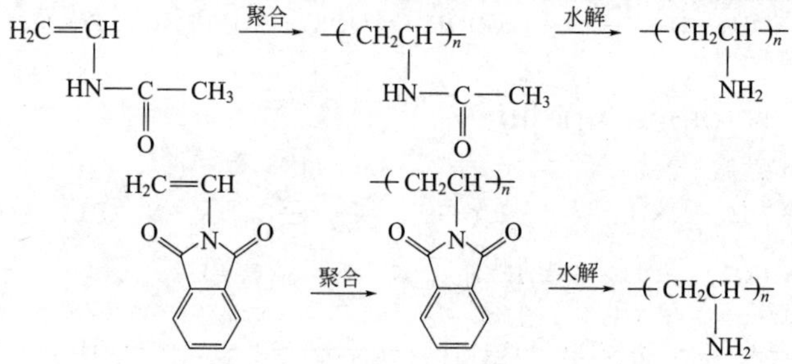

$$H_2C=CH-NH-C(=O)-CH_3 \xrightarrow{\text{聚合}} -\!\!\left[CH_2CH(NH-C(=O)-CH_3)\right]_n\!\!- \xrightarrow{\text{水解}} -\!\!\left[CH_2CH(NH_2)\right]_n\!\!-$$

$$H_2C=CH-N(\text{邻苯二甲酰亚胺}) \xrightarrow{\text{聚合}} -\!\!\left[CH_2CH(N\text{-邻苯二甲酰亚胺})\right]_n\!\!- \xrightarrow{\text{水解}} -\!\!\left[CH_2CH(NH_2)\right]_n\!\!-$$

聚乙烯胺的柔顺性好，适用于多种金属离子的吸附和富集，但对碱金属和碱土金属离子几乎没有络合能力。

高分子席夫碱螯合树脂是一类四配位的螯合树脂，其席夫碱结构既可以在主链上，也可以在侧链上，其合成反应及螯合作用可举例如下：

侧链高分子席夫碱

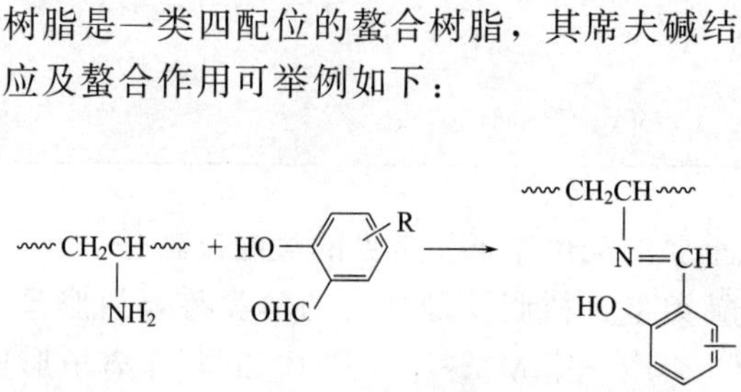

$$\sim CH_2CH(NH_2)\sim + HO-C_6H_3(R)-CHO \longrightarrow \sim CH_2CH(N=CH-C_6H_3(OH)(R))\sim$$

主链高分子席夫碱

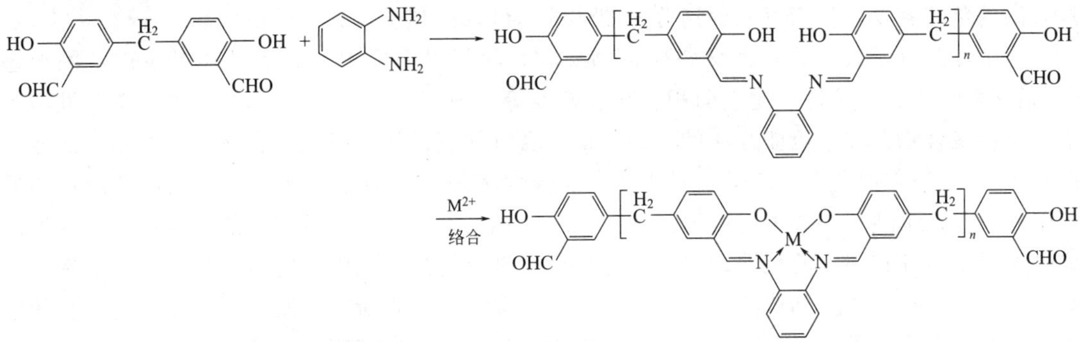

高分子席夫碱对二价金属离子具有良好的螯合稳定性，不同金属离子的螯合稳定性次序为 $Ni^{2+} > Cd^{2+} > Cu^{2+} > Zn^{2+} > Co^{2+} > Fe^{2+}$。高分子席夫碱对三价金属离子如 Fe^{3+}、Co^{3+}、Al^{3+}、Cr^{3+} 等也具有良好的螯合稳定性。

10.1.4　物理吸附功能高分子

物理吸附功能高分子主要是一些非离子吸附树脂，根据其极性大小可分为非极性、中极性和强极性三类。非极性吸附树脂主要是交联聚苯乙烯大孔树脂，可通过范德华力吸附具有一定疏水性的物质，可用于水溶液或空气中有机成分的吸附和富集，随被吸附成分极性增加，吸附作用减弱；对聚苯乙烯交联树脂进行适当改性，在其苯环上引入极性基团可改变树脂的吸附性能，得到中极性或强极性的吸附树脂。中极性吸附功能高分子除改性的聚苯乙烯外主要是交联聚丙烯酸甲酯、交联聚甲基丙烯酸甲酯及丙烯酸酯类与苯乙烯的共聚物，其吸附作用除范德华力外，氢键也起一定的作用，与被吸附物质中的疏水基团和亲水基团都有一定的作用，因此能从水溶液中吸附疏水性物质，也能从有机溶液中吸附亲水性物质；聚丙烯酸酯类吸附树脂也可通过化学改性引入强极性基团成为强极性吸附树脂，如利用水解反应释放出强极性的羧基，其他的强极性吸附功能高分子包括亚砜类、聚丙烯酰胺类、氧化氮类、脲醛树脂类等，其吸附作用主要通过氢键和偶极作用进行，强极性吸附树脂主要用于在非极性溶液中吸附极性较强的化合物，对被吸附化合物的吸附能力正好与非极性吸附树脂相反，即被吸附化合物的极性越弱，吸附能力越弱。

10.2　高分子试剂与高分子催化剂

10.2.1　概述

将具有反应活性的功能基或催化剂通过适当的方法引入高分子骨架就可得到具有化学反应试剂或催化剂功能的高分子试剂或高分子催化剂。其活性功能基的引入可有三种基本方法：①通过含功能基单体与结构单体的共聚反应引入；②对聚合物载体进行功能化改性引入；③前两种方法的结合，如通过含功能基单体的聚合引入某种功能基，再通过化学改性将之转化为另一种功能基。第一种方法的难点在于聚合反应的控制，以保证共聚物中功能基的含量及其分布符合预期，如果是合成交联聚合物珠粒，则还需保证获得满意的珠粒形态，该方法的优越性在于功能基的含量及分布的可控性较高；第二种方法是利用已商业化的高品质树脂进行化学改性，需要考虑的问题是化学改性反应应是高产率、无副反应的，该方法的不足之处在于功能基在聚合物载体上难以均匀分布。

高分子试剂与高分子催化剂的高分子骨架既可以是可溶性的，也可以是不溶性的，对其高分子骨架通常有以下要求[9]：①已商品化，或者可快速而方便地制备；②在反应条件下具有良好的机械和化学稳定性；③含有合适的、易于与有机分子或功能基连接的基团，并且具有高的负载容量，从而可减少高分子载体的用量，以利于较大规模应用。

不溶性高分子载体通常为交联聚合物珠粒，除了以上要求外，还必须考虑珠粒的形态（包括珠粒大小、孔结构、比表面积、交联密度等[10,11]，以及影响载体在溶剂中溶胀性的因素，包括聚合物载体中可能存在的非共价键交联（如氢键等）以及聚合物载体与溶剂的相容性等[11]。如最常用的聚苯乙烯交联小珠在非极性溶剂中的溶胀性较好，而在极性溶剂中的溶胀性较差，不适于一些需使用强极性溶剂（如 *N*,*N*-二甲基甲酰胺）的场合；而交联聚丙烯酰胺树脂中存在很强的氢键，只有在那些能打破氢键的溶剂中才能较好地溶胀，如水、乙酸、DMF、DMSO 等，但若其 N 上的 H 被甲基取代后，则所得树脂不仅在水中有较高的溶胀性，而且在一些不溶胀聚丙烯酰胺的溶剂中也具有良好的溶胀性。此外还必须考虑聚合物载体与其他反应物的相容性，选择两亲性的聚合物载体是解决载体与反应物相容性问题的较好办法，如选用苯乙烯与丙烯酰胺的共聚物，既含有极性的酰氨基，又含有非极性的苯环侧基，因此对亲水性和亲油性的反应物都具有较好的相容性。

对可溶性高分子载体除以上要求外，还要求聚合物具有适宜的分子量，既能保证聚合物在室温条件下为固态，又不至于因分子量太高而使溶解性受到限制，此外还要求聚合物具有良好的加溶能力，即高分子载体在连接有机分子或功能基后溶解性不降低，甚至反而加大，这对液相合成是非常重要的，可以保证高分子载体在连接有机分子或功能基后仍然保持均相体系，有利于获得高的产率。

高分子试剂直接参与合成反应，并在反应过程中消耗本身；而高分子催化剂虽然参与反应，但其本身在反应前后并不发生变化。高分子试剂参与反应有两种基本方式，一种是产物在溶液中，而副产物连接在载体上；另一种是产物连接在聚合物载体上，副产物及其他反应试剂在溶液中：

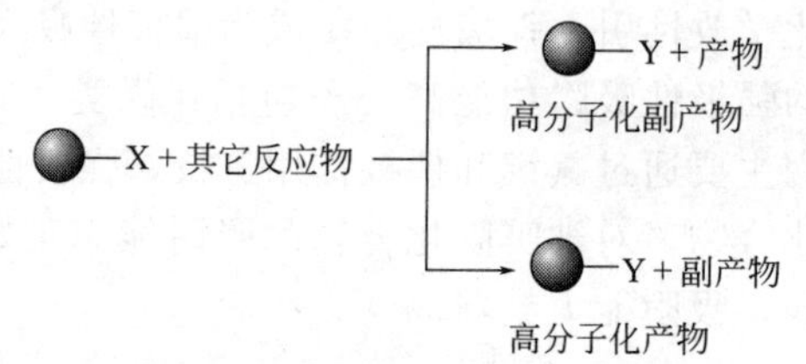

前一种方式常称“溶液相合成”，在反应完成后，通过固-液分离可很容易地将产物与副产物分离；后一种方式中，若高分子载体为不溶性的称“固相合成”，高分子载体为可溶性的称“液相合成”，在反应完成后，将负载有产物分子的高分子分离后，再将产物分子从聚合物载体上解脱，便可得到高纯度的产物。

对于不溶性高分子试剂和催化剂，在反应完成后可简单地采用过滤、洗涤方法将其与反应体系中其他组分分离；对于可溶性高分子试剂或催化剂，在反应完成后可采用加入聚合物沉淀剂、改变体系温度、改变体系的离子强度或者改变体系 pH 值等方法使聚合物沉淀后，再过滤、洗涤，使载体与其他组分分离，也可采用其他的液-液分离方法，包括使用半渗透膜、凝胶渗透色谱、吸附色谱等[12]。

10.2.2 高分子试剂与高分子催化剂的优越性

与小分子试剂与催化剂相比，高分子试剂与催化剂具有以下明显的优越性：

① 具有更高的稳定性和安全性，高分子骨架的引入对功能基及催化剂分子具有一定的屏蔽作用，可大大提高其稳定性；其次高分子化后可大大减小试剂的挥发性，提高安全性。

② 易回收、再生和重复使用，可降低成本和减少环境污染。

③ 化学反应的选择性更高，利用高分子载体的空间立体效应，甚至可实现立体选择性合成及分离。

④ 反应后处理较简单，在反应完成后可方便地借助固-液分离方法将高分子试剂或高分子催化剂与反应体系中其他组分相互分离，有利于提高产品纯度。

⑤ 可使用过量试剂使反应完全，同时不会使后处理变复杂。

⑥ 利用“固相合成”和“液相合成”工艺可实现化学反应的自动化，特别是在多肽、多核苷酸、多糖等的自动化合成上具有重要意义。

不溶性高分子试剂和催化剂由于不溶于反应体系，其最大的优越性在于反应各组分容易分离，易实现连续自动化规模生产，但其不溶性载体也带来一些不利因素[9,12]：①由于受载体溶胀性影响，反应试剂的扩散受到限制，可能导致反应不完全，产物仍需提纯后处理；②反应动力学为非线性；③与传统的溶液反应体系相比，通常反应速率、反应产率等偏低；④反应体系不均匀。因此在将一个已知的溶液反应转化为固相反应时，需作一些额外的工作来重新优化反应条件。使用可溶性高分子试剂和催化剂则可以结合固相反应和溶液反应的优点，但产物后处理相对于不溶性高分子试剂和催化剂较复杂。

10.2.3 高分子试剂

高分子试剂主要包括高分子氧化还原剂、高分子磷试剂、高分子卤化试剂、高分子酰化和烷基化试剂，以及固相合成与液相合成高分子反应试剂等。

10.2.3.1 高分子氧化还原试剂

自身具有可逆氧化还原特性的高分子试剂，其氧化态具有氧化反应功能，还原态则具有还原反应功能。在反应完成后，也可经氧化或还原处理再生重复使用。根据其所含功能基的不同主要有以下几类氧化还原体系[11]（●代表高分子载体，下同）：

氢醌-醌体系

HO—(苯环)—OH ⇌(氧化/还原) O=(醌环)=O

硫醇-二硫化物体系

●—RSH ⇌(氧化/还原) ●—RS—SR—●

二氢吡啶-吡啶体系

H,H—(二氢吡啶)N—R ⇌(氧化/还原) (吡啶)$\overset{+}{N}$—R

聚合物-金属络合物（如二茂铁体系）

Fe ⇌(氧化/还原) [Fe]$^{+}$

高分子化染料，即一些多核杂环芳烃类试剂，如

R_2N—(H, N, S)—NR_2 ⇌(氧化/还原) R_2N—(N, S)—$\overset{+}{N}R_2$

这些氧化还原试剂性能温和，常用于有机化学反应中的选择性氧化或还原反应。

10.2.3.2 高分子氧化剂

在高分子氧化剂中，用于将醇氧化成羰基化合物的占大多数，其中最重要和广泛使用的是一些重金属功能化聚合物，这些高分子氧化剂通常是将氧化功能基 CrO_3、$Cr_2O_7^{2-}$、$ClCrO_3^-$、$HCrO_4^-$、MnO_4^-、ClO^- 和 RuO_4^- 等通过各种含 *N* 杂环或季铵离子连接在聚合物载体上，典型的如[13,14]：

Ph; HN—NH $OCrO_3^-$　　N CrO_3　　$^-CrO_4H$ $\overset{+}{N}Me_3$　　$^-RuO_4$ $\overset{+}{N}Me_3$ / O_2

$^-ClCrO_3$ $\overset{+}{N}$—H　　$[\ \overset{+}{N}Me_3\ ]_2\ Cr_2O_7^{2-}$　　ClO^- $\overset{+}{N}Me_3$　　MnO_4^- $\overset{+}{N}Me_3$

除此以外，有些氧化剂不仅可用于醇的氧化，也可用于其他功能基的氧化，典型的例子如下[13,15]：

—SeO_2H　—AsO_3H_2　IO_4^- $\overset{+}{N}Me_3$　$\overset{+}{N}$ IO_4^- [18]　$\overset{+}{N}Me_2$—O^-

—CO_3H　—SO_4H　^-OOH $\overset{+}{N}Me_3$　—$I(O_2CCX_3)_2$ (X=H、F)

其中高分子硒酸、砷酸在适当条件下可将烯烃氧化成邻二醇、酮氧化成酯等；高分子负载的高碘酸根离子可进行高碘酸类似的氧化反应，如 1,2-二醇的氧化、喹啉氧化成醌、硫醚氧化成亚砜等；高分子负载过酸可将硫醚、亚砜氧化成砜；高分子负载过氧化氢可将烯烃氧化成环氧化物；高分子负载氧化胺可选择性地将一级卤代烃氧化成相应的醛。

10.2.3.3 高分子还原剂

高分子还原剂主要有两大类，一类是高分子硼氢化试剂，一类是高分子锡氢化试剂。其通式可示意如下：

$^-BH_4$ $\overset{+}{N}Me_3$　　—$SnBu_2H$

高分子硼氢化试剂通常由 $NaBH_4$ 或 $NaCNBH_3$ 对季铵型阴离子交换树脂改性而得，如：

^-I $\overset{+}{N}Me_3$ —aq.$NaBH_4$→ $^-BH_4$ $\overset{+}{N}Me_3$

这类功能化树脂可用于醛、酮、*α*,*β*-不饱和羰基化合物、苄基和一级卤代烃、脂肪族酰氯的还原，也可将芳香族叠氮化合物和芳香磺酰叠氮化合物高效地还原成芳香胺和芳香磺胺。在一些过渡金属盐的协同作用下，可得到高效、高化学选择性的还原剂，如高分子硼氢化试剂在催化剂量的 $Ni(OAc)_2$ 作用下可进行以下还原反应[13]：

反应物	试剂	产物
RNO_2	$^-BH_4$ $\overset{+}{N}Me_3$ / cat.$Ni(OAc)_2$	RNH_2
RN_3		RNH_2
R—CH=NOH		R—CH_2NH_2
RX(X=Cl、Br、I、OTs)		RH
Ar—C(=O)—H		Ar—Me

高分子锡氢试剂可将酯、硫酯、磺酸酯、黄原酸酯以及卤代烃（包括三级卤代烃）等还原成烷烃[13]：

RX —($SnBu_2H$)→ RH

X=Cl、Br、I、PhOC(S)O、MeSC(S)O

10.2.3.4　高分子卤化试剂

大多数的高分子溴化试剂是一些负载过溴离子的季铵型阴离子交换树脂，这些高活性的溴化试剂通常很稳定，可与烯烃、炔烃发生 1,2-加成，也可与羰基化合物和缩醛化合物发生 α-溴化反应。典型的高分子溴化试剂及其溴化反应如下[13]：

$^-Br_3$　$\overset{+}{N}Me_3$　　$^-Br_3$　$\overset{+}{N}$—R　　NBr_3　　S　$^-Br_3$　$\overset{+}{N}$　H

高分子溴化试剂

R^1　O　R^2　　R^1　R^2　H　H　　R　→　R^1　O　R^2　Br　　R^1　R^2　Br　Br　　Br　R

若将烯丙基选择性溴化试剂负载于高分子便可得到烯丙基选择性高分子溴化试剂[11]：

CH　O　NBr　CH　O　　Ph　C═NBr

10.2.3.5　高分子亲核取代试剂

一些负载无机或有机阴离子的离子交换树脂可与卤代烃、磺酸酯等进行亲核取代反应，一些重要的高分子亲核取代试剂及其适宜的取代反应见表 10-3。

表 10-3　一些重要的高分子亲核试剂及其取代反应[13]

高分子亲核试剂	反应物	产物
^-OAr $\overset{+}{N}Me_3$	RX(X=Cl、Br、I) Me_2SO_4 tBuMe$_2$SiCl	ROAr MeOAr tBuMe$_2$SiOAr
^-SAr $\overset{+}{N}Me_3$	RX(X=Cl、Br)	ArSR
^-CN $\overset{+}{N}Me_3$	RBr	RCN
$^-N_3$ $\overset{+}{N}Me_3$	RX(X=Cl、Br、I、OTs)	RN_3
^-NCS $\overset{+}{N}Me_3$	RX(X=Cl、Br)	RSCN
$^-NO_2$ $\overset{+}{N}Me_3$	RX(X=Cl、Br)	RNO_2
$^-SOCCH_3$ $\overset{+}{N}Me_3$	RX(X=Cl、Br、OTs)	CH_3COSR

10.2.3.6　高分子磷试剂

比较常见的高分子磷试剂是一些高分子负载磷叶立德和磷酸酯阴离子。

高分子负载磷叶立德可由高分子负载三苯基磷和合适的卤代烃反应后用碱处理而得，它们可与羰基化合物发生 Wittig 反应生成烯烃[11]：

$$Ⓟ\!-\!C_6H_4\!-\!PPh_2 + -\overset{|}{C}H-X \longrightarrow Ⓟ\!-\!C_6H_4\!-\!\overset{+}{P}Ph_2-\overset{|}{C}H- \; X^- \quad (X = Cl、Br、I)$$

$$\xrightarrow{碱} Ⓟ\!-\!C_6H_4\!-\!PPh_2\!=\!\overset{|}{C}- \;(高分子磷叶立德) \xrightarrow{-\overset{|}{C}=O} Ⓟ\!-\!C_6H_4\!-\!P(Ph)_2\!=\!O + -\overset{|}{C}=\overset{|}{C}-$$

反应的副产物高分子负载三苯基磷氧化物可再生重复使用：

$$Ⓟ\!-\!C_6H_4\!-\!P(Ph)_2\!=\!O \xrightarrow{Cl_3SiH} Ⓟ\!-\!C_6H_4\!-\!P(Ph)_2$$

高分子负载磷酸酯阴离子可由 OH^- 型季铵盐阴离子交换树脂与相应的磷酸酯反应而得，它可与羰基化合物反应得到反式烯烃[13]：

$$(R^1O)_2P(=O)CH_2X \xrightarrow{Ⓟ-C_6H_4-CH_2\overset{+}{N}Me_3\;{}^-OH} Ⓟ\!-\!C_6H_4\!-\!CH_2\overset{+}{N}Me_3\;{}^-CH(X)P(=O)(OR^1)_2 \xrightarrow{R^2CHO} R^2CH\!=\!CHX \quad (X = CN、COOMe)$$

10.2.3.7 高分子酰化和烷基化试剂

高分子负载酸酐试剂可与醇或胺发生酰化反应生成相应的酯或酰胺：

$$\begin{matrix} R'OH \\ R'NH_2 \end{matrix} \xrightarrow{Ⓟ-C(=O)-O-C(=O)-R} \begin{matrix} RCOOR' \\ RCONHR' \end{matrix}$$

常见的高分子负载酸酐试剂有[11]：

$$Ⓟ-C(=O)-O-C(=O)-R \qquad Ⓟ-CH_2O-C(=O)-O-C(=O)-R \qquad Ⓟ-S(=O)_2-O-C(=O)-CH_3$$

由于刚性骨架的分隔作用，不溶性高分子上负载的反应功能基相互之间不会发生反应，例如不溶性高分子负载的酯类在碱作用下可生成稳定的阴离子，而不会相互发生缩合反应，该稳定阴离子可与酰卤或卤代烃进行选择性的烷基化或酰化反应，如：

$$Ⓟ-CH_2O-C(=O)-CH_2R \xrightarrow{:B} Ⓟ-CH_2O-C(=O)-\bar{C}HR \xrightarrow{R'COCl} R'COCH_2R$$

$$Ⓟ-CH_2O-C(=O)-\bar{C}HR \xrightarrow{R'X,H^+} RCHR'COOH$$

10.2.3.8 固相合成与液相合成高分子反应试剂

固相合成高分子试剂和液相合成高分子试剂与前面所述的高分子试剂不同，其产物分子连接在高分子载体上，在反应结束后，将高分子载体从体系中分离后，再使产物分子从高分子载体上脱落，便可得到高纯度的产物。固相合成和液相合成高分子试剂在化学反应的自动化，特别是在多肽、多核苷酸、多糖等的自动化合成以及小分子化合物系列库的组合合成上具有重要意义[12,13]。以聚乙二醇为载体合成双取代苄基哌嗪类衍生物库的组合合成为例，其过程如图 10-1 所示。

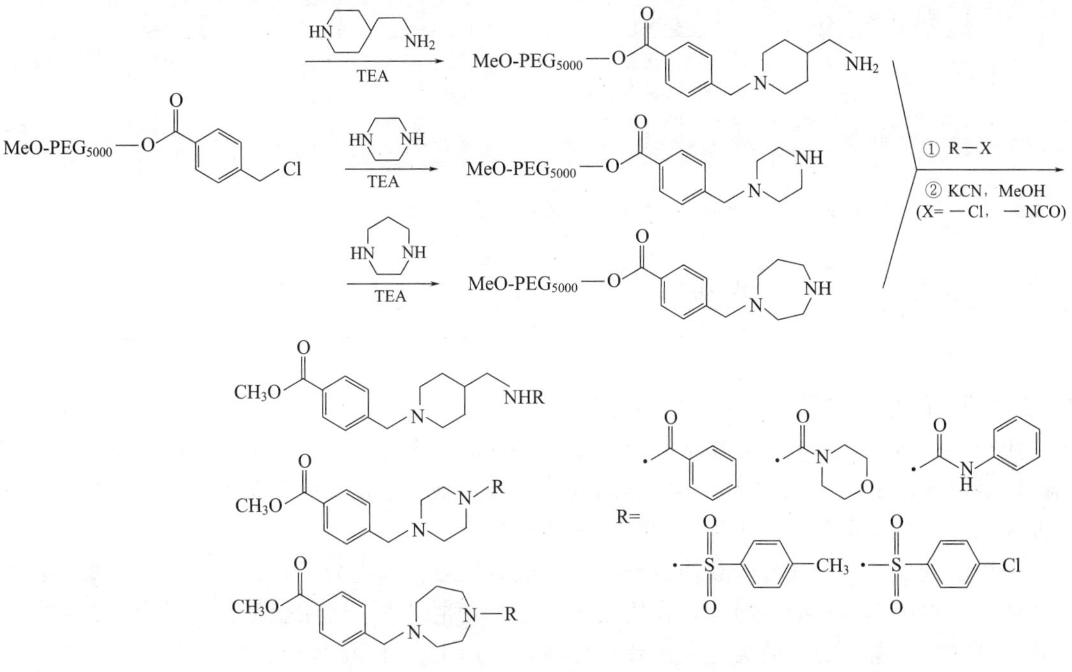

图 10-1　以聚乙二醇为载体的苄基哌嗪类衍生物的组合合成

首先用对氯甲基苯甲酰氯对聚乙二醇进行改性得到高分子试剂，再分别和三种双功能化环胺反应得到高分子负载胺，再分别用五种不同的亲电化合物对这些高分子负载胺的另一个氨基进行酰化后，然后将负载产物的聚合物从体系中分离出来，再用 KCN 的甲醇溶液处理将产物分子从聚合物载体上解脱下来，便可得到十五种双取代苄基哌嗪衍生物。可以想象，如果不是采用固相或液相合成技术，而是采用通常的溶液合成，则进行以上同样的合成反应时，反应体系中既含有所要的十五种产物，也含有起始的反应原料以及各种副反应产物，要将它们分离开来几乎是不可能的，若是每个化合物都分别合成提纯，则工作量之大可想而知。

10.2.4　高分子催化剂

将小分子催化剂高分子化或负载在高分子上便得到高分子催化剂。高分子载体可以是不溶性的，也可以是可溶性的。高分子催化剂用量通常为催化剂量，常常可重复使用多次。催化剂经高分子负载后，其稳定性和选择性都可得到提高。但不溶性高分子载体由于受其扩散性的限制，对催化剂的活性有较大的损害。使用可溶性高分子载体时，在高分子骨架和被负载的催化剂之间必须有适当大小的间隔基，以使被负载的催化剂显示出与小分子催化剂相似的溶液性质，这样小分子均相催化剂的大多数优点，如高催化活性、线性动力学特性、配体的立体性能及其电子效应的可控性等都可转移到可溶性高分子催化剂上，从而易得到高活性和高选择性的可再生催化剂。

10.2.4.1　离子交换树脂催化剂

从强酸型的磺化聚苯乙烯离子交换树脂到强碱型的高分子负载氢氧化铵，各种酸型和碱型的离子交换树脂可分别用作高分子酸催化剂和碱催化剂。一些常用的离子交换树脂催化剂及其应用见表 10-4。

表 10-4 一些常用的离子交换树脂催化剂及其应用[11]

离子交换树脂	应用
●—⟨苯环⟩—SO_3H	酯、烯胺、酰胺、缩氨酸、蛋白质、糖等的水解；α-氨基酸、脂肪酸、烯烃、葡萄糖等的酯化；缩醛、缩酮的合成；缩合反应；脱水反应等
●—COOH	水解反应、酯化反应
●—⟨苯环⟩—$CH_2\overset{+}{N}R_3OH^-$	酯的水解、脱卤化氢、缩合、水合、酯化反应等
●—⟨吡啶环⟩	酰化反应

10.2.4.2 高分子负载 Lewis 酸和超强酸

用合适的溶剂将高分子载体溶胀后，加入 Lewis 酸充分混合，再将溶剂除去便可得到牢固地负载有无水 Lewis 酸、对水不敏感的高分子催化剂。如用交联聚苯乙烯负载 $AlCl_3$ 得到的温和 Lewis 酸催化剂可用于缩醛化反应和酯化反应。

强质子酸功能化的高分子载体负载 Lewis 酸后便可得到高分子超强酸。如果用聚苯乙烯作载体，所得超强酸有些不稳定，在使用过程中会发生降解。若用全氟化的聚合物载体负载全氟烷基磺酸，所得超强酸的稳定性要高得多，可用于多种用途，如：

$$\text{-}\!\!\left(CF_2CF_2\right)_m\!\!\left(OCF_2\underset{\underset{OCF_2CF_2SO_3H}{|}}{\overset{\overset{CF_3}{|}}{C}}F\right)_n\!\!\text{-}$$

该高分子超强酸可用于烷基转移反应、醇的脱水反应、重排反应、烷基化反应、炔烃的水合反应、酯化反应、硝化反应、Friedel-Craft 酰化反应等[11]。

10.2.4.3 高分子相转移催化剂

在一些液-液、液-固异相反应体系中加入相转移催化剂可大大地加快反应速率。常用的相转移催化剂主要有两大类，一类是亲油性的鎓盐（如季铵盐和磷鎓盐），它们可通过离子交换作用，与阴离子形成离子对，从而可将阴离子从水相中转移到有机相中；另一类是冠醚和穴醚配体，它们可与阳离子形成络合物，从而可将与阳离子配对的阴离子从水相中转移到有机相中。高分子相转移催化剂除能保持小分子相转移催化剂的催化能力外，还能消除小分子相转移催化剂使用过程中的乳化现象。高分子相转移催化剂可重复使用，因而可降低成本，而且可以克服冠醚类催化剂的毒性问题。通常在催化剂与高分子骨架之间插入间隔基团，以利于提高高分子相转移催化剂的活性。常见的一些高分子相转移催化剂及其应用见表 10-5[11]。

表 10-5 一些常见的高分子相转移催化剂及其应用

相转移催化剂	应用于 $RY+Z^- \longrightarrow RZ$
季铵盐	
●—$(CH_2)_n$—$\overset{+}{N}R'R''X^-$ (X = Cl、Br、F、I、$HCrO_4$、OCN、OH、SCN等)	Z=卤离子、CN、PhS、N_3、ArO、AcO 等
●—R'—$\overset{+}{N}R_3$ X^- (R'= —$CH_2OCO(CH_2)_n$—；—$CH_2NHCO(CH_2)_{10}$—)	Z=CN、I
●—⟨吡啶环⟩$\overset{+}{N}$—R X^- (X = Cl、Br等)	Z=卤离子等

续表

相转移催化剂	应用于 $RY+Z^- \longrightarrow RZ$
磷鎓盐 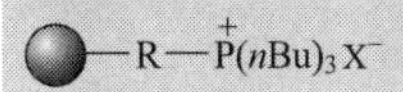 ●—R—$\overset{+}{P}(nBu)_3X^-$	$Z^-=Cl^-$、I^-、CN^-、AcO^-、ArO^-、ArS^-、ArC^-HCOMe、N_3^-、SCN^-、S^{2-}
冠醚和穴醚配体 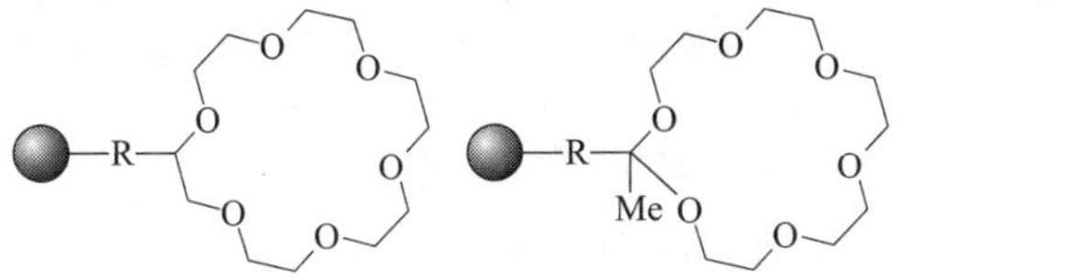	$Z^-=CN^-$
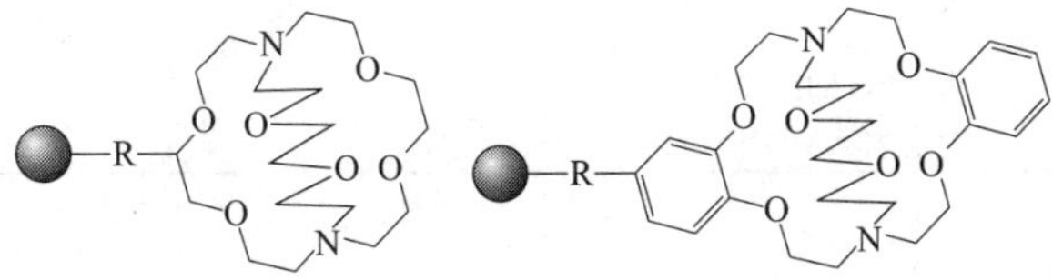	$Z^-=I^-$、CN^-

10.3　高分子分离功能膜

10.3.1　高分子分离功能膜及其分类

当膜处在某两相之间时，由于膜两侧存在的压力差、浓度差以及电位差、温度差等，驱使液态或气态的分子或离子等可从膜的一侧渗透到另一侧，在渗透过程中，由于分子或离子的大小、形状、化学性质、所带电荷等不同，其渗透速率也不同，即膜对渗透物具有选择性，由于渗透是一个非平衡过程，因此可利用膜的这种渗透选择性来分离不同的化合物，具有这种分离功能的高分子膜称高分子分离功能膜。渗透物在膜中的渗透速率称为膜的渗透性，不同渗透物在膜中渗透速率不同的性质，称为膜的渗透选择性，是分离膜分离功能的基础。渗透性和渗透选择性是表征分离膜性能的两个重要指标。

高分子分离功能膜的分类可有多种方法，按被分离物质性质的不同可分为气体分离膜、液体分离膜、固体分离膜、离子分离膜和微生物分离膜等。按膜的形成方法可分为沉积膜、熔融拉伸膜、溶液浇铸膜、界面膜和动态形成膜等。按膜的孔径或被分离物的体积大小进行分类[16]，孔径在 5000nm 以上的为微粒过滤膜；孔径在 100～5000nm 之间为微滤膜，可用于分离血细胞、乳胶等；孔径在 2～100nm 之间为超滤膜，可用于分离白蛋白、胃蛋白酶等；孔径为 1nm 左右的为纳米滤膜，可用于分离二价盐、游离酸和糖等；孔径为零点几纳米的为反渗透膜（或称超细滤膜，hyperfiltration），可在分子水平上分离 NaCl 等。按膜的结构不同主要分为致密膜、多孔膜和不对称膜等。按膜是否带电荷可分为中性膜和离子交换膜。

驱动力不同，所适用的分离方法也有所差别。通常压力差可用于反渗透、超滤、微滤、气体分离和全蒸发；温度差可用于膜蒸馏；浓度差可用于透析和萃取；电位差可用于电渗析。

高分子分离膜在化学、药物、乳和乳清、食品、燃料、纤维素加工、纺织、汽车和金属表面精整等工业上具有广泛的应用。表 10-6 列举了一些典型的膜分离工艺、应用及其相应的驱动力。

表 10-6　一些典型的膜分离工艺、应用及其相应的驱动力[17]

膜的类型	膜分离工艺	驱动力	分离体系	应用领域
致密膜	透析	浓度差	液-液	聚合物溶液的纯化、血液透析、控制释放、啤酒中醇的消除
致密膜	反渗透	压力差	液-液	脱盐
多孔膜	微滤	压力差	固-液	饮料净化、细胞收集、消除细菌及微粒浑浊、半导体工业超纯水的制备
多孔膜	超滤	压力差	液-液	果汁及聚合物溶液的纯化与浓缩、蛋白质回收、奶制品工业废水纯化、淀粉回收、医药工业
多孔膜	超细滤	压力差	液-液	咸水和海水的脱盐、废水纯化、蓄电工业废水中金属回收、果汁与牛奶浓缩
致密或多孔膜	电渗析	电位差	液-液	由海水制备脱盐、脱离子水，柑橘类果汁酸度的降低
致密膜	全蒸发	压力差、浓度差和温度差	液-气-液	有机溶剂的除水、溶剂异构体分离
致密膜	膜蒸馏	压力差、浓度差和温度差	液-气-液	纯水制备、溶剂回收
致密膜/复合膜	气体分离	压力差	气-气	天然气纯化、氧气富集
致密膜	加压渗析	压力差	液-液	盐的富集、电解质分离

10.3.2　高分子分离功能膜的分离机理[17,18]

高分子分离膜主要有三种基本的分离机理：基于被分离物分子大小不同的筛分效应分离机理；基于被分离物在膜中溶解性不同的溶解-扩散效应分离机理；基于被分离物所带电荷不同的电化学效应分离机理。

10.3.2.1　筛分效应分离机理

多孔膜是一种刚性膜，其中含有无规分布且相互连接的多孔结构。中性多孔膜的分离机理是筛分机理，即在膜渗透过程中，只有体积小于膜孔的分子能够由膜孔通过，并且体积较小的渗透物比体积较大的渗透物渗透速率更快。因而其分离结果仅取决于被分离物的体积大小以及膜孔大小及其分布，膜的化学结构和性质对渗透选择性基本无影响。多孔膜从其结构和功能来看，与通常的过滤器相似，一般地，只有那些大小有明显差别的分子才能用多孔膜进行有效分离。

10.3.2.2　溶解-扩散效应分离机理

致密膜是一种刚性、紧密无孔的膜，其分离机理是基于膜材料与渗透物之间化学作用的溶解-扩散机理：首先，渗透分子溶解在膜的表面，然后扩散穿过分离膜，出现在膜的另一面。致密膜的分离效果取决于渗透物在膜中的溶解性和扩散性，其中溶解性取决于膜与渗透物的亲和性，而扩散性则取决于膜聚合物的化学结构及其分子链运动。渗透物在聚合物膜中的扩散运动与膜聚合物链段运动的自由体积密切相关，自由体积越大，扩散速率越快。致密膜的一个重要性能是如果被分离物在膜中的溶解性差别显著时，即使其分子大小相近也能有效分离。

10.3.2.3　电化学效应分离机理

在微孔分离膜上接枝离子基团便可得到离子交换分离膜，离子交换分离膜的分离机理除筛分效应外，主要是电化学效应分离机理。与离子交换树脂相似，离子交换分离膜可吸附分离膜上固定离子基团的反离子，而排斥固定离子基团的同离子。经接枝改性得到的离子交换分离膜与其相应的中性膜相比，分离性能有明显区别。离子交换分离膜的渗透性对其所处环境敏感，可通过改变环境的温度、pH、盐浓度以及外加电场等来控制。环境条件的改变导致膜孔壁上连接的离子基团构象发生改变，使膜孔开放或关闭，从而影响分离膜的渗透性能。电化学效应分离机理可分离不同价态的离子以及电解质和非电解质的混合物等。

10.3.3　高分子分离功能膜聚合物的选择与大分子设计

选择高分子分离膜聚合物时一般需考虑以下几点基本要素：分离膜的分离机理、分离膜对被分离物的渗透性能、膜的机械和化学稳定性以及膜与被处理物的相容性等。

10.3.3.1　分离膜性能的影响因素

膜聚合物的化学与物理性质对分离膜的渗透性和选择性具有重要影响[16,17]。主要体现在以下几方面：①通常聚合物的柔顺性越好，其自由体积越大，膜的渗透性越好。如硅橡胶与聚酰亚胺、聚碳酸酯、聚砜相比，其分子链柔顺性高得多，对气体的渗透性也高得多；再如若在聚二甲基硅氧烷的侧链上引入体积大的取代基，或者在其主链上引入刚性的连接基，结果聚合物的柔顺性变差，相应地聚合物的玻璃化转变温度升高，自由体积变小，膜的渗透性下降。②聚合物分子链的规整性越好越有利于紧密堆砌，膜聚合物的自由体积越小，膜的渗透性越差。③分子间的相互作用越强，分子链堆砌越紧密，自由体积越小，相应地渗透性越差。如聚酰胺分子链间存在着强烈的氢键作用，因而通常得到孔径小、孔径分布窄的聚酰胺膜，如果在聚酰胺分子链上引入空阻大的烷基，则可以减弱分子链间的氢键作用，增大分子链间的距离，即膜聚合物的自由体积增大，膜的渗透性相应增大。高分子链的极性越大，分子链间的相互作用越强，越利于分子链的紧密堆砌，因而通常极性聚合物中的自由体积比非极性聚合物中的自由体积小，膜的渗透性相对较差。但总体上极性对聚合物膜的渗透性和选择性的影响比较温和。④结晶。由于聚合物晶区中分子链堆砌紧密，因而晶区的存在会使膜的有效渗透面积减少，渗透路径更曲折，导致聚合物膜的渗透性降低，而选择性升高。

渗透物的性质是影响分离膜性能的另一个因素。通常渗透物分子体积越大，扩散性越差，渗透性差；在分子体积相同的条件下，长形分子比球形分子的扩散系数大。

此外，聚合物膜的制备工艺、膜层的物理结构（有无孔）和孔结构等也会影响分离膜的性能。分离膜的物理结构很大程度上决定了分离膜的渗透机理。

通常情况下，分离膜的渗透性和选择性是一对矛盾关系，即在提高膜的渗透性的同时常常会降低膜的选择性。若要同时提高聚合物的渗透性和选择性，一般认为必须解决两个关键问题[17]：首先必须抑制聚合物的链段运动，其次必须减小分子链间的相互作用。这样由于自由体积的增大，膜的渗透性增大，而聚合物链段运动的减少则可提高选择性。

10.3.3.2　分离膜的改性与高分子设计

(1) 多孔膜的化学改性　通常，多孔膜的分离机理为筛分机理，分离效果主要取决于被分离物的大小以及膜孔大小及其分布。但对分离膜进行接枝改性，可赋予其新的分离机理以提高其分离性能[17]。如引入极性单体接枝链可使膜聚合物具有吸附性能，所得分离膜不仅可通过筛分机理分离，还可通过荷电膜的动电效应和吸附机理进行分离，这种双重分离机理可明显地提高微滤分离膜的性能。也可通过接枝改性引入离子交换基团成为离子交换分离膜。

(2) 致密膜的高分子设计　致密膜的分离机理是基于膜材料与渗透物之间化学作用的溶解-扩散机理。渗透物在膜中的渗透性可用渗透系数（P）来描述：

$$P=S\times D$$

式中，S 为渗透物在膜中的溶解系数；D 为渗透物在膜中的扩散系数。致密膜高分子设计的目的是合成具有适当化学结构的膜聚合物，以使不同渗透分子的 S 和 D 值的差别增大，但 S 和 D 值不降低。但是如果膜与渗透物之间的化学作用太强，聚合物膜就会发生溶胀甚至溶解，其渗透选择性也就不复存在。为了解决这个问题，一种方法是使用复合膜，即用对被分离物呈惰性的多孔膜为基体膜，在其孔结构中填充可溶于某些溶剂的聚合物，由于填充聚合物对不同渗透物的溶解性不同，因而具有选择性，而基体膜则限制了填充聚合物的溶胀性。另一种方法是提高膜聚合物的结晶度或使之交联[19]，如聚乙烯醇膜在水浓度较高时，膜结构不稳定，而经过结晶预处理后可在较高水浓度下使用，但当温度提高时，聚合物膜仍然不稳定，因此对聚合物进行结晶预处理只能在一定程度上提高聚合物膜的稳定性；解决聚合物膜在高温条件下对水和有机溶剂等的稳定性的最好方法是交联。

致密膜的分离效果主要取决于渗透分子的溶解性和扩散性。扩散性取决于渗透分子的大小，对于分子大小相近的两种分子，其分离效果主要取决于两种分子的溶解性，即它们与分离膜的亲和性。但很多情况下，不同分子对膜聚合物的亲和性差别并不大，如氧分子与氮分子的溶解系数之比最大也就约为 2。为了克服聚合物分离膜的这种局限性，可在聚合物膜中加入分子识别载体[19]，如在分离膜中加入钴配合物可显著提高分离膜对氧的渗透选择性。

10.3.4 高分子分离功能膜的制备

10.3.4.1 多孔膜的制备

制备多孔膜的方法有多种：

(1) 烧结法 仿照陶瓷或烧结玻璃制备无机膜的加工工艺将高密度聚乙烯或聚丙烯粉末进行筛选得到一定粒径范围的粉末，在高压下按需要压制成不同厚度的板材或管材，然后在略低于聚合物熔点的温度下烧结成型，所得聚合物膜的孔径为微米级，具有质轻的特点，可用作复合膜的支撑基材。

(2) 相转变法 相转变制备多孔膜有两种基本方法：①首先将分子分散的单一相聚合物溶液转变为分子聚集体分散的双分散相体系，再进行胶化；②直接制备双分散体系进行胶化处理。相的转变可有四种途径。

① 干法：将聚合物溶于由聚合物的良溶剂和非溶剂组成的混合溶剂，其中非溶剂的沸点高于良溶剂（一般要求高 30℃），通过加热，随着良溶剂的不断挥发，混合溶剂对聚合物的溶解能力逐渐下降，聚合物发生聚集，逐步形成双分散相液体直至聚合物胶体。

② 湿法：将聚合物良溶液直接或部分蒸发后倒入非溶剂中，使聚合物发生聚集，形成胶体。

③ 热法：若聚合物的溶解性受温度的影响比较大时，可通过改变温度，使均相的聚合物溶液转变为双分散相体系。

④ 聚合物辅助法：将两种溶解性有一定差别的聚合物配成溶液后，浇铸成膜，再选用对其中一种聚合物溶解性好，而对另一种聚合物溶解性差的溶剂处理聚合物膜。

(3) 拉伸法 常用于一些在室温下难溶于溶剂，难以用相转变法制膜的聚合物的成膜。如将低密度聚乙烯或聚丙烯薄膜在室温下进行拉伸，聚合物中的无定形区域在拉伸方向上可产生狭缝状的细孔，再在较高温度下定型，即可得到多孔膜，其细孔的长宽比约为 10∶1，可用于制备平膜或中孔纤维膜。聚四氟乙烯多孔膜也可用相似方法制备。

(4) 径迹蚀刻 有些高分子膜如聚碳酸酯膜在高能粒子流的辐射下，粒子流在聚合物膜上留下的径迹用碱液蚀刻后，便可得到孔径均匀的多孔膜，其膜孔为贯穿的圆柱状结构。该方法是制备窄孔径分布多孔膜重要方法。但开孔率较低，渗透率不高。

10.3.4.2 致密膜的制备

致密膜可以由聚合物熔融挤出成膜或由聚合物溶液浇铸成膜。溶液浇铸法是将聚合物溶液浇铸在固体基材表面上，将溶剂完全挥发后得到致密膜。采用旋转涂膜法可制得厚度较薄（$<1\mu m$）的致密膜，更薄的致密膜可采用水面扩展挥发法，将聚合物溶液扩展于水面，溶

剂完全挥发后就会在水面上形成聚合物膜，可制得厚度约为 20nm 的薄膜。

10.3.4.3 复合膜的制备

复合膜通常由两层结构不同的膜组成，其中一层是薄的选择性致密表层膜，另一层是厚的多孔基体膜，其主要功能是为表层膜提供物理支持。这种由结构不同的膜组成的复合膜也称不对称膜。其制备方法主要有以下几种：①基体膜上涂覆表层膜，如在聚砜中空纤维表面上涂覆硅橡胶，便形成以聚砜中空纤维为基体、硅橡胶为表层膜的复合膜，可用于气体分离；②界面聚合法原位制备复合膜，如以聚砜为基体膜，在其一面浸涂芳香二胺水溶液，再与芳香三酰氯溶液接触，即可发生界面缩聚原位形成交联的聚酰胺表层膜，从而得到表层膜与基体膜牢固结合的复合膜。

10.3.5 膜分离过程

10.3.5.1 透析

透析是最早建立的膜分离技术之一，其原理是溶质在浓度差的驱动下从浓度高的一侧通过分离膜渗透到浓度低的另一侧，通过下游侧的溶液流动完成分离过程。所用的分离膜为半透膜，孔径范围由$<$1nm（无孔）到约 0.2μm。使用无孔膜时必须高度溶胀以减少扩散阻力，但这对选择性可能有较大影响，因此需要平衡考虑。透析可用中性膜来分离中性分子、离子交换膜来分离带电荷的分离物。一些亲水性的聚合物常被用来制备透析分离膜，如乙酸纤维素、聚乙烯醇、乙烯-乙酸乙烯共聚物和聚碳酸酯等。

10.3.5.2 电渗析

电渗析是指在电场的作用下，离子通过离子选择性分离膜分别向与之对应的电极迁移，使不同离子相互分离的过程。电渗析设备通常是将多个阳离子交换膜和阴离子交换膜交替地放置于阴极和阳极之间以达到良好的分离效果。氯碱工业生产苛性钠和氯气以及水电解生产氢气和氧气是电渗析最重要的工业应用。以氯碱工业为例，其电渗析过程可示意如图 10-2。

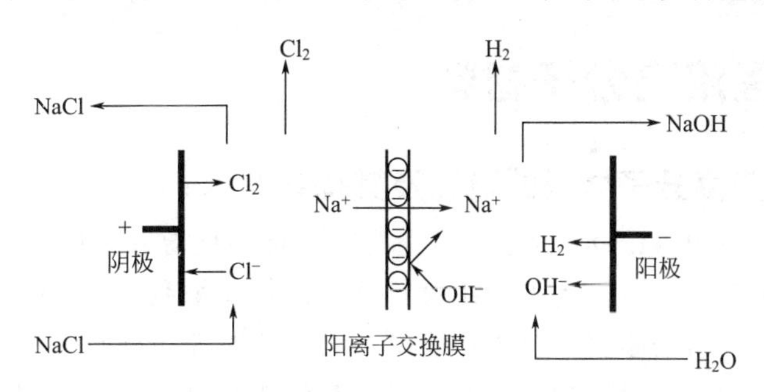

图 10-2 氯碱工业的电渗析过程

在阴极加入氯化钠溶液，在阳极加入水，两者电解分别在阴极生成氯气、在阳极生成氢气，同时 Na^+ 穿过阳离子交换膜向阳极渗透，与阳极上水电解生成的 OH^- 结合生成 NaOH。

电渗析也可用于海水除盐、制备食盐和去离子水、废水中金属回收等，还可用来除去果汁中的有机酸，以改善果汁的口感。

10.3.5.3 全蒸发

全蒸发是高分子分离膜在液-液分离领域中的重要应用，可降低能耗和成本。其基本原理是将待分离的混合物放于膜的一侧，其中高挥发性的有机溶剂以蒸汽的形式渗透分离膜，在膜的另一侧收集。其驱动力是渗透物蒸发所引起的蒸汽压差。用于全蒸发的分离膜为致密膜，对有机混合物的分离基于各组分对膜的溶解性和扩散性的不同。全蒸发可用于分离和回收有机溶剂，特别是在分离共沸物或沸点接近的有机溶剂混合物方面非常有利，因而在包括医药、电子等工业上具有广泛的应用前景。

10.3.5.4 微滤、超滤、纳滤和超细滤（反渗透）

微滤、超滤、纳滤和超细滤是以压力差为驱动力，促使被分离物从压力高的一侧向压力低的一侧移动，利用膜的分离功能除去溶液中悬浮的微粒或溶解的溶质为目的的连续膜分离过程。膜两侧的压力差可由两种方法获得，一种方法是在给料侧施加正压力，使被分离物向常压侧移动，称为正压分离过程；另一种方法是在收料侧减压，使被分离物从常压的给料侧向负压的收料侧移动，称为减压分离过程。微滤、超滤和纳滤的设备简单，分离条件可控性强，应用广泛。

微滤可用于清除溶液中的微生物以及其他悬浮微粒，其重要的应用之一是除菌，在饮用水处理、食品和医药卫生工业中有广泛应用。其次，微滤还可用于果汁澄清、溶液澄清、气体净化等。

超滤常用于清除液体中的胶体级微粒以及大分子（分子量＞1000）溶质。超滤的被分离溶液浓度通常较低，主要应用于合成和生物来源的大分子溶液中溶质的分离，也可以用来对分子量分布较宽的大分子溶液进行分级处理、大分子和胶体溶液的纯化、从静电喷涂废液中回收胶体涂料、从食品工业废弃的乳清中回收蛋白质等。

纳滤主要用来处理一些中等分子量溶质。其截留溶质的分子量多在100～1000之间，且对高价离子的截留率较高，操作压力多在0.4～1.5MPa之间，低于反渗透过程的操作压力，有时也称低压反渗透。主要用于生活和生产用水的纯化和软化处理、化学工业中的催化剂回收、药物的纯化与浓缩、活性多肽的回收与浓度、溶剂回收等。

反渗透（超细滤），与透析过程中相反，反渗透是在高压下使被分离物从膜的低浓度一侧向高浓度一侧渗透，其结果是拉大两侧的浓度差。反渗透主要应用于海水或苦咸水的脱盐、高硬水的软化、高纯水的制备等。利用反渗透还可从水溶液中脱除有机污染物。

10.4 生物医用高分子材料

10.4.1 生物医用高分子材料的范畴及其基本要求

根据国际标准化组织（ISO）的定义，生物医用材料是指以医疗为目的、用于与组织接触以形成功能的无生命的材料。生物医用材料被广泛用来取代和/或恢复那些受创伤或退化的组织或器官的功能，帮助康复、改善功能以及纠正畸形等，从而提高病人的生活质量。

生物医用材料必须满足以下的基本要求：①与组织短期接触无急性毒性、无致敏作用、无致炎作用、无致癌作用和其他不良反应；②具有良好的耐腐蚀性能以及相应的生物力学性能和良好的加工性能。但对于体内使用的医用材料，由于会与体内的组织、细胞、血液和体液等长时间直接接触，因此除了必须满足以上的基本要求外，还必须具有良好的组织相容性、血液适应性和适宜的耐生物降解性。组织相容性是指植入材料与组织具有良好的生物相容性，生物相容性包括表面相容性和结构相容性[20]，表面相容性是指植入体的表面与主体组织在化学、生物学以及物理学（包括表面形态）上的适宜性，指材料表面与组织接触时不会产生排异现象，而且体内组织也不会因材料的影响而发生炎症、变异或组织萎缩等不良反应；结构相容性是指植入体与主体组织在机械性能（包括弹性模量、强度、硬度）上的适配性，要求植入体与组织间的界面应力尽可能小。血液适应性是指当材料表面与血液接触时，不会导致血液的结构和成分发生改变，以致产生溶血或凝血现象。适当的生物降解性可从两方面来看，对于一些长期植入人体内的医用高分子材料要求具有很好的耐生物降解性，不致因发生生物降解而需定期更换，避免给病人带来痛苦；而有些高分子材料植入人体内后，只需在一定时期内发挥作用，并不需要永久地留在人体内，这类材料在完成其功能后必须从体内去除，如外科手术的缝合线、医用胶黏剂和接骨材料等，为了避免二次手术给病人带来的创痛，要求这些材料具有较好的生物降解性，在完成其使命后可被人体分解吸收。

生物医用材料主要有金属材料、无机非金属材料（陶瓷材料）和有机高分子材料。三种材料各有优缺点。金属材料强度高、展延性好、耐磨损，但多数金属的生物相容性低、耐腐蚀性差、密度高、与组织相比硬度太高，并且会释放可能导致过敏反应的金属离子。陶瓷材料具有良好的生物相容性，耐腐蚀、耐压性高，缺点是脆、断裂强度低、难加工、机械可靠性低、缺乏弹性、密度高。虽然聚合物材料在某些整形外科应用上显得硬度和强度不够，可能吸收体液发生溶胀，并且可能释放一些不合需要的产物（如单体、填料、增塑剂、抗氧剂）等，但聚合物在组成、性能和形状（固体形式、纤维形式、织物、膜和凝胶）上具有多变性，易于加工成复杂的形状和结构，并且易于与其他材料复合以克服单一材料的许多不足。因此聚合物材料发展迅猛，从一般的修复性材料到高效、定向的高分子药物控制释放体系以及人工器官等，几乎遍布了生物医学的各个领域。

用于生物医用材料的高分子有许多种，如聚乙烯、聚氨酯、聚四氟乙烯、聚缩醛、聚甲基丙烯酸甲酯、聚对苯二甲酸乙二酯、硅橡胶、聚砜、聚醚醚酮、聚乳酸、聚羟基乙酸等。聚合物复合材料包括羟磷灰石/聚乙烯、硅石/硅橡胶、碳纤维/超高分子量聚乙烯、碳纤维/环氧树脂和碳纤维/聚醚醚酮等。一般化学惰性的高分子材料如聚四氟乙烯、聚硅氧烷等都有良好的生物相容性。一般聚烯烃和聚氨酯的血液相容性都比较好。目前较多使用的生物降解高分子是聚乳酸、聚羟基乙酸等脂肪族聚酯。

10.4.2　修复性医用高分子

人体组织通常可分为软组织和硬组织两大类，硬组织如骨、牙等，软组织如皮肤、血管、软骨、韧带等，相应地，高分子医用材料在组织修复上的应用也可分为软组织修复材料和硬组织修复材料。

10.4.2.1　软组织修复材料

应用于软组织修复的高分子材料[20,21]是一些生物惰性的生物相容性高分子材料，常用的有聚对苯二甲酸乙二酯（PET）、聚四氟乙烯（PTFE）、聚丙烯（PP）、聚氨酯和硅橡胶。PET 虽然很难说是柔性好的材料，但将其编织成布后可提高其挠曲性，编织结构的孔径大小及其分布可通过改变编织密度来控制；PTFE 是一种坚韧而又柔软的材料，具有很好的耐热性和耐化学性，疏水性强，采用特殊的挤出工艺可得到具有多孔壁结构的 PTFE 管；等规 PP 是一种强度大、模量高的结晶性热塑性材料，PP 具有非常好的弯曲寿命、优异的抗压裂性能，PP 纱可编织成复丝管，用于制造单组分人工血管，在小直径血管移植上比 PET 和 PTFE 有优势；硅橡胶是目前最广泛应用的医用材料，硅橡胶因其 Si—O—Si 主链具有很高的化学惰性和非常好的挠曲性，并且在生物环境下具有独特的高稳定性，与其他弹性材料相比，其植入件在体内长期放置也很少降解，硅橡胶还具有高的撕裂强度、在宽温度范围内突出的高弹性等特殊性能，医用级硅橡胶通常填充有二氧化硅颗粒以提高其机械性能和生物相容性；聚氨酯可水解生成二元胺和二元醇，所生成的二元胺有一定的毒性，因此有必要提高聚氨酯的耐生物降解性。一般认为聚氨酯分子结构中的弱键是酯基和醚基，因此减少分子中的醚基可提高聚氨酯的耐生物降解性，如用二羟基聚碳酸酯作为聚氨酯合成中的二羟基预聚物可消除分子结构中的醚键，此外芳香族聚氨酯比脂肪族聚氨酯稳定性好；聚异丁烯-聚苯乙烯嵌段共聚物热塑性弹性体是最近新兴的生物医用材料，其突出的特性是基于其中聚异丁烯嵌段的非常低的渗透性，与聚异丁烯相似，其渗透性比任何其他橡胶都低，具有优异的化学稳定性、氧化稳定性和环境稳定性，很好的低温性能、高阻尼，其机械性能可通过改变其中PIB嵌段与PS嵌段的组成来调节，使其性能介乎聚氨酯和硅橡胶之间，而PIB-PS的稳定性比PU和SR高得多，有望成为新型的软组织用医用材料。

(1) 填充材料 填充材料是用来弥补一些容貌缺陷、萎缩或者发育不完全，使之符合审美要求的医用材料。常用的高分子材料有硅橡胶、聚乙烯和聚四氟乙烯。以隆胸材料为例，其植入件主要由外壳和内填充材料两部分组成，外壳由弹性材料制成，目前硅橡胶是外壳材料的唯一选择；内填充物可以是盐水、硅胶或两者的混合物，填充用的硅胶由交联的硅橡胶和低分子量的硅油组成。硅橡胶的交联度、硅油的分子量对于控制硅油的渗出很重要。为了减少小分子二甲基硅烷的渗透，可在外壳上再加上一层其他橡胶，如甲基苯基硅橡胶或氟化硅橡胶。

(2) 血管移植材料 血管移植材料必须具有血液相容性，不仅材料的表面与血液具有良好相容性，而且其机械性能与疲劳性能也必须与主体血管相近。多孔性是人造血管最重要的性能。一定的多孔结构可以促进组织生长以及移植血管与主体组织的相容性。但太多的孔结构可能导致血液渗漏。大多数的高分子人造血管在移植前都需经预凝结处理，以减少血液渗漏，也可注入骨胶原或明胶封闭孔径，并提高其尺寸稳定性。高分子材料用作血管移植目前只在中等直径和大直径的血管移植上取得了成功。用于大直径（12～38mm）血管移植的是聚酯布人造血管，用于中等直径（6～12mm）的是聚四氟乙烯管，聚四氟乙烯经特殊的挤出工艺可得到具有多孔壁的聚四氟乙烯管，其机械性能与主体血管相配。为了提高人造血管的抗纠结性能常需经压褶处理，使其更具弹性、更柔软。

(3) 导液管 导液管是用于插入人体深处输入液体（如养分、生理盐水、葡萄糖、药物、血液等）或通过血管插入心脏进行有关检查的导管。由于导液管会与血液接触，因此其制造材料必须是血液相容、不凝血、不感染的材料。PU和SR由于良好的挠曲性和易于加工成不同的大小和长度的特性，是应用广泛的导液管材料。SR常用二氧化硅颗粒增强以提高其撕裂强度，降低其润湿性。

(4) 伤口包扎材料

① 烧伤包敷材料。对于烧伤病人常需进行包敷处理。作为包敷材料需满足几个要求，首先必须能适应不规则的表面，这就要求材料必须是柔韧而有弹性，其次它必须能阻止体液、电解质和其他生物分子从伤口流失并阻隔细菌进入，同时它又必须有足够的渗透性，一些生物降解性高分子如骨胶、壳多糖、PLLA是常用的伤口包敷材料。

② 高分子绷带材料。最常用的骨折外科治疗法是在无缝连接后用绷带和夹板包扎骨折部位，再用石膏固定，以保证骨折部位不会移位。由于石膏质重且不透气，在治疗过程中会给病人带来诸多不便。新型的高分子绷带材料是用医用纱布浸渍聚氨酯预聚体制成，平时密封在铝箔复合膜包装袋中保存。使用时，将绷带材料先在水中浸润，然后逐层包裹在待固定部位，聚氨酯预聚体在水的作用下很快发生固化反应，形成坚硬的包裹层从而对骨折部位起固定作用。由于所用的负载材料是医用纱布，有较大的孔隙，有利于空气流通，因此使用这种绷带不仅质轻，而且不会有闷热的感觉。

③ 外科缝合线。聚乳酸及其共聚物做成的外科缝合线，由于具有生物降解性能，在伤口愈合后可自行降解被人体吸收，不需再进行拆线。

④ 医用胶黏剂。为有利于创口愈合，常用的方法是用缝线将创口缝合。缝合手术不仅操作复杂费时，而且在创口愈合后会留下瘢痕，有时还会引起创口感染发炎、瘢痕增生等不良反应。医用黏合剂是替代缝线的理想选择，不仅创口粘接严密，愈合快、瘢痕小，而且可

免除缝合、拆线以及感染等痛苦。目前已得到应用的医用高分子黏合剂是504胶，504胶是一种单体型胶黏剂，其主要组分是α-氰基丙烯酸丁酯单体，其活性相当高，与空气接触即可发生聚合反应，因此其产品中需加入SO_2作为阻聚剂，施用后SO_2挥发即可发生聚合反应。该胶黏剂的黏合速度快，强度好，既可用于骨骼的黏结，也可代替缝合，用于伤口粘接。但其聚合时，会放出大量热量，对皮肤有一定的刺激性，使用时不能直接涂在伤口上，最好用涤纶布固定后，再用胶黏剂粘接。

10.4.2.2 硬组织修复材料

(1) 骨固定材料 最常用的骨折内固定方式是使用骨夹板和骨螺钉。常用的材料是不锈钢和钛钢合金，但由于金属的生物相容性差，与骨的膨胀系数相差大，容易给病人带来不适，而且在骨折愈合后，通常在1～2年后还必须进行二次手术将金属物取出，给病人带来极大的痛苦。更严重的是，由于金属夹板的模量（不锈钢的模量为210～230GPa）比骨的模量（10～18GPa）高得多，因此夹板对骨具有应力屏蔽作用，导致夹板下的骨萎缩，在去除夹板后，可能因骨萎缩导致再次骨折。

为了解决夹板的应力屏蔽问题，必须制备机械性能与骨相近的夹板，理想的骨夹板材料应具有足够高的疲劳强度和适宜的硬度。高分子复合材料由于可通过调节其组成满足不同的性能需要，并且易加工成特殊的形状，因而具有特殊优势。热塑性高分子复合材料由于不会释放有毒性单体比热固性复合材料更受关注[20]。高分子复合材料可分为非再吸收性材料和可再吸收性材料（生物降解材料）。常用的非再吸收性热塑性高分子复合材料有碳纤维/聚甲基丙烯酸甲酯、碳纤维/聚丙烯、碳纤维/聚苯乙烯、碳纤维/聚乙烯、碳纤维/聚酰胺、碳纤维/聚醚醚酮等。其中聚醚醚酮具有良好的生物相容性、耐水解和辐射降解，因而受到更多的关注。更理想的骨固定材料是一些生物降解性（可再吸收性）高分子复合材料，如聚(L-乳酸）纤维或磷酸钙玻纤增强的聚乳酸或聚羟基乙酸复合材料做的夹板，随着骨折的愈合，夹板材料也逐渐被人体分解吸收，夹板的机械性能逐渐下降，因而夹板对骨的应力屏蔽作用也逐渐减少，愈合的骨受到的应力逐渐增大，这对骨的愈合是非常有利的。更具优势的是由于夹板材料的生物降解性，在骨折愈合后，夹板材料能被人体完全分解吸收，而不需要像金属材料或非再吸收性材料一样需要进行二次手术将夹板等除去。

(2) 人工骨 高分子材料也可用来制备人工骨以置换病人体内无法愈合的伤骨，特别是关节，与前述的骨固定材料不同，人工骨将长久地留在人体内代替骨的功能。由于人工骨对材料的机械性能要求很高，用于制备人工骨的主要是一些高分子复合材料。

(3) 骨骼黏合剂 人工骨等人造修补件与骨之间常用骨骼黏合剂来固定。丙烯酸骨骼黏合剂使用最广泛[20,22]，它是一种自聚合双组分黏合剂，其中固体粉末组分的主要成分为甲基丙烯酸甲酯类聚合物（甲基丙烯酸甲酯均聚物、甲基丙烯酸甲酯/丙烯酸甲酯共聚物或甲基丙烯酸甲酯/苯乙烯共聚物，约88%）、引发剂（如BPO）和辐射安抚剂（radiopacifier，如$BaSO_4$、ZrO_2等），液体组分的主要成分为甲基丙烯酸甲酯单体（约98%）、少量的引发促进剂（有机胺，如N,N-二甲基甲苯胺，与BPO组成氧化还原引发体系）和阻聚剂（如氢醌）等组成。使用时将两组分混合均匀后，注入修补部位原位聚合固化。骨骼黏合剂的主要作用是将修补件承载的负荷转移给骨头，增加修补件-骨骼黏合剂-骨体系的承重能力。

为了提高骨骼黏合剂的机械性能，可用金属丝、聚合物纤维（如超高分子量聚乙烯纤维、Kevlar纤维、碳纤维和聚甲基丙烯酸甲酯纤维等）等增强，也可在骨骼黏合剂中加入骨微粒或表面活化的玻璃粉末，使骨微粒或活化玻璃粉末与骨之间形成化学接合，有利于骨骼黏合剂和骨界面间的压力转移。

10

丙烯酸酯骨骼黏合剂存在的主要问题是未反应单体的释放可能导致骨疽等病变、聚合时会发生收缩、骨骼黏合剂与骨之间的硬度差别较大等。

(4) 牙科修复材料 高分子材料可用于牙冠填充和制造假牙。丙烯酸酯树脂是较早使用的牙冠填充高分子材料，但其机械强度较差，使用寿命较短，因此现在多已被一些折光率与牙釉质相近的牙科复合树脂所取代。牙科复合树脂主要组分包括基体树脂、填料、降黏单体、引发剂和阻聚剂[20]。基体树脂主要有 BIS-GMA（双酚 A 与甲基丙烯酸缩水甘油酯的反应产物）或聚氨酯双甲基丙烯酸树脂；填料包括石英、钡玻璃和硅胶，其作用是减少树脂聚合时的体积收缩以及降低树脂与牙之间的热膨胀系数差，赋予复合材料高硬度、高强度和良好的耐磨性，为提高填料与树脂之间的黏附力，可用硅烷偶联剂对填料进行表面改性；常用的降黏单体是三甘醇双甲基丙烯酸酯，其作用是降低复合树脂黏度，以使树脂能够完全填满牙洞；聚合反应可由热引发剂（如 BPO）或光引发剂（如安息香烷基醚）引发；常用的阻聚剂是 2,4,6-三叔丁基苯酚，其作用是防止树脂在储存时聚合。

10.4.2.3 组织工程材料

组织工程中的一个重要领域是以高分子材料作为支撑材料[23,24]，在其上移植器官或组织的生长细胞，使之形成自然组织，用来修复、维持或提高组织功能的一种外科替代疗法。

高分子支撑材料的作用是引导细胞生长、合成细胞外基质和其他生物分子，以及促进功能组织和器官的形成。组织工程支撑材料必须满足以下几个基本要求：①必须含有多孔结构和合适的孔径；②必须具有高的表面积；③一般要求有生物降解性，并且其生物降解速度与新组织的形成速度相匹配；④必须具有保持预定组织结构所需的机械完整性；⑤支撑材料必须是无毒的，即必须具有生物相容性；⑥支撑材料与细胞之间的相互作用必须是正面的，如可提高细胞附着性，促进细胞的生长、移植，区分功能等。

组织工程支撑材料包括多孔固体支撑材料和水凝胶支撑材料。其中以多孔固体支撑材料应用最广泛。用于组织工程多孔固体支撑材料的高分子主要是一些线型脂肪族聚酯，包括有聚羟基乙酸（PGA）、聚乳酸（PLA）、羟基乙酸和乳酸的共聚物（PLGA）和聚（富马酸丙二酯）（PPF）等。PGA 是应用最广的高分子支撑材料之一，由于其较好的亲水性，在水溶液和生物体内水解-生物降解很快，在 2～4 周内就会失去其机械完整性。PGA 常被加工成无纺纤维布用作组织工程支架。PLA 的单体单元比 PGA 的单体单元多一个甲基，因而亲水性相对要低，水解-生物降解速度相应比 PGA 较慢，PLA 支架在体内需数月甚至数年才会失去其机械完整性。PLGA 的降解速度介乎 PGA 和 PLA 之间，并可通过改变 GA 和 LA 的比例进行调节。其他脂肪族聚酯，如聚（ε-己内酯）和聚羟基丁酸也可用于组织工程，但由于其生物降解速度比 PGA 和 PLA 慢得多，其应用不如 PGA 和 PLA 普遍。

10.4.3 高分子药物

常用的药物为小分子化合物，具有活性高、作用快的特点，但在人体内停留时间短，对人体的毒副作用大。为了使药物在血液中的浓度维持在一定范围内，必须定时、定量服药。有时为了避免药物对肠胃的刺激，还必须在饭后服用。使用高分子药物可以在一定程度上克服小分子药物的这些缺陷，在减小药物的毒性，维持药物在血液中的停留时间，实现定向给药等方面具有独特优势。

高分子材料在药物中的应用主要有三方面：①高分子载体药物控制释放体系；②小分子药物高分子化；③高分子药物。其中以高分子材料作为载体的药物控制释放体系应用最为广泛。

高分子载体药物控制释放体系是将小分子药物均匀地分散在高分子基质中或者包裹在高分子膜中，利用其高分子基质的溶解性、生物降解性等特性或者利用高分子膜两侧药物的浓度差、渗透压差等，控制药物的释放速度或释放部位。

高分子材料之所以被选作药物控制释放体系的载体，其原因主要有：①分子量大，使之能在释放部位长时间驻留；②药物可通过从载体高分子扩散或因载体高分子降解而缓慢地或可控地释放；③除了药物以外，还可在高分子载体上附加其他功能，使之能控制药物的释放速度以及赋予靶向功能等。

高分子载体可有多种形式，如水凝胶、微胶囊和微球等。水凝胶常用于黏膜药物释放体系；微胶囊由于其机械性能较低，只在少数场合得到应用；应用较广泛的是微球[25]。含油溶性药物微球常采用 O/W 或 O/O 溶剂蒸发法制备，含水溶性药物微球主要采用 W/O/W 复乳液溶剂蒸发法制备。此外，一些两亲性嵌段共聚物也可作为理想的药物载体，这些两亲性嵌段共聚物在选择性溶剂中自组装形成的胶束可作为负载药物的微容器[25,26]，在胶束的核中装载药物，便可得到负载药物的纳米级高分子微球，微球的大小可通过改变共聚物的分子量、组成等进行调控。

高分子负载药物控制释放体系可分为控制药物释放速度的缓释体系和控制药物释放部位的靶向体系。

(1) 高分子载体缓释药物 药物的治疗效果与药物在血液中的浓度有关，太低不能起到治疗作用，太高易引起不良反应，如头痛、耳鸣、肠胃不适、呕吐、过敏、痉挛等，甚至危及生命。即药物在血液中的浓度存在有效浓度与中毒浓度之分，只有当药物浓度处在有效浓度与中毒浓度之间时，才能达到理想的治疗效果。一般小分子药物在服药后数十分钟内，血液中的药物浓度会迅速达到极大值，甚至可能在短时间内超过中毒浓度；但是由于肾脏的排泄作用，药物在血液中的浓度很快就会降低，当低于有效浓度时，为了维持药效，就必须及时补充药物。将小分子药物经适当的高分子载体化后，可控制药物在体内的释放速度，使之在体内保持较长时间的均匀给药。小分子药物和高分子缓释药物在服药过程中药物在血液中的浓度变化示意图如图 10-3。

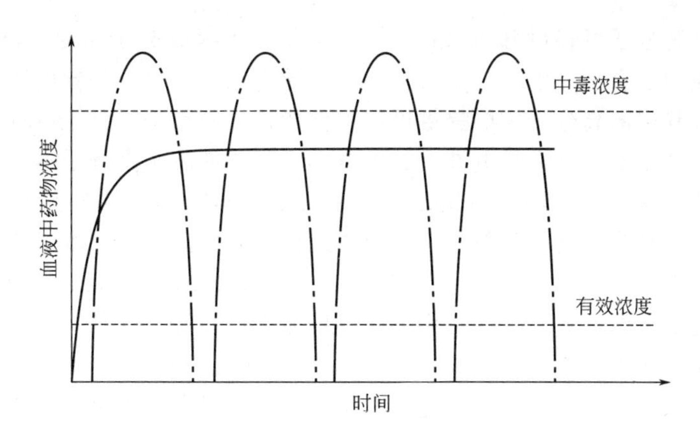

图 10-3 服药过程中小分子药物和高分子缓释药物在血液中的浓度变化

（实线：高分子缓释药物；点划线：小分子药物）

高分子载体缓释药物的药物释放机理有三种基本方式：

① 通过可溶性高分子载体的缓慢溶解释放药物。所用的可溶性高分子载体通常是一些水溶性高分子，如聚乙二醇、聚乙烯醇等。由于高分子化合物的溶解是一个缓慢过程，因此将药物与高分子载体混合均匀后制成片剂或微粒，利用高分子载体溶解慢的特性，使药物缓慢释放。并且高分子化合物的溶解速度与其分子量有关，因此可通过选择聚合物的分子量来控制药物的释放速度，例如可将药物与几种分子量不同的高分子载体分别混合制成微粒，再

将这几种微粒按一定比例混合，便可得到持续长效而均匀的药物释放。

② 通过高分子载体的生物降解释放药物。最常用的生物降解性高分子是PLA、PGA和PLGA，其中又以PLGA应用最广泛。其药物的释放速度取决于载体的生物降解速度，而载体的生物降解速度与载体高分子的分子量大小和载体的组成（如PLGA中LA和GA单体单元的比例）有关。相同组成的高分子，分子量较低的降解速度较快；亲水性较好的，降解速度较快。因此，PGA降解速度比PLA快，GA含量较高的PLGA降解速度较快；与均聚物相比，共聚物或聚合物共混物由于可通过改变体系的组成来调节降解速度，进而控制药物释放速度，因而更有优势。

③ 在一定的压力、温度、pH及酶的作用下通过高分子微胶囊的半透性膜缓慢释放。

(2) 高分子靶向药物 简单的高分子靶向药物是将药物用高分子载体包裹，利用高分子载体在不同环境下溶解性的不同，使之选择性地在目标部位溶解释放药物。例如胃液是酸性的（pH 1～2），肠液是微碱性的（pH 7～8），若选用一些含羧基的水凝胶作载体，在胃酸环境下，由于羧基之间的氢键作用，水凝胶的结构紧密，溶胀度小，其包裹的药物难释放；而在肠的微碱性环境下，羧基被离子化，水凝胶溶胀，药物被释放，从而实现对肠的定向给药。但是这种药物释放体系的性能与水凝胶的交联密度关系很大，交联密度太低，即使在胃酸环境下也可能有较大程度的释放；交联密度太高，在微碱性条件下的溶胀度也不大，药物释放速度慢。为改善这类载体药物的释放性能，可在其高分子载体中引入一些特定生物降解性的高分子。如用含淀粉的交联聚丙烯酸水凝胶做的载体，既具有酸性水凝胶的pH响应特性，其中的淀粉组分又可在肠道生成的α-淀粉酶的作用下发生酶促降解。这样可通过控制交联度，使之在胃环境下的溶胀极小，不释放药物；而在肠环境下，不仅水凝胶发生最大溶胀，而且载体中的淀粉也可在淀粉酶的作用下降解，形成大孔结构，从而促进药物的释放[27]。

10.5 导电高分子

广义上的导电高分子材料可分为两大类，一类是由绝缘高分子与导电材料（如金属粉、炭黑等）共混而成的复合型导电高分子材料，该类导电高分子材料的导电性能主要由其中的导电填料所决定，其中的高分子主要提供可加工性能；另一类是高分子本身的结构拥有可流动的载流子，即高分子本身具有导电性，其导电性能主要取决于高分子本身的结构，常称为“本征导电高分子”（intrinsically conducting polymer，ICP）或“合成金属”。为方便起见，本书将前者称为导电高分子复合材料，后者简单地称为导电高分子。本章节中只讨论后者。

导电高分子研究领域的开辟始于1977年，Shirakawa、MacDiarmid和Heeger等报道用各种电子受体或电子给体对聚乙炔进行掺杂后，可显著提高聚乙炔的导电性[28]，如用I_2掺杂后聚乙炔的电导率可提高7个数量级以上，达到10^2～10^3S/cm，使聚乙炔由半导体变为导体。由此在世界范围内掀起了导电高分子的研究热潮。以上三人也因在导电高分子领域的杰出成就获得了2000年诺贝尔化学奖。到1990年，Burroughes等首次报道了聚亚苯亚乙烯（PPV）的电致发光性能[29]，将导电高分子的研究推向了一个新的高峰。

10.5.1 共轭高分子的能带理论与掺杂[30]

材料导电必须具备两个要素：含有负载电性的载流子（电子或空穴）以及载流子运动的通道。由于金属原子电子云外层的独电子可在其结构内自由运动，因而金属具有很高的导电性。所有的导电高分子都是共轭高分子，其分子结构都是由π-π共轭结构或π-π共轭链段与能提供p轨道、可形成连续的轨道重叠的原子（如N、S、O等）相连的p-π共轭结构所组成。典型的导电高分子有以下几类：

聚乙炔　聚苯　聚亚苯亚乙烯　聚苯胺

聚噻吩　聚吡咯　聚呋喃　聚芴

有机化学的能带理论认为，有机共轭分子中其成键 π 轨道和反键 π 轨道分别形成全满的 π 能带和全空的 π^* 能带。其最高被占能带称为价带，最低未占能带称为导带，价带和导带之间的能量差称为能隙。电子必须具有一定的能量才能占据某一能带，电子从价带跃迁到导带需额外的能量。通常的高分子由于具有全满的价带和全空的导带，并且其能隙宽，导电性差，是绝缘体；而共轭高分子的能隙窄，并且可形成沿高分子链的离域 π 键，载流子可通过该离域 π 键沿高分子链运动，但是由于其能带都是全满或全空的，本身并不含载流子，导电性并不好。要使共轭高分子具有导电性，必须通过某种外部手段在其共轭结构中引入载流子，这一引入载流子的过程称为掺杂。

掺杂总体上可分为氧化还原掺杂和非氧化还原掺杂[31]。

（1）氧化还原掺杂　氧化还原掺杂过程存在电子转移，又可分为两种基本形式，从共轭高分子的全满价带夺取电子称 p 型掺杂，注入电子给共轭高分子的全空导带称 n 型掺杂。失去或得到一个电子后，全满的价带或全空的导带转为部分填充，分别形成阳离子自由基和阴离子自由基，称为极化子。极化子的形成在导带和价带之间插入一新的能带——极化子能带，极化子再得到或失去一个电子，就形成双极化子，可进一步降低总能量。有些体系，双极化子可再离解成孤立子，能量进一步降低，孤立子能带处于能隙的 1/2。图 10-4 为反式聚乙炔经 n 型掺杂后形成极化子、双极化子和孤立子的示意图。

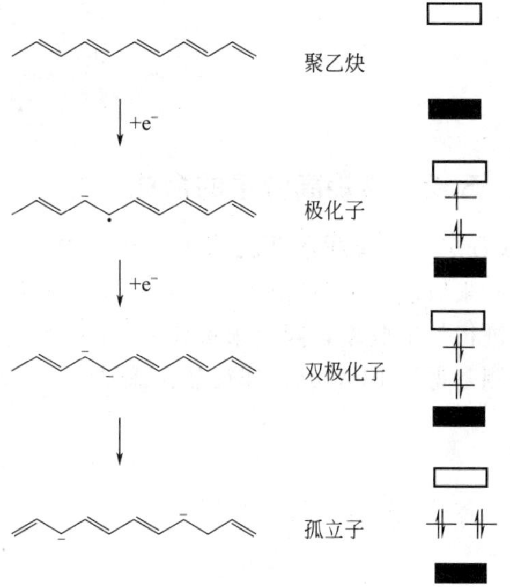

图 10-4　反式聚乙炔掺杂后极化子、双极化子和孤立子的形成示意图

□导带；■价带

极化子、双极化子、孤立子的数目随掺杂程度的提高而增加。在高掺杂程度时，在掺杂反离子附近的定域极化子、双极化子或孤立子能带可能发生重叠，从而在导带和价带之间形成新的能带，甚至产生与导带或价带重叠的新能带，电子可以通过这些能带进行流动，从而赋予共轭高分子导电性。

氧化还原掺杂可通过添加掺杂剂的化学掺杂法或通过电化学氧化还原的电化学方法来进行。典型的 p 型掺杂剂有 I_2、AsF_5 等，典型的 n 型掺杂剂有 Na、K 等。所有的化学掺杂法和电化学掺杂法都会引入掺杂剂反离子，对聚合物主链上的电荷起稳定作用。

有些共轭高分子，如聚乙炔，当其暴露于能量高于其能隙的辐射时，电子可从价带跃迁到导带，形成部分填充能带，产生孤电子和空穴，在合适的实验条件下可形成正电性和负电性的孤立子：

$h\nu$

反式聚乙炔

当辐射终止后，由于电子和空穴的再结合，孤立子会很快消失。如果在辐射时施加电压，就可使空穴和电子分离，从而发生光致导电。这种掺杂方式称为光掺杂，体系中没有掺杂剂反离子。

(2) 非氧化还原掺杂 在共轭高分子主链上引入质子，虽然聚合物主链上的电子数目并没有改变，但质子携带的正电荷被转移和分散到聚合物主链上，导致聚合物主链上的电荷分布状态发生改变，从而发生能级重组，大大提高聚合物的导电性，这种掺杂方式称为质子酸掺杂。质子酸掺杂常应用于一些含杂原子的共轭体系，如聚苯胺、聚芳杂环亚乙烯等。以聚苯胺为例，其掺杂反应如下：

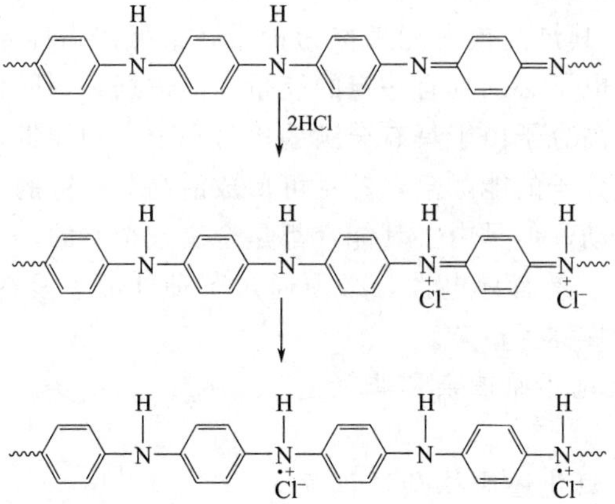

2HCl

10.5.2 共轭高分子的合成

10.5.2.1 聚亚苯亚乙烯（PPV）类

未取代的PPV由于其共轭结构、溶解性差且难熔融，不能通过溶液涂膜法或熔融浇铸法进行加工成型，因此未取代的PPV都是先合成可溶性预聚体，通过溶液法涂膜后，再脱去侧基得到PPV膜，如锍盐预聚法：

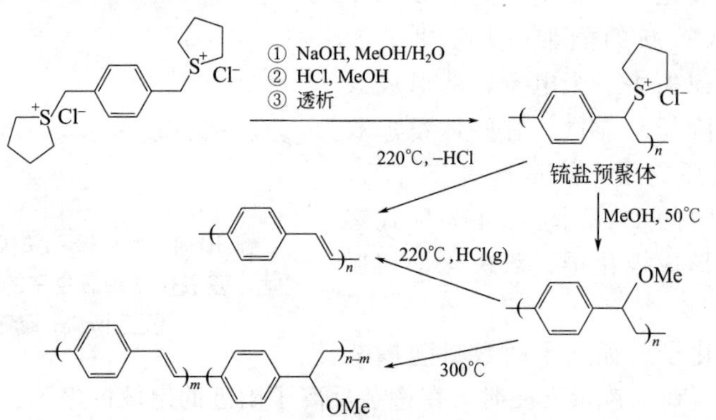

① NaOH, MeOH/H_2O
② HCl, MeOH
③ 透析

220℃, –HCl

锍盐预聚体

MeOH, 50℃

220℃, HCl(g)

300℃

在PPV的苯环上引入取代基，可提高其溶解性，使之成为可溶性聚合物。可溶性PPV的合成除了可采用上述的锍盐预聚法外，主要有以下一些方法[32]：

(1) Gilch 法 取代对二氯甲基苯在碱催化下缩合生成预聚体，预聚体加热脱HCl得到聚合物。以下是一个分别在苯环上引入取代基和氯甲基后进行聚合反应的例子：

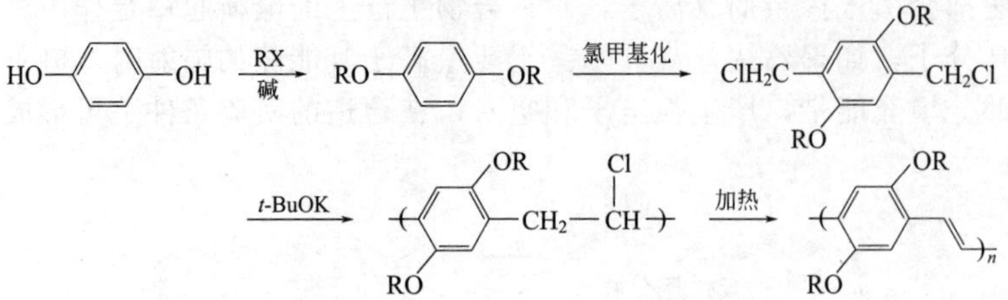

RX
碱

氯甲基化

t-BuOK

加热

(2) Knoevenagel 缩合聚合 由二氰甲基取代苯与取代苯二甲醛缩合，得到亚乙烯基上带氰基的取代PPV：

$$nNCH_2C-C_6H_2(R_1)_2-CH_2CN + nOHC-C_6H_2(R_2)_2-CHO \xrightarrow[(n\text{-}Bu)_4NOH]{KOtBu} \left[C(NC){=}CH-C_6H_2(R_1)_2-C(CN){=}CH-C_6H_2(R_2)_2 \right]_n$$

(3) Wittig 反应法 由相应的磷叶立德和醛通过Wittig反应聚合而得，所得亚乙烯基为顺式和反式混合物，通常可用 I_2 对聚合物进行异构化处理，使顺式亚乙烯基转化为反式亚乙烯基[33]：

$$nXPh_3PH_2C-C_6H_2(R_1)_2-CH_2PPh_3X + nOHC-C_6H_2(R_2)_2-CHO \xrightarrow{EtONa} \left[CH{=}CH-C_6H_2(R_1)_2-CH{=}CH-C_6H_2(R_2)_2 \right]_n \xrightarrow{I_2} \left[CH{=}CH-C_6H_2(R_1)_2-CH{=}CH-C_6H_2(R_2)_2 \right]_n$$

(4) Heck 反应法 由相应的二卤代苯与二乙烯基苯在Pd催化剂催化下进行Heck反应聚合而得：

$$I-C_6H_2(OR)_2-I + CH_2{=}CH-C_6H_4-CH{=}CH_2 \xrightarrow[Et_3N,DMF]{Pd(OAC)_2,POT} \left[C_6H_2(OR)_2-CH{=}CH-C_6H_4-CH{=}CH \right]_n$$

10.5.2.2 聚乙炔类

聚乙炔通常由可溶性聚合物前体法合成，如：

$$n\ (F_3C, CF_3\text{取代单体}) \xrightarrow{\text{开环易位聚合}} (F_3C, CF_3\text{取代前体聚合物})_n \xrightarrow{\text{侧基脱除}} \left[CH{=}CH \right]_n + n\ F_3C-C_6H_4-CF_3$$

可溶性的取代聚乙炔则可由取代乙炔的Metathesis聚合反应合成：

$$nC(R){\equiv}CH \xrightarrow{RhCl(Ph_3P)_3} \left[C(R){=}CH \right]_n$$

10.5.2.3 聚噻吩类

聚噻吩[32]常通过在其3位上引入取代基来改善溶解性：

$$\text{3-Br-噻吩(S)} \xrightarrow{RMgBr} \text{3-R-噻吩(S)}$$

早期常用的聚3-取代噻吩合成方法包括Kumada交叉偶合法、电化学氧化法和 $FeCl_3$ 氧化法：

$$I-\text{噻吩(3-Br, S)}-I \xrightarrow[\text{② }Ni(dppp)Br_2]{\text{① }Mg/THF} \left[\text{噻吩(R, S)} \right]_n$$

Kumada交叉偶合法

10

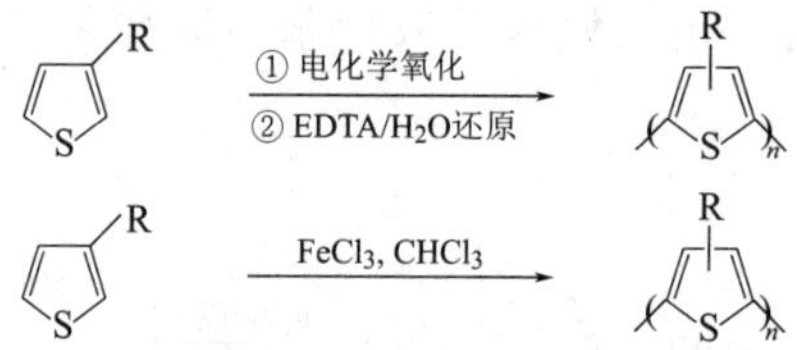

① 电化学氧化　② EDTA/H_2O还原

$FeCl_3$, $CHCl_3$

3-取代噻吩采用以上方法聚合时，单体单元之间的连接方式可有头-尾连接（HT）、头-头连接（HH）和尾-尾（TT）连接三种方式，虽然其中以头-尾连接方式为主，但少量的其他连接方式的存在可导致分子链上有四种不等同的三组合单元，给聚合物的性能带来不利影响：

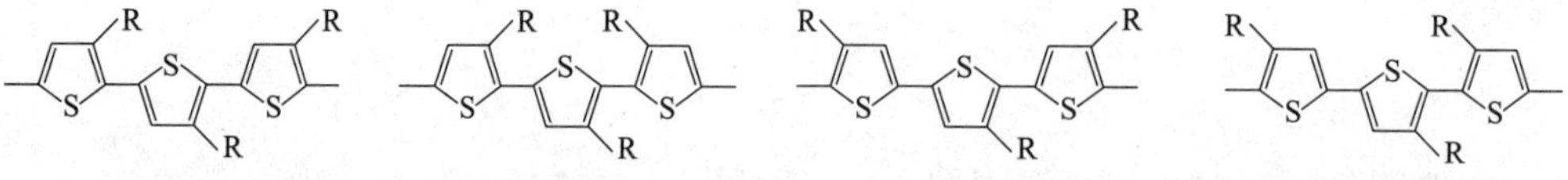

HT-HT　HT-HH　TT-HT　TT-HH

1990 年代早期，McCullough 等和 Rieke 等分别报道了两种合成头-尾连接结构含量达 99%的规整连接取代聚噻吩：

McCullough 法

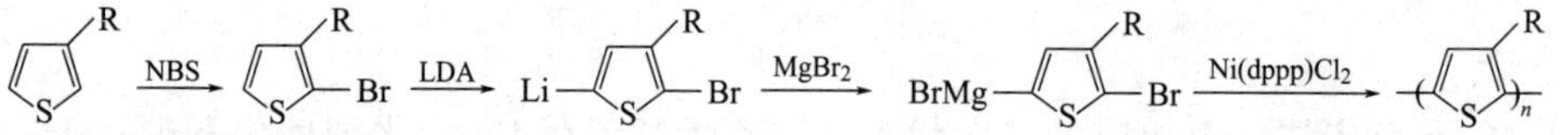

NBS → Br　LDA → Li—…—Br　$MgBr_2$ → BrMg—…—Br　$Ni(dppp)Cl_2$ → 聚合物

LDA：二异丙胺基锂

Rieke 法

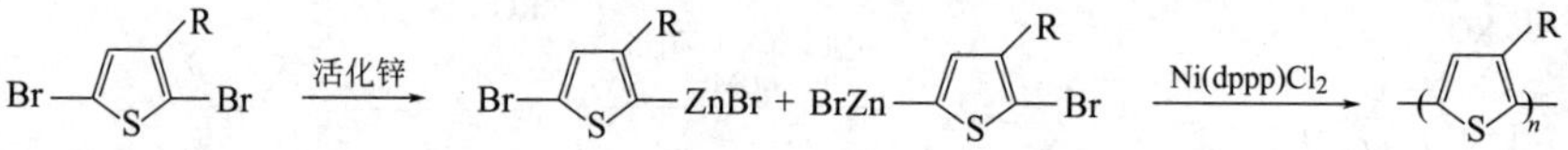

Br—…—Br　活化锌 → Br—…—ZnBr + BrZn—…—Br　$Ni(dppp)Cl_2$ → 聚合物

McCullough 等还报道另一种非常方便的合成规整连接 3-取代聚噻吩的方法，2,5-二溴代噻吩与格氏试剂发生卤化镁交换反应得到两种比例恒定（与反应条件无关）的异构体，这两种异构体在 $Ni(dppp)Cl_2$ 催化下得到 HT 连接达 98%的规整聚噻吩：

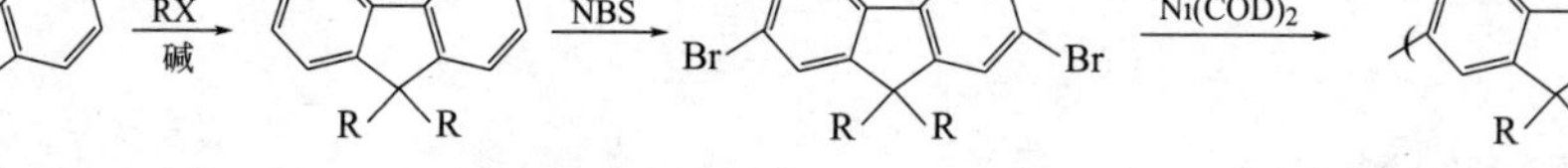

Br—…—Br　RMgBr → Br—…—MgBr + BrMg—…—Br　$Ni(dppp)Cl_2$ → 聚合物

10.5.2.4 聚芴类

芴可以在碱催化下与卤代烃发生亲核取代反应在 9-位上引入取代基，然后再在 2,7-位溴代，二溴代取代芴在 $Ni(COD)_2$ 催化下聚合：

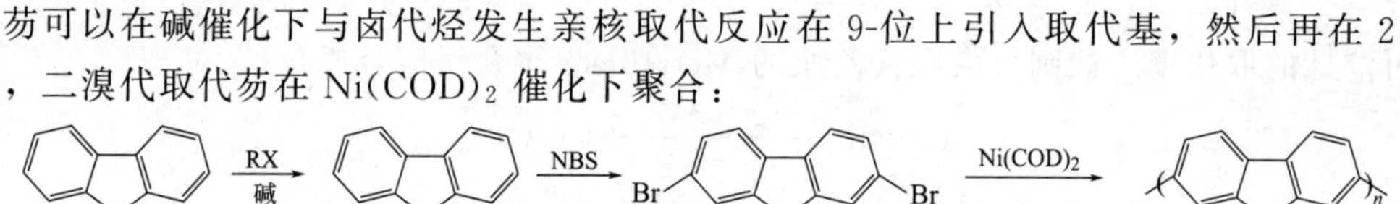

芴　RX / 碱 →　NBS → Br…Br　$Ni(COD)_2$ → 聚合物

10.5.2.5 聚苯胺

聚苯胺可由化学氧化法和电化学氧化法合成。苯胺在酸催化下与氧化剂反应发生氧化缩聚或者在电极上发生氧化缩聚便可得到聚苯胺：

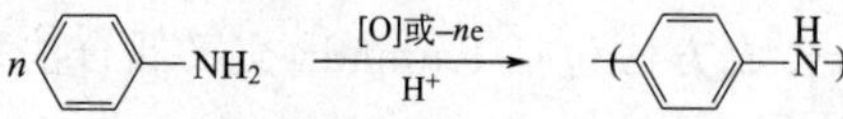

n —NH_2　[O]或$-ne$ / H^+ →　—N(H)—

所用的酸催化剂可以是无机酸，如 HCl、H_2SO_4 或 $HClO_4$ 等，也可以是有机酸，如羧酸、磺酸等。通常认为聚苯胺分子中含有两种基本结构单元：

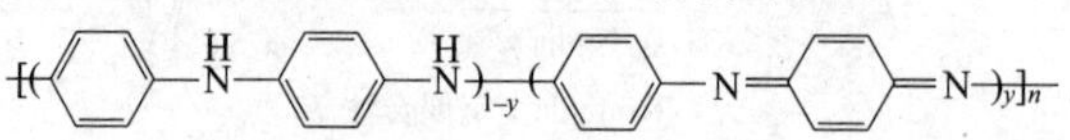

—N(H)—…—N(H)—$)_{1-y}$(—N=…=N—$)_y]_n$

其中，y 代表聚苯胺的氧化程度，当 $y=0.5$ 时，聚苯胺为苯二胺和醌二亚胺所组成的交替共聚物，掺杂后的导电性能最好。y 值大小与聚合反应的氧化剂种类、浓度等条件有关。

10.5.2.6　聚吡咯类

聚吡咯可由吡咯在酸性水溶液中通过电化学聚合或化学氧化聚合而得：

$$n\,\text{吡咯} \xrightarrow[H^+]{-2ne\text{或}[O]} \text{聚吡咯}_n$$

所用的酸催化剂可以是无机酸如 HCl、H_2SO_4、$HClO_4$ 等，也可以是有机酸，如对甲苯磺酸等。所用的氧化剂可有多种，其中典型的是 $FeCl_3$。

聚吡咯可有两种掺杂机理——氧化掺杂机理和质子酸掺杂机理，分别形成两种掺杂结构。氧化掺杂是指以金属盐类作为氧化剂进行氧化脱氢聚合时，金属盐类的阴离子直接成为聚吡咯的掺杂剂；质子酸掺杂是指以质子酸或非氧化性的 Lewis 酸作为掺杂剂时，按质子酸掺杂机理进行，聚合物和掺杂剂之间无电子转移，而是掺杂剂的质子附加于主链的碳原子上，导致主链的电荷分布发生改变。

氧化掺杂结构　　　　质子酸掺杂结构

10.5.2.7　聚对苯

聚对苯由于不具加工性，需先合成可溶性聚合物前体，成型后再通过侧基脱除得到聚合物，如：

苯 →(酶) 环己二烯二醇(HO, OH) → 二酯(OCRO, OCOR) →(自由基聚合) 聚合物$_n$(OCRO, OCOR) →(△) 聚对苯$_n$

10.5.3　导电高分子的应用举例

导电高分子的重要应用之一是利用其电致发光性能制备发光二极管；导电高分子还可利用其掺杂后的特殊物理性能获得多种用途，如以掺杂导电高分子作为有机导体制备导电薄膜、导电纤维、防静电涂料、透明电极和雷达吸收材料等；此外还可利用导电高分子在掺杂过程中物理性质的变化获得某些特殊用途，如光电仪、化学与电化学传感器（如电子鼻）、基于共轭高分子的气体分离器、金属防腐等。

10.5.3.1　电致发光二极管

共轭高分子可光致发光和电致发光。其光致发光机理如图 10-5 所示。电子吸收光能被激发，从最高被占分子轨道（HOMO）跃迁到最低未占分子轨道（LUMO），产生单重态激子，单重态激子辐射衰减发出荧光。

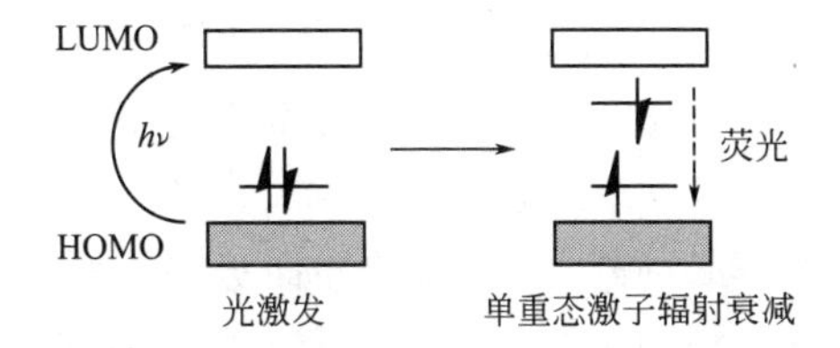

图 10-5　共轭高分子光致发光机理

共轭高分子的电致发光机理与之类似。典型的电致发光二极管的构造如图 10-6。在透明玻璃载板上通过真空镀膜镀上一层透明的铟-锡氧化物膜（ITO 膜）作为阳极，再在 ITO 膜上将发光聚合物溶液旋涂成膜作为发光层，在发光层上再通过真空镀膜镀上低功函金属层（如 Al、Mg、Ca 等）作为阴极。

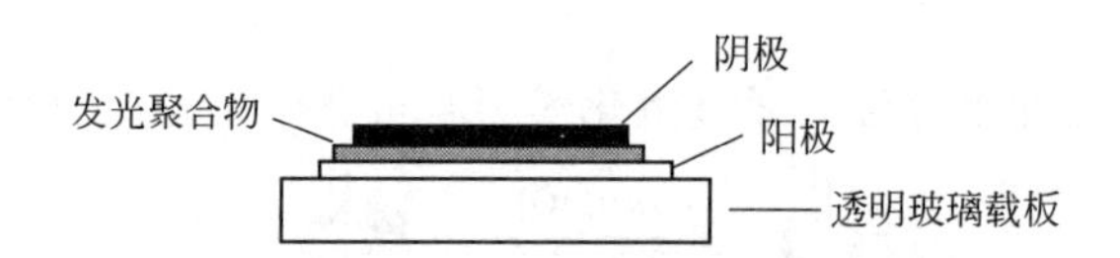

图 10-6 典型的电致发光二极管的构造

通电后，电子从阳极注入共轭高分子的 LUMO，形成带负电的极化子，同时空穴从高功函的阴极注入共轭高分子的 HOMO（即从 HOMO 夺去电子）形成带正电的极化子。两种极化子在电场作用下在聚合物层内发生迁移，并在共轭高分子的能隙结合形成激子，单重态激子辐射衰减发出电光（图 10-7）。

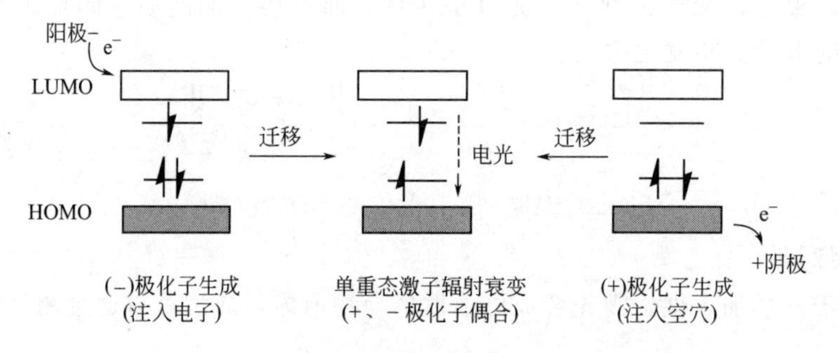

图 10-7 共轭高分子的电致发光机理

电致发光高分子材料与相应的无机材料相比，具有许多优势，如易制造加工（特别是大面积加工）、柔韧性好、工作电压低、耐形变稳定性高、发光颜色易调节、面发光视角广、主动发光响应快等。其发光颜色取决于共轭高分子的能隙。由于共轭高分子的 π-π^* 能隙在 1～4eV（1240～310nm）范围内，因此理论上聚合物 LED 所发光的波长可覆盖从紫外（UV）到近红外（NIR）的整个光谱，并且可通过分子设计控制能隙大小来获得不同颜色的光。能隙大小的控制主要通过设计不同的共轭长度及引入不同的取代基来实现[30,32]。通常有效共轭越长，发光越红移；有效共轭越短，发光越蓝移。

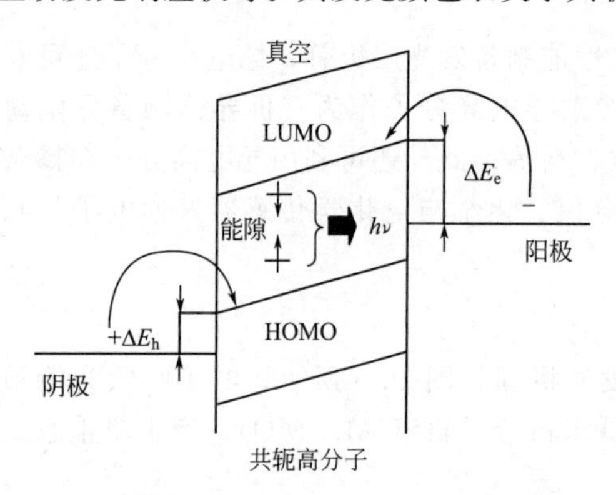

图 10-8 单层高分子 LED 的能级图

高分子 LED 的发光效率主要取决于两方面：载流子的有效注入、电子和空穴的注入平衡。在 LED 器件中，由于共轭高分子与金属的能级不匹配，存在能级差，即共轭高分子与电极之间存在界面势垒（ΔE_e 和 ΔE_h）（图 10-8），电子和空穴需要克服界面势垒才能分别注入发光层的 LUMO 和 HOMO。

为了提高载流子的注入效率必须降低 LED 的界面势垒，因此对于阳极材料，功函越高越好，阴极材料功函越低越好。而为了实现电子和空穴的注入平衡，要求发光层与阳极、阴极之间的界面势垒相等，才能保证两种载流子的注入速率相等。若两种载流子注入数量不相等，不仅载流子再结合概率低，而且其再结合不是发生在发光中心区域，而是偏向电极。单纯靠选择电极材料很难实现载流子的平衡注入，为此可在电极与发光层之间引入载流子传输层，如在阳极和发光层之间引入电子亲合能和电离能较大的电子传输层提高电子注入能力，在阴极和发光层之间引入电子亲合能和电离能较小的空穴传输层提高空穴注入能力，通过电子传输层和空穴传输层的适当搭配实现载流子的平衡注入。

10.5.3.2 导电聚合物导电性应用

掺杂导电聚合物同时具有导体良好的导电性和聚合物优异的加工性，因而作为特殊的有机导体在电子和微电子领域具有重要的应用。现代电子工业对光学透明的导体需求很大，虽然掺杂导电聚合物通常只在做成非常薄的膜时才是透明的，但将掺杂的导电聚合物与通常的非导电聚合物共混，可在保证足够高的导电性（如数 S/cm）的同时，具有良好的光学透明性。

其次，导电高分子由于具有可逆电化学氧化还原性能，因而适宜用作可反复充放电的二次电池的电极材料。以导电聚合物作电极材料的聚合物二次电池与以无机材料为电极的电池相比，在电容量相同条件下，聚合物电池比无机材料电池要轻得多，且电压特性也好。导电聚合物既可进行 p 型掺杂，具有氧化性质，可作阳极材料，也可进行 n 型掺杂，具有还原性质，可作阴极材料。

此外，掺杂导电聚合物在电容器方面也具有重要的应用。掺杂导电聚合物的电导率可高达 10^2S/cm，可替代传统的电解电容器或双电层电容器中的液体或固体电解质，制成相应的聚合物电容器。也可用作电容器的电极材料。例如以 MnO_2 为反电极的 Ta/MnO_2 固体电解质电容器因其高容量而得到广泛应用，但由于 MnO_2 的导电性差（10^{-1}S/cm 数量级），电容器的频率特性差。用聚吡咯、聚苯胺及 PEDOT 等导电聚合物取代 MnO_2 作反电极，可明显提高电容器的性能。特别是频率特性和耐久性能显著提高，如 Ta/PEDOT 在高频区的性能比 Ta/MnO_2 显著提高，耐久性也相当好，在空气中于 125℃或在相对湿度 85%下于 85℃工作 1000h，其功能无任何损伤[34]。

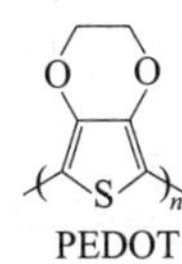

PEDOT

10.5.3.3 电磁屏蔽与隐身

导电聚合物对电磁波具有良好的吸收性能，可用于电磁屏蔽和“隐身”。其最大衰减和介电常数随电导率的增加而增加，在一定电导率范围内，其最小反射率随电导率的增加而减小。由于导电聚合物的电导率在相当宽范围内具有可调性，且在不同电导率下其吸波性能又不同，因而其吸波性能也具有较大可控性，而且由于导电聚合物的密度小，比起其他隐身材料在具有较大优势，因此导电聚合物作为新一代隐形吸波材料颇受关注。如用导电聚吡咯纤维编织的迷彩布可以干扰电子侦察，起到隐身作用。特别是可以利用导电聚合物在掺杂前后导电性能的巨大变化，可实现防护层从反射电磁波到透过电磁波的转换，使被保护设备既能摆脱敌方的侦察，又不妨碍自身雷达的工作。这种可逆智能隐身功能是导电聚合物隐身材料所特有的。

10.5.3.4 抗静电

通常的合成高分子由于导电性差，容易产生电荷积累、放电及电磁干扰等不良后果，严重时可导致灾难性事故。如运送煤炭的塑料传送带可因摩擦生电酿成火灾、爆炸事故；静电击穿可导致大规模集成电路完全报废；油轮可因其保温层与运送的原油摩擦生电导致失火等。为解决上述问题，开发抗静电技术显得特别重要。最常用的抗静电方法是添加抗静电剂，如导电炭黑、金属粉、表面活性剂和无机盐等，但存在用量大、制品颜色不佳、抗静电性能欠持久等缺陷，而且聚合物和无机抗静电剂相容性差，可导致聚合物性能下降。使用掺杂导电聚合物可很好地解决上述问题。

以纤维和织物为例，为达到抗静电目的，可在纤维或织物的表面覆盖一层掺杂导电聚合物。最初的方法是将合适的单体吸附在纤维或织物的表面进行原位聚合，从而在纤维或织物表面覆上一层导电层，比较适宜的单体是吡咯和苯胺，两者在水溶液中均容易一步聚合得到掺杂导电聚合物，所得纤维或织物的表面电导率可很容易达到 0.2S/cm，虽然不是很高，但比消除电荷所需的电导率高得多。最简单的方法是将掺杂导电聚合物通过溶液法沉降在纤维或织物表面，但能够以掺杂形式进行溶液沉降的聚合物很少，目前报道的仅有聚苯胺。此外通过溶液成型或热成型工艺不仅可将掺杂导电聚合物沉降在绝缘纤维表面，还可以得到由导电聚合物和绝缘聚合物组成的复合导电纤维和纯的导电聚合物纤维。这些导电纤维可应用于多种抗静电场合，如输送带、地毯以及过滤筛选设备等。

10.5.3.5 电致变色性能及其应用

共轭高分子的掺杂态与非掺杂态的光吸收特性有明显区别，共轭高分子在电化学掺杂过程中的这种颜色变化称为“电致变色”，共轭高分子的这种电致变色性能是可逆的，可用于制造电致变色显示窗。简单的电致变色显示窗为“三明治”结构，由导电聚合物薄膜电极、合适的电解质和透明的反电极组成，在电极上施加电压，就会使导电聚合物发生电化学氧化还原掺杂，并因此改变显示窗颜色。由于导电聚合物的颜色与所加的电压有关，因此可通过电压控制电致变色显示窗的颜色。

由于共轭高分子的 π 电子能级与可见光谱重叠，并且其光吸收系数都比较大，因此大多共轭高分子都具有电致变色性能，其中聚吡咯、聚噻吩和聚苯胺的显色性和稳定性都较好。中性聚吡咯在紫外和蓝光区域有较强吸收，呈现黄色，氧化后其在可见区的吸收大幅度增加，呈现出深棕色，在吡咯环上引入取代基，可改变其显示颜色。一些共轭高分子的电致变色性能见表 10-7。

表 10-7 一些共轭高分子的电致变色性能[35]

共轭高分子	颜色变化氧化态/还原态	电压变化范围(甘汞参比电极)
聚吡咯	棕色/黄色	0～0.7V
聚(3-乙酰基吡咯)	黄棕色/棕黄色	0～1.1V
聚(3,4-二甲基吡咯)	红紫色/绿色	−0.5～0.5V
聚(*N*-甲基吡咯)	棕红色/橘黄色	0～0.8V
聚(3-甲基噻吩)	蓝色/红色	0～1.1V
聚(3,4-二甲基噻吩)	深蓝色/蓝色	+0.5～1.5V
聚(3-苯基噻吩)	蓝绿色/黄色	0～1.5V
聚(3,4-二苯基噻吩)	蓝灰色/黄色	+1.5～1.5V
聚(2,2′-联噻吩)	蓝灰色/红色	0～1.3V

习题

1. 合成多孔性交联高分子珠粒的致孔技术有哪些？各有什么特点？

2. 试述强酸型聚苯乙烯阳离子交换树脂的合成和交换反应原理。如何用离子交换树脂制备去离子水？

3. 与小分子试剂和催化剂相比，高分子试剂与高分子催化剂具有哪些优越性？可溶性高分子载体和不溶性高分子载体试剂或催化剂各有什么优缺点？

4. 简述高分子载体试剂反应中，溶液相反应、固相反应和液相反应的主要区别。

5. 高分子分离膜的分离机理有哪几种？各适于分离何种混合物？

6. 对于体内使用的医用高分子材料有哪些基本要求？

7. 高分子载体缓释药物是如何控制药物的释放速度的？

8. 导电高分子必须具备哪些基本条件？共轭高分子为什么需掺杂后才具有高的导电性？

参考文献

[1] 何天白，胡汉杰．功能高分子与新技术［M］．北京：化学工业出版社，2001.

[2] (a) Downey J S，Frank R S，Li W H，et al. Growth mechanism of poly (divinylbenzene) microspheres in precipitation polymerization [J]. Macromolecules 1999，32：2838；(b) Li W H，Stöver H D H. Mono- or narrow disperse poly (methacrylate-co-divinylbenzene) microspheres by precipitation polymerization [J]. J Polym Sci Part A：Polym Chem，1999，37：2899.

[3] Saenz J M，Asua J M. Kinetics of the dispersion copolymerization of styrene and butyl acrylate [J]. Macromolecules，1998，31：5215.

[4] Okay O. Macroporous copolymer networks [J]. Prog Polym Sci，2000，25：711.

[5] Guyot A，Bartholin M. Design and properties of polymers as materials for fine chemistry [J]. Prog Polym Sci，1982，8：277.

[6] Lewandowski K，Svec F，Fréchet J M J. Polar，monodisperse，reactive beads from functionalized methacrylate monomers by dtaged templated suspension polymerization [J]. Chem Mater，1998，10：385.

[7] Kim J W，Suh K D. Monodisperse，full-IPN structured polymer particles in micron-sized range by seeded polymerization [J]. Macromol Chem Phys，2001，202：621.

[8] Sederal W L，De Jong G J. Styrene-divinylbenzene copolymers. Construction of porosity in styrene divinylbenzene matrices [J]. J Appl Polym Sci，1973，17：2835.

[9] Gravert D J，Janda K D. Organic synthesis on soluble polymer supports：Liquid-phase methodologies [J]. Chem Rev，1997，97：489.

[10] Hudson D. Matrix assisted synthetic transformations：A mosaic of diverse contributions. I. The pattern emerges [J]. J Comb Chem，1999，1：333.

[11] Akelah A，Sherrington D C. Application of functionalized polymers in organic synthesis [J]. Chem Rev，1981，81：557.

[12] Osburn P L，Bergbreiter D E. Molecular engineering of organic reagents and catalysts using soluble polymers [J]. Prog Polym Sci，2001，26：2015.

[13] Kirschning A，Monenschein H，Wittenber R. Functionalized polymers—Emerging versatile tools for solution-phase chemistry and automated parallel synthesis [J]. Angew Chem Int Ed，2001，40：650.

[14] Sourkouni-Argirusi G，Kirschning A. A new polymer-attached reagent for the oxidation of primary and secondary alcohols [J]. Org Lett，2000，2：3781.

[15] Barth M，Syed Tasadaque Ali Shah，Rademann J. High loading polymer reagents based on polycationic ultraresins. Polymer-supported reductions and oxidations with increased efficiency [J]，Tetrahedron，2004，60：8703.

[16] Pandey P，Chauhan R S. Membranes for gas separation [J]. Prog Polym Sci，2001，26：853.

[17] Nasef M M，Hegazy E A. Preparation and applications of ion exchange membranes by radiation-induced graft copolymerization of polar monomers onto non-polar films [J]. Prog Polym Sci，2004，29：499.

10

[18] Aoki T. Macromolecular design of permselective membranes [J] . Prog Polym Sci, 1999, 24: 951.
[19] Kulkarni S S, Kittur A A, Aralaguppi M I, et al. Synthesis and characterization of hybrid membranes using poly (vinyl alcohol) and tetraethylorthosilicate for the pervaporation separation of water-isopropanol mixtures [J] . J Appl Polym Sci, 2004, 94: 1304.
[20] Ramakrishna S, Mayer J, Wintermantel E, et al. Biomedical applications of polymer-composite materials: a review [J] . Composite Sci Tech, 2001, 61: 1189.
[21] Puskas J E, Chen Y. Biomedical application of commercial polymers and novel polyisobutylene-based thermoplastic elastomers for soft tissue replacement [J] . Biomacromolecules, 2004, 5: 1141.
[22] Lewis G. Properties of acrylic bone cement: State of the art review [J] . J Biomed Mater Res, 1997, 38: 155.
[23] Ma P X. Scaffolds for tissue fabrication [J] . Materials Today, 2004, 7 (5): 30.
[24] Ma P X. Encyclopedia of Polymer Science and Technology: Tissue Engineering [M] . 3rd Edition, Kroschwitz, J. I. , (ed.), John Wiley & Sons, NJ, 2004: 471.
[25] Kawaguchi H. Functional polymer microspheres [J] . Prog Polym Sci, 2000, 25: 1171.
[26] Hadjichristidis N, Pispas S, Floudas G. Block Copolymers: Sythetic Strategies, Physical Properties, and Applications [M] . John Wiley & Sons Inc, 2003: 397.
[27] Bajpai S K, Saxena S. Enzymatically degradable and pH-sensitive hydrogels for colon-targeted oral drug delivery. I. Synthesis and characterization [J] . J Appl Polym Sci, 2004, 92: 3630.
[28] Shirakawa H, Louis E J, MacDiarmid A G, et al. Synthesis of electrically conducting organic polymers: halogen derivatives of polyacetylene, $(CH)_x$ [J] . J Chem Soc, Chem Commun, 1977: 578.
[29] Burroughes J H, Bradley D C C, Brown A R, et al. Light-emitting diodes based on conjugated polymers [J] . Nature, 1990, 347: 539.
[30] Dai L. J M S -Rev Macromol Chem Phys, 1999, C39: 273.
[31] MacDiarmid A G. Synthetic metals: a novel role for organic polymers [J] . Synth Met, 2001, 125: 11.
[32] Pron A, Rannou P. Processible conjugated polymers: from organic semiconductors to organic metals and superconductors [J] . Prog Polym Sci, 2002, 27: 135.
[33] Kudoh Y, Akami K, Matsuya Y. Solid electrolytic capacitor with highly stable conducting polymer as a counter electrode [J] . Synth Met, 1999, 102: 973.
[34] Liao L, Pang Y, Ding L, et al. Effect of iodine-catalyzed isomerization on the optical properties of poly[(1,3-phenylenevinylene)-alt- (2,5-hexyloxy-1,4-phenylenevinylene)]s [J]. Macromolecules, 2002, 35: 6055.
[35] 赵文元，王亦军．功能高分子材料化学．2 版 [M]．北京：化学工业出版社．2003：94.